L'OUTILLAGE AMÉRICAIN

POUR

LA FABRICATION EN SÉRIE

L'OUTILLAGE AMÉRICAIN

POUR

LA FABRICATION EN SÉRIE

EMPLOI DES MONTAGES
POUR ÉCONOMISER LA MAIN-D'ŒUVRE SPÉCIALISTE
SUR LES DIFFÉRENTS TYPES DE MACHINES-OUTILS

DEUXIÈME ÉDITION AMÉRICAINE, TRADUITE PAR

Maurice VARINOIS

INGÉNIEUR DES ARTS ET MANUFACTURES

PARIS

H. DUNOD ET E. PINAT, ÉDITEURS

47 et 49, Quai des Grands-Augustins

1917

JOSEPH V. WOODWORTH

L'OUTILLAGE AMÉRICAIN

POUR

LA FABRICATION EN SÉRIE

EMPLOI DES MONTAGES

POUR ÉCONOMISER LA MAIN-D'ŒUVRE SPÉCIALISTE

SUR LES DIFFÉRENTS TYPES DE MACHINES-OUTILS

DEUXIÈME ÉDITION AMÉRICAINE, TRADUITE PAR

Maurice VARINOIS

INGÉNIEUR DES ARTS ET MANUFACTURES

PARIS

H. DUNOD ET E. PINAT, ÉDITEURS

47 et 49, Quai des Grands-Augustins

1917

PRÉFACE DE L'AUTEUR

Par cette préface, je présente aux outilleurs américains un traité concernant leur art, et le mien. Les raisons pour lesquelles j'ai exécuté ce projet sont nombreuses, les principales sont qu'il est indispensable aujourd'hui à chaque outilleur, à chaque mécanicien et à tout ouvrier en métaux d'acquérir de vastes connaissances sur tout ce qui touche son art, et parce que ce travail est agréable et intéressant.

Ce traité s'adresse aussi bien aux chefs d'ateliers qu'aux ouvriers tourneurs ; aux gens qui n'ont ni le loisir ni le goût de lire dix ou vingt volumes de dissertations mécaniques plus ou moins contradictoires ; aux praticiens du bureau de dessin, de l'atelier d'outillage, de l'atelier des machines-outils et de la forge. Ce livre est destiné à l'établi du mécanicien et au bureau de l'ingénieur. Il est offert à tous ceux qui s'intéressent au travail des métaux. Si sa lecture leur permet d'enrichir leurs connaissances, le but poursuivi par l'auteur aura été atteint.

Pour la rédaction et l'illustration de ce livre, j'ai puisé parmi les connaissances acquises au cours de longues années d'expérience pratique, et j'ai ajouté des extraits de plus de trois cents articles originaux rédigés par moi-même pour la presse mécanique et technique. Dans la disposition du texte et des illustrations, je me suis constamment conformé aux principes suivants :

I. Donner des descriptions précises et concises des principes fondamentaux des méthodes et des procédés qui permettent d'atteindre la plus haute précision et le meilleur rendement, dans la production en série de pièces métalliques au plus bas prix.

II. Étudier et représenter un grand nombre d'outils spéciaux en indiquant leur construction et leur emploi, aussi complètement que possible, dans les limites d'un petit volume.

III. Supprimer tout ce qui est spéculatif, impratique et inutile dans les différents procédés, méthodes, études et constructions.

IV. Présenter clairement et méthodiquement les nombreux sujets, en donnant à chacun dans ce traité une place proprotionnée à son importance.

V. Employer un style et une méthode de présentation de l'œuvre elle-même pouvant plaire au personnel des industries métallurgiques, que son travail l'occupe à l'atelier, au bureau de dessin, dans les bureaux ou au laboratoire.

Le but que j'ai poursuivi ainsi a été l'accroissement des connaissances pratiques et de la capacité d'assimilation des mécaniciens, outilleurs, fabricants de matrices, travailleurs de l'acier, forgerons, modeleurs et contremaîtres, d'indiquer aux directeurs les voies et moyens destinés à assurer la production maxima avec le minimum de dépense et de main-d'œuvre, de donner aux directeurs généraux et aux propriétaires d'usines de produits métalliques des méthodes leur permettant d'accroître la production, et les bénéfices, et enfin, et, ce n'est pas là le point le moins important de mettre entre les mains des apprentis jeunes et intelligents un manuel de l'art qui a donné aux États-Unis la suprématie industrielle sur le monde.

C'est au lecteur praticien et non à moi de décider si ce but important a été réalisé. J'ai travaillé sérieusement et assidûment, pour apporter ma part à l'édifice des connaissances humaines, et atteindre l'idéal dans ce genre de travail.

PRÉFACE DU TRADUCTEUR

Au cours de nos recherches bibliographiques sur les nouveaux ouvrages techniques publiés à l'étranger, notre attention a été éveillée par le livre de M. Joseph-V. Woodworth. En effet, cet ouvrage traite avec une haute compétence de ce qu'on appelle dans les ateliers français les montages; on entend par là des appareils auxiliaires des machines-outils, étudiés par chaque atelier pour ses besoins propres. Le rôle de ces outils est de faciliter les opérations d'usinage, en supprimant le traçage, donc en gagnant du temps et en économisant une main-d'œuvre coûteuse. En outre, et c'est là leur principal intérêt, la précision de l'usinage devenant dans une large proportion indépendante de l'habileté de l'ouvrier qui conduit la machine-outil, on parvient à faire produire en plus grande quantité des pièces plus précises que quand on ne les utilise pas. On obtient ainsi des pièces suffisamment semblables pour pouvoir être l'une à l'autre substituées sans nécessiter aucun travail d'ajustage pour leur mise en place. Comme avec ces méthodes de travail on peut utiliser des ouvriers moins habiles, et en raison de ce que le temps est presque totalement utilisé par le travail exécuté par la machine-outil, les opérations préliminaires se réduisant à installer les pièces dans les montages, on arrive à produire des pièces de haute précision à très bas prix.

C'est dans cette voie que les Américains ont été des innovateurs incomparables, comme le constate avec satisfaction M. Joseph-V. Woodworth et dont il tire une très légitime fierté.

Ces méthodes de travail sont de plus en plus employées en Europe.

Le présent ouvrage pouvant donner beaucoup d'idées pour la construction des appareils qui permettent de les appliquer, il nous a paru utile de le publier.

La traduction d'un ouvrage de cette importance entraînant presque nécessairement certaines inexactitudes, et des difficultés résultant des différences entre le langage des ateliers de divers pays, nous recevrons avec plaisir les observations que nos estimés lecteurs auraient à nous présenter à ce sujet et nous en tiendrons compte dans l'avenir.

TABLE DES MATIÈRES

CHAPITRE PREMIER

LES ORIGINES, LE DÉVELOPPEMENT ET L'ORGANISATION
DU SYSTÈME MODERNE DE FABRICATION DES PIÈCES INTERCHANGEABLES

CHAPITRE II

MACHINES-OUTILS, ÉTUDES, FABRICATION DES OUTILS,
ATELIERS D'OUTILLAGE

CHAPITRE III

PRINCIPES FONDAMENTAUX, PROCÉDÉS ET PRINCIPES PRATIQUES
POUR L'ÉTUDE ET LA CONSTRUCTION DES MONTAGES

CHAPITRE IV

TYPES DE MONTAGES POUR PERÇAGE SIMPLES ET PEU COUTEUX LEUR CONSTRUCTION ET LEUR EMPLOI

CHAPITRE V

MONTAGES POUR PERÇAGE COMPLEXES ET POSITIFS

CHAPITRE VI

ÉTUDE ET CONSTRUCTION DE MONTAGES DE PERÇAGE POUR GROSSES PIÈCES DE MACHINES, ETC.

CHAPITRE VII

MONTAGES DE PERÇAGE PRÉSENTANT DE NOUVELLES DISPOSITIONS DE CONSTRUCTION

CHAPITRE VIII

EMPLOI DES MACHINES A FRAISER POUR L'OUTILLAGE MODERNE, L'USINAGE DES PIÈCES INTERCHANGEABLES ET POUR LES MONTAGES D'ATELIER

CHAPITRE IX

MONTAGES SIMPLES POUR FRAISAGE

CHAPITRE X

MONTAGES POUR FRAISAGE POUR TRAVAUX DE PRÉCISION

CHAPITRE XI

MONTAGES DIVERS POUR FRAISAGE ET OUTILS SPÉCIAUX POUR TRAVAUX ANALOGUES

CHAPITRE XII

OUTILS SPÉCIAUX. — MONTAGES ET APPAREILS POUR L'USINAGE EN SÉRIE SUR LE TOUR-REVOLVER

CHAPITRE XIII

OUTILS SPÉCIAUX. — MONTAGES ET APPAREILS POUR L'USINAGE DES PIÈCES EN SÉRIE SUR LA MACHINE A VIS

CHAPITRE XIV

LA CONSTRUCTION ET L'EMPLOI DES MONTAGES A ALÉSER ET DES OUTILS ANALOGUES

CHAPITRE XV

ÉTUDE, FABRICATION ET EMPLOI DES FRAISES

CHAPITRE XVI

LA TREMPE ET LE RECUIT DES FRAISES

CHAPITRE XVII

LES FORETS ET LE PERÇAGE. — LA FABRICATION ET LE DRESSAGE DES OUTILS. — BARRES D'ALÉSOIRS ET ALÉSOIRS

CHAPITRE XVIII

MACHINES ET TRAVAIL A LA BROCHE

CHAPITRE XIX

EMPLOI A L'ATELIER DES CALIBRES MICROMÉTRIQUES ET DES CALIBRES DE PROFONDEUR

CHAPITRE XX

CONSTRUCTION DES MOULES

CHAPITRE XXI

OUTILS SPÉCIAUX, MONTAGES, SYSTÈMES, ARRANGEMENTS, COMBINAISONS ET MÉTHODES NOUVELLES POUR LE TRAVAIL DES MÉTAUX

CHAPITRE XXII

OUTILS SPÉCIAUX, MONTAGES, SYSTÈMES, ARRANGEMENTS, COMBINAISONS ET MÉTHODES NOUVELLES POUR LE TRAVAIL DES MÉTAUX (suite).

CHAPITRE XXIII

MACHINES SPÉCIALES POUR TRAVAUX PRÉCIS AU MOYEN DES MATRICES ET LEUR EMPLOI

CHAPITRE XXIV

L'ART DE TRAVAILLER LES MÉTAUX AU MOYEN DES MATRICES ET DES PRESSES

CHAPITRE XXV

LA FABRICATION ET L'EMPLOI DES POINÇONS ET MATRICES POUR LE TRAVAIL DES MÉTAUX EN FEUILLES

CHAPITRE XXVI

LA FABRICATION ET L'EMPLOI DES POINÇONS ET MATRICES POUR LE TRAVAIL DES MÉTAUX EN FEUILLES (*suite*)

CHAPITRE XXVII

PROCÉDÉS, PRESSES, SYSTÈMES ET DISPOSITIFS POUR TRAVAILLER RAPIDEMENT ET ÉCONOMIQUEMENT LES MÉTAUX EN FEUILLES

CHAPITRE XXVIII

LA FABRICATION DES PIÈCES PRÉCISES EN FEUILLES MÉTALLIQUES SUR LA PRESSE EN DESSOUS

CHAPITRE XXIX

GRAVURE, CREUSAGE, CONSTRUCTION ET EMPLOI DES MATRICES POUR MÉDAILLES, JOAILLERIE, MONNAIES ET ARTICLES ARTISTIQUES

CHAPITRE XXX

L'ART MODERNE DE L'ESTAMPAGE. LES MACHINES A ESTAMPER ET LE PROCÉDÉ D'ESTAMPAGE A FROID

CHAPITRE XXXI

PROCÉDÉS ET MÉTHODES POUR LE TRAVAIL DE L'ALUMINIUM

CHAPITRE XXXII

AVIS, INDICATIONS, MANIÈRES ET MÉTHODES D'EMPLOI POUR LES OUTILLEURS ET FABRICANTS DE MATRICES

CHAPITRE XXXIII

L'IMPORTANCE DES MONTAGES ET MACHINES-OUTILS MODERNES

L'OUTILLAGE AMÉRICAIN

CHAPITRE I

LES ORIGINES. — LE DÉVELOPPEMENT ET L'ORGANISATION DU SYSTÈME MODERNE DE FABRICATION DES PIÈCES INTERCHANGEABLES.

Eli Whitney. — L'origine du système moderne de fabrication interchangeable — d'après les autorités les plus compétentes — remonte à 1798 ; et l'honneur d'avoir été le premier fabricant de pièces interchangeables appartient à Eli Whitney, l'inventeur de la machine à carder et nettoyer le coton, qui en janvier de cette année accepta de fournir au gouvernement des États-Unis dix mille fusils, dont quatre mille devaient être livrés la première année, et le reste en deux ans. Les livres de cette époque nous apprennent que « M. Whitney réalisa son programme d'une manière très complète et méthodique. Il commença par établir une force motrice hydraulique, construisit des bâtiments bien appropriés, étudia les voies et moyens pour produire en grande quantité et de bonne qualité, étudia les machines nécessaires, et forma des ouvriers habiles pour leur nouvelle profession. Toutefois les difficultés qu'il rencontra furent plus grandes qu'il n'avait supposé, et sa commande de dix mille armes ne fut achevée qu'au bout de huit ans au lieu de deux. Malgré ce retard, les progrès de l'entreprise et les qualités des produits livrés furent si satisfaisants que le Congrès le traita avec la plus grande considération. Les ateliers de New Haven, Conn., devinrent le lieu de pèlerinage des officiers du gouvernement, des manufacturiers, des voyageurs notables et des étrangers, et ce qu'il montrait valait vraiment le voyage, car ses innovations dans la fabrication des armes firent époque au même titre que sa machine à carder et nettoyer le coton ». Ce fut dans la fabrication de ces fusils que Whitney conçut pour la première fois et mit en usage avec plein succès l'emploi des montages pour la production en série de pièces avec des tolérances limitées qui permettaient de les remplacer les unes par les autres. Ainsi le système d'usinage moderne était né, — système qui non seulement a révolutionné la fabrication des armes, mais encore devint la base sur laquelle les fabricants américains ont établi leur réputation actuelle de supériorité dans tous les autres genres de fabrication.

Le premier point établi, — après avoir indiqué l'origine du système, indiqué quel en est l'inventeur, et avoir rendu justice à son génie, — nous allons expliquer quel est le sens du mot « interchangeabilité », ainsi que le développement, le perfectionnement et l'organisation du système qui en dérive.

L'interchangeabilité. — Au point de vue mécanique, l'interchangeabilité désigne la production en série de pièces ou de portions de pièces pouvant être remplacées indifféremment les unes par les autres. Comme premier exemple de l'interchangeabilité, nous pouvons citer celui du briqueteur, du couvreur en tuiles, ou du mosaïste, qui, pour construire un mur ou remplir un panneau, prennent la brique, la tuile ou le cube qui se trouve le plus près, sachant qu'il remplira le même espace et se mettra en place de la même manière que celui qu'ils ont mis précédemment. En ce qui concerne l'industrie métallurgique, on a un exemple grossier de l'interchangeabilité quand on établit une canalisation d'eau. Les tuyaux successifs sont placés indistinctement le long de la rue, l'entrepreneur sachant parfaitement que le bout de chaque tuyau s'emboîtera exactement dans la gorge qui se trouve à l'extrémité du tuyau précédent.

Entre la mise en place des briques, tuiles et canalisations d'eau d'une part, et la fabrication des montres d'autre part, il y a une distance assez grande ; mais comme la montre moderne, bon marché ou coûteuse, représente l'autre extrême en matière d'interchangeabilité, développée à un degré tout à fait incompréhensible aux esprits ordinaires, elle constitue un exemple probant. Dans la fabrication de la montre, plusieurs centaines de pièces entrent en jeu. Prenez les vis — ces toutes petites choses que l'on parvient difficilement à apercevoir à l'œil nu, elles sont fabriquées par millions, et avec une précision telle que la dernière s'ajuste parfaitement dans le trou taraudé prévu pour recevoir la première. Les roues dentées, ressorts, supports, pignons, pivots, roulements et arbres sont tous interchangeables.

En ce qui concerne l'interchangeabilité, il ne faudrait pas conclure que ce système n'est réalisé que dans la production des petites pièces ; au contraire, en fait, ce système est plus aisé à organiser et se rencontre plus fréquemment pour les gros travaux.

Dans la fabrication moderne, on cherche avant tout à produire à bas prix et par suite rapidement, et on ne peut atteindre ce but, qu'en produisant des pièces ou des machines du même genre en série. On pense quelquefois que ces méthodes modernes de fabrication ont été adoptées par suite du défaut de main-d'œuvre habile, tandis qu'au contraire c'est l'abondance de l'offre de main-d'œuvre très exercée qui a rendu possible le développement, la perfection et la mise en pratique du système admirable de la fabrication interchangeable. Là où, il y a quelques années, l'adresse et l'ingéniosité du mécanicien étaient utilisées d'une manière monotone et patiente à produire à la main un certain nombre de pièces de grande précision, constituant dans une certaine mesure des pièces de série, ces facultés sont maintenant orientées vers l'étude et la construction d'une pièce ou d'un outil ou d'un jeu d'outils, qui produiront d'autres pièces ou d'autres outils en série indéfinie. Dans la construction moderne des machines, on a pu développer dans les mains et dans l'intelligence de l'outilleur américain une adresse et une ingéniosité d'un ordre supérieur à tout ce que l'on avait cru possible d'atteindre antérieurement. Cette intelligence et cette ingéniosité sont concentrées sur l'établissement de moyens de produire des articles et des pièces avec les limites de tolérance les plus faibles possible, de manière à garantir leur complète interchangeabilité.

L'homme dans l'intelligence duquel est né le système moderne de fabrication est celui qui le premier prit un bout de ferraille et y perça deux trous, afin de s'en servir pour guider une mèche et percer dans une autre pièce deux trous situés exactement à la même distance que dans la première. Les hommes qui remplissent maintenant nos bureaux d'études et nos ateliers d'outillages pour étudier et construire des outils pour la production de pièces métalliques interchangeables sont ses descendants. Ils ont rendu possible la fabrication du canon se chargeant sur la culasse, de la machine à écrire, de la machine à coudre bon marché, de la caisse enregistreuse, de la montre fabriquée mécaniquement, de l'automobile ainsi que des mille et un autres articles mécaniques, machines et appareils qui forment partie intégrale de notre civilisation du xxᵉ siècle.

La fabrication interchangeable. — L'extension du système moderne de fabrication, depuis l'époque d'Eli Whitney, a été simplement extraordinaire de manière qu'actuellement, toutes les machines dont la vente est constante ou importante sont ou devraient être fabriquées et construites selon le système de l'interchangeabilité. C'est dans le perfectionnement de ce système, et dans l'étude et la construction des outils et appareils pour la production parfaite de mécanique que les hommes les plus remarquables et les plus brillants de la profession sont utilisés. Prenez la machine à fraiser universelle, le tour de précision, la machine à vis automatique, le tour-revolver ; toutes ces machines sont maintenant fabriquées selon un système qui permet de les construire et de les expédier dans toutes les parties du monde avec garantie de fonctionnement. Bien plus, si une de leurs innombrables pièces vient à s'user ou à se rompre, elle peut être remplacée en la retournant aux ateliers qui en renvoient une autre identique. Cette pièce peut alors être montée à la place de la précédente sans qu'on ait à la toucher avec la lime, et elle exécute ses mouvements particuliers et distincts d'une manière aussi parfaite et aussi précise que la pièce qu'elle a remplacée.

Quand on songe que, pour que ces machines exécutent les travaux qu'on leur demande, chacune de leurs pièces depuis la plus petite vis jusqu'à la plus grande pièce de fonderie doit être finie à un degré de précision à peu près inconcevable pour un esprit non initié, le fait que toutes ces pièces peuvent être interchangées avec celles d'une autre machine est encore plus étonnant. Si maintenant toutes les pièces d'une machine-outil moderne doivent être finies avec une telle précision, à quel degré de précision doivent à leur tour être finis les outils et les appareils qui servent à les construire ? Et que dira-t-on maintenant des hommes qui ont l'habileté et la capacité intellectuelle nécessaires pour étudier les projets et réaliser la construction de telles machines ?

Si l'on songe qu'il y a vingt ans les machines-outils de la précision actuelle n'auraient pu être construites, même si on y avait employé les meilleurs mécaniciens qu'on pût rencontrer, le fait que maintenant ces machines ainsi que beaucoup d'autres ont été construites par milliers paraît encore plus étonnant.

La raison pour laquelle ces machines n'avaient pu être achevées et construites pour atteindre les résultats auxquels on est parvenu maintenant consiste en ce qu'alors on ne disposait pas des outils et des machines de la précision nécessaire pour les construire ; ce n'est qu'en imaginant et en répandant l'emploi de ces outils que la fabrication des pièces de mécanique compliquées comme celles de la machine à fraiser universelle actuelle, du tour de précision, etc., est devenue possible. Naturellement, pour imaginer et construire ces outils, il a fallu éduquer les esprits et les mains des mécaniciens de manière qu'aujourd'hui la valeur de l'intelligence, de l'adresse et de la capacité mentale qu'entraînent l'étude et la construction des machines spéciales, des matrices, des outils et des montages pour la fabrication des pièces métalliques, des articles divers, des appareils et des machines, est égale, si ce n'est supérieure, à celle qui correspond à l'exercice des autres arts et des autres professions.

Cette assertion peut paraître un peu forte, mais nous la faisons en pleine connaissance de sa signification. Cela peut ne pas paraître exact, mais pour qui a eu l'avantage de l'observation pratique et de l'intelligence dans la construction mécanique, elle est à la fois exacte et juste. On reconnaît maintenant universellement que des hommes du talent le plus élevé et le plus rare s'occupent de l'étude et de la réalisation des moyens de produire rapidement et économiquement des travaux de mécanique.

Fabrication moderne des machines compliquées. — Comme exemple pratique du système moderne de fabrication, de son organisation et du détail des opérations, nous prendrons les différents arts auxquels il est fait appel et qui sont nécessaires pour construire et présenter sur le marché une machine dont la vente est abondante.

Après que l'étude et l'expérience sont parvenues à établir un modèle donnant un travail parfait et satisfaisant à tous les points de vue, la première chose nécessaire est d'étudier et d'exécuter un jeu complet de modèles en bois et en métal, qui serviront à mouler les différentes pièces qui doivent être exécutées en fonderie. L'homme chargé de ce travail doit posséder une grande habileté et de vastes connaissances pour pouvoir l'exécuter d'une manière satisfaisante. Il doit donner à toutes les parties une solidité suffisante, afin qu'elles puissent résister aux efforts qu'elles devront supporter en service, et il doit également penser à leur donner, dans toute la mesure possible, une apparence symétrique et artistique. Il doit également prévoir le retrait du métal au moment de la coulée, et laisser un léger excédent de matière à tous les endroits qui devront être usinés ou seulement dressés.

Une fois que le modeleur a exécuté ces modèles entièrement conformes aux dessins, on les envoie à la fonderie, où le mouleur aidé de toute son habileté et de son intelligence, employant les modèles comme moules, exécute dans une masse de sable, à l'aide de quelques outils simples, les moules dans lesquels on coule une série de pièces. Ce jeu de pièces est alors usiné et fini au moyen des outils et des méthodes reconnus les plus avantageux, en utilisant toutes les connaissances et toute l'habileté du mécanicien. Quand toutes ces pièces ont été achevées puis montées ensemble, la machine se trouve terminée. Tous les défauts de forme ou de résistance des modèles se sont trouvés alors mis en évidence dans les pièces finies. On revoie alors soigneusement les modèles, on rectifie les défauts, puis on fond un nouveau jeu de pièces. Celles-ci sont usinées, finies, puis montées de manière à obtenir une autre machine. Cette dernière présente d'importants perfectionnements par rapport à la première, tous les défauts et inexactitudes ont été corrigés, et chaque pièce a été usinée avec toute la précision possible.

La machine passe alors au bureau de l'outilleur, qui étudie et fait exécuter les jeux complets d'outils, de matrices, montages et appareils divers, pour l'usinage en série de toutes les pièces, et leur identité complète de formes et de dimensions, depuis les gros arbres, les grands engrenages, jusqu'aux vis et goupilles les plus petites. Pour pouvoir exécuter convenablement tout ce travail, l'outilleur doit être avant tout un homme de pratique, familiarisé avec tous les principes mécaniques nécessaires à observer pour la bonne construction des outils, et posséder en même temps des connaissances théoriques sur les propriétés de tous les métaux. Il doit étudier les outils de manière qu'ils soient productifs et précis, en même temps que résistants et durables. Leur construction doit être aussi simple que possible, permettre un travail précis, et un maniement très rapide. Il doit s'assurer que ces outils sont exacts dans toutes leurs dimensions, à quelques millièmes près. En fait, il doit établir sur le papier un jeu complet d'outils pour la production en série et exacte de toutes les pièces de la machine. L'outilleur doit penser également à établir les outils afin de permettre leur maniement, leur emploi, et l'utilisation de toute leur puissance par des ouvriers d'une adresse et d'une intelligence moyennes, avec rapidité et sans possibilité d'erreurs. Avec le temps, l'outilleur est parvenu à exécuter cette besogne, à vérifier tous ses profils, jusqu'à ce qu'il soit sûr de leur précision et de leur satisfaction aux conditions nécessaires; son travail est alors terminé.

Les dessins des outils et la machine passent alors à l'atelier d'outillage; c'est lui qui doit faire la dernière partie du travail et non la moindre. Tandis que le modeleur a dû exécuter en bois les dessins, le dessinateur travailler sur le papier, et le mouleur dans le sable, le chef de l'atelier d'outillage doit travailler dans l'acier et dans la fonte, que l'on ne peut couper avec un couteau, ni assembler avec de la colle, et qui ne permettent pas de corriger les erreurs avec une gomme à effacer. L'outilleur ne peut davantage reproduire sa pièce dans le sable à l'aide de la truelle. C'est de cet homme que dépendent l'exactitude, le rendement et la résistance des pièces finies. Son habileté, son ingéniosité, son esprit de création et de production doivent être poussés à l'extrême; s'il n'est pas un homme réfléchi, adroit et expérimenté, le travail du dessinateur, du modeleur et du fondeur sont inutiles. Ses connaissances et son habileté interviennent en premier lieu dans l'usinage et le finissage des outils, dans le choix des systèmes de montage, enfin dans l'assemblage des pièces. À mesure que chaque outil, montage ou appareil servant à la production d'une pièce spéciale et à l'exécution d'une opération distincte est terminé, il faut l'essayer; la pièce usinée doit s'ajuster exactement à sa place et se monter parfaitement en tous les points des autres pièces, de manière que tous ses mouvements soient parfaitement garantis. Il doit en être ainsi jusqu'à la fin de la nomenclature, la collection des outils doit être complète, de façon que leur emploi permette de construire entièrement une machine parfaite, avec la certitude que toutes les pièces qui la composent seront bien interchangeables, afin que l'on puisse les prendre indistinctement pour la construction d'une machine neuve ou la réparation d'une machine usagée. Quand tout ce travail préalable a été exécuté, l'étude préliminaire nécessaire à la bonne fabrication et au fonctionnement parfait de ces machines en nombre quelconque, avec la certitude que chacune est la reproduction exacte des autres, depuis la plus petite vis jusqu'aux grands bâtis moulés, est un fait accompli. On peut alors aller de l'avant, et fabriquer selon le système des pièces interchangeables, qui permet de réaliser la construction mécanique au prix minimum, tout en assurant la production maxima. De plus, toutes les machines construites sont la reproduction exacte des autres machines de la même série, ce qui ne pourrait être obtenu par d'autres moyens.

L'outilleur américain. — Le mécanicien le plus habile du monde. — Quand on considère toute l'adresse, la capacité et l'intelligence mises en œuvre pour l'obtention des résultats que nous avons indiqués précédemment, il n'est pas exagéré d'affirmer que le génie inventif et l'intelligence déployés pour inventer, améliorer, perfectionner et construire les machines ne sont inférieurs aux facultés développées dans aucune autre profession et sont en réalité supérieurs à celles qui sont mises en œuvre dans la plupart des métiers. C'est là notre opinion bien arrêtée, et si quelqu'un doute de la vérité de ce que nous avançons, il n'a qu'à aller flâner dans un atelier de mécanique moderne, tel que ceux où l'on construit des machines compliquées destinées à économiser la main-d'œuvre, à voir quelles opérations successives subissent les pièces employées dans la construction de ces machines, les outils spéciaux, les montages, les appareils et les machines employés pour les produire, nous sommes certains que son opinion se modifiera, et qu'il estimera que l'Amérique et les Américains ont lieu d'être fiers de posséder des hommes capables de produire de tels travaux. C'est à eux surtout, plutôt qu'à tous les autres, qu'est due notre suprématie commerciale et industrielle actuelle. Les grands changements qui se sont produits au cours du siècle dernier, qui ont contribué à élever et améliorer la race humaine, sont marqués par les exploits des hommes dont la vie et l'énergie ont été consacrées à perfectionner et à produire mécaniquement les divers articles. Le génie d'invention qui a conçu, perfectionné et réalisé la construction des machines qui économisent la main-d'œuvre, a multiplié et perfectionné tout ce qui est nécessaire à la vie et tous les articles de luxe.

Nous passons maintenant pour le peuple le plus puissant du monde. A qui en sommes-nous redevables ? Nous le devons surtout à ceux qui ont développé et perfectionné nos industries de fabrication modernes. C'est parce que nous pouvons voir avec sérénité les efforts faits par les autres nations pour nous surpasser ; c'est parce que nous pouvons pénétrer sur tous les marchés du monde et triompher de leur concurrence que nous sommes ce que nous sommes. Comment est-on parvenu à ce résultat ? Simplement grâce au grand esprit inventif et à l'ingéniosité des ingénieurs et mécaniciens américains. C'est ainsi que la production de tous les articles et de ce qui est nécessaire au commerce a été réalisée à des prix plus bas et en plus grandes quantités. Allez dans les ateliers de dessin, de construction, ou d'outillage des grandes usines mécaniques, et voyez les hommes qui y sont employés. Ils supportent favorablement la comparaison avec tous ceux qui se livrent à d'autres arts ou professions. Il y a plus, ces hommes ne restent pas stationnaires, mais ils augmentent constamment leurs connaissances, et s'élèvent sans cesse davantage à des postes que leurs ambitions et leurs capacités leur permettent d'atteindre. C'est des rangs de ces hommes que sortent les meilleurs inventeurs de machines, ainsi que les directeurs.

Avant de terminer ce chapitre d'introduction, je dois dire que la suprématie industrielle des États-Unis pendant le xxe siècle est due à l'extension et au perfectionnement du système moderne de fabrication de pièces interchangeables, et constitue une preuve évidente de l'adresse et de l'ingéniosité du mécanicien américain.

CHAPITRE II

MACHINES-OUTILS. — ÉTUDES. — FABRICATION DES OUTILS. ATELIERS D'OUTILLAGE.

Les machines-outils. — On a dit avec justesse que la base de l'édifice industriel d'aujourd'hui est constituée par les machines-outils ; et j'estime que tous ceux qui sont familiarisés avec le développement de l'industrie mécanique de cette dernière décade et avec les améliorations industrielles seront d'accord avec moi. C'est là un fait que tout le monde doit reconnaître, que sans les machines-outils, ces facteurs capitaux de la civilisation moderne, nous en serions réduits à l'état de l'homme primitif et obligés d'exécuter avec de grandes fatigues physiques ce que des milliers de machines automatiques font maintenant pour nous. C'est au moyen des machines-outils que l'on produit toutes les autres machines ; les outils types de l'atelier universel, les tours, machines à percer, à raboter, les étaux limeurs, fraiseuses, machines à aléser et les nombreux membres plus modestes de cette grande famille, sont appelés à fournir leur part contributive pour la production économique moderne.

Maintenant, si l'on tient compte des faits mentionnés ci-dessus, il doit être évident pour tout le monde que les nations qui veulent l'emporter en matière industrielle doivent posséder les machines-outils les plus productrices et les meilleures, de même que la possession de ces machines est un critérium de l'habileté mécanique et de l'ingéniosité des mécaniciens du pays. Puis, là où on trouve les meilleures machines-outils, on doit nécessairement connaître le mieux la manière de les conduire, de façon à en tirer le meilleur parti. Nous en arrivons à cette conclusion que si on veut faire de bons outils, il est absolument essentiel de bien comprendre et de parfaitement connaître comment les outils doivent être employés, et la quantité de travail qu'ils doivent produire. On peut dire que ceux qui possèdent ces connaissances constituent l'élite de leur profession, car ils sont capables d'imaginer des moyens de production qui réduiront le travail imposé par notre mère Nature à l'homme et aux animaux, en produisant ce travail d'une façon plus économique et plus rapide.

Le dessinateur. — Si nous considérons les machines-outils, nous sommes frappés par ce fait que le rendement d'une machine, d'un montage, d'un appareil ou d'un outil employé à l'usinage est déterminé exclusivement par la qualité et la quantité de sa production. Dans une certaine mesure, elles sont influencées par l'adresse de l'ouvrier qui conduit la machine ou l'outil. Cependant les machines et les outils doivent être étudiés et construits de manière que le facteur d'adresse dans leur emploi soit sans influence, sauf pour contribuer à produire une meilleure qualité ou une plus grande quantité de travail qu'il n'a été demandé dans les spécifications.

Maintenant, pour que le dessinateur soit capable de combiner une machine ou un outil qui puisse satisfaire aux exigences modernes, il doit être un praticien accompli, familiarisé avec les détails des différents genres d'usinage auxquels sa création doit être employée. Une connaissance théorique des propriétés de tous les matériaux, dans toutes les conditions, doit être également possédée par l'homme qui désire réussir dans l'étude des outils, s'il veut espérer résoudre les innombrables problèmes qu'il rencontrera. Quand on considère l'ampleur du champ à connaître, on se rend compte de suite que la tâche imposée n'est pas ordinaire, et qu'il faut avoir un bagage intellectuel très complet pour pouvoir réussir. Il est vrai que le nombre relativement limité des méthodes employées pour le travail des métaux contribue dans une certaine mesure à alléger la tâche. La liste de ces méthodes est la suivante : forgeage, laminage, compression, tournage, perçage, alésage, rabotage, fraisage, meulage, poinçonnage, cisaillage et sciage. Cette liste indique les méthodes les plus importantes ; le reste a peu d'importance, et peut virtuellement être classé dans la liste ci-dessus.

Le grand principe du travail en série. — L'étude et la construction des montages et outils spéciaux à employer sur les machines-outils pour l'usinage moderne représentent la plus importante application du grand principe du travail en série. C'est l'étude de ce sujet que nous allons entreprendre, elle s'étend non seulement aux outils appelés montages et appareils, mais à tous les outils spéciaux des différents types dont l'emploi est général maintenant pour produire à bas prix et avec précision des pièces reproduites en série, en métaux ou autres matières. L'origine de ce grand principe peut être retrouvée à peu près indéfiniment en arrière.

L'application peut-être la plus ancienne du principe du travail en série fut celle du moulage des matériaux plastiques qui devaient subir ensuite la cuisson. Depuis l'époque où l'on commença à employer les moules jusqu'à l'application de ce principe à l'art de l'imprimerie, il s'écoula une longue période, mais c'est bien dans cet art que ce principe fut appliqué d'abord à reproduire une planche gravée à la main, puis des planches composées de caractères mobiles. Dans la suite, le principe fut appliqué à l'exécution des reproductions des peintures et des lithographies, au repoussage et à l'estampage des métaux, puis au moulage des métaux fondus et de nombreux autres matériaux. En fait cette énumération pourrait être prolongée pendant plusieurs pages, en indiquant les applications successives du principe du travail en série jusqu'à ce jour, pour s'arrêter finalement au jeu d'outils servant à la fabrication en série d'une machine à fraiser universelle ou d'un tour de précision modernes.

L'application la plus nouvelle du principe du travail en série qui présente de l'intérêt pour nous, réside dans l'emploi des calibres, profils, montages, appareils et supports, car ces outils sont principalement employés au travail et au découpage des pièces métalliques, avec des conditions de tolérance limitées, après qu'elles ont été dégrossies par laminage, étirage, forgeage ou moulage.

Rôle des montages et appareils. — En ce qui concerne les montages et les appareils, leurs fonctions sont souvent combinées avec celles des machines sur lesquelles on les utilise, de manière que pour une machine combinée spécialement pour travailler des pièces de la même dimension et de la même forme, les pièces soient placées et les outils commandés par les organes qui font partie de la machine elle-même. C'est ce que nous trouvons dans une machine à percer multiple, qui a été construite spécialement pour percer tous les trous dans une pièce de machine ou dans une grande tôle, les supports des broches de perçage étant fixés en position d'une manière rigide et selon certaines relations les uns par rapport aux autres. Dans une machine de ce genre, la position des broches de perçage constitue le montage, car il n'y a qu'à placer la pièce sur la table et on peut percer les trous dans la même position que ceux percés dans la pièce précédente.

Calibres. — Les calibres sont des outils formés de pièces métalliques plates, ordinairement des morceaux de tôle, qui pour l'emploi sont posés sur les surfaces, et repérés au moyen de trous, d'ergots, de broches, etc., de sorte que certaines arêtes du calibre, extérieures ou intérieures, puissent être utilisées comme guides pour tracer leur profil sur les surfaces de la pièce, ou comme guides pour le perçage des trous, pour le taillage de rainures en creux par rapport à la surface générale, ou pour donner aux arêtes intérieures ou extérieures de la pièce les profils intérieurs ou extérieurs du calibre. Ainsi un outil de ce genre reproduit les lignes marquées avec une précision dont le degré dépend du soin pris par celui qui l'emploie. Le respect de ces lignes pendant l'usinage ultérieur est sujet à des erreurs variables, qui dépendent du degré d'habileté de l'ouvrier.

Comme exemple, nous indiquerons que nous avons eu à faire un calibre de très grande épaisseur, et à le fixer solidement sur les pièces, de façon à permettre d'utiliser les arêtes de repérage comme des guides pour les outils d'usinage (*fig.* 1 et 2) par exemple. Ceci nous représente la forme la plus simple du montage plat. Quand les arêtes extérieures d'un calibre de ce genre sont employées pour repérer la position des arêtes finies des pièces, l'outil devient un montage pour limer, fraiser, dresser ou raboter, selon les cas. L'emploi le plus courant des montages plats est cependant le repérage des trous cylindriques des différentes dimensions, des divers genres, que

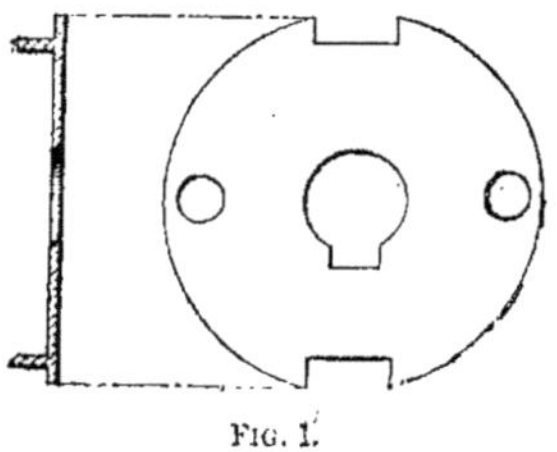

FIG. 1.

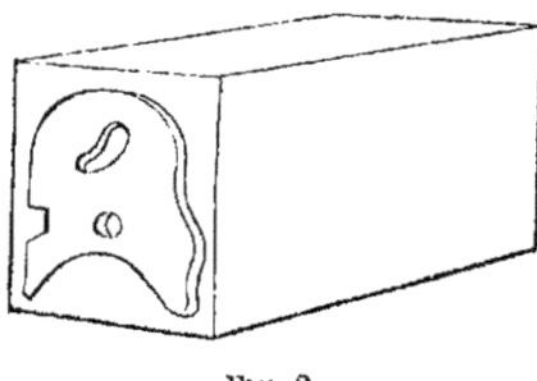

FIG. 2.

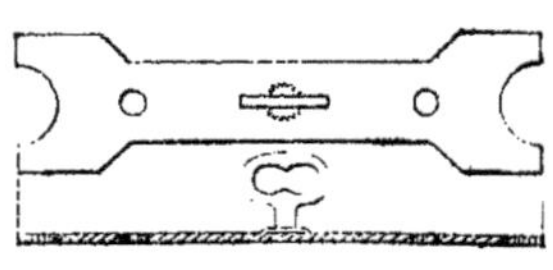

FIG. 3.

l'on doit percer avec des mèches ou outils analogues, ou à repérer des rainures, des angles, ou des clavetages sur les pièces, en certaines positions relativement à d'autres points achevés. La figure 3 représente un calibre de taraudage.

Calibres à mesurer. — Leur rôle général est de servir à vérifier les dimensions types entre leurs saillies et leurs creux. Si l'emploi de ces outils est assez connu pour rendre inutile leur description détaillée, il est toutefois essentiel de faire quelques remarques. Pour les travaux précis, on emploie fréquemment des calibres de tolérance (*fig.* 4). L'un des calibres représente

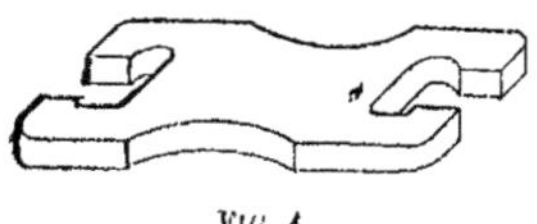

FIG. 4.

le maximum d'inexactitude admissible et l'autre le maximum d'exactitude demandé. La pièce doit se trouver entre ces deux limites. Nous voyons ainsi que le but des calibres à mesurer n'est pas tant de repérer les points des diverses surfaces finies des pièces, mais de vérifier leur repérage après leur achèvement.

Montages plats. — En ce qui concerne les montages plats, on peut
dire que leur forme la plus simple consiste ordinairement en une pièce
plate en acier, dans laquelle on a repéré avec précision certains trous, que

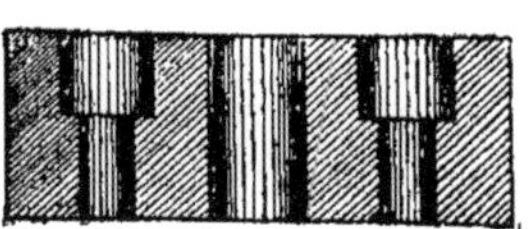

FIG. 5.

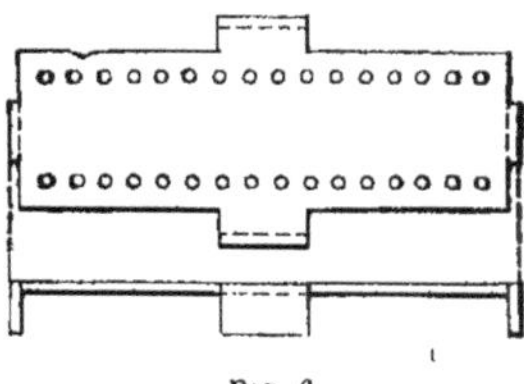

FIG. 6.

l'on a percés ensuite ; les surfaces supérieures et inférieures de la plaque
ont été au préalable usinées avec précision. Si donc on a un calibre plat en
forme d'équerre ou rectangulaire, et d'épaisseur considérable, comme l'indique la figure 5, ou autrement dit qui présente les mêmes formes et dimensions que les pièces qu'il s'agit de percer, on peut le fixer en position
sur la table d'une presse à percer, et employer une paire de brides pour
serrer contre deux de ses arêtes, ces brides étant placées à angle droit l'une
par rapport à l'autre, et serrées quand on a placé la mèche de manière à
percer l'un des trous à la profondeur voulue, et ainsi pour le reste, quel que
soit le cas. Une fois ceci fait, le modèle ou montage plat peut être enlevé ;
on percera les pièces exactement de la même manière en les plaçant contre
les brides, en les serrant puis en faisant descendre la mèche.

La figure 7 représente un type de montage plat d'un emploi très géné-

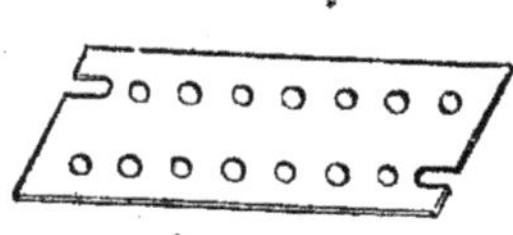

FIG. 7.

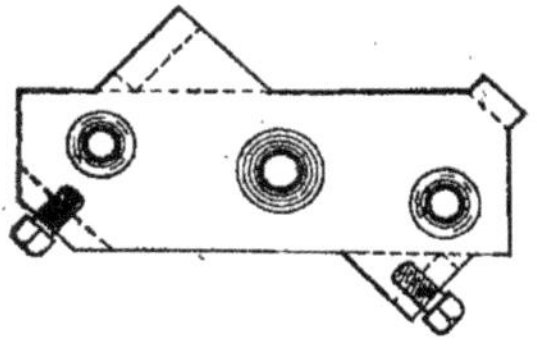

FIG. 8.

ral. Ces montages sont ordinairement garnis à la partie inférieure d'ergots
ou de tiges saillantes, qui permettent de repérer le montage sur la pièce, ce
qui évite la nécessité d'avoir recours à la main ou aux doigts de l'opérateur pour ce point particulier. Souvent le montage est muni de vis, brides
ou autres organes de serrage (*fig.* 8) placés sur un ou plusieurs côtés
du montage, et destinés à le presser contre la pièce dans une ou deux
directions. Quand la pièce varie de forme ou de dimensions, comme cela se
produit pour les pièces de fonderie, le serrage se fait ordinairement au

centre, et de façon à opérer dans toutes les directions, de manière à compenser les variations que présentent les pièces.

Montages en forme de boîtes. — Si nous suivons le développement du principe du travail en série, nous arrivons aux montages en forme de boîtes. Ce type de montage repose sur son fond, quand il est en service, la pièce est descendue à l'intérieur, puis repérée par des moyens convenables contre des butées et des saillies du montage tant sur le fond de celui-ci que contre les parois latérales. Un montage de ce genre est ordinairement muni d'un couvercle dans lequel sont placées les bagues servant à guider les mèches. Très souvent la pièce est repérée et serrée à l'intérieur de ces montages en descendant simplement le couvercle et en le fixant. Quand tous les trous que l'on percera dans un montage à boîte doivent être parallèles les uns aux autres, le montage repose sur son fond pendant l'usage ; mais quand les trous doivent être percés à angle droit, du sommet, des côtés, ou de l'une quelconque des six faces du montage, il est nécessaire que toutes les faces opposées dont on doit partir pour exécuter le perçage offrent des surfaces dressées pour placer le montage sur la table. Ces surfaces d'appui ou portées peuvent se trouver sous un angle voulu quelconque les unes par rapport aux autres, elles peuvent venir de fonderie avec le corps du montage puis être usinées et mises d'équerre, ou bien on peut les constituer de pièces en acier vissées ou entrées à force.

Les montages à boîtes des types les plus communs sont fréquemment employés pour percer tous les trous dans des bâtis de petites machines, dans des calibres ou d'autres pièces analogues. La pièce est placée dans le montage puis repérée par certaines surfaces qui sont les plus favorables pour produire un travail uniforme. Une fois la pièce montée, le montage est placé sur la table d'une perceuse multiple, et tous les trous sont exécutés à la demande. Le perçage, le contreperçage, l'alésage, se font ainsi à volonté, chaque broche de la perceuse étant munie des outils nécessaires pour l'exécution de l'opération demandée. Grâce à l'emploi des montages de ce genre, on peut employer des manœuvres pour percer un nombre quelconque de trous espacés avec précision sur des milliers de pièces, avec la certitude que l'interchangeabilité sera assurée. Comme le montage peut être établi de façon que sa manutention soit aisée quand on le fait glisser d'une broche à une autre, ou quand on le retourne sur ses différentes faces, les efforts physiques que l'opérateur doit développer ne sont pas importants ; aussi le travail est exécuté avec précision et facilité au point de vue mental et physique.

D'autre part, on rencontre également le montage à boîte sous une forme plus simple, la disposition générale étant plate avec un certain nombre de saillies ou de tiges dirigées vers le bas. Avec un montage de ce genre, la face inférieure des saillies sert de support, la pièce étant serrée de bas en haut, contre la face inférieure du corps du montage. Toutefois, il y a encore un autre type, que l'on pourrait appeler avec raison le montage squelette, parce que le bâti ne forme qu'un léger squelette. On emploie ces squelettes pour des pièces très lourdes, le poids étant un facteur très important; pour permettre à l'opérateur de manœuvrer le montage et la pièce qu'il contient sans fatigue exagérée, le montage doit être exécuté aussi léger que possible.

Travaux pour lesquels on ne peut faire de montage. — Montages pour grosses pièces. — Si la plupart des pièces mécaniques peuvent être avantageusement travaillées au moyen de montages, il y en a qu'il serait manifestement impraticable de manœuvrer de cette manière ; ce sont par exemple les bâtis de machines de grandes dimensions, les bancs de tours, les grands bâtis de presses, etc. Au contraire, il est légitime de continuer à faire toutes les opérations nécessaires sur des pièces de ce genre, telles que le tournage, le rabotage et le fraisage, par les méthodes ordinaires, en employant des calibres et des jauges pour repérer les surfaces finies, et ensuite de petits montages localisés ou des calibres pour repérer les trous nécessaires par rapport aux surfaces déjà finies. Quand on emploie des montages pour ce genre de travaux, ceux-ci doivent être faits pour repérer seulement un trou ou deux trous, ou même plusieurs trous placés tout près les uns des autres. Quand ces montages sont assez petits, on peut les manœuvrer aisément, et les placer successivement sur différentes parties de la pièce.

Si l'économie de poids est très importante dans l'établissement des grands montages, afin de permettre de les manœuvrer aisément, cette économie ne doit pas être poussée trop loin. Il est absolument nécessaire, en ce qui concerne les montages pour les pièces lourdes que la légèreté soit combinée avec la rigidité, et ce résultat ne peut être obtenu qu'avec une étude soignée. Il arrive souvent que l'on construit avec grand soin des montages de grandes dimensions, et qu'une fois placés sur les pièces, ils plient ou se gauchissent, ce qui déplace les trous et les points de repérage ; ceci résulte de ce que le dessinateur n'a pas consacré une attention suffisante à la question de rigidité.

Pour les bâtis des grands montages, on trouve généralement que le mieux est d'employer la fonte, parce qu'avec ce métal, les parties utiles conservent leur position sans gauchir ni fléchir ; en fait, ces montages donnent un bon résultat jusqu'à ce qu'ils soient soumis à des efforts suffisants pour provoquer leur rupture. Si au contraire les corps de ces montages sont faits en acier coulé, en pièces forgées, ou en laiton, ils manquent souvent de précision, et d'ordinaire on ne découvre ces défauts qu'après avoir gâché un nombre important de pièces par leur emploi.

Montages économiques. — Pour les petites séries de pièces, on emploie quelquefois des montages économiques. Ceux-ci sont établis en perçant simplement les trous utiles à travers le corps en fonte ou la tôle en acier qui les constitue. Les montages ainsi construits ne sont peut-être pas très durables, parce que les mèches usent les trous et le repérage n'est pas conservé. On peut aussi établir ces montages en fixant une tôle d'acier trempé dans laquelle les trous utiles ont été percés à l'aide du bâti du montage. Toutefois l'emploi de tôles d'acier trempé pour cette application est un peu prohibé par la déformation de l'acier à la trempe, ce qui détruit l'alignement et déplace les trous les uns par rapport aux autres.

Montages de précision. — Quand les montages sont destinés à exécuter de grandes séries de travaux précis, les outils doivent être exécutés avec soin. Dans ces montages, les trous de guidage des mèches doivent toujours être bagués avec des bagues en acier trempées, rodées et rectifiées, avec des diamètres extérieurs uniformes, de manière qu'on puisse les remplacer aisément quand leur intérieur a été usé par la rotation des mèches pendant le travail. Ces bagues sont ordinairement entrées à force dans des trous coniques des corps des montages. Pour produire des travaux précis en petites séries, on emploie des bagues interchangeables, dont on conserve un jeu complet à sa disposition. Ces bagues peuvent être employées indistinctement sur l'un quelconque des grands montages de l'atelier.

Les ateliers d'outillage et leur équipement. — Naturellement, dans un chapitre consacré à la valeur des outils, à l'évolution et au développement de l'outillage, on s'attend à trouver quelque chose concernant les ateliers d'outillage ; de toute manière, quelques remarques à ce sujet seront opportunes.

L'atelier d'outillage comprend deux divisions, celle dans laquelle on exécute les outils et les montages, et le magasin où on les conserve. Dans l'atelier d'outillage proprement dit, la machine la plus importante est le tour. Les figures 9 et 10 représentent un type éprouvé de tour moderne pour outilleurs dont les dispositions générales sont bien visibles. C'est un tour d'outilleur de 10 pouces (254 millimètres) ; sa disposition et sa construction constituent une solution parfaite et complète. C'est l'un des tours de précision les plus complets qui aient été jamais construits pour les outilleurs ou les modeleurs. En réalité, parmi toutes les machines-outils, qu'il s'agisse d'outillage ou d'usinage, le tour est roi. Si un atelier d'usinage ou

d'outillage ne doit posséder qu'une seule machine, il est évident pour tout
le monde que ce sera un tour, et que ce doit être un bon tour. Avec un bon
tour et un ouvrier adroit pour l'utiliser, et en tirer tout le parti possible, on
peut exécuter à peu près tout ce qui concerne l'outillage et la construction
mécanique. Comme maintenant les tours sont construits dans la plus
extraordinaire variété de puissance, depuis les tours de précision délicats
jusqu'aux énormes tours de 300 tonnes pour canons, on ne peut éprouver

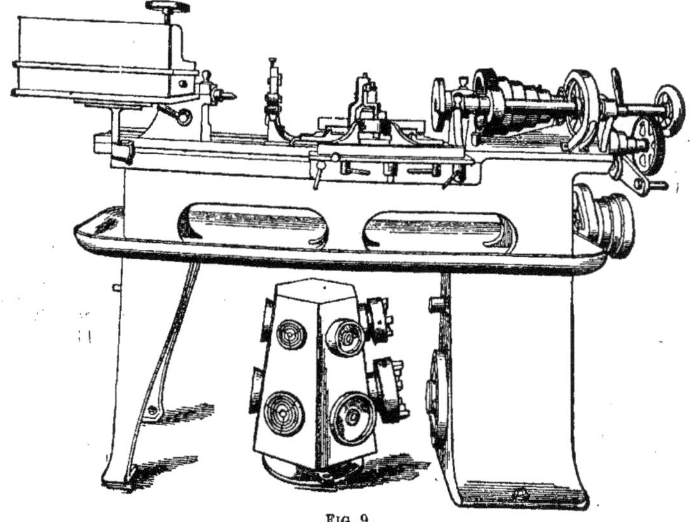

FIG. 9.

de difficultés à en trouver un pour un genre quelconque de travaux d'outillage ou d'usinage.

Après le tour, la machine qui vient ensuite comme importance est la
machine à percer, dont le choix dépend du genre de travaux à exécuter.
Ordinairement, il en faut deux, — une petite sensitive et une grande
machine à colonne. Ensuite vient la fraiseuse universelle, avec ses innombrables applications. Dans l'ordre d'importance, l'étau limeur et la raboteuse viennent ensuite, et pour les choisir, la nature du travail à exécuter
est également le facteur principal à considérer. Les étaux et le petit outillage suivent, puis le tour à grande vitesse pour le travail à la main, le
polissage et le rodage. Enfin un atelier d'outillage moderne n'est pas complet sans une machine à affûter. Toutes ces machines sont suffisamment
bien connues, et la description détaillée de l'une d'elles ne servirait qu'à
prendre de la place utile.

En ce qui concerne le magasin d'outillage, il doit être évident pour tout le monde que la condition principale à laquelle il doit satisfaire est d'offrir un espace convenable pour pouvoir ranger systématiquement et distribuer aisément les divers outils et appareils. Dans un petit établissement, un seul magasin est nécessaire, mais dans une grande usine, comprenant plusieurs bâtiments et plusieurs étages dans chacun de ceux-ci, il est nécessaire d'avoir un certain nombre de magasins d'outillage afin de faciliter la distribution des outils.

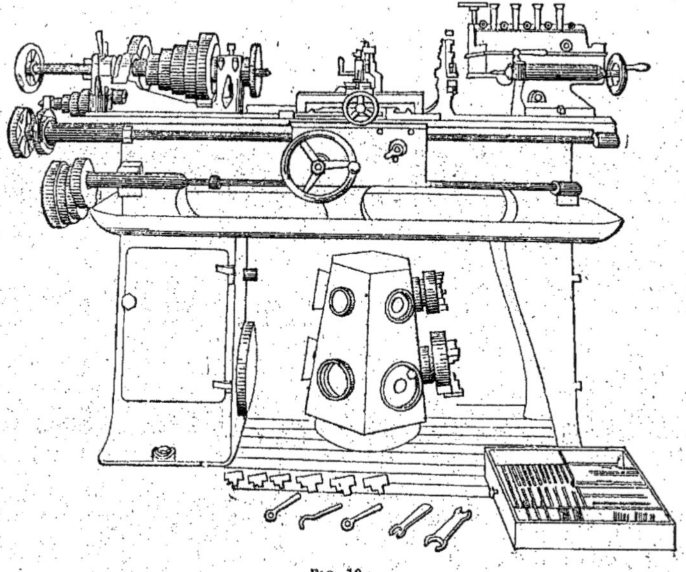

FIG. 10.

Afin que le lecteur puisse comprendre comment doit être arrangé un atelier d'outillage, il est essentiel de présenter une courte description d'un modèle. Je ne connais pas de meilleure manière de réaliser ceci que de décrire les ateliers d'outillage des ateliers Brown and Sharpe, Providence, R. I., États-Unis. Dans leurs ateliers, les différents outillages sont très semblables ; le plus grand est au second étage du bâtiment principal, où tous les outils sont affûtés sur une machine à affûter Sellers, avant d'être donnés, et on exécute aussi d'autres travaux analogues. Comme dans tous les ateliers où on emploie des outils très nombreux et variés, on emploie le système des jetons. Chaque ouvrier en reçoit dix, et on en met un en face de la place réservée à chacun des outils qu'il a reçus. Un caractère remarquable et excellent de ces magasins d'outillage est le grand approvisionnement de calibres d'épaisseur dans chacun d'eux. Pour économiser des jetons, quand un ouvrier demande plusieurs calibres d'épaisseur, on emploie le système indiqué (*fig.* 11). Les calibres d'épaisseur sont placés dans des casiers, ceux d'une grandeur sur un rayon, la grandeur suivante sur le rayon au-dessous, et ainsi de suite. A droite est une planche sur le côté de laquelle est marquée la grandeur des calibres d'épaisseur de chaque rayon ; au sommet les nombres 1 à 6 indiquent le nombre de calibres d'épaisseur en service. Les jetons placés aux positions représentées indiquent qu'un ouvrier a quatre calibres d'épaisseur de 1/2 pouce et trois de 2 3/4 pouces.

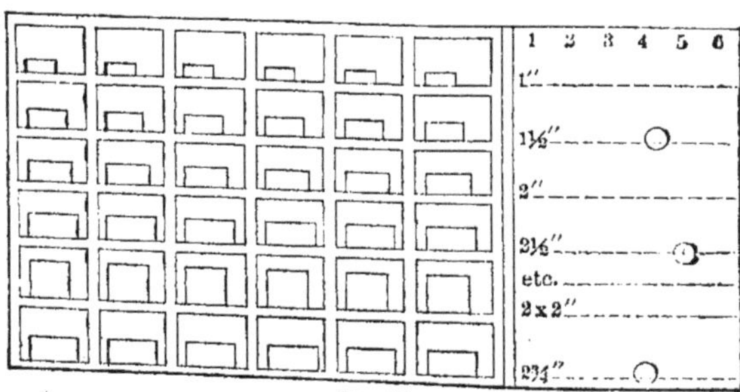

FIG. 11.

1″ : 25,4ᵐᵐ. — 1 ½″ : 38,1ᵐᵐ. — 2″ : 50,8ᵐᵐ. — 2 ½″ : 63,5ᵐᵐ. — 2 × 2″ : 101,6ᵐᵐ. — 2 3/4 : 69,8ᵐᵐ.

Dans beaucoup d'ateliers, on a coutume de munir les magasins d'outillage de jeux de tarauds et de tourne-à-gauche réunis en deux séries, de manière qu'un seul jeton suffise pour l'ensemble. Dans les magasins d'outillage Brown et Sharpe, les jeux de tarauds sont équipés d'une manière plus complète que d'ordinaire. Chaque jeu ou paquet comprend une série complète de mèches, mèche conique, taraud d'ébauche, taraud à grandeur et taraud de fond, deux contre-forets pour les trous où on emploie des vis à tête noyée, l'un ayant un bout à la dimension du trou type, l'autre pour s'ajuster dans un trou de mèche conique. Chaque jeu comprend en outre un tampon de vérification à la grandeur de la tête type pour les vis de cette dimension, et un tourne-à-gauche.

Pour conserver la trace des fournitures prises par les ouvriers, un nouveau système est en usage. Il comprend une boîte à six faces, dans chaque magasin d'outillage, sur les côtés de laquelle est accrochée une série spéciale de dix jetons pour chaque homme. Le sommet de la boîte est divisé en plusieurs compartiments, marqués respectivement « huile », « chiffons », « serviettes », « toile émeri », etc., et quand un homme demande un paquet de chiffons, un de ses jetons est mis dans le compartiment qui porte son nom. Une fois qu'un certain temps s'est écoulé, les jetons peuvent être enlevés, comptés, et on peut noter la quantité de fournitures que chaque homme a employées. Les jetons sont alors remis à leurs crochets.

CHAPITRE III

PRINCIPES FONDAMENTAUX. — PROCÉDÉS ET PRINCIPES PRATIQUES POUR L'ÉTUDE ET LA CONSTRUCTION DES MONTAGES

Avant de nous occuper des différents types de montages et d'appareils employés pour la fabrication en série par perçage et par fraisage, de les représenter et de décrire leur construction et leur emploi en détail, j'ai pensé que le mieux est de consacrer un chapitre à présenter les principes fondamentaux, les divers procédés et considérations pratiques qu'il est nécessaire de comprendre pour étudier et construire avec succès les montages et appareils de perçage ou les outils spéciaux analogues, pour l'usinage en série des pièces de machines. En suivant les règles indiquées, on économisera beaucoup de main-d'œuvre et de dépenses inutiles, en obtenant les meilleurs résultats. Les descriptions sont données entièrement à un point de vue pratique, en évitant toute considération théorique ou simplement spéculative.

Points importants. — En premier lieu, il faut bien se pénétrer qu'aucune autre branche de l'industrie mécanique n'exige plus d'intelligence, plus de connaissances et plus d'expérience pratique des conditions du travail dans les ateliers, que l'étude des montages et des appareils, et pour qu'un homme soit parfaitement compétent dans ce genre d'affaires, il doit posséder une connaissance excellente des conditions de l'atelier. Autrement il serait à peu près inutile de se livrer à une étude approfondie des facteurs essentiels et des principes fondamentaux.

Dans le travail des montages et des appareils, six facteurs très importants sont à considérer : 1. La succession des opérations que subira la pièce au cours de l'usinage. 2. L'assujettissement et la fixation de la pièce dans les montages. 3. Éviter que les points de repérage de la pièce soient envahis par les copeaux ou la poussière. 4. Employer des outils complets par eux-mêmes. 5. Tenir compte de la qualité des ouvriers appelés à employer ces outils. 6. La facilité de la manœuvre des outils pendant leur emploi.

Si nous prenons le premier facteur, — la succession des opérations que subira la pièce au cours de l'usinage, — nous supposerons qu'on nous donne à étudier les outils nécessaires pour produire en série une pièce de machine. Nous supposerons que, pour son achèvement, cette pièce doit subir deux opérations, le perçage et le fraisage. Il s'agit de savoir par quelle opération on doit commencer, perçage ou fraisage ?

Dans la plupart des cas où une pièce doit être percée et fraisée, il vaut mieux prévoir le fraisage en premier, parce qu'il est désirable que les trous percés et les surfaces fraisées se trouvent repérés d'une manière définie les uns par rapport aux autres, et parce que, en perçant les trous dans une surface fraisée, on peut obtenir une plus grande précision et une meilleure interchangeabilité des pièces que si on exécutait le fraisage après le perçage des trous. Toutefois, pour trancher la question, il faut choisir un point ou une surface de départ. Que la pièce à usiner soit obtenue en fonderie ou autrement, il existe toujours un point dont la position, — par rapport aux autres points — peut être prise comme repère, c'est-à-dire un point d'où l'on peut partir et où on peut se reporter au cours de toutes les opérations ultérieures nécessaires pour usiner cette pièce particulière. Le point choisi peut être un trou, une partie plane, une rainure ou un bossage, cela n'a pas d'importance.

Les appareils de repérage et de fixation. — Une fois que l'on a choisi ainsi le point de départ, il s'ensuit que ce point doit être usiné le premier, et que le premier montage ou appareil à construire est celui qui concerne cette opération. Là réside le secret de la bonne construction des montages. On doit employer également ce point pour le repérage de la pièce dans les différents montages et appareils utilisés pour exécuter les opérations subséquentes. On ne doit jamais changer un point de départ, car si on achève une opération en partant d'un point, et l'opération suivante en partant d'un autre point, on n'obtient jamais de bons résultats.

Quand on étudie des montages pour des pièces estampées, tournées, découpées à la presse ou des pièces quelconques qui ont dû subir préalablement une opération de cisaillage, meulage, compression ou emboutissage, le contour de la pièce est ordinairement tel que la fixation est très aisée, spécialement si la première opération est un dressage à la fraise. Toutefois, avec les pièces de fonderie, en raison de leur défaut d'uniformité, dans un grand nombre de cas, il est nécessaire d'employer des montages de forme compliquée et coûteuse, aussi doit-on apporter beaucoup de soin et de réflexion dans le choix des moyens de repérage et de fixation. Si on décide de commencer par le perçage au lieu du fraisage, et si les trous ainsi faits doivent être employés à repérer et serrer la pièce à la place du contour de celle-ci, on remarquera qu'on peut employer un montage plus simple et moins coûteux. Quelle que soit la décision prise, les montages doivent être étudiés de manière que toutes les opérations d'un genre déterminé soient achevées avant qu'on en commence une autre série.

En ce qui concerne la rapidité du repérage et du serrage des pièces, la précision et la facilité de ces opérations, ces facteurs ont la plus grande importance, et il est difficile de les discuter convenablement, car la qualité de la pièce finie dépend avant tout de ces facteurs.

Les différentes méthodes employées universellement pour repérer et fixer les pièces à usiner sur des montages et des appareils, telles que l'emploi de macarons, cames, vis de serrage, tiges à ressorts, coulisses, broches coniques, etc., sont bien connues, et je n'essaierai pas d'établir une règle générale pour leur emploi, car celui-ci doit être décidé par le dessinateur selon le type de montage et la nature de la pièce.

Une des conditions les plus essentielles parmi celles qui sont nécessaires pour produire rapidement et avec précision des pièces dans des montages et des appareils, consiste à prendre soin que les points de repérage soient protégés contre la poussière. Ceci est bien évident pour tous ceux qui sont familiarisés avec l'emploi et le but de ces outils.

Quand j'ai indiqué que les outils doivent être complets par eux-mêmes, j'ai voulu dire que tous les systèmes et moyens utilisés pour repérer et serrer les pièces doivent être des pièces composant l'outil. Quand il en est ainsi, l'opérateur n'est pas obligé d'employer un marteau, une clef ou un autre outil quelconque pour conduire le montage.

Montages simples pour perçage. — Quand on doit construire des montages de perçage de types comparativement simples pour l'usinage de pièces qui ne nécessitent pas une grande précision, le point principal à envisager est l'interchangeabilité nécessaire pour ces pièces une fois qu'elles sont terminées. Si l'on a constamment cette idée présente à l'esprit, il ne sera pas difficile d'éviter toute dépense et toute main-d'œuvre superflue. Dans la construction de montages simples, qui doivent être employés pour percer des pièces qui ont été préalablement finies en une ou plusieurs parties, ou pour des pièces de fonderie brutes, qui n'ont subi aucun usinage préalable, les points les plus essentiels parmi ceux qui sont nécessaires pour que leur construction soit réussie et que leur emploi donne satisfaction, sont les suivants : en premier lieu, dans l'établissement des modèles, on doit construire ceux-ci de manière à laisser des ouvertures dans les pièces fondues en tous les points où cela est possible, sans toutefois nuire à la résistance et à la rigidité de ces pièces quand elles sont terminées, de manière à permettre l'enlèvement des copeaux et de la poussière. En second lieu, on doit donner aux portées la surface juste suffisante pour permettre de les dresser rapidement. Enfin, on doit étudier les montages de manière à permettre de repérer et fixer rapidement les pièces et à les enlever de même une fois finies, car c'est là un des facteurs les plus importants dans l'emploi de ces appareils.

Construction des montages simples. — Pour la construction, après avoir fait l'usinage préliminaire de toutes les parties extérieures nécessaires, on choisira les endroits les plus pratiques et les plus avantageux pour repérer les pièces. En premier lieu, une surface usinée pour les endroits destinés au repérage. Quand cela n'est pas possible, on devra choisir les points des pièces de fonderie où l'on espère avoir le moins de variations. Puis, pour le serrage des pièces dans le montage, on emploiera les moyens qui permettront la manœuvre la plus rapide et la plus grande simplicité. Comme il y a un assez grand nombre de dispositifs simples et peu coûteux dont l'adoption remplit ces conditions, il n'y aura pas de difficultés de ce côté.

Un point sur lequel on ne saurait trop attirer l'attention du dessinateur de montages simples, est de ne laisser d'excédent de métal qu'en le plus petit nombre d'endroits possible ; ceci concerne seulement les surfaces de repérage et de mise d'équerre. L'habitude trop généralement répandue de laisser des épaisseurs de métal inutiles, qui doivent être ensuite enlevées, est coûteuse et incompatible avec des résultats satisfaisants.

Montages de précision. — Quand les montages de perçage doivent être établis pour percer des pièces où la plus grande précision est demandée, le repérage et le finissage des trous recevant les bagues est de la plus grande importance ; c'est pour cette raison que je donne ici des descriptions des méthodes les plus rapides et les plus pratiques pour l'exécution de cette partie du travail.

Méthode du bouton pour repérer les trous des bagues de perçage. — En premier lieu, si le montage à faire est du type à boîte, — et c'est là le genre le plus généralement employé, — pour lequel le corps du montage a été préparé, une fois que tous les côtés et toutes les surfaces d'appui ont été dressées ou fraisées d'équerre, et exactement les unes par rapport aux autres, y compris les pieds, on doit le mettre sur une plaque dressée, telle que celle représentée par la figure 12, qui doit être employée exclusivement pour les travaux de ce genre. Si les pieds sont fondus d'une seule pièce avec le montage, on doit les gratter jusqu'à ce que les côtés du corps du montage soient parfaitement perpendiculaires au fond et qu' tous les montants soient parfaitement d'équerre par rapport à la plaque dressée. Si les pieds sont en acier à outils, et vissés dans le montage, ils doivent être trempés et rodés sur une plaque plane spéciale (représentée *fig.* 13) jusqu'à ce que les mêmes résultats soient obtenus. Ce travail préli-

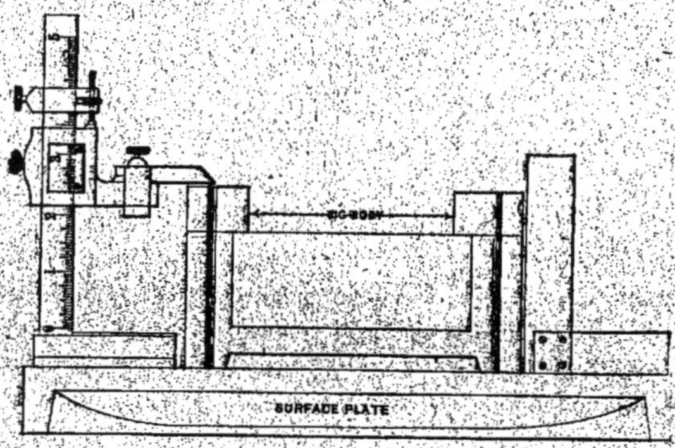

Fig. 12.

Jig Body : Corps du montage.
Surface plate : Plaque de dressage.

minaire sur le montage est la base qui permet d'atteindre avec succès tous les autres résultats, et s'il n'est pas exécuté avec soin, il ne sera pas possible de faire avec précision le reste du travail.

Pour l'arrangement et le repérage des trous des bagues dans les mon-

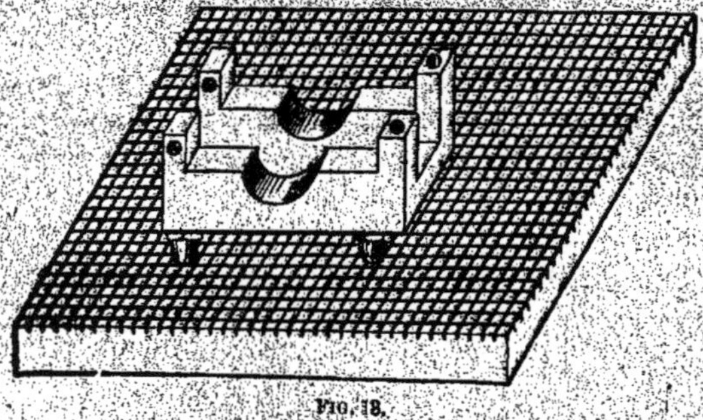

Fig. 13.

tages, et pour le finissage de ceux-ci, un grand nombre de méthodes sont en usage parmi les outilleurs. Certaines de celles-ci permettent d'atteindre de bons résultats, tandis que d'autres ne sont pas pratiques, et si en les employant on obtient du travail précis ou des résultats satisfaisants, c'est simplement par hasard et non par l'effet de la méthode. Il n'y en a qu'une pour repérer avec précision et rapidité les trous des bagues dans les montages petits et moyens.

La méthode suivante est employée par les meilleurs outilleurs, pour ce genre de travail, elle est appelée méthode du bouton : dans les ateliers où on construit des montages pour le travail de précision, on doit avoir à l'outillage quelques jeux de boutons de repérage servant de types, — par exemple de 5/16 (7^{mm},937), 1/2 (12^{mm},699) et 3/4 de pouce (19^{mm},049) de diamètre, comme indiqué par la figure 14. Ceux-ci seront en acier à outils, et finis depuis 1/2 pouce (12^{mm},699) jusqu'à 1 pouce (25^{mm},399) de longueur, ils seront percés d'un trou assez large pour laisser environ 3/64 pouce (1^{mm},1895) de dégagement pour les vis de serrage ; ils seront trempés puis rectifiés parfaitement d'équerre à chaque extrémité puis sur l'extérieur pour les mettre à la cote type, finalement ils seront rodés pour

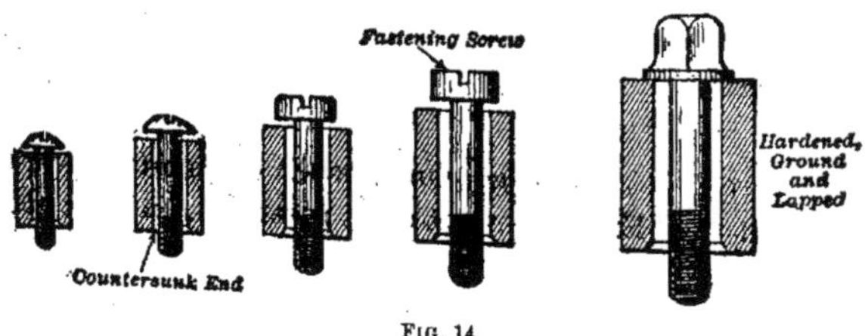

FIG. 14.

Countersunk End : — Extrémité agrandie.
Fastening Screw : — Vis de serrage.
Hardened, Ground and Lapped : — Trempé, rectifié et gratté.

donner une bonne précision. Une extrémité du bouton doit avoir son angle légèrement abattu, de manière qu'il repose bien d'équerre sur le montage quand il est en position. Les centres pour les trous des bagues dans le montage doivent ensuite être repérés d'une manière à peu près correcte au moyen des diviseurs, puis marqués au pointeau. On doit ensuite les percer et les tarauder pour recevoir les vis des boutons.

Pour repérer exactement les trous, on serrera d'abord un bouton en position, en partant de deux côtés du montage, en employant un calibre de hauteur Brown et Sharpe, et on le fixera bien en serrant la vis du bouton. On repérera le trou suivant de la même manière, en employant le calibre de hauteur, ou le calibre à vernier, pour placer les boutons exactement à la distance convenable des côtés du montage, le trou ménagé dans les boutons étant assez grand pour permettre de les régler dans toutes les directions. Après avoir placé les boutons sur le nombre de trous voulu, et les avoir bien serrés, comme l'indique la figure 15, on passe au finissage des trous. Celui-ci peut être exécuté en attachant ou serrant le corps du montage ou son couvercle, selon le cas, sur le plateau du tour, en ayant bien soin de ne pas le faire fléchir, puis en réglant le premier bouton par l'emploi d'un indicateur de centre comme l'indique la figure 16. On enlève alors le bouton, on perce et alèse le trou à la dimension finie. On déplace alors le montage, on place exactement le bouton suivant, et on répète les

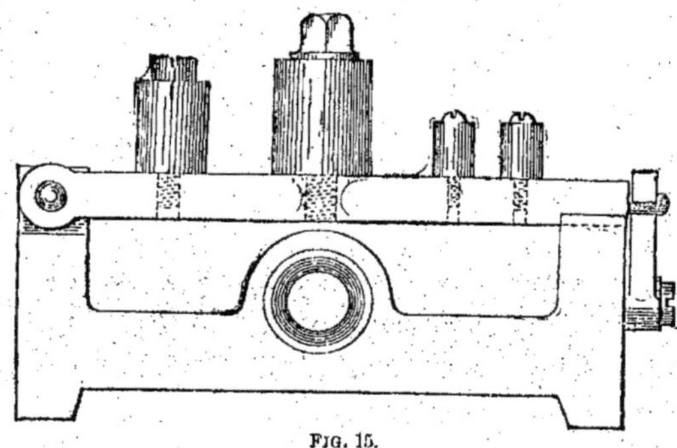

FIG. 15.

opérations de perçage et d'alésage. On procède de même jusqu'à achèvement de tous les trous. En employant cette méthode, on peut établir avec

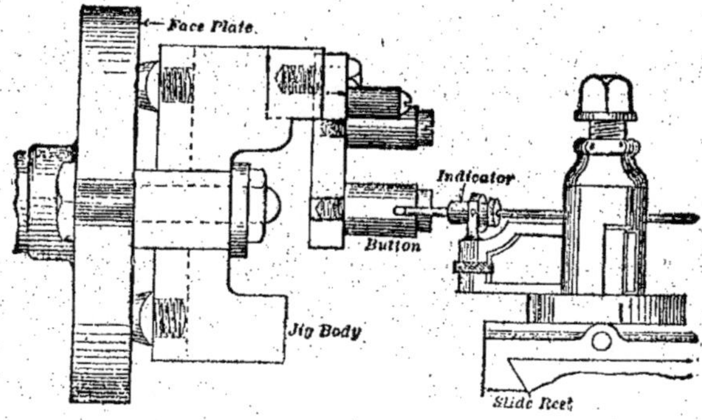

FIG. 16.

Face plate :	Plateau dressé.
Jig Body :	Corps du montage.
Button :	Bouton.
Indicator :	Indicateur.
Slide Rest :	Support à coulisse.

succès les montages les plus précis, sans difficultés ni ennuis pour l'outilleur, et les résultats obtenus sur les pièces à usiner sont excellents.

Modèles pour les pièces de fonderie à travailler sur montages. — Pour pouvoir produire un bon travail avec des montages compliqués, il est absolument nécessaire que les pièces à percer, sur ceux-ci soient de grandeur et de forme régulières. Dans ce but, les modèles qui servent à les exécuter doivent dans tous les cas être en métal, et finis partout à la dimension demandée, en laissant toutefois pour le retrait un excédent de matière en tous les points qui doivent être usinés avant perçage. Quand on fait des modèles parfaits, il ne peut y avoir de doute sur les résultats que donneront les pièces.

Si la méthode décrite ci-dessus pour le repérage et le finissage des trous de bagues dans les petits montages des types finis était plus généralement connue et employée par les outilleurs, on aurait moins de difficulté à obtenir des résultats satisfaisants, que l'on en éprouve actuellement pour les obtenir au moyen de méthodes qui ne sont pas appropriées.

En dehors du repérage et du finissage des trous de bagues de la manière la plus précise, on devra, pour obtenir des résultats satisfaisants dans la construction des montages, avoir toujours présents à l'esprit les points suivants. Toutes les pièces diverses de ces montages, y compris les corps venus de fonderie, doivent être prévus assez lourds et assez résistants pour résister à tous les efforts auxquels ils peuvent être soumis en service. La manière de repérer les pièces dans les montages doit être bien étudiée et telle qu'elle évite toute possibilité de glissement pendant le travail des outils. Par exemple il serait ridicule d'adopter un dispositif de la même résistance pour serrer une pièce dans laquelle on doit percer un trou d'un pouce, que pour maintenir une pièce qui demande un trou d'un pouce et demi. Les moyens et les endroits choisis pour serrer les pièces dans les montages, et contre les points de repérage, doivent permettre des manœuvres rapides et ne gêner en aucune façon le perçage. Enfin, la disposition et la construction des outils doivent supprimer toutes pièces et tout travail inutiles.

Repérage et finissage des trous de bagues de perçage dans les grands montages. — La méthode suivante pour le repérage et le finissage des trous de bagues convient pour les grands montages. En principe, les corps des grands montages pour l'usinage des grosses pièces ont des dimensions et des poids considérables. Il n'est pas toujours possible de les monter sur le plateau d'un tour et de finir les trous de bagues par la méthode du bouton. Comme la forme embarrassante et les dimensions exceptionnelles des corps exécutés en fonderie s'opposent au repérage précis et aisé des boutons et rendent la tâche à peu près impossible, nous sommes obligés d'adopter d'autres moyens qui permettront d'obtenir le résultat d'une manière aisée. Dans ce but nous employons une fraiseuse universelle munie d'un appareil vertical. Nous commençons par fixer le corps du montage sur la table, puis nous repérons les trous en utilisant les graduations des vis d'avance transversales et longitudinales, l'avance verticale, une paire de verniers de 12 pouces (304^{mm},8) et un calibre de hauteur B et S. Le travail actuel est exécuté en repérant et finissant les trous d'abord dans la face supérieure du corps du montage, en employant un petit mandrin de perçage, comme l'indique la figure 17, placé dans la douille de l'appareil vertical, et une mèche courte, rigide, à centrer. On espace, centre et perce les trous en nombre voulu, à leur position approximativement correcte, en les laissant un peu plus petits, et repérés exactement les uns par rapport aux autres. Pour donner aux trous leurs dimensions finies, on doit tourner une broche s'ajustant dans la douille de l'appareil vertical, et y monter une petite lame sur son extrémité saillante. Puis on prend une petite barre d'alésage comme indiqué sur la figure 18. On détermine alors la distance qui sépare le côté de la barre d'alésage du côté utile du bord du montage au moyen de verniers. On en déduit le demi-diamètre de la barre d'alésage, puis on déplace la table au moyen des vis d'avances transversales et longitudinales, de la distance nécessaire en millième de pouce (0^{mm},025399), et on alèse le trou à la dimension finie. Ceci fait, on fait un tampon, on l'ajuste dans le trou, on l'y place, puis on finit les trous restants en partant du tampon et du côté du montage, en mesurant avec des verniers à partir du côté, et avec un calibre de hauteur à partir de la base. On peut ensuite percer et finir les trous sur les autres côtés du corps du montage de la même

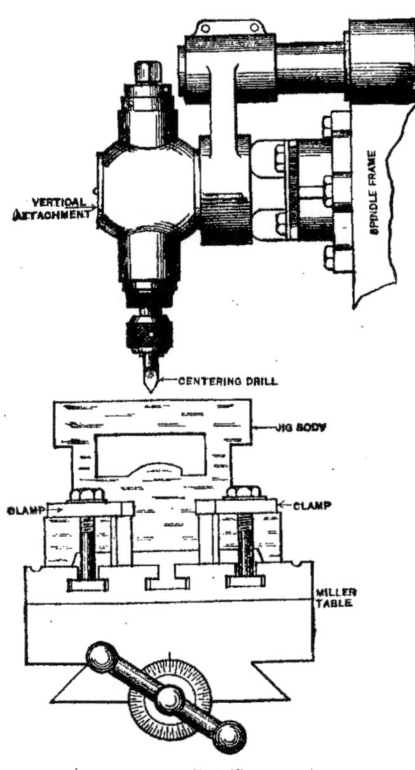

FIG. 17.

Vertical attachement : Appareil vertical.
Spindle frame : Support de l'arbre.
Centering drill : Mèche à centrer.
Jig Body : Corps du montage.
Clamp : Bride.
Miller table : Table de la fraiseuse.

manière, en retournant simplement celui-ci, ou en enlevant l'appareil vertical et travaillant directement avec l'arbre de la fraiseuse, selon la convenance particulière.

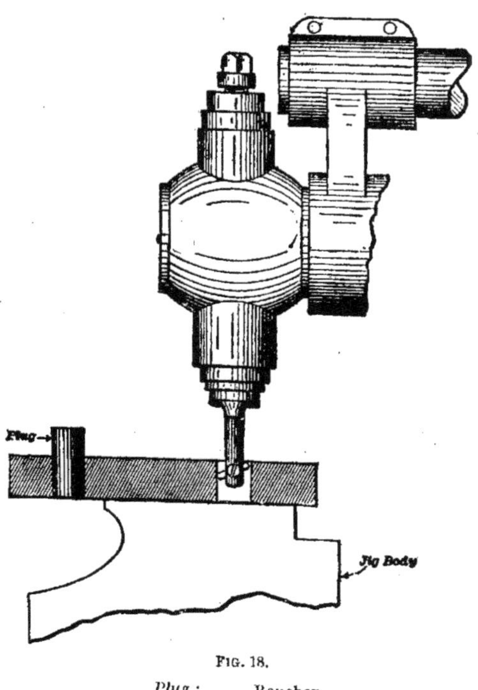

FIG. 18.

Plug : Bouchon.
Jig Body : Corps du montage.

Travail des montages sur la fraiseuse horizontale. — Si les résultats les plus satisfaisants et les plus précis dans la construction des montages peuvent toujours être obtenus sur le plateau du tour par la méthode du bouton, ou sur la table de la fraiseuse universelle au moyen de l'appareil vertical, comme nous l'avons indiqué ci-dessus, et si on peut exécuter ainsi des travaux dont l'accomplissement serait à peu près impossible par d'autres moyens, on ne doit pas en déduire que la machine à fraiser horizontale n'a qu'un emploi limité pour la construction des montages. La pratique a prouvé que cette machine-outil offre une grande utilité pour ce genre de travaux.

Comme le plus grand nombre des montages nécessaires sont rectangulaires et ont les trous des bagues placés parallèlement aux côtés, comme il n'est pas rare que les trous de bagues soient placés sur tous les côtés du corps du montage, chaque côté servant à son tour de base pour poser le montage, quand on perce par la face opposée, on voit de suite qu'une grande partie du travail nécessaire pour l'exécution de ces outils peut être aisément faite sur une fraiseuse longitudinale avec une table réglable verticalement. Supposons que nous ayons à faire un montage avec des bagues placées sur deux faces parallèles. On commence par mettre d'équerre et dresser les faces de repérage du fond, puis on fixe le corps du montage sur la table de la fraiseuse horizontale, en le plaçant d'équerre par rapport à l'arbre, et aussi loin de lui que possible, de manière à laisser un large espace entre lui et la pièce. Dans certains cas, il est expéditif de fixer une cornière sur la table d'un côté de la pièce, d'équerre avec l'arbre, de manière à aider le repérage du premier trou, et vérifier la pièce. Si des trous doivent être percés dans toutes les différentes faces, et si le montage est

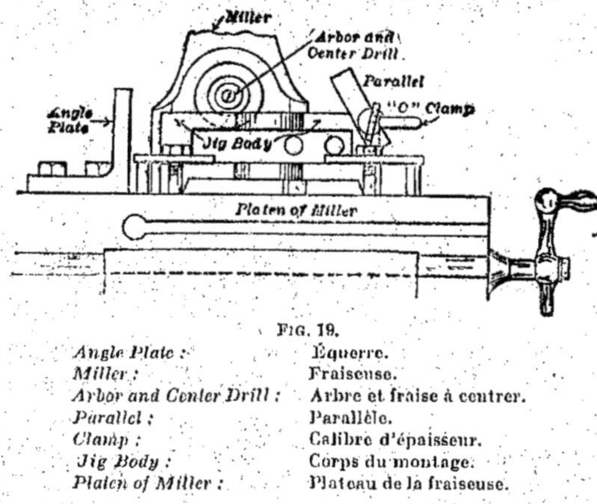

FIG. 19.

Angle Plate :	Équerre.
Miller :	Fraiseuse.
Arbor and Center Drill :	Arbre et fraise à centrer.
Parallel :	Parallèle.
Clamp :	Calibre d'épaisseur.
Jig Body :	Corps du montage.
Platen of Miller :	Plateau de la fraiseuse.

fixé pour repérer les trous sur la seconde face, l'outilleur peut sans difficultés établir la relation correcte entre les trous en prenant les distances de la cornière aux tampons montés dans les trous alésés d'abord, comme l'indique la figure 19. Quand la distance du premier trou au bord du montage est déterminée, on ajoute la distance qui sépare le montage de la cornière, et on détermine ainsi la distance qui sépare le premier trou de la cornière. En ce qui concerne la mise en place de la pièce, il y a diverses méthodes que l'on peut suivre, mais la plus pratique consiste à employer le calibre de hauteur pour mesurer toutes les distances. Une autre, qui est au moins aussi bonne, consiste à monter un arbre dans la broche de la fraiseuse, et à avancer la table jusqu'à ce qu'un bout de papier de soie puisse passer juste entre l'arbre et la cornière. Puis au moyen de l'échelle de la vis d'avance longitudinale, on avance la table de la distance nécessaire. Quand on a vérifié que la vis de la machine est bien exacte, on peut se fier à elle pour l'espacement vertical, tandis que la table peut être placée en mesurant à partir de l'arbre monté dans la broche.

En exécutant des travaux de montage sur une fraiseuse horizontale, on peut souvent fixer un calibre d'épaisseur sur le côté du montage, et prendre les mesures à partir de celle-ci. Une fois que la pièce a été fixée en place sur la table, on peut serrer sur celle-ci un étau de fraiseuse, dans lequel on serre un outil à pointe de diamant, et s'en servir pour vérifier si l'arbre monté sur la broche tourne bien rond, comme l'indique la

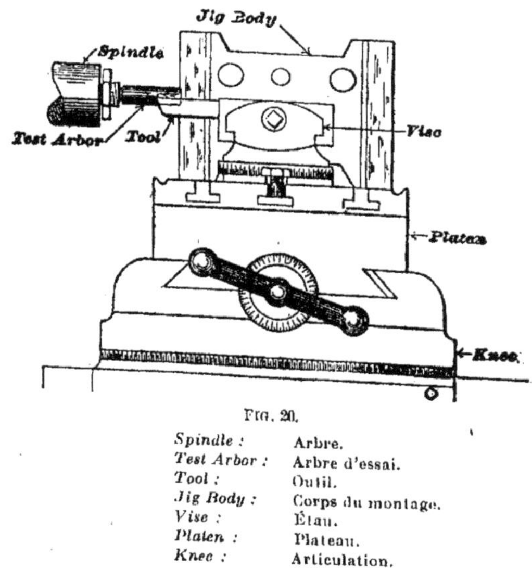

FIG. 20.

Spindle :	Arbre.
Test Arbor :	Arbre d'essai.
Tool :	Outil.
Jig Body :	Corps du montage.
Vise :	Étau.
Platen :	Plateau.
Knee :	Articulation.

figure 20, et pour le finir à la dimension convenable pour l'utiliser au repérage de la pièce horizontalement et verticalement. Ensuite on peut monter un outil de tour sur l'angle postérieur de la table, avec un calibre d'épaisseur pour assurer la distance jusqu'à la première rainure de la table, et de cette manière régler une pièce qui peut être fixée dans un mandrin sur la broche. Tous les outilleurs qui ont exécuté beaucoup de travaux de montage sur la fraiseuse apprécieront les avantages qu'offre l'emploi d'une pièce de vérification montée sur l'arbre et tournant parfaitement rond, et comprendront que, pour exécuter un travail précis, il est nécessaire que toutes les conditions soient également précises et pratiques.

Il est quelquefois nécessaire de percer un trou de bague dans un montage, sous un certain angle par rapport à l'une des faces. Pour exécuter ceci correctement sur la fraiseuse horizontale, on peut placer le corps du montage sous l'angle donné par rapport à la cornière, — qui a été d'abord fixée d'équerre par rapport à l'arbre, — au moyen d'un rapporteur oblique.

Manœuvre des grands bâtis de montages. — Quand les pièces à travailler sont plus grandes que la capacité du plateau de la fraiseuse, il est seulement nécessaire de prévoir un plateau auxiliaire au moins aussi long que la table de la machine et d'une largeur environ double, et de le boulonner sur la machine. Cette table supplémentaire doit être munie d'un certain nombre de rainures ou de trous pour fixer la pièce. Des calibres d'épaisseur exécutés avec précision, et s'ajustant dans les rainures de la table, sont très avantageux pour monter ces grandes pièces ; il est aussi utile d'avoir un bloc avec une saillie remplissant une rainure, à peu près aussi large que la table, et avec un bord fraisé exactement en ligne avec l'axe de l'arbre.

Une fois que le montage est repéré et prêt à placer dans le trou de la bague (soit sur le plateau du trou, soit sur la table de la fraiseuse universelle ou horizontale), le finissage ne doit pas être fait au moyen d'une mèche et d'un alésoir, car il n'y aurait pas une chance sur mille pour que le trou soit repéré exactement. Le trou doit être alésé, si on veut obtenir un travail correct.

Pieds des montages. — Le choix des pieds convenables pour les montages est en grande partie une question d'appréciation personnelle. Il y a à

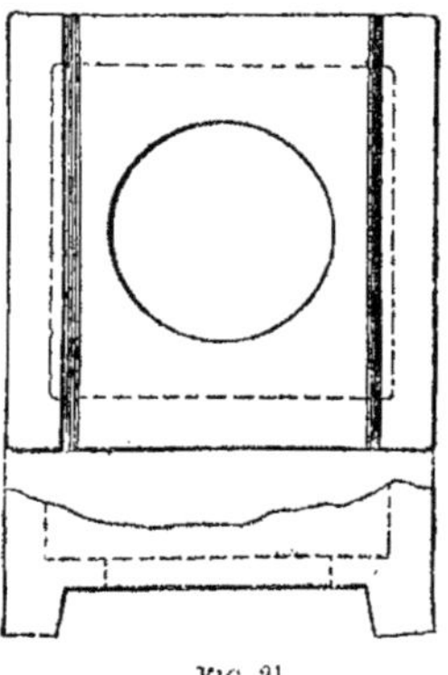

Fig. 21.

Fig. 22.

mon avis à peu près autant de genres de pieds pour les montages que de dessinateurs pour les étudier. Certains vont même jusqu'à préférer supprimer complètement les pieds de leurs montages, ce qui supprime les difficultés pouvant résulter de la présence de rainures sur les plateaux des machines à percer.

Les figures 21 à 30 représentent un certain nombre de genres divers de

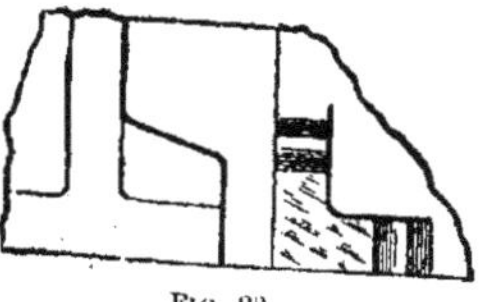

Fig. 23.

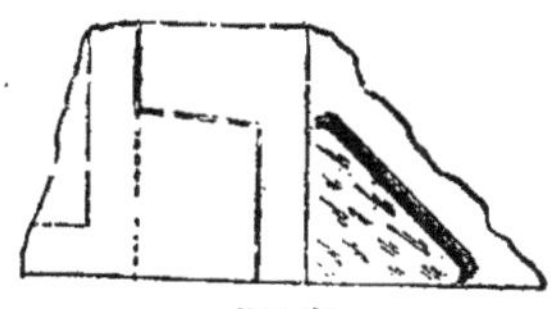

Fig. 24.

pieds pour montages. Les figures 21 et 22 sont des types à base plate, les figures 23 à 25 des pieds venus de fonderie à la base des montages. Chacun de ces types donne de bons pieds, toutefois celui de la figure 23 est peut-être plus aisé à faire et à peu près aussi avantageux que les autres, sauf quand il faut un pied d'une longueur considérable. Pour les pieds en acier, toutes les formes et grandeurs donnent satisfaction. Les figures 26 à 30 en représentent quelques types.

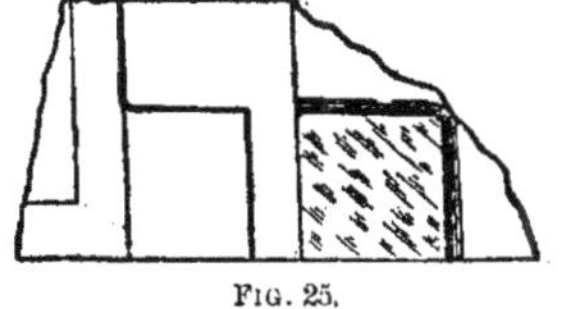

Fig. 25.

Avant de conclure ce chapitre, il n'est pas inutile d'attirer l'attention sur l'utilité qu'il y a à se familiariser avec l'organisation et la conduite du système de fabrication interchangeable. Pour montrer la nécessité de se rendre maître des détails de ce système, il suffira d'indiquer que dans les ateliers d'usinage actuels, le rendement des machines ou des pièces exécutées peut ordinairement être évalué par l'emploi que l'on fait de montages convenablement étudiés pour le perçage et le fraisage, et d'appareils pour l'exécution en série des opérations les plus précises que comporte le travail. Quoiqu'il ait été et soit en-

Fig . 26-30.

core maintenant possible d'obtenir des résultats satisfaisants sans employer largement ces outils, un atelier ne peut produire des pièces interchangeables ou des machines en série, et les vendre à un prix qui puisse lutter avec la libre concurrence, s'il ne possède pas un outillage convenable de montages et appareils spéciaux, et s'il n'a pas à sa tête un homme qui connaisse parfaitement l'étude de ces montages, leur construction et leur emploi.

CHAPITRE IV

TYPES DE MONTAGES SIMPLES ET PEU COUTEUX POUR PERÇAGE. — LEUR CONSTRUCTION ET LEUR EMPLOI.

Pour étudier convenablement la question des montages de perçage, je pense qu'il faut, après le chapitre consacré à exposer les principes fondamentaux de ce genre de travail, commencer par prendre la classe relativement simple de ces appareils qui sont employés pour usiner et produire en série des pièces pour lesquelles une grande précision n'est ni essentielle ni utile. Comme nous l'avons indiqué précédemment, le point principal à considérer par le constructeur des outils de ce genre, est le degré de tolérance admissible dans les pièces à usiner.

Deux types de montages très simples pour perçage. — La figure 31 représente une plaque venue de fonderie avec deux nervures sur un côté. Cette pièce est d'abord rabotée sur les côtés A, A, et on fait de même pour les nervures. Elle est alors prête pour le perçage. Comme les trous à percer servent de passage pour des boulons et des tiges, une grande précision n'est pas nécessaire pour le montage. Le montage qui sert pour ces pièces est représenté en trois vues sur la figure 32, et comme on le voit, il est à peu près aussi simple et peu coûteux à établir qu'on peut

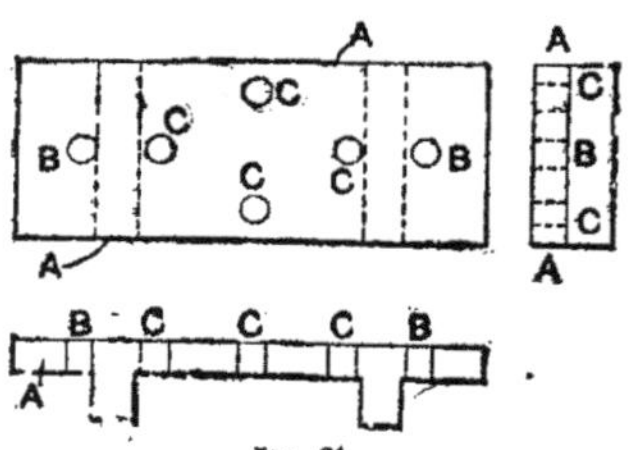

Fig. 31.

le demander. Il comprend un corps moulé D, avec six saillies sur un côté, pour les points de repérage, et les vis de fixation. Il est d'abord raboté sur le dessus, puis fixé à une cornière sur la table de la fraiseuse, et fraisé à l'intérieur. L'intérieur des saillies F et E, E est fini d'équerre les unes par rapport aux autres puisque ce sont les points de repérage. On perce ensuite des trous pour les vis de fixation J et I, I, dans les oreilles G, G et H respectivement. Ces vis sont cémentées. Pour le repérage des trous des bagues, on prépare une pièce rabotée et prête à percer, puis les trous sont percés et alésés dans la position et à la grandeur nécessaires, de manière qu'ils viennent coïncider avec ceux de la pièce de machine sur laquelle la pièce doit être montée. Cette pièce est employée comme calibre, et, au moyen des vis J et I, I, fixée sur le montage. Les trous sont alors reportés sur le montage, agrandis et alésés à la dimension. On fait alors les bagues L, L, L, L et K, K, on les trempe, les rode et les rectifie à grandeur, et finalement on les monte sur le montage. Les pièces sont percées en les

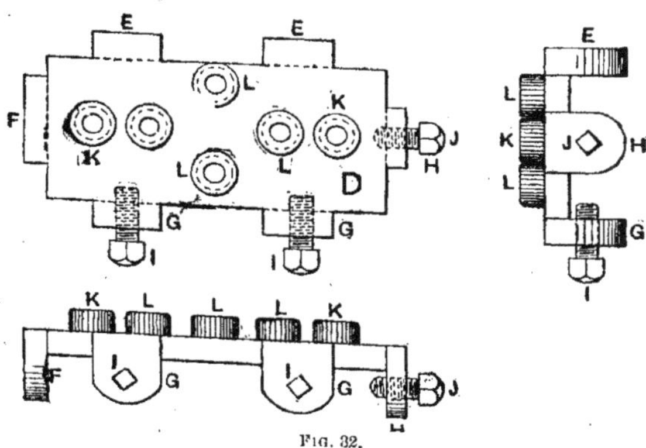

Fig. 32.

fixant sur le montage et les appuyant sur les faces des nervures. Le montage est facile à manœuvrer et donne une production rapide.

Le montage employé pour percer les trous P, P et O, O sur la pièce fondue (*fig.* 33) est d'un type différent appelé montage à boîte. Comme disposition, c'est un des plus simples et des plus pratiques parmi les montages applicables aux travaux de perçage de ce genre, où les trous doivent être percés à angle droit les uns par rapport aux autres. La pièce fondue (*fig.* 34) est usinée en une seule place MM avant perçage, au moyen d'un jeu de fraises, à la grandeur exacte, et avec les bouts d'équerre. Cette surface fraisée est employée comme repérage pour la pièce pendant le perçage. Le montage (*fig.* 34) est en deux pièces, le corps ou boîte A et le couvercle E.

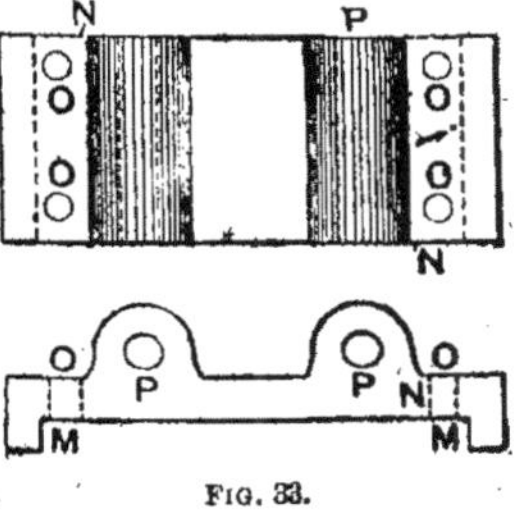

Fig. 33.

Le corps est d'abord raboté d'équerre sur toutes les faces, puis l'intérieur en CC est fini de façon à s'ajuster sur la partie fraisée de la pièce fondue en MM. On donne également une passe sur le dos en D pour la partie latérale de repérage de la pièce. Le couvercle E est fixé au corps à chaque extrémité au moyen des vis et des goujons. On perce et on alèse

alors deux trous à travers le couvercle E et la base A pour les tiges de verrouillage coniques I, I, faites en acier Stub, puis fraisées plates sur un côté
et trempées. Les centres pour les deux bagues G, G sur le côté du montage
et les quatre H, H, H, H dans le couvercle sont exactement repérés en
plaçant le montage sur le plateau et repérant les centres au moyen du
calibre de hauteur Brown et Sharpe. Les centres sont alors poinçonnés,
puis on trace tout autour avec les diviseurs des cercles du diamètre auquel
les trous doivent être finis. Maintenant, quand les trous doivent être alésés
à des distances exactes les uns des autres, à une aussi petite fraction de
pouce près que possible, la seule manière d'exécuter ceci avec succès consiste à employer des boutons, et à fixer le montage sur le plateau des trous,

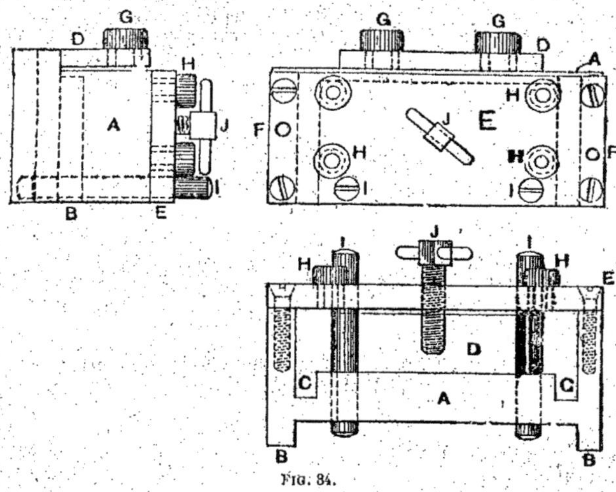

Fig. 84.

et à les repérer exactement au moyen d'un indicateur. Mais dans un montage où on tolère une erreur assez grande, comme c'est le cas ici, on peut
employer un moyen plus simple et plus rapide. Le système le meilleur et le
plus pratique consiste à fixer le montage sur la table de la fraiseuse, à
repérer exactement la mèche avec le centre des trous de référence, après
quoi on peut repérer les autres trous en déplaçant la table en avant ou en
arrière, ou en l'élevant de la hauteur convenable au moyen de l'échelle des
vis d'avance. En fait, tous les trous de bagues dans les montages de ce
genre doivent être percés de cette manière et non pas sur la machine à
percer, car c'est un pur hasard quand on obtient des résultats satisfaisants par cette dernière méthode, qui est mauvaise et pas pratique. Une
fois que les bagues sont faites, trempées et placées à leurs positions res-

pectives, comme indiqué, les vis de serrage J faites et montées dans le couvercle E, le montage est complet.

Pour s'en servir, on glisse la pièce à l'intérieur (*fig.* 33), de manière que les parties M, M se placent aux points C, C du montage. La vis de fixation J est alors serrée, et les deux broches coniques sont placées la face plate de chacune contre la pièce ; on leur donne à chacune un léger coup de marteau pour fixer et maintenir exactement et solidement la pièce en position. On dresse alors le montage sur les montants B, B, et on perce les quatre trous O, O, O, O. Ensuite on le tourne sur le côté, et on perce les deux trous P, P (*fig.* 33). Les tiges de serrage I, I sont alors enlevées, on desserre la vis J, on enlève la pièce finie, et on la remplace par une autre. L'emploi des tiges de verrouillage coniques I, I constitue, comme on le voit, un des moyens les plus rapides et les plus avantageux pour fixer et repérer des pièces du genre indiqué.

Les deux montages que nous venons de décrire comprennent dans leur disposition et leur construction un certain nombre de dispositions pratiques diverses que l'on peut utiliser pour établir des montages destinés au perçage de pièces qui ont été préalablement finies sur une ou plusieurs parties, ou bien des pièces fondues brutes qui n'ont pas été finies avant perçage. D'ailleurs, pour ce dernier genre de travaux, sauf dans des cas spéciaux, les montages du genre le plus simple et de la disposition la plus primitive sont tout ce qui est nécessaire, et ils ne méritent pas une description détaillée.

Montage simple pour percer quatorze trous. — La figure 35 représente une pièce de fonderie employée comme pied d'une petite machine automatique, et le montage pour le perçage des trous qu'elle comprend est d'une disposition plus précise et plus compliquée que les deux montages précédemment décrits, parce que les trous des bossages A, B, C, D doivent recevoir des arbres, et doivent être situés exactement aux distances convenables pour que les engrenages, montés ultérieurement sur ces arbres, engrènent convenablement. La pièce (*fig.* 35) est d'abord usinée à grandeur en quatre parties, qui sont le sommet, la base, et les deux côtés des bossages. En haut il y a quatorze trous à percer; dans les positions indiquées.

Le montage employé pour percer ces trous est représenté par les trois vues de la figure 36. La figure 37 donne un plan du montage. Les figures indiquent clairement la disposition et la construction, de sorte qu'une courte description suffit. Le montage proprement dit A est du type à boîte, et muni d'un couvercle démontable D. Il possède, venus de fonderie, des pieds sur trois côtés, aux deux bouts en B, B, et à la base en CC. Toutes les faces sont d'abord usinées d'équerre. A l'intérieur du montage, en E, E, E, E sont des parties saillantes pour supporter la pièce. Ceci permet de finir rapidement l'intérieur, en fraisant simplement la face de ces parties à la hauteur désirée. Les points de repérage pour la pièce sont au nombre de quatre : les deux vis de repérage réglables H, H, qui sont munies d'écrous à poignée I, I, et les points S, S. On doit toujours employer des vis réglables quand il faut percer des pièces de fonderie de ce genre, car on peut rattraper rapidement au moyen de ces vis les variations qui peuvent se présenter dans les différentes séries de pièces moulées. Pour verrouiller et serrer la pièce contre les repères, et à l'intérieur du montage, on emploie deux vis de fixation K et M, et le levier de serrage à excen-

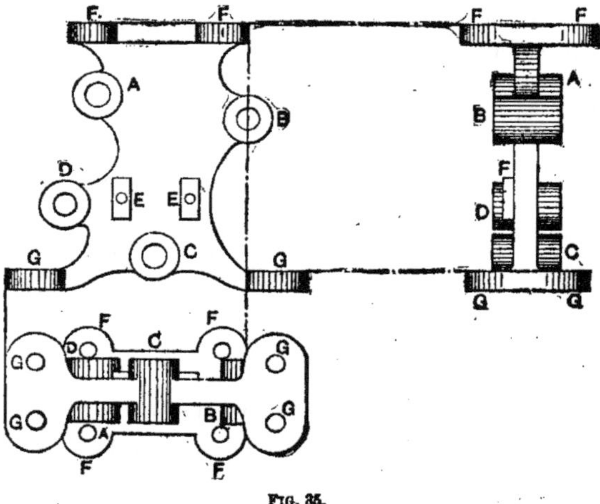

FIG. 35.

trique J. La vis de serrage M maintient la pièce d'équerre sur les parties du montage, et celle placée en K l'appuie contre les points S, S, tandis qu'en donnant au levier J un léger déplacement, il serre la pièce contre les vis H, H, et la verrouille en position, maintenant ainsi la pièce avec sécurité, et sans danger qu'elle se desserre pendant le perçage. Le levier de serrage à excentrique exécute rapidement le serrage et le desserrage de la pièce. Le couvercle D est repéré sur le montage au moyen des goujons G, G comme l'indique la figure 38, et maintenu sûrement par les verrous L, L.

Dans ce montage, les trous pour les bagues à chaque bout, pour percer les trous marqués respectivement G et F dans la pièce (*fig.* 35), sont percés sur la fraiseuse de la même manière que pour les autres montages. Mais pour les trous des arbres A, B, C et D, une fois que les boutons ont été repérés avec précision, le couvercle D (*fig. 37*) est fixé sur le plateau d'un

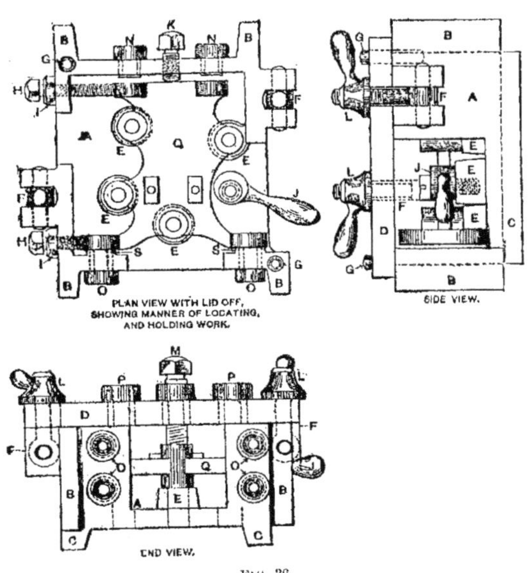

FIG. 36.

<table>
<tr><td>Plan view with lid off, showing manner of locating, and holding work :</td><td>Vue en plan, le couvercle enlevé, montrant la manière de placer et maintenir la pièce.</td></tr>
<tr><td>Side view :</td><td>Vue latérale.</td></tr>
<tr><td>End view :</td><td>Vue en bout.</td></tr>
</table>

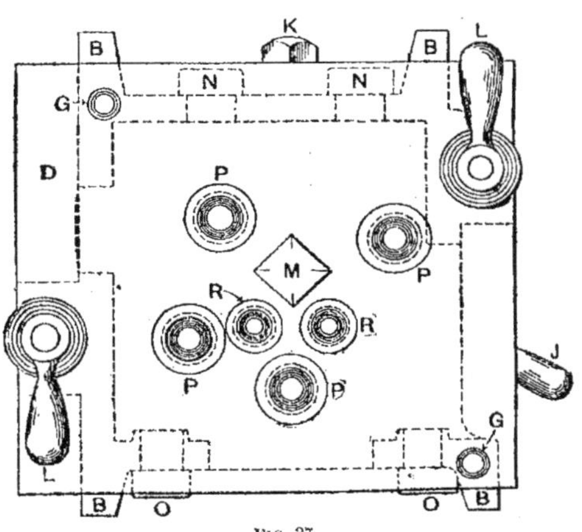

FIG. 37.

tour et chaque bouton est exactement repéré avec un pointeau ; les trous sont percés et alésés à la grandeur finie pour les bagues P, P, P, P et R, R respectivement.

Pour employer le montage, on enlève le couvercle D et on place la pièce à l'intérieur, comme indiqué en Q (*fig.* 36). On replace alors le couvercle D, on le repère sur les goujons D, D, et on serre les verrous L, L. La vis de fixation M est également serrée, puis on donne un léger mouvement au levier à excentrique J, pour repérer et serrer la pièce en position. On perce les trous à chaque bout en posant le montage sur les montants B, B. Puis on le place sur les pieds C, C et on perce les six trous sur le côté. On peut enlever rapidement la pièce finie en desserrant les vis K et M, le levier J, et en enlevant le couvercle D.

Les trois montages que nous venons de représenter et de décrire peuvent servir d'exemples pratiques de trois genres séparés et distincts de montages, et montrent comment, en employant des outils simples et peu coûteux, on peut obtenir des résultats uniformes et satisfaisants avec le minimum de dépense et le maximum de production, pour l'usinage de pièces pour lesquelles on admet une certaine tolérance déterminée.

Montages pour un support de palier et un palier. — La figure 38 représente une pièce fondue en aluminium, employée comme support de

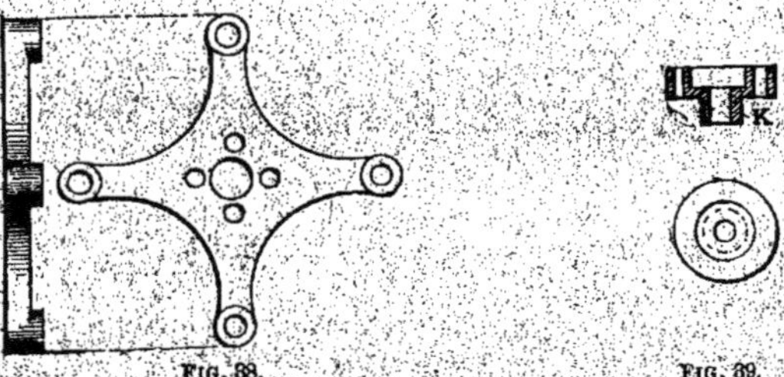

Fig. 38.Fig. 39.

palier supérieur d'une machine électrique à découper les étoffes. Une fois que le trou du centre a été percé et alésé pour recevoir le coussinet (*fig.* 40) en K, on le dressait sur la face antérieure et la face postérieure. Les trous des ailes devaient être tous interchangeables avec ceux du carter du moteur de la machine. Les quatre trous situés autour du centre devaient également être interchangeables avec ceux du palier (*fig.* 39). Tous ces trous étaient percés avec le montage représenté figure 40. Celui-ci se composait de deux pièces, la base A et le couvercle B. Pour ces pièces on fit des modèles et des pièces fondues. On avait prévu quatre bossages sur le fond, pour supporter la pièce pendant le perçage. Une fois que la base A a été dressée sur la face postérieure, on la fixe sur la fraiseuse, et on donne une passe sur les bossages ainsi que sur les extrémités où repose le couvercle. On perce ensuite un trou au centre de la base, et on y place un tampon E en acier fondu, tourné de manière à s'ajuster dans le trou central de la pièce (*fig.* 39). On place ensuite la pièce dessus, et on met la tige d'arrêt G. Après avoir préparé la vis de serrage R, on perce un trou, on le taraude et on y place la vis.

Le couvercle B, en fonte, est d'abord dressé sur les deux côtés, puis fixé sur le sommet de A, puis on perce des trous pour les deux goujons C, C, que l'on met en place à travers A, et on agrandit les trous de B de manière que le couvercle se place aisément. On serre ensuite A et B ensemble, et on fraise à chaque extrémité une rainure, pour les pièces de verrouillage I, I.

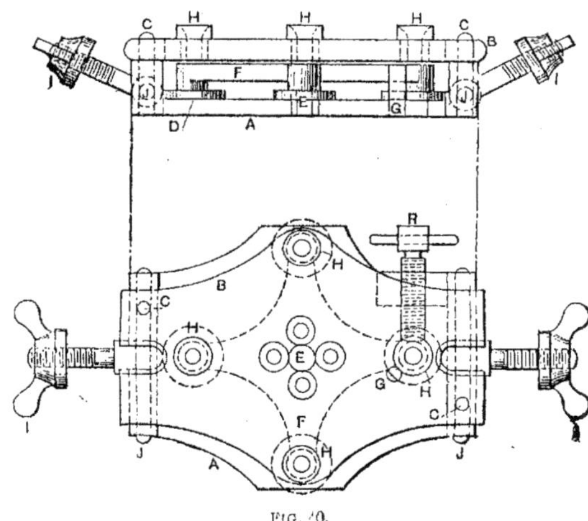

FIG. 40.

Ces pièces sont préparées, finies, puis fixées sur A au moyen des tiges J, J. On prend ensuite des écrous à oreilles que l'on taraude de manière qu'ils se vissent aisément sur les tirants. Ceux-ci sont ensuite rabattus, on serre les écrous, ce qui applique l'un contre l'autre le couvercle et la base. On met ensuite le montage debout sur la face D, qui a été mise d'équerre avec la face postérieure, au moyen d'un calibre de hauteur, on prend le centre du prisonnier E sur le couvercle B, on trace les trous pour les bagues, on les centre, les perce et les alèse, puis on y place les bagues trempées et rectifiées. Le montage est alors complet, on enlève le couvercle, on y place la pièce (*fig.* 38) qui se centre d'elle-même sur le prisonnier E. On tourne les vis de serrage R jusqu'à ce que la pièce soit appliquée contre la tige d'arrêt G, on replace le couvercle B, les goujons C, C qui le repèrent, on rabat les tirants, serre les écrous, et on perce tous les trous, l'opération est alors terminée. Comme on le voit, il y a juste assez d'espace entre le fond du couvercle et la pièce pour le dégagement, ce qui est suffisant. Les trous de centre des pièces étant alésés à la dimension et aussi près que possible du centre, comme c'est là que l'on place le prisonnier E, et comme les pièces sont de dimensions uniformes, elles sont aisées à manier. La tige d'arrêt G et la vis R sont suffisantes pour donner le repérage. Des trous de dégagement sont percés dans les bossages qui supportent la pièce, de manière à laisser passer les mèches.

La figure 41 représente le montage employé pour percer les quatre trous dans le palier (*fig.* 39). Comme il a été indiqué précédemment, ces trous doivent coïncider avec ceux du support (*fig.* 38). Le palier lui-même est en acier moulé, tourné et usiné partout, pour s'ajuster dans le trou central (*fig.* 38). Le montage de perçage est du type à boîte, en deux parties. L est la base ou montage proprement dit, en acier de construction rond, dont une pièce est montée sur mandrin, tournée extérieurement puis percée et alésée pour s'ajuster sur la pièce en K. On la serre et on fait un filetage à gros filet laissant seulement deux spires. Ensuite on dresse le fond et on abat l'angle pour permettre le montage de la pièce O, comme l'indique la figure. Le couvercle P est tourné et fileté pour s'ajuster exactement sur la pièce L. On l'alèse ensuite pour le monter sur la pièce et serrer la face quand il est vissé à fond. L'arête extérieure est légèrement moletée pour donner un bon serrage. La pièce (*fig.* 39) est insérée dans l'une des pièces finies (*fig.* 38), les quatre trous y sont reportés, on l'enlève alors et la place sur le montage L pour l'employer comme calibre ; on perce les trous à travers, ainsi qu'à travers le fond du montage L. On visse ensuite dessus le sommet P, et on y reporte les trous. On agrandit alors ceux-ci pour les bagues, que l'on a préparées et que l'on met en place. Le montage est alors terminé. La pièce étant mise en place, on visse le couvercle, et on perce les trous.

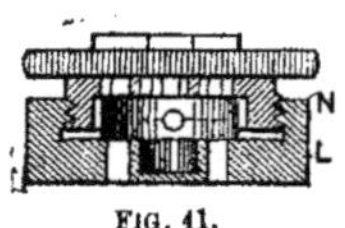

Fig. 41.

Deux calibres simples pour perçage et leur mode d'emploi. — Les figures 42 et 43 représentent respectivement deux exemples de perçage en série grâce à l'emploi de montages construits le plus simplement possible. Les pièces qui sont percées au moyen de ces montages sont également figurées, les deux montages servent pour les mêmes pièces. Quoiqu'une grande précision ne soit pas exigée pour le repérage et la grandeur des trous, l'emploi des montages économise beaucoup de temps et assure le degré d'interchangeabilité demandé pour ces pièces.

Les parties percées dans la pièce par l'emploi du montage représenté sur la figure 42 sont les quatre trous D, D, D, D au moyen de A, A ; puis au moyen du montage représenté figure 43 on perce un trou dans chacun des montants B, B. La construction et l'emploi de ces deux montages se comprennent aisément par l'examen des figures de même que la manière de

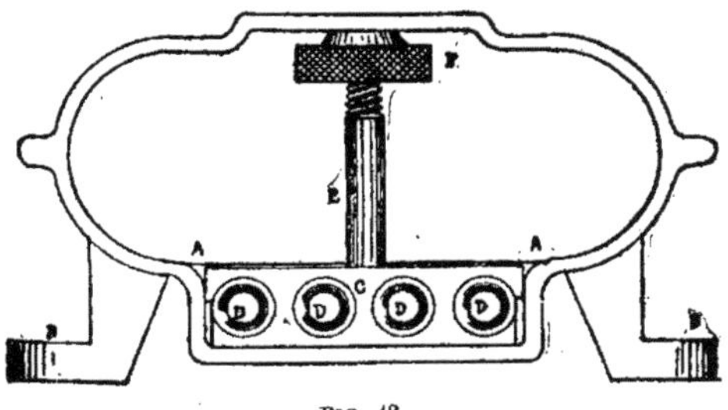

FIG. 42.

les repérer et de fixer sur les pièces. Comme on le voit on a inversé les conditions habituelles, les montages sont repérés et serrés sur les pièces, au lieu que ce soit le contraire comme d'habitude. Le montage représenté figure 42 comprend sept pièces. La bague et plaque de repérage C est en acier de construction, finie aux extrémités de manière à s'ajuster aisé-

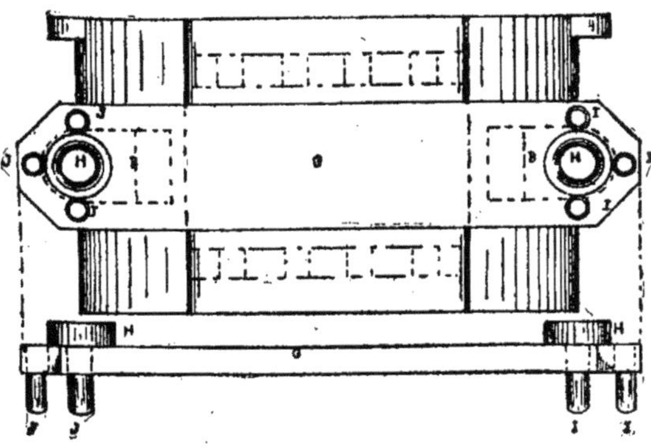

FIG. 43.

ment dans la partie de la pièce entre A, A. Les quatre trous pour les bagues de perçage sont repérés, percés et alésés à grandeur, et on y entre à force les quatre bagues trempées. On perce ensuite un trou que l'on taraude au centre de la face C pour recevoir le prisonnier E. Ce prisonnier a environ un pouce de filetage à l'extrémité extérieure, pour l'écrou de serrage F, qui est fini à la forme indiquée et légèrement moleté extérieurement. Pour le perçage, la pièce est mise debout sur la table de la perceuse, et le montage est repéré entre les parties A, A, comme indiqué, puis l'écrou F est serré contre la face opposée. On perce alors les quatre trous à travers les bagues de perçage, et on enlève le montage en desserrant simplement l'écrou F.

Le second montage, représenté en position sur la pièce, et en vue latérale sur la figure 43, est si simplement construit que les figures suffisent à le faire comprendre. Les trois broches I, I, I et J, J, J placées respectivement à chaque bout de la plaque à bagues G repèrent le montage sur les montants B, B de la pièce, et les deux trous sont percés à travers les bagues H, H.

Deux montages de perçage pour le tour à grande vitesse. — Les figures 44, 45 et 46 représentent différentes vues de deux montages de perçage d'un genre plutôt nouveau, susceptible de donner des idées pour le perçage d'une grande variété de pièces de formes diverses. La figure 44 se rapporte au perçage du trou *a* dans la pièce de bronze A (*fig.* 45) employée pour un bouchon de cuvette, une rondelle de caoutchouc étant montée ensuite, et le trou *a* servant pour passer l'anneau de la chaîne.

Pour ce montage, on tournait un bout d'acier de construction rond de 1 pouce avec une queue conique s'ajustant dans l'extrémité de l'arbre du tour à grande vitesse, et on perçait dans le corps un trou en E. Cette pièce était ensuite saisie dans un mandrin à deux mâchoires, le trou était agrandi et alésé à la forme indiquée, de manière que la pièce A s'ajuste exactement. Le montage était ensuite mis en place sur la queue de l'arbre, et on perçait le trou G. La pièce articulée H était forgée dans un morceau

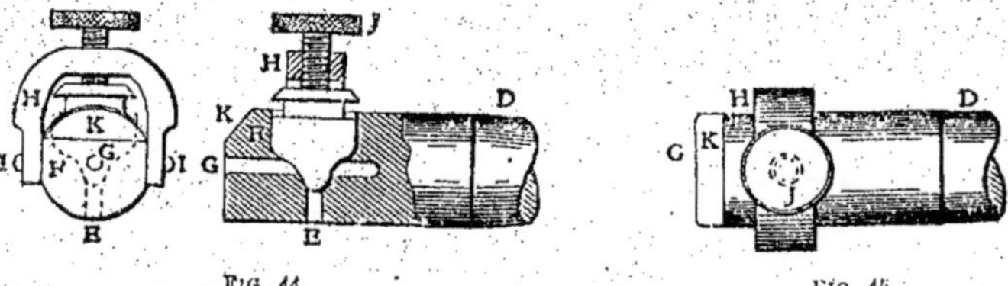

FIG. 44.   FIG. 45.

d'acier, usinée ensuite à la forme indiquée, puis fixée par des broches I aux deux faces planes fraisées sur le corps du montage. Une vis J à tête moletée fixait la pièce. Une partie de la face du montage était fraisée en K de manière à dégager la chape H et lui permettre d'osciller librement.

Pour l'emploi, le montage était fixé sur l'arbre de la poupée fixe, et la mèche était fixée par un petit mandrin sur l'arbre mobile. La chape H était abaissée, et la pièce à percer était placée sur le montage en F comme l'indique la figure. On relevait ensuite la chape et on serrait la vis de fixation J. On mettait ensuite l'arbre en marche, et la mèche pénétrant dans le trou G, le trou a était percé. Le trou E dans le corps du montage permettait le libre dégagement des copeaux.

Sur la figure 46, nous trouvons une autre application de ce genre de montage pour perçage, mais avec une construction un peu différente. Il est employé pour percer le trou BB dans la vis-bouchon C. Ces bouchons étaient fondus en laiton, et finis partout selon la forme représentée en coupe. Le montage pour les trous B, B consistait en un bout d'acier de construction rond de 1 1/4 pouce (31mm,73) tourné avec une queue conique pour s'ajuster sur l'arbre fixe de la même manière que l'autre. On le mettait ensuite sur l'arbre tournant et on perçait un trou P en R en employant

une mèche extra-longue du diamètre voulu. L'ouverture du trou P était ensuite soigneusement arrondie avec un outil à main, pour permettre à la mèche d'entrer aisément quand le montage était mis en service. Le montage passait ensuite à la fraiseuse, et on enlevait une partie en MM, à la profondeur indiquée, de manière que le centre du rebord de la pièce C, une fois en position, se trouve aligné avec le trou de mèche P. Un disque N en acier de construction était usiné sur le diamètre, de manière à s'ajuster dans le trou de la

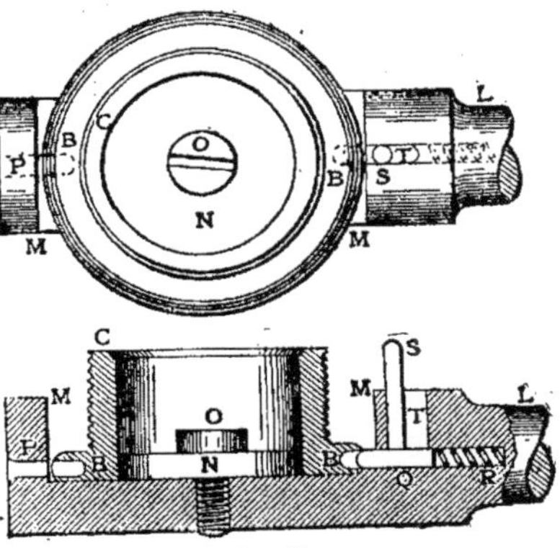

FIG. 46.

pièce C. On laissait un trou au centre de ce disque, et au moyen de la vis O on le serrait sur la surface dressée à la fraise du montage, bien centré et aligné avec le trou de mèche P. On préparait la tige-ressort Q avec un ressort à boudin en arrière R, et une poignée en S, en y taillant un canal de dégagement T, ce qui permettait de ramener en arrière la tige Q et de desserrer la pièce. Pendant l'usage, la pièce C était repérée sur le montage au moyen du disque N. On enlevait l'arbre à queue, et on perçait dans la bride le premier trou B, à la profondeur voulue. On tournait ensuite la pièce par rapport au disque N de manière que le trou percé dans la bride se trouvât en face de la broche de repérage Q, qui y pénétrait sous l'action du ressort R. On perçait alors le second trou dans la bride.

Les deux montages que nous indiquons ici pour le tour à grande vitesse sont à peu près les moins coûteux que l'on puisse employer pour le perçage des pièces représentées, et la quantité de travail qu'ils permettent d'exécuter est véritablement surprenante. Les montages aïnsi étudiés et construits sont très employés dans les ateliers où l'on travaille le bronze, où l'on emploie fréquemment le tour à grande vitesse pour les travaux exécutés ordinairement sur les perceuses.

Montage de perçage pour brûleurs à gaz acétylène. — La pièce à percer était un bloc moulé en composition, de la forme représentée par la

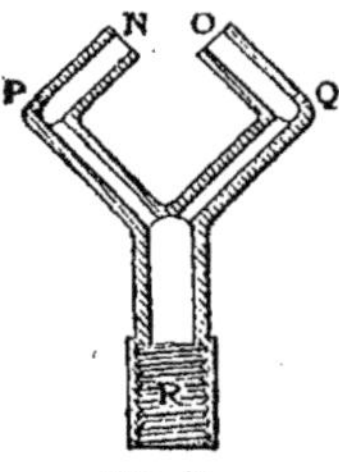

FIG. 47.

figure 47, qui avait été estampée en matrice sous un mouton, puis achevée dans une matrice de finition, de manière que toutes les pièces aient les mêmes formes et dimensions. Après que la pièce R (*fig.* 47) avait été percée et taraudée, elle était prête pour le montage. Celui-ci est représenté de côté et de face sur les figures 48 et 49. O, N, P et Q sur la figure 47 sont les trous à percer dans le brûleur. Les trous O et N étaient percés selon le numéro 17 de la jauge de perçage, et P et Q selon le numéro 40. Les petits trous étaient ensuite enduits de soudure au sommet, de manière à laisser deux passages libres pour le gaz.

Le montage lui-même était une pièce moulée, plate en arrière, avec

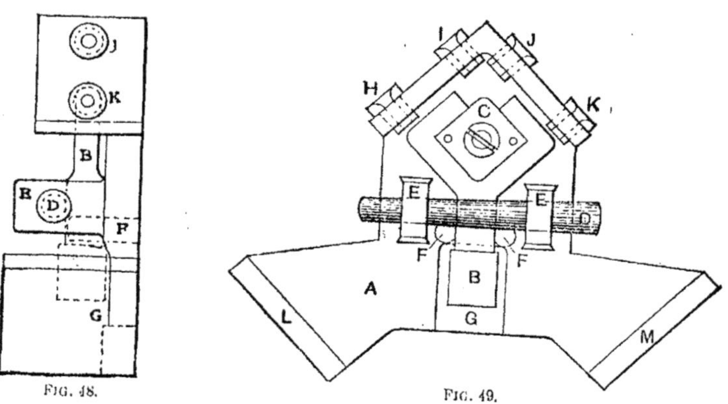

FIG. 48. FIG. 49.

trois saillies, une au sommet pour tenir les bagues, et deux, L et M, à la base. Il y avait également deux oreilles L, L. En premier lieu un bout d'acier de construction plat de 7^{mm},93 d'épaisseur était dressé d'équerre de manière à s'ajuster à l'intérieur du brûleur, et servir comme calibre plat pour le repérer et le maintenir. Il était ensuite serré avec la vis centrale et les deux goujons F, F' faits de deux tiges d'acier Stub limés chacun à l'intérieur de manière que le brûleur pût entrer librement, mais sans jeu, entre eux. Ensuite on perçait un trou conique à travers les deux oreilles E, E et la tige de verrouillage D ajustée dedans, avec la portée latérale sur la pièce plate. La pièce B était ensuite mise en place, et on y mettait la tige de verrouillage D, ce qui maintenait la pièce fixe commodément. On exécutait ensuite les bagues H, I, J et K, on les trempait et les rectifiait à dimension. On traçait alors les trous pour les bagues, on les perçait et alésait à dimension, puis on y mettait les bagues. Le perçage s'exécutait sur une machine à deux broches. Le montage était d'abord placé debout sur la base M, et on perçait les trous O et P, puis sur la base L, pour percer les trous N et Q. Puis on enlevait la broche de verrouillage D et la pièce était facilement enlevée. Le montage donnait toute satisfaction, et chaque gamin perçait de 250 à 1.050 pièces par jour. Les pièces moulées étaient enfoncées en G, de manière à donner un dégagement à la pièce en B.

Montages de perçage pour des pièces de formes spéciales. — Les deux montages représentés chacun par deux vues sur les figures 50,

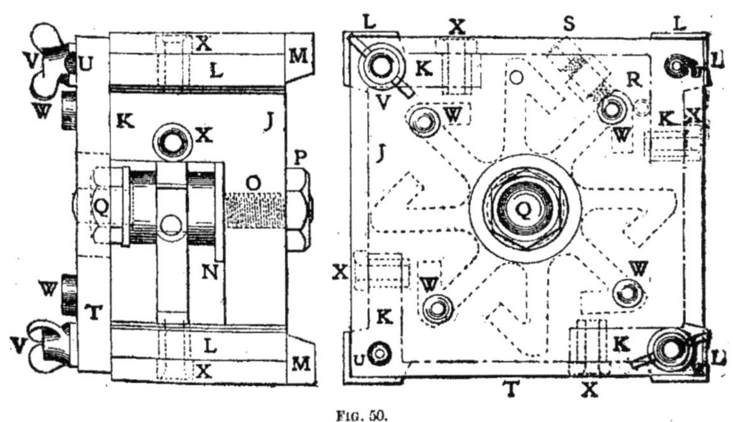

FIG. 50.

51 et 52, étaient employés pour percer rapidement des trous dans les pièces moulées, représentées figures 53 et 54, et comme ils ont permis de travailler rapidement et avec précision, leur disposition et leur construction peut présenter de l'intérêt pour les outilleurs qui ont à percer un certain nombre de trous dans des pièces de formes spéciales.

Le premier montage (*fig.* 50) pour percer la pièce (*fig.* 53), est un type très simple et peu coûteux, pour permettre d'exécuter rapidement le repérage, le serrage des pièces, et leur démontage une fois qu'elles sont finies. La pièce telle qu'elle est percée est représentée en deux vues sur la figure 53, et présente deux trous A, B percés dans chacun des huit bras.

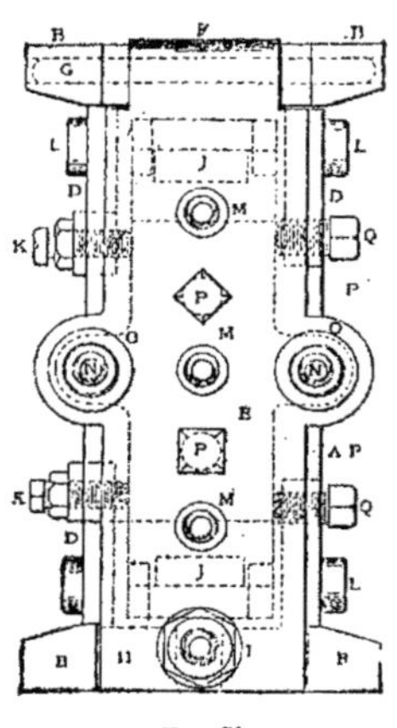

Fig. 51.

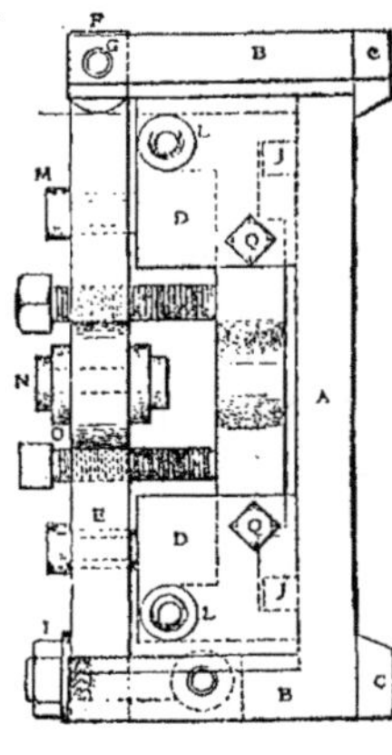

Fig. 52.

Avant perçage, les pièces sont montées sur mandrin sur le tour-revolver, on perce et alèse à dimension le trou central C, et on dresse les moyeux.

Le montage (*fig.* 50) se compose de deux pièces, dont l'une J constitue le corps, et l'autre T le couvercle. Il y a des ouvertures de tous les côtés

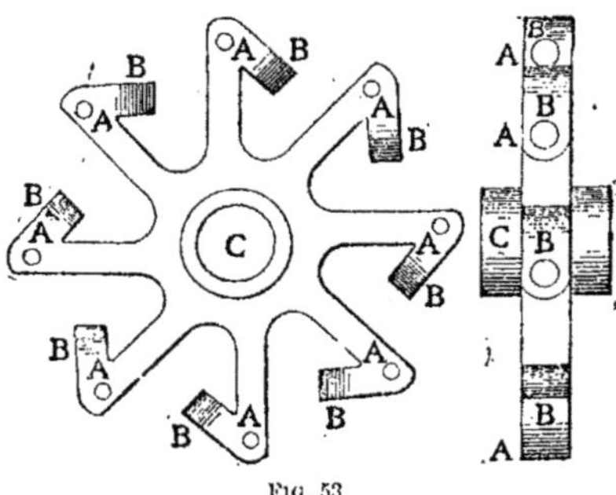

Fig. 53.

pour le dégagement de la poussière et des copeaux. Les montants L sur les quatre côtés, et les montants M, M en arrière, sont usinés et grattés, de manière à être bien d'équerre les uns par rapport aux autres. La face du corps du montage est également mise d'équerre par rapport aux côtés, de manière que le couvercle se place correctement dessus. Deux goujons U, U repèrent le couvercle, et les écrous à oreilles V le serrent. Un montant en acier à outils, taraudé à chaque bout, et dont le plus grand diamètre est usiné de manière à s'ajuster parfaitement sur le trou central C, est placé dans le fond du corps du montage, comme indiqué en O, et maintenu rigidement en position par un écrou P en arrière. On perce un grand trou dans le centre du couvercle, de manière à dégager l'écrou Q. Le point de repérage latéral est en R. Il comprend une tige en acier Stub trempée et placée dans le corps du montage. La vis de fixation S est également trempée et mise dans l'oreille saillante et est employée pour pousser la pièce contre la tige de repérage R.

Les quatre bagues X sont placées comme indiqué, et les trous sont repé-

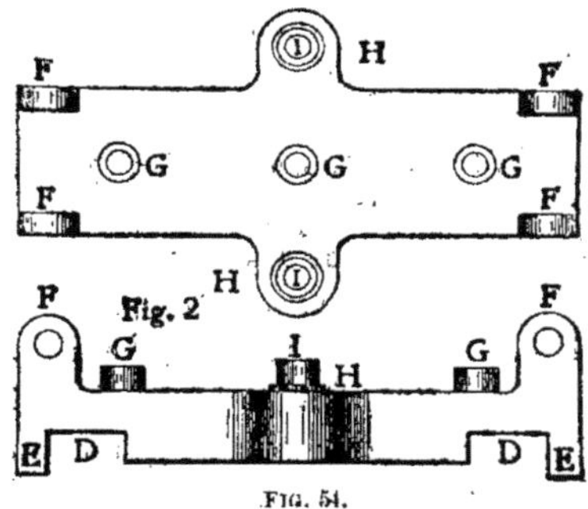

FIG. 54.

rés et finis de la manière suivante : le corps du montage est fixé sur la table de la fraiseuse universelle, on repère le centre de chaque trou, puis on achève le trou en utilisant le calibre de profondeur Brown et Sharpe pour le repérage, en mesurant à partir d'un côté du montage, et à partir de la table de la fraiseuse ; on emploie une fraise coupant en bout pour finir, en commençant par percer le trou avec une mèche plus faible d'environ $2^{mm},38$.

Les quatre trous pour la bague W sont repérés par la méthode du bouton, indiquée au chapitre III. Une fois tracés, les quatre trous sont percés, puis finis à dimension en montant le couvercle sur le plateau du tour, et en faisant tourner correctement chaque bouton en employant un indicateur.

Pour se servir du montage, on enlève le couvercle T en dévissant les écrous à oreilles V et la pièce à percer est repérée sur la partie de centrage O, le moyeu dressé de la pièce reposant d'équerre sur la partie finie N. L'une des saillies à face angulaire de la pièce est alors appuyée contre la tige de repérage R en serrant la vis de fixation S. L'écrou Q est alors bien fixé dans le montage comme il est indiqué sur la vue en plan représentant celui-ci. On perce alors les trous B dans les parties en saillie, à travers les bagues X, les unes après les autres, en plaçant le montage sur chacune des quatre paires de montants L successivement. On place ensuite le montage sur les montants M, et on perce quatre des trous A à travers les bagues W. On enlève ensuite le couvercle du montage, on desserre l'écrou W et la vis de serrage S. On déplace alors la pièce, et on la repère de manière à pouvoir percer les trous A et B dans chacune des quatre branches restantes. On répète alors les opérations de repérage et fixation de la pièce, ainsi que le perçage des trous.

Comme on peut le voir facilement, la disposition et la construction de ce montage sont aussi simples qu'il est possible pour assurer un travail précis et rapide. Quoiqu'il soit nécessaire de repérer deux fois successivement la pièce, le temps passé est très réduit, et parfaitement compensé par la simplicité et le bas prix du montage, car, pour percer tous les trous en une seule opération, il aurait été nécessaire d'établir un montage beaucoup plus compliqué.

Les figures 51 et 52 représentent des vues d'un montage dont la disposition est un peu plus compliquée que celle du premier. Il est employé pour percer les trous dans la pièce représentée figure 53, et pour finir les moyeux, c'est-à-dire pour percer les trois trous G, et le trou dans chacune des oreilles F, le trou du moyeu en I et pour finir le moyeu en H. Comme l'indiquent les deux vues du montage, la pièce est repérée en trois points, en chacune des parties saillantes finies, ou oreilles J, en s'appuyant sur les parties D, qui sont percées à grandeur dans une opération préalable. La pièce est repérée latéralement contre les deux arrêts réglables K en serrant contre la pièce les deux vis de fixation Q.

Le couvercle E du montage est soutenu à l'intérieur de celui-ci en F par la tige G. Des pieds sont venus de fonderie sur deux côtés, et sur le fond du corps, comme il est indiqué en B et C respectivement. Les quatre bagues L servent à percer les trous à travers les oreilles F, et ceux situés en M sur le couvercle servent à percer les trois trous G. La méthode employée pour maintenir le couvercle pendant le perçage de la pièce consiste à employer un montant oscillant, un écrou et une rondelle F, le montant étant articulé pour osciller librement dans le corps du montage en H, dans lequel on a prévu, ainsi que dans le couvercle, une rainure spéciale dans ce but. Deux vis de serrage P, sont placées dans le couvercle, pour repérer et fixer la pièce dans le montage.

Les deux grandes bagues O, employées pour finir les moyeux, sont repérées en permanence dans le couvercle, tandis que celles qui servent à percer les trous I dans les moyeux, sont mises en place au moment de l'emploi. Quand on se sert du montage, les pièces sont repérées et fixées à l'intérieur au moyen des vis de serrage Q et P et on perce alors tous les trous. On enlève ensuite les deux bagues N, et les moyeux sont dressés et amenés à grandeur. On desserre alors les vis de fixation, on ramène en arrière la pièce mobile I, on lève le couvercle et on enlève la pièce.

Toutes les pièces de ces deux montages, y compris les pièces moulées, sont faites suffisamment lourdes et résistantes pour résister à tous les efforts auxquels elles peuvent être soumises pendant l'emploi. La manière de repérer les pièces est très efficace, et évite toute possibilité de déplacement pendant le travail des outils. Les dispositifs et les endroits choisis pour fixer les pièces dans le montage permettent des manœuvres rapides, et n'offrent aucune difficulté pour le perçage ; la disposition et la construction de ces deux montages suppriment toutes pièces et tout travail inutile.

Montage pour percer des pièces brutes par paires. — La figure 56 représente deux vues d'un montage de perçage, avec les pièces en position,

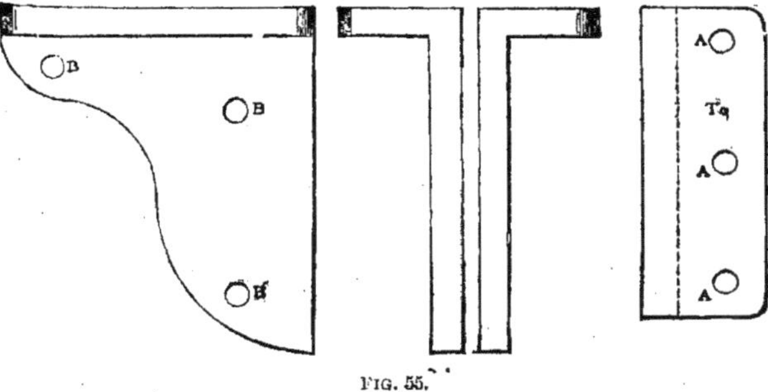

FIG. 55.

pour percer des trous dans les sommets de paires de supports fondus bruts. Ces pièces étaient employées en grand nombre, et avaient la forme représentée figure 55. Les trois trous dans le corps des pièces étaient obtenus au moyen de noyaux, et comme les paires de pièces n'étaient usinées en aucun point avant perçage, ces trous étaient utilisés comme points de repérage dans le montage. Le montage comprend un corps fondu, en forme de T renversé, dont la base est en X, et le sommet en G ; ce dernier supportant la plaque E et la pièce. Les pièces sont repérées par paires sur chacun des côtés du sommet, au moyen des goujons D, D, D, qui entrent dans les trous venus de fonderie, et sont maintenus par le système de serrage, qui est représenté en coupe transversale sur la figure 57. Cette pièce

de serrage, en acier à outils, avec ailes en I et J faisant saillie et serrant
la pièce, a la partie centrale L tournée, pour s'ajuster sur le fond demi-circulaire de la rainure dans le sommet G. On place une plaque H qui est
serrée sur la face du sommet G au moyen des deux vis N, N. Cette plaque a
un montant M fixé en son centre, aligné avec la partie circulaire L de la
pièce de serrage. La face du montant est finie au même rayon que la

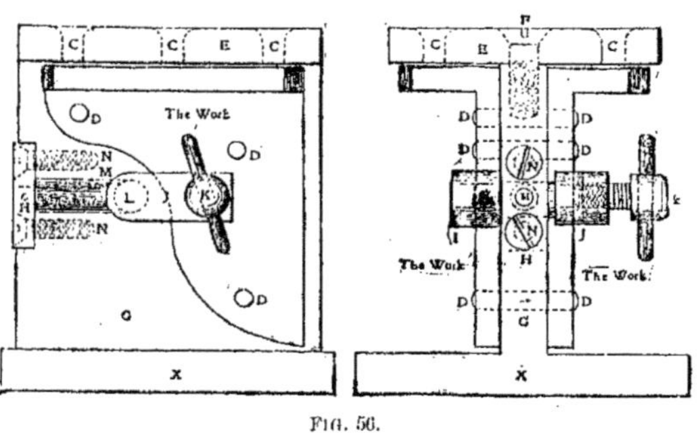

FIG. 56.

The Work :   La pièce.

partie L et a une longueur suffisante pour permettre à la face d'agir
comme palier postérieur pour permettre à la pièce de serrage de tourner.
Cette construction permet de faire le verrou en une seule pièce, et donne
de meilleurs résultats que si l'une des oreilles avait été rapportée. On
donne environ $2^{mm},38$ de dégagement longitudinal à
la partie circulaire L, pour permettre le serrage et
desserrage rapides pendant l'emploi. La plaque E
sert à la fois de porte-bagues et de bague. Elle est
en acier à outils, avec trois trous de chaque côté,
servant de guide pour le perçage des trous A, A, A.
Les trous C, C, C sont fraisés pour permettre une
rapide entrée des mèches. La plaque est trempée et
allongée légèrement, après quoi elle est rodée sur ses
deux faces puis dans les trous. Elle est repérée sur

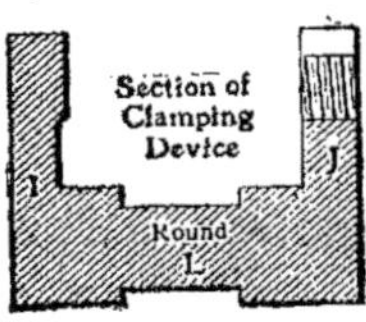

FIG. 57.

Section of   Coupe du
Clamping   système
Device :   de serrage.
Round :   Rond.

le corps du montage au moyen de deux vis à têtes plates F, et de deux
goujons non représentés.

Quand le montage est en service, le verrou est rabattu, et on place sur le
montage une paire de pièces, les goujons D, D, D s'ajustent aisément dans
les trous venus de fonderie. On rabat ensuite le verrou, et on serre la vis K
contre les pièces, ce qui appuie celles-ci contre les faces du sommet G. On
perce alors les six trous. Ce montage permet d'exécuter le perçage au

degré de précision voulu, d'une manière interchangeable et très rapidement. Le verrou oscillant qui sert à serrer les pièces contre les faces des
nervures peut être employé avec profit pour repérer et fixer des pièces de
formes variées et différentes, soit à l'état brut, soit déjà usinées en divers
points.

Montage pour le perçage et l'agrandissement des entrées des

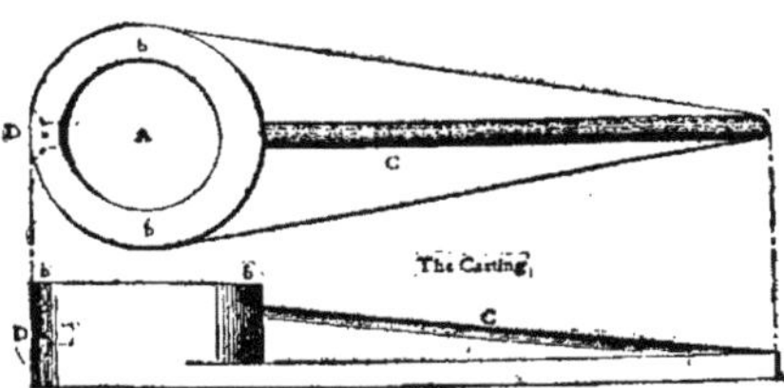

FIG. 58.
The Casting : La pièce.

trous. — Le montage représenté sur les figures 59-60 est employé pour
percer les trous D dans la pièce représentée figure 58 et à faire des entrées à

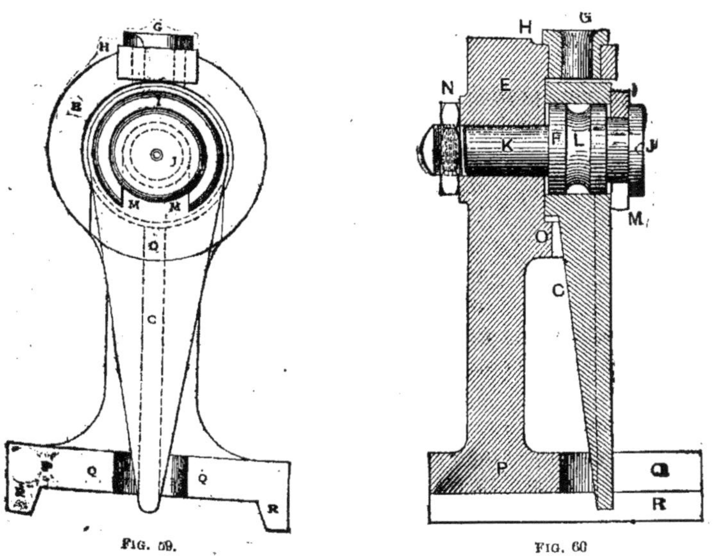

FIG. 59.   FIG. 60

ces trous. Avant perçage, les pièces sont alésées en A à un diamètre de
361mm,94 et le moyeu est dressé en *b*, *b*. Le trou D doit être centré

par rapport à la nervure C. Les pièces composant le montage sont : le corps, avec une partie circulaire E, une base en P, et deux pieds en R, R ; la bague RG et le système de repérage et fixation J, I, L, K et N. La partie E est alésée en avant un peu plus grande que le moyeu de la pièce, et est dressée en arrière pour recevoir l'écrou N. La bague G est trempée, rectifiée et entrée à force dans le sommet. Elle est rodée pour s'ajuster sur une mèche combinée pour percer et faire les entrées de trous. Le système de repérage et fixation comprend un montant en acier de construction avec l'écrou N, et est tourné en K, pour s'ajuster dans un trou alésé en E et en F, pour s'ajuster dans le trou de la pièce. Une rainure demi-ronde ménagée en L forme dégagement pour la mèche. Une large tête en J, et une rondelle I, avec une entaille en MM, complètent le tout. La pièce est repérée sur le montage de manière que le trou une fois percé, se trouve centré avec la nervure C, en insérant la nervure dans la rainure en O. Une rainure ménagée en Q, à la base, forme dégagement pour l'extrémité de la pièce.

Pour l'emploi, on glisse la rondelle de dessus la tige de repérage, et on met une pièce en place. On ramène ensuite la rondelle sur le nez de la tige, puis on serre l'écrou N. On perce et on agrandit le trou D dans la pièce. Pour enlever la pièce, il suffit de desserrer l'écrou N, et de faire glisser la rondelle.

Montage pour percer les cames. — Les cames à percer (*fig.* 61) sont en laiton, ont $7^{mm},14$ d'épaisseur ; elles sont prises dans une barre ronde de

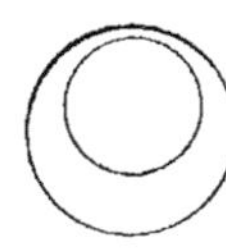

25^{mm},39. Elles doivent être percées excentriquement, comme indiqué, avec une mèche de 17^{mm},46. Naturellement, pour percer un trou de cette dimension dans des pièces aussi petites, et pour les obtenir à peu près semblables, il est nécessaire d'employer un montage pour les tenir correctement et solidement. Ce montage est représenté sur la figure 62, vu par

FIG. 61.

en dessus et vu en bout, sur la première on a enlevé la plaque qui sert à tenir la bague. La figure 63 montre la bague et la plaque.

Pour le montage proprement dit, on emploie une pièce moulée avec deux oreilles, comme l'indique la figure, qui peut être repérée et fixée sur la table de la perceuse. La plaque pour la bague est dressée en dessus et en dessous, et fixée au moyen de quatre vis à têtes plates J, et de deux goujons K. Une bague L en acier à outils, avec un trou de 17^{mm},46, est ensuite préparée, trempée, rectifiée et rodée. La pièce du montage, avec la plaque en position, est alors montée sur le plateau du tour, et on exécute en E un trou de 17^{mm},46 de diamètre à travers l'ensemble. Le trou dans la plaque est ensuite alésé, de manière que la bague y entre bien juste. On enlève alors la plaque sans toucher au montage, et on place dans le trou E un bout d'acier tourné de 17mm,46 de diamètre, avec une marque au pointeau exactement à 3mm,17 du centre ; ce bout d'acier doit entrer suffisamment à force pour qu'il ne puisse tourner. On déplace alors latéralement le mon-

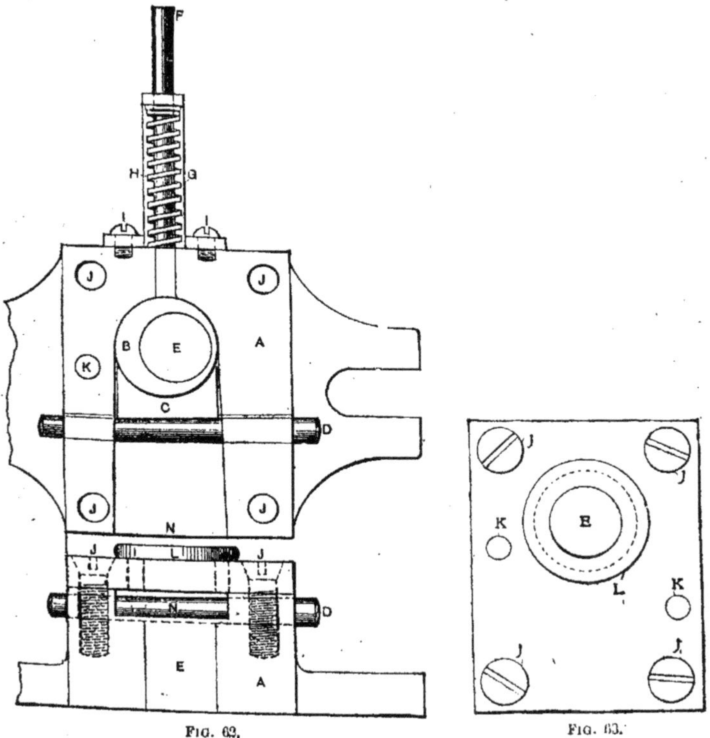

Fig. 62.

Fig. 63.

tage sur le plateau de manière à centrer le coup de pointeau. On enlève alors le bout d'acier, et on réalèse le trou E à un diamètre de 25mm,39 et à une profondeur de 7mm,14, de manière que la pièce représentée figure 61 puisse entrer librement. On enlève alors le montage du tour et on rabote une rainure comme l'indique la figure 62 en N, c'est-à-dire à 28mm,56 de largeur en face, et dirigée vers le trou B comme indiqué. On prépare ensuite un bout d'acier C, de 7mm,14 d'épaisseur ajusté de manière à éviter d'endommager la pièce. On perce en A un trou conique de 7mm,93 pour recevoir la tige D en acier Stub avec un plat du côté de la pièce. La tige D et la pièce DC sont toutes les deux trempées. G est un support en tôle d'acier, découpé et plié de la manière indiquée, et maintenu par les vis I, I. F est la tige de butée, H le ressort à boudin et le montage est ainsi complet. La plaque de la figure 63 est vissée dessus, et le montage est fixé sur la table de la perceuse. La pièce de la figure 61 est entrée en place, ainsi que la pièce C, et on donne un coup sur la tige D, ce qui rend la pièce immobile. On perce le trou, on enlève la tige de verrouillage, on donne un coup de marteau sec sur la butée, la pièce à usiner et la pièce E sortent sans difficulté, le ressort H ramène l'arrêt en position.

Il est nécessaire que le trou E dans la pièce et le trou de la bague aient exactement la même dimension que la mèche. Il faut aussi que l'affûtage de la mèche soit bien centré, car, s'il n'en était pas ainsi, il en résulterait des difficultés pour le démontage de la pièce.

Les montages, représentés et décrits dans ce chapitre, donneront des idées pour combiner des moyens de produire rapidement et avec précision en série, des pièces de formes diverses, sur lesquelles on doit exécuter des opérations de perçage. Un point que l'on doit avoir toujours présent à l'esprit, quand on étudie ou construit des montages pour l'usinage de pièces interchangeables, est le suivant : les montages employés pour les pièces brutes, ou pour les pièces de forme simple doivent pouvoir produire plus rapidement et meilleur marché, que ceux destinés aux pièces déjà usinées partiellement, ou aux pièces parfaitement interchangeables, car, en principe, les pièces de la première classe, sont vendues à un prix si bas, qu'il n'est pas possible d'en tirer un bénéfice si on ne les produit pas très rapidement.

CHAPITRE V

MONTAGES POUR PERÇAGE COMPLEXES ET POSITIFS

Puisque nous allons entreprendre la description d'une classe de montages pour perçage pour lesquels l'obtention du maximum de précision et d'interchangeabilité pour les pièces est essentielle, je désire imprimer sur l'esprit du lecteur la nécessité de se familiariser avec les principes fondamentaux et les moyens les plus précis et les plus pratiques d'obtenir des résultats exacts dans l'usinage des différentes pièces qui composent ces montages. Pour cette raison, j'attire l'attention du lecteur sur le chapitre III qui contient tout ce qui peut aider le mécanicien pour étudier et construire avec succès des montages précis pour le perçage.

Montage pour percer un bâti à cames multiples. — La figure 64 représente une pièce moulée avec deux cercles de trous percés de front en A et B, dans les positions relatives indiquées sur les bossages. Comme cette pièce une fois finie fait partie d'un organe d'une machine à broder, et agit comme une came multiple, la précision des trous doit être très grande. Le montage employé pour les percer est représenté par deux vues sur les figures 65 et 66 ; comme la disposition et la construction sont représentées très clairement, il n'est besoin que d'une description très courte. Aussi nous limiterons-nous à indiquer la

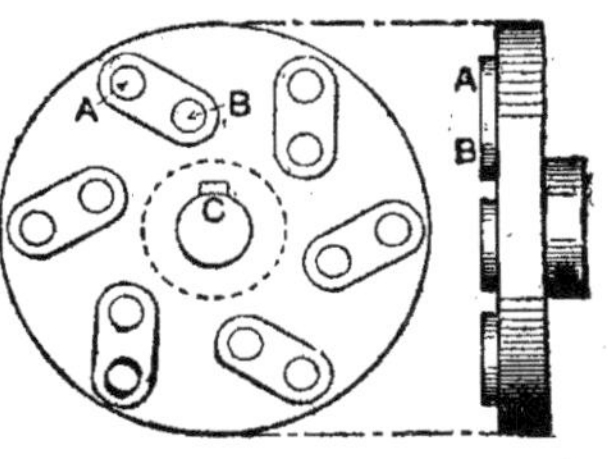

FIG. 64.

manière de repérer et de percer avec précision la pièce. D sur la figure 65 représente le corps du montage, qui est usiné sur toutes les faces, comme indiqué, et dont le couvercle L est articulé à une extrémité en M. Il est alors monté sur le plateau d'un tour, et on alèse un trou à travers l'ensemble, en Q et E respectivement. Le trou E est destiné à recevoir la tige G du plateau diviseur, et le trou dans le couvercle sert de dégagement pour la tige de serrage U et de base générale pour finir les trous des bagues. Le plateau divisé est forgé ; la plaque F est en acier à outils et

les tiges H et G sont en acier doux. La tige H est usinée de manière à
s'ajuster parfaitement sur le trou de centre de la pièce de la figure 64, et
est taraudée pour recevoir la tige de serrage U. La tige G s'ajuste dans
le trou à la base en E, elle porte un épaulement et est filetée pour recevoir
la rondelle I et l'écrou J. La plaque proprement dite F est divisée en six et

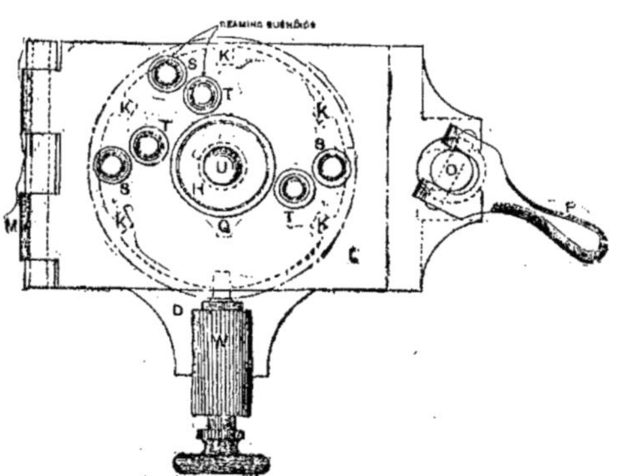

Fig. 65.
Reaming Buenings : Bagues d'alésage.

trempée. Ensuite elle est rectifiée, et les entailles sont rodées selon un
calibre, de manière que l'espacement des divisions offre la plus grande
précision possible. Comme repère pour la pièce, le meilleur point est le
clavetage en C (*fig.* 64), mais avant de mettre la clavette dans la tige H du
plateau divisé (*fig.* 65), on achève les trous de bagues dans le couvercle L.

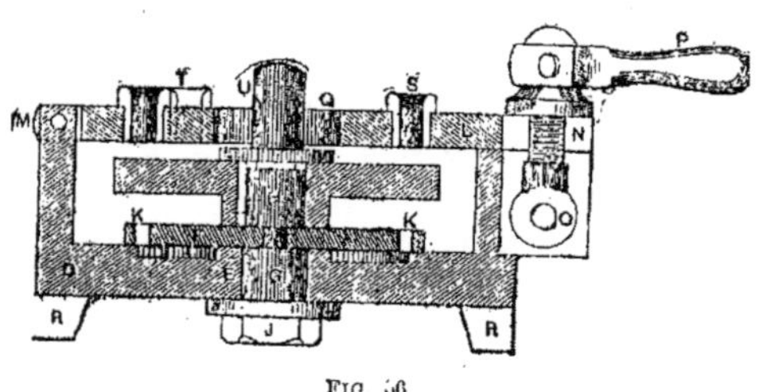

Fig. 66.

Dans ce but on tourne un arbre avec un bout conique pour s'ajuster
dans la tête d'entraînement de la fraiseuse universelle, et l'autre bout
entrant à force dans le trou Q du couvercle. On monte alors le couvercle à
force, et on place l'arbre sur la tête qui est mise sur le plateau en saillie en
face de la broche. On emploie d'abord une petite mèche à centrer et on

place la table de manière à pouvoir centrer les trous sur le rayon convenable. On perce alors trois trous T (*fig. 65*) et on les finit à dimension avec une fraise coupant en bout. Les trois trous extérieurs S sont exécutés de la même manière, et repérés en position convenable par rapport au premier cercle en employant un tampon type, pénétrant dans l'un des trous T et prenant un vernier pour mesurer la distance exacte qui le sépare de la face latérale de la fraise en bout. Quand les bagues sont achevées et placées dans les trous, on fixe une des pièces sur le montage, et la tige de division W placée à la base du montage en D est mise dans l'une des entailles de division. La pièce est ensuite ajustée jusqu'à ce que les trous percés viennent dans la position indiquée sur la figure 64. La rainure de clavetage est alors placée sur la tige H et on enlève la pièce. Une fois que la clavette est mise en place, le montage est achevé.

Pour employer ce montage, on fixe la pièce en position, comme indiqué, puis on perce les trous à travers les bagues S, T, S, T qui sont placées directement en face les unes des autres. On déplace alors la plaque divisée d'une division ; les deux premiers trous percés sont alésés à travers les deux bagues spéciales T et S et on perce de nouveau quatre trous à travers les autres bagues comme précédemment. Le principe de ce montage peut être appliqué avec profit pour les pièces où on doit percer des trous en cercle selon un rayon précis.

Montage pour percer et dresser des moyeux. — Les figures 68 et 69 représentent deux vues d'un montage pour percer les trous F, F, F, F

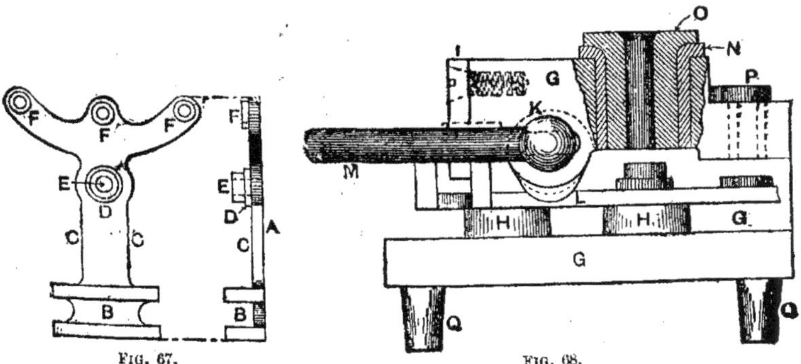

Fig. 67.Fig. 68.

et E et dresser le moyeu D de la pièce représentée figure 67. Il permet de manœuvrer très rapidement les pièces, et de produire un travail précis. Il peut être adopté pour usiner des pièces que l'on désire percer rapidement, car un seul levier permet de fixer et de repérer la pièce en position. Avant perçage, la pièce représentée figure 67 est usinée sur la face arrière A, sur les côtés C, C, et dans la rainure B, afin de permettre de la repérer exactement. Le montage se compose d'une pièce représentée en G, G, G qui résiste à l'effort de la came de verrouillage K. La pièce est repérée sur deux bossages H, H sur le fond et latéralement sur les vis réglables J, J,

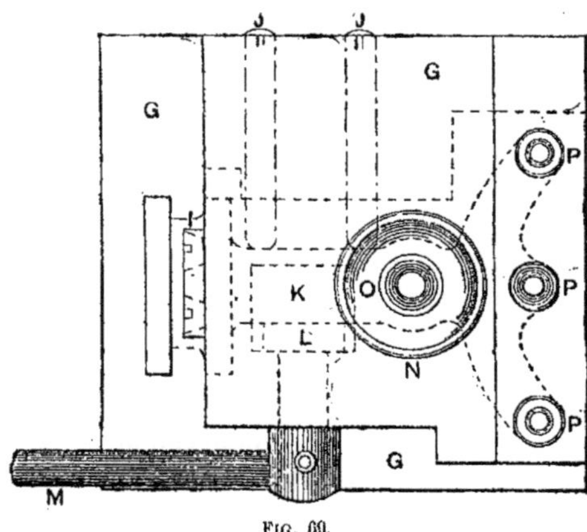

FIG. 69.

tandis qu'en bout la pièce plate I repère la rainure. Les trois bagues P, P, P sont placées selon la méthode du bouton, décrite au chapitre III, de même que le trou pour la bague de dressage N, tandis que la bague pour le trou E (*fig.* 67) est rectifiée pour s'ajuster dans la bague H.

La bague de serrage et de repérage K, M et L est faite de manière que la

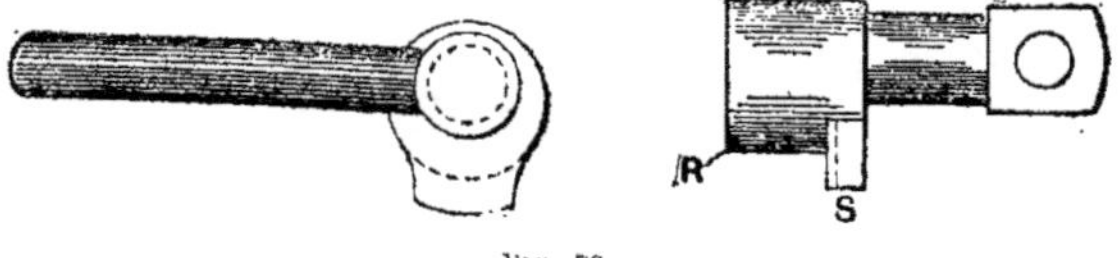

FIG. 70.

partie K appuie la pièce de haut en bas sur les bossages H, H et l'amène contre la plaque I ; pendant ce temps la partie L est usinée à une certaine approximation sur la face intérieure, comme indiqué en S (*fig.* 70), qui l'appuie contre les vis J, J. Pour l'emploi, la pièce est serrée dans le montage, comme l'indique la figure 68, en abaissant le levier M de la came de verrouillage. On enlève alors la bague O et on dresse le moyeu D (*fig.* 67). Puis on monte la bague D et on perce le trou E ainsi que les trois autres à travers les bagues P, P, P. On ramène en arrière la came de verrouillage, et on monte une autre pièce.

Le repérage et le serrage des pièces dans les montages au moyen de la came de verrouillage que nous venons de décrire constituent l'un des moyens les plus rapides et les plus pratiques pour exécuter ces opérations, et il peut être employé pour le perçage d'un grand nombre de pièces diverses où on a déjà usiné deux ou plusieurs parties de manière que les points de repérage de la pièce forment une dimension uniforme.

Montage complexe pour bases de machines à écrire. — Le montage représenté en trois vues sur les figures 72, 73 et 74 peut servir d'exemple pratique de montage complexe pour le repérage et le finissage d'un grand nombre de trous avec le maximum de précision. Il est employé pour percer tous les trous, au nombre de cinquante-six dans la pièce repré-

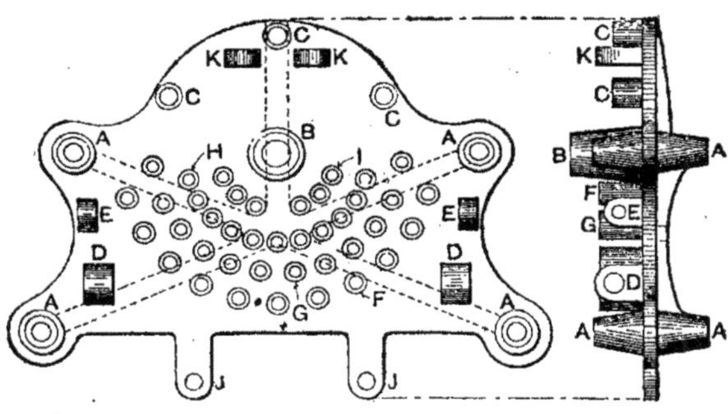

Fig. 71.

sentée par la figure 71. Une fois finie, celle-ci forme la base d'une machine à écrire, et doit être absolument interchangeable.

Pour des pièces de ce genre, on doit prendre soin que toutes les pièces soient de dimensions et de formes identiques. Pour obtenir ce résultat, le modèle doit être parfait, toujours exécuté en métal, usiné partout aux dimensions exigées en laissant toutefois de la matière pour le retrait et du dressage pour tous les points à usiner. Quand on a des modèles parfaits, on n'a aucun doute en ce qui concerne les résultats obtenus pour les pièces. La pièce de la figure 71 est d'abord dressée sur tous ses bossages et surfaces, au calibre, sur un montage à profil. La disposition et la construction du montage sont clairement indiquées sur les trois vues, et le finissage de toutes les pièces, analogue à celui des pièces employées sur les autres montages, est exécuté de la même manière. Les points présentant un intérêt suffisant pour justifier une description détaillée sont la manière de repérer les pièces, le finissage des trous à bagues, et les systèmes de fixation.

La pièce repose à l'intérieur du montage sur les quatre pieds A, A, A, A (*fig.* 71). Elle est repérée en bouts contre les deux points Y, Y (*fig.* 72) (ces points étant fraisés au rayon des extrémités de la pièce qui s'y appuient) et latéralement par deux vis de serrage réglables B, B. Les organes de ser-

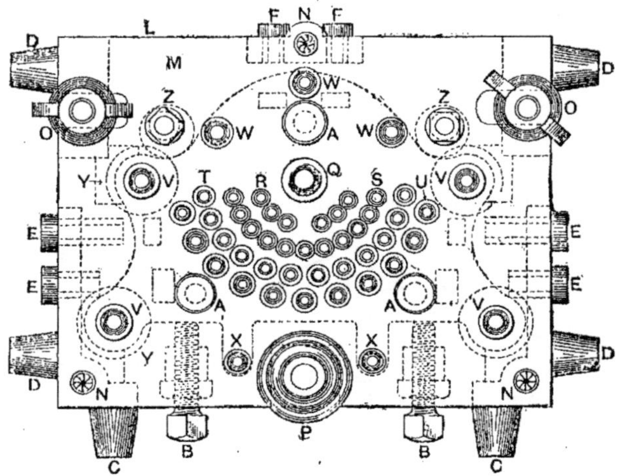

FIG. 72.

rage sont tous fixés sur le couvercle M, et comprennent trois vis à tête moletées A, A, A (*fig.* 72) et les cames de verrouillage Z, Z. Ces verrous, représentés clairement sur la figure 75, comprennent un montant tourné

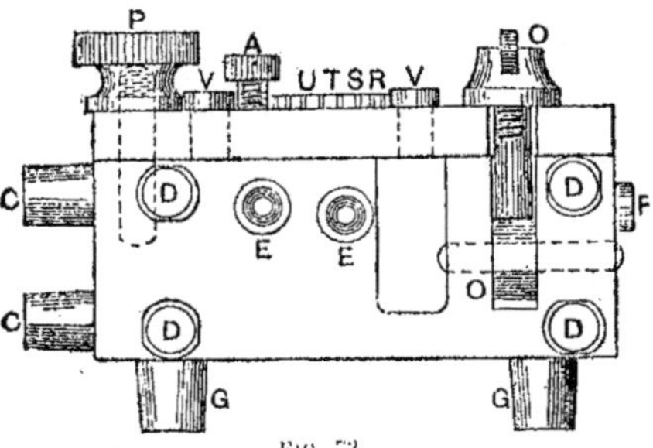

FIG. 73.

excentriquement et un écrou carré, tous trempés et repérés comme indiqué dans le montage. En leur faisant faire un demi-tour, ils appuient la pièce contre les points de repérage Y, Y ainsi que contre les vis de serrage B, B et la maintiennent solidement en position. Le couvercle est

repéré sur le corps du montage par les trois goujons N, N, N et serré par
les deux pièces mobiles O, O et le grand écrou mobile P. Cette manière de
fixer permet de repérer et enlever rapidement le couvercle. Les pieds sont
placés sur trois côtés et sur le fond du montage. Ils sont en acier à outils,
trempés et rodés comme nous l'avons déjà indiqué. Pour finir ces pieds,
un certain nombre d'outilleurs fraisent un carré à leur sommet, ce qui
représente pas mal de travail ; il suffit de fraiser un léger plat sur deux
côtés pour répondre à toutes les exigences, et cela est beaucoup plus
expéditif.

La partie la plus difficile de la construction est le finissage des trous de
bagues. En se reportant à la figure 72, on voit qu'il y a quatre séries de
trous, en R, S, T et U chacune sur un cercle ayant Q pour centre. Le premier trou est celui destiné à la bague Q, qui est achevé sur le plateau d'un
tour par la méthode du bouton. Ce trou est alésé à une dimension un peu

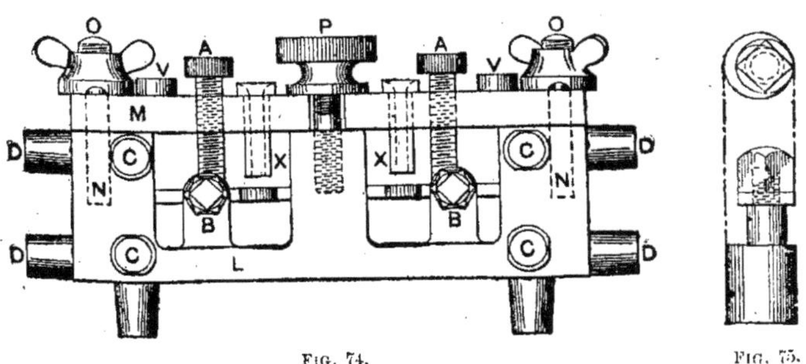

FIG. 74.   FIG. 75.

plus grande qu'il n'est nécessaire, afin de recevoir un arbre qui est repéré
sur la tête à diviser de la fraiseuse. Ceci étant fait avec la tête placée en
face de la broche, la première série de trous R est centrée et finie dans la
position obtenue en plaçant la table et la tête de manière que le centre de
la mèche soit sur la circonférence ayant pour centre Q puis en réglant le
diviseur pour seize divisions, en finissant six trous R, et en sautant le
centre. La série suivante S ainsi que les séries T et U sont achevées de la
même manière en abaissant la table jusqu'à ce que le centre de la mèche
donne le rayon demandé, en réglant le diviseur pour vingt-cinq, et en achevant onze trous sur l'arc, comme il est indiqué. On enlève alors le couvercle, et on repère les quatre trous V, V, V, V avec des boutons, en insérant un tampon type dans les trous Q en prenant les distances qui le
séparent du côté du montage avec un calibre de profondeur, pour terminer
en finissant les trous sur le tour. Les trous W, W, W et X, X ainsi que ceux
placés sur le côté du montage en E, E, E, E et F, F sont exécutés par la

même opération. La manière de repérer et serrer la pièce en position et de percer tous les trous est représentée clairement sur les trois vues du montage et n'exige pas d'autre description.

La disposition et la construction des trois types différents et distincts de montages représentés et décrits ci-dessus indiquent les meilleurs principes à employer pour bien repérer, fixer et manœuvrer les pièces de ce genre, tandis que la méthode décrite pour finir les trous de bagues est la plus précise qui ait été jamais imaginée pour exécuter cette partie du travail. Si on suit les indications données, on obtiendra des résultats absolument satisfaisants.

Deux montages de perçage pour pièces petites et précises. — La figure 77 représente un montage de perçage dans lequel on trouve un cer-

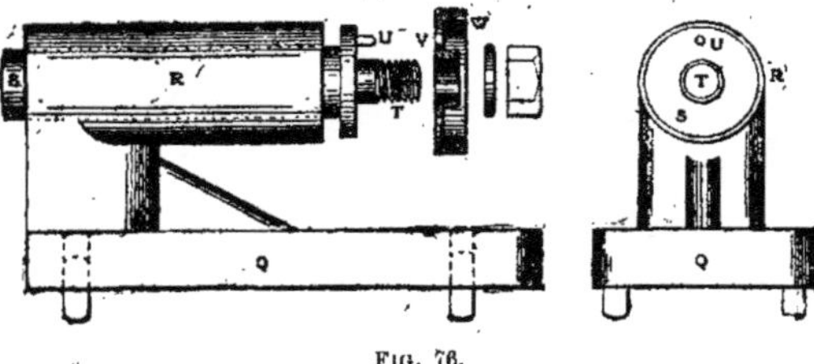

Fig. 76.

tain nombre d'idées pratiques. Ce montage est destiné à répartir et centrer des trous ou sièges de poinçons dans de petites roues, qui sont à leur tour garnis de poinçons et employés pour percer des bouts de souliers en cuir et exécuter d'autres travaux divers du même genre. La figure 76 représente en W en coupe transversale la roue avant perçage. Sur les figures 79 et 80 on voit en H la roue finie avec tous les trous percés et fraisés et les poinçons mis en place, ainsi que la machine qui utilise ces roues. Ces roues sont en acier de construction laminé à froid, et sont finies entièrement sur le tour-revolver.

Comme les trous ou sièges pour les poinçons perforateurs sont ordinairement très petits, il n'est pas possible de les percer avec le degré de précision exigée sur un seul montage ; aussi en emploie-t-on deux, l'un pour répartir, repérer et centrer les trous, l'autre pour les percer et les agrandir. Le montage pour répartir et centrer les trous est représenté figure 77 et le montage pour percer et agrandir les trous est représenté figure 76.

Le montage à espacer et centrer (*fig.* 77) comprend une pièce A à fond plat, avec deux montants B, B qui supportent l'appareil diviseur. Il y a un arbre C avec un large épaulement à l'extrémité antérieure, pour s'appuyer sur la face du montant, et un bout faisant saillie sur cet épaulement, pour s'ajuster dans le trou de la roue, et fileté pour recevoir l'écrou F. Un petit ergot dans la face de l'épaulement repère la roue en position sur l'arbre. Le plateau diviseur G porte trois circonférences de trous, le nombre des trous étant prévu pour travailler un aussi grand nombre de

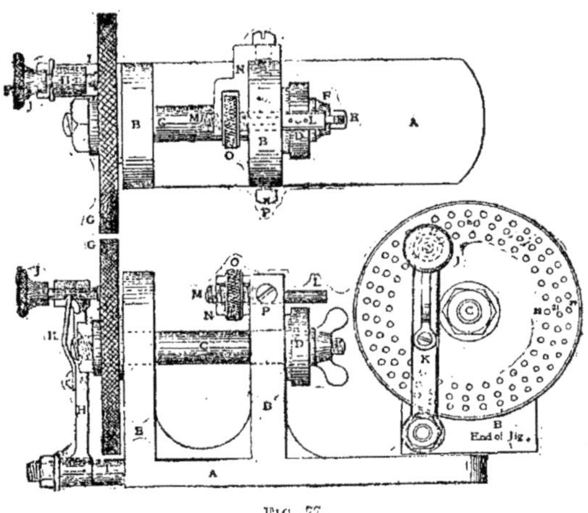

Fig. 77.

roues que possible. La tige du diviseur J est fixée sur un bras oscillant H qui se déplace autour d'un pivot fixé sur un angle du montant arrière B. Un ressort plat K est fixé à l'arbre, et son extrémité repose dans une entaille de la tige du diviseur. Au lieu d'employer des bagues pour guider les mèches, on utilise un bout d'acier Stub de $7^{mm},93$ avec un plat en L et

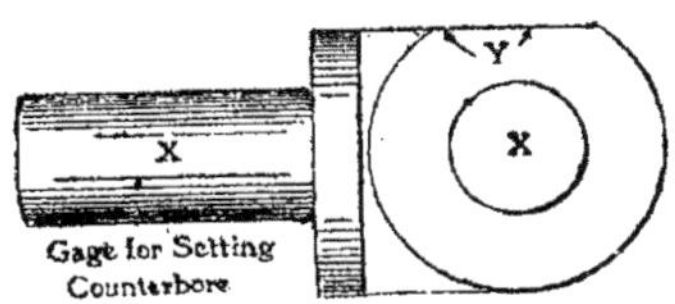

Fig. 78.
Gage for Setting Counterbore :   Douille pour placer l'outil à agrandir.

trois trous pour les mèches. Ce bout est trempé, et l'extrémité opposée M est filetée pour recevoir l'écrou de réglage O fixé dans la fourchette du support N. Ce réglage permet de réaliser différentes combinaisons de trous dans des roues d'épaisseurs diverses, en employant un seul guide pour les forets.

Avec ce montage on emploie une petite machine à percer sensitive et comme la disposition et la construction sont représentées clairement, une description détaillée est inutile. La manière d'employer le montage de la figure 77 est la suivante : une roue D est repérée sur l'arbre comme indiqué, on fixe un foret dans le mandrin de la perceuse, et on place la table A de manière qu'elle puisse être amenée juste assez haut pour centrer ou

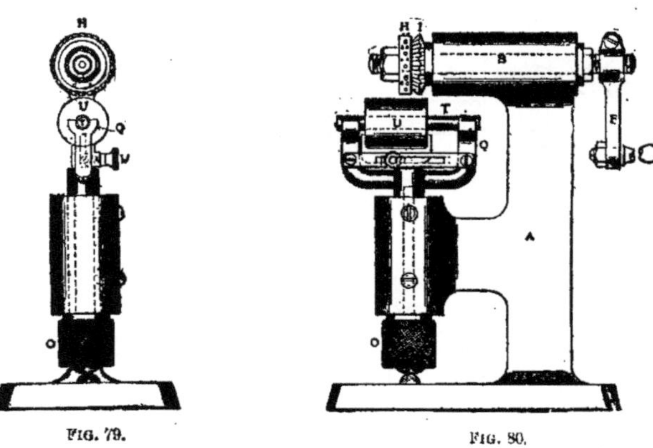

FIG. 79.   FIG. 80.

marquer les trous. On amène la tige du diviseur J pour la circonférence de trous nécessaire en déplaçant et repérant les bras H. Après avoir centré le premier trou, on repère et centre le suivant en poussant avec la main gauche la tige du diviseur J et en faisant tourner avec la main droite le

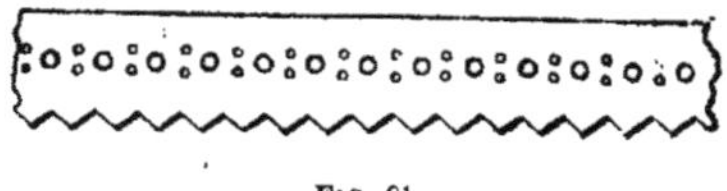

FIG. 81.

plateau diviseur G, dont l'extérieur est moleté pour faciliter cette opération.

Le montage pour percer et agrandir les trous des roues est représenté sur la figure 76. Il comprend une pièce Q avec un arbre flottant S sur lequel on place les roues à percer. Cet arbre est usiné à l'extrémité antérieure comme l'arbre employé dans le premier montage, la pièce est repérée et fixée sur lui de la même manière, la broche de repérage U pénétrant dans le trou V de la roue W. Deux goujons sont placés aux angles extrêmes du fond du montage de manière à coïncider avec deux trous percés dans la table de la perceuse, et repérés de manière que l'arbre S se trouve aligné avec le centre du mandrin de la perceuse. Grâce à cette disposition on peut percer les trous très rapidement et avec la certitude qu'ils sont tous dirigés vers le centre commun. Quand on perce les roues, on fait tourner l'arbre jusqu'à ce que l'un des centres marqués soit aligné avec la mèche. On appuie alors la pièce en la remontant, et la mèche la repère aussitôt parfaitement.

L'agrandissement des trous s'exécute de la même manière que le perçage ; la lame est placée à la profondeur voulue dans les trous au moyen de la rainure X, la table de la perceuse est élevée jusqu'à ce que la face de la lame repose sur la face plate Y du calibre, qui est glissé dans les trous de l'arbre du montage. On fixe alors la table, on enlève le calibre, on remet en place l'arbre de la pièce S et on achève les trous de la roue au diamètre et à la profondeur voulus. •

Les figures 79 et 80 indiquent de quelle manière on emploie les roues finies. H est la roue avec les poinçons montés, I est la lame à découper pour couper l'arête de la pièce ; A est le corps de la machine, B l'arbre de la lame et du disque, que l'on tourne à la main au moyen de la manivelle F, V est un support en caoutchouc durci qui tourne librement et peut être réglé sur l'arbre T et élevé ou abaissé au moyen de l'écrou moleté O. La figure 85 donne un exemple du travail exécuté.

Montage pour percer une base en aluminium. — La figure 82 représente un bâti, ou support pour une machine électrique à couper les

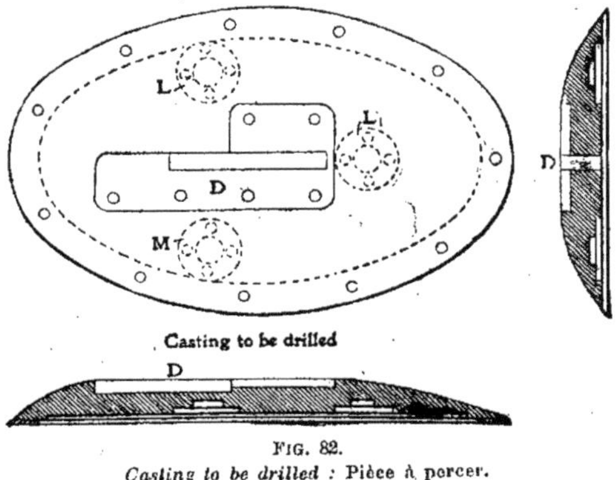

FIG. 82.
Casting to be drilled : Pièce à percer.

étoffes, en aluminium moulé, de 190^{mm},5 de long. On doit percer tout autour onze trous. Ceux-ci doivent recevoir des vis de 4^{mm},76 pour fixer un sabot en tôle d'acier ayant pour dimensions le profil de la pièce d'aluminium, et limité intérieurement par la ligne pointillée. On perce également six trous dans la partie aplatie D pour recevoir des tarauds de $10^{mm},24$ et maintenir la pièce qui supporte la cisaille. Ensuite il y a trois grands trous de $38^{mm},1$ de diamètre sur $3^{mm},17$ de profondeur, et un trou de $12^{mm},7$ au centre, avec une profondeur de $12^{mm},7$.

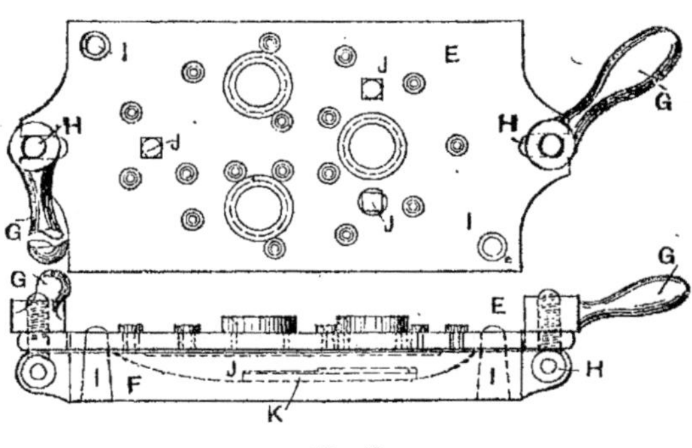

FIG. 83.

En outre, on perce quatre trous entre les grands trous, pour des vis de $4^{mm},40$. Ces trous sont destinés à des tôles supportant les galets sur lesquels roule la machine.

Les montages employés pour percer ces trous sont représentés sur les figures 83 et 85 respectivement. En tout, il y a trente-cinq trous, dont trente-trois sont percés sur le montage représenté sur la figure 83. Comme on le voit, le montage comprend deux pièces principales, le couvercle et le fond. Le dernier est moulé au moyen d'un modèle en bois exécuté spécialement, creux sur le côté, de manière à permettre de mettre la pièce J à l'intérieur, avec un dégagement tout autour. Des oreilles sont venues de fonderie à chaque extrémité, pour recevoir les pivots 11, 11. Une fois le fond raboté, on le dresse intérieurement à la fraise, on exécute le calibre plat K, et on le fixe au moyen de vis et de goujons. Cette plaque sert à repérer la pièce, qui a été préalablement fraisée en ce point selon un calibre, comme il est indiqué en D (*fig.* 82). On exécute ensuite le plateau supérieur en fonte, il est raboté sur les deux faces, puis entaillé aux bouts pour recevoir les tirants. On assemble alors les deux pièces, on perce et on alèse les deux trous de goujons I, I. On prépare ces goujons que l'on fixe dans la pièce inférieure F, puis prenant le centre du plateau calibre K comme centre commun, on repère soigneusement

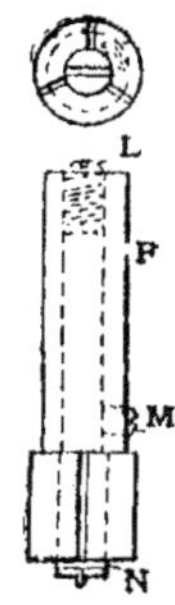

FIG. 84.

par la méthode du bouton tous les trous indiqués, que l'on perce et alèse sur le tour.

On perce trois trous dans la position indiquée pour les vis de fixation J, J, J, puis on prépare les bagues, que l'on trempe, rectifie et rode à grandeur et que l'on met en place. Les pivots H, H sont exécutés en acier de construction, puis on prépare les écrous à poignées G, G également en acier de construction, on les monte, et le montage est achevé. Pour l'emploi, on donne un tour aux poignées G, G de manière à dégager le plateau E que l'on enlève pour mettre la pièce à travailler dans le plateau F, repéré lui-même sur le plateau calibre K. On remet ensuite le plateau E, on rabat et serre les écrous G, et on serre également les trois vis de fixation J, J, J. Quand tous les petits trous ont été forés, on perce les grands trous, et on les agrandit au moyen de la mèche combinée représentée figure 84. N est une mèche plate insérée dans l'alésoir. L est une vis de réglage, et m une vis de fixation.

C'est là le type de montage qui convient le mieux pour ce genre de travail. Comme on le voit, la pièce est d'une forme difficile à serrer, et la disposition adoptée répond à toutes les exigences, et peut être appliquée pour usiner des pièces interchangeables.

La figure 85 représente le montage pour percer les petits trous entre les grands, pour les vis de la plaque à galets. On peut comprendre sans longue description. Comme on le voit, il se compose d'une pièce plate en acier laminé à froid, usinée à la forme indiquée, et de deux disques tournés juste à la dimension des grands trous à la base. On les fixe ensuite un à chaque

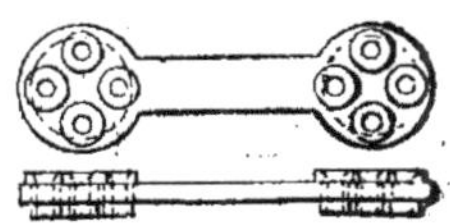

Fig. 85.

bout, de manière qu'ils tombent dans les grands trous. On trace les trous pour les bagues, on les perce et on les alèse. Les bagues préparées sont trempées, et mises en place, le tout est alors fini. Le montage est placé de manière que les disques tombent dans deux des trous L, L. On perce les trous dans chacun, puis on amène un bout du montage sur le trou A et on y perce les trous. Ce système est simple et pratique pour les percer, tous régulièrement et semblablement, les tôles des galets étant découpées et percées à la presse.

Le sabot en acier mentionné au commencement de cette description, pour la base, est découpé et percé à la presse. On aura une idée du degré de précision nécessaire pour le traçage des trous si l'on comprend qu'ils doivent laisser un bord bien égal tout autour extérieurement à l'arête des pièces.

CHAPITRE VI

ÉTUDE ET CONSTRUCTION DE MONTAGES DE PERÇAGE POUR GRANDES PIÈCES DE MACHINES, ETC.

Construction des gros montages de perçage. — L'introduction des appareils et des montages pour la production en série de machines et d'outils de grandes dimensions a nécessité l'examen des moyens et l'étude des montages dont l'emploi permet de manœuvrer aisément et rapidement la ou les pièces à usiner. Le résultat a été que, là où on a étudié et construit convenablement les montages, les pièces finies furent infiniment supérieures à ce que l'on obtenait par les vieilles méthodes.

Dans l'étude et la construction des montages de perçage pour les grosses pièces, on rencontre et doit surmonter un certain nombre de difficultés auxquelles on ne se heurte pas dans les différents genres de travaux que nous avons examinés antérieurement, et qui sont les suivantes : dimensions et résistance des pièces moulées constituant les montages, points de repérage et de fixation des pièces qui doivent avoir des positions permettant de repérer et fixer les pièces rapidement dans les montages, en demandant le moins possible d'efforts à l'opérateur. Enfin le repérage et le finissage des trous pour les bagues de perçage, qui ne peuvent, en général, être exécutés avec succès par les mêmes moyens que l'on emploie pour la construction des montages destinés aux petites pièces.

Montage pour percer une tête transversale de machine à clouer. — Les montages nombreux et variés représentés dans les figures ci-jointes indiquent clairement la disposition et la construction les plus pratiques pour les pièces moulées des différentes formes représentées. La figure 86 donne trois vues d'une tête transversale en fonte pour une machine à clouer. Elle est usinée en trois points, en A, A, B, B et au fond C, C. Les trous percés sont au nombre de dix-huit, quatre à chaque extrémité en D, quatre en E, et six en F sur la vue de face. Le montage servant à les percer est représenté clairement avec la pièce serrée à l'intérieur sur les deux vues de la figure 87. Il se compose d'une pièce moulée avec des montants à chaque bout en G, G. La pièce est repérée en la forçant en bout contre les

deux repères I et II respectivement au moyen des vis de serrage L, L (voir
fig. 88). Quatre crampons K, K, K, K retiennent et appuient solidement
la pièce contre deux macarons usinés placés sur le fond du montage. Les

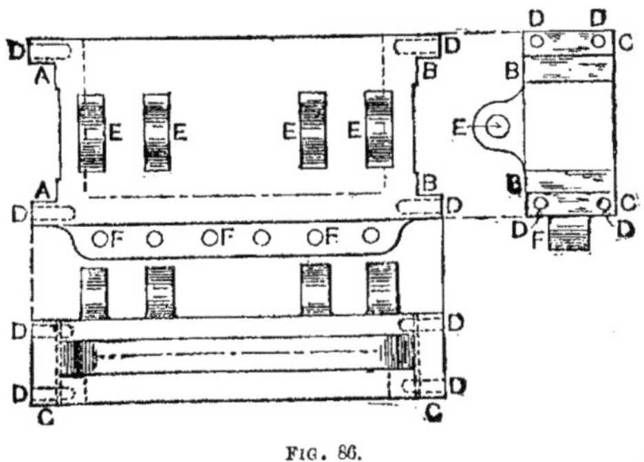

Fig. 86.

trous de bagues sont repérés et usinés par la méthode décrite au commencement de ce chapitre. Pour l'emploi, on fixe la pièce dans le montage en
l'appuyant sur les points de repère, et en serrant tous les vis et crampons.

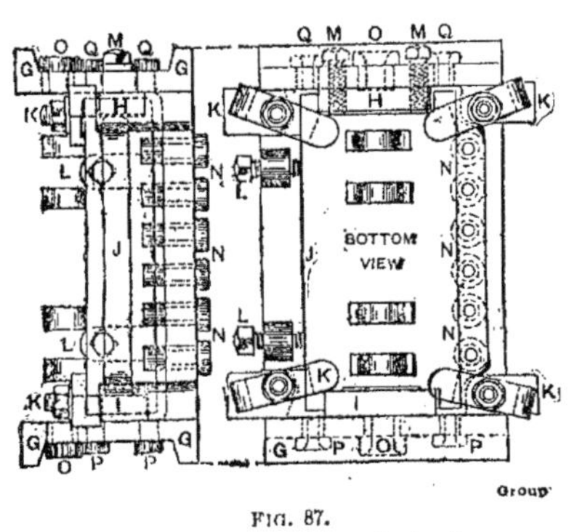

Fig. 87.

Bottom view :   Vue du fond.
Group :

Le montage est alors dressé sur les pieds G, G et on perce les trous à travers les bagues Q, Q. Ensuite on le retourne, et on perce les trous à l'autre
extrémité à travers les bagues P, P. On finit ensuite les grands trous à travers les quatre saillies, en passant une barre d'alésoir à travers les bagues O
et les trous venus de fonderie dans les quatre oreilles saillantes de la tête,
dans lesquelles on fixe quatre lames, une extrémité de la barre étant fixée
dans la broche de la machine à percer, l'autre extrémité tournant libre-

ment, et traversant le trou dans le centre de la table, à mesure que la barre descend. Le montage est aussi simple que possible, et permet de repérer, fixer, percer et démonter rapidement la pièce. Les oreilles saillantes sur les côtés pour les crampons K, K, K, K renforcent les extrémités du montage, et compensent la tendance au manque de résistance des saillies. L'emploi d'une barre d'alésoir avec quatre lames pour finir les trous E (*fig.* 86) est économique et donne de bons résultats, en économisant du temps pour le

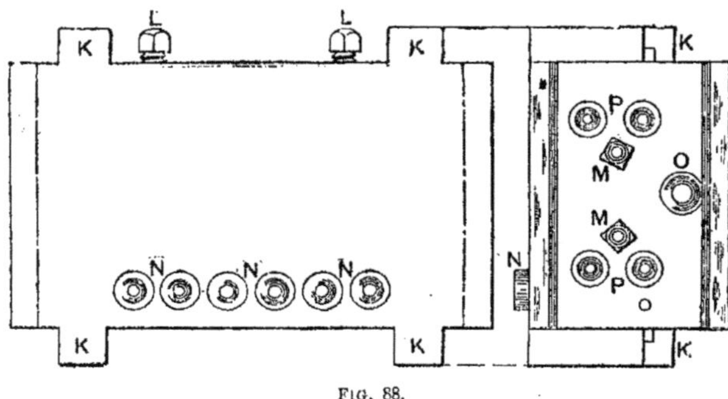

Fig. 88.

finissage des trous, et en assurant leur parfait alignement une fois terminés. L'emploi de crampons pour fixer la pièce donne un serrage et un desserrage rapides, en donnant simplement un tour aux écrous.

Montage pour perçage de rouleaux d'impression en fonte. — Sur les deux figures 89 et 90, représentant un rouleau d'impression en fonte, on voit une pièce qu'il serait difficile de manœuvrer sans employer un

Fig. 89.   Fig. 90.

montage. Le rouleau est tourné et fini sur le tour puis transporté sur la fraiseuse, divisé en six, puis on fraise sur toute la longueur les quatre rainures T, T, T, T. Dans chacune de celles-ci, on perce six trous R, puis dans la partie pleine du rouleau, on exécute quatre trous agrandis W. L'intérieur du rouleau est venu creux de fonderie, comme l'indiquent les lignes pointillées, avec des évents en V, V. Un trou de $50^{mm},8$ à travers les bouts en U, U joue le rôle d'un palier pour un arbre rotatif. Le montage est représenté nettement sur la vue en coupe transversale de la figure 91, et sur les vues en dessus et en bout des figures 92 et 93. X est la pièce moulée transversale, Y la plaque à bagues, et I l'arbre sur lequel est fixé le rouleau Z à percer. La plaque de repérage C tourne dans l'extrémité B du montage et

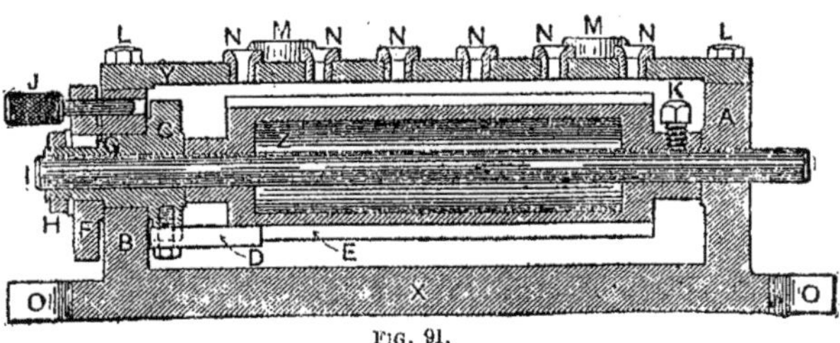

FIG. 91.

fait saillie du côté opposé, la plaque divisée P étant clavetée dessus en G, et serrée par l'écrou H. Les bagues N sont destinées aux six trous R des rainures, et celles indiquées en M aux trous agrandis W, W (*fig.* 90). Pour repérer le rouleau à l'intérieur du montage de manière que les rainures dans lesquelles on perce les trous soient bien alignées avec les bagues, on emploie le repère D. Il est fixé à l'intérieur d'une rainure en C par la vis à tête figurée, la pièce D s'ajustant exactement dans la rainure E, comme l'indique la coupe transversale. De son côté, le rouleau est fixé sur l'arbre I par les vis de serrage K.

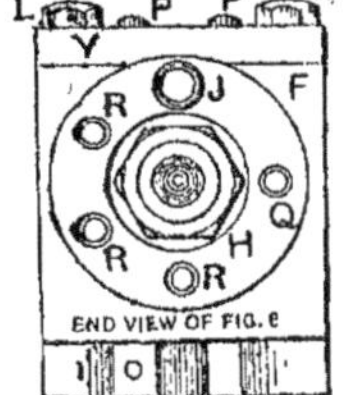

FIG. 92.

End view Vue en bout *of fig. e :* de la figure e.

Sur la vue en bout du montage (*fig.* 92), on voit les trous de division dans le plateau F, ceux pour les trous dans les rainures sont en R, R, R, et celui dans lequel la tige diviseuse J entre, ce qui fait quatre en tout. Celui pour les trous agrandis est en Q. La vue du montage par en dessus montre les positions dans lesquelles les bagues N et M sont placées, ainsi que la

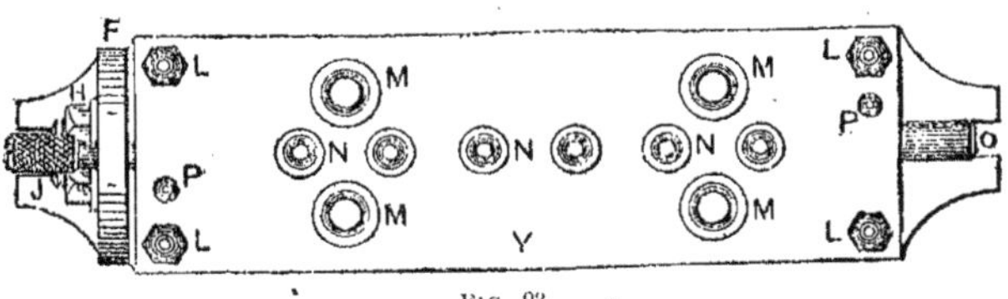

FIG. 93.

manière de repérer la plaque à bagues au moyen des quatre vis L et des deux goujons P, P. Si on se reporte à la figure 91, on comprendra la manœuvre du montage pendant son emploi, ainsi que la manière de percer

la pièce. L'arbre I et le galet Z sont montés, s'ajustant entre la plaque de
repérage C et le moyeu fini à l'extrémité A, avec le repère D dans la première des rainures. Ensuite on glisse en travers l'arbre I, et on serre la vis
de fixation K dans le galet. Le montage est ensuite placé sur la table d'une
grande machine à percer multiple et réglable. Six broches sont placées de
manière que les mèches pénètrent dans les six bagues N, et quatre des
broches restantes sont disposées de manière que les mèches d'agrandissement entrent dans les bagues M. Le montage est alors solidement fixé sur
la table au moyen de vis à têtes à travers les extrémités en C. Les quatre
trous W (*fig.* 84) sont alors agrandis, en commençant par enlever les
mèches des six autres broches. Puis on enlève les mèches à agrandir, on
remonte les six mèches sur les broches, et on tourne la plaque divisée jusqu'à ce que la première rainure de la pièce se trouve sous la bague N. La
tige de division J est alors insérée, et on perce les six trous. On déplace la
plaque divisée pour la rainure suivante, on y perce les trous, puis on perce
de même les trous dans les deux rainures qui restent. L'emploi de ce montage, combiné à celui de la perceuse à broches multiples, rend très simples
la manœuvre et le perçage du rouleau, ce qui serait vraiment difficile à
exécuter d'une manière satisfaisante par d'autres moyens. On constate
que les pièces produites sont parfaitement interchangeables.

**Montage de perçage pour des supports à coulisse en queue
d'aronde.** — Un autre type différent de montage pour gros travaux est
représenté par les trois vues des figures 94-95. Il est employé pour percer
tous les trous dans le support à glissière à queue d'aronde représenté par
les figures 96-97 et, comme on le voit de suite, il peut être monté sur la
pièce simplement et rapidement. Le support (*fig.* 96-97) a quatre trous
percés en V, V, V, V et deux en W, W. Les quatre trous V servent à fixer
le support sur le bâti de la machine dont il fait partie, et ceux en W, W
servent à fixer un palier de broche sur une partie du support. Avant perçage, cette pièce fondue est usinée en arrière en U, rabotée en queue
d'aronde en S, S et on donne une passe sur le sommet en T, T. La surface
en queue d'aronde est utilisée comme point de repérage pour le montage,
tel qu'il est représenté fixé sur la pièce sur les deux vues de la figure 95.
Le fond du montage et la partie Z sont usinés de manière à coïncider avec
la surface en queue d'aronde de la pièce. Le crampon à face angulaire A
est appuyé contre la pièce par les deux vis de serrage B, B et maintenu par
le levier et le pivot C. Le point de repérage en bout est en D, il comprend
une plaque en acier plat, fixée à l'extrémité en porte-à-faux du montage
par deux vis à têtes plates. Les quatre bagues F, F se prolongent en dessous au moins jusqu'à la face du montage, comme cela est nécessaire,

attendu qu'en ce point, la pièce n'est pas usinée. Pendant le perçage, la pièce repose sur le dos X, et le montage est repéré et fixé dessus comme l'indique la figure 95. Une fois les trous percés, on enlève rapidement le montage en desserrant les deux vis de fixation B, B et le levier à crampon C, ce qui permet de glisser en arrière le crampon A et d'enlever le montage. La disposition de ce montage montre pratiquement comment on

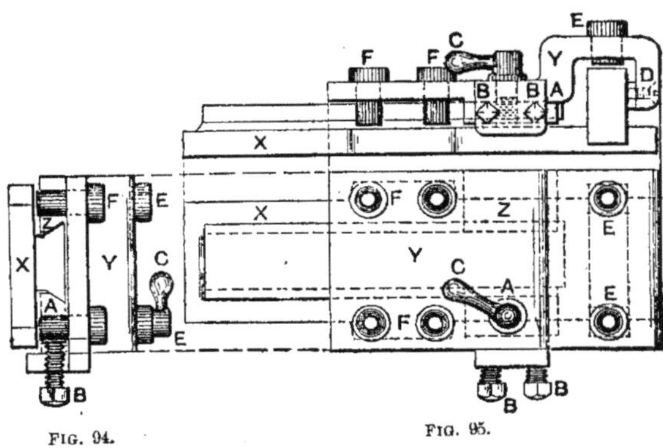

FIG. 94.   FIG. 95.

peut construire des outils très simples et peu coûteux pour le perçage des grosses pièces, en choisissant les points de repère les plus avantageux sur la pièce, et en étudiant les pièces qui composent le montage de manière à réduire le plus possible les surfaces à usiner. Quand on trace et finit les trous de bagues dans ce montage, on l'usine d'abord en tous les points

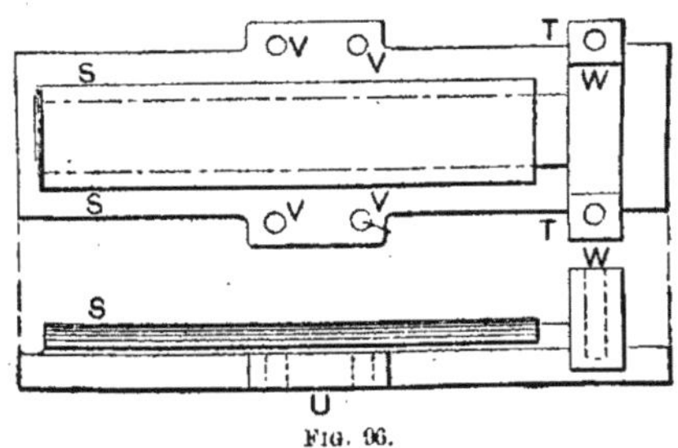

FIG. 96.

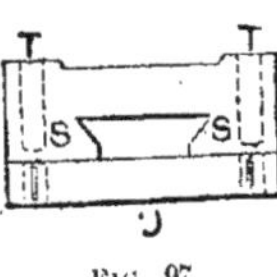

FIG. 97.

-nécessaires, puis on le fixe au support à coulisse ou pièce à usiner, qui est fixée elle-même à son tour sur la table de la fraiseuse, avec le dessus du montage en l'air. Les trous sont tracés et exécutés en prenant les distances à partir des surfaces usinées de la pièce, et en utilisant l'appareil vertical, ce qui évite la nécessité de tracer d'abord les trous sur la pièce, puis de trouver leur repérage sur le montage. Cette méthode est très bonne à suivre quand la forme des pièces du montage ne permet pas de le fixer aisément sur la table de la fraiseuse. Bien plus, pour avoir les distances entre les trous de bagues, les surfaces usinées de la pièce forment des points de départ pratiques.

Montage de perçage pour des supports de presses mécaniques. — La figure 99 représente en deux vues encore un autre montage. Il est destiné à percer tous les trous dans le support de presse représenté par la figure 98. Comme on le voit, la pièce est plutôt difficile à manœuvrer, mais, grâce à l'emploi du montage, le perçage est exécuté aisément et rapidement. Le seul usinage exécuté sur la pièce avant perçage est le rabotage au

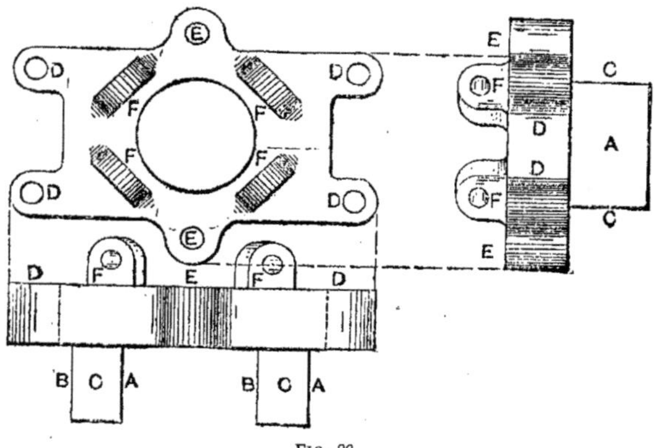

Fig. 98.

calibre de toutes les faces latérales des deux prolongements oblongs, comme il est indiqué en A, A, B, B et C, C. Les trous à percer sont les quatre indiqués en D, D, D, D, deux en E, E et un à travers chacune des saillies F, F, F, F.

Le montage (*fig.* 99) est en deux pièces, le couvercle et le corps. Il y a des pieds sur quatre côtés et sur le fond. La pièce à percer est repérée par les deux prolongements oblongs en arrière, comme il est indiqué sur la vue en plan, au moyen des macarons de repérage C, I et des vis de serrage K, K et J. La grande bande L l'appuie solidement sur le fond du montage. Le couvercle est repéré par les deux écrous O, O. Les bagues N, dans chacune des oreilles saillantes sur la face du couvercle, sont destinées aux trous F, F, F, F dans la pièce. Les quatre bagues R sont destinées aux trous D et celles en Q, Q aux trous E, E. Quand le montage est en service, la pièce est repérée et fixée à l'intérieur de celui-ci, comme l'indiquent les lignes pointillées sur la vue en plan de la figure 99. On le pose alors sur le dos et on perce tous les trous dans la face. Les trous dans les oreilles saillantes de la pièce en F sont percés en mettant le montage debout sur chacun de ses côtés successivement, et en perçant de haut en bas à travers les bagues N. Dans ce montage le temps passé pour repérer, fixer puis percer la pièce donne un total très réduit, si on tient compte de la forme et des dimensions de la pièce. Des montages de ce genre peuvent être employés avec le plus grand profit pour le perçage de grosses pièces qui offrent un certain nombre d'oreilles saillantes, et quand les trous à y percer sont sur une

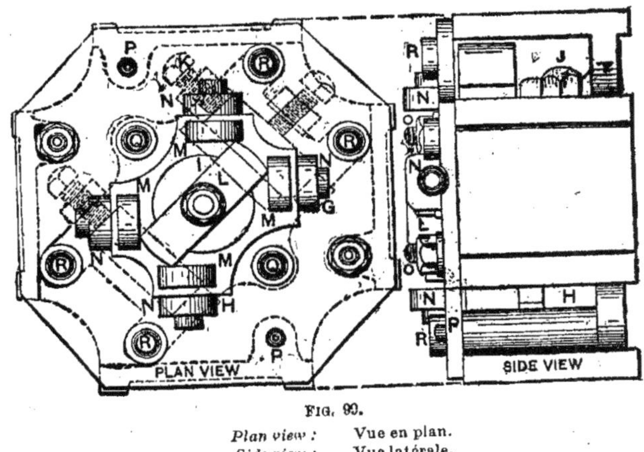

FIG. 99.

Plan view :   Vue en plan.
Side view :   Vue latérale.

même ligne ou en face les uns des autres, comme dans le cas particulier de la pièce que nous venons d'examiner.

Considérations à se rappeler. — Dans la construction des montages du genre décrit dans ce chapitre, on doit considérer quelques points : en premier lieu, construire des montages aussi simples que possible, et bien pratiques, de manière qu'ils puissent être employés par des ouvriers coûtant peu, sans possibilité de commettre des erreurs. Ainsi, pour le choix des points de repère de la pièce sur les montages, on prendra toujours les mêmes (autant que possible) pour toutes les opérations successives, ce qui élimine le plus possible les causes d'erreur qui peuvent résulter des opérations précédentes. Considérons par exemple la colonne supérieure d'une machine à percer. La première opération sur ces pièces est le rabotage des faces angulaires des colonnes. Ces faces sont ensuite utilisées comme points de repérage et d'appui pour les opérations ultérieures de fraisage et de perçage. Si donc, quand les colonnes sont placées sur la raboteuse pour la première opération, on ne les met pas d'équerre avec les bouts, l'erreur peut être corrigée dans l'usinage des bouts au moment de l'opération suivante. A un autre point de vue, les montages que nous avons étudiés doivent toujours être construits aussi solidement que possible, afin qu'ils puissent résister à un emploi sans précaution, sans que ces circonstances affectent leur précision. Si les montages sont délicats, le temps passé à en prendre soin et à les manier avec précautions compense le gain de temps obtenu par leur utilisation pour l'usinage des pièces. Il convient également d'avoir un magasin organisé pour ranger les montages quand ils ne sont pas en service. Il ne faut pas qu'ils encombrent le sol, comme c'est trop fréquemment le cas dans certains ateliers. On prolonge ainsi leur durée, et on n'a pas à les chercher dans tout l'atelier chaque fois qu'on en a besoin.

CHAPITRE VII

MONTAGES DE PERÇAGE PRÉSENTANT DE NOUVELLES DISPOSITIONS DE CONSTRUCTION.

Après avoir décrit complètement dans les chapitres précédents les moyens les plus expéditifs pour obtenir des résultats précis dans l'étude et la construction des genres les plus courants de montages pour perçage, et après en avoir présenté de nombreux exemples, je vais présenter dans ce chapitre un certain nombre de montages de dispositions spéciales et nouvelles, et décrire les moyens de les construire convenablement et de les employer avec rapidité.

Perçage de trous le long d'une spirale tracée sur un cylindre. — La figure 100 représente deux vues d'un montage employé pour percer les

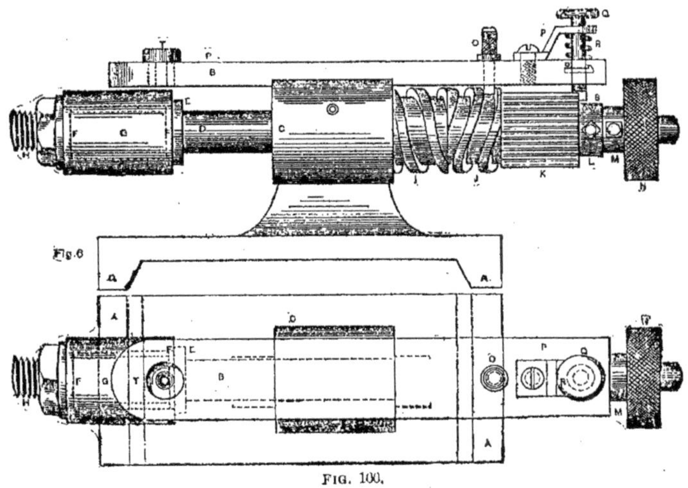

FIG. 100.

trous A, A et B, B dans le rouleau représenté par la figure 101. Comme on le voit, les deux séries de trous sont percées entièrement le long d'une spirale de pas 19^{mm},04 à gauche et à droite respectivement. Quand les rouleaux sont finis, on insère des tiges trempées dans les trous, et ceux-ci servent à commander de petites glissières sur une machine automatique. Le montage représenté figure 100, quoique simple comme disposition et construction, donne un travail très précis, et présente plusieurs dispositions nouvelles que l'on rencontre rarement dans les montages pour perçage. Le montage comprend un bâti moulé dont les pieds sont A, A et B la plaque à bagues et à broches. Le rouleau à percer est fixé sur l'arbre D au moyen de l'écrou indiqué. Cet arbre se meut librement dans la pièce moulée en C. Les vis à droite et à gauche I et J sont taillées au pas de 19^{mm},04, et sont fixées sur l'arbre. Le diviseur K est en acier de construction, divisé en vingt-six et fixé sur l'arbre au moyen des vis de serrage L. La tige de division Q est fixée dans le support P, et est usinée à son extrémité de manière à s'ajuster dans les entailles de division en K, le ressort R la maintenant fixe. Le pivot de la vis O, en acier à outils, est usiné de

manière à s'ajuster dans la vis ; la tête est moletée, puis trempée. L'extrémité de l'arbre D sur lequel est fixée la pièce est usinée avec un épaulement en E, et deux plus petits en F, F, l'espace qui les sépare étant réduit à une dimension suf-

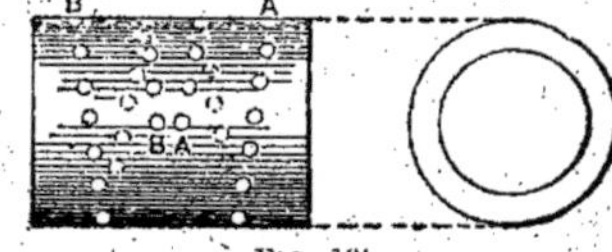

Fig. 101.

fisamment faible pour permettre le dégagement de la mèche à mesure qu'elle traverse la pièce. La bague de perçage T est placée dans le sommet B, de manière que quand la broche fait sa saillie maxima, le premier trou percé se trouve exactement à la distance demandée de l'extrémité de la pièce.

Pour l'emploi, la pièce est fixée sur l'arbre, et la tige de division S est placée dans la première entaille du diviseur K, c'est-à-dire dans la position indiquée sur la figure 100. On perce alors le premier trou. Puis on met la broche dans l'entaille suivante, et on perce le trou qui suit. On continue de même jusqu'à ce que des cercles complets de trous soient percés tout autour de la pièce. La tige O dans la vis fait avancer l'arbre postérieur à mesure que les trous sont percés. Une fois qu'on a percé le dernier trou du premier cercle, on déplace l'arbre à la main, et la tige O pénètre dans la vis I. On tourne alors l'arbre dans la direction opposée, et on perce l'autre cercle de trous de la même manière que le premier. On enlève alors la pièce, et on ramène l'arbre d'avance au point de départ. On monte un autre rouleau sur l'arbre et on répète les opérations comme précédemment. Ce montage peut être employé pour percer des trous selon un pas donné sur des pièces circulaires. On peut employer des bagues selon le nombre de cercles demandés. La seule chose nécessaire est qu'elles soient réparties et repérées exactement à la même distance les unes des autres, et cette distance doit être égale au pas de la vis.

Montage diviseur pour le perçage de petites cames. — Les figures 102-103 représentent trois vues d'un montage dans lequel on a utilisé le principe du diviseur pour percer rapidement de petites cames, représentées figure 104. Ce montage est construit de manière que quand la

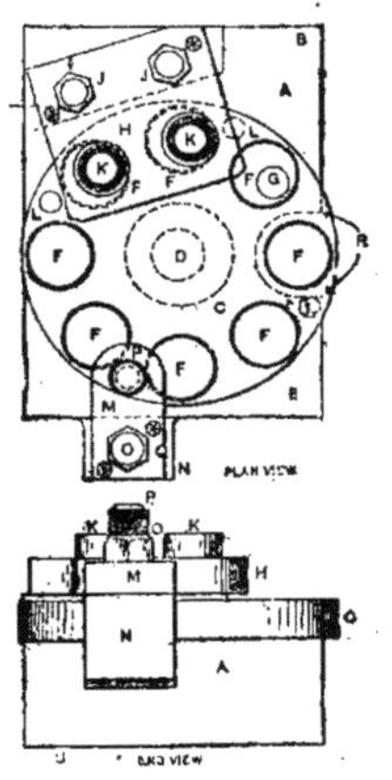

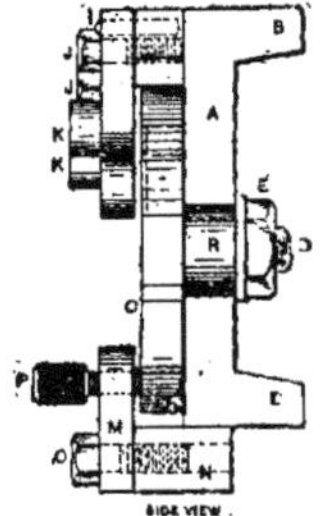

FIG. 102.   FIG. 103.   FIG. 104.
Plan view : Vue en plan.   *End view :* Vue en bout.   *Side view :* Vue latérale.

pièce est finie, elle peut partir automatiquement. Il comprend un corps moulé A rabôté et usiné sur toutes ses faces, avec des pieds B, B ajustés. Il est alésé pour recevoir la tige D du plateau diviseur et support C, qui porte quatre trous F alésés et usinés de manière à permettre à la pièce à percer de s'y ajuster exactement et qui jouent ainsi le rôle de supports. Les quatre trous L sont les points de division ou d'espacement, et sont tous alésés exactement à la même dimension. La plaque à bagues H est fixée par les goujons I, I et les deux vis à têtes J, J. Ceci est exécuté avant le traçage et l'usinage des trous de bagues. Les bagues K, K sont tracées sur la plaque H, comme indiqué, puis rectifiées et grattées à dimension. Il faut exécuter avec soin le traçage et l'usinage des trous de bagues, pour les placer exactement à la position voulue, et il est nécessaire que les trous dans la came soient placés excentriquement selon une dimension donnée. La tige de division P s'ajuste exactement dans le trou de la plaque M, et les trous L dans la plaque de division ou réception. La répartition et le traçage de tous les trous pour les bagues, tiges de division et supports pour les pièces, sont exécutés avec précision par la méthode du bouton sur la tête à diviser d'une fraiseuse universelle, de la façon décrite au chapitre précédent. Les trous supports F sont tous usinés à dimension avec un alésoir spécial.

Pour l'usage, on place une des pièces à percer sur chacun des huit trous ou supports F. Ensuite on tourne le cadran jusqu'à ce que les deux premières pièces soient sous les bagues K, K quand la tige du diviseur P est placée dans le trou L, et on perce les deux pièces. On retire alors la tige du diviseur, on tourne le cadran d'une division, et on remet la tige en place. Ceci amène les deux pièces suivantes sous les bagues. La pièce percée tombe à travers le montage en R, le fond de celui-ci étant entaillé en ce point, comme l'indiquent les lignes pointillées. La seconde pièce percée reste en G. On tourne alors le cadran et on remplit les supports vides, et les pièces finies tombent. Comme on le voit de suite, la disposition de ce montage permet le perçage continu des pièces, sans perte de temps pour les enlever quand elles sont finies. Il y a plus, la mise en place des pièces dans les supports vides peut être exécutée très rapidement, ce qui constitue l'une des qualités les plus importantes de ce montage, car cette partie du travail constitue un facteur non négligeable au point de vue de la rapidité de manœuvre et de production de petites pièces par perçage. Ce montage peut être employé avec profit pour percer des trous dans les petites pièces qui ont été préalablement usinées à des dimensions uniformes. Quand il s'agit de percer des pièces où on exige une grande précision dans les résultats, la division ou espacement des trous dans le cadran doit être garnie de bagues en acier trempé grattées à une dimension permettant à la tige du diviseur de s'ajuster parfaitement, ce qui assure un repérage précis de la pièce et une fixation parfaite pendant le perçage.

Montages avec plateaux diviseurs. — Sur les montages représentés figures 106-108-109 respectivement, nous trouvons encore deux applications du principe du cadran diviseur pour un genre spécial et distinct de travail. Ce montage présente des dispositions particulières au point de vue disposition et construction, qui n'existent pas dans les montages que nous avons présentés antérieurement. Celui que représente la figure 106 est destiné à percer tous les trous (sauf celui du centre C) dans l'étoile moulée représentée figure 105 ; ce

Fig. 105.

sont ceux marqués B et A sur les macarons saillants. La disposition de ce montage est clairement représentée en trois vues, et la méthode de construction peut être rapidement comprise par la description des autres.

Pendant son emploi, la pièce de la figure 105 est fixée sur le plateau diviseur H (*fig.* 106), en pénétrant dans le montant K, puis serrée par un écrou en L. Elle est repérée contre la petite pièce en saillie O. La tige du diviseur U est ensuite insérée dans l'un des trous N en faisant tourner le plateau diviseur de la distance nécessaire au moyen de la vis C. Puis on

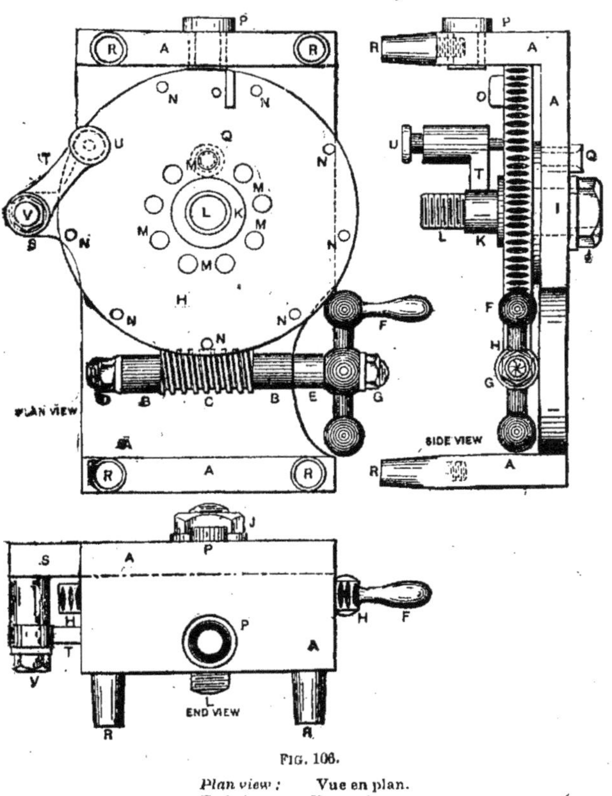

Fig. 106.

Plan view :	Vue en plan.
End view :	Vue en bout.
Side view :	Vue de côté.

perce à travers les bagues P les trous dans les macarons B (*fig.* 105). Le montage est alors mis debout sur les pieds R, R, R, R et on perce un des trous A à travers les bagues Q en arrière. On retire la tige du diviseur U, on tourne le cadran d'une division, et on perce les deux trous suivants. La tige du diviseur U est munie d'un ressort qui la maintient fermement appuyée contre le plateau. Les neuf trous M sont des trous de dégagement pour la mèche, et sont ajustés un peu plus grands que le trou dans la bague Q. Le plateau diviseur H s'ajuste bien entre les faces avant et arrière du montage, pour lui permettre de tourner librement sans jeu sur sa surface. Les paliers pour l'arbre de la vis sont moulés sur l'arête en B, B. La pièce principale est découpée en E comme indiqué, afin de permettre de tourner librement la poignée F.

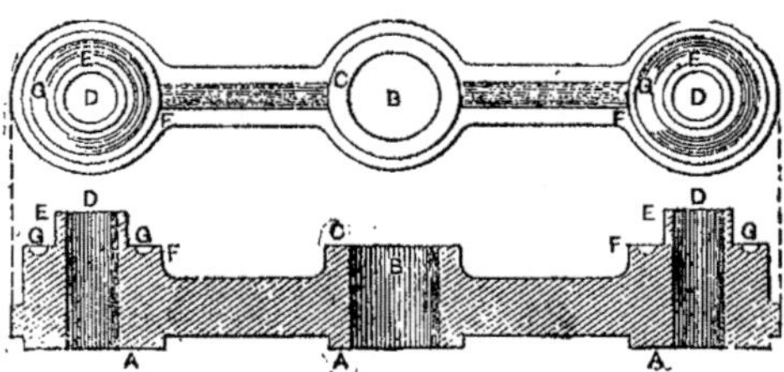

Fig. 107.

Ce montage peut être employé pour percer un certain nombre de pièces de divisions différentes mais de même forme, c'est-à-dire avec un nombre de macarons plus grand ou plus petit, en changeant le plateau diviseur, ou ce qui est mieux en pratiquant dans celui-ci un certain nombre de cercles

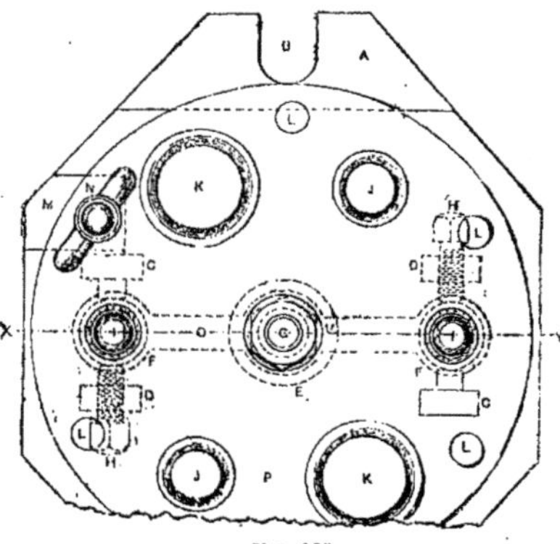

Fig. 108.

de trous. Ceci permet de répartir un nombre quelconque de trous dans la pièce à percer, — dans les limites de sa capacité — ou pour percer des trous régulièrement espacés dans des pièces de forme circulaire ou irrégulière. L'emploi de la vis pour faire tourner le plateau diviseur, quoique non absolument nécessaire, est bien préférable, — chaque fois que le nombre de pièces à percer permet cette dépense supplémentaire, — à la méthode usuelle qui consiste à tourner le plateau à la main. En effet, avec un ajustage passable de la vis dans le bord denté du plateau diviseur, cette disposition contribue à renforcer le plateau et à augmenter sa rigidité pendant le perçage.

Sur les figures 108-109, nous trouvons une autre application du principe du cadran, employé pour finir une pièce d'une manière entièrement différente de tout ce que nous avons indiqué précédemment. La pièce usinée sur ce montage est représentée sur la figure 107. Elle est estampée et usinée d'abord en trois points en arrière en A, A, A sur un montage de fraisage. Le trou du centre S est percé et alésé à grandeur, et le sommet C est dressé dans un mandrin spécial sur le tour-revolver. Les autres opéra-

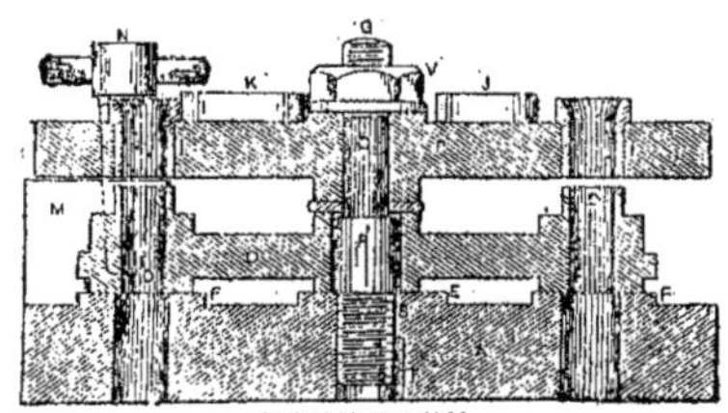

FIG. 109.

Section on X Y :   Coupe selon X Y.

tions nécessaires pour finir la pièce sont toutes exécutées par l'emploi du montage représenté en plan et en coupe transversale ; ce sont : le perçage du trou D (fig. 107), au centre de chaque extrémité, le dressage du sommet, le finissage des parties E avec une fraise creuse, le dressage de la large surface des épaulements F, et le finissage des paliers demi-ronds G, G. Comme ce montage est nouveau et spécial, une description détaillée des points pratiques est nécessaire pour qu'on puisse en entreprendre la construction avec succès.

Le corps ou base du montage est en fonte, avec une rainure B à chaque bout pour le fixer sur la table de la perceuse. Les trois surfaces saillantes E et F, F repèrent la pièce. Les portées C, C sont les points de repère latéraux, et celles situées en D servent aux vis de fixation H, H. La base A est d'abord rabotée sur le fond, et les saillies sont usinées à la hauteur indiquée. On le monte ensuite sur le plateau du tour, on le perce et on le taraude pour recevoir la tige centrale de repérage et serrage, exécutée en acier à outils, tournée et usinée à la forme indiquée. Cette tige est taraudée en S pour se visser exactement dans la base A, pour s'ajuster en R dans le trou central de la pièce O, et sur le reste de sa longueur, elle est réduite à la dimension indiquée en Q. Finalement l'extrémité C est taraudée pour l'écrou V. Les points de repère C, C sont usinés de manière que quand la pièce O est appuyée sur eux par les vis de serrage H, H elle soit dans la position indiquée sur la vue en plan de la figure 108. Le cadran ou plateau à bagues P est en fonte, usiné partout, percé et alésé au centre pour s'ajuster parfaitement sur la tige repère Q. Les trous pour les six bagues I, I, K, K et J, J sont repérés et usinés à la dimension demandée sur le plateau du tour, en prenant soin que les centres de tous les six soient bien sur le cercle voulu et répartis exactement. Ensuite on prépare les bagues qui sont trempées, rectifiées et grattées à grandeur, puis entrées à force dans leurs trous respectifs dans le plateau P.

Avant de repérer les six trous de division L, l'une des pièces forgées de la figure 107 est enlevée, montée sur le plateau du tour et on perce et alèse à dimension le trou D à chacune des extrémités. Cette pièce est ensuite fixée dans le montage de la figure 109, et employée pour tracer le premier trou de division de la manière suivante : on tourne à grandeur deux tampons en acier, pour ajuster les bagues I, I et les trous D, D dans la pièce. En insérant ces tampons dans les bagues, le plateau à bagues P est repéré en position, avec précision et rigidité. Le premier trou de division est alors percé dans le plateau P, et sur la projection M de la base A. Puis on alèse le trou avec un alésoir conique jusqu'à ce que le cône de repérage ou tige de division N pénètre à la profondeur indiquée par les lignes pointillées dans la coupe transversale (*fig.* 109). On enlève alors le plateau à bagues P, ainsi que les cinq trous de division L tracés et alésés à grandeur sur le plateau diviseur de la fraiseuse universelle. Toutes les pièces sont assemblées, comme l'indiquent les deux vues, et le montage se trouve terminé, prêt pour le travail.

Pour l'emploi, on le boulonne sur la table d'une perceuse réglable multiple, et on place deux des broches de manière que les mèches pénètrent dans les bagues I, I. Les bras de la perceuse sont réglés de manière à présenter les broches selon l'alignement convenable, puis serrés. Les trous D, D dans la pièce (*fig.* 107) sont percés, puis on enlève les mèches, on desserre l'écrou V et on tourne le plateau à bagues P d'une division. On remet la tige du diviseur N, et on serre l'écrou V, ce qui amène les bagues de dressage J, J en ligne avec la pièce. Ensuite on dresse le dessus, on tourne le plateau d'une division, et on aligne les bagues K. Puis on dresse l'épaulement inférieur de la pièce, et on usine les paliers G, G, après quoi on enlève la pièce, pour en remettre une autre et répéter les mêmes opérations que précédemment. Comme on le voit, l'emploi de ce montage assure un usinage précis des pièces et leur parfaite interchangeabilité. Des montages de ce genre peuvent être employés avec le plus grand profit sur les machines à percer multiples.

Perçage de trous dans une étoile moulée. — La figure 110 représente trois vues d'un montage que l'on comprend de suite, et que nous
avons représenté seulement pour montrer comment le perçage d'un cer-

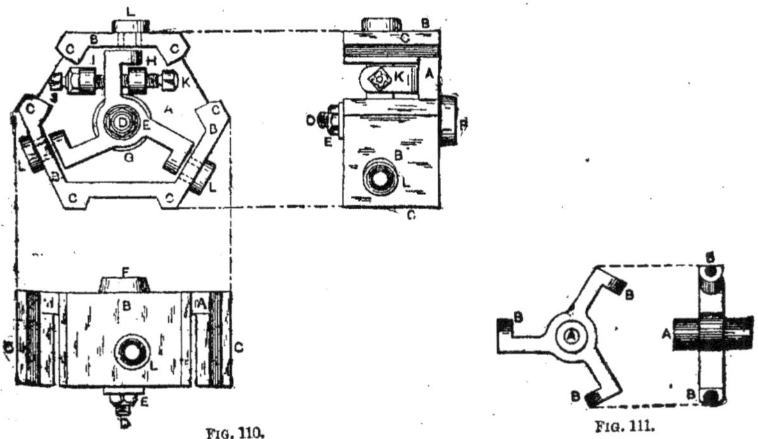

FIG. 110.   FIG. 111.

tain nombre de trous dans une pièce sous un certain angle les uns par rapport aux autres peut être exécuté avec précision sur des montages de la
construction la plus simple. La pièce représentée figure 111 est fixée dans
le montage sur la tige D comme l'indique la figure 110, et repérée contre la

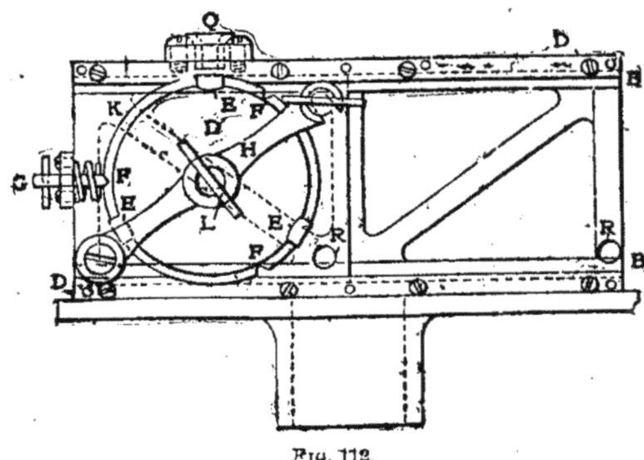

FIG. 112.

vis réglable I par la vis de serrage K, qui permet de repérer et démonter
rapidement la pièce. Quand on emploie le montage, on enlève l'écrou L,
on enfile la pièce sur la tige, et on la repère sur un macaron saillant plat à
l'intérieur. Le montage étant dressé sur la première paire de pieds C, C,

on perce le premier trou. Ensuite on le place sur la paire de pieds suivante, on perce un autre trou, et on répète l'opération pour le troisième trou.

Montage pour percer et tarauder. — Le montage représenté sur les figures 112, 113 et 114, est destiné à percer et tarauder des chapeaux en fonte de la forme représentée par la figure 115. Il y a trois bossages formant saillie sur le chapeau, à égale distance les uns des autres ; ils doivent être percés et taraudés à $9^{mm},52$, les trous étant régulièrement répartis. Une fois ces trous percés et taraudés, on visse un tube de $9^{mm},52$ sur chacun des trous, et les trous sont alésés pour recevoir chacun un piston, les trois pistons se rencontrant au centre, comme l'indique la figure 115. Ces pistons sont commandés par un excentrique et font partie d'un moteur. Comme on le voit, une pièce de cette forme est difficile à manœuvrer, et nécessite des moyens pratiques pour la soutenir.

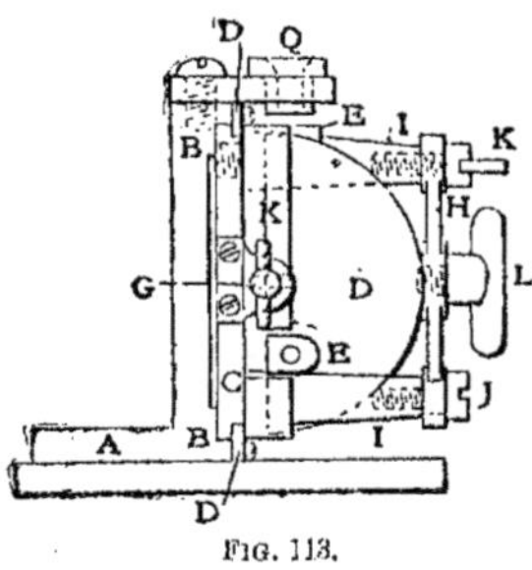

Fig. 113.

La pièce principale ou bâti du montage est la pièce moulée B, bien garnie de nervures et solide, avec une bonne base rigide A. Une fois la base achevée, elle est rabotée sur la face antérieure, pour la glissière en fonte,

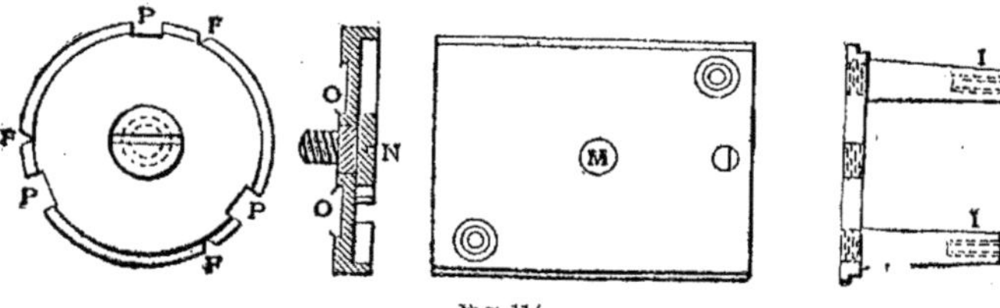

Fig. 114.

puis rabotée et ajustée de manière à glisser librement à l'intérieur de B, B. Ensuite on alèse un trou M au centre de C, et on le taraude. Deux renforts D, D en acier de construction sont préparés et fixés avec des vis et des goujons et serrés jusqu'à ce que le chariot C coulisse librement. Ensuite on prépare le disque de repérage K en fonte, comme l'indique la figure 114. Il est d'abord alésé au centre pour la vis à épaulement N, puis tourné et creusé exactement à la dimension de la pointe du chapeau (*fig.* 113), en laissant une cloison tout autour. Le dos est dressé et relevé en O, O. Ensuite on le monte sur la fraiseuse, et on le dévisse avec précision, en repérant et en fraisant trois V en F. Il est aussi divisé en trois en

P, pour donner un dégagement aux oreilles de la pièce. Ensuite on le fixe de manière qu'il puisse tourner librement, sans jeu, sur la face du chariot C en tournant sur la vis à épaulement N. On prépare le verrou à ressort G et on le fixe sur le côté de C, de manière que une fois verrouillé une des oreilles de la pièce se trouve directement au-dessous de la bague Q. La partie saillante de la bague est fixée avec des vis et des goujons, et on y monte la bague. Les deux montants I, I sont montés et taraudés à une extrémité de manière à se visser sur l'épaulement, sur la face de C. Ensuite on les taraude à l'autre extrémité pour les deux vis indiquées. On perce et on taraude un trou au centre pour les vis de verrouillage L. Ensuite on assemble toutes les pièces, et on place à l'intérieur de K le chapeau, les trois oreilles s'ajustant dans les rainures P. On monte le loquet de verrouillage H, et on fait tourner le plateau K jusqu'à ce que la tige de verrouillage G, qui est munie d'un léger ressort, pénètre dans l'un des V. On serre la vis de verrouillage L et la pièce se trouve solidement maintenue. Le montage est fixé sur la table de la perceuse à deux broches

par un crampon C à chaque bout, et à travers la bague on perce un trou dans la bague.
On enlève ensuite le montage et on met une
tige de la grandeur du trou, à travers la
bague K, dans le trou de la pièce. On perce
un trou en R que l'on alèse cône à travers le
chariot C sur la face postérieure de A, pour
une tige en acier à outils, qui, une fois
insérée à travers les trous coniques, centre

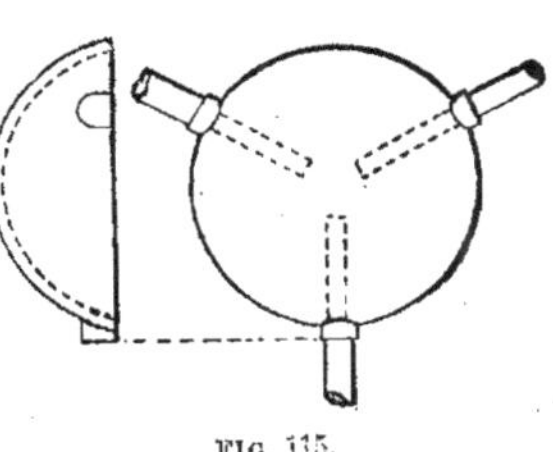

FIG. 115.

la pièce par rapport à la bague. On glisse le chariot N sur l'autre extré-
mité du montage, et, une fois qu'il est centré avec l'autre broche, on l'y fixe, et on le perce et l'alèse pour le trou R, comme précédemment.

Le montage est alors prêt à fonctionner, on le place sur la perceuse, et on insère la pièce. On met la tige conique en place, et on perce le premier trou. Puis en desserrant la vis de verrouillage L, on tourne le disque K jusqu'à l'entaille suivante, on serre la vis, on perce le trou suivant, et ainsi de suite pour l'autre. Les trois trous étant percés, on insère un appareil à tarauder sur l'autre arbre, et on est prêt à continuer. On déplace le chariot C, on insère la tige conique en R, et on exécute le taraudage en opérant comme précédemment. On enlève le chapeau terminé et on en monte un autre. Le montage est facile à manœuvrer, et la pièce est usinée avec précision. L'idée consistant à percer et tarauder en une seule opération augmente sa valeur et ses qualités pratiques.

Nouveau montage de perçage. — La pièce à percer au moyen du montage représenté ci-contre est un morceau d'acier de 47mm,62 de long avec un trou de 22,22 alésé à travers le centre, et on doit percer seize trous au numéro 22 de la jauge de perçage, comme l'indique la figure 116. Tout ceci est exécuté le long d'une hélice au pas de 22,22. Ensuite il y a trois trous de A en B (*fig.* 116), percés de manière que quand ceux-ci sont séparés, comme l'indique la figure 118, et exécutés sur un appareil à fraiser, ils forment deux cames parfaitement ajustées qui, dans l'embrayage à friction en cours de construction, s'ouvrent et se ferment à l'aide de deux doigts non représentés. La figure 117 représente le montage complet.

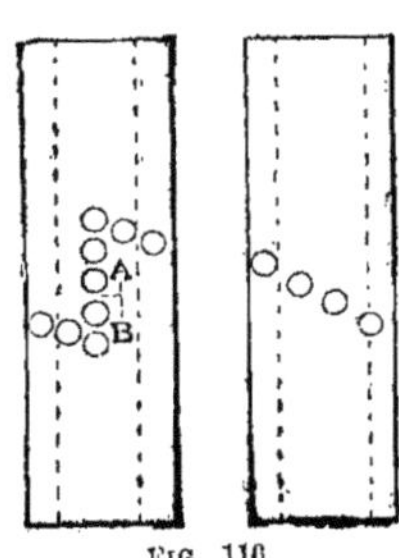

FIG. 116.

A est la table de la machine à percer, B un crampon montrant comment il est fixé sur la table, C le corps qui est en fonte, raboté au fond, avec un trou au travers pour l'arbre E. D est une pièce en acier de construction plat, de 31mm,74 de largeur sur 9,52 d'épaisseur, cintrée comme il est indiqué, et fixée sur le corps par deux vis en G et par les goujons H. Le plateau diviseur J est une pièce en acier de construction de 63mm,5 de diamètre, avec seize rainures fraisées pour recevoir la tige de verrouillage P et pour répartir les

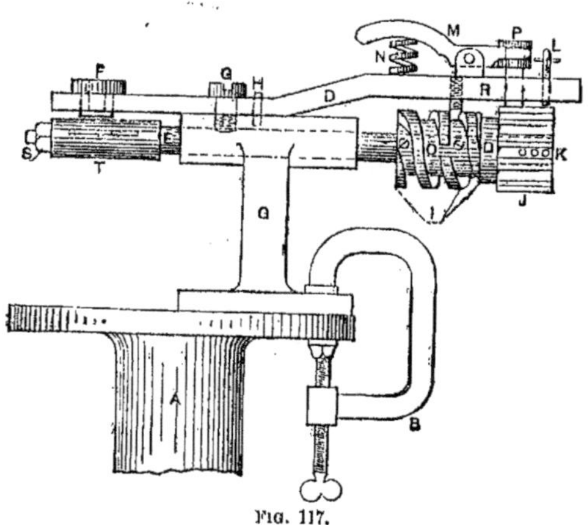

FIG. 117.

trous régulièrement. La vis l est en fonte, taillée au pas de 19mm,04 avec une rainure transversale en O. La tige R est entrée en D et serre légèrement la vis, comme il est indiqué. M est un levier servant à élever la tige de verrouillage, et N le ressort servant à la maintenir dans la rainure du plateau divisé. T est la pièce à percer, l'arbre E est tourné de manière à s'ajuster dans le trou alésé de 22,22, et le filetage taillé à l'extrémité sert, au moyen de l'écrou S, à maintenir la pièce en place pour le perçage. F est la bague ajustée sur une mèche du numéro 22. Le plateau diviseur est tourné d'un espace à chaque fois, et après seize espaces de 19,04, la tige R fait faire à la vis I un tour complet sur le pas de 19,04, si la tige L était alignée avec le premier des trois trous K, et la tige R avec la rainure dans la vis en O. La tige L est entrée dans le premier trou, puis dans le suivant en enlevant l'arbre, puis dans le dernier,

FIG. 118.

les trous ayant passé tous successivement les uns dans les autres. La vis et le plateau diviseur sont serrés au moyen de vis de fixation, comme indiqué.

On exécute quatre grandeurs différentes de cames, 19,04, 22,22, 31,74 respectivement. Pour passer d'un montage à l'autre, il suffit d'enlever la vis et le plateau diviseur et de les remplacer par ceux correspondant à l'autre dimension.

CHAPITRE VIII

EMPLOI DES MACHINES A FRAISER POUR L'OUTILLAGE MODERNE, L'USINAGE DES PIÈCES INTERCHANGEABLES ET POUR LES MONTAGES D'ATELIERS

L'utilité des fraiseuses. — Le développement des machines-outils de précision au haut degré de puissance actuel a, plus que toute autre chose, permis de réaliser les résultats que l'on atteint maintenant dans la construction d'outils, de montages et d'appareils pour l'usinage de pièces interchangeables et d'organes de machines en grandes séries. La seule machine-outil qui, plus que toutes les autres, a permis d'atteindre ces résultats dans l'outillage moderne, est la fraiseuse, horizontale, universelle et verticale.

L'utilité des fraiseuses est généralement méconnue. Dans une grande mesure, on estime qu'elles conviennent seulement pour l'usage des ateliers d'outillage ou l'exécution des pièces en série. Comme chaque atelier ou usine ne nécessite pas absolument un atelier d'outillage, ni ne produit nécessairement du travail en série, on ne se préoccupe pas comme on devrait le faire des différentes applications des fraiseuses pour l'exécution des travaux ordinaires ou spéciaux. Les directeurs soucieux du progrès ne prêtent pas attention à ce que ces machines sont capables, au moyen d'appareils, d'exécuter dans les ateliers travaillant avec des montages, une variété de travaux plus grande que peut-être aucune autre machine-outil, et à un prix moindre.

Une fraiseuse bien étudiée, convenablement construite, est unanimement reconnue aujourd'hui comme la machine la plus importante dans tout atelier d'usinage bien monté. De nombreuses opérations exécutées jusqu'à présent sur une raboteuse ou un étau limeur, sont faites maintenant d'une manière plus parfaite et plus économique sur une fraiseuse ; pour ce genre de travaux, l'emploi de fraiseuses en bout ou de fraiseuses à dresser a conquis récemment la faveur générale, parce que cette forme de fraise enlève très rapidement le métal, et laisse la surface en bon état.

Les machines à arbre horizontal dans le genre ordinaire ou dans le genre universel sont d'un usage général et familières à tous les mécaniciens, et pour beaucoup de genres de travaux, tels que le fraisage diviseur, ou les fraisages divers où la pièce est montée entre pointes ou fixée sur une tête rotative ; l'exécution de coupes irrégulières ou de profils exigeant l'emploi d'une série de fraises montées sur un arbre pouvant être supporté ou non par un bras extérieur ; le fraisage des rainures, et les opérations variées dont on a besoin dans la pratique journalière, ces machines avec l'arbre en position horizontale satisfont à toutes les exigences, sont avantageuses et produisent un bon rendement.

Les machines spéciales comme la Lincoln et les types modifiés appartenant à cette classe sont employés pour le travail en série. Mais les deux types principaux utilisés jusqu'à présent pour l'usage général sont la machine à arbre horizontal et celle à arbre vertical, et, comme cela est bien établi, chacune de ces classes possède des points de supériorité bien définis.

Si la machine à fraiser est récente, la façon dont elle a été adaptée et employée pour tous les genres de travaux soignés, et la rapidité avec laquelle on parvient à la connaître, ont compensé et au delà la date récente de sa naissance. Quoique ce soit le plus jeune membre de la famille des machines-outils, elle est maintenant la plus universellement employée, et peut être mise à la tête de toutes les autres. L'atelier d'outillage moderne, où on s'efforce de faire de très bon travail, et qui ne possède pas une fraiseuse universelle, est aujourd'hui un paradoxe. Mais si presque tous les ateliers possèdent aujourd'hui ces machines, leur emploi et la manière de les conduire sont généralement mal connus. Nous voulons indiquer par là que, en général, les mécaniciens ne se rendent pas compte de l'immense variété des travaux que ces machines permettent d'exécuter.

Quand nous disons que l'emploi et l'adaptation de la fraiseuse ne sont pas compris comme ils devraient l'être, nous ne voulons pas parler des genres ordinaires de travaux, mais bien des travaux spéciaux, tels que montages, outils, matrices et appareils pour la production de pièces en série, et pour l'usinage économique.

Comme le disait avec expression un des collaborateurs de l'*American Machinist* « Parmi toutes les machines que l'on doit trouver dans un atelier d'outillage moderne, la fraiseuse universelle est la plus importante. C'est la machine de la géométrie appliquée. Les combinaisons et les positions que l'on peut obtenir au moyen d'une bonne fraiseuse universelle sont à peu près innombrables. Un corps de montage convenablement placé sur une de ces machines peut tourner, s'incliner, être déplacé en spirale, monté, abaissé, déplacé latéralement ou transversalement, placé sous un angle quelconque, percé, alésé, dressé, rainuré, profilé, divisé, et dans certains cas entièrement usiné et prêt à recevoir les bagues sans qu'on ait modifié le montage initial. Si compliqué que soit un montage, on éprouve rarement des difficultés à l'usiner avec la plus grande facilité sur une fraiseuse universelle ; l'obtention de distances exactes, d'angles et d'arcs dans des directions quelconques n'est qu'une question de savoir lire correctement les plateaux divisés ou les roues dentées ».

Perfectionnements dans la construction. — Pendant ces dernières années, on a réalisé de grands perfectionnements dans la construction des fraiseuses universelles, de façon que maintenant elles permettent d'exécuter des travaux beaucoup plus variés qu'autrefois. A la suite de ces améliorations, leur emploi s'est largement répandu, et leurs avantages pour certains genres de travaux ont été mieux connus. On voit évidemment que l'esprit du constructeur est constamment tendu vers l'extension de la série des fraiseuses universelles, et le résultat est qu'aujourd'hui ces machines sont employées pour une variété des travaux véritablement extraordinaire. L'obtention de ces résultats vient directement de la spécialisation dans l'usinage, de l'emploi de montages et appareils spéciaux généralisé dans la construction mécanique.

Les fraiseuses universelles. — Il n'y a encore pas longtemps, on regardait la fraiseuse universelle comme une machine pratique seulement pour les travaux d'outillage, et ne pouvant être confiée qu'à un outilleur de première classe. On estimait dans cette mesure que cette machine était un objet de luxe que peu d'ateliers pouvaient s'offrir. Aujourd'hui tout cela est changé, et si ce genre de machines est employé pour une variété infiniment plus grande de travaux que jamais, c'est pour l'usinage de pièces en grande série que sa supériorité s'est le plus nettement affirmée. Cette tendance à universaliser l'emploi des machines a permis de donner un travail plus important et meilleur à l'outilleur habile, car, quand on doit fraiser de grandes quantités de pièces, il est nécessaire d'employer un montage ou un appareil d'un genre quelconque, afin de pouvoir réduire au minimum le prix d'usinage de ces pièces. Il y a beaucoup de genres de pièces qui peuvent être usinées rapidement et avec précision avec des appareils diviseurs simples ou des mandrins légers, sur ces machines ; et comme l'économie réalisée par leur emploi pour l'usinage d'un nombre de pièces même réduit est ordinairement plus élevée que le prix de ces montages, on n'a aucune excuse valable de ne pas les adopter.

Actuellement, le propriétaire de tout atelier de construction mécanique, outillage ou estampage, qui veut faire tout son possible pour atteindre le succès, doit d'abord se préoccuper que l'équipement de son atelier d'outillage soit aussi complet que l'exige sa spécialité. Il doit s'engager dans cette voie avec la conviction qu'il n'en résultera pas simplement pour lui une augmentation des dépenses, mais au contraire une augmentation dans la capacité de production et une élévation de la qualité du travail. Si le coût de premier établissement d'un équipement d'atelier d'outillage moderne est quelquefois étourdissant pour celui qui paye les factures, son esprit est remis à l'aise parce qu'il sait que dans un temps très court il pourra rattraper et au delà cette dépense.

Les fraiseuses universelles que l'on trouve maintenant sur le marché ont été étudiées et construites de manière à satisfaire à toutes les exigences de l'outillage et de l'usinage, et les appareils spéciaux qui peuvent être employés sur celles-ci rendent aisée l'exécution des travaux les plus compliqués. Avec les appareils employés maintenant sur les fraiseuses universelles, pour fraiser circulairement, tailler les cames, les crémaillères, pour fraiser verticalement, pour tailler de grands engrenages, et une variété infinie d'autres genres de travaux trop nombreux à mentionner, l'exécution d'outils d'une précision inaccoutumée, aussi bien que l'usinage moderne de pièces de machines, peuvent être exécutés sans difficultés ni embarras de la part du mécanicien.

Fraiseuses à console ou universelles. — Si j'apprécie complètement la valeur et l'adaptabilité à certaines conditions des fraiseuses types Lincoln, Stub et raboteuses rotatives, je veux consacrer exclusivement cet article à la machine du type à console. Ce type de fraiseuse a été, en raison de l'étendue de ses applications possibles, employé pour l'outillage, l'exécution des outils à estamper, et pour les travaux minutieux de tous genres, dans tous les pays. Comme la demande de ce genre de machines à fraiser a surpassé le total des demandes des autres types, les constructeurs se sont ingéniés à étendre la série de ces machines, et à les rendre universelles dans toute l'acception du mot.

La fraiseuse du type à console est l'un des membres les plus jeunes de la famille des machines-outils, mais elle a déjà pris sa place dans des milliers d'ateliers progressifs, où on l'emploie avec le plus grand profit, autant que le permet l'état d'avancement de l'art mécanique dans cette branche ; il subsiste toutefois encore un certain nombre d'ateliers dans lesquels on ne se rend pas compte des avantages de ces machines, et où on exécute tous les travaux soit sur d'autres machines, soit à la main, tandis que la fraiseuse permettrait de les faire avec une grande économie, si on voulait se donner la peine d'étudier un peu les fraises et les montages nécessaires.

La fraiseuse universelle du type à console exécute une variété de travaux plus grande que toute autre machine-outil, et pour un petit atelier d'essais, ne pouvant avoir qu'une machine, une fraiseuse de ce genre constituera le meilleur outillage.

Comparaison des fraiseuses et des autres machines-outils. — Tous les genres de travaux pouvant être exécutés sur le plateau ou avec le mandrin d'un tour, peuvent l'être également sur la fraiseuse en montant un outil ordinaire de tour dans l'étau mobile. C'est ainsi que l'on peut aléser, tourner sur les angles, tailler les dentures et finir complètement par exemple un train d'engrenages coniques, sans les avoir jamais montés sur un tour. On peut aléser, dresser et finir complètement un cylindre de machine à vapeur ou de moteur à gaz, ainsi qu'un volant, sur la même machine.

Pour avoir un point de comparaison, il faut avoir vu un mécanicien usiner un certain nombre de pièces sur l'étau limeur ou la raboteuse, puis un autre passer un jour ou deux à limer et ajuster pour pouvoir monter ces deux pièces ensemble ; il arrive ensuite qu'un manœuvre mélange en quelques minutes toutes les pièces, de sorte qu'ultérieurement un autre mécanicien est obligé de passer beaucoup de temps pour les accoupler et les monter à leur place.

Au contraire, un gamin peut exécuter des pièces absolument interchangeables sur la fraiseuse, ou peut les prendre au hasard dans le magasin, et les monter sans les limer, sans les ajuster et ainsi sans perdre de temps.

Autrefois on supposait qu'une fraiseuse dans l'atelier d'outillage constituait à elle seule un équipement complet dans ce genre de machines, mais plus récemment, on s'est aperçu qu'on a créé des perfectionnements qui augmentent considérablement la puissance de l'arbre et de l'avance ; en même temps on a ajouté d'innombrables commodités, telles que toutes les avances automatiques construites de manière que l'on puisse passer rapidement de l'une à l'autre, tout en rendant impossible l'engrènement simultané de deux avances différentes. La console ayant en coupe la forme d'une boîte, moulée sans trou à la partie supérieure, donne à la table une rigidité suffisante pour lui permettre de supporter sans vibrer des pièces beaucoup plus lourdes qu'avec l'ancien système de construction, et rend les opérations d'usinage, non seulement possibles, mais économiques.

L'équipement nécessaire pour la production rapide de pièces précises sur une fraiseuse peut être divisé en trois groupes.

Premièrement : Une machine solide et précise, de grande capacité, et facile à manœuvrer.

Secondement : Des montages appropriés pour maintenir les pièces quand celles-ci sont grandes ou compliquées, ce qui ne permet pas de les serrer dans une paire de mâchoires ou de les serrer sur la table (le montage des pièces et leur fixation sur la table des machines exige de l'habileté). Un montage convenable permet d'employer des ouvriers moins exercés.

Troisièmement : Une série de fraises bien choisies, et une bonne machine à affûter pour les maintenir en parfait état.

La fraiseuse dans l'atelier d'outillage. — Le sort de beaucoup d'ateliers de construction dépend de leur atelier d'outillage, car c'est là que l'on établit les montages, matrices, appareils, outils à aléser et qui conviennent pour les pièces que l'on exécute spécialement.

On ne doit pas considérer l'existence de cet atelier comme un mal nécessaire, en lui reprochant d'être improductif, car c'est l'existence d'une série d'outils bien étudiés et bien exécutés qui permet aux machines-outils, des types courants comme des types spéciaux, de développer tout leur rendement, et de mettre l'usine à la tête de l'industrie.

L'équipement des machines-outils doit comprendre tout ce qui est nécessaire que l'atelier d'usinage ne manque absolument de rien, et l'atelier d'outillage doit être, dans toute la mesure possible confiné, dans l'exécution de cet équipement plutôt que de lutter avec les machines consacrées à l'usinage.

Fraisage d'une tôle d'équerre. — Dans ce cas, la fraiseuse universelle s'applique parfaitement, pourvu qu'elle soit de première classe, et équipée d'un arbre vertical ainsi que d'un dispositif à tailler les crémaillères. Une machine de ce genre offrira la plus grande précision possible, sera commode, et conviendra à tous les travaux variés de l'atelier d'outillage. Une longue course transversale automatique est également utile sur une fraiseuse, car cela en fait un outil excellent pour aléser les montages avec précision. La figure 119 représente une tôle pliée d'équerre employée sur le plateau d'un tour pour aléser une pièce de forme compliquée ayant deux trous à angle droit. La tôle d'équerre est d'abord fraisée sur l'arête, de manière à obtenir une surface pouvant s'appliquer bien d'équerre sur la table. On alèse d'abord le trou en arrière pour le nez de l'arbre du tour, et on place la tôle dans la position représentée. Il est important que ces deux trous se trouvent bien exactement à la même hauteur à partir de l'arête de la tôle, et qu'une fois la pièce placée dessus, elle se trouve bien alignée avec l'arbre du tour. Si la pièce avait été un montage à boîte, on aurait employé une longue barre d'alésage, en supportant l'extrémité extérieure au moyen d'un bras en porte-à-faux. Ordinairement il vaut mieux ajuster les barres d'alésoir dans le trou conique de l'arbre, car un mandrin prend une certaine place. Toutefois la méthode du

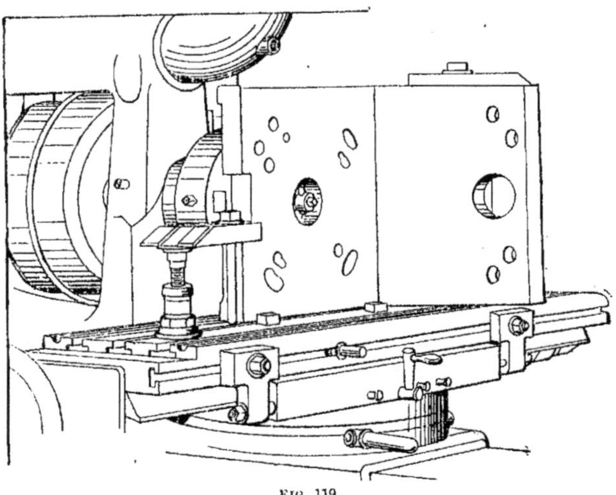

Fig. 119.

mandrin est très bonne, car elle permet d'employer pour l'alésage un outil droit.

Exécution de montages circulaires sur la fraiseuse. — Il arrive souvent qu'on ait besoin d'un montage circulaire précis pour que les deux

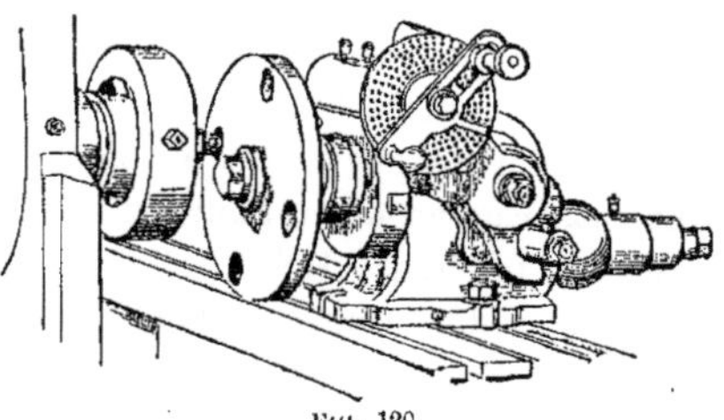

Fig. 120.

pièces percées s'ajustent sans alésages de repères. Ceci peut être exécuté rapidement comme l'indique la figure 120. On remarquera que la tête à diviser possède une rainure transversale et des oreilles latérales, de sorte que tout blocage et serrage sont inutiles, et que le grand plateau diviseur assure un travail précis.

Fraiseuses à arbre vertical. — Dans les usines où on produit de grands nombres de machines, appareils et pièces d'une forme type, le but que l'on poursuit principalement est d'augmenter la production journalière sans accroître les frais de main-d'œuvre. On peut réaliser ce désir d'une manière satisfaisante en employant des machines occupées constamment à produire des pièces de la même forme et des mêmes dimensions. C'est dans ce genre d'ateliers que l'on peut employer avec le plus grand profit la fraiseuse à arbre vertical, pour tous les travaux qui peuvent être exécutés économiquement par fraisage vertical.

Comme l'établissement de ce type de fraiseuse a demandé beaucoup de temps, d'habileté et d'argent, les avantages que l'on peut retirer de son emploi sont nombreux, et sont maintenant universellement reconnus là où une production économique est indispensable. L'utilité des fraiseuses verticales pour l'usinage de surfaces et de pièces qu'on croyait autrefois pouvoir exécuter seulement sur le tour ou la raboteuse, progresse constamment, à mesure que le degré de précision obtenu dans la construction de ces machines, spécialement la régularité d'alignement de l'arbre avec le plateau, permet d'assurer la production de pièces précises et compliquées.

Doutes concernant l'utilité des fraiseuses. — Pour les ingénieurs qui douteraient de l'utilité des fraiseuses, — droites, universelles, verticales, et de celles qui sont combinées avec d'autres machines, — pour l'usinage moderne, pour la construction de l'outillage et la construction des machines, une tournée d'inspection dans les ateliers consacrés à la construction de ces machines les convaincra rapidement. Dans ces ateliers, on met en pratique ce que l'on recommande, et les ingénieurs adoptent leurs propres machines pour produire rapidement et avec précision les pièces des machines du même genre, ils en obtiennent les meilleurs résultats, en employant ces machines à l'exclusion de toutes les autres machines-outils pour tous les travaux où cela est possible. Dans ces ateliers la fraiseuse construit elle-même les pièces qui la constituent, et constitue ainsi une preuve excellente de l'ingéniosité et de l'adresse de ceux qui l'ont conçue et amenée à son état de perfection actuel.

CHAPITRE IX

MONTAGES SIMPLES POUR FRAISAGE

Six types différents de montages simples pour fraisage. — Après avoir décrit dans les chapitres précédents différents types de montages et d'outils étudiés pour usiner par perçage différents genres de pièces de série, je vais passer aux montages de fraisage, et je vais consacrer ce chapitre à ceux qui sont destinés à usiner les genres de pièces les plus simples, pour lesquelles on n'exige pas une grande précision, mais pour lesquelles cependant il est nécessaire de réaliser un certain degré d'interchangeabilité.

Dans la construction des outils et des montages pour l'usinage en série de pièces interchangeables par fraisage, on doit surmonter un certain nombre d'obstacles que l'on ne rencontre pas dans les montages et appareils décrits dans les chapitres précédents. Il y a d'ailleurs un certain nombre de considérations pratiques dans leur étude et leur construction qui sont absolument essentielles pour qu'on puisse les utiliser avec succès ; les conditions dans lesquelles on les emploie différant totalement de celles qui correspondent aux montages et appareils de perçage. Si la construction des montages pour des fraisages précis n'exige pas une habileté aussi grande que celle des montages pour perçages précis, l'étude de ces mon-

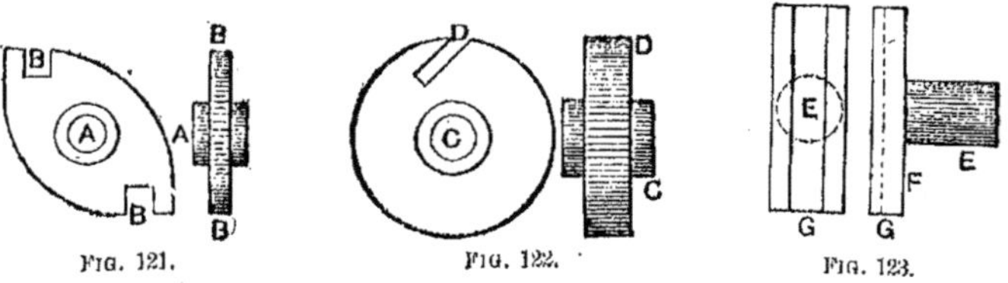

tages exige beaucoup plus de réflexion et d'habileté pratique, pour donner des résultats satisfaisants.

Sur les figures 121, 122 et 123 on a représenté trois exemples de pièces fraisées au moyen de montages peu coûteux que l'on peut appeler à juste titre des montages de fortune. Les montages sont représentés par les figures 124, 125 et 126. Les dispositions et méthodes de construction sont très simples, et clairement représentées. Le montage pour fraiser la rainure carrée en B, B (*fig.* 121) est représenté sur la figure 124. Il comprend une plaque d'équerre L en acier de construction plat de 9ᵐᵐ,52 usinée partout; une tige de repérage centrale J entrée à force dans le centre de la plaque ; la tige de repérage extrême K, et les deux goujons I, I qui correspondent à deux trous percés et alésés à grandeur dans l'une des mâchoires en acier de la fraiseuse. La rainure L est utilisée comme guide pour la fraise, ainsi que comme calibre pour la profondeur et le repérage de la coupe dans la pièce. Ce montage est repéré à l'intérieur de l'étau par les goujons I, I, la tige J pénètre dans le trou alésé A de la pièce, et un côté de

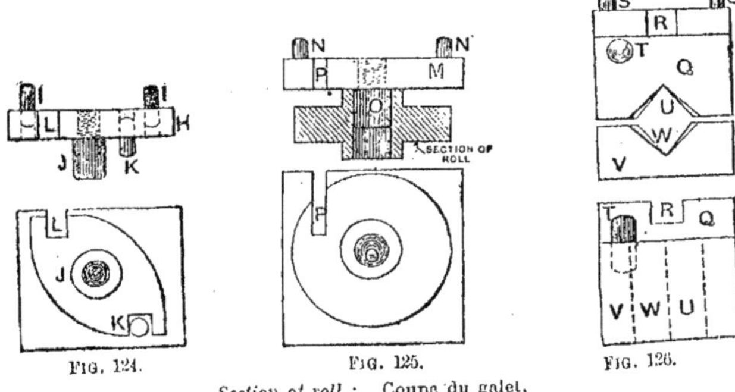

FIG. 124.   FIG. 125.   FIG. 126.

Section of roll :   Coupe du galet.

la rainure brute de fonderie B est appliqué contre la tige de repérage K comme il est indiqué. On ferme l'étau, on le serre sur la pièce, et on amène la fraise de manière qu'elle pénètre dans la rainure guide L du montage, de manière à affleurer juste son fond. On fraise alors une extrémité de la pièce ; puis on retourne la pièce sur le montage, de manière que la rainure finie s'applique contre la tige d'arrêt K, et on achève l'autre bout.

Les deux autres montages représentés par les figures 125 et 126 sont également construits de manière à se repérer sur la mâchoire fixe de l'étau de la fraiseuse. Celui représenté par la figure 125 est à peu près le même que le premier, sauf qu'il n'y a pas besoin de tige d'arrêt, la pièce (*fig.* 122) étant ronde, et n'offrant qu'une rainure D fraisée dans la position représentée. Les moyeux de la pièce sont dressés, puis on alèse le trou C à grandeur, l'extérieur ayant été amené à un diamètre donné sur le tour avant le fraisage. La figure 126 représente un montage employé pour fraiser la rainure dans la face de la figure 123. Les deux parties sont en fonte. La plus grande Q a une partie saillante à une extrémité, avec une rainure guide R, fraisée dans l'axe du V sur la face. S, S sont deux goujons pour les mâchoires de l'étau et T la tige servant à repérer latéralement la pièce. Ces deux montages sont employés de la même manière que celui représenté sur la figure 124, et conviennent au fraisage d'une grande variété de petites pièces mécaniques faites en séries peu importantes, ou pour lesquelles on admet une certaine tolérance, ce qui conduit à économiser le plus possible sur les dépenses concernant le montage nécessaire. L'utilité et la valeur pratique de ces trois montages se voient de suite.

Montages pour fraiser un palier dans un support. — La figure 127 donne le plan et la vue latérale d'un montage simple qui peut être employé pour des pièces moulées de forme spéciale. On l'utilise pour fraiser

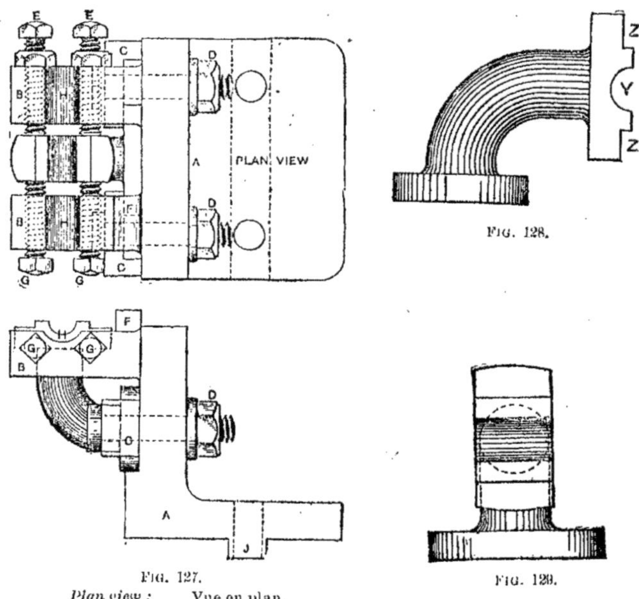

Plan view : Vue en plan.

les paliers et chapeaux du support représenté figures 128 et 129, selon la forme indiquée en Y et Z, Z respectivement, le support Y est fraisé exactement selon un demi-cercle du rayon voulu, de manière à se raccorder avec l'autre demi-cercle du chapeau. Celui-ci est ensuite fixé sur le support, et le tout est alésé à la dimension finie. Le montage comprend une pièce principale moulée, en forme de cornière. Une fois la base usinée et la languette J ajustée sur la rainure centrale de la table de la fraiseuse, et après perçage des deux trous pour les boulons de serrage, on dresse la cornière sur la fraiseuse, face à l'arbre. On fraise alors la face en terminant par un épaulement carré sur la surface de repérage I. On exécute ensuite les deux crampons C, C et on perce dans la face de la cornière les trous destinés à recevoir les boulons D, D. Puis on place les vis de serrage et repérage E, E dans l'oreille postérieure saillante B, puis les vis de fixation G, G dans l'oreille antérieure, comme l'indique le plan sur la figure 127. Les deux vues du montage indiquent clairement la manière de repérer et fixer la pièce dans le montage. Leur emploi permet de repérer et serrer rapidement la pièce, les systèmes de crampons assurant une position rigide de la pièce au moment où elle est présentée à la fraise. Comme on le voit, il y a une surface saillante F au sommet du prolongement antérieur. La face de cette oreille est fraisée d'équerre avec la face du montage, et sert de calibre pour placer la série de fraises à la distance convenable de la face de repérage du montage. Les montages de ce genre doivent être employés chaque fois que cela est possible, en raison du petit nombre des pièces qui les composent et de la rapidité de leur manœuvre.

Montages employés pour mettre d'équerre les bouts de pièces en série. — La figure 131 représente deux vues d'un montage de fraisage qui

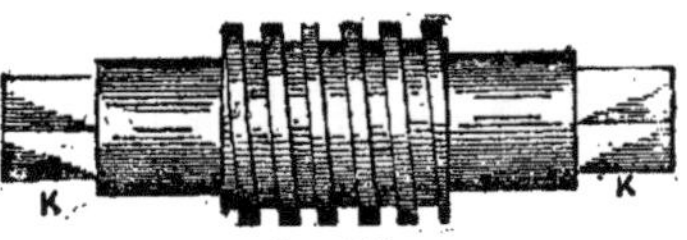

FIG. 180.

(à ma connaissance) est nouveau comme disposition, et peut s'appliquer à une grande variété de travaux du genre représenté par la figure 130. La pièce est une vis à filet carré avec bouts semblables. Ces bouts doivent être mis d'équerre de manière à se trouver exactement alignés les uns par rapport aux autres, comme il est indiqué en K, K. Le montage est établi pour travailler six vis en même temps, et est fait en deux pièces (*fig.* 131). Ces pièces sont en fonte, usinées et mises d'équerre partout, et assemblées par des goujons Q, Q un à chaque bout. La répartition, le repérage et l'usinage des six logements des pièces dont deux sont représentés avec les pièces N, N en position, sont exécutés sur la fraiseuse au moyen d'une contre-pointe spéciale. Cette machine usine ces pièces de manière qu'une demi-forme parfaite se trouve exécutée dans chaque demi-pièce, avec l'épaulement en O placé dans les deux exactement à la même distance du sommet. Ensuite on donne une passe sur la face de chaque pièce, de manière que la pièce puisse être bien serrée. La disposition la plus intéressante de ce montage est la manière de repérer la pièce à l'intérieur, de manière que la seconde opération de mise d'équerre des bouts puisse être exécutée aisément et rapidement. Ce résultat est atteint en fraisant une rainure transversale à travers le fond des pièces sur le côté de chaque logement, de manière à obtenir les plans de repérage P, P, P, P, P, P comme indiqué. Ces rainures ou canaux sont exécutés au moyen des cadrans divisés de la vis d'avance de la table de la fraiseuse universelle de manière que quand les plaques P sont entrées à force dans l'une des coquilles, et font saillie dans l'autre (les rainures doivent y être légèrement agrandies pour permettre de les entrer librement) l'une des faces mises d'équerre sur le bout d'une pièce fraisée avec une série de fraises pendant la première opération

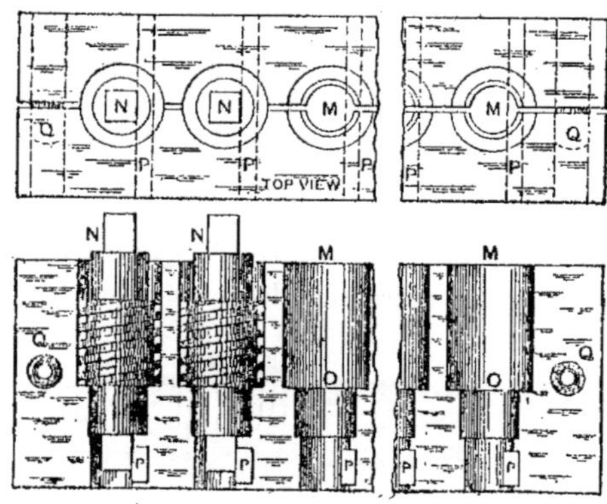

FIG. 131.

Top view :   Vue par en dessus.

s'appuie bien d'équerre dessus. Pour l'emploi, on enlève d'abord les six plaques P, et on fraise les deux côtés du bout d'une pièce au moyen d'une série de fraises. Quand toutes les pièces ont été traitées de cette manière, on insère les six plaques de repérage P dans leurs rainures et on termine les bouts. Il faut donc trois opérations qui sont les suivantes : premièrement, entrer les bouts des vis qui ont été fraisées de manière que l'un des côtés s'appuie d'équerre contre la plaque de repérage, puis fraiser deux faces de l'autre bout à angle droit par rapport à ceux fraisés sur la première extrémité. Puis en retournant les vis on peut fraiser les deux autres côtés du premier bout d'équerre avec les deux premiers. On répète cette opération, et on change de bout, et on finit ainsi les deux extrémités d'équerre et en alignement parfait. L'emploi de ce montage permet d'usiner en série des pièces exactement identiques, et, ce qui est plus, la mise d'équerre des bouts, travail ordinairement long et difficile, est exécutée aisément et rapidement.

Montages employés pour exécuter les rainures et les queues d'aronde sur de petites pièces. — Les figures 133 et 134 représentent deux exemples d'un type de montage pour fraisage un peu différent. Ces montages sont employés pour fraiser les pièces représentées par les deux vues de la figure 132 ; leurs dispositions et leur construction comprennent un certain nombre de points pratiques intéressants.

Celui qui est représenté par les deux vues de la figure 133 est employé pour fraiser le canal d'équerre en E et la rainure D (*fig.* 132). Les dessins

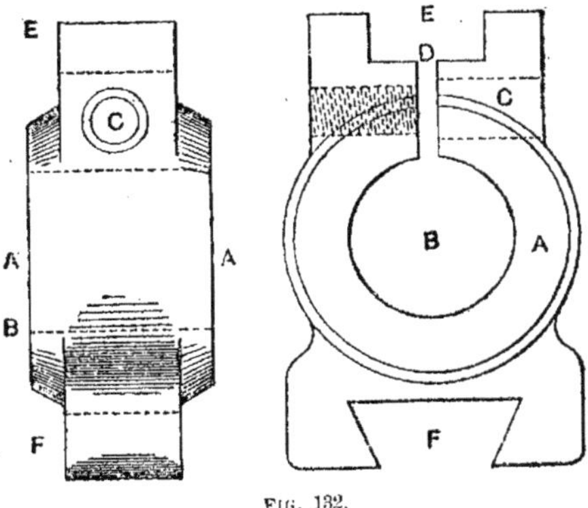

Fig. 132.

indiquent clairement la méthode de construction. La pièce est repérée par son centre sur la tige K, et latéralement contre la tige d'arrêt N, le crampon P la serrant solidement contre la face de la cornière J. Les rainures guides M, M, M, M sont destinées aux grandes fraises, et les rainures L, L, L, L aux fraises à rainures. La cornière ou montage proprement dit est bien renforcée par des nervures en arrière, comme indiqué en Q, Q, Q et est repérée exactement sur la table de la fraiseuse par un biscau dans le canal taillé au fond. Quand on l'emploie combiné avec une série de fraises, ce montage permet de produire rapidement et avec précision. Les canaux guides du montage permettent de placer les fraises de manière à prendre la profondeur de coupe convenable, et à les centrer avec le trou B dans la pièce (*fig.* 132). Pendant l'emploi, la coupe se fait contre le montage, de sorte que la pièce se trouve solidement appuyée contre sa face.

La figure 134 représente trois vues d'un montage qui, quoique très simple et peu coûteux à construire, est très à recommander. Il est employé pour fraiser une queue d'aronde à l'extrémité de la pièce représentée figure 132, et peut recevoir six pièces en même temps. Il comprend deux supports angulaires extrêmes B, B, l'arbre de repérage et serrage central C, et la barre de repérage O. Les supports extrêmes B, B sont d'abord alésés et les moyeux dressés, puis on les monte sur un arbre, puis on fraise la base de chacun d'eux, avec les languettes E, E alignées les unes avec les autres. Puis on fait un trou carré dans la face de chaque support en F, comme

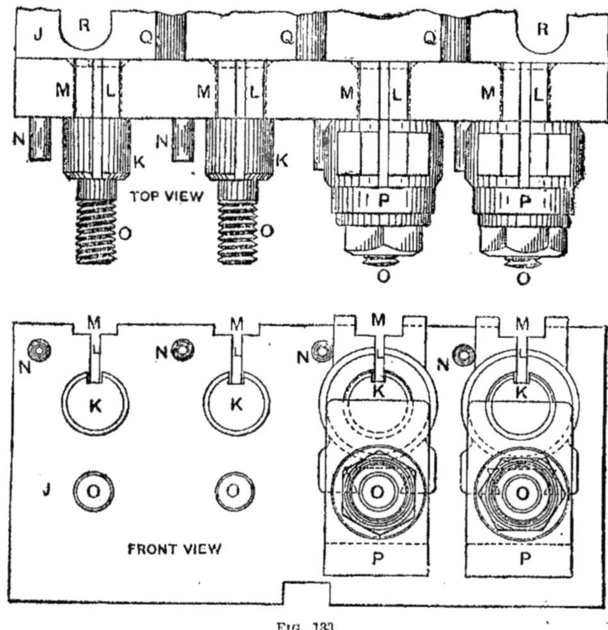

FIG. 133.

Top view :   Vue en dessus.
Front view : Élévation.

indiqué, on le finit à grandeur, et en alignement, en serrant ensemble deux supports, et en passant à force une broche à travers les trous ébauchés. La barre de repérage G est en acier à outils carré, usinée partout et sur toute sa longueur, de manière à bien s'ajuster dans les trous sur la face des supports. La largeur de la barre est choisie de manière à s'ajuster dans le canal carré E (*fig.* 132), préalablement fraisé dans les pièces. Quand on se sert du montage, le support B à droite est solidement fixé sur la table de la fraiseuse, et celui de gauche glissé sur l'arbre C. Les six pièces I sont alors glissées sur l'arbre avec tous les canaux fraisés carrés en bas, de manière que la barre de repérage G se place dedans. On glisse alors le support de gauche, et on serre légèrement l'écrou K. En serrant les vis aux bouts J de la pièce, les rainures sont appliquées contre la barre de repérage G. Ensuite on serre bien l'écrou H, ainsi que le support contre la table. Grâce à l'emploi de l'appareil vertical et à une fraise angulaire, les six pièces sont fraisées et achevées selon la forme indiquée en F (*fig.* 132) et en K (*fig.* 134).

Les points à considérer, quand on étudie des montages pour fraiser en

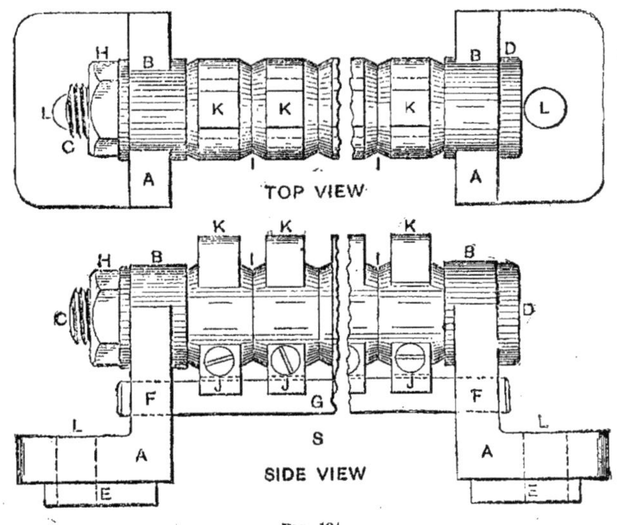

Fig. 134.

Top view :   Vue en dessus.
Side view :   Vue de côté.

une seule opération un certain nombre de petites pièces du genre de celles que nous avons représentées, sont les suivants : en premier lieu, le nombre de pièces que l'on peut manœuvrer dans les conditions les plus avantageuses ; en second lieu, la manière de présenter les pièces à la fraise, et enfin les moyens les plus rapides et les plus pratiques pour repérer les pièces et les assujettir solidement pendant le fraisage.

Montage pour fraisage au moyen d'une série de fraises. — Les figures 135 et 136 représentent un type de montage très employé pour le travail au moyen d'une série de fraises, quand on doit usiner à la surface de pièces qui sont encore complètement brutes des surfaces larges ou un

certain nombre de rainures diverses. Quoique très simple comme construction, ce type de montage est très pratique pour le fraisage de travaux
très variés, qu'il serait très difficile d'usiner rapidement par d'autres
moyens. Ce montage est utilisé pour fraiser le type de pièces représenté
en H (*fig.* 137) qui comprend quatre rainures H, H, H, H sur la face, et la
rainure rectangulaire I à une extrémité ; ce travail est exécuté en deux

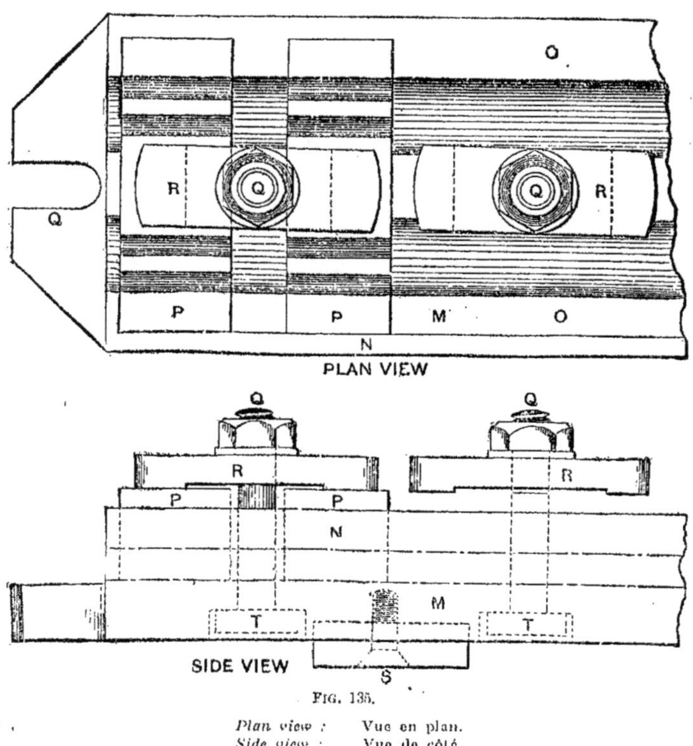

FIG. 135.

Plan view :   Vue en plan.
Side view :   Vue de côté.

opérations successives, mais en utilisant un seul montage. La figure 135
représente le plan et une vue latérale, ainsi qu'une vue en bout de ce montage, qui reçoit huit pièces simultanément. Il comprend une grande
pièce M, avec deux rainures demi-circulaires régnant sur toute sa longueur, formant dégagement pour les saillies qui se trouvent au dos des
pièces. Le dessus est parfaitement dressé, parallèlement à la base, pour
mettre les pièces d'équerre, et se termine par un épaulement carré N servant à repérer les pièces. Les pièces sont fixées en position par des cram-

pons en R, R, disposés de manière à tenir deux pièces, comme il est indiqué en P, P. Les trous de passage des boulons sont agrandis en arrière, de manière à permettre aux têtes de ne pas faire saillie sur la table, comme il est indiqué en T, T sur la vue latérale (*fig.* 135). La pièce est fixée comme le représente la figure, et on fraise la rainure carrée à l'extrémité. Quand toutes les pièces ont subi cette opération, on exécute les quatre rainures en montant et fixant à nouveau les pièces, et en plaçant sur l'arbre un jeu

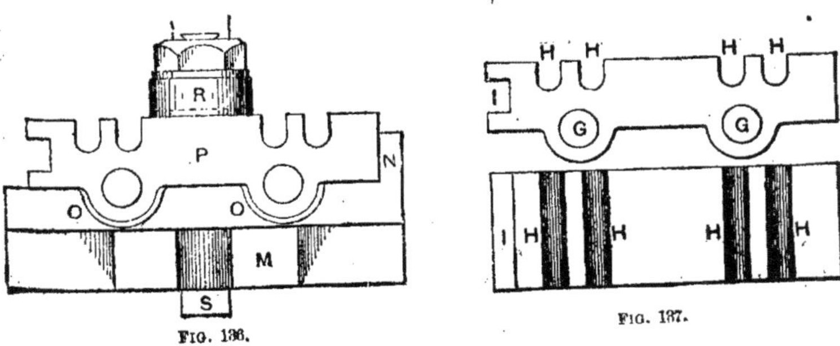

FIG. 136.

FIG. 137.

de fraises. On fixe la glissière transversale de la table de la fraiseuse, on règle la profondeur de coupe, et on achève les pièces.

Montage employé pour dresser à la fraise. — Les deux vues de la figure 138 représentent un autre type de montage simple pour fraisage. Quoiqu'il rappelle celui que représente la figure 135, il est employé pour un genre de fraisage assez différent, qui est le dressage. Le croquis représente son utilisation pour le travail des extrémités V, V de pièces telles que celles représentées par la figure 139. Ces pièces sont d'abord montées sur la raboteuse, et on dresse au calibre les surfaces des glissières à queue d'aronde U, U. Le montage est établi de manière à recevoir deux pièces en même temps, celles-ci sont repérées latéralement en appuyant le côté de l'une des surfaces à queue d'aronde Z contre les oreilles de repérage à percer angulaires X, X, X, X comme il est indiqué, et dans le sens longitudinal contre les saillies carrées et dressées Y, Y en arrière. Les pièces sont maintenues en position par deux crampons chacune, comme en C, C, C, C, et les têtes des boulons sont noyées dans la base, comme en A, A sur la vue latérale. Les bouts des pièces sont dressés au moyen d'un grand porte-fraises, avec des lames en acier trempant à l'air fixées sur la circonférence, de manière à pouvoir dégrossir et finir en même temps. Quand une extrémité des pièces a été dressée, on les retourne, on les repère à nouveau, et on dresse l'autre bout.

Quand on considère la grande variété des pièces mécaniques, petites ou grandes, que l'on peut usiner en série et bien interchangeables, en employant des montages aussi simples et aussi peu coûteux que ceux que

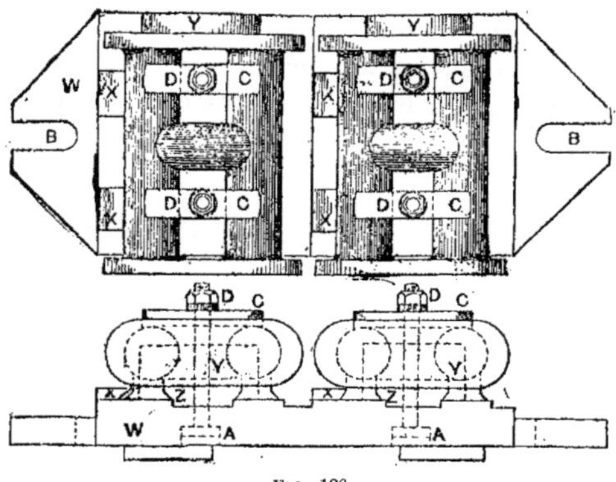

FIG. 138.

nous venons de décrire, on est étonné que ces méthodes de travail n'aient pas été adoptées d'une façon plus générale. Nous voulons parler des petits ateliers ; car, en ce qui concerne les grandes usines, sauf le cas où les

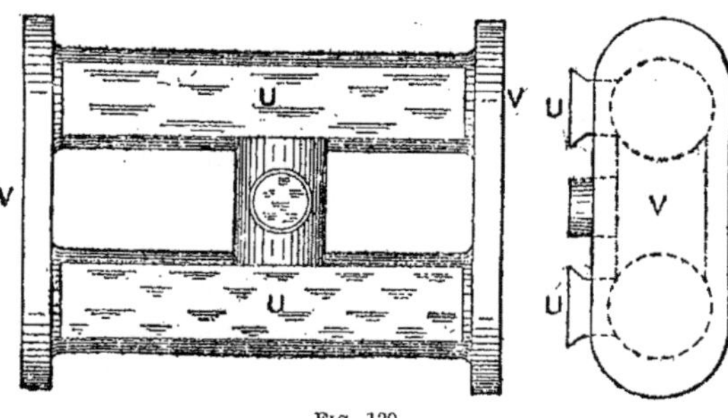

FIG. 139.

machines sont protégées par des brevets, il est absolument nécessaire de travailler par la méthode de l'interchangeabilité pour pouvoir lutter contre la concurrence.

CHAPITRE X

MONTAGES POUR FRAISAGE POUR TRAVAUX DE PRÉCISION

Facteurs qui interviennent dans l'obtention de bons résultats au moyen des montages pour fraisage de précision. — Nous allons maintenant nous occuper d'une classe de montages pour fraisage d'un type différent de ceux décrits dans le chapitre précédent, en ce qu'ils sont plus compliqués, et permettent d'obtenir un travail plus précis. Quand on étudie ces appareils, on doit considérer trois points : premièrement, les pièces à usiner sont-elles en grand nombre ? secondement, doivent-elles être usinées avec une grande précision, de manière à être interchangeables ? enfin les pièces peuvent-elles être montées et usinées avantageusement sur la fraiseuse ?

Les deux premières questions peuvent être résolues très rapidement. Mais en ce qui concerne la dernière, les connaissances et l'habileté de l'outilleur, qui est souvent le constructeur lui-même, sont véritablement mises à l'épreuve. Si l'on décide que la fraiseuse est la machine qui convient le mieux pour le travail, on doit examiner les points suivants, après avoir déterminé la forme et le type du montage : surfaces utilisées pour repérer les pièces ; appareils servant à fixer celles-ci ; manière la plus pratique de présenter à la fraise ou aux fraises les surfaces à usiner, selon les cas.

Comme types des classes les plus avantageuses de montages de fraisage pour travail en série de pièces mécaniques petites et moyennes, nous allons donner quatre exemples, qui sont bien étudiés pour les pièces spéciales auxquelles ils sont destinés. Leurs dispositions sont également intéressantes, en ce qu'un grand nombre d'entre elles peuvent être modifiées pour les appliquer à d'autres genres de pièces. Nous décrirons les méthodes de construction de ces montages, en indiquant comment on les exécute dans un temps raisonnable, et avec des dépenses modérées.

Montage pour la première partie du travail. — Le montage représenté par les trois vues de la figure 140 est employé pour dresser la surface plane de la pièce représentée par la figure 141. L'usinage des extrémités de la pièce s'exécute sur le tour, les parties e, e, d, d, ainsi que les filetages étant interchangeables. Le montage de la figure 140 pour dresser la surface plane F très exactement par rapport aux parties tournées de la pièce,

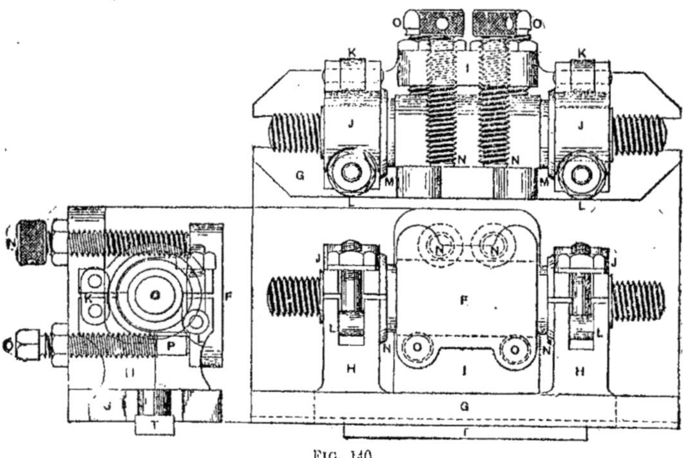

FIG. 140.

se compose d'un nombre restreint de parties et maintient très rigidement les pièces. Comme la méthode de construction n'est pas très compliquée et

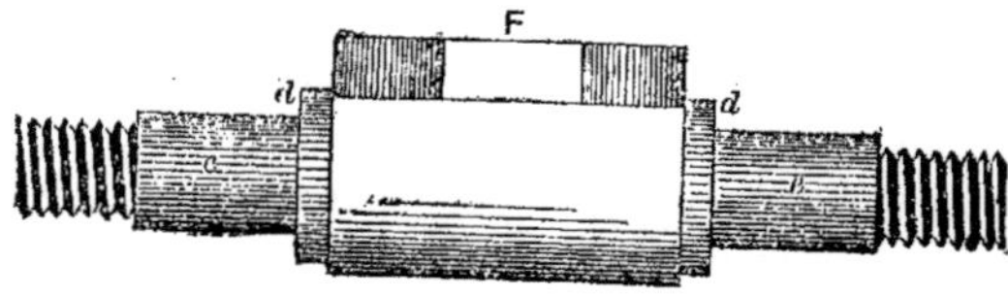

FIG. 141.

peut être comprise par l'examen des figures, une description rapide sera suffisante.

Le montage proprement dit comprend le corps moulé G, les supports H entre lesquels la pièce est repérée, la saillie postérieure I pour les vis de serrage et de repérage N, N et O, O respectivement, et les deux couvercles crampons J, J. Les vis crampons du couvercle L, L sont serrées dans les rainures des supports, comme il est indiqué sur la vue de face, au moyen de tiges en acier Stub, de manière qu'on puisse les serrer et les desserrer aussi rapidement que possible. Les chapeaux J, J sont articulés en K, K comme indiqué. Les vis de repérage sont en acier à outils, et sont diminuées aux extrémités comme indiqué en P, sur la vue en bout, trempées et garnies de contre-écrous. La languette T se loge dans une rainure du corps moulé G de manière à se trouver parfaitement alignée avec la partie tournée de la pièce, à l'intérieur du montage.

L'alésage à grandeur des supports et chapeaux, et le dressage des surfaces M, M de manière que la pièce s'y ajuste exactement, s'exécute de la manière suivante. La base est d'abord rabotée et le corps est fixé sur une cornière sur la table d'une perceuse. Ensuite on se sert d'une barre d'alésoir dont l'extrémité tourne dans la bague de la table, on alèse les trous, et on dresse des épaulements. Les deux vis N, N qui servent à appuyer la pièce contre les deux vis de repérage O, O ont des têtes moletées, avec des trous pour les clefs comme indiqué, elles sont filetées de manière à se visser librement dans les trous taraudés, et elles sont également munies de contre-écrous.

Pour l'emploi, ce montage est fixé sur la table de la fraiseuse, avec la languette T dans la rainure la plus rapprochée de l'arbre. Les deux chapeaux J, J sont alors rabattus, on place la pièce comme indiqué, en serrant d'abord les chapeaux, puis en forçant la pièce contre les deux vis de repérage O, O, au moyen des vis à têtes moletées N, N, et en serrant les écrous, pour les appuyer solidement contre la pièce. On fixe ensuite l'avance transversale de la table de la fraiseuse, de manière que la fraise enlève la quantité de matière nécessaire ; on dresse la face en employant une grande fraise à dresser, qui tourne de manière que la coupe se fasse vers le bas, de manière à diminuer la tension des vis de fixation N, N, et à maintenir la pièce appuyée contre les vis de repérage O, O. Le dressage des pièces de ce genre dans des montages du type représenté peut être exécuté avec un plus grand degré d'interchangeabilité et en moins de temps que par toutes les autres méthodes connues de l'auteur.

Montage pour le fraisage de la seconde pièce. — Les figures 142

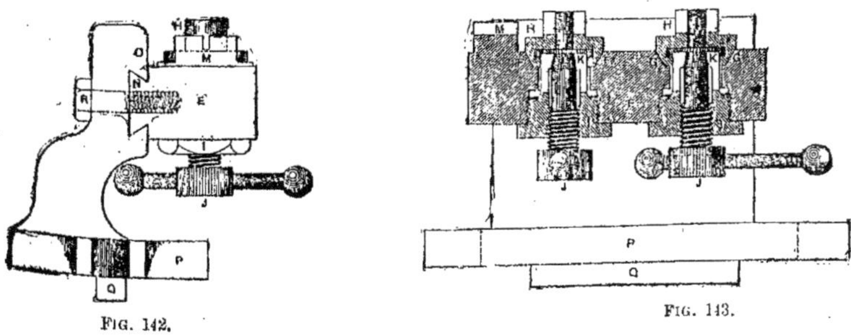

FIG. 142.   FIG. 143.

et 143 représentent un montage de fraisage d'un type plus compliqué, et qu'il serait difficile de remplacer par un autre mieux approprié au point de vue de la rapidité du repérage, du serrage et du desserrage de la pièce une fois finie, car un tour de vis suffit pour serrer ou desserrer à volonté. Ce montage est construit pour recevoir deux pièces en même temps, et peut, en cas de besoin, être établi selon le même principe pour douze pièces. Ce montage a été étudié pour fraiser des pièces de la forme indiquée sur la figure 144. La pièce est en acier de construction et finie, sauf en ce qui concerne le fraisage, sur le tour-revolver. Elle fait partie d'une machine électrique à couper les tissus, que l'on construisait en grandes séries. Le fraisage comprend l'exécution d'une rainure à travers la tige en *a*, et d'un plat de chaque côté de la plus grande partie circulaire, comme indiqué en *b*, *b*.

Le montage comprend deux pièces fondues P et E, et des appareils de serrage à ressorts, dans lesquels 1, 1 sont des pièces en acier à outils se vis-

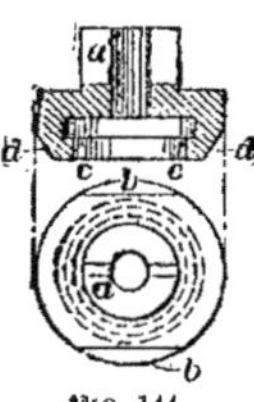

Fig. 144.

sant dans la pièce E et supportant les mâchoires à res-sort K. Ces mâchoires sont appuyées contre la pièce par les extenseurs L, L qui se vissent dans les trous taraudés en I, I. Le seul point de la construction de ce montage qui mérite plus particulièrement une description détaillée est la manière d'usiner les entailles de repérage F, F dans la pièce E. Celle-ci est en fonte avec une partie saillante en M, qui, une fois usinée, est employée comme calibre, pour placer les trois fraises qui taillent la pièce. Ce bloc en fonte est d'abord raboté sur toutes ses faces, on taille sur un côté une queue d'aronde N, qui doit s'ajuster très serrée dans la rainure en queue d'aronde fraisée dans le corps du montage P. Cette rainure est à son tour fraisée sur la face antérieure de la pièce et dressée, une fois que la base a été usinée, et que la rainure pour la languette a été fraisée, sur la machine même sur laquelle on emploiera le montage, de manière à éviter toute cause d'inexactitude.

Le bloc E est placé dans cette rainure et fixé par deux vis, visibles en R. Les positions des centres pour les rainures de repérage F, F, F, F sont ensuite repérées de manière à se trouver parfaitement alignées, par la méthode du bouton, que nous avons décrite dans un chapitre précédent. Ces rainures sont usinées, les trous sont alésés et taraudés en arrière en fixant le bloc E sur le plateau du tour, en traçant les boutons, en alésant les trous, et en achevant les creux formés exactement comme forme et profondeur au moyen d'un outil de forme, puis en retournant la pièce pour agrandir et achever les trous en arrière, comme indiqué.

Quand le montage est en service, la pièce est appuyée à la main vers le bas sur les faces de repérage F, F, et en donnant à l'extenseur un tour au

moyen de la manivelle J. Ceci oblige le mandrin élastique K à saisir la
pièce, et à l'appuyer de haut en bas sur la face de repérage. On place
ensuite les fraises au moyen du calibre M et on fraise la pièce.

Description du montage pour la troisième pièce. — La figure 145
donne trois vues d'une pièce qui constitue un travail idéal pour la fraiseuse. C'est un support d'arbre en fonte,
et l'opération de fraisage consiste à dresser
les faces antérieures et postérieures des
deux bossages, à usiner la nervure saillante H, à une certaine distance du centre
du trou Q, et à angle droit avec le trou K.
Avant fraisage, le trou Q est alésé, et on
dresse une face du moyeu sur le tour-
revolver. Ensuite on dresse le côté opposé,
on perce les deux trous en *g, g* et un trou

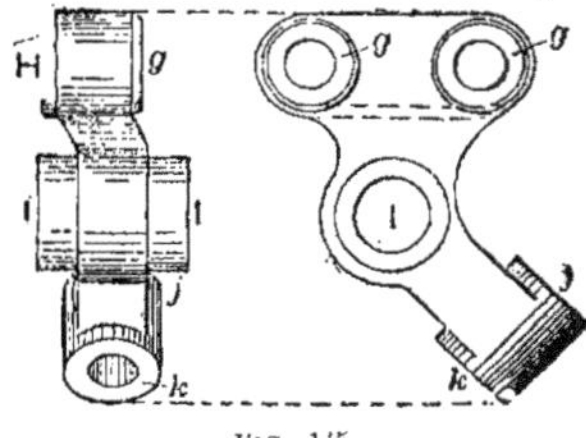

FIG. 145.

en K. La face *j* est dressée sur un montage spécial, et toutes les parties
usinées sont interchangeables.

Le montage de fraisage représenté par les figures 146-147 est combiné
pour recevoir deux pièces en même temps, et peut aussi à volonté être

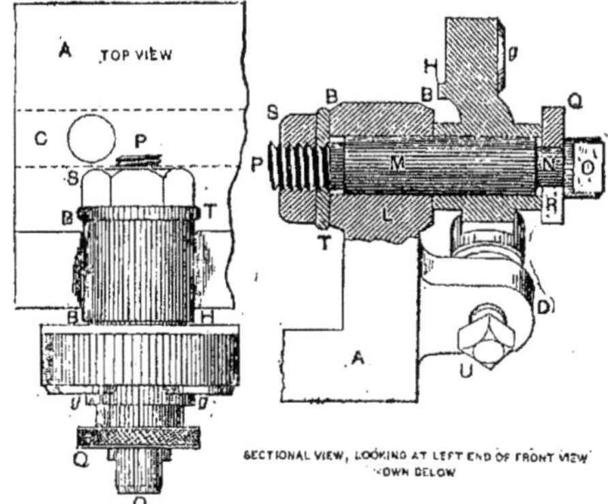

FIG. 146.

Sectional view, looking at left   Vue en coupe, en regardant vers
end of front view shown below : l'extrémité de gauche de la vue
                                   en élévation placée ci-dessous.

établi pour en recevoir une douzaine. Une pièce moulée A est tout ce qu'il
faut pour ce montage, et présente la forme d'une cornière avec des bossages saillants en avant et en arrière en B, B comme surfaces de dressage
pour la pièce, et quatre oreilles en saillie sur la face, dont E, E servent de

points de repérage et D, D servent pour les vis de fixation. Pour fixer la pièce en position, on emploie un appareil qui permet de serrer ou enlever la pièce avec la plus grande rapidité. Il est représenté clairement sur la vue en coupe du montage, et comprend une tige M en acier à outils, tournée pour s'ajuster exactement dans le trou I de la pièce, et dans le trou L du montage. Elle a le même diamètre sur toute sa longueur, elle est filetée à son extrémité P pour recevoir l'écrou S, et diminuée en N pour recevoir la rondelle de serrage Q. Cette rondelle en acier à outils est moletée extérieurement, de manière à pouvoir être enlevée aisément, sa section est entaillée, comme indiqué, pour la glisser sur le canal réduit N de la tige M.

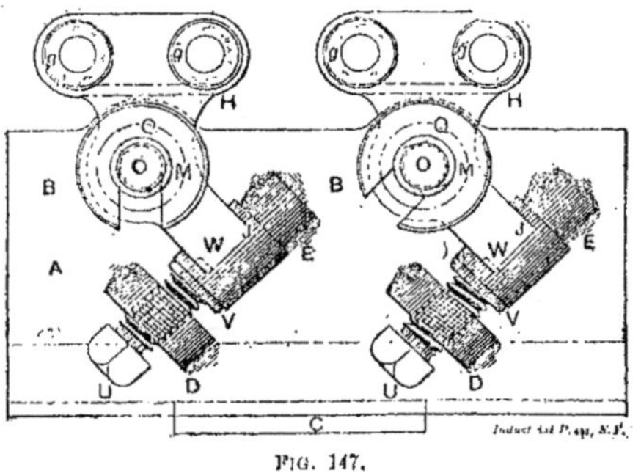

Fig. 147.

Les faces de repérage des oreilles E, E sont dressées à angle droit par rapport à la tige N, de manière que quand la portion dressée J de la pièce est appuyée contre la face de repérage, elle reste absolument plate, et porte bien partout. Les vis de serrage U, U sont diminuées aux extrémités W, W, avec un bout carré pour les rondelles V, V. La tête de la tige de serrage M est fraisée avec un plat sur deux côtés pour recevoir une clef.

Pour l'emploi, le montage est fixé sur la table de la fraiseuse avec la languette C dans la rainure centrale. Les écrous P des tiges de serrage sont alors desserrés, on glisse la pièce comme indiqué, on repère les rondelles de serrage Q, Q, et on serre les écrous P au moyen de clefs placées sur ceux-ci et sur l'extrémité O, O des tiges. La pièce est alors appuyée contre les oreilles de repérage E, E par les vis de fixation U, U, et fraisée comme indiqué, en montant une paire de fraises d'écartement pour la profondeur de coupe convenable, et en fixant l'avance transversale de la table de la fraiseuse. Pour enlever la pièce, il suffit de desserrer les vis de fixation U, U et les écrous P, de glisser les rondelles Q, Q, et d'enlever la pièce. La rapidité avec laquelle on peut manœuvrer ce montage, et l'interchangeabilité parfaite des pièces sont surprenantes. Le système repré-

senté pour fixer les pièces est de beaucoup supérieur aux méthodes adoptées ordinairement.

Montages de fraisage à division pour les deux dernières pièces.

— Comme on rencontre une grande variété de pièces mécaniques de

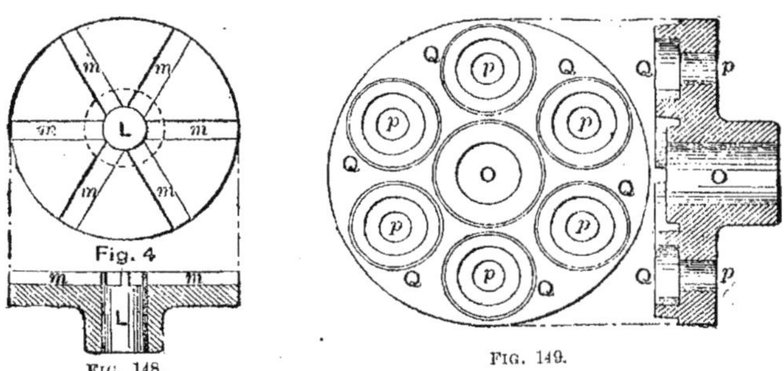

Fig. 4

FIG. 148.

FIG. 149.

forme circulaire à fraiser en des points régulièrement espacés, je représente sur les deux dernières figures deux types de montages de fraisage à
division dans lesquels on emploie des moyens simples pour obtenir les
résultats indiqués sur les croquis des pièces des figures 148 et 149. Le premier des deux montages, représenté par les deux vues de la figure 150, est

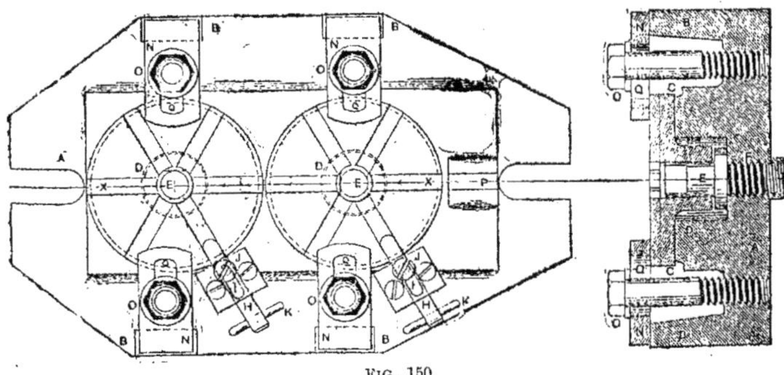

FIG. 150.

employé pour fraiser les six rainures M également espacées sur le disque de
la figure 148. Ces pièces fondues sont usinées partout sur le tour-revolver à
la forme indiquée, puis fraisées par deux en même temps sur le montage de
la figure 150. Les gravures donnent respectivement une vue en plan et
une coupe transversale. Comme elles permettent de comprendre la disposition et la méthode de construction, une description très courte suffira.

A est le montage proprement dit, la pièce étant repérée par son centre sur les tiges E, E qui sont fixées dans la base, et repérées en hauteur sur les surfaces dressées C, C, comme indiqué sur la coupe transversale. Les trous dans lesquels les tiges E, E sont repérées sont alésés suffisamment larges pour offrir un dégagement aux moyeux de la pièce, comme indiqué en D. Les oreilles faisant une grande saillie B, B, B, B sont dressées de manière à permettre aux crampons N, N, N, N, placés par deux de chaque côté, de serrer parfaitement les pièces. Le système diviseur est représenté sur la vue en plan et se comprend de lui-même. La partie saillante à l'extrémité de droite de la pièce offre une rainure fraisée en travers en alignement avec

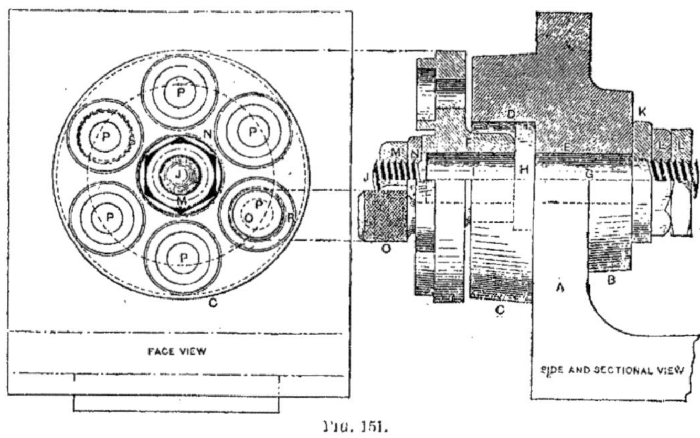

Fig. 151.

| *Face view :* | Vue de face. |
| *Side and sectional view :* | Vue de côté et coupe. |

les tiges de repérage centrales E, E, et à la profondeur voulue, servant ainsi de calibre pour la profondeur de coupe.

Quand le montage est en service, la pièce est repérée et fixée comme indiqué, sauf que les tiges de division sont enlevées. On donne alors une passe en bas à travers les deux pièces, comme indiqué par les flèches, en X, X. On ramène ensuite la table, on desserre les crampons, et on déplace la pièce jusqu'à ce que les tiges de division H, H pénètrent dans les canaux que l'on vient de fraiser. En serrant chaque vis J pour la fixer avec sécurité, on remet la fraise en marche, et on continue l'opération. On enlève ensuite la pièce en desserrant les boulons-crampons O et en glissant les crampons en arrière, en ayant soin de mortaiser les trous de boulons des crampons, comme il est indiqué en Q, Q sur la coupe transversale. En changeant le repérage de l'appareil diviseur, on peut fraiser dans la pièce un nombre quelconque de rainures ou d'entailles ; en fait, il existe une variété inépuisable de travaux pour lesquels on peut employer des montages de ce genre, et en tirer les meilleurs résultats.

La figure 151 représente deux vues d'un montage dont l'emploi montre comment un travail ordinairement exécuté, au moyen de montages, sur la perceuse, peut être fait dans de meilleures conditions, en utilisant des montages simples, sur la fraiseuse. Ce montage est employé pour repérer et dresser les six bossages du plateau d'arbre moulé représenté sur les deux vues de la figure 149. Les parties usinées préalablement sont le trou C, les six trous marqués P, et les deux moyeux qui sont travaillés de manière à être interchangeables. Le montage comprend la cornière A, qui est garnie d'un moyeu saillant de chaque côté en D et B, de la tige de repérage cen-

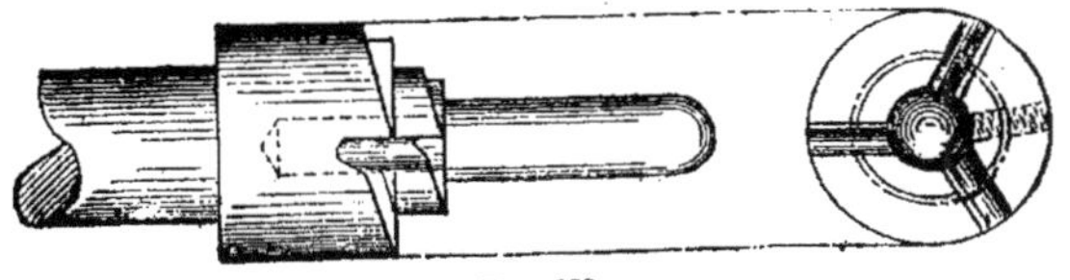

FIG. 152.

trale, et de la tige de division O. Une fois l'équerre dressée à la partie inférieure, on la fixe sur le plateau d'un tour et on dresse le moyeu D. Ensuite on alèse un trou droit à travers le centre des moyeux, et on l'élargit à dimension, on le repère au diamètre et à la profondeur indiqués sur la coupe, pour dégager le moyeu de la pièce. Ensuite on le monte sur la raboteuse, où on dresse le moyeu B, et creuse la rainure pour la languette. La tige centrale de repérage est ensuite préparée, de manière à s'appuyer en H, on la diminue et y pratique un filetage à l'extrémité postérieure pour la rondelle K et les contre-écrous L, L, de manière qu'elle tourne librement sans jeu dans le montage. On perce alors l'appareil pour les deux bagues en acier trempé, l'une en R pour la tige de division O, et l'autre diamétralement opposée en S. Pour repérer convenablement ces bagues, on fixe la pièce sur la tige centrale I, on exécute le trou pour la bague R de la tige de division, en perçant d'abord à travers l'un des trous P dans la pièce, en l'enlevant ensuite, et agrandissant le trou pour recevoir la bague R, comme l'indiquent les lignes pointillées. Le trou dans la bague est rectifié exactement au même diamètre que les six trous P dans la pièce. On exécute ensuite la tige de division O en acier à outils, avec une tête moletée, on la trempe et la rectifie de manière qu'elle s'ajuste parfaitement dans les trous P de la pièce, on fait de même pour la bague R dans le montage ; on repère celle-ci en insérant la tige de division O dans l'un des trous P, et dans la bague R. On achève le trou pour la bague S, et on met la bague en place de la même manière que les autres.

Pour se servir du montage, on fixe la pièce comme les figures le représentent, et on place le porte-lames dans un manche conique sur l'arbre de la fraiseuse. Ensuite on manœuvre l'avance longitudinale et l'avance transversale de la table jusqu'à ce que la tige de support du porte-lames (*fig.* 152) se trouve alignée et puisse pénétrer dans la bague S. On avance alors la pièce vers l'outil jusqu'à enlèvement de la quantité de matière nécessaire, et que le cadran divisé de la vis d'avance transversale soit en O. On ramène alors la table en arrière, on déplace la tige de division O, et on tourne la pièce d'une division, ou jusqu'à ce que le trou suivant P se trouve en face de la bague R. On insère à nouveau la tige de division, on répète l'opération de reperçage et de dressage, et ainsi de suite jusqu'à ce que les six bossages aient été usinés en série.

CHAPITRE XI

MONTAGES DIVERS POUR FRAISAGE ET OUTILS SPÉCIAUX
POUR TRAVAUX ANALOGUES

Montage de fraisage pour les tables de perceuses. — Pour l'usinage des tables des perceuses sensitives à trois ou quatre broches, un montage présente de l'intérêt, car celui-ci est simple et avantageux pour l'exécution du travail demandé. Il peut aussi donner des idées pour d'autres travaux. Le montage est employé pour fraiser la queue d'aronde dans la

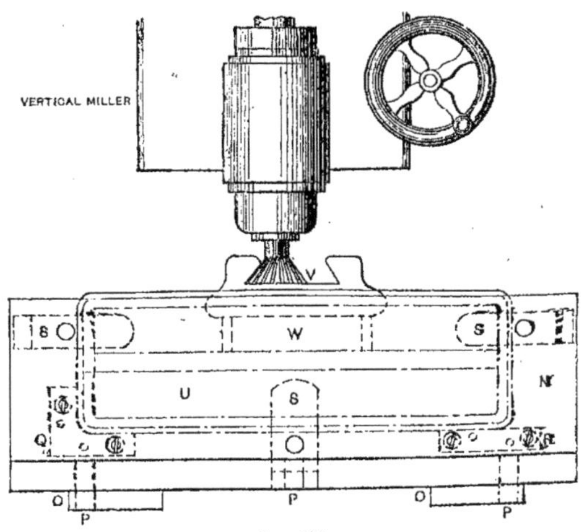

Fig. 153.
Vertical miller.   Fraiseuse verticale.

table, pour ajuster la surface de glissement de la base ou de la colonne inférieure ; ce montage est représenté par les deux vues des figures 153 et 154. Comme on le voit, on l'emploie sur une fraiseuse verticale. Les surfaces des pièces composant la table sont d'abord rabotées, et sont alors prêtes pour le fraisage. Le montage se compose d'une pièce N en forme d'équerre. On commence par la raboter à la base, puis on ajuste les languettes O, O dans la rainure de la table de la fraiseuse. On donne une passe sur la face, en la laissant aussi unie et aussi douce que possible, car la face de la table est repérée sur cette surface. On prépare les deux pièces de calibrage Q et R et on la fixe sur l'équerre au moyen de goujons et de vis, de manière qu'elles servent de points de repères pour les angles et la face de la table. On perce trois trous P, P, P dans la base de l'équerre, comme indiqué, pour recevoir les boulons servant à les fixer sur la table de la fraiseuse. On perce et on taraude également des trous dans la face pour les vis de serrage T, T, T. Ces tirants sont faits en acier de construction, et pliés à angle droit à un bout, et on les termine de façon qu'ils prennent la position indiquée quand on serre la table.

Le montage est alors placé et fixé sur la table de la fraiseuse, dans la

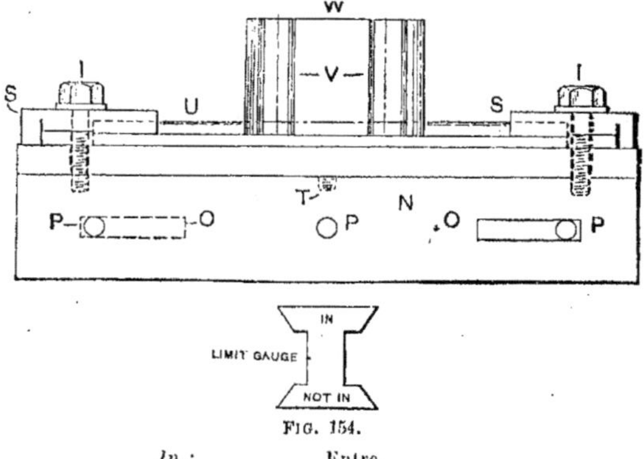

FIG. 154.

In :   Entre.
Limit gauge :   Calibre de tolérance.
Not in :   N'entre pas.

position indiquée sur la vue supérieure, avec une table prête à être fraisée placée dessus comme indiqué, repérée sur les pièces supérieures Q et R respectivement. On se sert d'une mâchoire à vis pour serrer la partie saillante de la table en W, ce qui équilibre la poussée de haut en bas sur la table pendant le fraisage de la queue d'aronde. Le fraisage est exécuté en deux passes, comme il est indiqué en N sur la vue supérieure, et de manière que la pièce soit conforme au calibre de tolérance visible au fond.

L'emploi de ce montage constitue un exemple pratique de l'un des genres variés de travaux pour lesquels la fraiseuse verticale peut convenir ; l'opération indiquée peut être exécutée dans le quart du temps nécessaire pour la faire sur la raboteuse, ou sur la fraiseuse ordinaire ; dans ce dernier cas, pour le fraisage de la queue d'aronde, la table serait fixée sur la table de la fraiseuse, et on lèverait ou abaisserait celle-ci à la main pendant l'opération, ce qui, comme on le comprend de suite, constitue une difficulté pour l'opérateur et pour la machine.

Montage pour fraiser des têtes de broches de machine à percer.

— Les montages que nous allons décrire et représenter sont employés pour fraiser et aléser des têtes de broches de machines à percer fabriquées selon le principe de l'interchangeabilité ; ils sont à la fois pratiques et économiques comme disposition et construction.

La tête de broche est représentée par les deux vues de la figure 155 et une description rapide permettra de comprendre les conditions auxquelles doivent satisfaire les montages et leur construction. Les opérations à exécuter sur les têtes sont : premièrement, le fraisage de la queue d'aronde A, pour l'ajuster sur la colonne de la perceuse ; puis le découpage des deux branches B afin de donner à la tête de broche une élasticité suffisante pour qu'elle puisse serrer la colonne. Ensuite on perce le trou C pour le levier de serrage. Une fois ceci terminé, on alèse et on termine le trou D. Ce trou doit être exactement repéré car le pignon une fois monté doit engrener exactement avec la

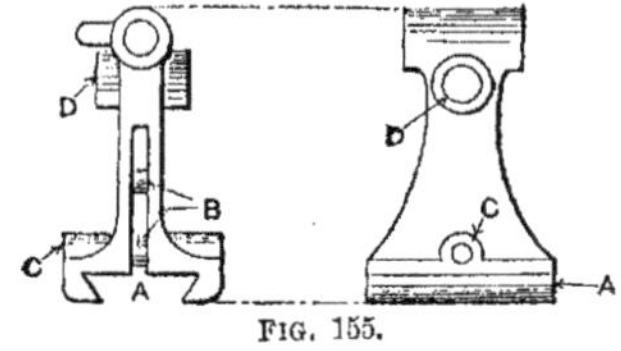

FIG. 155.

crémaillère de la broche, et pour que les têtes puissent être interchangeables, les montages doivent être construits avec précision. Quand on moule les têtes, les trous correspondants à la broche et au pignon doivent être ménagés au moyen de noyaux suffisamment petits, pour

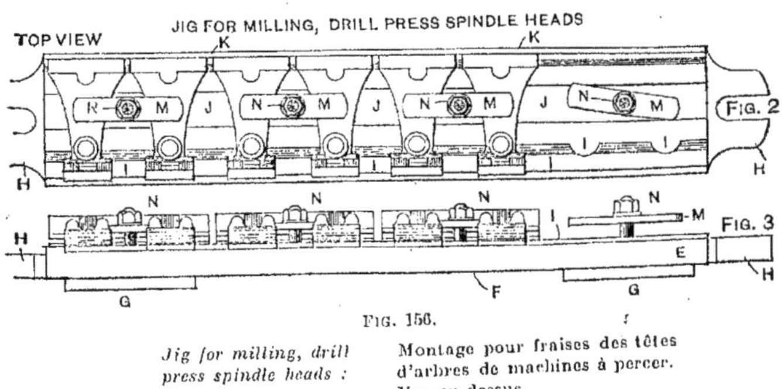

FIG. 156.

Jig for milling, drill press spindle heads :
Top view :

Montage pour fraises des têtes d'arbres de machines à percer.
Vue en dessus.

permettre de finir les trous à dimension même dans le cas où il y aurait une légère variation dans le repérage des trous au moyen des noyaux.

Le montage employé pour le fraisage de la queue d'aronde A dans la

tête est représenté par trois vues sur les figures 156 et 157 respectivement ; il est simple comme disposition et construction. Il comprend premièrement une grande pièce plate moulée E pour laquelle on fait d'abord
un modèle de la dimension et de la forme représentée, en laissant des
dressages suffisants, pour permettre l'usinage de toutes les parties servant
de repères. Une fois qu'une pièce a été fondue, on la monte sur la raboteuse, on dresse la face postérieure, et on ajuste les languettes G, G dans la
rainure centrale de la table de la grande fraiseuse. Ensuite on la place sur
la table de cette fraiseuse, on l'y fixe à chaque extrémité, H, H. En regardant la coupe transversale représentée par la figure 157, on verra que la
tête est repérée en trois points I, J et K. La partie I est fraisée, comme on
le voit, selon un rayon qui est approximativement le même que celui de la

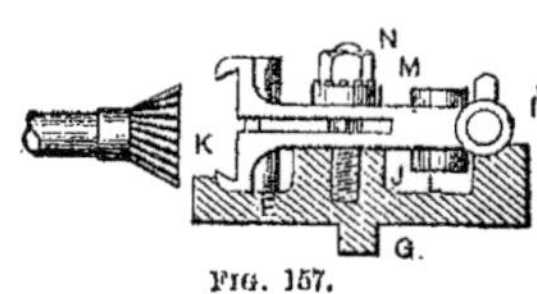

FIG. 157.

portion de la tête qui y repose. Les parties J
et K sont ensuite fraisées de manière que la
tête repose dans une position parfaitement
parallèle sur le montage. Quand on repère des
pièces de cette forme, la partie serrée doit
être située dans la région la plus solide, spécialement dans ce cas, car le fraisage est
achevé en deux passes qui sont très fortes. Comme on le voit, ce montage est établi pour recevoir huit têtes, et leur serrage nécessite quatre
tirants et crampons ; chacun serre deux têtes comme il est indiqué en
M, M, M, M. Les tirants sont en acier de construction, tournés et filetés
à chaque bout, et solidement vissés dans des trous percés dans le montage.
Comme il est indiqué, les brides sont en acier de construction plat de
9^{mm},52 coupées à la longueur convenable, avec les bouts taillés à la meule.
Les écrous H sont dressés d'un côté et cémentés. Quand toutes les pièces
sont assemblées comme il est indiqué, quand les huit têtes sont serrées et
repérées en position, on les fraise au moyen d'une fraise en bout, angulaire,
vissée et serrée sur l'arbre fileté. Pour calibrer la profondeur de coupe, on
emploie un calibre à deux bouts en acier à outils de 19^{mm},04 dont un bout
doit entrer et l'autre être trop fort. Pour vérifier la distance du centre du
trou de la broche aux faces de la fraise, on emploie un calibre à bouton,
dont le fond entre librement dans le trou de la broche (qui est brut), la
pièce d'acier sur laquelle il est fixé appuyant sur la table de la fraiseuse.
La distance de la fraise à l'autre extrémité du calibre étant exacte, on
avance la pièce jusqu'à ce que la face de la fraise touche juste le calibre.
On fixe alors le chariot transversal de la table, on élève ou abaisse celle-ci,
selon ce qui est nécessaire, jusqu'à ce que l'arête de la fraise appuie sur une
légère saillie à l'extrémité du calibre. Ceci a pour but de centrer approximativement la coupe avec le trou de la broche. On met alors la fraiseuse

en marche et on fait passer la fraise à travers les huit têtes. On ramène
ensuite la table au point de départ, et on l'élève d'un certain nombre de
centièmes jusqu'à ce que le petit calibre entre juste. On donne alors une
seconde passe, puis on enlève les têtes et on en remonte une autre série de
huit. On recommence alors la même opération.

Usinage de colonnes de perceuses. — Les appareils que nous allons
décrire ont été étudiés par l'auteur et employés pour usiner les colonnes
supérieures de petites perceuses à broche. La colonne est figurée en
position sur les montages. L'usinage comprend l'ajustage de la glissière AA
pour la tête de broche réglable ; le fraisage de la base M, et de la partie

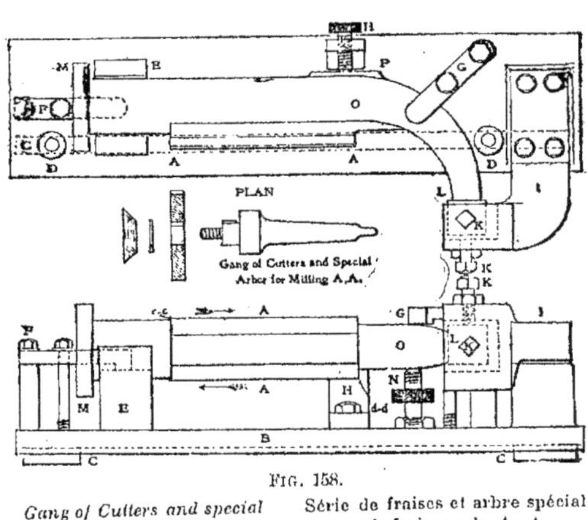

FIG. 158.

Gang of Cutters and special   Série de fraises et arbre spécial
Arber for Milling A, A ;   pour le fraisage de A, A.

postérieure P, comme indiqué ; et enfin l'alésage du trou pour la broche
dans la colonne en L et à travers la tête de broche.

Le fraisage de la glissière est exécuté d'abord, afin que l'on ait une surface commode dont on puisse se servir pour repérer la pièce en vue des
opérations suivantes. Le corps du montage est une longue pièce moulée B,
avec une haute saillie à chaque bout, l'une en E en forme de V pour le
corps de la colonne, et celle à l'autre bout plate et carrée avec une base
pour le support de la tête I. Ce support est en fonte, creux en J de manière
que la tête de la colonne L puisse y entrer, la face intérieure de J étant
ouverte dans ce but. Le support est fixé au corps moulé au moyen de
quatre vis à têtes. Un guide C est placé à chaque extrémité dans une rainure de la base, pour la repérer dans la rainure de la table de la fraiseuse ;
il est fixé par des boulons passant dans les trous D, D. La pièce est fixée

au moyen de deux brides en F et G ; F est à peu près au-dessus de la vis
verticale de réglage N. Une vis à tête moletée en H appuie la tête L contre
la vis de serrage et de repérage K sur la face du support I, et les deux
autres vis de fixation K agissent verticalement comme vis de repérage et
de serrage.

Pour le fraisage, on emploie une série de fraises et un arbre spécial de la
forme représentée, l'angle de la première fraise étant taraudé à gauche
pour la visser sur l'arbre, et serrer solidement les unes contre les autres
les deux autres fraises. La fraise étroite sert à exécuter un plat le long du
bord extrême de la surface fraisée, et la fraise large sert à dresser la face.
Les deux dernières fraises sont clavetées sur l'arbre.

Le montage est d'abord boulonné sur la fraiseuse et on fixe la pièce

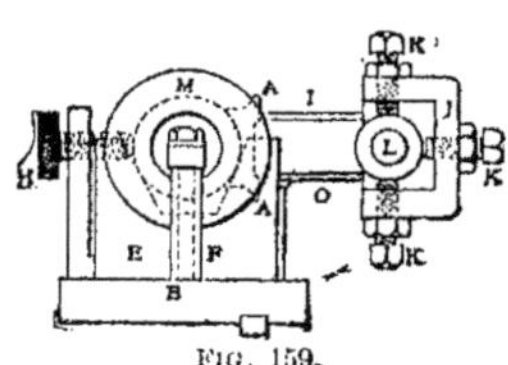

FIG. 159.

dessus, en réglant toutes les vis de repérage de
manière qu'on enlève partout à peu près la
même quantité de matière. Comme les pièces
moulées varient très peu, si la première colonne
a été usinée correctement, toutes les autres le
seront. On emploie un calibre pour placer le jeu
de fraises. On élève la pièce vers les fraises jusqu'à ce que la fraise à dresser enlève la quantité

voulue de matière, et que la fraise angulaire touche le calibre. Quand
le dessus est fini, on élève la table et on travaille la face inférieure en

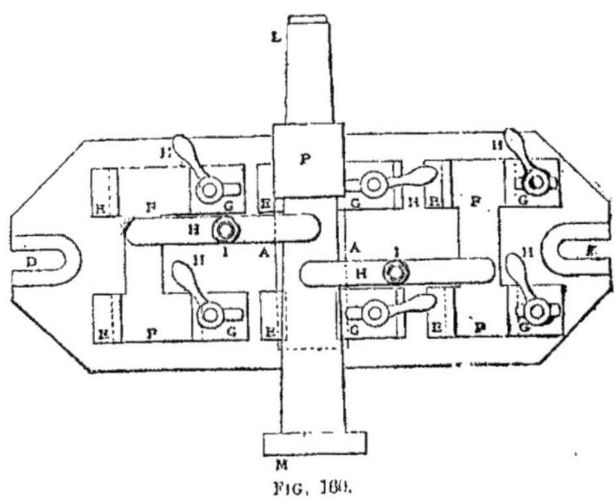

FIG. 160.

commençant en D, D. Avant l'établissement de ce montage, l'usinage
de la glissière AA était exécuté sur la raboteuse. Mais avec la nouvelle
disposition, on exécute le même travail dans le tiers du temps passé antérieurement, et avec une régularité beaucoup plus grande.

Pour dresser la base M et la surface P, on emploie le montage représenté par les figures 160-161. Il est établi pour trois colonnes, mais on n'en a figuré qu'une seule. La surface de glissière à queue d'aronde préalablement usinée est employée pour repérer et fixer les colonnes. Le montage comprend une grosse pièce fondue avec trois supports sur lesquels on fixe les pièces. Les surfaces de repérage situées en F, F, F respectivement sont

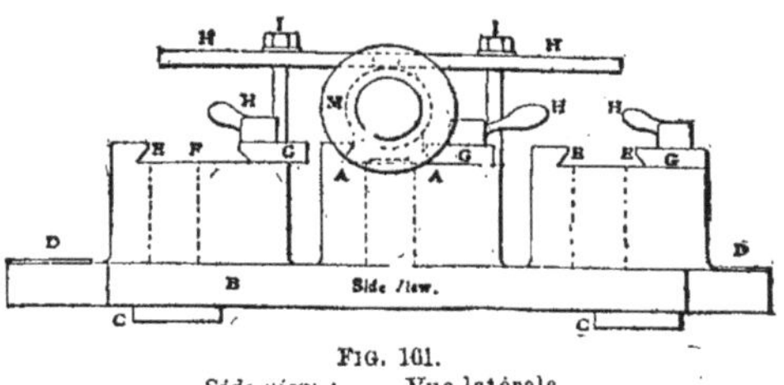

FIG. 161.
Side view :   Vue latérale.

usinées sur la raboteuse, un côté en E avec une queue d'aronde au même angle que celle de la surface usinée. Deux crampons à faces angulaires G, G avec vis de serrage H, sont employés pour fixer chaque colonne. On utilise également deux brides H, H, quoiqu'elles ne soient pas absolument nécessaires.

La base M est usinée d'abord sur toutes les pièces. Puis on les retourne sur le montage, et on dresse les dos P avec une fraise à dents frontales rapportées, montée sur un appareil vertical. La même fraise est employée pour dresser les bases des colonnes.

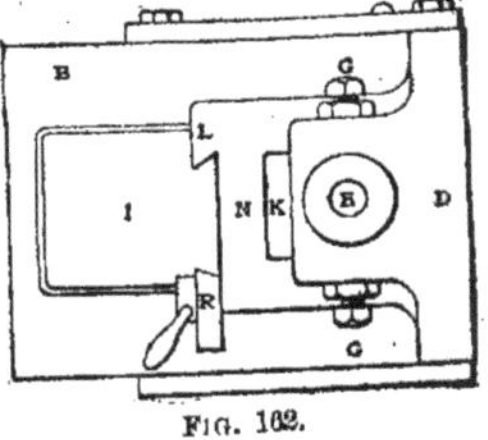

FIG. 162.

Le montage d'alésage est représenté sur les figures 162-163 ; on voit sur la vue latérale la pièce en position, avec la tête de broche fixée à la surface de la glissière, prête à être alésée. L'alésage et le finissage du trou de broche dans la tête L de la colonne, et dans la tête de broche en même temps est nécessaire pour assurer un bon alignement de ces trous. Ce montage est plutôt plus compliqué et plus coûteux que les deux précédents, mais les résultats obtenus compensent son prix.

Le montage a la forme d'une grande équerre, avec deux supports N faisant saillie à l'intérieur de C pour les portées de repérage et de fixation. Ces supports sont creux en K, comme l'indique la vue en bout, de manière à laisser passer la barre d'alésage. Des brides à faces coniques R, R avec vis de serrage P, P fixent la pièce. Il y a deux bagues, une au sommet D en E et l'autre à la base J en H. Les trous pour ces bagues sont venus de fonderie plus petits, puis usinés à dimension finie sur la grande perceuse à laquelle le montage est destiné. Avant d'aléser et terminer ces trous, on usine les autres parties de repérage et d'alignement du montage, et la pièce est renforcée en fixant deux larges et solides brides en acier de construction sur les côtés, comme indiqué en S, S. Ces brides renforcent considérablement le montage et assurent sa rigidité.

Les bagues E et H sont en acier à outils, trempées et rectifiées pour s'ajuster parfaitement sur la barre d'alésage, puis rectifiées entièrement et entrées à force dans leurs logements respectifs. Il y a quatre oreilles F avec vis de serrage trempées G et écrous pour résister à la poussée latérale quand on alèse les trous en L et Q. De larges ouvertures en dessus en b, b

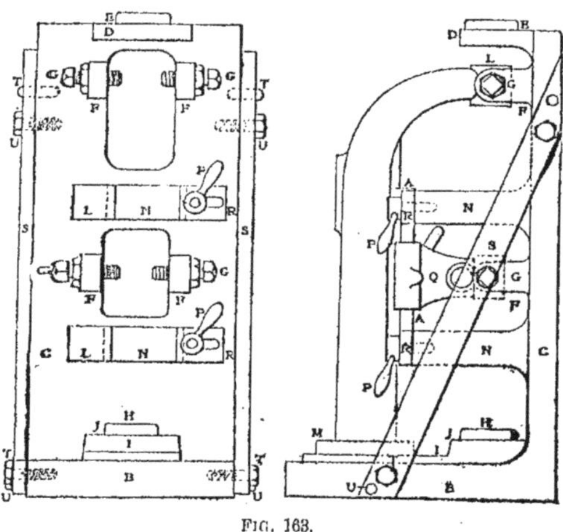

Fig. 163.

et c, c sont commodes pour monter, fixer et démonter les fraises sur la barre d'alésage.

Le montage repose par la base B sur la table de la grande perceuse, et la pièce est fixée comme indiqué. On glisse alors la barre d'alésage à travers les bagues, et on tourne la perceuse jusqu'à ce que le bout de la barre puisse être entré dans la broche. On fixe les fraises à dégrossir sur la barre, et on les passe dans les trous. Puis on remonte la barre, on enlève les fraises à dégrossir, pour les remplacer par des fraises à finir, et on achève les trous.

Le montage d'alésage que nous venons de décrire est employé seulement pour usiner des colonnes à broche unique. Pour celles à 2, 3, 4, 5 et 6 broches, on emploie une machine automatique spéciale, qui peut être établie pour aléser deux colonnes en même temps. Dans cette machine, les pièces sont repérées et fixées de la même manière que celle que nous avons indiquée, la seule différence consistant dans la commande des barres d'alésage ou des arbres de fraises par engrenages coniques, et dans leur avancement à travers les trous dans la pièce, par pignon et crémaillère, à peu près comme sur les perceuses à avance automatique.

Facteur principal dans la construction des machines. — L'un des principaux facteurs dans l'usinage moderne des pièces mécaniques selon le système interchangeable, est le choix des machines et des outils convenables pour le travail demandé ; celles qui permettent d'exécuter rapidement le travail sont les seules à employer. On voit communément dans un grand nombre d'ateliers de construction exécuter laborieusement certains travaux au moyen de machines et d'outils mal appropriés, tandis qu'on pourrait les exécuter aisément et rapidement au moyen de machines mieux choisies. J'ai même vu souvent certaines machines arrêtées, tandis que les travaux qu'on aurait dû exécuter sur ces machines étaient faits sur d'autres pas du tout appropriées. On sait cependant que pour obtenir la production maxima avec le minimum de main-d'œuvre, on doit toujours choisir les machines qui conviennent le mieux pour le travail, et étudier avec soin la disposition et la construction des outils et des montages selon les opérations auxquelles ils sont destinés.

CHAPITRE XII

OUTILS SPÉCIAUX. — MONTAGES ET APPAREILS POUR L'USINAGE EN SÉRIE SUR LE TOUR-REVOLVER

L'emploi des montages spéciaux sur le tour-revolver. — S'il est un type de machine-outil qui, plus que tout autre, a mis à contribution l'ingéniosité de l'ingénieur et l'adresse de l'outilleur pour l'adapter à chaque pièce, c'est bien le tour-revolver. La variété innombrable et les genres de travaux que cette importante machine de la construction moderne est capable d'exécuter sont immenses. En mettant le titre de ce chapitre, j'ai voulu laisser de côté les genres de travaux les plus communs que l'on exécute sur cette machine, car les outils servant à les faire en série sont suffisamment bien connus et bien compris pour que leur usage soit devenu universel, et il serait superflu de les décrire. Je m'occuperai des travaux spéciaux peu courants qui obligent à réfléchir, que l'on rencontre constamment, et pour lesquels un outilleur plein de ressources est nécessaire afin de construire des outils permettant de les exécuter rapidement et avec précision.

Pour la production en grande série de pièces qui doivent être tournées, alésées ou dressées, il n'existe pas d'autre machine-outil offrant les mêmes avantages ou mieux appropriée que le tour-revolver quand il est garni d'outils convenables, ou que sa sœur aînée, la machine à vis. Des milliers d'outilleurs de tous pays sont constamment occupés à construire des appareils, des montages et des outils, pour augmenter la production et le rendement de ces machines, et réduire au minimum le rôle de l'opérateur. C'est ce genre d'outils que je me propose d'examiner dans ce chapitre et dans le suivant, en consacrant le premier à l'emploi des outils spéciaux sur le tour-revolver, et le second à celui des outils analogues sur la machine à vis.

Il ne sera pas nécessaire d'entrer dans le détail en ce qui concerne les outils courants employés avec les divers appareils et montages indiqués, car leur emploi est bien connu, et il serait inutile de décrire leur utilisation sur les machines. Au contraire, quand il s'agit des outils spéciaux, on ne saurait donner trop d'indications.

La variété des outils représentés, la description de leur construction et de leur emploi permettront de les lire avec soin, car elles offriront le moyen d'imaginer des modifications dans les dispositions adoptées pour les outils destinés à des travaux autres que ceux décrits en connection. Les outils de ces divers genres permettent de réduire beaucoup les prix de fabrication ; et l'habileté à les imaginer et à les disposer avec succès est une faculté enviable pour l'outilleur moderne.

Montage pour prendre dans la barre des pièces de forme irrégulière. — Le montage pour tour-revolver représenté dans les gravures ci-contre est destiné à prendre dans la barre des pièces à profil irrégulier. Il convient pour des pièces où il y a beaucoup de matière à enlever, reproduit les pièces avec une grande précision, et laisse les surfaces finies parfaitement unies et exemptes de marques d'outils. Comme il est toujours prêt à être employé, et peut être monté sur le tour-revolver et disposé pour

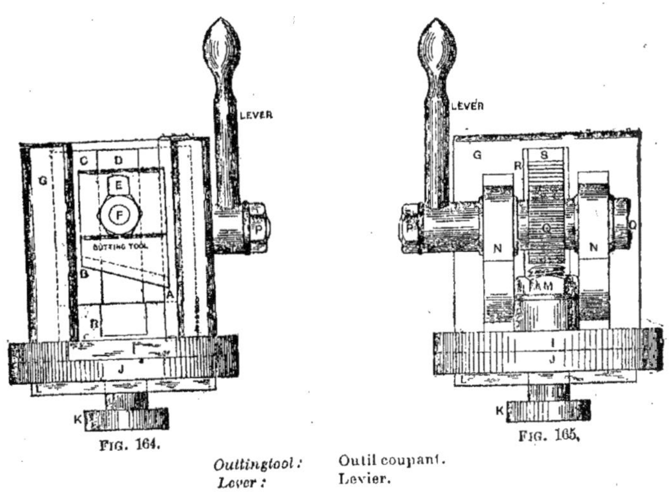

le travail demandé en peu de temps, sa place est marquée dans tous les ateliers où on sait apprécier la valeur du tour-revolver.

Les figures 164 et 165 sont des vues antérieures et postérieures du montage complet, tandis que la figure 166 est une vue latérale, sur laquelle on voit le montage boulonné sur l'arrière du transversal d'un tour-revolver. La dernière vue montre également comment l'outil se présente devant la pièce.

Le montage proprement dit comprend deux pièces principales en fonte,

la base ronde J, et le corps moulé I, établi de manière à tourner sur la première. La partie antérieure G du corps moulé porte une queue d'aronde, et
possède une nervure H pour la glissière en acier C. Les nervures N, N constituent des renforts pour la partie antérieure ainsi que des paliers pour le
pignon et la tige à levier O. La glissière en acier C et une ouverture
oblongue R permettent à la crémaillère de dépasser le front C et d'engrener avec le pignon Q. Ceci permet à la glissière C d'être élevée ou abaissée

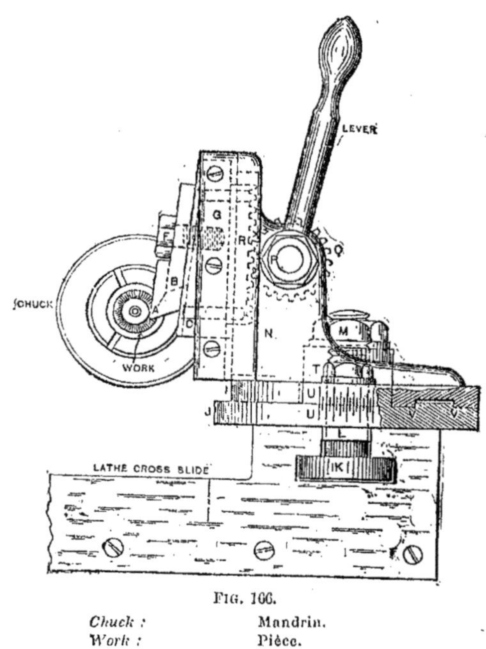

FIG. 166.

Chuck :	Mandrin.
Work :	Pièce.
Lathe cross slide :	Conteste transversale du tour.
Lever :	Levier.

au moyen du levier latéral. Le pignon, la tige Q est en acier à outils, avec
une grosse tête à un bout ; à l'autre il est diminué et fileté pour recevoir le
levier et l'écrou de serrage P. Le levier et le pignon sont clavetés sur la
tige.

La face antérieure de la glissière en acier C est usiné approximativement selon l'angle que l'on doit adopter pour le dégagement frontal de
l'outil de tour. On fait ainsi afin d'éviter d'avoir à donner ce dégagement à
l'outil, qui est fixé sur la face du chariot, et ne demande de dégagement
qu'au fond. Comme on le voit sur les vues latérales et frontales, l'outil est

repéré avec une rainure plus petite dans la face de la glissière en acier C, en D, et est maintenu au moyen de la grosse vis à tête F. L'angle de coupe de l'outil est taillé selon l'angle indiqué sur la vue frontale, de A en B, de manière à enlever progressivement le métal de la pièce.

Les parties circulaires des deux pièces principales (*fig.* 164) sont construites de manière que le corps de l'outil puisse se déplacer ; il y a des divisions en U, U pour permettre de le placer exactement à l'angle voulu par rapport à la pièce. La base J porte une languette qui s'ajuste bien dans la rainure du porte-outil dans le transversal du tour-revolver. La pièce prin-

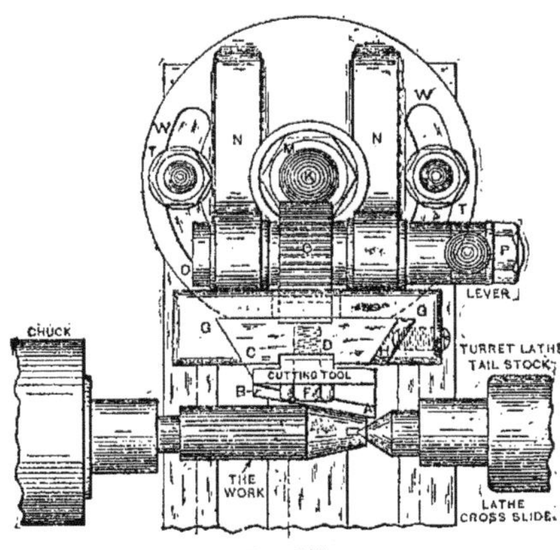

FIG. 167.

Chuck :	Mandrin.
Cutting tool :	Outil coupant.
The work :	Pièce.
Lever :	Levier.
Turret lathe tail stock :	Partie postérieure de la tourelle.
Lathe cross slide :	Coulisse transversale du tour.

cipale I est creuse au centre, pour permettre au moyeu central de la base de faire saillie au travers. Le boulon K, qui fixe la base sur le transversal, passe à travers ce moyeu, aussi n'est-il pas nécessaire de desserrer la base quand on veut faire tourner le corps du montage ou le porte-outil. Pour placer celui-ci, on desserre les deux écrous T, T sur les tirants de base, et on place la tête divisée à l'angle voulu. On serre alors les écrous, et la tête se trouve fixée solidement en position. La manière dont les deux pièces sont usinées pour les repérer exactement l'une par rapport à l'autre et leur permettre de se déplacer, est indiquée en V, V (*fig.* 166).

Pour donner un exemple pratique de la manière dont on emploie ce montage, nous donnons sur la figure 167 une vue en plan de celui-ci tel qu'il est repéré et fixé sur le transversal du tour, avec l'outil en position

pour prendre dans la barre l'extrémité conique d'un porte-outil en acier
doux. Pour ce travail, une poupée munie d'un centre remplace la tourelle
généralement employée, supporte l'extrémité de la pièce tournée, et
forme calibre pour la longueur.

Pour usiner la partie indiquée sur la figure 168, on amène la poupée à la
distance nécessaire, et on serre le mandrin élastique. La pointe, qui est très
dure, entre assez loin dans la barre pour la supporter. L'opérateur saisit
alors la poignée du montage et l'abaisse jusqu'à ce que le point le plus bas
de l'outil, en A, se trouve à peu près dans le voisinage du centre de la pièce
qui tourne. On avance alors le transversal du tour, et l'outil commence à
couper, jusqu'à ce que le chariot touche contre la vis d'arrêt, et que le
tranchant de l'outil ait enlevé beaucoup de matière. Le chariot est alors
fixé solidement contre la vis d'arrêt par l'opérateur, en appuyant vigoureusement sur le levier du transversal ; puis, avec sa main droite, il appuie
sur le levier de la tête porte-outil, ce qui ramène l'outil en arrière, la
matière est enlevée graduellement par la coupe de l'outil, et la barre est

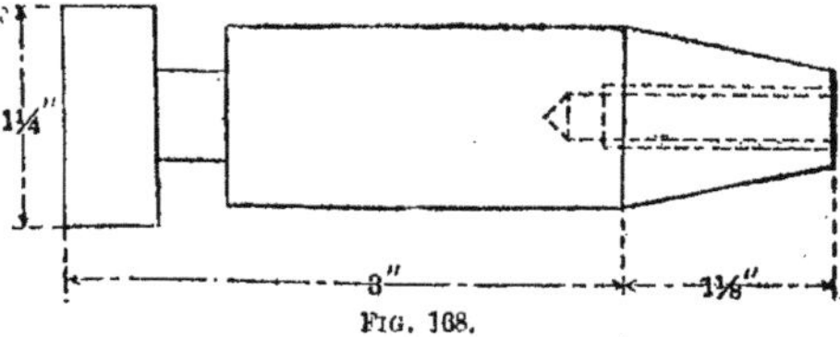

Fig. 168.

finie, comme il est indiqué. Comme chaque partie du tranchant de l'outil
enlève du métal, celui-ci passe sous le centre de la barre, et cesse de couper,
de sorte qu'il n'y a que la surface étroite du tranchant de l'outil qui enlève
du métal à un moment donné. L'usinage de la pièce est donc progressif. Il
n'y a pas de tendances aux vibrations ni à produire des marques sur les
pièces. En ayant un bon jet d'huile s'écoulant constamment sur la pièce, on
obtient une surface finie bien unie et régulière. Aussitôt que tout le tranchant de l'outil a passé sous le centre de la barre, on ramène le transversal
du tour à sa position initiale, et on élève l'outil pour la pièce suivante.
Pour obtenir les meilleurs résultats, les tranchants de l'outil doivent être
laissés tout à fait durs, et être passés à la pierre à l'huile de manière à
obtenir un tranchant parfaitement droit et affilé. L'importance du dégagement et du biseau a un effet considérable sur les résultats, aussi doit-on
les déterminer d'après la qualité et la nature des matériaux que l'on désire
travailler.

La figure 169 représente une pièce dont la surface conique G est usinée

au moyen d'un montage spécial. La figure 170 représente un outil revolver
spécial employé pour supporter la petite extrémité conique H pendant

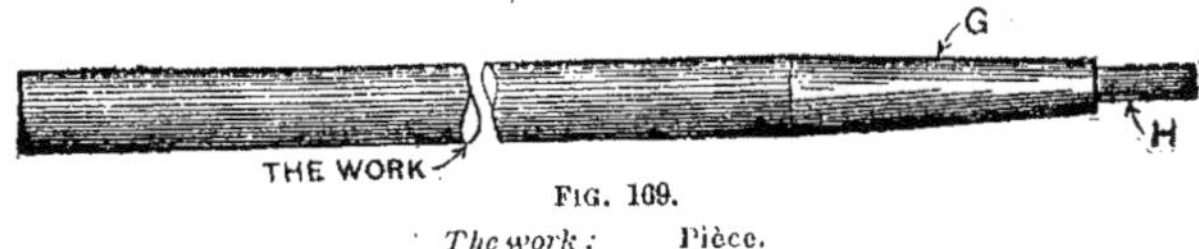

Fig. 169.

The work :   Pièce.

l'usinage de l'autre partie. La pièce usinée est une tige de foret de 9^{mm},52
et la longue surface conique doit être exécutée aussi unie et douce que
possible ; de légères modifications ont été apportées au porte-outil pour

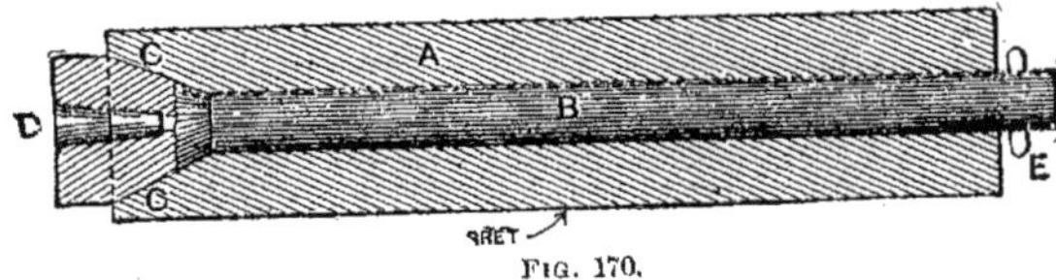

Fig. 170.

obtenir les résultats demandés. La pièce C du montage a été remplacée par
une autre ne différant de la première qu'en ce que la face est laissée droite,
et à angle droit avec le transversal, au lieu d'être inclinée pour le dégage-

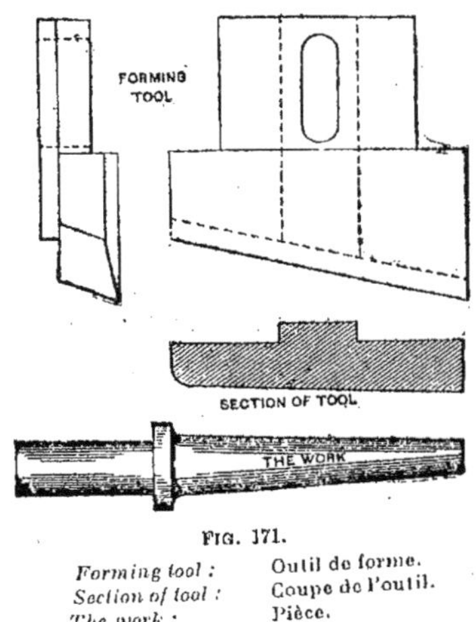

Fig. 171.

Forming tool :   Outil de forme.
Section of tool :   Coupe de l'outil.
The work :   Pièce.

ment postérieur. Puis, comme le tranchant de l'outil passe par le centre de
la pièce, la partie usinée vient frotter dessus, et avec le mouvement de

rotation rapide de la pièce, le frottement est suffisant pour polir la surface usinée.

Les figures 172 et 173 donnent deux exemples de pièces dont les surfaces profilées ont été usinées au moyen du montage que nous venons de décrire ; la figure 171 donne un croquis de l'un des outils employés à cet effet et permet de se faire une idée de leur construction.

La grande économie réalisée en prenant les pièces de ce genre directement dans la barre, plutôt que dans des pièces distinctes, a fait du tour-revolver un outil aussi important pour la production de pièces mécaniques que le tour ordinaire. Pour cette raison, toute méthode ou appareil qui augmente la puissance de la machine, et accroît suffisamment son débit peut être adopté, ce qui est précisément le cas pour le montage que nous venons de décrire. On peut l'adapter aisément pour des travaux d'un autre genre que celui représenté, tels que des chandeliers et des pièces d'appareillage électrique, pour lesquels on prend dans de grandes barres de laiton

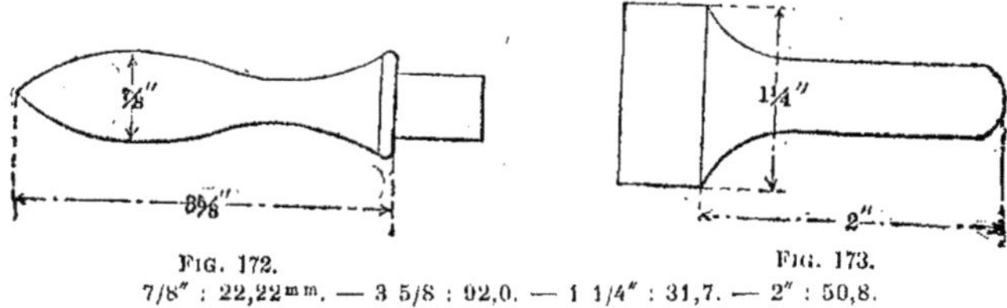

Fig. 172.   Fig. 173.

7/8″ : 22,22ᵐᵐ. — 3 5/8 : 92,0. — 1 1/4″ : 31,7. — 2″ : 50,8.

des quantités importantes de boutons d'ornement, de joints et autres pièces diverses. Il en est de même pour des pièces prises dans des barres d'acier, de laiton, de fibre ou d'ébonite.

Outil à boîte pour le tour-revolver. — La figure 175 représente le pignon employé pour les têtes de broche de perceuses, et la figure 174 les outils employés pour la première opération. Ces pignons sont en acier doux laminé à froid, dégrossis et centrés à chaque bout sur le tour-revolver. L'outil à boîte de la figure 174 et un outil coupant constituent tout l'outillage nécessaire pour cette opération. La boîte est usinée dans une pièce forgée en acier doux, qui est d'abord centrée, puis tournée en E pour ajuster le trou sur la tourelle, puis dressée aux deux extrémités. Puis on la repère sur la pointe, on la fait tourner correctement dans la lunette, et on exécute dans la face le trou pour recevoir la bague G, faite en acier à outils, trempée et rodée à grandeur, pour s'ajuster sur la pièce à travailler. La vis de serrage L la maintient en position. Ensuite on perce et on alèse un trou dans la tige E pour la mèche de centrage K, qui est fixée à l'intérieur par la vis sans tête M. Deux outils I et J sont placés dans la boîte dans la position indiquée : l'un I pour dégrossir est placé légèrement en avant de l'autre J, qui sert à finir. Ces deux outils sont trempés, puis recuits à une légère teinte paille. Chacun d'eux est maintenu en position par une vis de serrage sur le côté. Quand on emploie cet outil, la barre est maintenue dans le mandrin élastique, et les outils I et J dans le porte-boîte, placé de manière à dégrossir la tige B du pignon (*fig.* 175), comme indiqué, en laissant assez de matière pour permettre d'exécuter une passe de finition sur le tour, puis de rectifier à grandeur sur une machine Landis. La mèche de centrage K est placée de manière à centrer l'extrémité de la tige en même temps. L'emploi des deux outils dans la boîte, comme indiqué, donne satisfaction et réduit considérablement la durée du travail, car toute la matière est enlevée en une passe. La fixation de la mèche de centrage K,

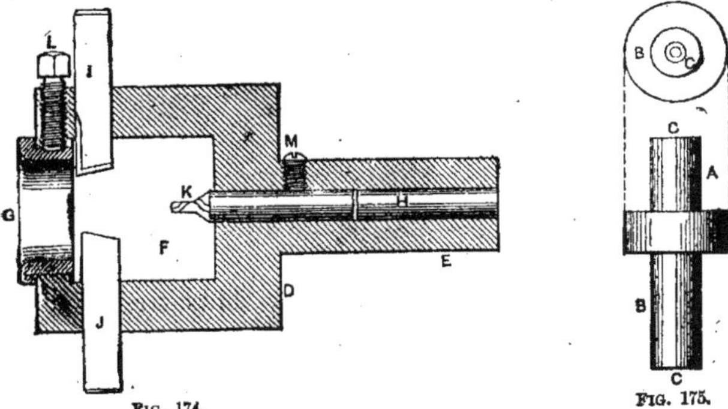

FIG. 174.   FIG. 175.

comme indiqué, contribue également à réduire le temps, ainsi qu'à centrer parfaitement la tige.

Deux mandrins spéciaux pour le tour-revolver. — La figure 176 donne deux vues d'un mandrin spécial pour aléser et dresser des engrenages coniques moulés. Ce mandrin, combiné avec celui de la figure 178, est employé pour usiner des engrenages qui sont utilisés en grandes quantités sur des machines bon marché ; leur emploi permet de produire ces pièces avec une très grande rapidité, au degré de précision demandé, et aussi bon marché que possible. La vue en coupe transversale de ce mandrin avec la pièce en position indique clairement la disposition et la méthode de construction. Le corps K du mandrin est en fonte, alésé et taraudé en arrière, pour s'ajuster sur l'arbre du tour-revolver. Il est ensuite usiné sur la face, et on alèse un trou de dégagement en L, on usine le siège de repérage MM pour la face de l'engrenage, en employant le support combiné, et le serrant comme il faut. L'intérieur du mandrin est taraudé pour recevoir le couvercle de fixation en P, P. Ce couvercle est également en fonte, usiné comme il est indiqué, avec deux poignées en Q, Q et un trou de dégagement R au centre pour le moyeu de la pièce. Six tiges, dont deux sont indiquées en X, X, servent à guider la pièce, en s'insérant dans la denture.

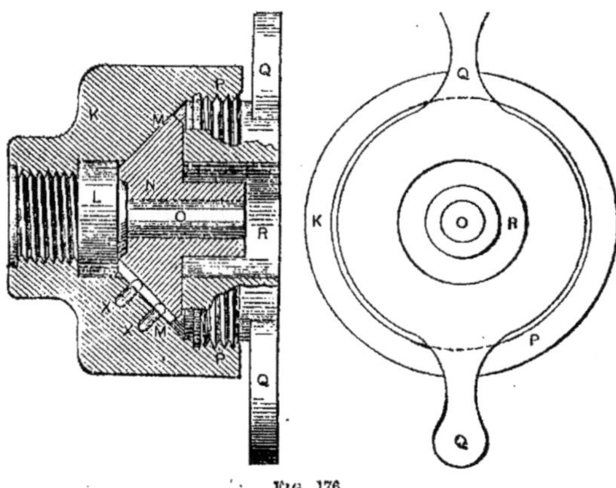

FIG. 176.

Pour l'emploi, le mandrin est vissé sur l'arbre du trou-revolver, et le couvercle est enlevé. On place alors la roue dentée dans le mandrin, comme il est indiqué en N, avec les tiges de guidage entre les dents. On visse alors le couvercle, ce qui force la face conique de la roue contre la surface de repérage MM du mandrin, en la repérant et l'assujettissant solidement. Ensuite on alèse le trou O, et on dresse le moyeu au moyen de l'outil combiné représenté sur la figure 177. Grâce à l'emploi de ce mandrin, le trou de

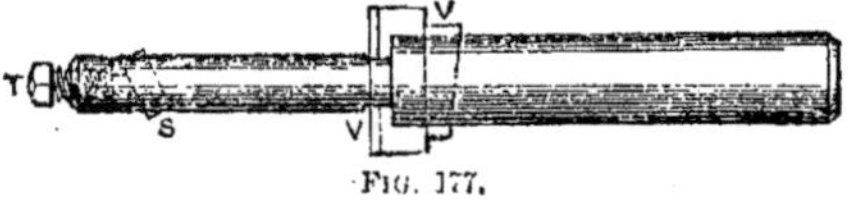

FIG. 177.

la roue est alésé et fini parfaitement par rapport à la face, ce qui est absolument nécessaire quand il s'agit d'engrenages en fonte, pour que les roues engrènent bien, une fois montées.

Le mandrin représenté par la figure 178 est beaucoup plus simple comme disposition et construction ; mais il est aussi pratique et donne un travail aussi rapide pour le genre de travail auquel il est destiné, que le précédent. Il comprend un corps fondu A, alésé et taraudé en arrière, pour s'ajuster sur l'arbre du tour-revolver, et alésé sur la face du trou de dégagement en C et en B, B pour former surface de repérage pour la face dentée de la pièce F. La pièce est fixée en position par les deux brides I, I. Le ressort E, placé autour de chacune des tiges de serrage, contribue à repérer rapidement la pièce, et à l'enlever une fois terminée. La pièce est guidée par la tige en acier L, comme l'indique la figure, et peut être repérée, serrée et usinée d'une manière très rapide, puisqu'un tour des écrous à oreilles J, J desserre les brides, qui sont soulevées au-dessus de la pièce par les res-

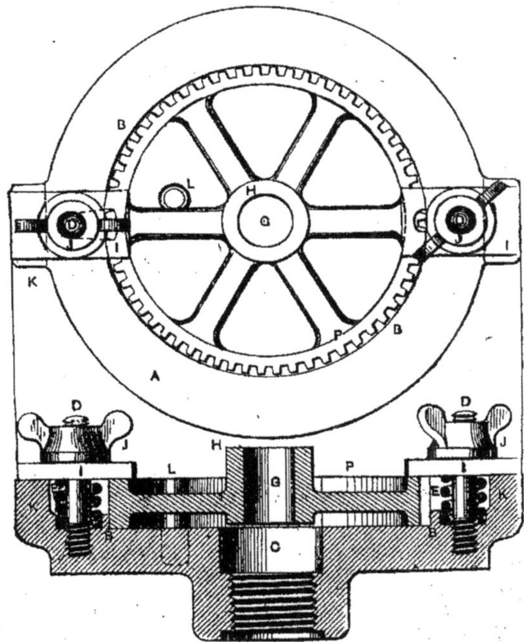

FIG. 178.

sorts E, E ; la pièce peut être alors enlevée, remplacée par une autre qui est repérée et serrée à sa place d'une manière très rapide. L'alésage du trou de ces engrenages et le dressage du moyeu s'exécutent au moyen d'un outil analogue à celui représenté par la figure 177. Après alésage du trou, celui-ci est terminé à dimension au moyen des alésoirs habituels, ce qui lui assure une forme parfaitement correcte.

Croquis de détails d'outils et de montages pour usinage de poulies. — Le jeu d'outils dont nous donnons ci-dessous les croquis a été établi par l'auteur pour terminer des poulies d'un renvoi à embrayage sur

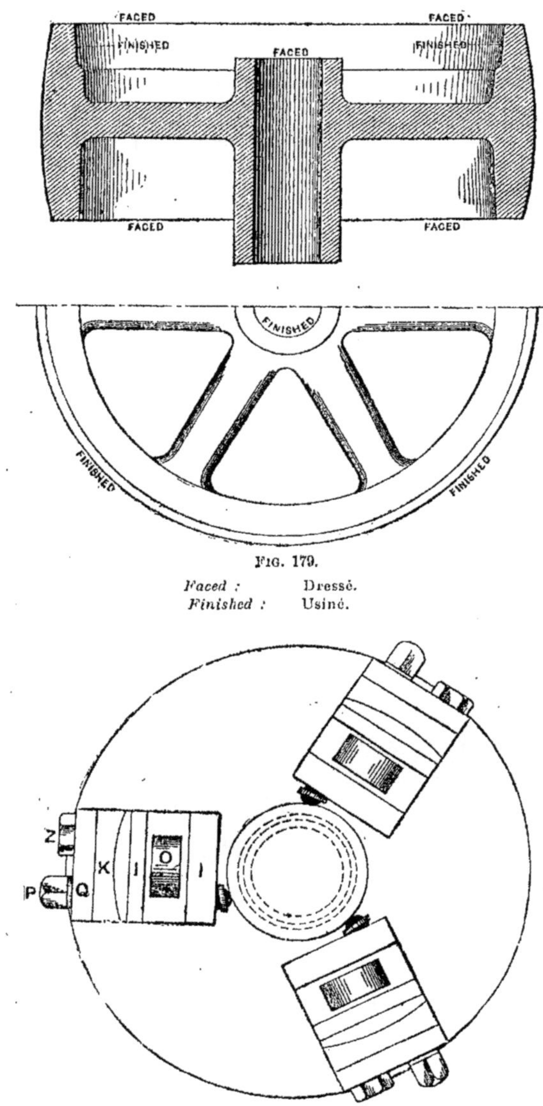

FIG. 179.

Faced :   Dressé.
Finished :   Usiné.

FIG. 180.

le tour-revolver, et ont été utilisés dans ce but avec un plein succès. On voulait tourner les poulies en grandes quantités, obtenir un travail précis, et des pièces bien semblables au moins en ce qui concerne les parties usinées. Les outils ont été établis de manière que les poulies puissent être terminées en une seule opération.

Le type de poulies, pour l'usinage desquelles on étudie cet outillage, est

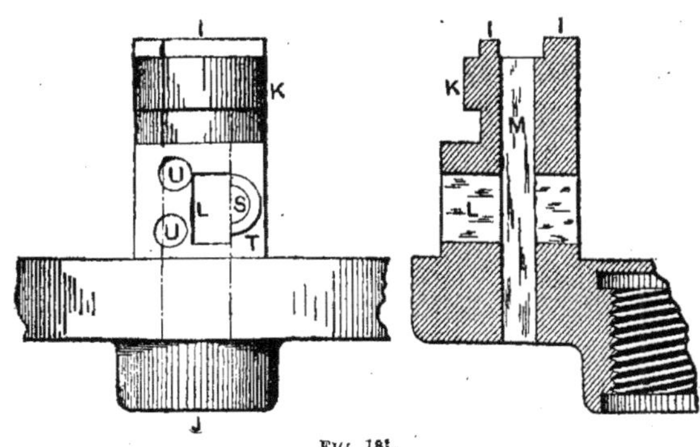

Fig. 181.

représenté par les deux vues de la figure 179, et est une poulie du modèle courant à six bras. Les parties à usiner sont les suivantes : alésage et achèvement du trou, dressage d'un bout du moyeu, dressage des côtés de la jante, alésage d'une partie de l'intérieur de la jante et finissage selon un

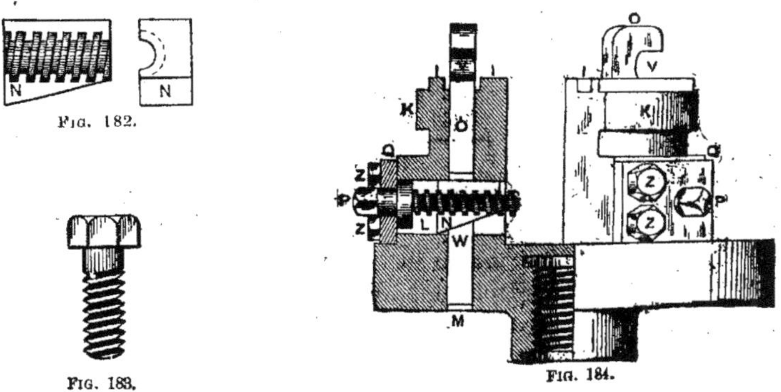

Fig. 182.

Fig. 183.

Fig. 184.

léger cône, comme l'indique la figure, pour la surface de frottement de l'embrayage ; finalement tournage de la poulie selon un profil bombé.

Pour exécuter toutes ces opérations en montant la pièce une seule fois, il était nécessaire de construire spécialement tous les outils dans ce but. Ils comprennent un mandrin pour tenir la pièce pendant l'usinage, un outil combiné pour aléser et dresser le moyeu, un montage pour tourelle pour aléser et terminer la portion de frottement de l'embrayage, et un support composé spécial pour le chariot avec outils en arrière et en avant.

Le mandrin est représenté par les figures 180 et 184, et les différentes pièces qui le composent sont représentées en détail sur les autres figures. Le mandrin saisit la pièce de manière que toutes les parties à usiner sont aisément accessibles aux outils. Le mandrin comprend dix-neuf pièces. Le corps est forgé en acier doux, alésé et taraudé en arrière pour se monter sur l'arbre du tour-revolver. Il y a trois oreilles saillantes ou fausses

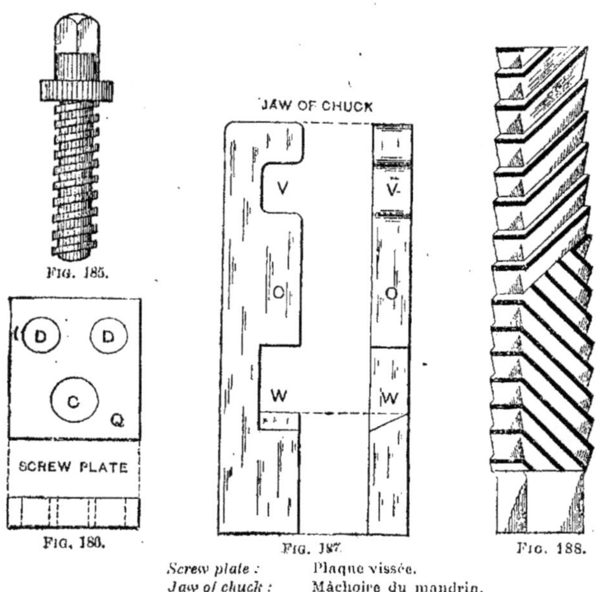

FIG. 185.

FIG. 180.

FIG. 187.

FIG. 188.

Screw plate : Plaque vissée.
Jaw of chuck : Mâchoire du mandrin.

mâchoires I, I, I, comme l'indiquent les figures, dont les faces sont tournées de manière à former trois supports semblables pour trois des bras de la poulie. Les surfaces extérieures K, K des oreilles sont tournées à un diamètre convenable pour repérer la poulie dans une position centrale au moyen de la jante de la poulie, qui vient en contact avec ces surfaces K, K quand la poulie est serrée dans le mandrin. Les surfaces K et I de chacune des oreilles déterminent, dans ce but, la position de la poulie avec une précision suffisante pour l'usinage, tandis que les bras sont solidement assujettis par les mâchoires O, O, O.

La construction et l'emploi du mandrin se comprennent aisément par l'examen des figures, et on verra que les poulies peuvent être montées et démontées très rapidement. Les trois mâchoires O, O, O qui saisissent les rais de la poulie et les appuient contre les faces des fausses mâchoires se déplacent en dedans ou en dehors, à volonté, en serrant ou desserrant

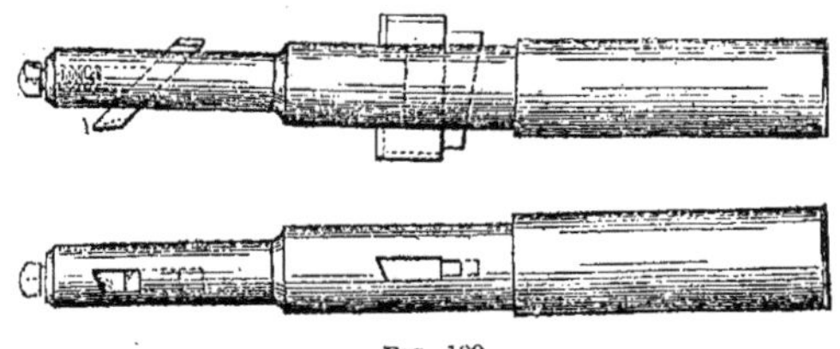

FIG. 189.

simplement la vis de calage P, qui élève ou abaisse les coins N, comme l'indique la coupe de la figure 184. Dans l'exécution du mandrin, il est intéressant de noter que l'achèvement des trous rectangulaires L et M

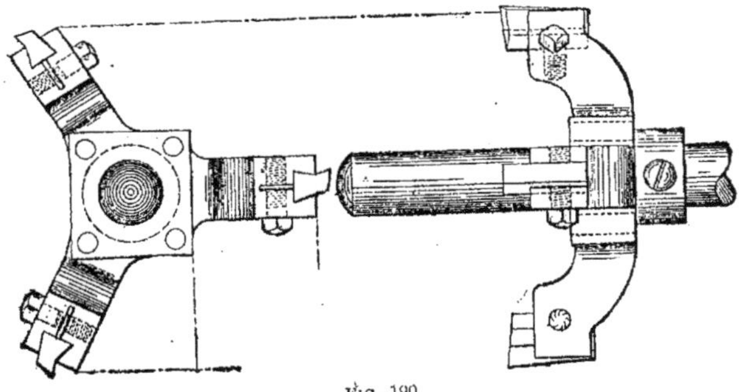

FIG. 190.

(*fig.* 181), dans lesquels glissent les coins N et les mâchoires O, est exécuté au moyen de broches du type représenté par la figure 188. Pour un travail de ce genre, la broche doit être construite avec de très grosses dents à son

FIG. 191.

extrémité inférieure pour dégrossir la pièce. On remarquera que, aux deux extrémités de la broche, les dents sont inclinées de manière à couper obliquement dans des directions opposées ; le but de cette disposition est de rompre les copeaux à mesure que la broche traverse la pièce. L'extrémité supérieure de la broche est laissée parfaitement droite sur environ 50 millimètres, et sert à calibrer. Le travail des trous à la broche s'exécute en passant celle-ci à force à travers ces trous au moyen d'une presse mécanique. L'usinage des autres parties du mandrin n'offre pas de difficultés, et sera compris par l'examen des figures. Toutes les pièces sauf le corps du mandrin sont en acier à outils, toutes les surfaces de frottement sont trempées et recuites.

Le porte-outil combiné à aléser et dresser le moyeu est représenté sur la

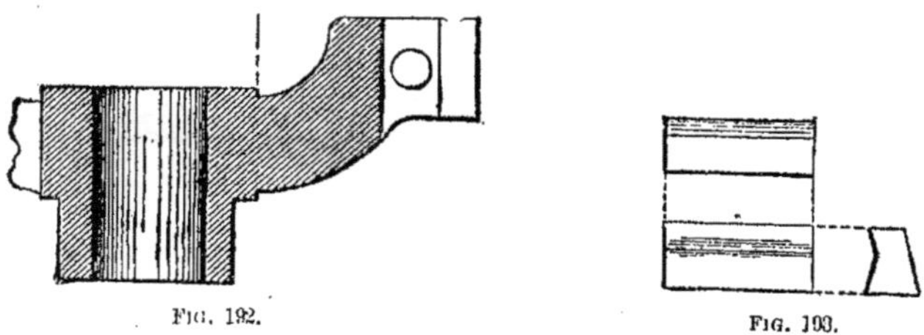

Fig. 192.   Fig. 193.

figure 189. Une fois le trou de la poulie alésé, et le moyeu dressé au moyen de cet outil, on le termine au moyen d'un petit alésoir pour assurer sa forme parfaitement correcte.

L'outil de tourelle spécial pour l'usinage de la surface de frottement

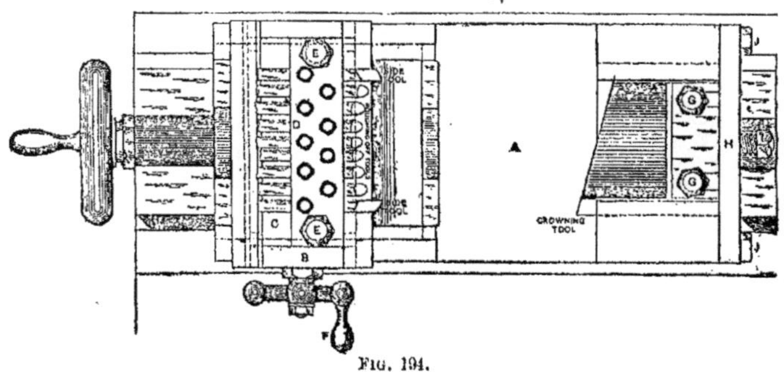

Fig. 194.

Side tool :   Outil latéral.
Crowning tool :   Outil du sommet.

d'embrayage de la poulie est représenté sur la figure 190, et le détail des pièces sur les figures 191, 192 et 193. Les trois outils sont fixés dans des rainures à queue d'aronde taillées sous un angle de trois degrés par rapport à l'axe du montage, cet angle étant celui de la surface d'embrayage à l'intérieur de la jante de la poulie. L'usinage des rainures sous cet angle facilite le montage correct des outils, et leur blocage permet de les régler pour enlever la quantité convenable de métal.

La figure 194 donne une vue en plan du support du chariot composé spécial, avec les outils en position. Ce support comprend la pièce principale A, fixée sur le chariot du tour-revolver, à la place du transversal, le support composé B et C sur lequel sont fixés les outils à défoncer ou dégrossir, et l'outil à boucher et finir fixé sur la pièce principale A, dans une rainure à queue d'aronde en arrière, comme l'indique clairement la figure 195. Il y a sept outils à dégrossir et deux outils latéraux repérés dans des rainures du chariot C et maintenus par la vis de serrage dans l'étrier D, les six outils courts pour dégrossir la partie bombée et la face, les deux autres pour dresser les côtés de la jante de la poulie. L'outil à arrondir et finir la face est repéré dans le corps A d'une manière telle que son tranchant

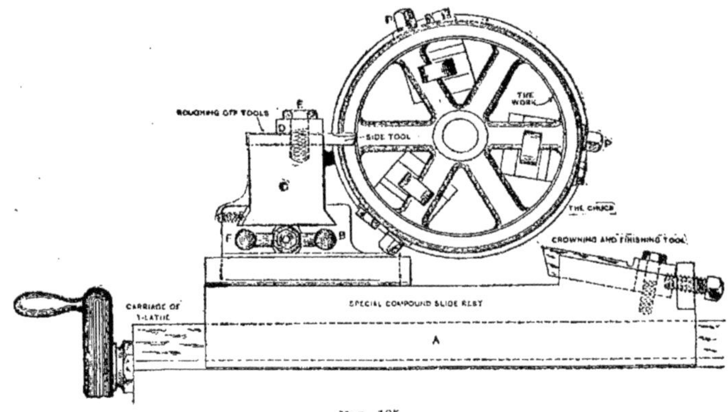

Fig. 195.

Carriage of t.-lath :	Chariot du tour-revolver.
Roughing off tools :	Outils à dégrossir.
Side tool :	Outil latéral.
The work :	*La pièce .*
The chuck :	Le mandrin.
Crowning and finishing tool :	Outil à finir.
Spécial compound slide rest :	Support à coulisse compound spécial.

agisse selon une ligne tangente à la périphérie de la poulie. Comme l'outil est utilisé de manière à couper obliquement, le métal est enlevé progressivement d'un côté à l'autre de la poulie, ce qui diminue la flexion et la tendance aux vibrations. La figure 194 donne un plan du support de chariot, et la figure 195 une vue en élévation, et indique en même temps la manière de monter la poulie sur le mandrin.

En se reportant à la figure 195, on verra que la poulie est fixée dans ce mandrin par rabattement des rais dans les entailles des mâchoires et serrage des vis à coins P, de manière à appuyer solidement les rayons contre les faces de repérage, comme il est indiqué. On alèse alors le trou de la poulie, et on dresse le moyeu au moyen de l'outil combiné représenté sur la figure 189, ensuite on usine la surface d'entraînement au moyen du montage représenté sur la figure 190, la tige supportant la pièce pendant l'usinage, et restant dans le trou jusqu'à achèvement de la poulie. Les outils à défoncer ou dégrossir la face sont amenés et déplacés latéralement d'environ 4mm,76 pour enlever tout ce qui est nécessaire pour laisser la surface propre.

Pour arrondir et finir la poulie, on recule tout le support du chariot au moyen de la vis d'avance transversale jusqu'à ce que tout le tranchant de l'outil à arrondir et à finir ait passé dessous, et ait usiné la poulie à la forme et à la dimension voulues. L'emploi de ce jeu d'outils assure une interchangeabilité exacte des pièces et une production à bas prix.

Il y a toutefois un point que l'on ne doit pas perdre de vue quand on établit un outil à profiler et finir du type indiqué ici, pour exécuter le bombement de la poulie ; comme la face et le tranchant sont usinés et

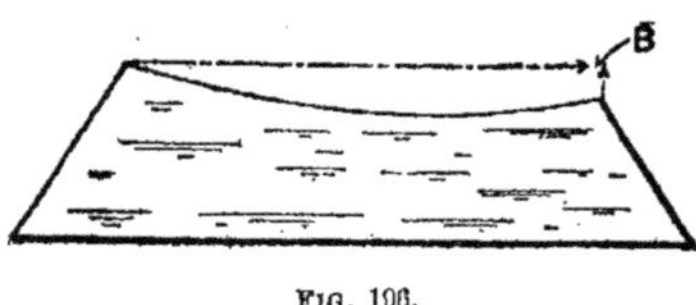

Fig. 196.

affûtés de manière à couper obliquement, et comme l'outil est fixé sur la pièce principale du montage de manière à lui donner l'angle de dégagement voulu, la face à profiler doit recevoir la forme indiquée en B (*fig.* 196). Comme l'outil est placé sous un certain angle par rapport à la face de la poulie, de manière à produire la forme désirée, un côté doit être beaucoup plus haut que l'autre, comme il est marqué en B. Ce tracé doit être exécuté et relevé sur un calibre, selon le degré de dégagement donné, et l'obliquité de la face tranchante.

Outils pour usiner une pièce moulée spéciale. — La pièce en forme de cloche représentée figure 197 fait partie d'un appareil électrique fabriqué en grandes quantités, et comme c'est une pièce caractéristique pour la production interchangeable, la méthode suivie pour son usinage peut présenter de l'intérêt pour les lecteurs.

Les opérations nécessaires pour l'usinage de cette pièce sont : d'abord le perçage et l'alésage du trou de 12mm,7 en A, en second lieu le dressage de la base B, troisièmement le finissage de la poulie circulaire CC au diamètre et au cône donnés, et, enfin, le perçage des trous de 6mm,34 au centre de chacune des quatre parties D. La première et la seconde opération sont exécutées sur un tour-revolver, la pièce étant montée sur un mandrin à quatre mâchoires comme l'indique la figure 198. Le trou A est d'abord alésé avec l'outil habituel pour tourelle puis mis à dimension avec un alésoir « floating ». La pièce tourne lentement au moyen des engrenages postérieurs. La seconde opération, dressage de la base B, est exécutée au moyen d'une grande fraise à dresser, montée sur un arbre fixé sur la tourelle, comme l'indique la figure 198. Cette fraise est du type ordinaire des fraises à dresser, sauf que les dents, du côté du dressage, sont inclinées pour

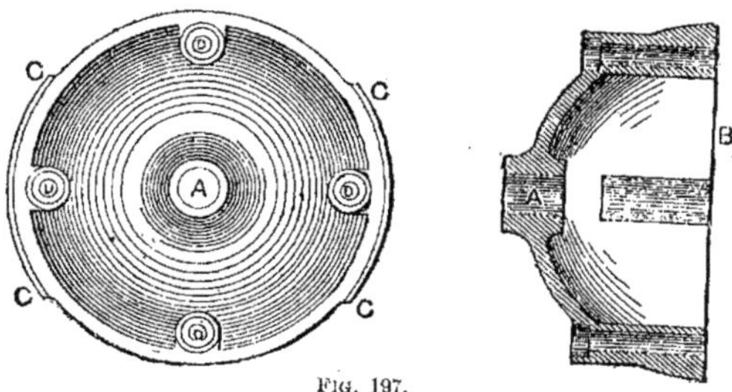

Fig. 197.

éviter les vibrations. La fraise, qui est inclinée par la clavette K, est maintenue sur l'arbre par l'écrou N et la rondelle W.

Avec cette fraise, il est possible d'usiner un grand nombre de pièces avant qu'il soit nécessaire d'affûter.

La troisième opération, usinage des surfaces coniques circulaires C, C, est exécutée comme l'indique la figure 199, au moyen d'une fraise coupant en bout, sur une fraiseuse universelle. La pièce est montée sur un arbre entre la contre-pointe et la tête à diviser, et le chariot articulé est tourné

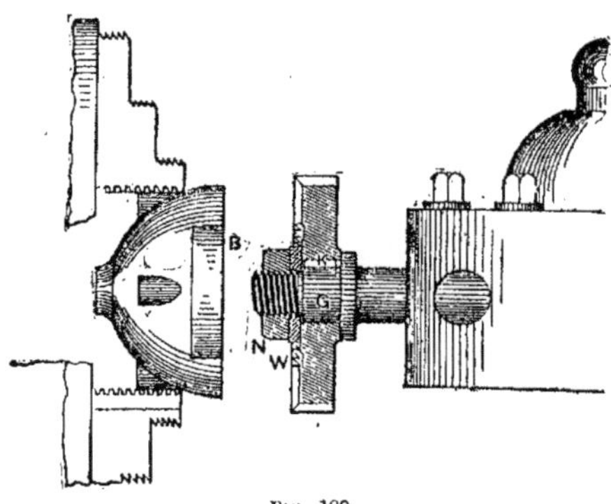

Fig. 198.

sur la table de manière que l'arbre se présente sous l'angle voulu par rapport à la face de la fraise. Après avoir placé la pièce de manière à enlever la quantité de matière voulue, on serre la vis de l'avance transversale, et on avance la pièce vers la fraise en tournant à la main la tête à diviser. Pour

la dernière opération, le perçage des trous D, D, on a construit le montage
représenté par la figure 200. Il se compose de deux parties, un corps fondu,
dans lequel on repère la pièce, et un couvercle W articulé d'un côté et por-

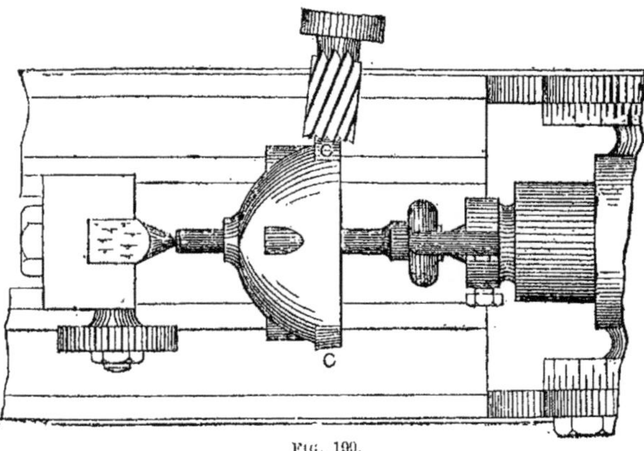

FIG. 199.

tant les quatre bagues en acier à outils R, R qui servent à repérer et percer les trous.

Un tirant articulé avec écrou à oreilles Q permet de serrer les deux
pièces pendant l'emploi du montage.

Le fond du corps du montage est alésé en cône et diamètre conformes

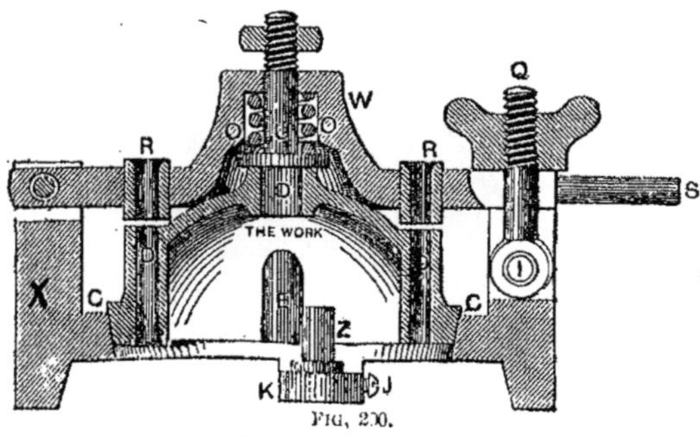

FIG. 200.

The work : La pièce.

aux surfaces coniques de la pièce en C, C. à l'intérieur de ce trou et d'un
côté se trouve une tige K portant un arrêt Z. La queue de cette tige sur
laquelle se trouve fixé l'arrêt est excentrée par rapport au corps de la tige,
de manière à permettre un réglage, tandis que la vis J serre la tige en

place quand le réglage convenable est atteint. Cette tige est appuyée contre l'une des oreilles intérieures de la pièce comme en E et repère ainsi ces oreilles dans la position convenable pour le perçage.

Pour se servir du montage, on desserre le tirant Q et on rabat le couvercle W. On met la pièce dans le corps du montage, on la repère au moyen du siège conique et de la tige d'arrêt Z. On rabat le couvercle en saisissant la poignée S et quand la tige à ressort U touche la pièce, la tension du ressort OO oblige la pièce à appuyer sur le siège de repérage. On appuie alors le couvercle sur la pièce avec une main, tandis qu'avec l'autre on rabat et on serre le boulon de fixation. On perce alors la pièce à travers les bagues R, R. Un des grands avantages de ce montage consiste en ce qu'il est impossible que les copeaux et la poussière gênent un repérage précis de la pièce.

Montage et appareil pour perçage avec des broches multiples et pour taraudage. — L'appareil spécial pour perçage avec des broches multiples et taraudage et son montage de pièce, représentés dans les figures suivantes, ont été étudiés par l'auteur. La pièce représentée par la figure 201 est moulée et circulaire, avec un grand trou au milieu et six petits trous a, a. L'appareil indiqué a été étudié pour percer et tarauder ces six trous, il a permis d'abaisser beaucoup le prix de revient, en donnant le degré d'inter.

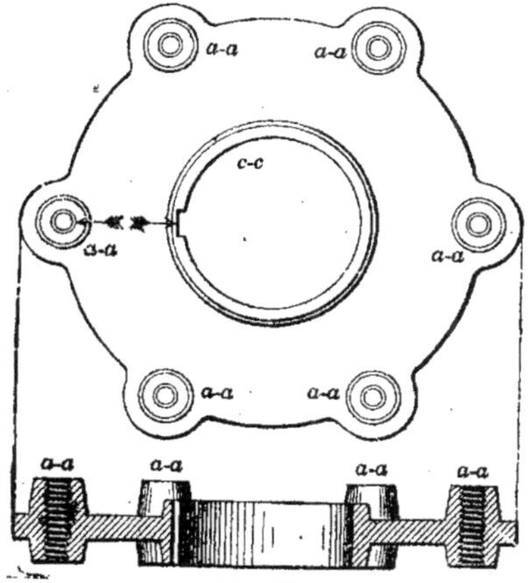

FIG. 201.

changeabilité demandé avec le prix minimum. On comprend de suite qu'il peut être adapté à des travaux très variés. Il montre une autre façon d'utiliser les tours-revolvers dont on dispose toujours, et qui sont quelquefois arrêtés.

Les six trous de la pièce sont répartis régulièrement sur une circonférence concentrique au grand trou cc, et sont percés de façon à traverser complètement les bossages. Le grand trou est alésé, et un côté des bossages dressé dans une opération précédente sur le tour-revolver, et on exécute la rainure de clavetage, de manière que sur toutes les pièces, elle occupe la même position par rapport aux bossages.

La figure 202 représente, en coupe partielle, l'appareil complet, ainsi que quelques-unes des pièces principales. La figure 203 est un plan avec la disposition des engrenages et leurs positions relatives sur le disque fixe portant les broches. Comme l'indique la figure 202, l'appareil comprend trois pièces principales, A la pièce d'entraînement, C la broche fixe, et le montant. La pièce d'entraînement A, en fonte, est usinée d'abord, c'est-à-dire percée à la partie postérieure et filetée pour se monter librement sur l'arbre du tour-revolver. On perce ensuite un trou droit en partant de la face B, que l'on taraude ensuite avec la plus grande précision. Ensuite on dresse la face, ce qui assure le graissage de toute la surface.

Le disque fixe C est une pièce moulée circulaire avec bossages de chaque

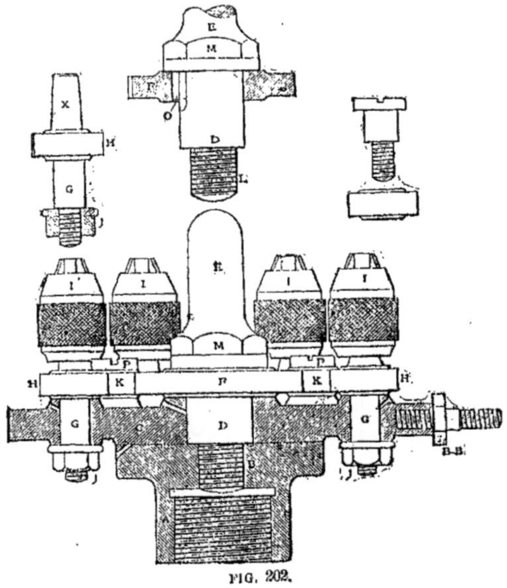

FIG. 202.

côté, au nombre de treize sur la face antérieure, et de sept sur la face postérieure. Il est usiné ensuite. On commence par percer et aléser à grandeur le trou central pour la broche D, on y met un mandrin, et on dresse les deux faces en laissant tous les bossages à la même hauteur. On peut alors tracer et exécuter les trous pour les six arbres d'engrenages H et pour les engrenages intermédiaires K. On tourne une tige d'acier à outils, on la trempe et la rectifie pour l'ajuster exactement dans le trou central du disque. On prépare alors six boutons du type employé pour les montages de précision, on les rectifie à 22^{mm},22 extérieurement, et on met les bouts parfaitement d'équerre. On place alors la tige centrale dans le trou, et on

repère un des boutons exactement à la distance du centre, en employant
un palmer, et en déduisant les diamètres de la tige et du bouton. On fixe
alors le bouton sur le disque au moyen de sa vis, en le plaçant aussi près
que possible du centre du bossage, on place ensuite le second bouton à la
distance voulue du premier, et de la tige, de la même manière, et on répète
ces opérations pour les six boutons.

On monte le disque sur le plateau du tour, et on enlève la tige centrale.
On enlève le premier bouton, perce et alèse un trou de 12^{mm},7 à travers
toute l'épaisseur du disque. On fait de même pour le second bouton qui
est repéré, enlevé, le trou percé et achevé de la même manière ; on recommence jusqu'à ce que les six trous soient finis. On est alors sûr de la précision de la position des engrenages quand ils seront mis en place, ainsi que
de l'interchangeabilité des trous quand ils seront percés. Avant de percer

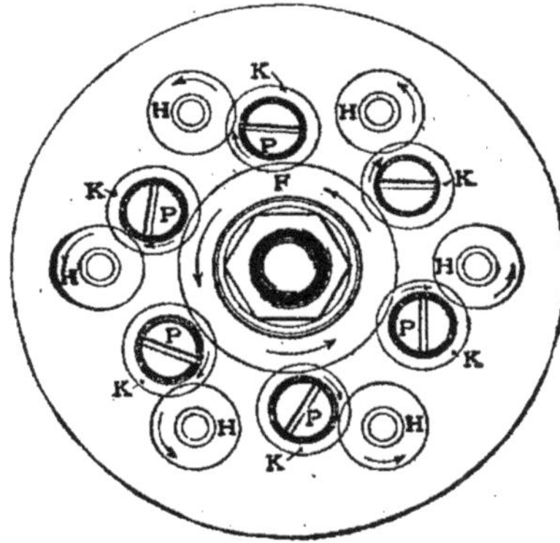

FIG. 208.

et tarauder les trous pour les six engrenages intermédiaires, on tourne et
taille ces roues dentées.

Le mandrin de perçage, les arbres et engrenages sont chacun en une
seule pièce, forgés en acier doux, d'abord centrés et dressés à la même longueur. Les parties de l'arbre G sont tournées à 0^{mm},127 des dimensions
finies, et les bouts filetés pour recevoir l'écrou, en laissant un épaulement
pour la rondelle. La portion conique pour le mandrin est tournée, en laissant la même épaisseur de matière pour finir qu'à l'autre extrémité. La
partie dentée H est alors mise au diamètre voulu, on finit le tout sur la
machine à rectifier, de manière que la partie G puisse tourner librement
dans les trous alésés dans le disque, les faces des engrenages sont rectifiées parfaitement plates, et bien d'accord avec les autres. On taille
ensuite les dents.

Les six engrenages intermédiaires K sont également en acier ; on les complète avec six tiges d'épaulement ou vis en acier à outils. La grande roue dentée F de commande est en fonte, percée et alésée à la même dimension que le trou central dans le disque. Les faces sont rectifiées comme les autres, et on y fait une rainure de clavetage pour la fixer sur l'arbre et sur la tige D. La partie D de la tige est tournée avec le disque après trempe. On ménage en M un second épaulement de manière que l'espace qui le sépare du premier puisse recevoir le disque et la roue de commande. On

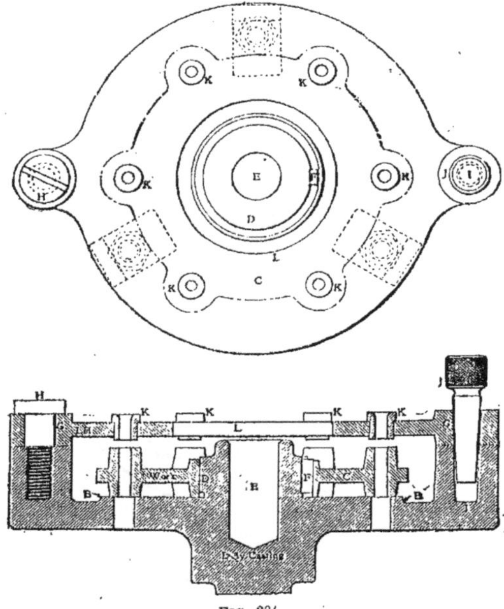

FIG. 204.

Work :   Pièce.
Body Casting :   Corps fondu.

fraise un hexagone en M et on diminue la tige sur le reste de sa longueur, en arrondissant l'extrémité de manière qu'elle serve de guide et pénètre dans un trou alésé dans le montage quand il est en service, pour supporter la pièce. Les six trous pour les vis des engrenages intermédiaires sont alors percés puis taraudés de manière que les engrenages occupent les positions indiquées sur le plan. Après perçage et taraudage du trou pour la tige BB, on assemble toutes les pièces comme l'indiquent les figures, en serrant solidement les mandrins sur les arbres.

Le montage pour le repérage et la fixation de la pièce est représenté sur la figure 204. Le corps du montage est usiné d'abord. Après l'avoir centré, on tourne la tige pour l'ajuster dans le trou de la tête de tourelle. Ensuite on le retourne, et on le serre par la partie finie dans un mandrin à nez, on finit la face antérieure, en donnant d'abord une passe sur les deux bossages G,G, puis en finissant la portée de la pièce, et en tournant le moyeu D de manière qu'il s'ajuste exactement dans le grand trou central de la pièce (on l'agrandit en arrière pour éviter l'accumulation des poussières et copeaux), finalement on perce et on alèse le trou central E pour la tige principale de l'appareil à percer et tarauder. Avant de tracer et de placer la clavette F dans le moyeu D, on usine le couvercle, et on le fixe sur le corps du montage et on y perce les trous pour les bagues de perçage.

Le couvercle est circulaire, avec un grand trou L au centre, et des bossages sur les faces opposées, là où il est articulé et repéré par rapport au corps du montage. On dresse ces bossages, et on donne une passe sur un côté de la pièce pour repérer les têtes des bagues. On fixe alors l'un à l'autre le couvercle et le corps, de manière que les faces des bossages se correspondent exactement, on exécute le trou pour la vis d'articulation H, on le taraude dans le corps du montage, on l'agrandit et l'alèse pour l'ajuster au grand diamètre de la vis dans le couvercle. On met la vis H en place, on perce le trou I, et on l'alèse pour recevoir la tige de repérage conique J. On peut alors tracer et exécuter les trous de bagues. La tige conique de repérage J est entrée à force, et on prépare un bouchon rectifié s'ajustant exactement dans le trou E. Puis au moyen des boutons employés pour tracer les trous d'arbres dans le montage à percer et tarauder, on repère ces six trous de la même manière. On enlève alors la vis d'articulation H et la tige de repérage J, on fixe le couvercle sur la face, on place les boutons, on perce et on alèse les trous à la grandeur voulue. Les bagues K sont exécutées en acier à outils, et entrées à force dans les trous du couvercle. On perce et on taraude trois trous dans le corps du montage, dans les positions indiquées par les lignes pointillées sur la figure 204, de manière à correspondre aux vis de serrage. Ces trois brides sont employées seulement quand on taraude les trous, le couvercle étant enlevé. Une fois que les six trous de dégagement pour les mèches et les tarauds ont été percés, et qu'on a placé la clavette de manière que les bossages tombent à peu près correctement, le montage est complet.

La figure 205 représente la manière de placer le montage à broches multiples et le montage pour la pièce. Le guide ou pièce postérieure du montage est vissé sur l'arbre du tour-revolver. Une bride de serrage en fer plat de 9mm,52 d'épaisseur, cintrée à la forme voulue, avec un trou au centre pour la tige BB (*fig.* 213), et les extrémités cintrées en dedans, et des vis de fixation montées, est alors placée avec les extrémités fixées au corps du tour, et la tige BB fixée à la bride par l'écrou, ce qui repère et fixe le disque de l'arbre sans qu'il lui soit possible de glisser pendant l'opération.

Pour repérer le montage de la pièce, on place la tige dans l'un des trous de la tête de tourelle, on déplace le chariot, et on manœuvre le montage jusqu'à ce que les six mèches pénètrent dans les bagues du montage. On fixe alors celui-ci, on rabat le couvercle, on repère la pièce à percer au moyen de la clavette sur le moyeu du montage, et on remet en place le couvercle avec le bouchon conique. On met le tour en marche, le guide tourne, entraînant la roue de commande, le disque de l'arbre reste immobile, ce qui permet aux six mèches de tourner à la vitesse voulue. On élève le chariot de la tourelle, on perce les six trous dans la pièce, on enlève la

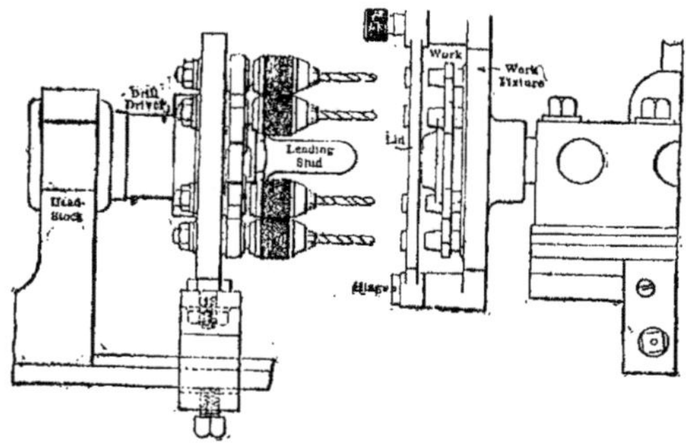

FIG. 205.

Drill Driver :	Pièce d'entraînement des mèches.
Head stock :	Poupée.
Leading Stud :	Tige de guidage.
Work :	Pièce.
Lid :	Couvercle.
Hinge :	Pivot.
Work Fixture :	Montage de la pièce.

pièce finie et la remplace par une autre, et on recommence les opérations. Quand on a percé toutes les pièces de la série, on les taraude en remplaçant simplement les mèches par des tarauds, et en enlevant la plaque à bagues du montage. Le repérage des pièces de manière que l'alignement des trous percés et des tarauds soit parfait est exécuté sans aucune difficulté, car le clavetage dans les pièces ramène celles-ci dans la même position qu'au moment de l'opération de perçage, et les trois brides les maintiennent solidement en position. Pour le taraudage, on fait tourner les broches à la vitesse convenable, et on approche la pièce des tarauds, l'opérateur tenant sa main sur le débrayage, et dès que les tarauds ont traversé les trous on renverse le mouvement du tour pour dégager ceux-ci.

CHAPITRE XIII

OUTILS SPÉCIAUX. — MONTAGES ET APPAREILS POUR L'USINAGE DES PIÈCES EN SÉRIE SUR LA MACHINE A VIS

Les appareils décrits et représentés dans ce chapitre ont été étudiés pour les machines à vis et employés sur celles-ci, mais un grand nombre de ces dispositions peuvent, avec de légères modifications, être utilisées également sur le tour-revolver.

Les outils représentés sur les figures 206 à 209 sont destinés à fabriquer de petits tubes employés pour perforer les bouts de chaussures en cuir. Ces tubes ont des diamètres variant de $1^{mm},58$ à $6^{mm},34$. Ils sont faits avec des tiges de mèches, et doivent être percés dans leur longueur d'un trou

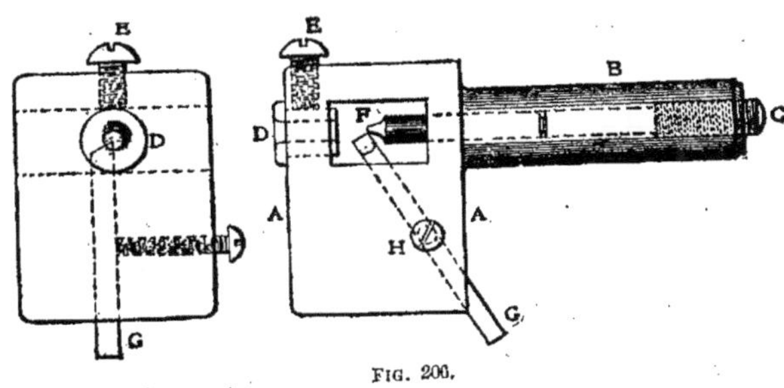

FIG. 206.

légèrement conique, bien centré avec l'extérieur, un bout étant chanfreiné de manière à former une arête coupante. Pour fabriquer les tubes des grandes dimensions, on rencontre très peu de difficultés; mais pour les dimensions les plus petites (et ce sont celles que l'on emploie en plus grandes quantités), on se heurte à beaucoup d'ennuis. Toutefois on a pu surmonter ces difficultés et obtenir de bons résultats au moyen des outils que nous allons décrire.

La figure 206 se rapporte au chanfreinage des bouts et au centrage des tubes. Le corps ou boîte, en fonte, est percé de part en part pour l'outil de pénétration F et sa vis de réglage C. On perce un trou au moyen d'une broche, dans le corps, pour l'outil à chanfreiner C sous un angle permettant de rectifier d'équerre la face de C. La bague G est en acier à outils, trempée et rectifiée à la dimension de la tige de mèche. En chanfreinant l'extrémité de ces tubes avec cet outil, avant perçage et alésage du trou, on peut réaliser une arête vive.

La figure 207 représente l'outil à percer les tubes. La mèche est montée

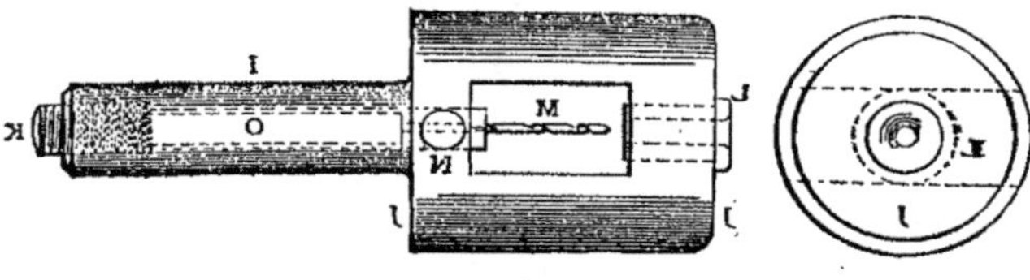

FIG. 207.

dans une bague fendue au moyen de la vis de réglage K et de la vis à tête ronde N. La bague L est entrée à force dans le support.

La figure 208 se rapporte au tronçonnage des tubes. En raison de leur faible diamètre, il est nécessaire de maintenir la pièce pendant l'opération. Le corps de l'outil est en fonte. L'outil coupant présente une construction

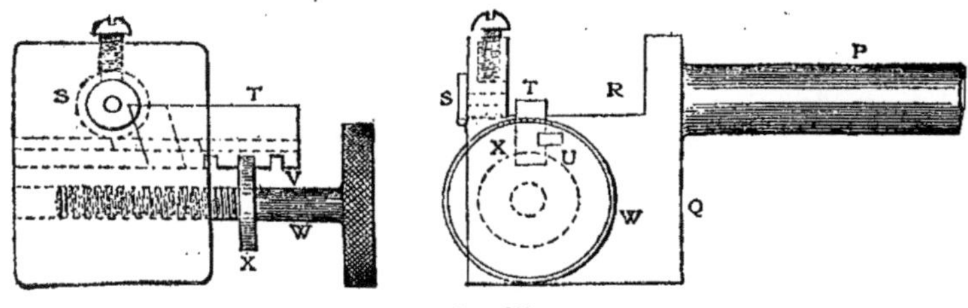

FIG. 208.

un peu spéciale. C'est une barre de 6^{mm},34 × 12^{mm},69 usinée partout pour s'ajuster dans la rainure, avec une entaille sur un côté pour l'ergot U. Les rainures V sur le fond sont destinées à recevoir le collet de la vis d'avance W. Le bout tranchant de l'outil T est usiné à la forme usuelle nécessaire pour un outil de ce genre ; il est aussi étroit que possible selon la dimension que permet la grosseur de la pièce. Ces trois outils produisent les tubes perforateurs au degré d'interchangeabilité et de précision voulu et d'une manière très rapide. Les tubes ainsi terminés sont trempés et recuits au bleu sombre, puis entrés à force dans les trous percés radialement dans un disque en acier doux. Ces disques portent différentes combinaisons de dimensions de tubes, pour produire les modèles désirés dans les bouts de souliers en cuir, et les autres pièces diverses de même matière.

L'outil à boîte (*fig.* 209) est d'un type différent de ceux que nous venons de décrire. Il est employé pour faire la pointe de petits robinets à pointeau pour une lampe à pétrole à incandescence d'une marque bien connue. Il est assez difficile de former une pointe sur du fil d'acier de petit diamètre avec les moyens ordinaires dont on dispose sur la machine à vis, spécialement si ces pointes doivent présenter une forme conique bien régulière, comme en M. Avec la méthode ordinaire, la surface coupante de l'outil doit être assez large, de manière qu'il est totalement impossible de main-

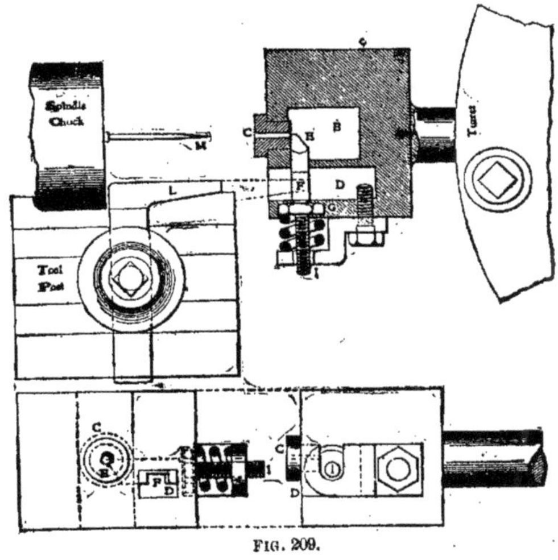

FIG. 209.

tenir le fil bien centré, et de le soutenir avec assez de rigidité. Le corps ou boîte de l'appareil est une pièce forgée en acier doux, avec un trou rectangulaire en B, et une bague en acier à outils en C. L'outil coupant E est soigneusement ajusté dans un trou carré exécuté au moyen d'une broche, dont le côté se trouve aligné avec l'extrémité de la bague. L'extrémité postérieure de l'outil est taraudée pour l'écrou de réglage G. Un support est fixé sur le corps de l'outil, et un ressort à boudin très dur est placé comme il est indiqué. Un trou est ménagé dans le corps en D, comme dégagement pour le montage L du porte-outil à face angulaire. Une rainure F est ménagée à la face inférieure de l'outil à faire les pointes E, avec une face conique en arrière, en concordance avec le cône de L. Pendant la première opération, l'outil coupant E peut faire saillie, on le règle au moyen de l'écrou G placé un peu au-dessus de la bague de centrage C. A mesure que l'outil à boîte est déplacé vers la pièce, le fil d'acier pénètre dans le trou D. Quand l'outil E commence à couper, l'engreneur L commence à ramener l'outil en arrière, et continue ce mouvement jusqu'à ce qu'il cesse de couper, le fil a alors la forme pointue représentée. On ramène ensuite la tourelle en arrière, et le ressort renvoie l'outil coupant à sa position antérieure.

Montages et outils pour machines à vis pour fabrication des indicateurs de vitesses. — Les croquis ci-dessous représentent deux mandrins spéciaux et une machine à tarauder imaginées par M. W.-J. Parker, contremaître de The Fulton Machine Works, Brooklyn ; les mandrins sont employés pour usiner une pièce (*fig.* 210) qui constitue le corps d'un indicateur de vitesse fabriqué par ces usines. Le travail de cette pièce consiste dans le perçage de la grande partie circulaire A pour le cadran divisé tournant de l'indicateur de vitesses ; le dressage du fond B et du moyeu autour duquel tourne le cadran, et le perçage du petit trou C au centre de ce moyeu. Tout ce travail est exécuté en une seule opération, une fois que la pièce a été montée sur le mandrin (*fig.* 211). La seconde opération est le perçage et alésage d'un trou D (*fig.* 210) pour

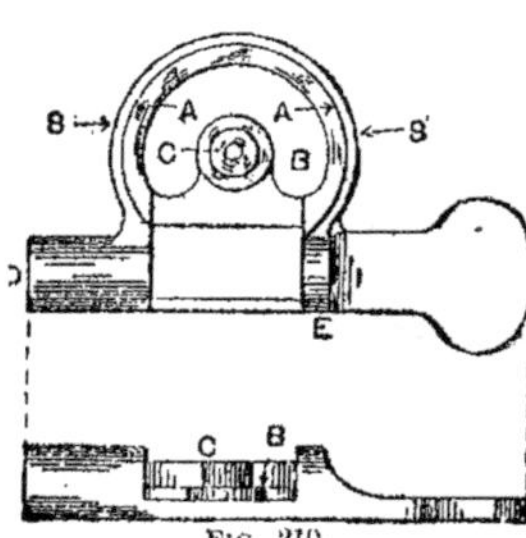

FIG. 210.

Spindle Chuck :	Mandrins.
Tool Post :	Porte-outil.
Turret :	Tourelle.

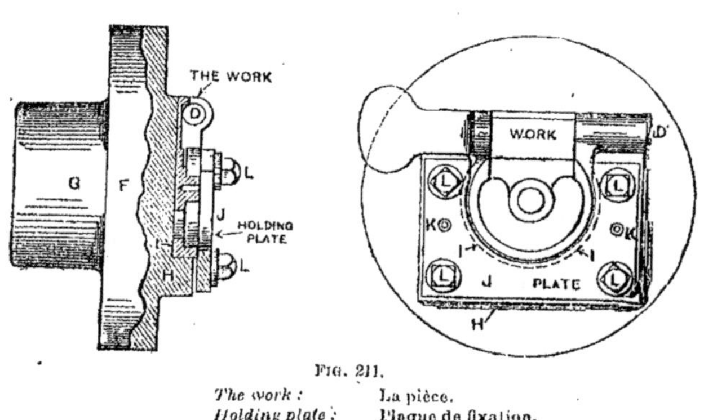

FIG. 211.

The work :	La pièce.
Holding plate :	Plaque de fixation.
Work :	Pièce.
Plate :	Plaque.

l'axe de l'indicateur, et l'usinage d'un centre et d'une partie d'appui pour son extrémité en E. Les deux mandrins sont employés sur la machine à vis en même temps qu'un jeu d'outils pour tourelle pour chacun d'eux.

La figure 211 représente le mandrin employé pour la première opération. Il se compose d'une pièce fondue circulaire, avec un moyeu à la par-

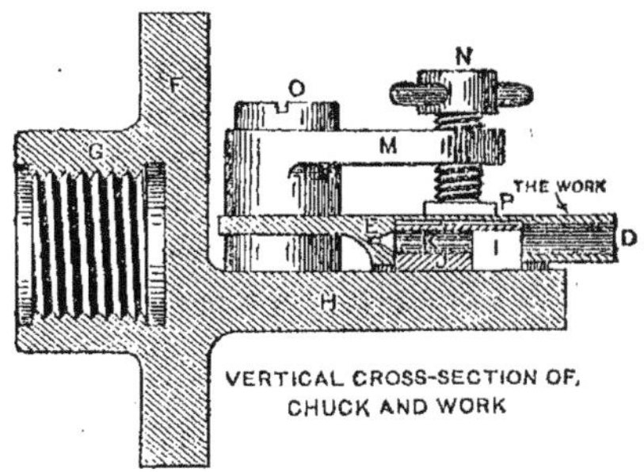

FIG. 212.

Vertical cross-section of chuck and work :   Coupe transversale verticale du mandrin et de la
pièce.

tie postérieure, et une portion saillante sur sa face pour maintenir la pièce. La pièce est ajustée sur l'arbre de la machine à vis, dressée et alésée pour recevoir la grande portion circulaire de la pièce à usiner, comme il est indiqué en L, et alésée à une profondeur suffisante pour que la face supé-

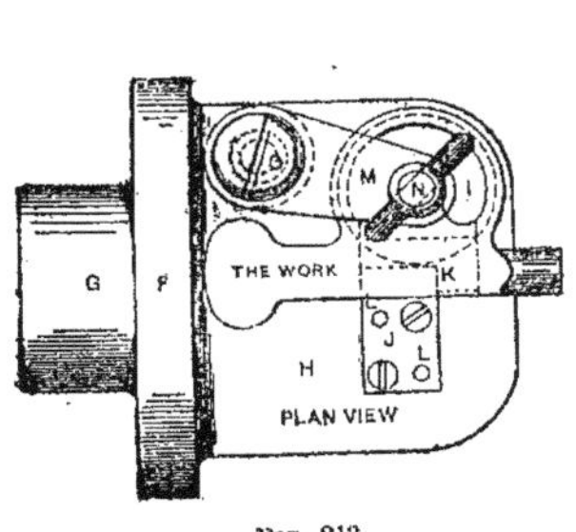

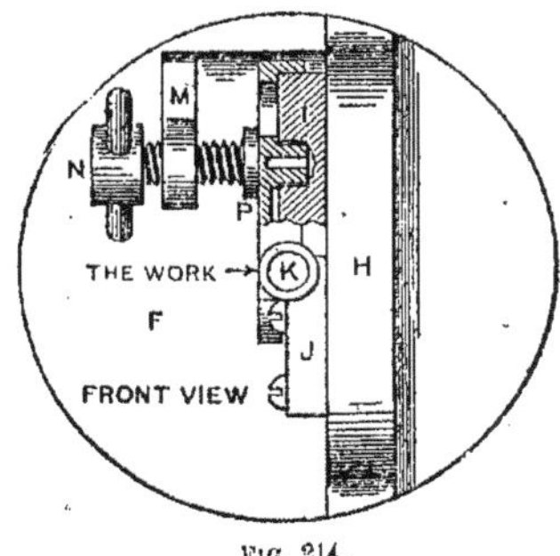

FIG. 213.   FIG. 214.

The work :   La pièce.   The work :   La pièce.
Plan view :   Vue en plan.   Front view :   Vue de face.

rieure de la pièce fasse une légère saillie au-dessus de la face H du mandrin. La face du mandrin est fraisée de chaque côté de la portion centrale carrée H, de manière que la pièce puisse être montée ou enlevée aisément. J est une pièce plate en acier de construction, repérée sur la face des mandrins par deux goujons K, K, et fixée par les quatre vis d'angles L, L, L, L. Cette plaque, une fois fixée sur la pièce principale, est alésée suffisamment pour bien serrer les arêtes de la grande partie circulaire, et pour le dégagement des outils coupants. La figure 211 représente clairement comment la pièce est repérée et serrée sur le mandrin. La pièce est usinée au moyen des types usuels d'outils de tourelles.

La seconde opération est exécutée au moyen du mandrin représenté sur la figure 212, et dont la disposition diffère de celle du mandrin de la figure 211. C'est une pièce fondue circulaire, avec un moyeu en arrière, et une partie saillante plutôt longue et plate, en H, ajustée, comme dans l'autre cas, sur l'arbre de la machine à vis, ayant la face H usinée plate, et d'équerre avec la face de F. La pièce est repérée sur cette face saillante en deux points, par K et J ; également en I par un disque circulaire en acier de construction, ajusté dans la partie A (*fig.* 210), de la pièce, et fixé à la face H (*fig.* 213), du mandrin, au moyen de vis et goujons (non figurés) et en K sur la plaque en acier J, qui, comme on peut le voir, est fixée par vis et goujons. Pour serrer la pièce sur le mandrin, on emploie le support articulé et la vis de serrage N, dont la construction est représentée sur la vue en coupe transversale de la figure 214, où la pièce est figurée fixée sur le mandrin. Les pièces usinées sur ces mandrins sont, naturellement, parfaitement interchangeables.

Méthode d'usinage de pièces en série sur la machine à vis. — Les montages et outils spéciaux que nous allons décrire ont été étudiés pour

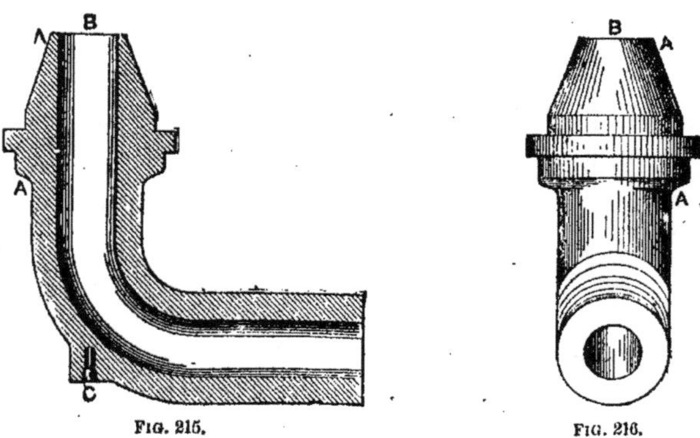

FIG. 215.   FIG. 216.

la machine à vis, et consistent en un guide conducteur perfectionné pour la pièce, en un arrangement spécial des centres du tour, en un outil de forme et en un support qui reproduisent les pièces sans vibrations, et quelle que soit la pression appliquée par l'opérateur.

La pièce particulière à usiner pour laquelle ces outils ont été étudiés est représentée en deux vues sur les figures 215 et 216 et est appelée bec-de-cane. C'est une pièce moulée en laiton, usinée à l'extrémité conique marquée A. Avant d'usiner cette surface, les pièces sont centrées en C, et chanfreinées légèrement à l'intérieur en B. Le premier montage exécuté pour cette opération d'usinage était le mandrin spécial dont une coupe transversale est représentée par la figure 217. Le corps du montage est une pièce moulée de la forme indiquée, alésée en C, C. Elle est d'abord montée sur mandrin sur le tour, alésée et taraudée en G, G, pour s'ajuster sur l'arbre de la machine à vis, puis mise d'équerre. Ensuite on la dresse et on tourne la jante. On perce et on taraude un trou en D pour recevoir le centre E,

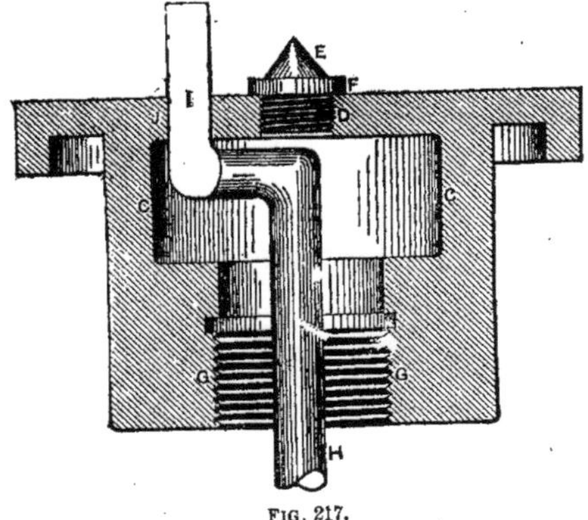

FIG. 217.

qui est usiné avec un épaulement en F, de manière à lui permettre de s'appuyer bien d'équerre contre la face du mandrin. On exécute un trou carré dans la face du mandrin pour admettre le guide I, qui est fait d'un bout rond d'acier à outils de 15^{mm},87, cintré comme il est indiqué, et l'extrémité I usinée de manière à bien s'ajuster dans le trou J. La portion arrondie H de ce guide est assez longue pour lui permettre de faire saillie dans l'arbre de la machine à vis, et est reliée au levier d'avance du fil d'acier. Cette manière de monter le guide permet de l'entrer à force ou de l'enlever, de repérer la pièce sur les centres, et de l'enlever quand elle est achevée sans arrêter la machine.

Comme l'arête B de la pièce (*fig.* 215) forme un appui très étroit pour les centres, et comme la pièce tourne très rapidement, il n'est pas pratique d'employer les centres ordinaires, l'extrémité de la pièce tend à chauffer et à s'user. Pour remédier à ces inconvénients, on a fait le fourreau spécial et la pointe mobile représentés en coupe sur la figure 218. Ce montage comprend un manchon qui est d'abord alésé et taraudé à l'extrémité postérieure pour la vis centrale de poussée axiale M. On le monte ensuite sur un arbre, et on le tourne cône extérieurement pour s'ajuster dans la lunette, qui a été montée sur la machine à vis. On prépare ensuite la vis de poussée longitudinale M, avec la face extrême plate, on la trempe et la polit. Ensuite on la visse bien serrée dans le manchon. On prépare alors la pointe

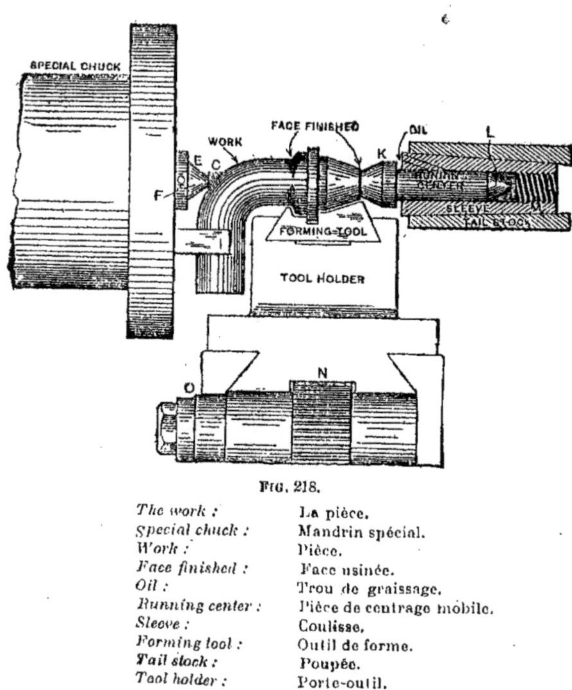

Fig. 218.

The work :	La pièce.
Special chuck :	Mandrin spécial.
Work :	Pièce.
Face finished :	Face usinée.
Oil :	Trou de graissage.
Running center :	Pièce de centrage mobile.
Sleeve :	Coulisse.
Forming tool :	Outil de forme.
Tail stock :	Poupée.
Tool holder :	Porte-outil.

mobile K en acier à outils, que l'on ajuste bien dans le manchon, on la filète en L et on arrondit la pointe. Cette extrémité est ensuite trempée et polie. Après que l'on a ménagé un trou de graissage dans le manchon et qu'on l'a bien poli intérieurement, le montage se trouve terminé.

Comme la manière d'usiner les surfaces profilées de la pièce est passablement différente des méthodes courantes ordinairement employées, et comme l'outil de forme ainsi que le support présentent des dispositions nouvelles, ils valent une description détaillée.

On comprendra aisément la description que nous allons donner en se reportant aux figures 219 et 220, qui représentent respectivement un plan et une vue de côté de l'outil et de son support. Ce dernier est une pièce moulée ayant la forme indiquée en F, avec une queue d'aronde au fond, et fixée sur le chariot transversal de la machine à vis, et garnie d'une crémaillère engrenant avec la roue dentée de l'avance, comme il est indiqué en N (*fig.* 218). La partie recevant l'outil de forme Q (*fig.* 219) est ensuite rabotée à queue d'aronde, obliquement vers le haut, selon la pente indiquée sur la vue latérale de la figure 220. On perce et on taraude ensuite un trou à travers l'oreille R, pour recevoir la vis de réglage de l'outil S. Deux vis de fixation sans tête S, S sont également placées sur le côté, comme il est indiqué. L'outil de forme Q est un bout d'acier à outils plat de 19^{mm},04, usiné partout, et ajusté sur le support comme il est indiqué. On usine

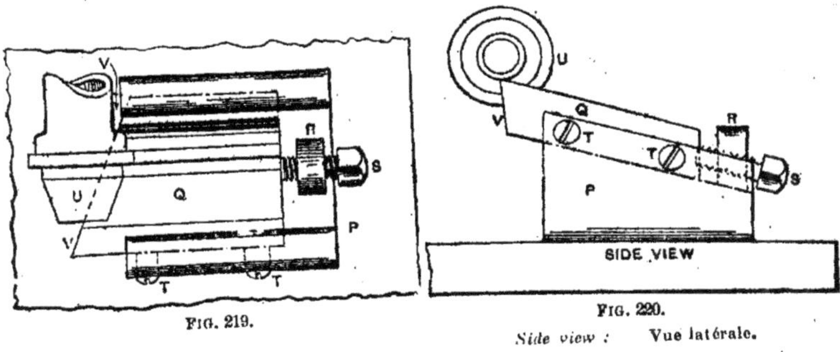

FIG. 219.
FIG. 220.
Side view :   Vue latérale.

ensuite la forme voulue sur la face et sur toute la longueur, et on termine sur la fraiseuse au moyen d'une fraise spéciale, comme l'indique la figure 218. La face coupante de l'outil VV (*fig.* 219) est taillée à l'angle indiqué de manière à permettre de couper graduellement la pièce. Ensuite on trempe l'outil et on le recuit au jaune paille léger, on affûte la face taillante et on l'affile soigneusement sur la pierre à l'huile. Le montage et les outils sont alors complets et prêts pour le travail.

Les différentes pièces sont montées sur la machine à vis dans les positions relatives indiquées sur la figure 218. On met la machine en route, et on abaisse le levier d'entraînement, ce qui amène le guide I dans le mandrin. On monte la pièce entre les pointes, avec la partie C sur les centres du mandrin et la face terminale sur le centre mobile K. On ramène alors le levier d'entraînement, ce qui fait émerger le guide I qui entraîne la pièce, le centre mobile L se déplaçant avec lui. On abaisse la poignée O du chariot transversal, et on présente l'outil de forme devant la pièce, en coupant graduellement la face. Et comme chaque partie de la pièce est diminuée et

achevée, ce point de l'outil passe devant le centre, et vient sous la pièce ;
quand toute la face est achevée, toute la face coupante de l'outil passe
librement et se dégage de la pièce. Le guide I est alors placé à l'intérieur
(sans arrêter la machine), on ramène en arrière la tige de centre, et on
enlève la pièce. On remet une autre pièce entre pointes, on ramène le
guide et on achève le travail comme précédemment.

Comme on le voit de suite, l'emploi du mandrin spécial réduit au minimum le temps nécessaire pour repérer la pièce sur les centres, et pour l'enlever quand elle est terminée, et le centre mobile supprime toute possibilité d'échappement et d'usure de la pièce, ainsi que toute perte de temps
dans le réglage du centre contre la pièce. Les méthodes d'usinage des surfaces profilées au moyen d'outils de la forme indiquée rencontrent une
faveur sans cesse croissante, et permettent de reproduire exactement des
formes compliquées sur des pièces rondes sans aucune difficulté.

Montages pour usiner des pièces à profil irrégulier. — Dans le
chapitre précédent, nous avons décrit un montage pour usinage de pièces à
profil irrégulier, prises dans la barre, étudié pour des pièces où l'on devait
enlever beaucoup de matière. L'outil que nous allons décrire consiste en un

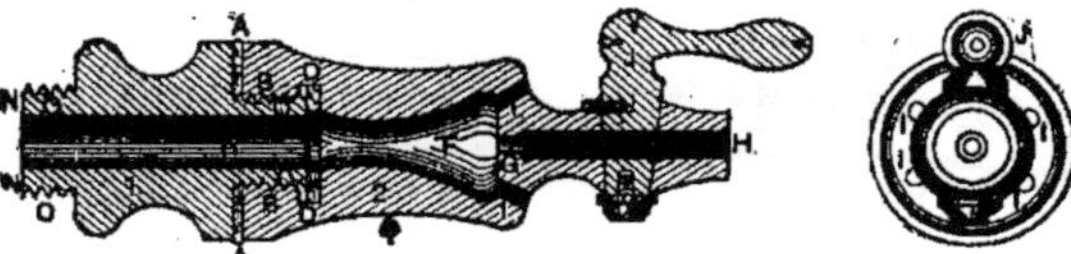

Fig. 221.

montage analogue, destiné à être employé sur la machine à vis, pour donner la forme à des pièces à profil irrégulier, mais prises dans des morceaux
moulés séparément au lieu d'être prises dans la barre, et pour lesquelles la
quantité de métal à enlever est moins considérable.

Ce montage est employé pour un modèle perfectionné de robinet de
fourneau à gaz, fait en deux pièces, dont chacune a un profil irrégulier,
comme l'indique la coupe longitudinale de la figure 221. La longueur
totale du robinet monté est de 103^{mm},504 et les pièces sont moulées
avec un alliage. Les trous K et F sont ménagés au moyen de noyaux.
Certaines petites opérations préalables sont nécessaires pour les deux
pièces 1 et 2 avant l'emploi de l'outil de forme, afin de donner la forme au
moyeu fileté CC dans la partie S, et au restant taraudé BB dans la
pièce 2, pour les repérer définitivement sur le plateau. Ces opérations
seront décrites ultérieurement.

L'outil de forme employé pour obtenir la surface à profil irrégulier

appartient au type de fraises à forme circulaire profilé sur toute sa surface circonférencielle, l'arête coupante étant produite en fraisant une
rainure longitudinale extérieure comme l'indiquent les figures 222 et 228.
C'est là un type de fraise qui peut être affûté à peu près indéfiniment sans

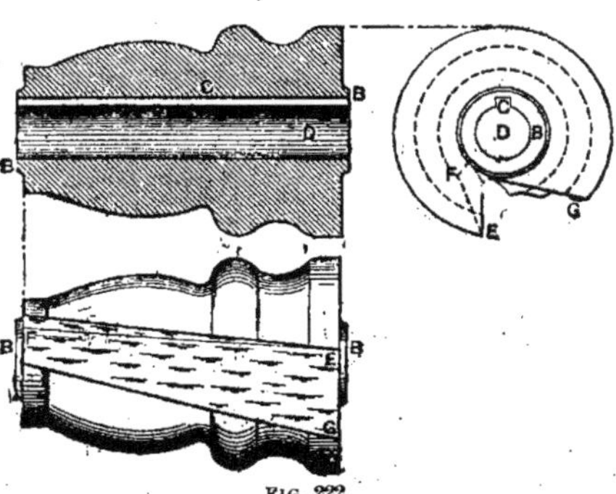

FIG. 222.

altération de la forme du tranchant, si le corps de la fraise est convenablement profilé. L'outil représenté par les figures 222 et 223, qui est employé
pour usiner la surface de la partie 2 du robinet à gaz, est exécuté en acier à
outils, recuit et alésé en D ; on y ménage une rainure de clavetage sur

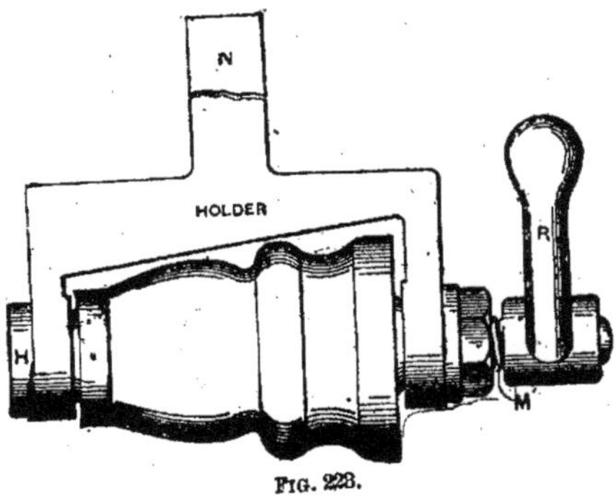

FIG. 223.
Holder :   Support.

toute la longueur en C, après quoi on le monte sur un arbre, et on termine
les bouts comme il est indiqué en B, B, et on tourne l'extérieur d'un bout à
l'autre à la forme requise, et que l'on vérifie avec un calibre. L'exécution
de ce profil est exécutée avec le plus grand soin en commençant par
dégrossir au moyen des outils de tour usuels, et en terminant les profils au

moyen d'outils à main variés. On prend un soin particulier pour laisser

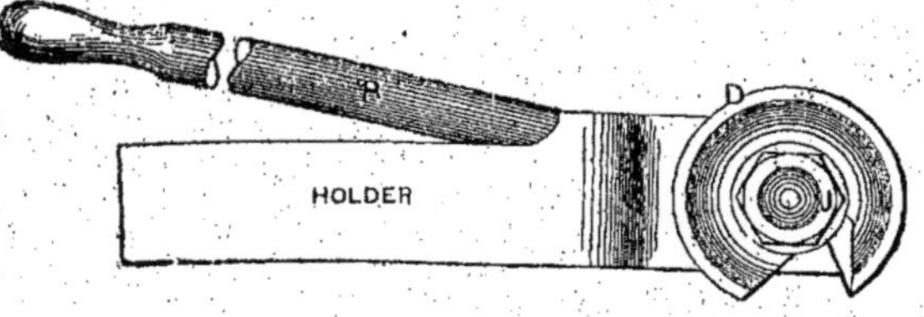

FIG. 224.

Holder :   Support.

toute la surface bien unie et sans marques, on polit parfaitement au

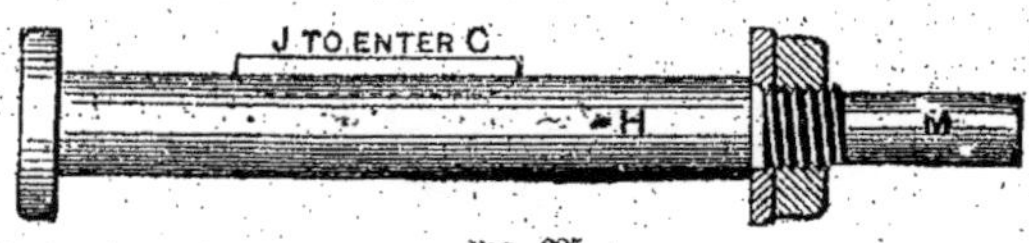

FIG. 225.

J *to enter* C.   J pénètre en C.

moyen d'un morceau de bois recouvert de poudre d'émeri mouillée

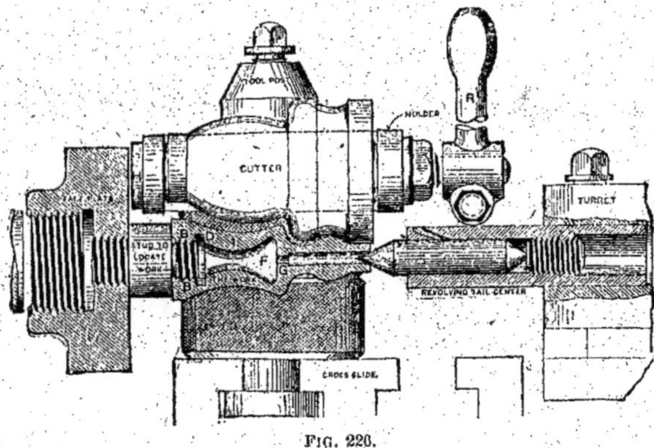

FIG. 226.

Tool post :	Porte-outil.
Cutter :	Fraise.
Holder :	Support.
Face plate :	Plateau dressé.
Stud locate work :	Tige servant à placer la pièce.
The work :	La pièce.
Turret :	Tourelle.

d'huile. Ceci est nécessaire, car il est indispensable que la pièce soit bien polie après usinage, et la manière dont l'outil attaque la pièce permet d'exécuter le polissage de celle-ci aussitôt que le tranchant a enlevé la quantité de matière nécessaire.

Après polissage, l'outil est monté sur la fraiseuse, et on taille une rainure pour former le tranchant de E, G jusqu'en F, comme l'indique la figure 222, en fraisant selon une spirale, comme il est représenté sur la vue de face de la figure 222, de manière que l'outil enlève progressivement la matière. En réalité, le tranchant de l'outil est exécuté de la même manière que celui d'une fraise à large face, sauf que la spirale n'est pas aussi inclinée. Après achèvement du tranchant comme nous venons de l'indiquer,

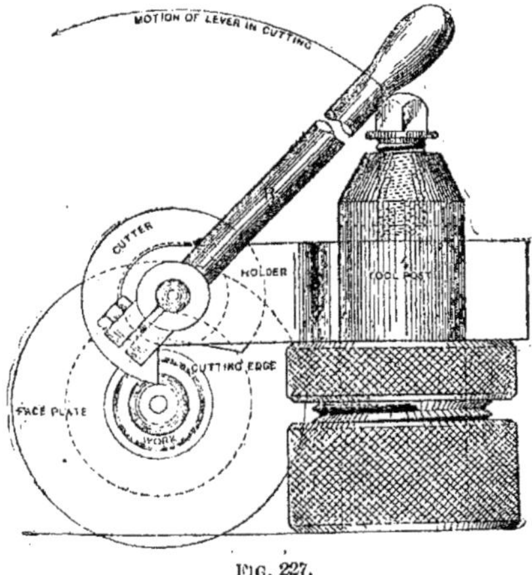

FIG. 227.

Face plate :	Plateau dressé.
Cutter :	Fraise.
Motion of lever in cutting :	Déplacement du levier pendant la coupe.
Holder :	Support.
Tool post :	Porte-outil.
Cutting edge :	Tranchant.

l'outil est trempé avec soin, puis recuit au jaune paille léger, de manière à le laisser suffisamment dur pour qu'il coupe convenablement.

Le tranchant est affûté sur une machine à affûter les fraises, puis passé à la pierre à l'huile pour réaliser une arête douce et bien aiguë sur toute la longueur. Le support représenté sur la figure 223, qui maintient l'outil et son axe H (*fig.* 225) est une pièce forgée avec une tige N usinée pour être montée sur le grand porte-outils du tour revolver. La figure 223 indique le mode de montage de l'outil sur son support, et représente une vue par en dessus de l'outil monté sur son axe H et du levier à main R monté sur l'extrémité M de l'axe.

Les figures 226 et 227 permettent de comprendre comment on emploie l'appareil ; la figure 226 représente une vue de face du montage et de la pièce en position, avec le plateau et la tête de la tourelle ; la figure 227 représente une vue en bout vers le plateau, pour indiquer de quelle manière le tranchant de l'outil est présenté à la pièce. Pour l'usinage de celle-ci, la poignée du chariot transversal est mue par la main gauche de l'opérateur, jusqu'à ce que le tranchant de l'outil se trouve contre la pièce

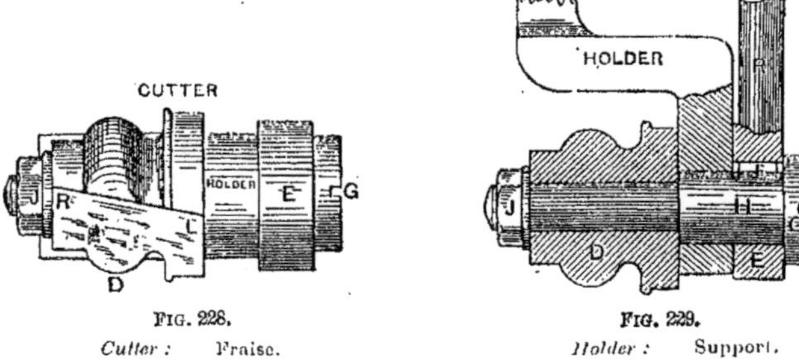

FIG. 228.   FIG. 229.

Cutter :   Fraise.   *Holder :*   Support.

dans la position représentée sur la vue en bout (*fig.* 227), puis il est maintenu ainsi au moyen de la vis d'avance du chariot transversal, tandis qu'avec la main droite, l'opérateur pousse le levier de l'outil de forme. Comme l'outil tourne doucement dans son support sous l'action de la pression sur le levier, il coupe et enlève progressivement la quantité de matière voulue, grâce à la disposition en spirale de son tranchant, et

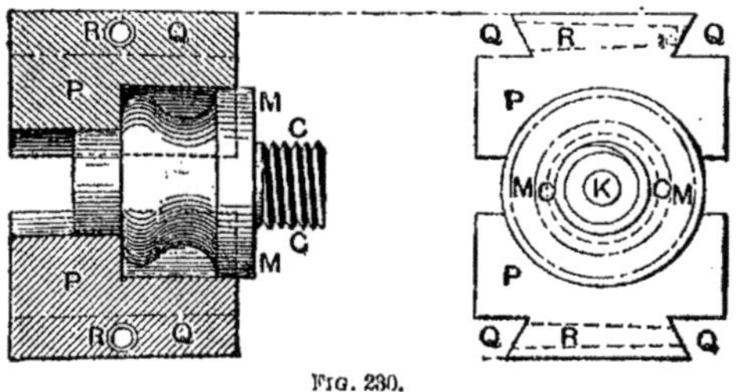

FIG. 230.

comme le tranchant passe avant la ligne de centre, le frottement des parties finies de la pièce tournant rapidement contre l'extérieur de l'outil produit un beau fini sur toute la surface.

L'outil employé pour fraiser la partie 1 du robinet à gaz (*fig.* 221) est représenté de front et en coupe par les figures 228 et 229, et en bout par la figure 224. Cet outil est exécuté, recuit et affûté exactement de la même manière que l'autre, et son mode d'emploi pour enlever la matière et obtenir le polissage de la pièce est identique.

Pour l'usinage de ces robinets de fourneaux à gaz, on emploie encore d'autres montages intéressants. Pour former le moyeu fileté CC, partie 1 (*fig.* 221), on emploie une paire de mâchoires à glissières pour mandrin ordinaire à deux mâchoires, afin de maintenir la pièce pendant l'usinage. Ces mâchoires, qui sont représentées sur la figure 230, sont en fonte ; elles sont munies d'une queue d'aronde pour pénétrer dans les mâchoires du mandrin, et elles sont repérées dans leurs positions relatives exactes au moyen d'une tige conique en R. La manière dont ces mâchoires sont construites et usinées pour permettre le repérage des pièces se comprend de suite par l'examen du croquis. Le dressage de la surface MM est exécuté au moyen d'une fraise creuse, qui diffère du type généralement employé en

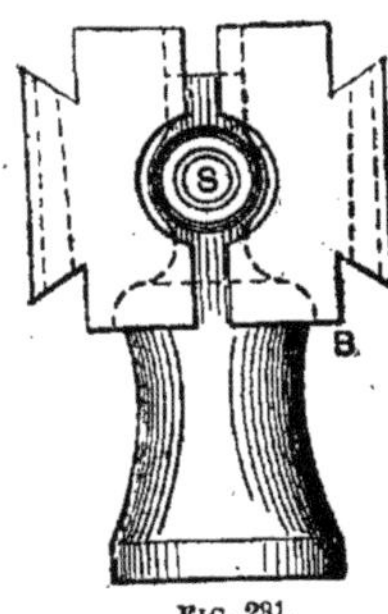

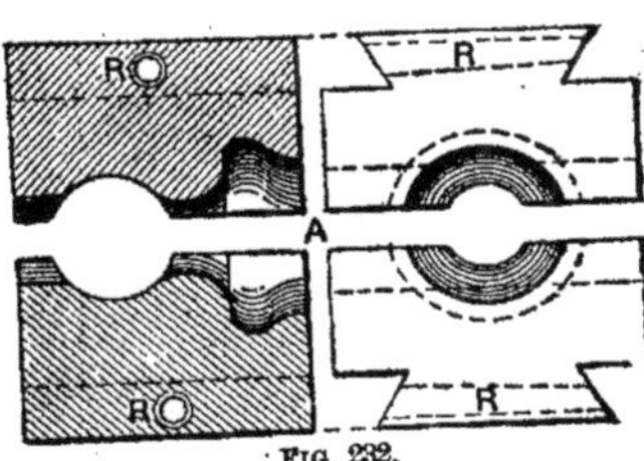

FIG. 231.   FIG. 232.

ce qu'elle possède quinze dents. Le moyeu CC est usiné également à la fraise, le filetage est exécuté avec une filière pliante.

Les figures 231 et 232 représentent les mâchoires à coulisse utilisées pour la première et la troisième opération sur la partie 2 (*fig.* 221), qui constitue le robinet à gaz proprement dit. Ces deux jeux de mâchoires sont construits d'une façon analogue au premier jeu (*fig.* 230), et sont employés de la même manière. La partie indiquée en A (*fig.* 232) sert à maintenir la pièce par la partie 2, pendant le dressage de la surface AA, pendant l'exécution du siège DD pour la rondelle en caoutchouc, l'alésage du trou B et son taraudage conforme au filetage du moyeu, partie 1. L'autre jeu de mâchoires est employé pour tenir la partie 2 après usinage partout, pendant que l'on exécute le trou conique pour la clavette J en S (*fig.* 231), qui représente la pièce placée entre les mâchoires et le perçage du trou en S. Une fois que ce trou a été centré à la manière habituelle, il est alésé au cône voulu au moyen d'un alésoir extensible du type usuel.

Pour tourner le siège de la rondelle en DD dans la partie 2, on emploie l'outil à boîte, excentrique et spécial, représenté sur la figure 233, dont la

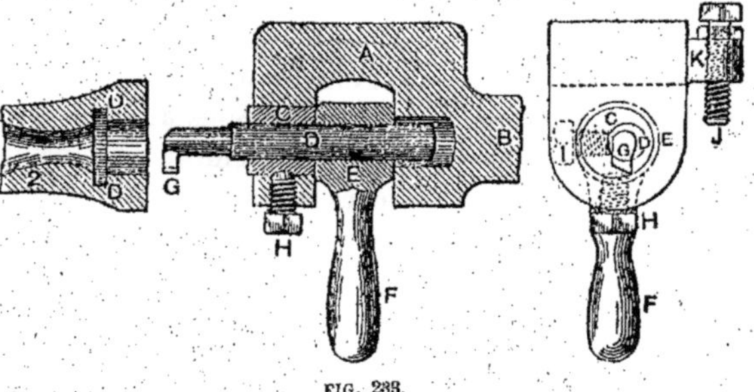

FIG. 233.

construction est intéressante. A est un support ou bâti en fonte, avec une

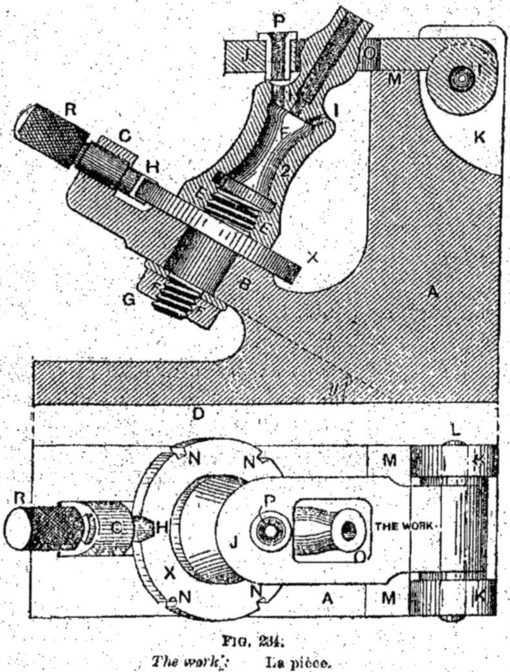

FIG. 234.
The work : La pièce.

tige B tournée pour s'ajuster dans le trou de la tourelle. C est une bague
excentrée fixée dans le support par la vis de serrage H. G est l'outil cou-

pant et F le levier qui sert à l'actionner. La profondeur de coupe est réglée en ajustant la vis d'arrêt du levier J, placée dans l'oreille saillante K, comme l'indique la vue en bout de l'outil. Pour employer ce montage, une fois que l'outil G a été entré à la profondeur voulue dans le trou venu de fonderie dans la pièce, on élève lentement le levier F, jusqu'à ce qu'il appuie contre la vis d'arrêt J, ce qui règle la profondeur convenable de coupe, puis on l'abaisse et on recule l'outil.

Un autre montage de perçage a été étudié pour percer les six trous d'aspiration de l'air placés dans la chambre de mélange F dans la partie 2 du robinet à gaz. Ce montage est représenté en plan et en coupe verticale sur la figure 234, avec la pièce en place. Comme celle-ci l'indique, ces six trous doivent être percés sous un certain angle par rapport à l'axe de la pièce, et bien équidistants, ce qui conduit à une disposition intéressante. A est le corps moulé du montage, qui est usiné sur la base en D, ainsi que sur les deux côtés de la saillie B, sous un angle Y par rapport à la base, comme le représente la figure. L'appareil diviseur X et la tige de repérage pour la pièce sont en acier à outils, trempé et rectifié. Il y a six rainures également espacées dans le plateau diviseur, concordant comme forme avec l'extrémité H de la tige du diviseur B qui permettent de repérer la pièce pour les six trous différents. La bague de perçage P est repérée comme il est indiqué dans le couvercle articulé J qui tourne entre les deux côtés K, K du corps du montage A au moyen du tube L. Un trou O dans le couvercle permet le dégagement de la pièce quand elle est repérée dans le montage. Pour l'enlever, il suffit de rabattre le couvercle à bague J et de dévisser la pièce de dessus la tige de montage.

CHAPITRE XIV

LA CONSTRUCTION ET L'EMPLOI DES MONTAGES A ALÉSER ET DES OUTILS ANALOGUES

Montages pour perçage et alésage. — L'une des raisons de l'utilité des grandes machines à percer est leur adaptabilité pour l'exécution d'opérations précises pour produire des pièces interchangeables en employant des montages simples et souvent peu coûteux. En réalité, je n'hésite pas à affirmer que cette machine se place en seconde ligne tout près du tour-revolver au point de vue de la production rapide et économique dans l'atelier.

Outre l'adaptabilité de la machine à percer pour le travail au moyen des montages, il y a une grande quantité de travaux variés nécessitant un alésage qui peuvent être exécutés avantageusement sur cette machine. Entre autres choses, je consacrerai, dans ce chapitre, une place considérable à la description et à la représentation de types de montages à aléser qui ont été étudiés pour être employés sur la machine à percer, et ont donné de bons résultats pratiques. Leur étude suggérera des idées pour d'autres montages. Les points pratiques de la disposition et de la construction de ces montages aideront l'outilleur à atteindre aisément les résultats voulus, et éviteront beaucoup de main-d'œuvre et de dépenses inutiles.

Montage à aléser et dresser pour des pièces sextuples. — La pièce représentée par le croquis de la figure 235 possède six cylindres disposés radialement, avec un trou venu de fonderie au travers. On doit aléser et finir ces trous en alignement avec le trou central E, et les trous opposés doivent être alignés l'un par rapport à l'autre. Le montage représenté par les figures 236, 237 et 238 a été exécuté pour ce travail.

Le trou central est d'abord alésé puis agrandi, et la face est dressée en D. On monte alors la pièce sur un arbre, et on dresse la face arrière en F.

Le montage comprend une pièce moulée en équerre, avec une saillie, dressée en arrière en H et I respectivement, et un prolongement en arrière au sommet. Après rabotage sur le fond et exécution d'une queue d'aronde pour la plaque à bagues K, on dresse les bossages H et L, on rabote le sommet et y exécute une queue d'aronde pour la plaque à bagues supé-

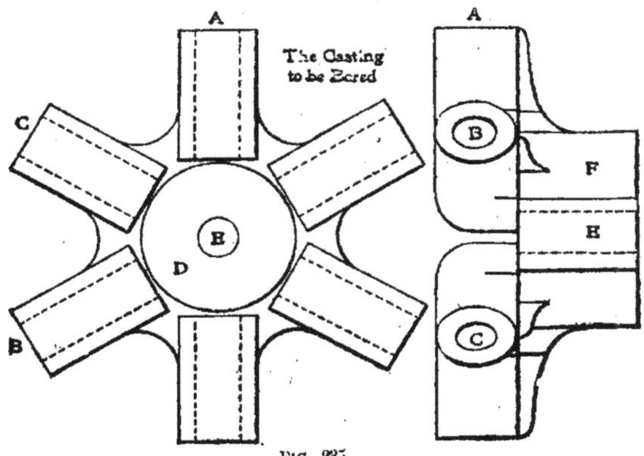

Fig. 235.

The Casting to be Bored :   Pièce fondue à aléser.

rieure J. On exécute également une queue d'aronde sur le côté pour le support W de la tige du diviseur, et on alèse le trou pour la tige de serrage O. On ajuste solidement dans les rainures à queue d'aronde les deux

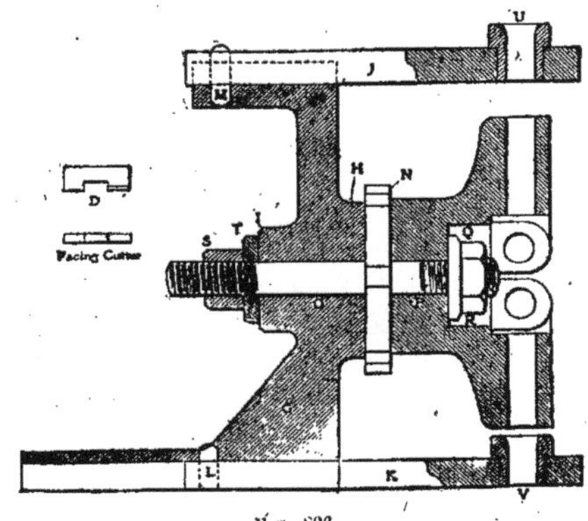

Fig. 236.

Facing Cutter :   Lame à dresser.

plaques à bagues K et J bien repérées en ligne l'une par rapport à l'autre, et on les fixe. On trace les centres des trous pour les bagues U et V en plaçant la pièce sur le côté sur une plaque dressée, et traçant une ligne depuis le centre du trou pour la tige O, jusqu'aux plaques J et K, au moyen d'un calibre de profondeur Brown and Sharpe. On trace également le centre dans la direction opposée, à la distance de la face du bossage H aux centres des bagues U et V. On enlève alors les plaques J et K, on alèse les trous, on prépare et on entre à force les deux bagues U et V. Les plaques sont retournées dans leurs positions respectives.

Le plateau diviseur N et la tige de serrage O sont d'une seule pièce, en acier doux forgé. La plaque porte à sa périphérie six rainures carrées équidistantes. Le support W de la tige du diviseur, moulé, est alors ajusté de

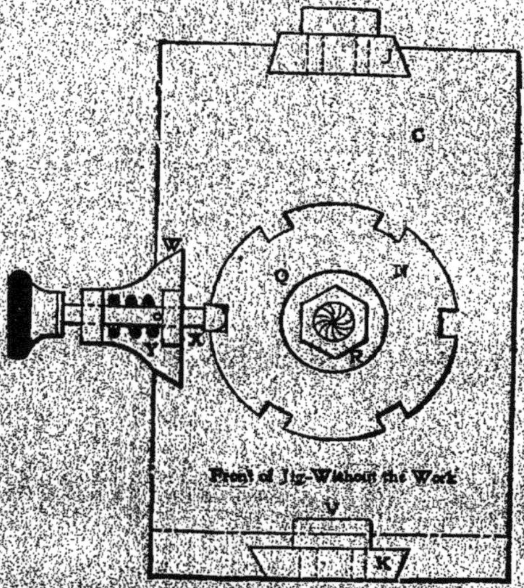

Fig. 237.

Front of Jig-Without the Work.   Face antérieure du montage sans la pièce.

manière à entrer exactement dans la rainure en queue d'aronde sur le côté de la plaque angulaire. On alèse alors le trou pour la tige X.

Cette tige est faite en acier à outils, l'extrémité s'ajustant dans les rainures carrées du plateau divisé, et légèrement arrondie pour pénétrer aisément dans celles-ci. On prépare un solide ressort à boudin V et on perce un trou dans la tige X pour la tige transversale du ressort. Après exécution de la poignée Z, on assemble toutes les pièces.

Pour compléter le montage, il ne manque plus que la barre d'alésage (*fig.* 239) et les deux jeux de lames B, B et D. Cette barre est en acier de construction, tournée en forme conique à l'extrémité pour s'ajuster dans l'arbre de la perceuse, et ajustée sur le reste de sa longueur, de façon à

glisser à frottement doux dans les bagues U et V. La barre est assez
petite pour passer librement dans les trous venus de fonderie. On prépare
deux jeux de lames, un pour dégrossir, l'autre pour finir. Ces lames sont
fixées sur la barre au moyen de clavettes coniques. Le montage est fixé sur
la table d'une grande machine à percer. On monte le plateau diviseur N,
avec la tige X dans l'une des rainures, et on place dessus, en position, une
pièce à percer, de manière que la barre d'alésage se trouve placée aussi

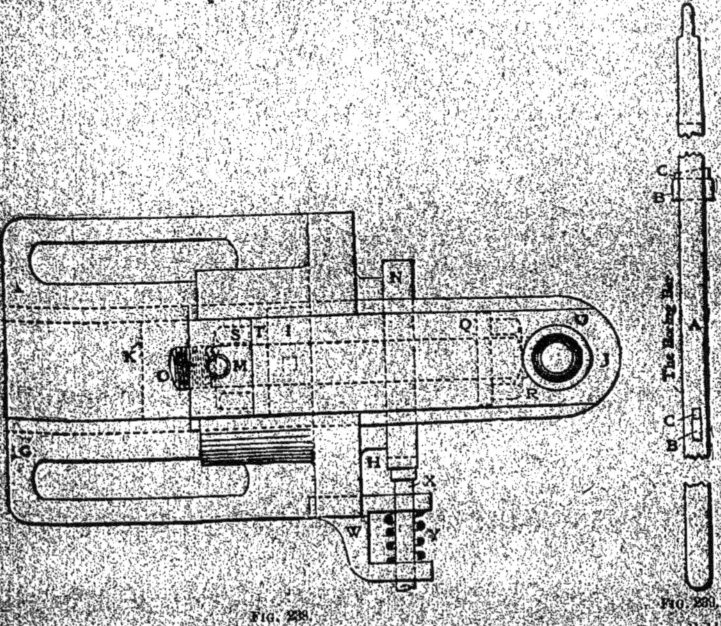

Fig. 238.   Fig. 239.
                        The Boring Bar.   Barre d'alésoir.

près que possible du centre du cylindre à aléser. On fixe les outils à dégrossir sur la barre, et on alèse les trous. On enlève ensuite ces outils, pour les
remplacer par les outils à finir, et on achève le travail.

Après avoir alésé six trous, ce qui exige seulement trois réglages du plateau diviseur, on dresse les deux bouts des six cylindres en employant les
outils D. Toutes les pièces, qui sont travaillées en séries très importantes,
sont alésées et dressées de cette manière, et quand on les assemble avec
d'autres pièces, on constate qu'elles sont parfaitement interchangeables.

**Montage à aléser sur la machine à percer, pour travail inter-
changeable.** — Les outils que nous allons décrire sont employés pour

aléser et finir la cloche en fonte représentée en B (*fig.* 242-243). La partie usinée est représentée en F, et constitue le siège d'un anneau en laiton qui doit s'ajuster assez bien pour donner un joint étanche à l'air, et il est éga-

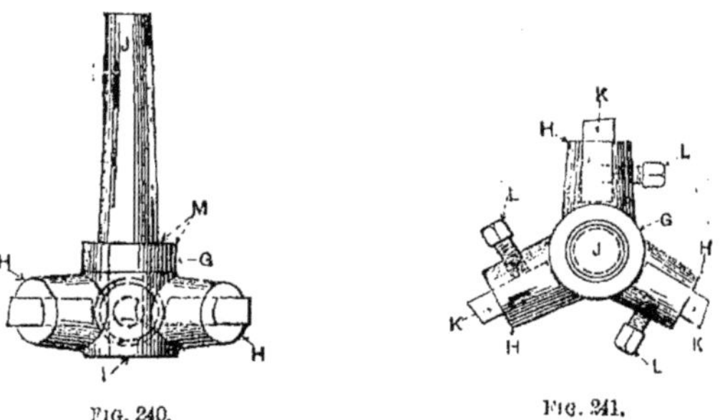

Fig. 240. Fig. 241.

lement nécessaire que ces pièces aient toutes exactement la même grandeur. Ces cloches sont faites par séries de cinq cents.

Le montage employé pour maintenir les cloches est également représenté sur les deux figures. A est le montage, en fonte, qui est dressé sur le fond, puis bien serré sur le plateau du tour au moyen des oreilles E, E. Il

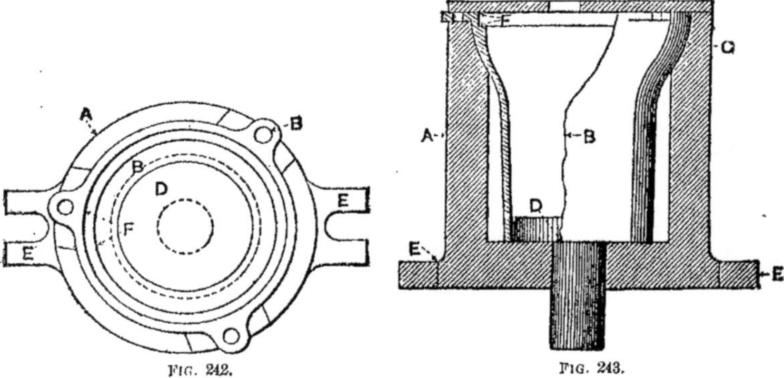

Fig. 242. Fig. 243.

est alésé à la dimension et à la forme des cloches en C et porte, dans le fond, un trou alésé pour le bouchon D. Ensuite on le fraise en trois endroits, au sommet, pour donner le dégagement aux trois ailes D. Le bouchon D, en acier de construction, est alors tourné et usiné de manière à s'ajuster exactement à l'intérieur des cloches, comme il est indiqué, puis placé dans le montage A, en faisant saillie sur le fond, comme le représentent les figures. La partie qui fait saillie au travers s'ajuste exactement dans le trou central de la table de la grande machine à percer sur laquelle on exécute l'opération d'alésage.

Les figures 240 et 241 représentent le support et les outils à aléser, qui sont établis de la manière suivante : G est le support proprement dit, construit en fonte, avec trois ailes, pour permettre l'emploi de trois outils coupants, l'expérience ayant montré que c'est ce nombre qui donne le meilleur travail. L'outil est d'abord monté dans le mandrin, le trou I est percé et alésé pour la tige J. Ensuite on l'enlève, on tourne et on termine la tige J de manière qu'elle s'ajuste dans l'arbre de la machine à percer, avec un épaulement en M. L'autre bout est tourné de manière à passer à frottement doux dans le support G. L'outil assemblé est alors monté entre pointes sur la fraiseuse, on trace les trous pour les outils K, K, K, on les perce et on les alèse. Ensuite on l'enlève, on perce et on taraude les trous pour les vis de fixation L, L, L. Ensuite on prépare et on termine les trois outils coupants tels qu'ils sont figurés. On les trempe et les affûte, puis les monte à leur place, et l'outil à aléser se trouve ainsi terminé.

On prend un bout d'acier de la grandeur du trou de la table, on le fixe sur la perceuse, et l'insère dans le trou de la table, celle-ci ayant été fixée exactement par rapport à l'arbre. Le montage A est placé sur la table au moyen des oreilles E, E avec le bouchon D dans le trou central, et la pièce placée dedans, appuyant sur le fond, comme le croquis le représente. Le bouchon D la centre et les trois tiges non représentées pénètrent dans les trous des oreilles B, ce qui empêche leur déplacement. Le support (*fig.* 240) est monté sur l'arbre, et les outils sont placés de manière à couper exactement au diamètre correct, et après mise en marche, on l'abaisse à la profondeur convenable, déterminée par la position de l'arrêt de l'arbre.

Le support marche franchement, et à part les arrêts nécessaires pour affûter les outils à de longs intervalles, les pièces sont tournées très rapidement (toutes de la même manière) ; le prix est très inférieur et le travail très supérieur à tout ce que l'on pourrait obtenir par d'autres moyens. L'économie réalisée sur la première centaine de pièces sert à payer le prix de l'outillage.

Machine spéciale à aléser des supports et des têtes de broches. — Quand on construit des perceuses sensitives ayant de une à cinq broches, l'alésage du trou pour recevoir la broche dans le support supérieur et la tête de broche est exécuté après que tous les autres travaux ont été terminés sur la colonne supérieure, sur le support supérieur, et sur la tête de broche, assemblés. Je vais maintenant présenter et décrire (*fig.* 244-247) une machine qui a été étudiée spécialement pour exécuter ce travail d'alésage des trous de broches dans des perceuses ayant de une à cinq broches.

Comme cet appareil est étudié pour être employé et fixé directement sur les colonnes pendant le perçage des trous, les erreurs possibles dans l'alignement des broches une fois la machine montée sont réduites au

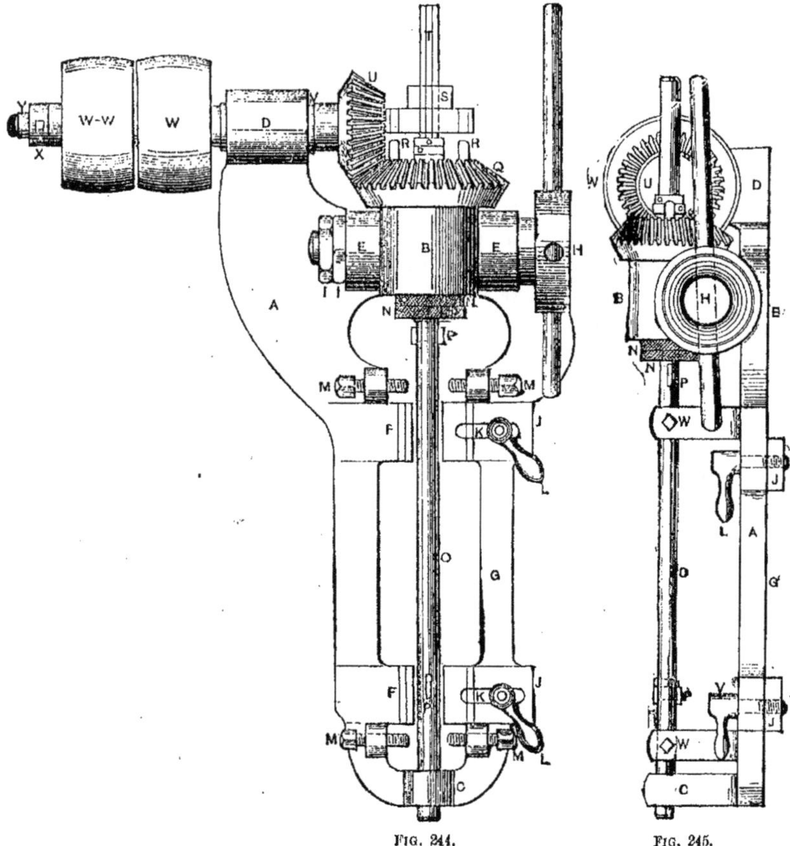

FIG. 244.　　　　　FIG. 245.

minimum. De même, la manière de repérer et fixer l'outil sur la pièce pendant le travail est aussi pratique et commode qu'on peut l'exiger pour le genre de travaux auxquels le montage est destiné. L'appareil comprend, en premier, un corps moulé K, dont la forme et la disposition sont représentées par les figures 244, 245 et 246. L'arbre d'entraînement Y porte poulie fixe et poulie folle W et W, W, respectivement, à une extrémité, et un engrenage conique V à l'autre. Sur la tête Q se trouvent l'engrenage d'entraînement de l'arbre, avec les deux tiges d'entraînement R, R. O est la broche ou barre porte-lames, et S la pièce de commande de la barre tandis que H permet d'avancer le pignon, qui engrène avec la crémaillère sur la barre ou broche. Les pièces de serrage M, M, M, M dans les oreilles qui font saillie au-dessus de la face du plateau ou corps de montage repré-

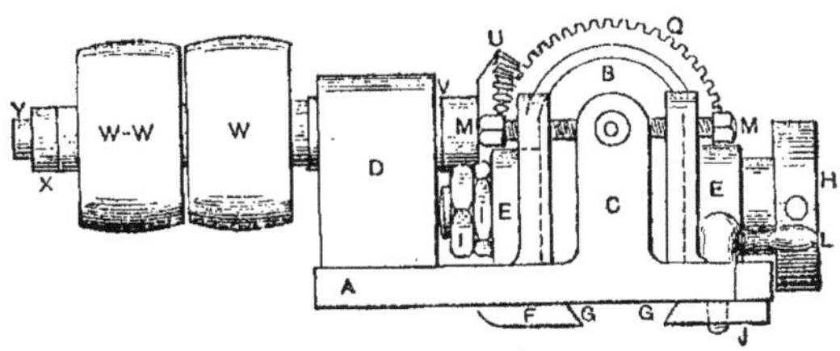

Fig. 246.

senté, servent à saisir et maintenir solidement les supports et les têtes, pendant leur alésage. P, P sur l'arbre O sont les outils coupants tandis que les équerres réglables J, J et les leviers de serrage L, L servent à maintenir le montage exactement et solidement sur les colonnes pendant l'opération.

Les moyens et les dispositions mis en œuvre dans la construction et pour

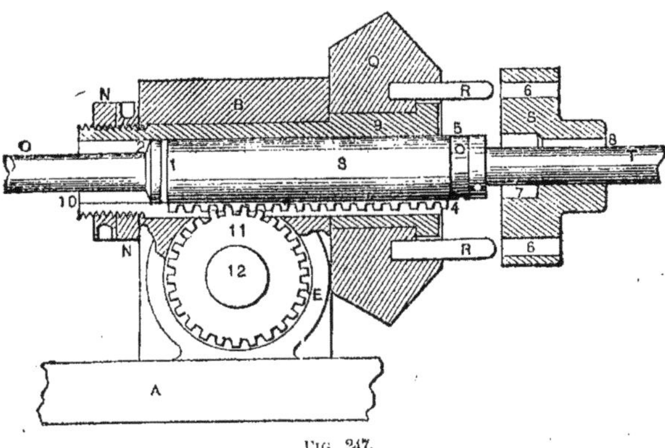

Fig. 247.

l'exécution de l'alésage présentent de l'intérêt, aussi les décrirons-nous successivement. Une fois le corps du montage A fixé, on commence par aléser et finir les trous dans la tête B et la queue O. La grandeur du trou dans la tête B est représentée clairement et en détail sur la figure au trait n° 247. On fixe la pièce longitudinalement sur une pièce d'équerre montée à son tour sur la table de la grande machine à percer, on perce tout d'abord un trou de dégagement à travers la tête et la queue, assez grand pour permettre à la barre d'alésoir (employée pour le finissage) de passer à travers la tête B et la queue C en passant approximativement au centre de chacune. On taraude et on place dans la table une bague qui remplit exactement le trou au centre de la table de la machine à percer, et dans laquelle la barre passe bien ajustée: Elle sert à soutenir et centrer la barre d'alésage. La barre et les outils sont centrés, on fixe la table en position, les trous sont alésés et finis à grandeur, on dresse ensuite la face de la tête B en employant un outil de largeur suffisante.

On peut alors raboter la base. Pour cela on commence par fixer deux V avec une languette à la base de chacun, de manière à les centrer parfaitement l'un par rapport à l'autre (en faisant pénétrer la languette dans la rainure centrale du bâti de la raboteuse), et avec un bout d'acier tourné assez long pour dépasser d'environ 152^{mm},3 chacun des trous alésés et pour s'ajuster parfaitement dans ceux-ci. On met alors la pièce en place, on la fixe en appuyant la barre sur les V et en serrant la pièce à chaque extrémité. Ceci amène l'axe du trou exactement à angle droit par rapport à la tête de la raboteuse. On rabote parfaitement plane la base de la pièce A sur toute sa longueur, jusqu'aux oreilles ou prolongements F, F, qui sont rabotés à l'angle indiqué en G, qui est le même que celui des colonnes sur lesquelles la pièce doit être employée. La distance du centre du trou dans la tête B et de la queue C jusqu'au point extreme de l'angle raboté en G est exactement la moitié de la largeur de la coulisse à queue d'aronde des colonnes. Ceci fait, on enlève la pièce de dessus la raboteuse, et on la remonte sur la perceuse, en la fixant sur une équerre, et en perçant le trou en D pour l'arbre d'entraînement Y, en prenant soin de mettre celui-ci à angle droit et de le centrer par rapport au trou dans la tête et la queue, et à la distance nécessaire de celui-ci, pour permettre aux deux engrenages coniques U et Q d'engrener correctement. Ce trou est alésé suffisamment large pour permettre d'y placer une bague en acier V qui joue le rôle de palier. Le trou pour le pignon de la crémaillère dans les bossages E, E est également alésé et fini, à la grandeur nécessaire à chaque bout ; on a soin d'aléser la grande partie assez profondément pour permettre d'y insérer le pignon. On enlève la pièce, on perce et on taraude les trous pour les quatre vis de fixation M, et on exécute les rainures pour les leviers de réglage et de serrage L, L en K, K comme il est indiqué.

On prépare et on usine l'arbre d'entraînement Y tel que le représentent les figures, de même pour les deux poulies W et WW. On fait le clavetage de l'engrenage U et le collier X maintient la poulie folle WW en position. Ceci fait, on peut achever la construction de la tête et de la broche ou barre d'alésoir. Ceci est représenté clairement sur la vue en coupe de la figure 247. On commence par usiner la broche ou barre d'alésoir O. Comme il est indiqué, celle-ci est tournée, avec un collet en (2) pour former portée, et un filetage pour les deux contre-écrous (5). La crémaillère (4) est fixée contre le centre du fourreau en y ménageant une rainure de 6mm,34 de profondeur dans le fourreau. On prépare la grande bague d'épaulement, qui est d'abord alésée et usinée au meme diamètre que le fourreau, après quoi elle est mise sur un mandrin et tournée à la forme extérieurement, comme indiqué, avec deux épaulements, l'un pour appuyer contre la face de la tête B et l'autre pour appuyer dans le trou agrandi de l'engrenage, le plus petit diamètre remplissant exactement le trou dans la tête B, l'extrémité saillante de cette partie étant filetée pour les deux contre-écrous N, N. Le tournage des épaulements, tel qu'il est indiqué, permet de repérer exactement l'engrenage Q qui tourne librement autour de l'extérieur de la bague.

Il est alors nécessaire de raboter la rainure 10 sur toute la longueur de la bague, pour former dégagement pour la crémaillère (4). Ceci est exécuté comme il est indiqué en traversant complètement la bague sur la longueur de son plus petit diamètre, et sur la même profondeur dans son plus grand diamètre, la matière laissée à cet endroit étant suffisante pour soutenir la bague et l'empêcher de s'agrandir ou de se déformer par rapport à sa forme initiale. On perce deux trous dans la face de l'engrenage Q, pour loger les tiges d'entraînement R, R, comme il est indiqué, arrondies à leurs extrémités et entrées bien juste dans l'engrenage. On fait ensuite la pièce d'entraînement S en fonte que l'on alèse bien juste sur la barre d'alésage ou broche O, comme indiqué, en agrandissant le trou sur la face à une profondeur et un diamètre suffisants pour dégager les contre-écrous J et le maneton 3. On met une clavette dans S en (8) qui passe librement dans la rainure F de l'arbre. Les deux trous (6), (6) coïncident avec les tiges R, R dans l'engrenage Q. Le pignon (11) et l'arbre ou tige (12) sont usinés d'une seule pièce, la tige s'ajustant dans le petit trou en E et le pignon appuyant contre la partie postérieure agrandie du grand. La tige est filetée à un bout pour les écrous de réglage représentés en I, I sur les trois autres vues. Toutes les pièces de la tête étant complètes, on les assemble comme l'indique la figure 247, ce qui permet de monter et démonter facilement la broche. Une fois que les leviers de serrage L, L (fig. 244, 245 et 246), ainsi que les brides angulaires J, J ont été exécutés et finis, toutes les pièces sont assemblées, comme l'indique la vue en plan (fig. 244), les rainures pour les lames P, P sont exécutées dans la barre ou broche O dans la position indiquée, perpendiculairement l'une à l'autre. Le montage est alors prêt pour le travail.

La colonne avec le support et les têtes en position, est mise à plat sur le dos sur l'établi, l'appareil à aléser (avec la broche glissée au dehors) est placé sur la première colonne, et fixé en G (*fig.* 244), au moyen des deux brides J, sur la surface à queue d'aronde de celle-ci. La tête du support et la tête de broche à aléser font saillie à travers les ouvertures au centre du bâti moulé ou base A. La barre à aléser ou broche O est alors passée à travers la tête du montage, et à travers les trous venus de fonderie dans le support et la tête, et elle peut faire légèrement saillie à travers la queue C. Les vis de serrage M de chaque côté de la tête du support et de la tête de broche sont alors vissées, et réglées de manière à maintenir les têtes parfaitement rigides pendant leur alésage. Les lames P, P sont insérées et serrées dans la barre, comme il est indiqué, et on fait passer la courroie de la poulie folle sur la poulie fixe. On glisse la pièce d'entraînement S jusqu'à ce que les deux tiges R, R de l'engrenage Q pénètrent dans les trous correspondants. La broche ou barre d'alésage tourne alors à la vitesse convenable, et on l'avance en saisissant le levier par la pièce H, dont le pignon entraîne la crémaillère, sur la rainure de la broche. On avance la broche jusqu'à ce que les trous soient alésés, on la ramène alors en arrière, on repousse la pièce d'entraînement S, on enlève les lames, que l'on remplace par un autre jeu pour finir la pièce, et on répète les mêmes opérations. Quand le support et la tête de broche de la première colonne sont achevés, on enlève le montage et on le fixe sur la suivante, on répète les opérations d'alésage et de finition, et ainsi de suite, jusqu'à ce que les quatre têtes et les supports aient été alésés et finis à grandeur.

Comme on le voit, la disposition et la construction de ce montage à aléser permettent son emploi pour l'alésage et la finition des têtes et des supports de toutes les machines à percer sensitives ayant de une à six broches ou davantage. Chácune de celles-ci est disposée et construite de la même façon. Ce montage peut être conduit par un ouvrier relativement peu habile, sans qu'il soit possible que les pièces ainsi usinées soient loupées. La construction est assez simple pour donner satisfaction aux plus grandes exigences ; le fait que, pendant son service, ce montage est fixé directement sur les colonnes augmente la perfection et la précision du travail produit. Il en est de même en ce qui concerne l'interchangeabilité des pièces.

Alésage des tables de machines à percer. — Sur les machines à percer à une seule broche, au lieu d'employer une table coulissante comme sur les autres machines, on adopte une table plate articulée et une petite table ronde. La table plate représentée en A (*fig.* 248), après avoir été rabotée sur toutes les faces, doit être alésée en F, pour s'ajuster sur la partie tournée au sommet de la colonne autour de laquelle elle tourne. Pour usiner ce trou, qui est venu de fonderie, on a étudié un montage destiné à être utilisé sur la machine à percer, et un porte-outil. Ce montage, tel qu'il est représenté sur la figure 249, comprend une pièce fondue plate, avec deux surfaces saillantes en B, B, sur lesquelles repose la table, et les

quatre montants C, C et D, D, pour les points de repérage. Cette pièce moulée, après avoir été usinée sur la face postérieure, est terminée sur sa face principale, en commençant par raboter les surfaces saillantes B, B, et donnant une passe sur le front des montants C, C et D, D, de manière qu'ils se trouvent à

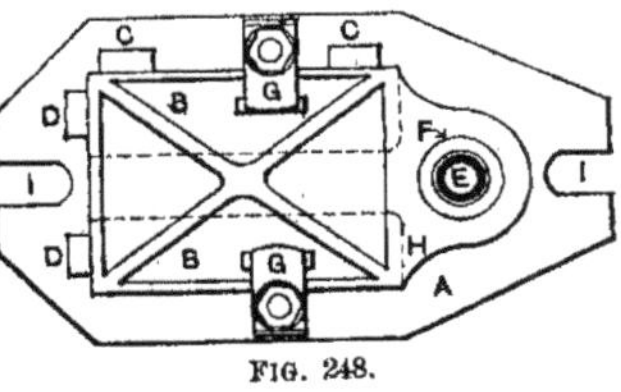

FIG. 248.

angles droits les uns par rapport aux autres. Le centre du trou pour la bague E est repéré et tracé de manière qu'il soit bien au centre de la table dans un sens, et à la distance convenable de l'extrémité dans l'autre sens. Le trou est percé et alésé à la grandeur voulue. On prépare la bague E que l'on trempe, gratte et rectifie à la dimension nécessaire, puis on l'entre à force dans le trou comme il est indiqué. On perce et on agrandit les trous sur la face postérieure pour les boulons de fixation G, G. Les deux tirants

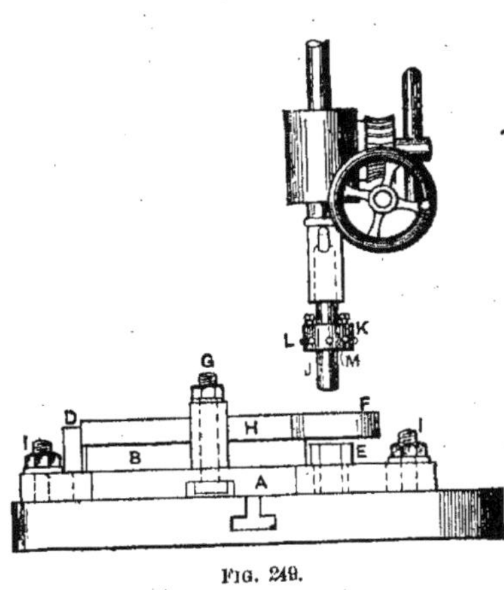

FIG. 249.

sont en acier de construction et cintrés à angle droit à une extrémité comme l'indiquent les figures. On donne à ces tirants une hauteur suffisante pour qu'ils puissent maintenir solidement la table.

Les lames et le porte-lames sont représentés sur la figure 249, qui permet de voir que le porte-lames est droit et porte deux jeux de lames insérées. Le porte-lames K en fonte est d'abord centré et tourné cône à un bout pour s'ajuster sur la broche de la machine à percer, comme il est représenté, et à l'autre bout J, pour

s'ajuster dans la bague E du montage. La partie la plus grosse K est tournée à un diamètre suffisamment petit, pour permettre aux lames de faire une saillie de 7^{mm},93 (4/16 p.). Les trous pour les lames sont percés en montant le porte-lames entre pointes sur la fraiseuse universelle, et en divisant en cinq parties. On perce ainsi la première série de trous L.

La seconde série est ensuite percée de la même manière, à 6ᵐᵐ,34 (1/4 p.) plus haut en M, de façon que chacun des trous tombe entre deux des trous de la première série. Les outils sont faits en acier Stub de 9ᵐᵐ,52 (3/8 p.) de diamètre, et usinés à un bout pour former le tranchant, comme il est représenté. Ensuite on les dispose de manière que le premier jeu L dégrossisse le trou, et que le second jeu de cinq outils M le finisse. Ils sont maintenus solidement en position au moyen de vis, visibles sur la figure.

Pour l'emploi, le montage est fixé sur la table de la grande machine à percer, dans la position indiquée sur la figure 249, au moyen d'un boulon à chaque extrémité, en I, I. Le porte-outils est ensuite réglé de manière que sa tige J se trouve bien alignée et entre librement dans la bague E. La table à aléser est ensuite fixée en position sur le montage A, en la plaçant bien d'équerre contre les montants C, C et D, D comme il est figuré. La tige J du porte-outils est insérée dans la bague E, on met l'avance en marche, le trou est alésé et fini à grandeur. C'est là la meilleure méthode pour usiner de grands trous sur des surfaces plates du genre représenté. Ce montage est pratique, simple comme construction, et rapide comme manœuvre. Les outils montés dans le porte-outil K doivent être laissés aussi durs que possible, sans qu'il y ait danger de rupture, de manière à permettre d'usiner le nombre maximum de trous sans qu'il soit nécessaire de démonter et affûter fréquemment.

Usinage des tables rondes. — La figure 250 représente deux vues de la table ronde employée pour les petites perceuses. Cette table comprend deux parties : N la table proprement dite en fonte, et O la tige en acier doux laminé à froid. La manière d'usiner ces tables est la suivante : la pièce est d'abord montée sur le tour-revolver, on tourne et on alèse le trou pour la tige. On l'alèse à environ 0ᵐᵐ,0762 (0,003 p.) plus petit que le diamètre de la tige O. Les tiges sont simplement coupées dans la barre sur la machine à vis, et légèrement chanfreinées à chaque bout. On chauffe alors les tables au rouge sombre dans un four à moufle, et on insère les tiges de manière qu'elles fassent une légère saillie au-dessus de la face.

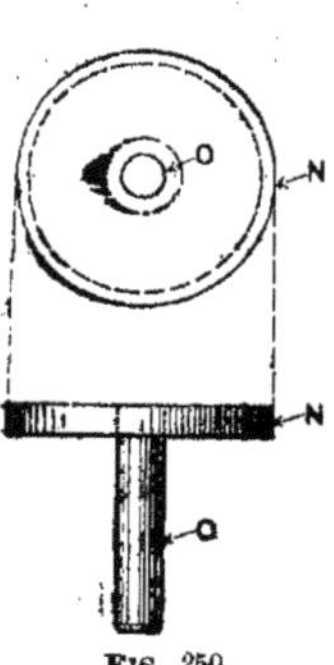

Fig. 250.

Cette manière de fixer les tiges est la meilleure, car elle est rapide et dure indéfiniment. Une fois que les tables ont été suffisamment refroidies pour qu'on puisse les saisir, on les dresse, et on tourne le bord en les montant par les tiges O sur le mandrin universel du tour. On les porte ensuite à la machine à rectifier où on rectifie la face. Ceci donne un bon aspect et une face parfaitement plane.

L'usinage des surfaces planes par rectification, comme dans ce cas, est bien préférable et plus expéditif que la méthode ordinaire employée, qui consiste à donner des passes de finition sur le tour, méthode antique et très lente, surtout quand on veut que, sur la pièce finie, la surface soit parfaitement plane.

Finissage de centres à coupes. — Pour usiner les centres à coupes représentés sur la figure 251, on commence par les tourner sur la tige P au même diamètre que les tiges de la table. On les fixe par les tiges dans un mandrin à nez sur le tour, et on tourne l'intérieur à un angle de 60° en employant le support combiné, et un porte-outil spécial, muni d'un outil en acier trempant à l'air.

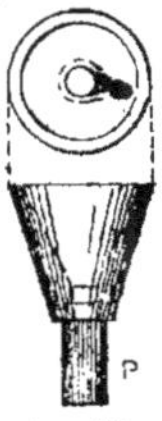

Avantages de l'emploi des outils spéciaux. — Dans ce chapitre et dans les précédents, le nombre et la variété des outils et montages que nous avons représentés et décrits, destinés à usiner des pièces en série, sont suffisants pour démontrer complètement les avantages que l'on obtient

Fig. 251.

dans l'usinage par l'emploi des outils spéciaux, en comparaison avec les anciennes méthodes de travail. Ainsi on peut indiquer que l'emploi de ces appareils supprime la sujétion, que les résultats atteints dans le travail dépendent de l'intelligence et de l'adresse des ouvriers, et permet d'employer une main-d'œuvre moins coûteuse pour les différentes opérations. Les outils représentés dans ce chapitre sont les plus simples et les moins coûteux de leur genre, leur étude permettra de faire adopter le système d'usinage interchangeable dans les vieux ateliers où on travaille n'importe comment, et on atteindra ainsi le but que l'auteur s'est proposé.

CHAPITRE XV

ÉTUDE. — FABRICATION ET EMPLOI DES FRAISES

Classification des fraises. — Il est admis sans discussion que la fraise est le roi des outils à couper modernes. Pour cette raison sa fabrication ne peut être trop soignée. A quoi servirait sans cela la fraiseuse horizontale ou la fraiseuse universelle. Quand on examine des fraises, il est bon de se rappeler que la fraiseuse a été créée pour elles, et que toute l'ingéniosité et la perfection du travail mises en œuvre pour la construction de ces admirables machines n'ont d'autre but que de maintenir solidement et de faire tourner la ou les fraises à la vitesse convenable, de faire avancer la

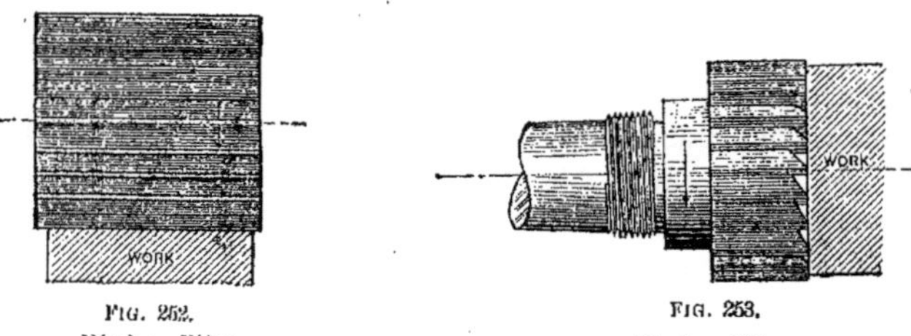

FIG. 252.
Work : Pièce.

FIG. 253.
Work : Pièce.

pièce avec une vitesse proportionnée au métal travaillé, et au type de fraise employé.

Les fraises peuvent être classées en quatre types distincts. La première forme et probablement la plus répandue est la forme axiale (*fig.* 252), avec laquelle la surface coupée est parallèle à l'axe de la fraise. Cette fraise a des dents sur la périphérie seulement ; celles-ci sont droites ou en spirale. Les fraises de ce genre, fabriquées dans les grandeurs appropriées, sont très employées pour fraiser de larges surfaces planes, ainsi que pour tailler des rainures de clavetage dans les arbres. Pour les coupes profondes ou pour découper les métaux, on leur donne un grand diamètre et une faible épaisseur. Ce sont des scies à refendre les métaux et on les creuse sur la face pour produire un dégagement.

La seconde classe comprend les fraises radiales (*fig.* 253), dans lesquelles la surface taillée est perpendiculaire à l'axe de la fraise. Ces fraises sont ainsi nommées parce que leurs dents sont employées dans un plan parallèle au rayon de la fraise.

La troisième classe comprend les fraises angulaires (*fig.* 254 et 255) avec lesquelles la surface taillée n'est ni parallèle ni perpendiculaire à l'axe de la fraise, mais forme avec lui un certain angle. Fréquemment, les fraises ont deux arêtes tranchantes angulaires différentes, auquel cas l'angle est marqué de chaque côté, comme sur la figure 255.

La quatrième classe comprend les fraises de forme telle que celle représentée par la figure 256. L'arête des fraises de cette classe forme un profil irrégulier. Quand ces fraises sont convenablement détalonnées, on peut les

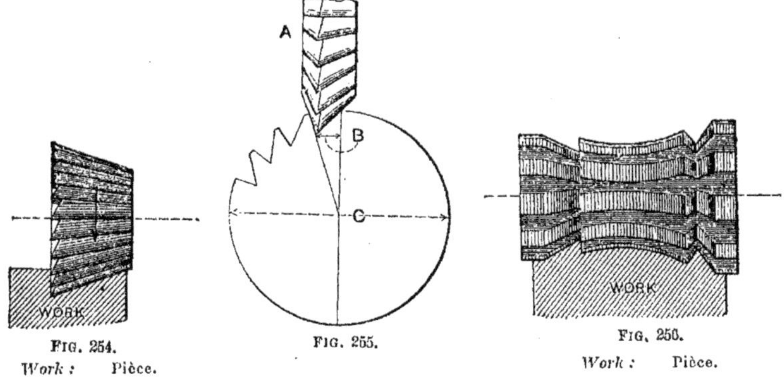

FIG. 254.	FIG. 255.	FIG. 256.
Work : Pièce.		*Work :* Pièce.

affûter sans modifier leur forme initiale. Les fraises à tailler les engrenages, à rainurer les tarauds, etc., sont toutes des fraises de forme.

Dans les nombreuses gravures de ce chapitre, on trouvera des figures représentant un grand nombre de fraises qui sont employées sur les fraiseuses. Dans la plupart des cas il est à conseiller d'employer une fraise de petit diamètre plutôt qu'une fraise de grand diamètre. Les fraises ayant de 38mm,1 (1 1/2 p.) à 50mm,8 (2 p.) sont les plus économiques pour le fraisage en général.

Étude et fabrication des fraises. — Il est admis aujourd'hui que l'un des facteurs principaux qui ont contribué à rendre l'emploi de la fraise universel et d'en faire une machine prépondérante pour l'usinage a été l'introduction de la meule d'émeri pour l'affûtage des fraises.

On a tellement travaillé la question du fraisage que dans un grand nombre de cas on a atteint un degré de perfection qui laisse peu de marge pour les perfectionnements. Il est toutefois exact cependant, que même dans les ateliers les mieux dirigés, la production est au-dessous de ce qu'elle pourrait être. Certains ateliers ont sans doute développé le fraisage beaucoup plus que le reste du pays, mais, en somme, il n'y a pas de raison pour que le fraisage ne continue pas à progresser pendant la décade actuelle comme il l'a fait pendant la décade passée. Il doit progresser non seulement en devenant d'un emploi plus général, et plus largement appliqué, mais encore en donnant de meilleurs résultats.

Genres et grandeurs types pour les fraises. — Il est absolument courant de voir employer des fraises qui ne conviennent pas pour le genre de travail. Le nombre des genres et des grandeurs types est déjà énorme, et ni le fabricant ni celui qui les emploie ne peuvent accepter bénévolement l'idée d'une grande augmentation de ce nombre, aussi les types existants ne sont pas appropriés à la grande variété des travaux qu'ils doivent exécuter. Le type ordinaire de fraise a été créé pour être employé sur la fonte, le fer forgé, l'acier ou le laiton, et la forme adoptée a été développée de manière à pouvoir s'appliquer le mieux possible à un travail varié.

Il y a beaucoup d'opérations spéciales où la fraise traverse en même temps différents métaux, du mica, du cuir vert, ou du papier, ce qui constitue des conditions spéciales. On ne peut déterminer la meilleure forme de fraise qu'en exécutant des expériences sur ces opérations particulières. Pour un travail discontinu, il importe peu qu'une fraise n'ait pas la meilleure forme possible, mais pour un travail en série, c'est un inconvénient sérieux si l'outil ne peut donner les meilleurs résultats.

Dents dégagées. — Un outil à tourner ou à raboter pour la fonte ou l'acier a une certaine inclinaison au sommet, ainsi qu'un dégagement en dessous, et pour un grand nombre d'opérations, les fraises doivent avoir une inclinaison analogue. De l'expérience particulière et générale, il résulte que les dents dégagées peuvent souvent être employées avec avantage dans les conditions suivantes : la machine doit être puissante et l'arbre porte-fraises de larges dimensions. L'intervalle des dents doit être assez grand pour qu'il n'y en ait pas plus de deux ou trois qui coupent en même temps. La vitesse de coupe doit être faible et l'avance suffisamment rapide pour que chacune des dents puisse couper réellement. Quand ces conditions ne peuvent être remplies, il n'y a probablement pas avantage à abandonner la forme usuelle des dents.

Les fraises à mortaiser ou rainurer, les fraises en spirale et les fraises latérales conviennent bien pour les dents entaillées. Les fraises de forme peuvent être faites ainsi, mais il y a une difficulté en ce qui concerne la forme. Ainsi sur la figure 257, si la forme exacte requise est exécutée le long de la face coupante AB, la fraise laissera une forme fausse le long de la ligne AC. Dans la plupart des cas, la différence est très faible, et peut toujours être admise quand on fabrique les fraises, mais des variations dans l'affûtage de la face peuvent altérer la forme. Il est aisé quand on les affûte de vérifier si les faces ont bien une direction radiale, mais il n'est pas aussi simple de donner une certaine inclinaison.

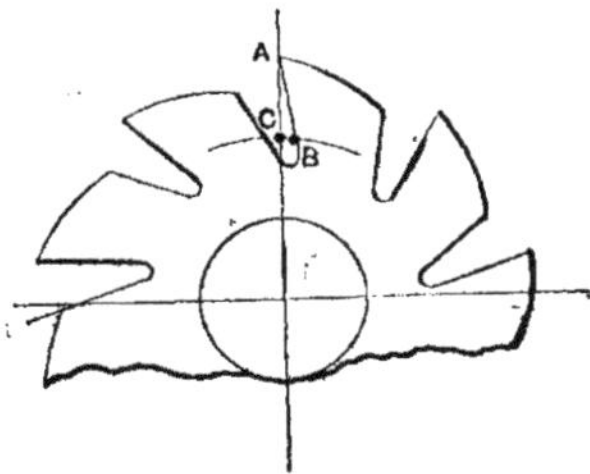

FIG. 257.

Fraises en bout. — La question des dents entaillées se présente également dans le cas des fraises en bout. Les figures 258, 259, 260 représentent trois méthodes de taillage des dents. La figure 258 représente une fraise en bout ordinaire à dents en spirale, avec dents à droite et spirale à gauche, disposition qui a pour effet que la poussée de la pièce tend à repousser toujours la fraise dans sa douille. C'est là la forme correcte si la fraise est destinée à fraiser sur les côtés, si, pour parler strictement, elle ne

FIG. 258.

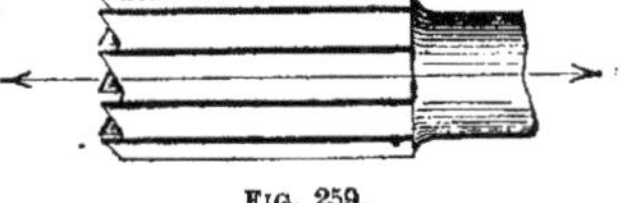

FIG. 259.

doit pas être employée comme fraise en bout, ce qui ne convient pas, parce que, en bout, les dents ont un dégagement négatif, et ne couperaient pas bien.

Pour couper en bout, les dents droites ordinaires représentées sur la

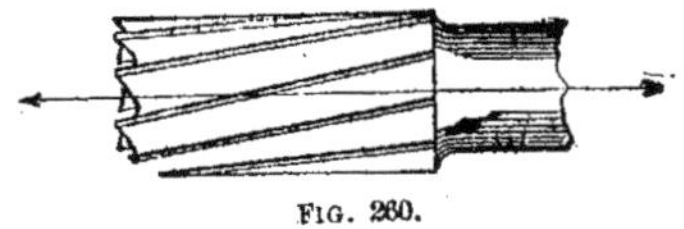

FIG. 260.

figure 259 sont mieux appropriées, et, dans certains cas, une fraise à droite avec une spirale à gauche constituerait la meilleure solution (voir *fig. 260*). Ceci donne un dégagement correct aux dents en bout, et quand on l'emploie dans des conditions favorables, une fraise semblable n'a pas plus de tendance à abandonner sa douille qu'une mèche hélicoïdale qui est construite exactement sur le même principe.

Dégagement latéral. — Les fraises types donnent souvent des difficultés en ce qui concerne le dégagement latéral. On admet que la fraise ne doit pas perdre de sa largeur par suite du réaffûtage, mais il doit y avoir quelque préparation sur les côtés ou bien elle ne pourrait travailler, aussi donne-t-on un très léger dégagement d'un demi-degré de chaque côté, ce qui a pour effet que la fraise s'amincit de $0^{mm},0508$ (0,002 p.) quand on enlève à la meule $6^{mm},34$ (1/4 p.) en diamètre. La fraise donnerait un meilleur service si elle avait environ un degré de dégagement de chaque côté, mais cela aurait pour effet de lui faire perdre trop tôt sa largeur. Si nous supposons qu'on doit produire une quantité de travail pour laquelle la largeur de la rainure n'est pas exacte à $0^{mm},508$ (0,02 p.), ou pour laquelle la fraise sert seulement à dégrossir, il vaudra la peine de prendre une fraise type et de lui donner à la meule un dégagement spécial. C'est en particulier le cas quand on fraise du laiton, qui a tendance à s'engager sur les côtés.

Fraises à dents rapportées. — Les fraises à dents rapportées ont maintenant pris une grande importance. Leurs avantages évidents sont les suivantes : ·

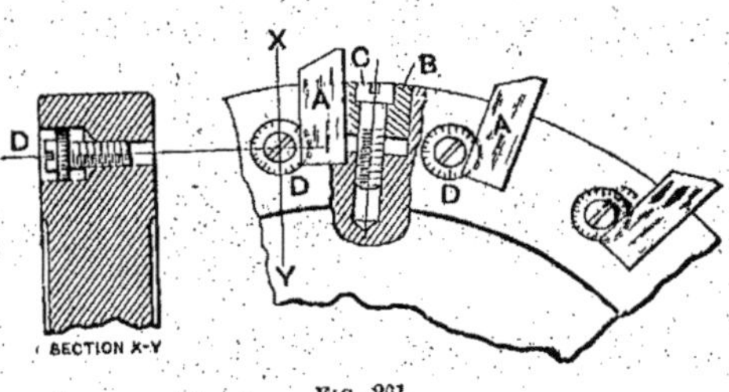

FIG. 261.

Section X-Y ; Coupe X-Y.

1º On peut employer une matière bon marché pour le corps de la fraise, et les aciers rapides les meilleurs pour les lames ;

2º Les difficultés de trempe sont réduites au minimum ;

3º Quand les dents sont usées, on peut les remplacer à peu de frais. La grande objection est le coût de premier établissement, particulièrement dans le cas de fraises ayant moins de $177^{mm},8$ (7 p.) de diamètre. Les fraises à dents rapportées ne sont également d'ordinaire pas très pratiques pour les coupes larges. La supériorité des fraises à dents rapportées est surtout indiscutable dans le cas de fraises latérales ou écartées qui coupent principalement sur les angles.

La figure 261 représente une méthode très employée pour fixer les dents. La lame A est rectifiée sur les côtés. La douille B est tournée parallèle, et a un plat fraisé sous un certain angle avec l'axe. Cette douille qui s'ajuste sur une portée, comme il est figuré, est simplement un coin et est emmanchée. Il y a une vis C pour l'empêcher de se desserrer. Une seconde vis D, brevetée, sert à ajuster les lames latéralement. Il semble qu'il n'y a pas de raison pour que ces fraises ne remplacent pas largement les fraises massives, sauf dans les petites dimensions.

Limites d'inexactitude. — Si nous abordons la question de la fabrication des fraises en grandes quantités, le grand principe de « l'assez bon » se soutient lui-même. Il faut d'abord déterminer exactement ce qui est « assez bon » et le dessin doit l'indiquer avec précision. Tout temps passé à faire une mesure plus près qu'une grandeur fixée est une perte. La figure 262 est un dessin d'exécution d'une fraise simple, qui doit être mesurée au palmer et non avec des calibres de tolérance.

D'après ce dessin, on a fixé que si l'erreur sur l'épaisseur d'une fraise de 12mm,7 (1/2 p.) n'excède pas 0mm,0254 (0,001 p.), elle est assez bonne. Ceci est clairement indiqué, et le rectifieur doit se tenir dans les limites imposées mais ne pas passer son temps à faire chaque fraise de 12mm,7 (1/2 p.) exacte à 0mm,0127 (0,0005 p.) près de la dimension théorique.

Au contraire, on a trouvé que environ 0mm,254 (0,017 p.) est une tolérance raisonnable

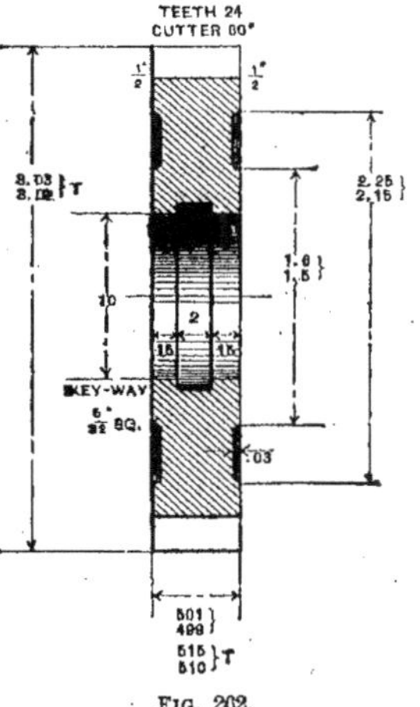

FIG. 262.

Teeth 24 :   24 Dents.
Cutter 60″ :   Fraise 1.523,8^{mm}.

pour faire disparaître les marques du tour sur les côtés après trempe. Il est cependant plus rapide d'enlever à la meule quelques millièmes en plus que de les enlever au tour, et le tourneur doit se tenir dans les limites, 0mm,254 à 0mm,381 au-dessus de 12mm,7 (10 à 15 millièmes de p. au-dessus de 1/2 p.). Il n'a pas d'excuse de laisser trop ou trop peu pour la rectification, ni pour gâcher du temps en prenant une passe de 0mm,0508 (0,002 p.) sur le côté.

On voit que le diamètre actuel n'est pas important, et le tourneur a une tolérance de 0mm,254 (0,01 p.), ce qui signifie que le rectifieur doit juste faire disparaître les marques du tour.

Le dessin indique que les ressauts latéraux peuvent varier en diamètre de 2mm,54 (0,1 p.). Le dégagement de chaque côté est évalué à un demi-degré, et il est essentiel qu'il règne jusqu'au sommet extrême des dents.

Emploi et abus des fraises. — On pourrait consacrer tout un chapitre à l'emploi, à l'abus et à l'entretien des fraises. Nous ne pourrons y consacrer qu'un passage dans un chapitre destiné principalement à décrire leur étude et leur fabrication.

C'est une grande satisfaction pour le fabricant que, quand une fraise est cassée en tournant en arrière contre la pièce, sa cassure soit caractéristique. On peut prendre une fraise qui a été gâchée ainsi, et quoique l'ouvrier qui l'a cassée soit absolument sûr qu'elle tournait dans le bon sens, les fêlures des faces des dents prouvent le contraire.

Pour beaucoup d'opérations, il est de la première importance d'avoir un plein jet de lubrifiant ; un filet n'est pas suffisant.

Réaffûtage. — On ne saurait trop répéter qu'employer une fraise désaffûtée constitue un gâchage très onéreux. Il est aussi impossible de fraiser avec succès sans appareils convenables pour l'affûtage que de tourner convenablement en n'ayant que le seuil de l'atelier pour affûter les outils. Quand on change à temps une fraise, l'affûtage n'exige que quelques minutes, pour la plupart des petits modèles. Si l'on attend trop longtemps, l'affûtage devient une opération sérieuse, qui fait perdre à la fraise sa trempe et peut obliger à la retremper.

Quand le réaffûtage ne peut être exécuté en deux ou trois passages sur la meule d'émeri, on doit monter la fraise sur un mandrin, et la rectifier pendant qu'elle tourne jusqu'à ce que toute la partie usée ait été enlevée. L'affûtage dent par dent doit être réservé pour meuler la face postérieure afin de produire le tranchant. Non seulement cette méthode est de beaucoup la plus rapide, mais elle n'offre aucun risque de détruire la trempe si on l'applique avec des soins ordinaires.

On doit toujours se rappeler que si bonne une fraise soit-elle, le tranchant peut toujours être endommagé par un manque de soins pendant l'affûtage, au point d'être mise hors de service. Il est bon, après affûtage, de passer le tranchant à la pierre à l'huile.

Comme les dents sont ordinairement réaffûtées à sec, il est important de prévoir des dispositifs pour aspirer les poussières produites. On est d'accord aujourd'hui pour reconnaître que le meulage à sec est un travail dangereux, qui produit de longues maladies. Cette opération ne produit pas la tuberculose par elle-même, mais irrite la gorge et les poumons au point de les rendre malades et susceptibles de prendre les germes de la tuberculose. Pour cette raison, la meule d'émeri doit être recouverte.

autant que possible, par un capuchon, et on doit produire une bonne aspiration au moyen d'un ventilateur ou autrement.

Qualité d'acier à employer pour les fraises. — La question très importante de la qualité de l'acier à employer est trop souvent méconnue. Il est évident et on peut s'y laisser prendre, que deux fraises, l'une en acier de première qualité, et l'autre en acier de mauvaise qualité, peuvent avoir un aspect identique et que la différence n'apparaîtra qu'en service.

Pour les fraises petites ou de formes compliquées pour lesquelles la dépense d'acier ne représente qu'une faible proportion du coût total, l'économie réalisée en employant de l'acier bon marché est mince.

Pour les grandes fraises à formes simples exigeant peu d'usinage, où la dépense d'acier représente peut-être un tiers ou même la moitié du coût de la fraise finie, l'économie réalisée en employant de l'acier bon marché est considérable, et peut faire admettre à celui qui l'emploie la mauvaise qualité du tranchant. L'acier de bonne qualité peut être retaillé, et après trempe la fraise n'est pas sensiblement inférieure à une fraise neuve.

Choix d'un jeu de fraises pour une machine à fraiser. — Une personne achetant une machine à fraiser pour un emploi général, et ne possédant pas d'expérience antérieure, se trouve immédiatement en face du problème des fraises, et on l'entend souvent demander : que dois-je acheter pour commencer, ou qu'est-ce qui est nécessaire pour mon travail ? C'est à cette classe d'acheteurs que nous dédions ces indications plutôt qu'à ceux qui, ayant des années d'expérience et d'étude, peuvent donner des conseils et n'ont pas besoin de ceux que j'offre.

Pour commencer, on ne doit dans aucun cas acheter un lot de fraises de seconde main, parce qu'on a pu les avoir d'occasion, car elles peuvent dans la suite être très coûteuses, pour plusieurs raisons. Elles peuvent ne pas convenir au travail, être démodées comme forme, ou mal copiées sur les fraises des nouveaux modèles créés, ou bien elles peuvent être usées au point que le réaffûtage en soit impossible, ce qui les rend impropres à tout usage.

Un assortiment de fraises. — L'assortiment de fraises représenté sur la figure 263 constitue un jeu bien composé à prendre avec une machine neuve. Il permet d'exécuter une grande variété de travaux, inclus la fabrication de fraises neuves de la plupart des formes et grandeurs. Il comprend deux numéros 6 et un arbre de fraise, convenables pour des fraises en bout de 57^{mm},14 (2 1/4 p.) à 127^{mm} (5 p.) de diamètre, et le n° 7 représente une fraise en bout de 38^{mm},1 (2 1/2 p.) de diamètre se montant dessus. L'arbre possède un collet fileté avec languettes s'ajustant dans les rainures fraisées à l'extrémité postérieure des fraises pour entraîner celles-ci.

La vis placée à l'extrémité antérieure de l'arbre pénètre dans le trou agrandi de la fraise, empêchant les copeaux de pénétrer, et maintenant la

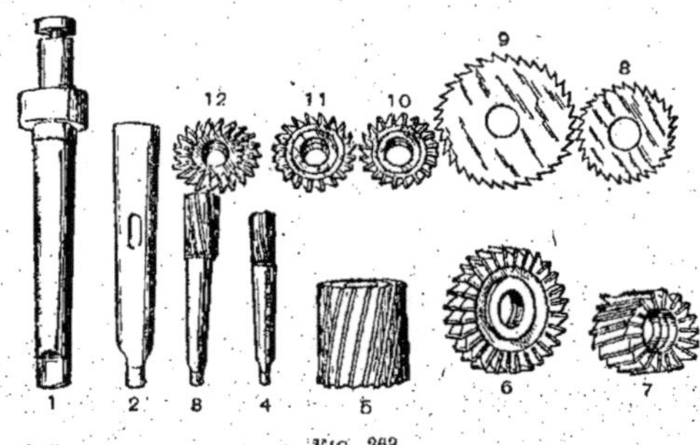

Fig. 263.

fraise en place. Les figures 264 et 265 représentent deux autres genres de fraises en bout et d'arbres, possédant chacun divers avantages recommandables. Les fraises représentées dans le groupe à droite sont taraudées au type, et portent une rainure fraisée à travers l'extrémité postérieure pour s'ajuster dans le collier fou, qui est employée pour démonter la fraise et ne sert pas à autre chose. Si on le désire, la fraise peut être prolongée

Fig. 264.

Fig. 265.

elle-même, et fraisée pour s'ajuster dans une clavette, la seule objection est que la fraise coûtera un peu plus.

L'arbre représenté avec les fraises s'ajustant dessus (*fig.* 264) porte un cône B et S n° 10 pour se monter sur la machine, un cône Morse n° 4 en avant pour monter les fraises, et une clavette Woodruff pour l'entraînement. Il porte un écrou pour monter les fraises et un filetage, analogues à la vis du n° 1 de la figure 263.

Ces trois types d'arbres et de fraises sont excellents et chacun d'eux donne de bons résultats. La fraise taraudée est la moins coûteuse parce qu'elle n'exige pas de rectification ou de grattage à l'intérieur. L'arbre conique et sa fraise sont peut-être un peu plus coûteux à fabriquer parce qu'il est nécessaire que la fraise soit rectifiée intérieurement pour s'ajuster sur le cône. Ce système est à recommander quand on exige un travail très précis.

Fraises en bout à coquille. — Les fraises en bout à coquille sont très pratiques, et seront très employées chaque fois qu'une fraiseuse en sera munie.

Les petites fraises en bout doivent être construites solidement, de préférence avec des tiges coniques (n°s 3 et 4, *fig.* 263) qui constituent la manière la plus précise et la plus pratique pour les monter.

Fraises à dresser à broches. — La fraise à dresser à broche (n° 5, *fig.* 263) a 63^{mm},5 (2 1/2 p.) de diamètre, 76^{mm},2 (3 p.) de face, et appartient à la nombreuse variété cataloguée par les fabricants de fraises qui ont l'habitude de les faire à dents droites quand la face a moins de 19^{mm},04 (3/4 p.) de largeur. Ce type de fraises, dans les largeurs appropriées, est couramment employé pour les clavetages.

Les fraises à dents latérales (n° 6) pourraient être employées pour les clavetages, mais il est évident qu'elles tombent au-dessous de la dimension beaucoup plus tôt que les fraises à dents extérieures.

Les dents fraisées en spirale donnent un meilleur travail, pour les coupes larges, que les dents droites, en raison de leur action progressive, et pour les gros dégrossissages, les dents doivent être entaillées en taillant une rainure à pas allongé avant de tailler les dents.

La fraise latérale est très pratique quand on l'emploie par paires pour fraiser en même temps les deux côtés d'une pièce, comme pour tailler le carré de la tige d'un taraud. Les fraises qui travaillent sur les côtés opposés de la pièce suppriment toute tendance aux vibrations et produisent avec rapidité un travail précis.

Groupes de fraises et fraises à entraînement mutuel. — La figure 266 représente un groupe de fraises à dresser, en spirale, avec dents latérales, la paire intérieure formant entraînement mutuel. Les dents sont taillées en spirale, à droite et à gauche alternativement, pour équilibrer les poussées latérales, et pour donner une inclinaison au sommet aux dents latérales qui taillent. La paire intérieure est munie de griffes d'embrayage formant entraînement réciproque. Les surfaces d'appui sont creusées pour permettre aux griffes de s'engager. On emploie du papier pour écarter les fraises, les faces latérales étant rectifiées, ce qui maintient une dimension constante et assure l'interchangeabilité. On peut employer les mêmes fraises pour dégrossir et pour finir, en enlevant une partie de la garniture pour dégrossir et en remettant les fraises à la largeur convenable avant de commencer la passe de finition.

La figure 266 représente un groupe de fraises de formes communes. Au cours de l'affûtage, on doit avoir soin de conserver aux faces des dents une direction radiale. On a tendance à meuler davantage le sommet que la base des dents, ce qui constitue un grand inconvénient pour le tranchant.

Généralement, il est plus économique d'acheter les fraises des types courants aux fabricants, et, dans bien des cas, de faire de même pour les fraises spéciales, mais il est parfois désirable de faire une partie de ce travail à l'atelier, car cela est plus économique si l'outillage est convenablement équipé et organisé, et la valeur éducative de ce travail offre un avantage notable.

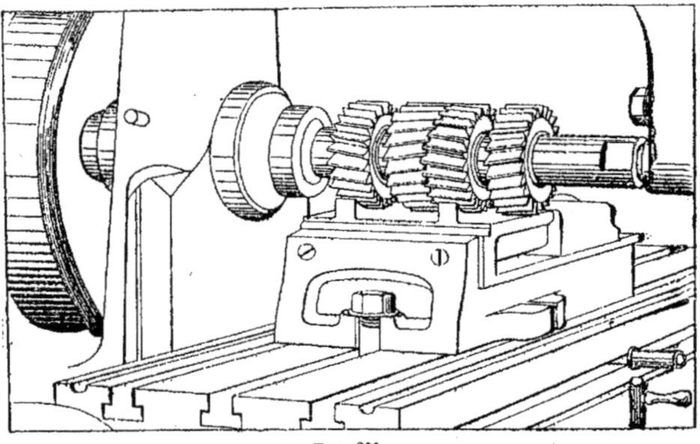

Fig. 266.

Fabrication des fraises. — Pour fabriquer des fraises, les nᵒˢ 10, 11 et 12 (*fig.* 263) constituent un bon équipement. Les deux premières ont un angle de 60° l'une à droite et l'autre à gauche, et suffisent pour la plupart des travaux à dents droites. Le nᵒ 12 sert pour les fraises à dents en spirale et a un angle de 12° d'un côté et de 40° de l'autre côté.

La pratique a démontré qu'il est très bon de donner aux fraises des dents radiales. Si elles sont entaillées de manière à donner une inclinaison au sommet au tranchant, comme pour l'outil de tour, on obtient une dent faible, susceptible de se briser aisément, mais on augmente le rendement des grosses fraises.

Il y a plus de danger à faire trop de dents qu'un nombre trop réduit sur une fraise.

Si la fraise a un faible diamètre, et devient trop mince, si les dents sont profondes, on fera la première taille à la profondeur convenable, puis on taillera de nouveau tout autour, après avoir fait tourner la pièce, de manière à l'amener à l'angle convenable.

Point essentiel dans la pratique de la fraiseuse. — Le point le plus essentiel dans la pratique de la fraiseuse est que les fraises de toutes formes soient maintenues en bon état d'affûtage. Une fraise émoussée est comparable à tout autre outil émoussé, son rendement est très diminué, le travail produit est inférieur, et la fraise s'use rapidement.

Les mêmes principes s'appliquent au tranchant de la fraise comme à celui de tout autre outil coupant à métaux. S'il n'y a pas assez de dégagement, il ne coupe pas bien ; s'il y en a trop, il vibre ; 3° environ donnent généralement de bons résultats.

Vitesses et avances pour les fraises. — Un sujet sur lequel on ne saurait trop écrire ni trop réfléchir est celui des vitesses et avances convenables pour les fraises. Souvent on pose la question suivante : quelle règle existe-t-il pour déterminer les vitesses convenables pour les fraises ? Quand on ne fournit pas une réponse immédiate à cette question, l'interlocuteur n'est jamais satisfait et ordinairement découragé. D'ailleurs il n'existe pas de règle absolue pour déterminer les avances et les vitesses convenables des fraises, et nous ne pouvons pas en donner une dans ce livre. La texture et la dureté de la matière à usiner déterminent la vitesse superficielle dans chaque cas particulier. Ainsi pour la fonte, une vitesse de $12^m,19$ (40 pieds) par minute peut être prise avec sécurité comme une base exacte quand on donne de grosses passes de dégrossissage, tandis que pour les passes légères de finition, sur la même matière (une fois que la peau a été enlevée) $15^m,23$ (50 pieds) par minute n'est pas trop. Quand on travaille l'acier, $6^m,04$ (20 pieds) par minute n'est pas une vitesse exagérée, et pour le laiton $18^m,28$ (60 pieds) par minute sont de bonnes bases pour déterminer les vitesses de coupes correctes pour ces métaux.

Quoique la dureté et la texture de la matière travaillée constituent les facteurs principaux à considérer quand on détermine les vitesses de fraisage, la nature de la coupe et sa forme exercent également une influence importante. Ainsi par exemple, une grande scie à refendre peut tourner environ deux fois plus vite qu'une grande fraise à dresser quoique travaillant dans la même matière.

Maintenant, en ce qui concerne la base des vitesses pour le fraisage, la pratique la plus répandue consiste à prendre une passe de dégrossissage avec les vitesses les plus rapides que la machine peut donner, pourvu toutefois que la fraise soit relativement solide par comparaison avec la machine sur laquelle on l'emploie. Si la nature du travail exige une fraise d'une forme qui la rend comparativement faible, il est souvent plus économique de risquer de briser occasionnellement une fraise que de faire travailler la machine à faible vitesse.

Quand une fraise tourne à petite vitesse tout en avançant à une grande vitesse dans la fonte, un jet d'air comprimé lancé sur la fraise avec une force suffisante pour chasser les copeaux aussi vite qu'ils sont produits prolonge la durée de la fraise, même quand on la fait avancer aux plus grandes vitesses. Quand on travaille l'acier, un jet d'huile sur la fraise produit le même effet, pourvu que l'huile s'écoule avec une pression suffisante pour chasser entièrement tous les copeaux de dessus la fraise.

En ce qui concerne le brûlage des fraises, ou la perte de leur trempe en

FIG. 267.

cours de travail, on comprend que ce résultat n'est pas dû à une avance trop rapide, mais à des vitesses exagérées. Quand la vitesse et l'avance sont maxima, on peut augmenter le déplacement de la table par minute en réduisant la vitesse de la fraise et en augmentant l'avance.

Quand on donne des passes de finition, la vitesse dépend de la qualité et du degré de fini exigé. Nous pouvons indiquer que des expériences ont montré que $0^{mm},762$ (0,030 p.) par tour d'une fraise de $88^{mm},9$ (3 1/2 p.) pour un travail de dressage donne un beau fini, et que pour la construction mécanique, on obtient ainsi une surface qui ne demande qu'un faible grattage pour donner une bonne surface de frottement.

La figure 267 représente une collection de fraises de forme.

Pour obtenir de bons résultats avec les fraises, il faut qu'elles soient bien faites, convenablement trempées, affûtées régulièrement et qu'elles reçoivent une vitesse et une avance appropriées.

Indications concernant le fraisage. — L'expérience de l'emploi des fraises démontrera à chacun qu'on peut éviter des dépenses inutiles et des ennuis en les affûtant fréquemment et convenablement. Une fraise émoussée ne produit pas un bon travail, et s'use très rapidement. Dès que la fraise paraît s'émousser, servez-vous de la machine à affûter, vous économiserez vos fraises, votre temps, votre patience, et vous pourrez faire rendre à vos fraises le travail le meilleur et le plus rapide.

Afin de conserver la forme correcte des angles profilés, affûtez les dents radialement.

On ne peut donner une règle absolue pour les vitesses ou l'avance des fraises, mais la tendance ordinaire pour tous les genres de travaux, sauf pour les passes de finition, est de donner une faible vitesse et une grande avance.

Pour fraiser le fer forgé ou l'acier, employez l'huile de lard, l'huile minérale, ou quelqu'une des huiles composées préparées pour cet usage.

Les fraises petites montées sur des fraiseuses horizontale, coupent mieux et plus vite que les grandes fraises ; elles coûtent également moins et durent plus longtemps.

Toutes les fois que cela est possible, employez une fraise plus large que la coupe à exécuter.

CHAPITRE XVI

LA TREMPE ET LE RECUIT DES FRAISES

La trempe. — Quoique la qualité de l'acier employé pour les fraises ait une grande importance, la correction de la trempe en a au moins une aussi grande. C'est un fait réel qu'un mauvais acier bien traité donne de meilleures fraises qu'un bon acier mal traité. Les trempeurs qui fabriquent ces outils ne peuvent se plaindre de la pauvreté de la littérature technique sur ce sujet car on publie continuellement des traités et des articles. Cependant la pratique seule peut enseigner les détails et raffinements des procédés les plus intéressants pour la fabrication des fraises.

Nous allons exposer les méthodes pour bien tremper les fraises, qui sont le résultat de l'expérience, et si elles ne sont pas nécessairement les meilleures, il est reconnu qu'elles conduisent au succès quand on les applique.

Il est bon de remplir les trous borgnes, les angles vifs intérieurs, etc., avec de l'argile. Dans bien des cas, on doit employer l'amiante et le fil de fer pour recouvrir les points faibles, ou les places qui doivent rester douces. Les fours doivent être placés dans une pièce partiellement obscure et garantie contre les rayons directs du soleil.

Quoique je n'aie jamais trouvé aucun inconvénient à employer l'eau froide pour refroidir, il est très rationnel de supposer que l'eau contenant une certaine quantité d'air en dissolution peut ne pas refroidir la fraise aussi uniformément qu'elle le ferait si l'air avait été éliminé, aussi l'eau bouillie est-elle préférable.

Après usinage, les outils doivent rester au repos pendant quelques jours avant la trempe. Si on doit les tremper immédiatement, il faut commencer par les recuire mais en prenant soin de prévenir toute tendance à la décarburation de la surface. Pour obtenir ce résultat, on mettra un excès de charbon de bois près des fraises, dans le four, pour maintenir une atmosphère réductrice.

Chauffage. — Il est nécessaire que non seulement la fraise soit à la température exacte, et qu'elle soit uniformément chaude au moment où on l'immerge, *mais encore il faut qu'elle ait atteint cette température graduellement et uniformément.* Si la chaleur est appliquée graduellement, la fraise peut être plus chaude que la température correcte et ne passe fendre cependant. Si une fente apparaît dans ces circonstances, il est probable qu'elle traverse la fraise. Si une fraise, après avoir été chauffée trop rapidement ou avoir été trop chauffée, est ramenée soigneusement à la température correcte dans le four puis trempée, les dents peuvent casser. Elles le feront certainement si leur température n'est pas à peu près régulière au moment de l'immersion. Dans le cas où on a fait une erreur dans le chauffage, il faut laisser refroidir la fraise puis la chauffer à nouveau.

Immersion. — La manière d'immerger mérite de l'attention. Une fraise mince doit se trouver dans un plan vertical au moment où elle entre dans l'eau. Si on la plongeait horizontalement, un côté serait refroidi avant l'autre, ce qui ferait voiler la fraise. Une fraise avec un long trou doit être plongée dans le bain avec le trou vertical, pour permettre à l'eau de circuler librement. Les fraises ayant de grands ressauts doivent être plongées avec le ressaut vers le haut, pour permettre à la vapeur de s'échapper. Le but est en général, en premier lieu, de refroidir simultanément les parties symétriques, et secondement, de laisser l'eau accéder sans retard à toutes les parties. Ainsi un alésoir long et mince doit évidemment être plongé par le bout, afin que toutes les cannelures puissent se refroidir simultanément, quoique l'eau puisse accéder plus rapidement à toutes les parties si on le plongeait horizontalement.

Les fraises ne doivent pas être refroidies complètement dans l'eau. On doit les retirer dès qu'elles sont assez durcies pour que la couleur de trempe puisse apparaître si on les polit immédiatement. Les fraises pesant quelques kilos peuvent être retirées de l'eau dès que les dents sont durcies. En quelques minutes, la chaleur du centre commence à recuire les dents, et juste avant que la couleur apparaisse, on doit les plonger de nouveau une ou deux secondes. On peut répéter cette opération trois ou quatre fois ou davantage, selon la dimension des fraises. Quand enfin elles sont assez froides, on doit les maintenir pendant quelques minutes à une chaleur suffisante pour faire apparaître juste la couleur — un jaune paille léger — et enfin les laisser refroidir à l'air. Pour pouvoir observer la couleur, il est nécessaire d'avoir une autre pièce avec une surface propre, pour faire la comparaison.

Déformations. — Les changements de forme résultant de la trempe peuvent être largement évités par un recuit préalable, en chauffant à la température la plus basse compatible avec le degré de dureté demandé, et en chauffant toutes les parties avec la plus grande uniformité.

Bain de plomb. — Les alésoirs longs et minces peuvent être chauffés régulièrement dans le plomb chauffé au rouge. Toutefois, il est important, pour éviter que le plomb soit refroidi par l'immersion de pièces froides et pour éviter que les pièces soient elles-mêmes détériorées par un chauffage trop rapide, que celles-ci soient chauffées préalablement et à peu près au rouge à une température légèrement inférieure à celle de la trempe, et que le bain de plomb soit réservé pour le chauffage final. On doit employer le plomb vendu dans le commerce comme « chimiquement pur » et pendant le travail, sa surface doit être recouverte en grande abondance d'une couche de charbon de bois menu, afin de prévenir toute formation de scories qui pourraient adhérer aux dents.

Degré de dureté. — Qu'elles aient été chauffées au plomb ou autrement, les dents d'une fraise finie doivent être aussi dures qu'une bonne lime neuve douce. Elles doivent rayer le verre.

Accidents de trempe. — Nous avons indiqué précédemment que l'acier peut être surchauffé sans craquer pour cela, si la température est bien uniforme. Il convient d'insister sur ce point, et d'y apporter beaucoup de soin. Les ruptures ne constituent pas une ligne de démarcation entre les bonnes et les mauvaises trempes, mais entre les trempes mauvaises et celles qui le sont presque. Quand l'acier est mal traité, il perd ses meilleures qualités bien avant que le traitement soit assez mauvais pour produire une rupture immédiate. Si dans un grand atelier de trempe une quantité considérable d'outils est brisée, il est probable que beaucoup d'autres sont aussi mauvais qu'ils peuvent l'être, sans casser de suite. Si aucun ne casse, il est raisonnable d'admettre qu'un grand nombre d'entre eux est bien trempé. Un bon trempeur ne doit pas s'effrayer si occasionnellement il trouve une fraise à peine juste assez dure, ou même d'une dureté douteuse, parce que le chauffage qui produit ce résultat n'endommage pas l'acier, et on peut le retremper. L'opérateur a même la satisfaction de penser que le reste du travail de ce four est probablement très bon.

Il y a donc ainsi deux extrêmes incontestables, d'un côté une fraise insuffisamment dure, de l'autre une fraise cassée, qui sont également inadmissibles.

Contrôle de la trempe. — L'acier peut se trouver entre ces deux limites et être cependant endommagé ; un contrôle plus sérieux est nécessaire, car si un trempeur doit réaliser des conditions exactes, il doit savoir exactement quel résultat il obtient.

Sablage. — Dans ce but, on a adopté fréquemment avec succès la méthode suivante : après trempe et recuit à la manière habituelle, les fraises sont plongées dans l'huile puis sablées. Si elles ont été surchauffées dans le four, sans aller cependant jusqu'à produire des avaries apparentes, des criques apparaîtront sur les faces des dents. Ces criques que l'on observe le mieux aussitôt après le sablage sont fréquemment si petites qu'on ne peut les découvrir par les moyens ordinaires, et si les dents cassent la rupture se fera généralement en d'autres points. Une fraise sur laquelle le sablage révèle de nombreuses criques peut être encore regardée comme passable, on pourrait même la regarder comme parfaite sauf pour cet essai. C'est là un moyen de contrôler le travail du trempeur dans des limites étroites, et il se trouve averti qu'il chauffe trop avant qu'un outil soit endommagé.

Les fraises sablées présentent un autre avantage assez important consistant en ce fait que, si, au cours de l'affûtage, elles sont détrempées suffisamment pour qu'il en résulte une décoloration, la ligne indicatrice apparaîtra distinctement sur la face des dents, et ne pourra être enlevée par une autre passe sur la meule.

Chauffage et trempe des grandes fraises. — La méthode suivante pour exécuter un bon essai uniforme sur une grande fraise, d'environ $228^{mm},6$ (9 p.) de diamètre et de $63^{mm},5$ (2 1/2 p.) d'épaisseur, sur un feu de forge ordinaire, est très bonne, et si on la suit avec soin, elle donnera une satisfaction. complète.

Après avoir préparé un bon feu profond rempli à la base de charbon de forge bien cokéfié, les côtés du feu bien garnis de charbon frais, on place la fraise dans le feu, on recouvre de coke et on chauffe doucement jusqu'à ce que la fraise commence à rougir.

On place ensuite des planches de sapin sec d'environ $25^{mm},4$ (1 pouce) d'épaisseur sur le sommet du feu, et de manière à le recouvrir à peu près entièrement. Les planches prennent feu et se carbonisent bientôt. On retourne alors la fraise et on met une seconde couche de planches sur le feu.

Pendant que celles-ci brûlent pour former du charbon, on obtient un chauffage parfaitement uniforme. Puis, après avoir donné légèrement le vent de façon à s'assurer qu'on évite une élévation de température, et avoir retourné la fraise deux ou trois fois dans le feu, pour assurer un chauffage uniforme, la fraise est prête à tremper.

On peut le faire dans la saumure en laissant l'outil dans le bain pendant environ cinquante secondes. Puis on la retire rapidement, et on la met dans un bassin à huile pour achever de la refroidir. Le chauffage doit exiger environ trente-cinq minutes.

Quoiqu'un bon four à gaz puisse être employé pour ce travail, il n'est pas toujours possible d'en avoir un à sa disposition.

Pour conclure, on peut dire que la trempe est l'opération la plus diffi-cile et la plus intéressante de la fabrication des fraises.

CHAPITRE XVII

LES FORETS ET LE PERÇAGE. — LA FABRICATION ET LE DRESSAGE DES OUTILS. — BARRES D'ALÉSOIR ET ALÉSOIRS

Barres d'alésoirs et alésoirs. — Dans ce chapitre, on trouvera beaucoup de renseignements, fruits d'expérience personnelle, recueillis dans les colonnes des journaux techniques et dans les carnets de notes des compagnons mécaniciens, qui aident les outilleurs à étudier et construire tous les outils spéciaux dont on peut avoir besoin pour des travaux particuliers de perçage, agrandissement de trous et alésage.

Perçage des trous profonds. — La méthode de perçage des trous profonds dans les métaux est bien connue dans beaucoup d'ateliers, particulièrement dans ceux où on fabrique des armes à feu ou de la grosse artillerie. Depuis l'adoption des arbres creux pour les tours et autres machines-outils, les méthodes de perçage des canons ont été employées dans les ateliers de construction de machines-outils pour forer ces arbres. Pour cette raison et d'autres, les principes de cette opération sont mieux connus. Toutefois il n'est pas facile, même avec les meilleurs moyens, de percer ou aléser un trou profond, régulier et rond, ayant exactement d'un bout à l'autre le diamètre demandé, et parfaitement droit. Si beaucoup de mécaniciens sont familiarisés d'une manière générale avec les méthodes et les outils que l'on emploie pour exécuter ce travail, quelques indications à ce sujet pourront intéresser ceux qui n'ont pas encore d'expérience dans le forage des trous profonds.

On reconnaît qu'un trou long ou profond — c'est-à-dire long par comparaison avec son diamètre — se dégrossit et se finit mieux en employant un outil monté à l'extrémité d'une longue barre qui pénètre dans la pièce par un bout. Ceci est vrai soit qu'on perce un trou dans le métal massif, soit qu'on alèse un trou déjà percé ou alésé. Une barre d'alésoir qui passe à travers la pièce, et sur laquelle se trouve une tête fixe ou mobile, ne donne pas satisfaction pour un travail de grande longueur, en raison de la flexion et de la déformation de la barre, qui sont favorisées par ce fait que la barre doit être passablement plus petite que la pièce pour laisser l'espace nécessaire pour loger la tête porte-outil. Si on peut quelquefois usiner d'une manière satisfaisante un trou long au moyen d'une barre d'alésage de ce genre, en enveloppant la tête de l'outil avec des blocs de bois remplissant exactement la partie du trou déjà usinée et supportant la barre, la méthode est mauvaise, en principe, pour un travail à grande longueur.

La mèche hélicoïdale. — La mèche hélicoïdale moderne exécute le travail demandé au moyen du dispositif de la figure 268, et en outre on peut l'affûter sans affecter sérieusement l'inclinaison, et elle se débarrasse plus rapidement des copeaux grâce à ses rainures en spirale. La tige d'une mèche hélicoïdale présente une grande surface cylindrique pouvant prendre appui sur les côtés du trou et recevoir la poussée latérale. Si la mèche est également guidée par une douille trempée, au point où elle pénètre dans le métal, comme dans le cas du travail avec un montage, la

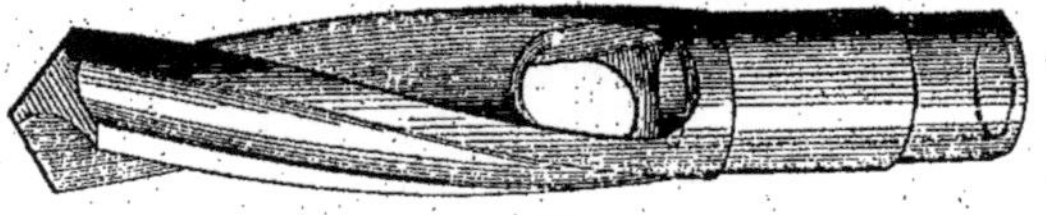

FIG. 268.

mèche aura très peu de tendance à fléchir, le trou sera exactement placé et parfaitement correct et droit.

La mèche hélicoïdale est également employée pour le perçage des trous profonds sous une forme modifiée. La mèche creuse représentée sur la figure 268 et inventée par The Morse Twist Drill C°, New Bedford, Mass., convient pour cet emploi et la figure 269 représente la disposition recommandée par cette compagnie pour faire avancer la mèche dans la pièce. La mèche possède un trou longitudinal dans sa tige terminale, qui communique avec les rainures hélicoïdales. La tige peut être filetée et ajustée sur un tube métallique qui joue le rôle de barre d'alésage et à travers lequel peuvent passer les copeaux et l'huile venant de la pointe de la mèche. L'huile est envoyée vers cette pointe par l'extérieur du tube comme il est indiqué sur la figure 269.

Pour employer cette mèche creuse, on commence d'abord le trou au moyen d'une mèche courte de la dimension du trou désiré, et on perce à une profondeur égale à la longueur de la mèche creuse que l'on va utiliser. Le corps de la mèche creuse joue le rôle d'une garniture de presse-étoupes, obligeant l'huile à suivre les rainures et les copeaux à tomber dans la tige creuse. Les méthodes employées pour supporter et entraîner la pièce ainsi que pour faire avancer la mèche sont clairement représentées sur la figure 269. Les mèches de ce genre sont couramment fabriquées jusqu'à des diamètres de 76^{mm},2 (3 p.) par The Morse Twist Drill C°. Il est reconnu

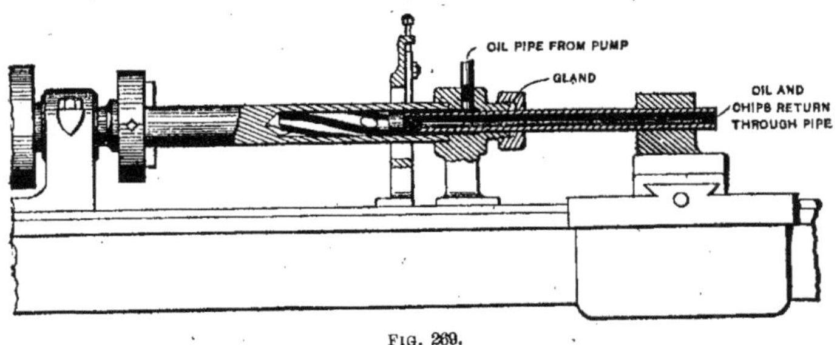

FIG. 269.

Oil pipe from pump :	Tuyau d'arrivée de l'huile venant de la pompe.
Gland :	Joint.
Oil and chips return through pipe :	Tuyau de retour de l'huile et des copeaux.

qu'on obtient les meilleurs résultats quand on perce de l'acier au creuset en faisant tourner la mèche de 6^m,095 (20 p.) par minute avec une avance 0^{mm},00635 (0,0025 p.) par tour.

Nombre de tranchants à employer. — Quand on perce un trou dans une pièce massive, le type de mèche à deux tranchants est ordinairement le plus favorable, et il est probable que l'on ne peut rien imaginer qui puisse l'emporter sur la mèche hélicoïdale pour un travail de ce genre. On peut employer pour le perçage une fraise en bout si elle possède une coupe centrale, et nous allons indiquer maintenant comment un outil à tranchant unique peut être employé avantageusement, particulièrement pour le perçage des trous profonds. La mèche en D bien connue appartient à ce type, et ses types modifiés sont employés par Pratt and Whitney pour percer les canons de fusils.

Quand il s'agit de rectifier ou d'agrandir un trou préalablement percé ou alésé, aucune forme de mèche à deux tranchants ne convient. Pour aléser un trou, rien ne surpasse un outil à aléser à une seule pointe. Les conditions idéales pour finir un trou sont réalisées quand la pointe coupante est un vrai diamant, ou une meule en matière abrasive.

Il est évident que, quand on rencontre une partie dure ou tendre en alésant avec un outil à tranchant unique, cette place particulière seule est affectée par la flexion de l'outil ; tandis qu'avec un outil à double tranchant, comme celui de la figure 270, toute flexion due aux irrégularités, comme en *a* ou *b*, produit une déformation de l'outil, qui oblige le côté opposé à donner une irrégularité analogue sur la face opposée du trou. Ceci est une objection à l'emploi de la mèche à deux tranchants pour les travaux précis.

Avec trois tranchants, l'outil est un peu mieux soutenu quand on rencontre une saillie, comme sur la figure 271, et quand un tranchant rencontre un creux, les deux autres ne sont pas déplacés autant, que s'ils sont directement opposés au premier. Aussi un outil à trois tranchants se montre-t-il meilleur qu'un outil qui n'en possède que deux, et un outil à quatre tranchants (*fig.* 272), étant encore mieux soutenu, est à son tour

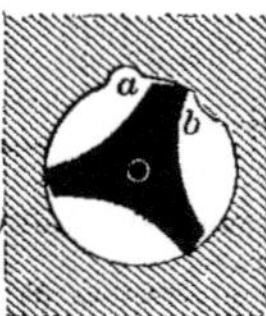

FIG. 270.   FIG. 271.   FIG. 272.   FIG. 273.

supérieur à celui qui n'en possède que trois, mais offre l'inconvénient d'avoir des tranchants opposés. Avec cinq tranchants (*fig.* 273), on obtient des résultats encore meilleurs.

En général, on peut dire que, pour aléser, les meilleurs résultats s'obtiennent avec un outil à un seul tranchant ; mais si on désire employer plus d'un tranchant, un outil à plusieurs tranchants donnera plus de satisfaction qu'un outil à deux tranchants seulement. Tous les mécaniciens qui ont essayé de rectifier le trou conique dans l'arbre d'un tour d'abord avec un outil à aléser, puis avec un alésoir, apprécieront la supériorité de l'outil à aléser sur l'alésoir à lames multiples. Il arrive souvent qu'un alésoir refuse de produire un trou parfaitement rond, que le nombre de ses dents soit impair ou pair, et on ne peut éviter ceci qu'en espaçant les dents irrégulièrement.

Avantages de la coupe en bout. — Un inconvénient des alésoirs consiste en ce que les dents coupent nécessairement sur leurs tranchants latéraux au lieu de couper en bout et l'effet de toute irrégularité dans le trou est de serrer l'alésoir sur un côté. Le même effet se produit dans une mesure moindre avec une mèche plate ou hélicoïdale dont les tranchants font un certain angle avec l'axe, et le résultat de tout effort anormal se décompose partiellement en une poussée latérale et partiellement en une poussée longitudinale. Si maintenant on réalise une mèche qui coupe d'équerre à son extrémité, et peu ou même pas du tout sur les côtés, la poussée latérale est à peu près complètement supprimée.

La figure 274 représente un outil à aléser, avec un tranchant unique, qui coupe en bout et peut percer un trou régulier dans du métal massif. Il a

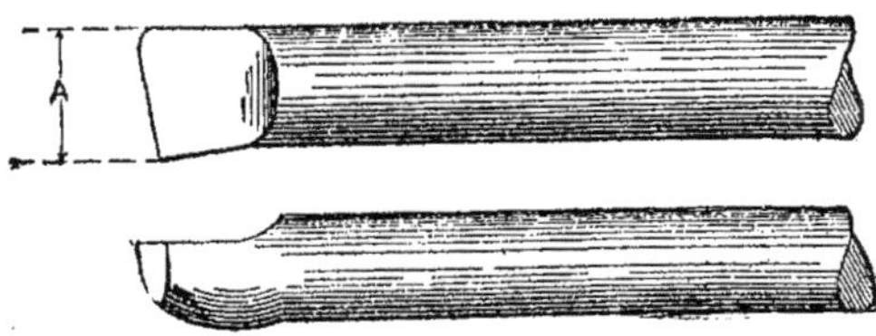

FIG. 274.

été présenté dans le numéro d'août 1896 du *Machinery*. Il se compose d'une barre ronde en acier à outils, avec une extrémité aplatie et meulée de manière à former un tranchant, comme l'indique la figure. Il est combiné pour être fixé dans le porte-outil du tour, dans une position perpendiculaire au plateau. L'intérieur du tranchant, ou angle du tranchant, doit être légèrement arrondi, pour aider à supporter l'outil, et éviter les vibrations, et la largeur A du tranchant doit être plus petite de 0^{mm},79 (1/32 p.) à 1^{mm},58 (1/16 p.) que le rayon du trou à percer.

Perçage des trous profonds par la méthode Pratt and Whitney. — Une mèche qui donne de très bons résultats pour le perçage des trous profonds est celle fabriquée par The Pratt and Whitney C°, destinée principalement à être employée sur leurs machines à forer les canons de fusils.

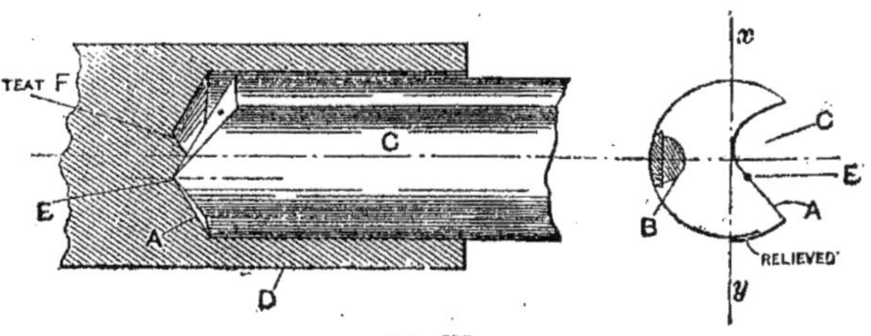

FIG. 275.

Teat F :   Manchon F.
Relieved :   Dégagement.

cipalement à être employée sur leurs machines à forer les canons de fusils. L'outil en question est un perfectionnement de l'ancienne mèche en D ou en nez de cochon, qui n'avait qu'un tranchant. Cet outil est soigneusement affûté à l'extérieur, et est muni d'un conduit à huile par lequel on peut envoyer directement l'huile sous haute pression, sur le tranchant. Si on se reporte à la figure 275, on voit en A le tranchant, en B le conduit à huile, en C la rainure pour les copeaux.

Pendant le fraisage, cette rainure est exécutée directement vers le centre, de sorte qu'à ce point de vue, la mèche coupe très franchement par comparaison avec la mèche hélicoïdale à deux lèvres qui a une cloison centrale. Sur la vue en bout, on voit clairement indiquée la forme de la rainure à copeaux. Le tranchant A a une direction radiale, et le fond de la rainure est tangent à l'axe xy.

Quand on affûte cette mèche, le sommet, ou partie qui pénètre en premier dans la pièce, ne se trouve pas au centre comme c'est d'ordinaire le cas pour les mèches ; mais, comme l'indique la figure 275, sur laquelle on voit en D la coupe transversale de la pièce percée, le sommet de la mèche est en E. L'affûtage de la mèche de cette manière est l'une des raisons qui

Fig. 276.

l'obligent à tourner exactement et bien droit, le mamelon F sur la pièce agissant comme un support pour la mèche, qui, en raison de ce que sa périphérie est partiellement relevée, aurait tendance à décrire une courbe s'éloignant de son côté tranchant. La pièce en cours de perçage tourne à très grande vitesse, la vitesse périphérique au diamètre extérieur du trou pouvant s'élever 39^m,61 (130 pieds) par minute dans l'acier de construction. L'avance est au contraire très faible.

Ces outils sont faits en acier de très bonne qualité et tenus très durs, de sorte qu'une faible avance ne donne que peu de tendance à glacer le tranchant.

Pratiquement, la pièce en cours de perçage est montée sur un mandrin qui l'entraîne à un bout, sur l'arbre de la machine, tandis que l'autre extrémité qui doit tourner parfaitement rond tourne dans une bague fixe portant à son extrémité extérieure un trou du diamètre de la mèche. Celle-ci pénètre dans la pièce à travers la bague et est ainsi mise en route parfaitement rond. Sur la figure 276, on voit en A le mandrin, en B la pièce, en C la bague, en D le support maintenant la bague, et en E la mèche.

L'huile est forcée à travers le conduit à huile de la mèche, sous une pression qui varie selon son diamètre de 67^{kg},950 (150 livres) à 90^{kg},600 (200 livres) par 645^{mm2},16 (pouce carré). Après avoir franchi le tranchant, l'huile retourne au réservoir par la rainure à copeaux C (*fig.* 275), en entraînant les copeaux avec elle. Avec les mèches de grand diamètre, spécialement quand on travaille des métaux durs et fibreux, le tranchant est ordinairement affûté de manière à produire un certain nombre de copeaux, au lieu d'un seul copeau sur toute la largeur du tranchant, de sorte qu'on

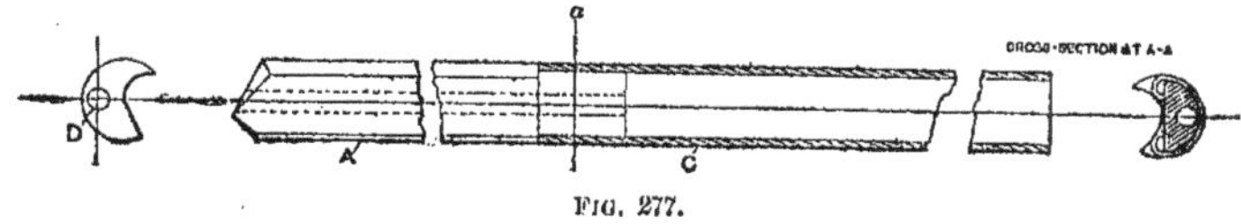

FIG. 277.

Cross section AT. AA :   Coupe transversale A A.

ne rencontre aucune difficulté pour l'extraction des copeaux. On emploie toujours la même huile, et en ayant un grand réservoir, elle reste toujours froide.

La mèche se compose d'une pointe et d'une tige, la longueur de la pointe varie de 101^{mm},6 (4 p.) à 203^{mm},2 (8 p.), tandis que la longueur de

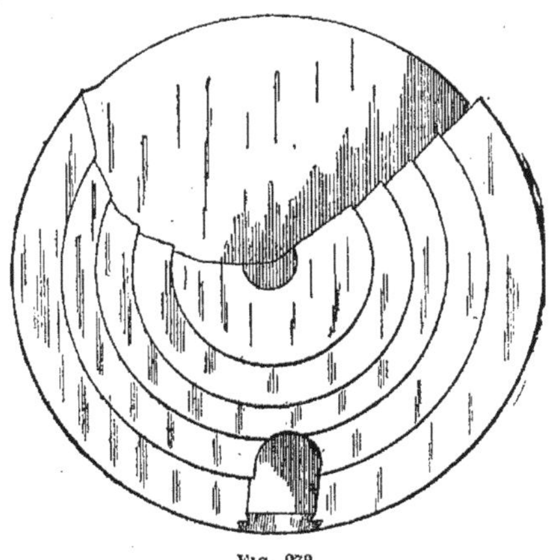

FIG. 278

la tige est déterminée par la profondeur du trou à percer. La figure 277 représente d'une façon claire le mode de construction d'une petite mèche complète, A est la pointe, C la tige, et D le conduit à huile. Les tiges des petites mèches sont constituées par des tubes d'acier laminés comme l'indique la coupe transversale *aa*. La pointe est soigneusement ajustée et soudée à la tige qui, il y a lieu de remarquer ce point, a un diamètre un peu plus faible que la pointe. La tige avec son contenu d'huile sous pression est très rigide.

L'inclinaison ou dégagement au tranchant de la mèche, la saillie de celle-ci ne doit pas être au centre, et le nombre des segments à l'extrémité de la mèche dépendent entièrement du métal à percer. Par exemple, pour un métal très tendre, le support doit être plus massif que quand on travaille un arbre dur ou de l'acier à canons ; il en résulte évidemment que pour un métal tendre, le point saillant doit être éloigné du centre ou beaucoup plus près du diamètre extérieur que pour un métal dur.

La figure 278 est un croquis d'une mèche de 76^{mm},2 (3 p.) et permettra au lecteur de se faire une idée très exacte de l'aspect de l'outil que nous avons décrit. Elle représente une mèche affûtée en bout de manière à produire plusieurs copeaux.

Perçage des arbres creux avec une mèche creuse « American Machinist ». — Pour le perçage des tubes intérieurs des canons en acier de fort calibre, on a pratiqué longtemps cette opération avec une mèche creuse, qui laisse un noyau au centre, de sorte que tout le métal enlevé n'est pas transformé en copeaux, mais que cela a lieu seulement pour une partie de celui-ci. Le diamètre extérieur de cette fraction est pratiquement égal à l'alésage du canon et son diamètre intérieur est assez faible pour laisser une épaisseur raisonnable pour la mèche.

Aux ateliers Schneider et Cie, au Creusot, en France, les tubes des canons sont forés ainsi, et c'est probablement la même méthode qui est employée chez Krupp. Toutefois, autant que nous le sachions, ce procédé n'a pas encore été appliqué à l'alésage des arbres creux pour machines-outils, sauf tout récemment dans les ateliers de M. Dietz, à Cincinnati, ateliers qui travaillent en collaboration avec ceux de The Lodge and Shipley Machine tool Company, où il est employé sur certaines grandeurs de tours. M. Dietz emploie sur une machine à aléser du type usuel une mèche conforme au croquis (*fig.* 279), formée d'un cylindre creux avec un tuyau de 4^{mm},76 (3/16 p.) pour le graissage, et l'outil est placé comme il est indiqué, légèrement incliné sur le plan axial, pour donner une inclinaison au sommet et avec le tranchant entaillé, afin de briser les copeaux, et permettre leur évacuation par la rainure à une extrémité, de la retourner ensuite et d'achever le forage à l'autre bout. Ceci laisse un noyau de métal qui représente un gros morceau de métal, économisant ainsi beaucoup de travail, en rendant le travail beaucoup plus aisé, et exerçant un effort moindre sur la machine, que quand tout l'intérieur est converti en copeaux.

Notes concernant le perçage. — En principe, les tranchants des mèches hélicoïdales sont taillés avec une fraise de forme correcte pour produire une ligne tranchante radiale ; aussi faut-il une fraise de forme différente pour fraiser les cannelures des mèches à cannelures droites.

Les mèches reçoivent généralement un dégagement conique de 0mm,0508 (0,002 p.) à 25mm,222 (0,993 p.) par 304mm (1 pied) et ont la majeure partie de leur surface périphérique rectifiée dans le même but sur environ 0mm,0762 (0,003 p.) sur un côté.

Les mèches pour le laiton doivent avoir leurs cannelures droites ; celles pour la fonte et l'acier à outils doivent avoir des rainures hélicoïdales sous un angle d'environ 16° ; pour l'acier doux il faut 22°.

Les mèches à mandrins, destinées aux trous venus de fonderie, ou pour travailler après les mèches hélicoïdales massives sont très souvent entaillées de trois à huit cannelures ; ce dernier nombre donne un très bon rendement sur les grosses pièces. Au cours de l'affûtage, on doit bien prendre soin de s'assurer que toutes les dents coupent simultanément. Ces outils sont faits soit massifs, soit creux, soit avec dents rapportées.

Le type à dents rapportées est préférable pour les cannelures droites au-dessus de 69mm,84 (2 3/4 p.), et pour les cannelures angulaires au-dessus de 101mm,6 (4 p.) en raison du prix.

Pour percer un grand trou dans un arbre, celui-ci doit être supporté dans une lunette, et la mèche doit passer à travers une bague de perçage afin de partir bien centrée. En employant une mèche avec un tranchant et affûtée extérieurement, on peut exécuter rapidement un trou long et droit. Une mèche hélicoïdale ordinaire donnera pratiquement le même résultat avec un centre femelle, la seule objection à ce dispositif consiste en ce que cette forme est beaucoup plus difficile à affûter.

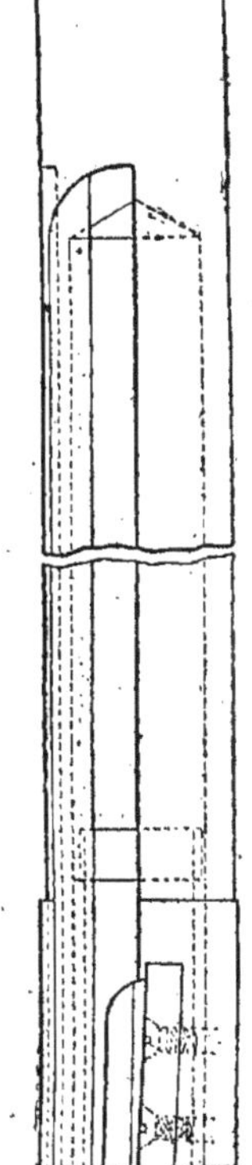
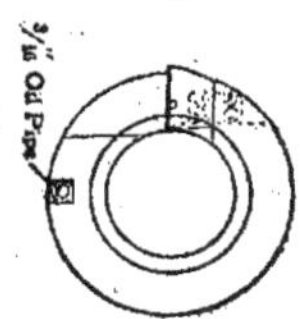

FIG. 279.

3/16" Tuyau à
Oil pipe : huile de
4mm,7.

Outils de forme circulaires. — Les outils de forme circulaires pour l'acier de construction et la fonte doivent recevoir un fort dégagement.

On doit prendre soin pour les formes particulières, quand les fraises de forme ne sont pas au centre, qu'on doit les tailler en tenant compte de cette considération.

Les outils à fileter circulaires pour filetage intérieur doivent être beaucoup plus petits que le travail à exécuter ; environ 1/3 est une bonne base.

Outils de forme plats. — Les outils de forme plats doivent avoir un dégagement de 6 1/2 à 10°.

Inclinaison. : Acier de construction, 8 à 13°.

Inclinaison : Acier à outils, moyenne 6 à 9°.

Inclinaison : Laiton, nulle.

Le dégagement est souvent supprimé complètement sur le tranchant des outils à laiton pour éviter qu'ils ne s'engagent (par suite de la facilité de la coupe) et qu'ils ne se mettent à vibrer (par suite de l'épaisseur exagérée du copeau et de la difficulté à le rompre).

Dressage. — Pour l'acier et la fonte, les outils ayant une inclinaison de 6 à 12° coupent très aisément. Le dégagement doit varier de 3 1/3 à 10° ; quand il y a tendance aux vibrations, on doit passer le tranchant à la pierre à l'huile suffisamment sur la face de dégagement pour éviter que l'outil s'engage. Sur les pièces très larges, il devient souvent nécessaire de faire les outils sans inclinaison ou angle, mais de permettre de bien les serrer pour éviter les vibrations.

Pratiquement, on trouve qu'il y a avantage à placer l'outil en avant du centre, en présentant un grand tranchant à la pièce, et en prenant un copeau mince.

Pour les têtes à outils multiples ou à lames rapportées, il est bon de répartir les lames d'une façon irrégulière ; pour prévenir les vibrations, on étage les lames.

On emploiera des machines avec de forts paliers, et avec des mandrins placés tout près de ceux-ci, ce qui donne de bons résultats.

Contreperçages. — Pour la fonte et l'acier, les outils à repercer sont généralement faits avec des angles de 10 à 16°, c'est-à-dire en spirale ; pour le laiton on les taille droits. Le dégagement varie de 5 à 10°. Pour le laiton, on passera l'arête de dégagement à la pierre pour éviter les vibrations.

Les outils à repercer, lubrifiés intérieurement, sont recommandés pour l'acier, pour employer à une profondeur égale à la moitié du diamètre ou davantage.

Sur tous les outils, l'angle de dégagement doit être plus fort que la spirale produite par l'avance, sur le plus petit diamètre de la pointe tranchante, suffisamment augmenté pour que l'outil appuie bien contre la pièce (environ 3°).

Outils à contrepercer. — En principe, les outils à contrepercer doivent être faits avec un trou mandriné à l'extrémité coupante sensiblement plus petit que le trou qui sert de guide à l'outil à contrepercer.

Les guides employés à l'extrémité coupante peuvent avoir plusieurs dimensions, et s'ajuster dans des trous de plusieurs grandeurs. Les tiges des guides, ou les extrémités qui pénètrent dans les trous, doivent être tous d'une seule grandeur, et doivent être ajustés de façon à forcer légèrement et à pouvoir être enlevés rapidement du corps de l'outil, et remplacés par d'autres s'ajustant dans des trous d'autres dimensions. Les parties supérieures de ces guides sont tournées jusqu'à un épaulement, et à environ 12^{mm},7 (1/2 p.) au moins de l'extérieur, ou selon la grandeur de l'outil. Ceci donne également à l'ouvrier plus de chances pour limer le tranchant ou les lèvres selon une arête parfaite et bien correcte. Sur leurs côtés, les lèvres peuvent avoir une longueur de 25^{mm},4 (1 p.) au moins, selon leur diamètre, et elles doivent être fraisées en diagonale, de façon à former une coupe progressive et un meilleur dégagement pour les copeaux.

Alésage des trous sur le tour-revolver. — Pour aléser des trous de diamètre uniforme sur le tour-revolver, il est nécessaire que dans tous les cas les quantités de métal à enlever par l'alésoir soient égales. Pour réaliser cette condition, on devra employer deux alésoirs, un à dégrossir et un à finir. Si le trou est venu de fonderie, on devra commencer par le travailler avec un outil à aléser à tranchant unique ou double, pour s'assurer un trou comparativement régulier.

Alésage de trous dans des disques minces. — Pour aléser des trous dans des disques minces, on devra employer un alésoir du type rose, qui se supporte bien lui-même, et on remédiera ainsi à toute possibilité d'agrandissement par l'effet du poids de l'outil.

Alésage mécanique au moyen d'un alésoir flottant. — Très souvent, quand on alèse mécaniquement, l'alésoir finisseur est tenu librement dans son support, ce qui lui permet de se centrer lui-même en suivant le trou exact ou concentrique laissé par les outils précédents. On

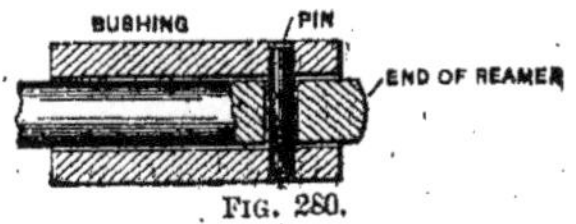

FIG. 260.

Bushing :	Bague.
Pin :	Broche.
End of reamer :	Bout de l'alésoir.

réalise couramment ces conditions en ayant un alésoir flottant, avec une

broche passée au travers du support et de l'alésoir à l'extrémité postérieure, le trou dans l'alésoir étant plus large que la tige, ce qui permet à
celui-ci de se centrer lui-même. La figure 280 représente le mode de construction d'un alésoir de ce genre.

Alésage des trous coniques dans la fonte. — Pour aléser des trous
coniques dans des pièces de machines en fonte, sur le tour-revolver, spécialement pour les pièces où on doit enlever de grandes quantités de
matière, on doit employer un alésoir du type représenté par la figure 281.
Comme on le voit, il ne possède que trois lames. Dans un alésoir de ce
genre, les rainures doivent être taillées aussi profondément que le diamètre de la barre le permet, et on doit donner à la lame très peu de dégagement. Le dégagement nécessaire peut être réalisé en donnant à la meule
une forme convexe aux lames, comme il est représenté, au lieu de leur
donner, comme d'ordinaire, une forme plate ou creuse. Quand on doit
enlever beaucoup de matière, un alésoir de ce type fonctionne très bien.
Le travail préliminaire nécessaire, en comparaison avec les autres outils à

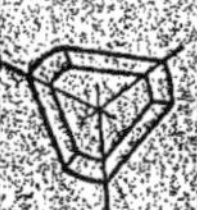

aléser, avant d'employer celui qui est représenté ci-contre,
consiste à aléser un trou à la dimension exacte pour le petit
bout de l'alésoir, après quoi on peut employer l'alésoir à trois
lames pour finir une surface irrégulière de 76mm,2 (3 p.) à
152mm,3 (6 p.) de longueur en faisant avancer rapidement
l'alésoir à l'intérieur sans danger de l'engager, de produire des
vibrations ou de produire une surface irrégulière. Dans un grand atelier de
constructions mécaniques, on usine chaque jour des milliers de trous au
moyen d'alésoirs de ce type, et on obtient les meilleurs résultats dans le
minimum de temps avec les moindres difficultés.

Alésage conique sur la machine à vis. — Pour exécuter un alésage
conique sur la machine à vis, on emploiera des alésoirs ayant un cône de
57mm,14 (2 1/4 p.) par 304mm (1 pied), et on obtiendra ainsi les meilleurs
résultats. Pour des travaux très précis, les alésoirs donneront la meilleure
satisfaction, s'ils ont des rainures en spirale à gauche.

Toutefois, dans beaucoup d'ateliers, on ne fait pas ainsi, parce qu'on
manque de facilités pour l'affûtage.

Pour aléser des trous légèrement coniques de faibles diamètres, les alésoirs doivent toujours être taillés avec les dents à espacement progressif,
et chaque rainure doit avoir une spirale à gauche de pas différent.

Très souvent, les alésoirs à dégrossir, coniques et à profiler, pour l'acier,
sont usinés avec une entaille en dessous. Ils enlèvent très rapidement la
matière.

Alésoirs pour projectiles. — Pour la fabrication des projectiles, on emploie des alésoirs à profil, coniques et courbes. Pour ces travaux, les alésoirs à dégrossir doivent être taillés avec une spirale à gauche avec filet à encoches tandis que ceux à finir doivent être taillés droits. Le taillage des alésoirs coniques avec des rainures en spirale à gauche évite, pour ce travail, qu'ils s'engagent pendant la coupe.

Cône des alésoirs à rose. — Les alésoirs à rose doivent recevoir une forme conique pour le dégagement, environ $0^{mm},0762$ (0,003 p.) pour 304 millimètres (1 pied) est suffisant. Ceci évite qu'ils fassent un trou irrégulier et permet d'obtenir des trous finis droit et exacts comme diamètre.

Alésoir à centre. — Les alésoirs à centre doivent être usinés à un angle de 60°, et le travail des centres de toutes les machines doit être le même. Les centres doivent être trempés et rectifiés sur leurs machines au moyen d'un bon montage se montant sur le porte-outil, et rectifiant au calibre, car il est impossible d'exécuter un bon travail sur des centres défectueux.

Alésoirs pour métal antifriction. — Pour aléser du métal antifriction, l'alésoir peut avoir la forme habituelle, sauf que les arêtes des lames doivent être rectifiées cônes à environ $12^{mm},7$ (1/2 p.) de l'extrémité. Souvent les alésoirs pour ce métal sont taillés avec des rainures en spirale à gauche, ce qui contribue à donner un trou bien uni, sans lignes ni rainures circulaires.

Alésage de trous dans deux métaux différents. — Il n'est pas rare qu'il soit nécessaire d'aléser un trou dans une pièce formée de deux métaux différents, tels que le laiton et la fonte, par exemple. C'est un travail plutôt difficile à exécuter avec succès, car le trou vient généralement plus large dans le métal tendre que dans le métal dur. Cependant en employant un alésoir avec une face tranchante construite comme l'indique la figure 282, et en y taillant un nombre impair de rainures étagées, on obtient des résultats satisfaisants. L'angle de la face tranchante doit être d'environ 10°. Pour employer cet alésoir, on commencera par percer le trou avec le type habituel d'outils à aléser, jusqu'à obtenir une dimension un peu inférieure à la cote demandée, ensuite on chanfreine les arêtes du trou du côté dur et on fait avancer l'alésoir, en graissant largement à l'huile, et en vérifiant toujours que le côté dur de la pièce est libre.

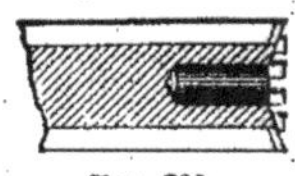

Fig. 282.

Alésage mécanique de pièces en laiton. — Pour l'alésage mécanique des pièces en laiton quelques constructeurs donnent à leurs alésoirs
une dimension un peu plus forte, mais à tort. Au lieu de cela, un alésoir à
laiton doit être affûté tout à fait de la même manière qu'un outil de tour
pour laiton, c'est-à-dire qu'au lieu d'une ligne radiale au centre, comme
dans la plupart des autres alésoirs, les tranchants doivent s'écarter du
centre sous un angle d'environ 20° par rapport à la ligne radiale,
comme l'indique la figure 283. Pour la même raison, quand on tourne du

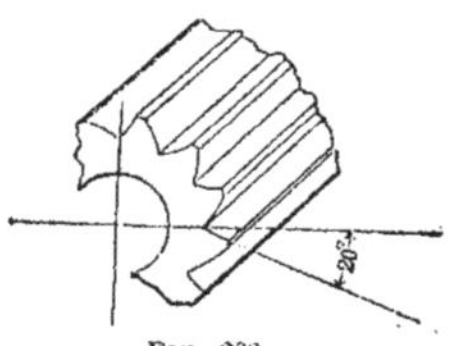

FIG. 283.

laiton, si l'outil est affûté droit, et placé centré par
rapport à la pièce, des vibrations peuvent se produire. Si au contraire l'outil est réaffûté au
sommet sous un certain angle comme nous l'avons
indiqué plus haut, vers la face inférieure de la
lame, les vibrations sont évitées, et l'outil coupe
librement. On doit tenir toujours les tranchants
des alésoirs à laiton aussi coupants que possible à l'arête de la fraise, parce
qu'aussitôt que les tranchants sont légèrement émoussés, ils s'engagent et
font du bruit.

Alésoirs carrés et alésoirs extensibles. — Un finissage soigné des
trous dans le laiton peut être exécuté au moyen de l'alésoir carré ou grattoir. Les alésoirs extensibles possèdent également beaucoup de qualités,
mais il y en a peu, si même il y en a, qui puissent être extendus et ajustés à
dimension sans que les tranchants exigent un affûtage avant emploi de
l'outil. Cependant il y en a dans lesquels les lames s'extendent également.
Même s'il est nécessaire d'affûter les alésoirs extensibles quand on change
leur réglage, il y a économie à les employer par comparaison à un alésoir
massif neuf, spécialement quand on les emploie pour des trous de grands
diamètres. Un long trou peut être alésé droit en tirant légèrement en
arrière après que l'alésoir a commencé à couper.

Alésage des petits trous. — Pour exécuter des trous très petits dans
l'acier et la fonte, les alésoirs doivent être affûtés droits, tandis que pour le
laiton et le cuivre, on doit les affûter légèrement en arrière, en leur donnant une forme conique, pour éviter toute possibilité de faire des trous
irréguliers.

On doit se rappeler toujours que sur les alésoirs pour acier et fonte, les
dents doivent passer par le centre, tandis que pour le laiton, le cuivre et
les métaux analogues, ils doivent former un angle de 20° avec la ligne
radiale.

Les vitesses pour l'alésage mécanique doivent ordinairement être de
20 à 25 0/0 plus faibles que les vitesses de tournage et de perçage.

Alésoirs faits à l'atelier. — Dans un grand nombre d'ateliers, on trouve en possession des ouvriers un certain nombre d'alésoirs faits dans l'atelier, à différents moments par les mécaniciens, sans s'attacher à les construire convenablement. Les alésoirs de ce genre ne doivent jamais être employés pour les travaux soignés car ils sont ordinairement défectueux. Par exemple les rainures ne sont pas assez profondes et trop rapprochées, souvent elles sont espacées régulièrement au lieu d'être étagées, ou bien ils ont un nombre de dents pair, toutes conditions mauvaises. Quand un alésoir est régulièrement divisé, il vibre aussitôt que les tranchants touchent dans les rainures laissées par le précédent. Un défaut général des alésoirs faits dans les ateliers consiste en ce qu'ils ont trop de dégagement, ce qui rend les vibrations inévitables.

Alésage à la main. — Dans l'alésage à la main, on ne laissera jamais plus de $0^{mm},0762$ (0,003 p.) de matière à enlever à la main, quelle que soit la matière. Au contraire, pour l'alésage mécanique, on ne doit pas laisser moins de $0^{mm},793$ (1/32 p.) et souvent $1^{mm},587$ (1/16 p.) est nécessaire. On emploiera des alésoirs avec des lames beaucoup plus grosses que celles qu'on rencontre couram-

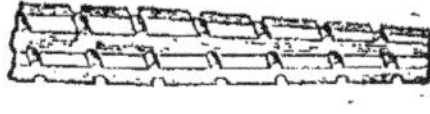

FIG. 284.

ment dans le commerce, et d'une forme telle qu'on puisse les affûter à la pointe.

Les alésoirs à main pour chaudronnerie, charpentes, etc., doivent être construits comme l'indique la figure 284, et ils travailleront mieux que le modèle demi-rond courant.

Augmentation de la grosseur d'un alésoir quand il est usé. — Pour augmenter la grosseur d'un alésoir quand il est usé, on brunira la face de chaque dent avec un brunissoir trempé, qui peut être fait avec un tiers-point soigneusement poli sur les angles. Ceci augmentera la grandeur de deux à dix millièmes en diamètre. Ensuite on le repassera à la grandeur voulue.

Pour faire couper un taraud ou un alésoir plus grand que sa dimension, on met un bout de chiffon dans une cannelure, de manière à ce qu'il dépasse, et on le coupe d'un côté seulement. Pour les grandes dimensions, $38^{mm},1$ (1 1/2 p.) et au-dessus, on met une bande de fer-blanc d'un côté, et on la laisse rabattue contre l'alésoir.

CHAPITRE XVIII

MACHINES ET TRAVAIL A LA BROCHE

Emploi des broches. — Le travail au moyen des broches peut être classé sous le même titre que le travail au moyen des poinçons et matrices, et est analogue au travail à la presse. En réalité, la broche est un poinçon, les trous venus de fonderie ou percés dans la pièce à usiner au moyen de celle-ci jouent le rôle de matrice ou de guide. Le travail à la broche a pris une grande extension dans ces dix dernières années, parce qu'on a créé des machines spéciales et de nouvelles formes d'outils pour étendre l'usage de ce procédé intéressant et économique au point de vue de la main-d'œuvre pour l'usinage de pièces que, précédemment, on considérait comme impossibles à usiner par ces moyens.

La broche est employée couramment comme outil à finir pour les trous qui ont été préalablement poinçonnés, percés ou alésés dans le métal, ou bien qui sont venus de fonderie, et dont la forme peut être ronde, carrée, ou d'un profil irrégulier quelconque. Quoique la broche puisse être employée avantageusement pour l'usinage des trous en la montant sous une presse mécanique ordinaire, sous une presse à arbre, une presse à pied ou une presse à vis, l'opération est exécutée dans les meilleures conditions au moyen d'une presse spécialement étudiée pour ce genre particulier de travail. Une presse de ce genre a ordinairement une course réglable de 38^{mm},1 (1 1/2 p.) à 304^{mm},8 (12 p.).

Fig. 285.

La figure 285 représente un croquis d'une broche employée pour usiner un trou venu de fonderie dans une pièce brute. L'outil mesure 76^{mm},2 × 25^{mm},4 (3 × 1 p.) et a 228^{mm},6 (9 p.) de longueur. Sur cet outil, les dents sont très grosses à l'extrémité inférieure, afin de diminuer le calibre de la pièce jusqu'à ce que le milieu de la broche soit atteint. A ce point, les dents sont inclinées dans la direction opposée, ce qui brise le copeau. Les dents ont ensuite des dimensions décroissantes jusque tout près de l'extrémité supérieure, où elles conservent la même dimension sur environ deux pouces du restant de la longueur, ce qui forme un calibreur qui donne au trou une dimension type bien déterminée et toujours la même dans toutes ses parties.

Pour forcer une broche à travers un trou, le mieux est de l'entraîner au moyen d'une pièce en V qui est fixée sur le bélier de la presse tout à fait de la même manière qu'un poinçon. A mesure que la tige de la presse descend, la broche se centre elle-même ; on remédie ainsi aux tendances à la rupture ou à la flexion de la broche, ainsi qu'aux risques de formation d'un trou irrégulier.

Pour pouvoir travailler à la broche des trous de longueur considérable au moyen d'une presse ayant une course réduite, on peut faire usage d'un certain nombre de cales successives. On commence par mettre la broche dans le trou, puis on l'y enfonce de toute la longueur de la course de la presse. Ensuite on place une cale d'épaisseur égale à la longueur de la course entre le bâti et l'extrémité de la broche, et on enfonce la broche d'une nouvelle longueur. On répète la même opération, en employant des cales plus hautes jusqu'à ce qu'on ait obtenu le déplacement total demandé. Toutefois, les résultats obtenus par cette méthode ne valent pas le travail exécuté au moyen d'une presse donnant un déplacement continu, car l'arrêt de la broche entre ses déplacements partiels à travers la pièce permettent au métal de s'insérer entre les dents des broches, ce qui augmente les tendances à la flexion et à la rupture.

On trouve maintenant sur le marché un certain nombre de machines qui ont été étudiées spécialement pour le travail à la broche. Parmi ces machines, il y en a qui exécutent le travail en tirant la broche à travers le trou, au lieu de la pousser.

Un intéressant travail de broche. — Le travail à la broche est très intéressant. Pour certains travaux, la meilleure et unique façon d'exécuter la broche consiste à la faire en une seule pièce ; au contraire, pour d'autres travaux, l'expérience a démontré que cette méthode est mauvaise. L'exécution du travail indiqué sur le croquis de la figure 286 avec une seule broche exigerait que celle-ci ait une grande longueur, ce qui serait une source de difficultés. Pour une broche de longueur suffisante pour l'exécution de ce travail, on aurait de la difficulté à la tourner, fraiser, tremper et redresser. En particulier, le clavetage sur un côté produirait des déformations à la trempe ; il y aurait avantage à ce que la broche fût rainurée sur les côtés opposés.

Le trou dans la pièce représentée sur la figure 286 est travaillé à la broche de 12mm,7 (1/2 p.) à 16mm,25 (41/64 p.) et porte une clavette de 1mm,58 (1/16 p.) de hauteur, et est ensuite poussé jusqu'à 17mm,46 (11/16 p.) au fond et 19mm,04 (3/4 p.) au sommet ; l'épaisseur de la pièce est de 19mm,04 (3/4 p.). On a exécuté 250.000 pièces au moyen des broches représentées, et la perte de broches et de pièces n'a rien été en comparaison de celle que l'on avait eue en employant les longues broches qui avaient été faites tout d'abord.

La matière employée était l'acier à outils spécial dur : les broches sont représentées par les figures 287 à 291. Elles avaient une longueur de

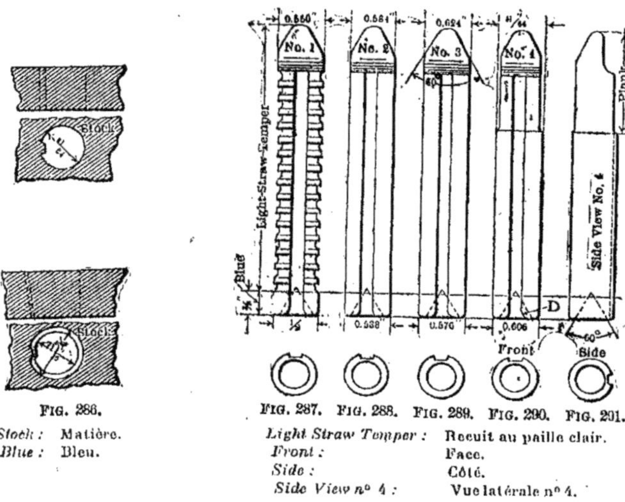

FIG. 286.

Stock :   Matière.
Blue :   Bleu.

FIG. 287. FIG. 288. FIG. 289. FIG. 290. FIG. 291.

Light Straw Temper :   Recuit au paille clair.
Front :   Face.
Side :   Côté.
Side View n° 4 :   Vue latérale n° 4.

101mm,6 (4 p.) et les diamètres indiqués. Chaque broche est taillée conique à un bout et diminuée à l'autre. Le sommet, au bout mâle, est fraisé plat sur un côté (comme la n° 4) pour s'ajuster dans le montage de la presse à poinçonner (*fig.* 292). Les nᵒˢ 1, 2 et 3 ont cinq dents par 25mm,4 (1 pouce) et le n° 4 a six dents. On remarquera également que la dernière broche est laissée blanche à une extrémité, nous indiquerons plus loin pourquoi.

Les dents étant à 9mm,52 (3/8 p.) du bout, cette partie est ramenée au bleu après trempe. Ceci est très important parce que le bout a tendance à se fendre et à se briser, ce qui met la broche hors de service. On recuit le bout en le plongeant dans un bain de plomb une fois que la broche a été trempée, et recuite au jaune paille. Pour travailler l'acier à outils, on donne aux dents très peu de dégagement ; un dégagement trop fort ferait couper la broche en déchirant le métal.

Le trou de 12^{mm},7 (1/2 p.) destiné à recevoir l'extrémité de la première broche est percé dans la pièce, et l'autre bout de la broche est inséré dans le trou H de la plaque C (*fig.* 293). Sur la plaque sont fixées deux tiges ayant un mouvement vertical dans la plaque B, de légers ressorts maintenant la plaque C éloignée du poinçon. Le trou H joue un rôle important, il reçoit l'extrémité de la broche, et évite qu'elle soit placée dans une mauvaise position, de sorte que chaque broche doit suivre exactement son chemin, en raison du clavetage.

Un dégagement (représenté en D) sur chaque broche, a pour but de guider une extrémité de celle-ci quand on l'entre. Après que la première

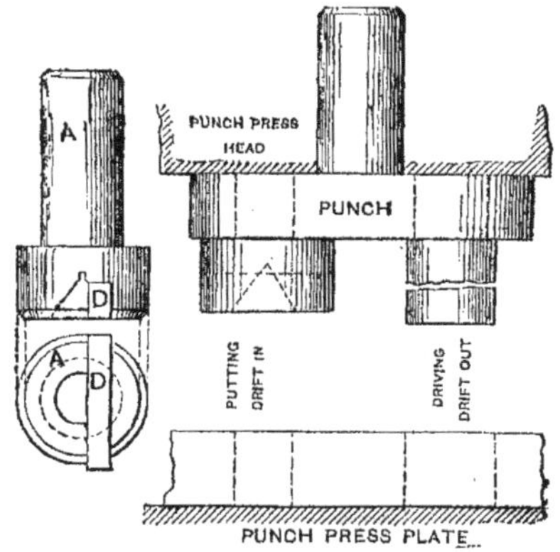

Fig. 292.

Plank :	Bordage.
Punch prest plate :	Plateau de presse à poinçonner.
Putting drift in :	Enfoncement.
Driving drift out :	Retour.
Punch :	Poinçon.
Punch press head :	Tête de la presse à poinçonner.

broche a été insérée et forcée dans la pièce par la presse, l'extrémité supérieure fait saillie au-dessus de la pièce pour recevoir la seconde broche, qui est poinçonnée à son tour, suivie par la broche n° 3 et finalement par la broche n° 4. Si des dents étaient taillées sur toute la longueur de la dernière broche, elle s'arrêterait dans la pièce. Pour éviter cet inconvénient, elle est dégagée à l'extrémité, comme il est représenté, de sorte que quand elle arrive à l'extrémité de la course, la broche tombe au travers. La fabrication des broches de cette longueur est simple, car elles sont faciles à tourner, tremper, redresser et rectifier.

Une plaque D en acier trempé est insérée dans le poinçon A, parce que toute usure en ce point aurait pour effet de tordre la broche et d'abîmer la clavette. Cette pièce est ajustée à frottement dur, et peut être remplacée quand il est nécessaire. Le trou fini (*fig.* 286) est exécuté à froid ; et en raison de la qualité de la matière, on obtient une pièce bien propre. Les figures 293 et 294 représentent les montages d'emmanchement et de la presse à poinçonner. Le poinçon possède une garniture en acier, la même que la pièce D en A. Dans la fabrication des broches, il est très important que la matière soit complètement recuite, et qu'on emploie de l'huile de la meilleure qualité.

Indications concernant les broches et leur travail. — Pour obtenir de bons résultats dans le travail des broches, le fond de l'outil employé doit être légèrement creusé, de manière à couper à l'intérieur du trou un beau copeau net, et de manière à éviter la tendance à partir en biais d'un côté quand l'outil rencontre des endroits où le trou venu de fonderie est raboteux ou courbé. Le tirant doit être disposé de manière à tirer

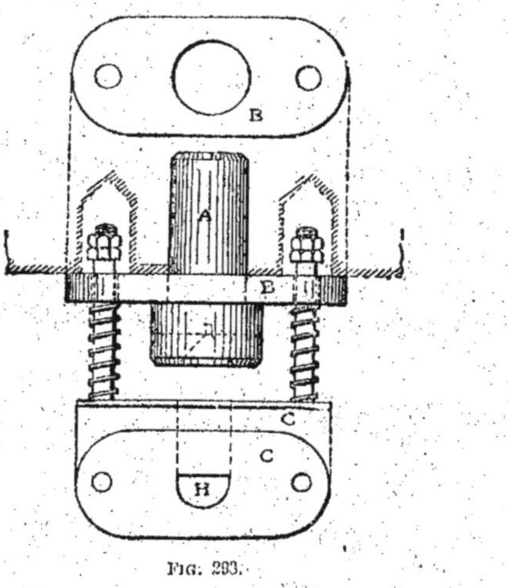

FIG. 293.

FIG. 294.

Drift : Repoussoir.

d'équerre. Autrement, si le trou est long, il sera abîmé quand on tirera la broche.

Les presses spéciales établies pour le travail à la broche ont ordinairement des trains d'engrenages en arrière et sont très solides. Il ne faut pas conduire ces presses à trop grande vitesse. On doit toujours graisser à l'huile. Quand la quantité de matière à enlever est considérable, il est nécessaire d'exécuter le travail en deux opérations. Une passe trop forte tend à produire un trou rugueux. Cette méthode de travail permet d'exécuter aisément les clefs à molettes et outils analogues. Si les passes sont assez légères, on peut travailler la fonte de cette manière, en employant à cet effet plusieurs poinçons ou broches de différentes grandeurs. Ces poinçons doivent être légèrement plus grands à l'extrémité taillante, et pour la passe de finition ou dernière opération, — s'ils passent librement à travers la pièce, — celle-ci doit être maintenue dans une matrice, sans quoi l'outil casserait, ou s'userait vers l'arête inférieure de la pièce. La trempe doit être légèrement plus dure que pour les poinçons et matrices ordinaires. Sur la figure 295, on voit en A une vue de côté d'une broche exécutée pour tailler les trous dans trois brides en acier coulé pour un bateau à vapeur. Les trous étaient venus de fonderie pour un boulon de 15mm,87 (5/8 p.) au lieu de 19mm,04 (3/4 p.), d'où la nécessité de les agrandir. La broche fut exécutée avec six échelons, comme il est indiqué en A,

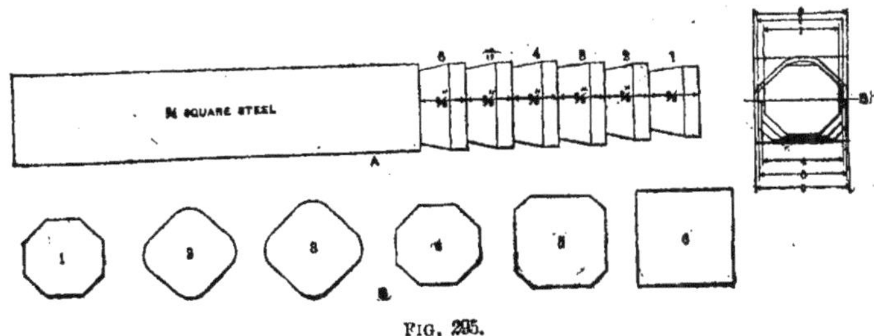

FIG. 295.

3/4 *square steel* :   Barre en acier carrée de 19, 14.

numérotés en B. Le premier agit comme un guide, et enlève le sable, le second coupe un peu sur quatre côtés, comme il est indiqué en C, le troisième taille le trou un peu plus grand de la même manière, les trois suivants taillent les angles, comme il est indiqué en 4, 5 et 6.

Il y avait en tout quatre-vingt-dix trous, dont la moitié dans un métal de 12mm,7 (1/2 p.) d'épaisseur, et le reste dans du métal de 15mm,87 (5/8 p.) d'épaisseur. Il fallut environ trois heures pour la totalité du travail, en tirant la broche avec un marteau à deux mains, parce qu'on n'avait pas de presse à sa disposition. La préparation de l'outil fut environ une heure et demie sur la fraiseuse, en employant une fraise en bout.

Relations entre le travail à la broche et celui des métaux en feuilles. — Dans son ouvrage sur le travail des métaux à la presse, Oberlin Smith donne les indications suivantes sur les relations entre le travail à la broche et le travail des métaux en feuilles.

Le terme travail à la broche a ici un sens très différent de celui qui lui est donné par le mécanicien, qui l'applique au procédé consistant à forcer une pièce mâle à travers une matrice coupante inférieure, ou à pousser un poinçon coupant à travers le trou d'une pièce femelle, la taillant ainsi à une dimension donnée, en exécutant une opération analogue au rabotage ou au mortaisage. Dans le cas où on emploie des broches coupantes mâles ou femelles, ayant une série de dents se suivant les unes les autres, et enlevant chacune son copeau, le travail ressemble tout à fait au fraisage. En ce qui concerne le travail des métaux en feuilles, travailler à la broche signifie amincir la pièce en la forçant dans l'espace qui sépare le poinçon et la matrice, comme dans certaines méthodes d'étirage des tubes, qui sont les mêmes que le tréfilage, si nous supposons que le mandrin fait partie du tube. Dans le cas en question, on réalise une réduction du diamètre en même temps qu'on amincit le métal. Ceci s'exécute couramment dans la fabrication des cartouches, spécialement quand on veut conserver au culot de la pièce son épaisseur initiale. En opérant ainsi, le fond conserve une épaisseur très supérieure à celle des côtés comme il est nécessaire et que l'on réalise en choisissant l'épaisseur de la feuille métallique. Pour les petits travaux de ce genre, l'emploi d'un support de feuille ou matrice supérieure est supprimé après le premier ou le second étirage, car le métal est si peu diminué en diamètre en comparaison avec son épaisseur, qu'il n'y a pas de chances qu'il se produise des rides. Même si des amorces de rides se forment, elles sont rapidement effacées quand le métal est encore aminci ultérieurement. Toutefois, comme pour les travaux d'étirage, on ne doit pas laisser les rides grandir suffisamment pour qu'elles se chevauchent les unes les autres.

CHAPITRE XIX

EMPLOI A L'ATELIER DES CALIBRES MICROMÉTRIQUES ET DES CALIBRES DE PROFONDEUR

Calibres micrométriques. — Pour l'usinage précis de pièces en série, comme on l'exécute aujourd'hui pour construire économiquement des machines, des outils, des poinçons et matrices, ou des instruments de précision, on a besoin d'instruments de mesure précis. Pendant des années, les ateliers moyens se sont contentés de calibres en tôle d'acier, appelés calibres de tolérance, de précision douteuse, et de peu de valeur, parce qu'ils étaient exécutés sans soin, et employés avec indifférence. Mais nous avons le plaisir de constater que ces temps sont passés. L'extension de l'emploi des calibres micrométriques a enrichi les tas de ferrailles de nombreux ateliers, de collections de calibres de serrage, de calibres de tolérance et de disques de référence ; on a ainsi amélioré la production économique des ateliers et rendu les ouvriers plus habiles.

Pour produire un travail précis, le mécanicien habile ou l'outilleur d'aujourd'hui demande comme instrument de première nécessité un appareil lui permettant de mesurer sa pièce pendant l'usinage pour vérifier qu'elle a atteint la grandeur et la forme demandées. Cette condition est remplie quand l'ouvrier est muni d'un calibre micrométrique et si les vis d'avance de la machine-outil qu'il conduit sont munies de cadrans divisés. Toutefois, il ne faut pas conclure qu'il n'est pas besoin d'intelligence pour manier ces instruments, ou qu'un ouvrier indifférent ou sans soin devient de suite un mécanicien habile dès qu'il est pourvu d'un micromètre. Toutefois, l'emploi du micromètre fait progresser l'ouvrier peu habile car, au lieu de deviner, il mesure. Il emploie ses yeux et son intelligence, il y a donc matière à perfectionnement.

Parmi les chefs d'ateliers, directeurs et contremaîtres, l'objection la plus communément faite à l'emploi général des micromètres dans les ateliers est qu'ils sont trop légers, susceptibles d'être détériorés quand ils sont utilisés par différentes catégories d'ouvriers. Maintenant il n'y a en réalité guère d'excuse pour procéder ainsi. Tout homme en lequel on a confiance et qui est capable d'exécuter un travail précis peut employer correctement un micromètre. Il y a cependant de grandes différences dans la manière de manœuvrer cet instrument. Tout dépend de la délicatesse du toucher de l'ouvrier. En principe, le mécanicien a besoin de savoir combien il lui reste à enlever encore après qu'il a donné une passe, et quelquefois il force le calibre dans l'espoir de déterminer par le toucher combien il lui reste à enlever. Ce sens du toucher varie beaucoup chez les mécaniciens. Pour certains, il demande un développement de force considérable. Ceux-ci sont les seuls qui détériorent les instruments.

Avec le micromètre, il n'y a pas d'excuse à l'emploi de la force ; c'est un calibre réglable et en le lisant, le mécanicien sait si la pièce a été amenée à la dimension demandée. Il sait également qu'il peut ramener la vis en arrière de temps en temps, et déterminer ce qui lui reste à enlever. Il peut également mesurer la dimension au départ, et pour calibrer un certain nombre de pièces, il peut le verrouiller et l'employer de la même façon qu'un calibre en tôle. Dans l'emploi du micromètre, le mécanicien doit employer ses yeux et surtout son intelligence, et sa force constitue un facteur qui n'intervient pas dans l'obtention des résultats.

Il est très facile de montrer à de bons apprentis et à des opérateurs comment on doit se servir des micromètres ; en fait, il est très simple de lire $0^{mm},0254$ (1/1.000 de pouce). La lecture de cette division peut être apprise avec un peu de réflexion et de pratique. La facilité avec laquelle les ouvriers apprennent en général à lire et employer ces instruments peut être déduite de ce fait qu'il y a un certain nombre de petits ateliers, — au moins dans l'Est, — à ma connaissance, dans lesquels on exécute des travaux précis, et où on n'a pas d'autres instruments de mesure que des micromètres. Puisqu'on les emploie avec succès sur une petite échelle, je ne vois pas pour quelles raisons l'application de ce système sur une grande échelle présenterait des difficultés.

Dans tous les ateliers où on emploie des micromètres au lieu des anciens calibres, ou dans ceux où on est sur le point de les employer, on doit avoir un bon jeu de pièces de contrôle B et S, ou de mesures à bout, ou de disques ; un homme doit être chargé de vérifier le réglage de tous les micromètres de l'atelier ; on prendra naturellement un homme adroit dans ce genre de travail, et ayant un toucher délicat. Dans les ateliers où on travaille avec une grande précision et où on ne peut tolérer que le minimum d'erreur limite, on doit avoir deux jeux de mesures de contrôle, un pour l'emploi courant, et l'autre pour faire des vérifications occasionnelles. Les micromètres neufs seront confiés aux ouvriers les plus habiles, et pour être employés sur les travaux les plus délicats. Au contraire, ceux qui ont déjà subi un certain degré d'usure ou manquent un peu de précision seront employés pour les travaux où on peut admettre une limite d'erreur plus large. Surtout, on n'emploiera jamais couramment des calibres gradués en 0^{mm},00254 (1/10.000 de pouce) là où des mesures très précises ne sont pas nécessaires, car pour ces instruments de précision, une usure qui aurait relativement une faible importance pour un calibre gradué et lu en 0^{mm},0254 (millièmes de pouce) devient très considérable et importante.

Lecture des calibres micrométriques (au dix millième de pouce) ou à 0^{mm},00254. — Si on comprend généralement bien la lecture ordinaire des micromètres, — c'est-à-dire la lecture de 0^{mm},0254 (1/1.000 de pouce), la lecture de ceux divisés en 0^{mm},00254 (1/10.000 pouce) ne l'est ordinairement pas. Aussi vais-je l'expliquer.

La figure 296 représente un calibre micrométrique B et S de 25^{mm},4 (1 pouce) gradué pour pouvoir lire 0^{mm},00254 (1/10.000 pouce). La lecture

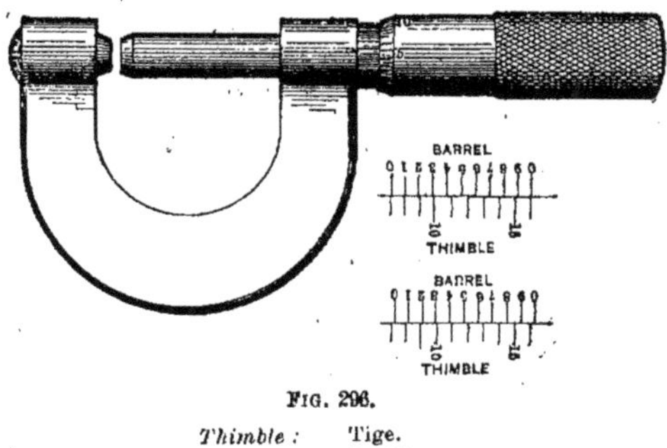

FIG. 296.

Thimble :   Tige.
Barrel :   Barillet.

de cette fraction s'obtient au moyen d'un vernier ou série de divisions sur le barillet du calibre sur le côté représenté. Ces divisions sont au nombre de dix et occupent le même espace que neuf divisions du barillet. En conséquence, quand un trait du barillet coïncide avec la première division du verniers, les deux traits suivants vers la droite sont éloignés l'un de l'autre d'une longueur égale à un dixième d'une division du barillet ; les deux divisions suivantes sont éloignées de deux dixièmes, etc. On remarquera que sur la figure 296, les graduations du barillet et de la tige sont tracées à gauche.

Quand on ouvre le calibre, on tourne le barillet vers la gauche, et quand une division franchit un point fixe de la tige, ceci indique que le calibre a été ouvert de 0^{mm},254 (1/100 de pouce). Donc, quand le barillet est tourné de manière qu'un trait du vernier coïncide avec le second trait (extrémité de la première division) du vernier, le barillet s'e t déplacé de un dixième de un millième, c'est-à-dire de un dix millième de pouce (0^{mm},00254). Quand un trait du vernier coïncide avec le troisième trait (fin de la seconde division) du vernier, le calibre a été ouvert de deux dix millièmes de pouce (0^{mm},00508), etc. On remarquera la position des graduations à droite, quand le trait du barillet coïncide avec le quatrième trait (fin de la troisième division), la lecture est de trois millièmes de pouce (0^{mm},076,2).

Pour lire le calibre, on compte les millièmes comme d'ordinaire, puis on compte le nombre des divisions sur le vernier, en commençant à gauche, jusqu'à ce qu'on rencontre un trait qui coïncide avec un trait du barillet. Si c'est le second trait, on ajoute un dix millième (0^{mm},00254); si c'est le troisième, deux dix millièmes (0^{mm},00508), etc.

Emplois spéciaux des calibres micrométriques. — En dehors des applications en vue desquelles le micromètre a été imaginé tout d'abord, et pour lesquelles il est employé généralement, il existe un certain nombre d'usages pour lesquels il peut être utilisé. Je vais en énumérer et décrire un certain nombre, qui conduiront sans doute à en imaginer d'autres.

Pour déterminer si la pointe de la poupée d'un tour et la contrepointe sont bien alignées, on commence par les placer aussi près que possible l'une de l'autre, à l'œil, puis on centre avec soin un morceau de barre d'en-

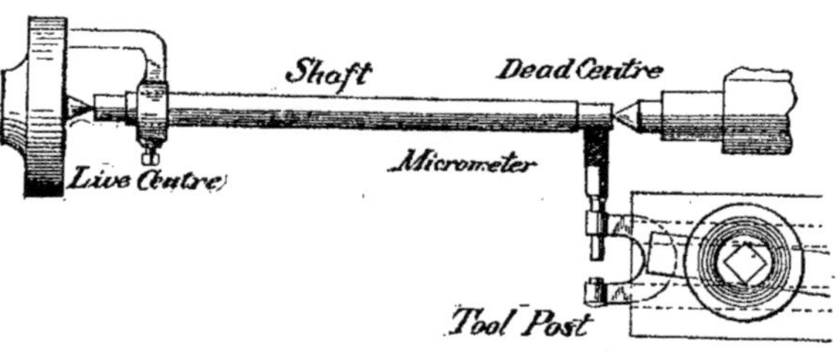

Fig. 297.

Tool Pos :	Porte-outil.
Micrometer :	Micromètre.
Live Centre :	Centre mobile.
Shaft :	Arbre.
Dead Centre :	Centre fixe.

viron 152^{mm},3 (6 pouces) de long ; on le place entre pointes, et on le tourne sur une longueur d'environ 12^{mm},7 (1/2 p). en employant un outil bien affûté pour obtenir une surface unie. Puis on retourne la pièce, de manière que la partie tournée soit près de la poupée fixe. On tourne alors l'autre extrémité exactement au même diamètre, en employant le micromètre pour la calibrer. On fixe alors le micromètre sur le transversal du tour, de manière que l'extrémité du barillet ou arrêt à rochet appuie contre la pièce, comme il est indiqué sur la figure 297. On peut alors placer les pointes avec précision en amenant le barillet contre l'extrémité la

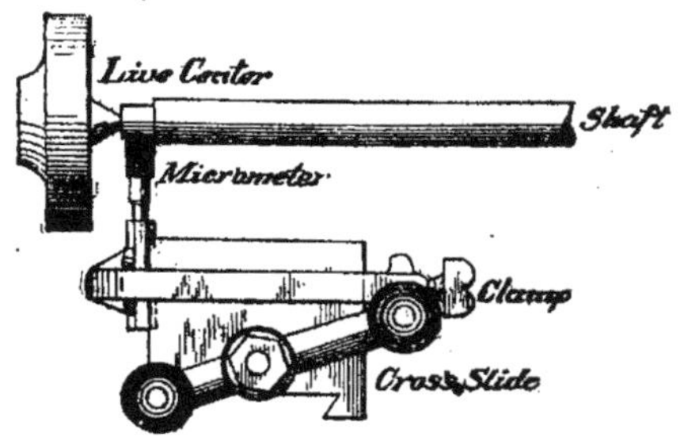

FIG. 298.

Cross Slide :	Coulisse transversale.
Clauze :	Bride.
Micrometer :	Micromètre.
Shaft :	Arbre.
Live center :	Arbre mobile.

plus rapprochée, notant la lecture, et ramenant le barillet en arrière, ramenant le chariot à l'autre bout et recommençant l'opération. Quelques

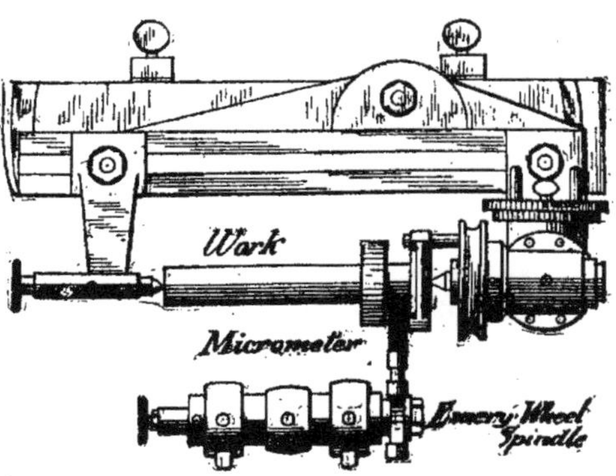

FIG. 299.

Emery Wheel Spindle :	Arbre de la meule d'émeri.
Micrometer :	Micromètre.
Work :	Pièce.

essaïs et réglages de la poupée et les deux pointes se trouvent bien en ligne.

Pour vérifier si, sur un tour, les deux pointes sont bien à la même hauteur au-dessus du banc, on peut employer la même méthode en plaçant le micromètre en arrière, de haut en bas, ou de bas en haut, comme l'indique la figure 298.

Pour aligner exactement les pointes d'une machine à rectifier, on peut employer le micromètre en fixant le calibre entre les colliers de l'arbre, là où la meule d'émeri est ordinairement placée, de la manière indiquée par la figure 299, et en fixant l'arbre de la manière la plus commode. Toutefois, quand on emploie le micromètre de cette façon, on doit toujours se rappeler que toute pièce ronde ou circulaire aura une erreur double de celle mise en évidence par le calibre. C'est-à-dire que si le micromètre indique pour les pointes une différence de $0^{mm},0012$, l'erreur sur la pièce sera de $0^{mm},0024$. Pour un travail de dressage plan, l'essai indiquera exactement l'erreur.

Les praticiens comprendront de suite que ce système de vérification peut être appliqué à la plupart des machines de l'atelier. Sur la raboteuse, la fraiseuse, l'étau limeur ou le tour de précision, on découvrira tout ce que l'on voudra mettre en évidence comme erreurs concernant la table, l'étau ou les montages. En ce qui concerne son utilisation pour le traçage d'une pièce ayant une surface usinée, cet instrument est aussi bon qu'un vérificateur de surface (trusquin ?) et il se prête beaucoup plus rapidement au genre de pièce que l'on a en main. Pratiquement, cette méthode de vérification peut être à peu près universellement appliquée quand on demande aux machines un travail absolument précis.

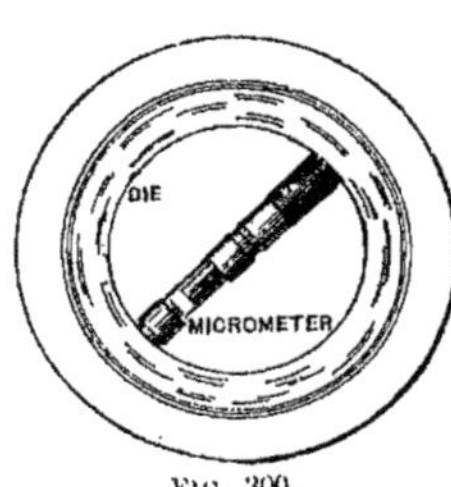

Fig. 300.
Micrometer : Micromètre.

Le calibre micrométrique peut également être employé aisément comme calibre intérieur dans tous les trous où il peut entrer. C'est ce que représente la figure 300, qui montre le calibre employé pour mesurer l'intérieur d'une grande filière quand on la rectifie à sa dimension finie. Pour employer le calibre de cette manière, il est seulement nécessaire d'apprendre à lire les graduations renversées. On ne rencontrera dès lors aucune difficulté à employer cet instrument comme micromètre intérieur.

Dans tous les ateliers où l'emploi des micromètres est général, on facilitera leur emploi, et on hâtera la production d'un travail précis, en munissant les vis d'avance de toutes les machines de cadrans divisés, et si les micromètres employés sont gradués en millièmes, on divisera de même les cadrans.

L'emploi universel des calibres micrométriques pour le mesurage courant dans les ateliers de mécanique n'est sans doute pas éloigné, et il s'écoulera sans doute peu de temps avant que l'obstacle principal et à peu près le seul à leur emploi — leur prix — soit surmonté.

La demande croissante de ces instruments est mise en évidence par ce fait que les ateliers de l'est des États-Unis en fabriquent une série permettant de mesurer de 152^{mm},3 à 304^{mm},8 (6 à 12 p.) pour l'emploi sur les grandes séries de pièces mécaniques interchangeables.

Le calibre de hauteur et son emploi. — Si le micromètre occupe la première place parmi les petits outils de précision de l'atelier universel, il

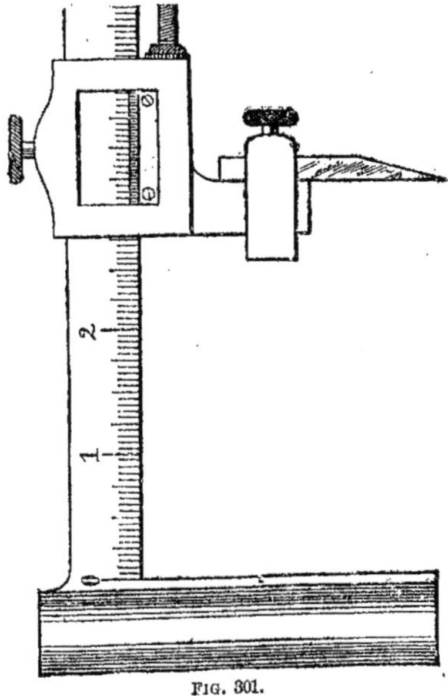

FIG. 301.

en existe un autre qui le suit de très près. Je veux parler du calibre de hauteur (*fig.* 301) ; si cet instrument est d'un usage très général parmi les outilleurs, il est comparativement ignoré des autres mécaniciens. Si on connaissait davantage la grande utilité de cet outil commode, précis, pratique, et à peu près indispensable, son emploi deviendrait courant dans tous les ateliers où on exécute un travail précis. Pour beaucoup de gens, le calibre de hauteur est regardé simplement comme un accessoire de la pochette de l'outilleur, que l'on n'emploie pas sauf pour les mesures de vérification, tandis qu'au contraire on peut l'utiliser pour mille et une opérations pour obtenir facilement des résultats qu'il serait à peu près impossible d'atteindre avec d'autres moyens. Pour les travaux précis, en particulier, on peut exécuter aisément au moyen du calibre de hauteur des opérations qui paraissent présenter des difficultés insurmontables.

Afin que l'on connaisse mieux l'utilité et la valeur de cet instrument précis, je vais présenter quelques exemples de son emploi.

La manière de beaucoup la plus usuelle et la plus répandue de tracer ou décrire une ligne sur une pièce consiste à employer le trusquin, en plaçant la pointe à une certaine division sur l'échelle. Cependant cette méthode ne peut être comparée avec le calibre de hauteur et sa pointe au point de vue de l'économie de temps, de main-d'œuvre et de peine, pour la raison

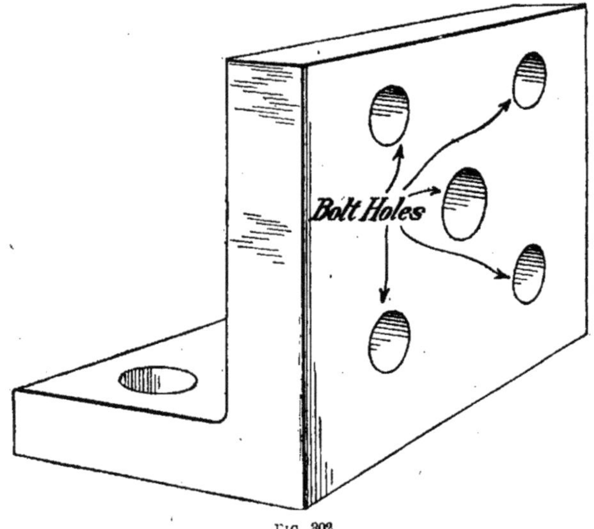

Fig. 302.

Bolt Holes :   Trous de boulons.

que le calibre de hauteur peut être réglé à peu près instantanément et avec précision quand on est familiarisé avec son emploi, et que l'on peut tracer aussitôt une ligne avec l'assurance absolue qu'elle occupe exactement la place qu'on désire. Avec le trusquin, la pointe doit être élevée et abaissée plusieurs fois avant que l'on atteigne la hauteur correcte ; la position finale elle-même n'est qu'approchée.

Supposons, par exemple qu'il soit nécessaire de tracer huit trous dans une pièce de fonderie circulaire usinée, comme l'indique la figure 303 ; les trous forment les angles de deux carrés, concentriques, les quatre trous de chacun étant équidistants du centre de la pièce. La manière d'exécuter les résultats demandés avec précision et facilité consiste à prendre une équerre comme celle représentée sur la figure 302, bien exacte sur trois côtés et de fixer le disque sur la face A. On trouve d'abord le diamètre exact de la pièce sur laquelle on doit tracer les trous ; ensuite la distance verticale de son arête inférieure à la plaque sur laquelle repose l'équerre,

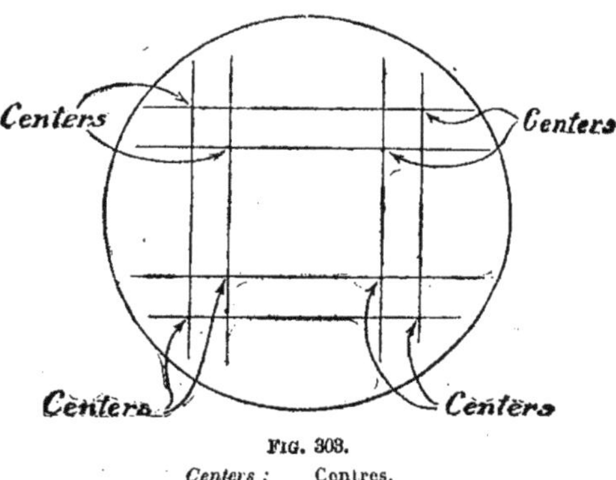

FIG. 303.

Centers :   Contres.

puis au moyen du vernier placé sur le calibre de hauteur, et de la pointe à tracer qu'il entraîne, nous traçons deux lignes de part et d'autre à la distance voulue, au-dessus et au-dessous du centre, pour le carré extérieur, puis deux autres lignes pour le carré intérieur. Puis, sans enlever la pièce de l'équerre, on tourne la plaque sur la face B, et on décrit quatre lignes

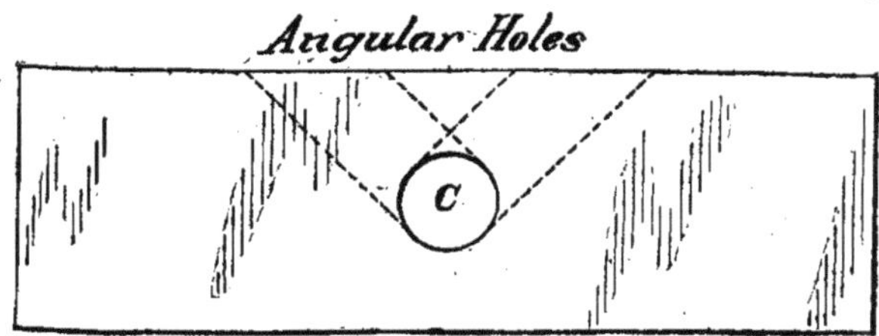

FIG. 304.

Angular Holes :   Trous angulaires.

de la même manière, quatre lignes qui complètent les deux carrés. Tout est alors prêt pour percer et tarauder les huit trous à peu près correctement, aux points d'intersection des lignes, pour les vis boutons que nous employons pour tracer les boutons exactement pour l'alésage des trous. Cet exemple démontre évidemment que l'on peut tracer des trous d'une manière identique sur toute surface donnée, pourvu que l'on ait pris au préalable les soins voulus pour que les surfaces servant de bases pour les mesures soient parfaitement dressées et d'équerre les unes par rapport aux autres.

Comme troisième exemple, nous prendrons la pièce représentée par la figure 304, qui porte un trou en C, et dans laquelle on désire percer deux trous dont l'origine a le même centre, mais qui sont placés sous un certain angle l'un par rapport à l'autre, comme l'indiquent les lignes pointillées. On commence par boulonner l'équerre sur la table de la fraiseuse, perpendiculairement à l'arbre, puis on fixe la pièce sur l'équerre, sous l'angle

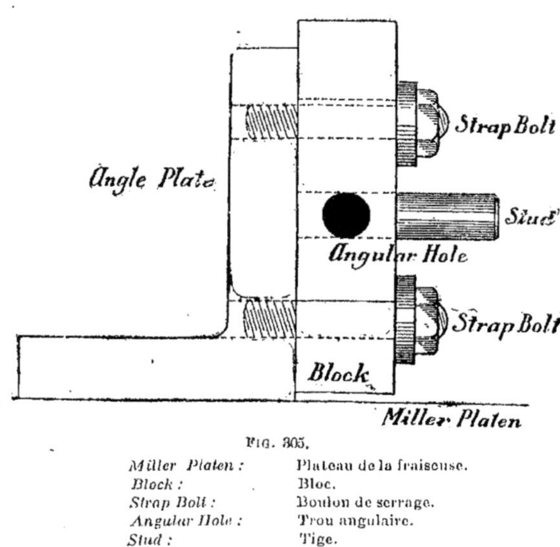

Fig. 305.

Miller Platen :	Plateau de la fraiseuse.
Block :	Bloc.
Strap Bolt :	Boulon de serrage.
Angular Hole :	Trou angulaire.
Stud :	Tige.
Angle Plate :	Équerre.

voulu par rapport à la table. On place un bouchon dans le trou d'abord percé en C, comme l'indique la figure 305, puis au moyen du calibre de hauteur, on prend la distance exacte du centre du trou à la table. Puis, avec un bouchon sur l'arbre de la fraiseuse, qui doit tourner parfaitement rond, on mesure la distance du bouchon à la table, on élève ou abaisse la console jusqu'à ce que le centre de l'arbre se trouve à la même distance de la table que le centre du bouchon dans le trou C, en le plaçant horizontalement, et mesurant du bouchon de l'arbre à l'équerre, ou à l'arête de la pièce à percer, au moyen du calibre de hauteur. Tout est alors prêt pour aléser un des trous angulaires ; on peut exécuter cette opération en employant une fraise en bout à collet ou outil à aléser à pointe unique. On peut usiner de la même manière l'autre trou en retournant la pièce sur l'équerre et procédant comme précédemment.

Comme conclusion, on peut affirmer que l'expérience a démontré que l'on peut obtenir avec le calibre de hauteur des résultats plus précis et plus rapides qu'avec le trusquin. Tracez votre pièce avec le calibre de hauteur, marquez soigneusement au pointeau les points d'intersection des lignes, — en employant une loupe quand une précision spéciale est nécessaire, — et indiquez soigneusement sur le plateau du tour ; percez le trou et finissez-le par alésage. De cette manière, vous obtiendrez une précision à peu près aussi parfaite qu'il est possible.

Si vous êtes chargé de machines-outils, outilleur ou fabricant de matrices, apprenez les emplois multiples du calibre micrométrique et du calibre de hauteur. Votre habileté à exécuter de jolis travaux précis en sera augmentée et vous pourrez faire monter votre salaire. Si vous êtes chef d'atelier, directeur ou contremaître, fournissez ces instruments à vos ateliers ainsi qu'à l'outillage, et enseignez à vos hommes à s'en servir. Votre atelier produira plus de travail et de meilleure qualité, avec précision et aisance.

CHAPITRE XX

CONSTRUCTION DES MOULES

Moules. — Comme la fabrication des moules constitue fréquemment une partie du travail de l'outilleur, il est utile de consacrer dans ce livre un chapitre à cette intéressante branche de son art.

Les moules sont employés aujourd'hui pour produire une grande variété d'articles trop nombreuse pour pouvoir être mentionnée. Les objets en caoutchouc, en métaux doux, en compositions, la verrerie, la porcelaine et mille et un autres articles qui font partie intégrante de la civilisation du xxe siècle, sont fabriqués dans des moules créés par nos outilleurs les plus habiles. Il ne faudrait pas croire que la construction des moules demande peu d'habileté ; sans quoi on s'exposerait à une grave erreur. Pour construire des moules avec succès, le mécanicien doit être très adroit et travailler avec précision. Pour que les articles fabriqués soient exactement tels qu'on les demande, et soient tous exactement semblables, il faut que la construction des moules soit extrêmement précise. En fait, un moule précis doit être construit tout à fait de la même manière qu'un montage de précision pour perçage, car ses produits doivent ordinairement être interchangeables.

Afin de donner un peu d'aide à l'outilleur chargé de choisir le type convenable de moule à adopter pour la production d'un article de forme, dimension et matière données, je vais représenter et décrire dans les pages suivantes un certain nombre de jeux de moules dont la construction est reconnue comme très bonne. Les descriptions indiqueront également la bonne manière de les construire.

Moules pour mines de crayons. — La figure 306 représente une vue de face d'un moule pour mines de crayons. Comme on le voit, il est fait en deux parties, et produit simultanément douze mines. Deux pièces fondues A et B, de 152^{mm},3 (6 p.) de largeur sur 177^{mm},8 (7 p.) de longueur avec des oreilles à un bout pour former charnières, sont rabotées partout, en ayant soin de produire une surface aussi unie et régulière que possible.

Ces pièces sont à grain serré, et entièrement exemptes de soufflures. Après rabotage, ces pièces sont grattées sur les faces qui doivent porter les empreintes jusqu'à ce qu'elles soient aussi exactes qu'il est possible de le faire. Les oreilles des charnières sont usinées de manière que A s'ajuste parfaitement dans B. On serre alors ensemble les deux moitiés, on perce et on alèse les trous dans les oreilles pour recevoir les tiges D, que l'on y insère. Les plaques A et B sont serrées dans l'étau et fraisées sur un côté,

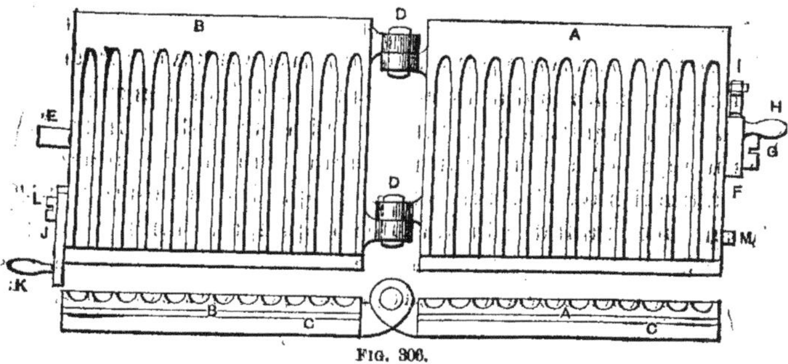

FIG. 306.

en laissant une nervure sur le côté de chacune, comme il est indiqué en C, C et un creux R entre elles. Pendant que ces pièces sont serrées ensemble, on trace et on marque d'un coup de pointeau les centres des douze moules.

On enlève ensuite les tiges D, D et on sépare les plaques. Nous avons alors sur la face de chaque plaque la marque du centre de chacun des douze moules. On fixe la plaque A sur la table de la fraiseuse, on la tourne

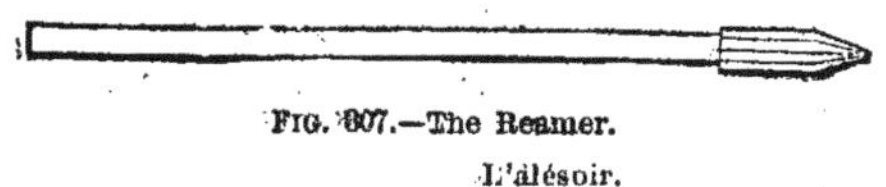

FIG. 307.—The Reamer.

L'alésoir.

d'équerre et on trace sur la plaque une ligne partant de chaque centre. On emploie ensuite une fraise convexe au rayon de 1^{mm},587 (1/16 p.) qui est la profondeur totale du moule. On exécute cette opération sur chacun des douze moules, et on fraise de même l'autre plaque de sorte que, quand on insère les tiges D, D, rabat et serre ensemble les plaques, on a douze trous de 3^{mm},174 (1/8 p.) de diamètre passant droit au centre de l'ensemble, soit un demi-cercle de 3^{mm},174 (1/8 p.) dans chaque plaque.

On place ensuite les plaques debout avec le côté CC en l'air, et on passe une mèche de 0^{mm},396 (1/64 p.) de moins que la dimension finale, et extra-longue, à travers chacun des trous de $3^{mm},174$ (1/8 p.) jusqu'à $15^{mm},87$ (3/8 p.) du fond, le trou de $3^{mm},174$ (1/8 p.) tenant la mèche parfaitement centrée. On prépare ensuite un alésoir spécial de la forme représentée par la figure 307, et on le passe dans le trou laissé par la mèche, et en l'avançant très doucement, on exécute un trou rond bien uni ayant au fond la forme de la pointe. Chacun des douze trous est travaillé à plusieurs reprises, jusqu'à ce qu'ils aient tous la profondeur exacte. On ouvre ensuite le moule, et on enlève la poussière et les copeaux. Puis on le referme et on le serre. On y place plusieurs bouts de tiges de mèches de $4^{mm},76$ (3/16 p.) dégrossies partout, — un dans chacun des trous, — et on verse du plomb fondu tout autour. Quand il est refroidi, on ouvre le moule, et on retire les baguettes de plomb, pour les garnir de bons chiffons. On fait tourner ceux-ci à grande vitesse sur une perceuse, en les arrosant largement d'émeri mouillé d'huile, de sorte que les trous des moules sont polis d'une façon parfaite. On ouvre les plaques, on les nettoie bien à l'essence et on trouve alors douze rainures demi-circulaires parfaites, de la grandeur demandée dans chaque plaque, avec des arêtes aiguës, ne laissant

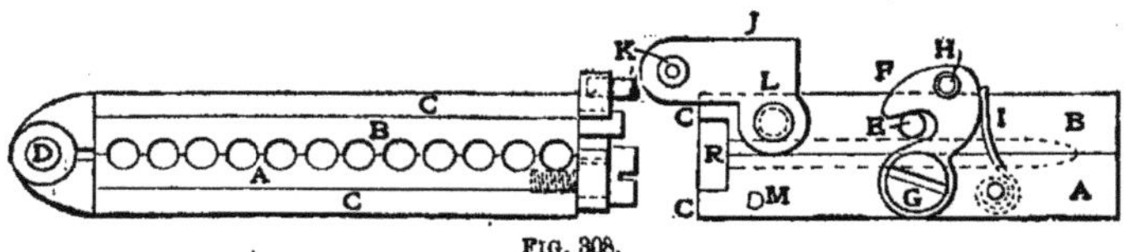

FIG. 308.

pas de bavures sur les pièces. On donne un peu d'aisance aux tiges D, D de manière que le moule puisse s'ouvrir sans difficulté.

On se préoccupe alors de faire le loquet F, représenté sur la figure 308. On le prend dans de l'acier plat de $6^{mm},34$ (1/4 p.) et on le fixe sur la plaque A au moyen d'une vis à épaulement. On insère dans F une petite tige pour une poignée H. Le ressort Q en acier à ressort dur est préparé et fixé de manière à exercer un grand effort sur le loquet F. On prépare la tige de verrouillage E, que l'on trempe et fixe dans la plaque B de manière à bien serrer vigoureusement les deux moitiés du moule, c'est-à-dire la moitié B appuyée ferme sur A et la tige E appuyant sur le verrou F, on descend celui-ci jusqu'à ce qui'l appuie bien sur la tige, et ferme ainsi le moule. Ce verrouillage est simple, pratique, et sa manœuvre est rapide. On prépare avec un bout d'acier plat laminé à froid la plaque articulée J servant à fermer le canal R, on l'usine à la forme indiquée, avec une petite poignée en K, et une articulation sur la vis L. On met en A la tige d'arrêt M et on la lime de manière que la plaque tourne autour et s'appuie dessus, ce qui ferme le canal, et évite que le liquide s'écoule au dehors. L'autre

extrémité est fermée de même, et le moule est alors complet. Il produit de
belles mines unies sans aucune trace de bavure sur toute la surface. Leur
légère contraction après durcissement permet de les enlever aisément des
moules.

Moules pour balles en plomb. — Les figures 312, 313, 314 représentent un moule destiné à fondre une balle de plomb sur une carcasse en

FIG. 309.

FIG. 310.

FIG. 311.—Butt Mill.

Lead Balls : Balles en plomb.
Balancing Frame : Pièce d'équilibrage.

Fraise à bout.

feuille de laiton, représentée par la figure 309. Cette pièce fait partie d'un
mécanisme d'équilibrage, aussi est-il nécessaire que les balles aient exactement le même poids et la même grandeur, et se trouvent dans la même

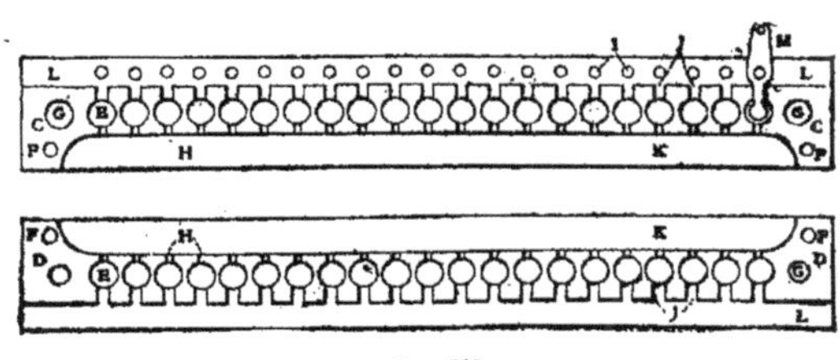

FIG. 312.

position sur leur support. Le moule employé est représenté en trois vues,
la figure 312 donne une vue intérieure de chacun des deux côtés, la
figure 313 représente le fond, et la figure 314 le sommet. Les deux moitiés

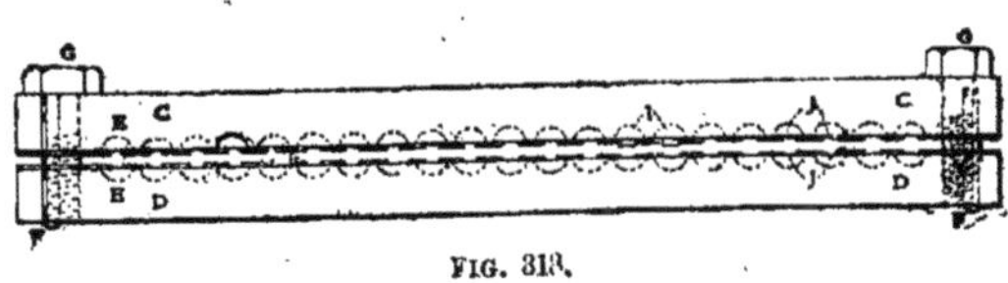

FIG. 313.

du moule sont moulées et usinées partout à la même dimension, avec une
face entièrement polie. Après qu'on les a grattées pour les rendre précises, on en monte une dans l'étau de la fraiseuse, en ayant soin que celui-ci
soit bien réglé et que la pièce soit maintenue solidement. On monte alors la

fraise à bout de la figure 311 dans le petit mandrin, et on déplace la table jusqu'à ce que la fraise, quand elle tourne, vienne toucher juste l'extrémité de la pièce en C. On recule et on déplace longitudinalement cette table d'un certain nombre de multiples de $0^{mm},0254$ (1/1.000 p.) (dont on prend note), pour faire le premier trou du moule. On a eu soin d'usiner la fraise à bout exactement selon un demi-cercle du rayon demandé. On avance alors la pièce, et on avance la fraise du nombre voulu de $0^{mm},0254$, (1/1.000 p.) ou à une profondeur exactement égale à la moitié du diamètre de la fraise. On note la division sur le cadran de la vis, on ramène la pièce en arrière, on la déplace longitudinalement pour le nouveau trou, et on continue ainsi jusqu'à ce que les vingt et un trous soient terminés.

On monte de la même manière l'autre côté D, on place la fraise, et on l'avance de la même quantité que précédemment, et on fraise chaque trou à la même profondeur que les autres. Ceci fait, on enlève les deux moitiés, on tourne et on ajuste exactement au même diamètre que les moules deux balles en laiton, et on en place dans le dernier trou à chaque

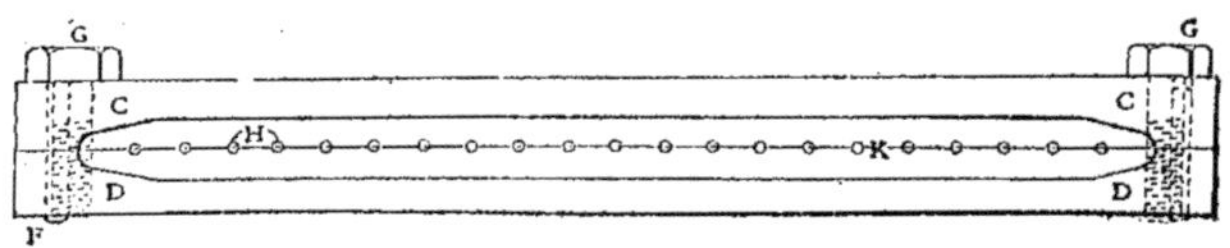

FIG. 314.

extrémité de la plaque C. On place l'autre plaque D dessus, ce qui repère exactement l'une par rapport à l'autre les deux moitiés du moule. On perce un trou à chaque extrémité, et on l'alèse pour recevoir les tiges goujons F, F que l'on prépare et entre dans la pièce C. On donne un peu de jeu aux trous de D de manière que cette pièce entre juste sur les goujons. Ceci constitue une manière simple de repérer exactement les deux moules l'un par rapport à l'autre. On perce ensuite les trous pour les vis à tête G, G, et on fixe solidement ensemble les deux côtés C, D. On prend une fraise ayant exactement l'épaisseur des pièces brutes employées pour les bâtis, on la passe droit en travers en L là où les deux pièces se joignent, à la profondeur indiquée. On sépare les pièces C et D et on trace les centres pour les trous opposés dans chaque moule, comme indiqué en I, I. On perce les trous à environ $6^{mm},34$ (1/4 p.) de profondeur, et on les alèse pour permettre d'y insérer les tiges servant à maintenir les bâtis en place, comme il est indiqué, dans le moule droit supérieur. On monte chacun des côtés sur l'étau limeur, et on centre avec les trous I, I en face de chaque moule un outil ayant exactement la largeur du bâti en B, on rabote une rainure au centre de chaque moule, comme il est indiqué en J, à la même profon-

deur que L. L'idée et la forme sont représentées clairement sur la figure 312.
Les pièces C et C sont placées ensemble, on serre la vis G, et on perce à
travers les trous par lesquels le plomb doit venir dans les moules, comme
il est indiqué en H, en employant une mèche n° 40, que l'on enfonce
au centre de chaque moule, en laissant la moitié du trou dans chacun
de ceux-ci. Les côtés C et D sont toujours ensemble serrés dans l'étau de
la fraiseuse, et, au moyen d'une fraise angulaire, on taille une rainure pour
le métal en K, de la longueur et de la largeur indiquées, d'une profondeur
de $2^{mm},38$ (3/32 p.) dans les moules, en laissant de petits canaux comme
le représente la figure. On sépare les deux côtés, et on polit les faces avec
de la toile émeri fine, on enlève toutes les bavures en laissant les arêtes des
moules parfaitement vives. On prépare les petites tiges, on les place dans
les trous I, puis on les lime exactement à l'épaisseur des bâtis, et on arrondit légèrement les sommets. On place un bâti sur chacune des tiges, comme
il est indiqué en M, ce qui les centre toutes, les canaux J les maintenant
fixes. On serre ensemble les deux côtés, et le moule complet est placé dans
l'étau. On chauffe le plomb de manière qu'il coule librement, on le verse
dans la rainure K, et il s'écoule dans le moule par les petits trous H. Une
fois que le métal a pris sa place, on desserre les vis, on enlève D, on enlève
la pièce fondue et on coupe les balles à la petite saillie produite par les
trous H ; on obtient ainsi vingt et une pièces d'équilibrage avec une
moitié parfaite au bout de chacune d'elles, toutes exactement pareilles.
La seule chose nécessaire quand on fait un moule de ce genre, c'est de
fraiser parfaitement et d'espacer exactement, de sorte que les pièces obtenues ne présentent pas de bavures. On employait une machine universelle
Cincinnati qui donna un espacement d'une précision extraordinaire, les
pièces produites n'accusèrent aucune différence ni comme dimensions ni
comme forme.

**Fabrication des moules pour des pièces de récepteurs télépho-
niques.** — Les moules représentés sur les figures 315, 316 et 317 sont du
type employé pour fabriquer des pièces en imitation de caoutchouc ou en
composition, pour différents emplois, telles que des seringues, des poignées de bicyclettes et des pièces de téléphones. Ces moules sont employés
pour mouler la boîte du récepteur avec une composition qui, quand elle
est dure, ressemble tout à fait au caoutchouc, et est nommée électrose.
Les moules ainsi construits sont employés avec des presses hydrauliques,
la composition étant à l'état liquide au moment où on la presse dans les
moules. Les pièces produites sont représentées en coupe sur la figure 318.
Le sommet ou face est concave et les angles sont arrondis. La pièce est
mince au centre et plus épaisse à l'extérieur, elle se termine par un épau-

lement carré et un filetage au pas 18. Il y a au centre un trou de 9^{mm},52 (3/8 p.).

Pour faire le moule, on rabote des pièces en acier doux plat, on les serre ensemble, les faces dressées étant accolées, on perce un trou E à chaque bout, et on l'alèse pour recevoir des goujons. On entre ceux-ci à force dans la plaque inférieure, en leur laissant faire une saillie convenable dans la plaque supérieure. Les côtés et les bouts des plaques sont mis d'équerre

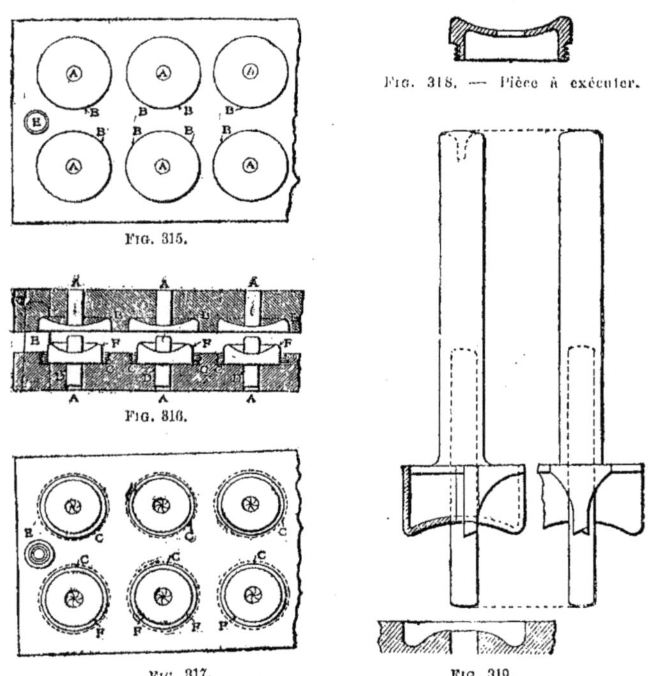

Fig. 315.

Fig. 316.

Fig. 317.

Fig. 318. — Pièce à exécuter.

Fig. 319.

ensemble sur la fraiseuse, et on perce les douze trous A à travers les deux épaisseurs et on les alèse à leur dimension finie. On lime une paire de calibres à la forme intérieure et extérieure de la pièce, puis on prépare les outils spéciaux à agrandir les trous, à finir, et le taraud. Le premier outil (*fig.* 319) sert pour le sommet de la boîte dans la partie supérieure, et (*fig.* 320), pour la face du noyau F dans la section inférieure. N est le tranchant servant à former et tailler, et le trou O s'ajuste sur la tige du noyau. L'outil à agrandir à face droite Q (*fig.* 321) achève les douze moules dans les plaques inférieures, en les laissant d'équerre au fond, et les calibrant pour le taraud. Celui-ci, représenté par la figure 322, possède comme les trois outils à agrandir une tige ou guide central s'ajustant dans les trous alésés.

La plaque supérieure est serrée (pas trop fort) sur la table de la perceuse, avec l'un des trous A directement sous la tige entrée dans le trou T, comme il est indiqué sur la coupe transversale de la plaque. On descend alors l'outil à agrandir dans la plaque à la profondeur convenable, et tous les douze trous sont achevés de cette manière, ce qui termine la plaque supérieure, pour laquelle il n'y a plus qu'à faire le rodage.

Le premier contreperçage de la plaque supérieure est exécuté de la même manière au moyen de l'outil à face plane (*fig.* 321). L'opération suivante est le taraudage des trous, que l'on exécute sur la même perceuse, en tournant très lentement, et arrosant abondamment d'eau de

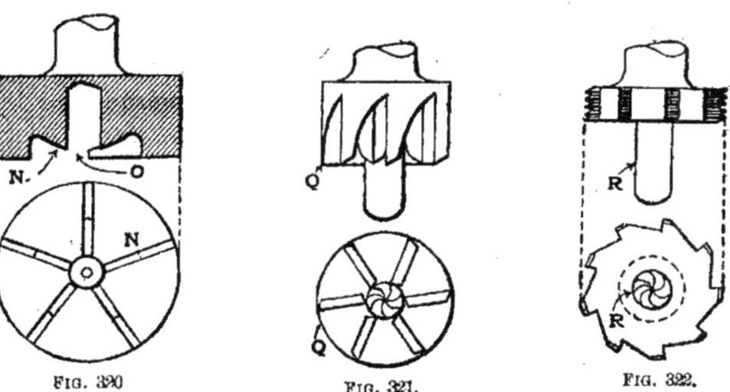

FIG. 320   FIG. 321.   FIG. 322.

savon pour faciliter la coupe, en travaillant avec soin, en avançant et reculant le taraud plusieurs fois, pour obtenir un filet bien net et régulier. Les nombreuses rainures du taraud (*fig.* 322) travaillent admirablement. Le taraud a ainsi très peu d'entrée, afin que le premier filet dans la boîte finie soit aussi plein que possible.

Ensuite on fait les noyaux en acier de construction, en commençant par les couper en longueurs pour deux pièces. Celles-ci sont d'abord tournées aux deux bouts pour former les tiges D qui doivent entrer à frottement dur dans le trou A. Ensuite on coupe les pièces en deux, et on les monte par la tige dans un mandrin à nez, de manière qu'elles tournent parfaitement rond, les tiges à l'autre bout sont ajustées parfaitement dans les trous A de la plaque supérieure. Une fois ceci fait pour tous, on emploie la fraise à dresser ou profiler (*fig.* 320) pour les faces des noyaux. Ceux-ci étant montés par la tige D dans le mandrin à nez, le centre à l'extrémité de la tige de la fraise à dresser est placé sur la pointe de la poupée fixe, et la tige courte, tournée sur la face du noyau, est entrée dans le trou O de la fraise à dresser, que l'on fait avancer jusqu'à ce qu'on ait obtenu la forme et la dimension voulue sur la face du noyau. On polit alors soigneusement les douze noyaux, et on les entre à force dans le trou A de la plaque inférieure. Toutes les bavures produites sur la face de la plaque par les outils employés sont alors enlevées, en laissant une arête vive à chacun des moules.

Pour finir les moules, il reste à exécuter le rodage et le polissage de la plaque supérieure, qui forme les faces ou sommets, et qui exigent un poli très brillant au démoulage. On fait quelques rodoirs en plomb, en coulant du plomb dans les sections B, autour de tiges en acier, qui pour l'emploi font saillie dans les trous A, puis au moyen de potée d'émeri et d'huile, en tournant ces rodoirs aussi rapidement que possible, on polit les moules d'une façon aussi parfaite que possible. En mettant les deux plaques l'une contre l'autre, on constate qu'il ne subsiste pas le moindre défaut dans l'alignement des trous A dans les deux pièces, en les vérifiant au moyen d'un calibre type. Pour éviter toute erreur, on marque sur l'une des plaques « devant ».

Pour mouler les plaques, on enlève la plaque supérieure, et on coule la composition sur la face de la plaque inférieure. On remet ensuite la plaque supérieure, et les tiges saillantes des noyaux F de la plaque inférieure pénètrent dans les trous A de la plaque supérieure, ce qui empêche le liquide de les écarter et forme également le trou J dans la boîte finie. Les deux plaques sont ensuite placées sous la presse hydraulique, on exerce sur elles une pression suffisante pour forcer le liquide dans toutes les parties des moules ; la pression doit être suffisante pour forcer l'excédent de composition à s'écouler d'entre les sections. On emploie cette composition pendant qu'elle est très chaude, et il ne faut que quelques secondes pour qu'elle se refroidisse avant démoulage. Quand il en est ainsi, on enlève la section supérieure, et la légère contraction due au refroidissement permet d'enlever les boîtes finies en les dévissant à la main de la plaque inférieure. Elles sont alors bien unies sur toutes les surfaces extérieures, et le filetage est net et régulier.

Usinage d'un jeu de moules précis sur la raboteuse. — La figure 323 représente deux vues de la section supérieure d'un moule employé pour la fabrication de mines de crayons carrées avec un bout conique courbé, comme l'indique la figure 324. On devait faire dix jeux de moules et comme on les payait largement, le travail en était agréable. Comme on le voit de suite, c'est un travail de fraisage, et la fraiseuse universelle est la machine qui convient le mieux pour l'exécuter. N'ayant pas de fraiseuse, universelle ou autre, nous dûmes chercher d'autres moyens.

À la fin nous conclûmes en décidant que ce travail pouvait être exécuté

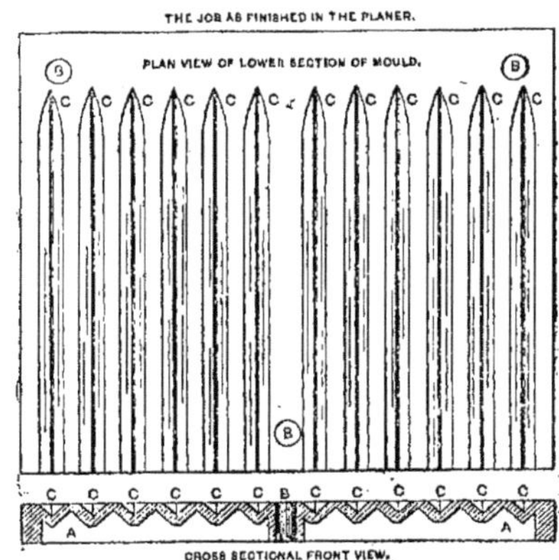

FIG. 323.

Cross sectional front view :   Coupe transversale vue de face.
Plan view of lower section of mould :   Vue en plan de la partie inférieure du moule.
The job finished in the planer :   Pièce finie sur la raboteuse.

complètement sur la raboteuse au moyen de quelques outils et montages spéciaux. La figure 325 montre comment les sections des moules sont, de

FIG. 324.—The Piece Produced in the Moulds.
Pièce exécutée dans les moules.

fonderie, creuses au dos en AA, en laissant un rebord extérieur tout autour. Ces sections ou plaques étaient en fonte à grain très serré. Les

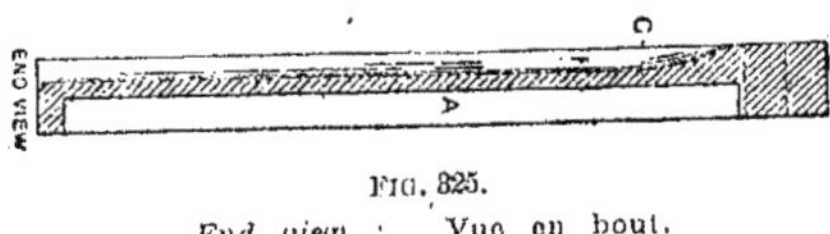

FIG. 325.

End view :   Vue en bout.

vingt pièces moulées pour les dix moules furent d'abord rabotées dessus et dessous, puis on gratta la face de chacun des moules de sorte que les sections entrent bien partout en contact. On mit les sections par paires, on y perça et alésa les trous B, B, dans les positions indiquées pour les trois tiges goujons en acier Stub. Ces tiges furent entrées à force dans une sec-

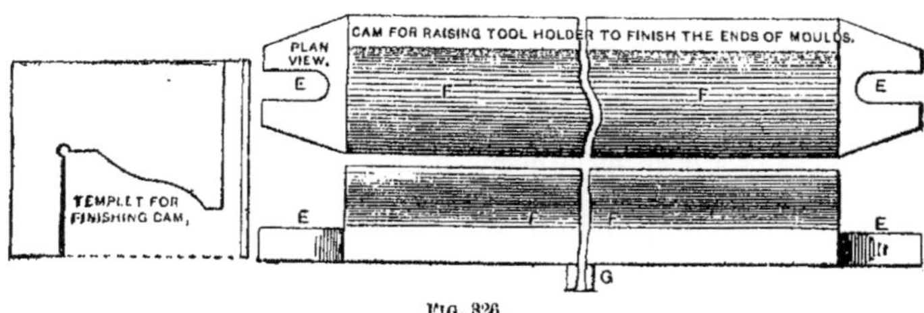

FIG. 326.

Templet for finishing cam :   Calibre pour usiner la came.
Plan view :   Vue en plan.
Cam for raising tool holder to finish   Came servant à élever le porte-outil
    the ends of moulds :   pour usiner les extrémités des moules.

tion de chacun des dix moules, et dans les autres sections, on donna du jeu aux trous. On numérota les deux sections de chaque moule, et ceux-ci, avec les sections serrées ensemble, furent fixés sur le bâti de la raboteuse,

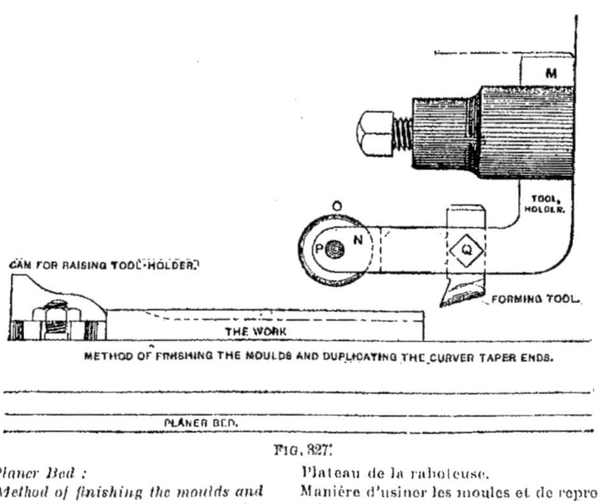

FIG. 327.

Planer Bed :   Plateau de la raboteuse.
Method of finishing the moulds and   Manière d'usiner les moules et de reproduire
    duplicating the curver taper ends :   les extrémités coniques courbes.
The work :   La pièce.
Cam for raising tool holder :   Came servant à élever le porte-outil.
Forming tool :   Outil de forme.
Tool holder :   Porte-outil.

pour raboter leurs quatre faces latérales d'équerre les unes par rapport aux autres, et par rapport aux faces de moulage des sections, en prenant soin d'usiner cette série de dix à la même largeur et longueur. On put alors usiner les moules proprement dits et dans ce but, on prépara les outils et montages représentés par les figures.

Comme l'indique la figure 324, les crayons fabriqués dans ce moule devaient être carrés, de 7^{mm},93 (5/16 p.) avec un bout conique arrondi selon un rayon de 31^{mm},74 (1 1/4 p.). Ils devaient présenter une surface unie partout, sans bavures, et avec des bouts coniques symétriques. Pour obtenir ce résultat sur la raboteuse, il était nécessaire de prévoir des moyens pour élever l'outil de forme (servant à finir les moules) de manière à produire la forme désirée. On commença par faire un calibre. Celui-ci fut taillé avec un côté carré comme point de départ, puis usiné selon un rayon de 31^{mm},74 (1 1/4 p.). On l'employa pour tailler la came représentée sur les deux vues de la figure 326, et sur le bâti de la raboteuse (*fig.* 327). Cette came était en fonte, avec des oreilles à chaque bout, pour recevoir

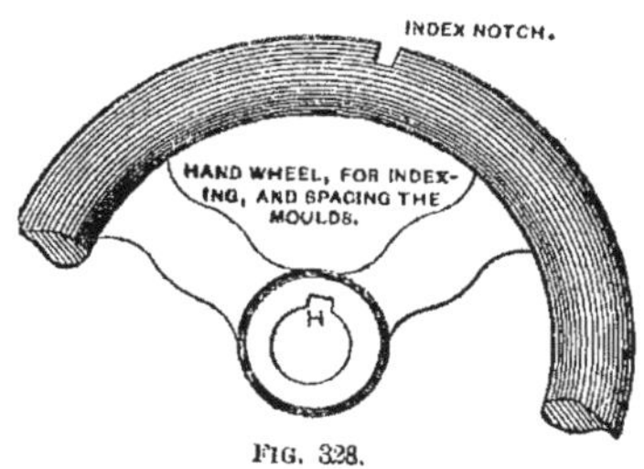

FIG. 328.

Hand wheel, for indexing,   Roue à main pour diviser
and spacing the moulds :   et espacer les moules.
          Index notch :   Entaille de repère.

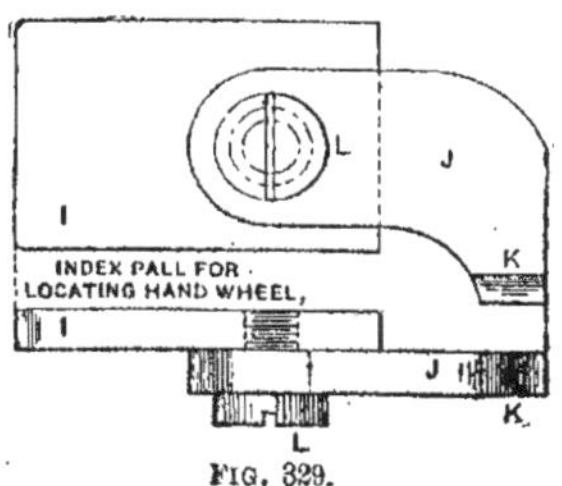

FIG. 329.

Index pall for loca-   Index servant à re-
ting hand wheel :   pérer le volant.

les boulons de serrage, et avec les faces de la came assez longues pour tenir sur toute la longueur des sections du moule on commença par la raboter en arrière et on ajusta la languette G dans la rainure centrale de la raboteuse. On rabota ensuite les faces F, F de la came, et les usina au calibre, représenté à gauche de la figure 326, après s'être assuré qu'il était à angles droits avec les côtés de la languette G. La face antérieure de la pièce fut également mise d'équerre de façon à avoir une face de repérage pour mettre d'équerre les sections des moules. Ensuite vient le porte-outil. Celui-ci est pris dans une barre carrée d'acier doux de 28^{mm},57 (1 1/8 p.), en étirant et cintrant un bout à 39^{mm},92 × 22^{mm},22 (1 3/8 × 7/8 p.) selon la forme indiquée sur les vues de face et laté-rales (*fig.* 327-330). L'extrémité du prolongement en N, N est fraisée avec une fraise de 9^{mm},52 (3/8 p.) pour recevoir le galet O en acier de construction, qui est usiné de façon à bien s'ajuster dans la rainure N, N et au diamètre de 39mm,92 (1/8 p.), repéré par la tige P de 11mm,11 (7/16 p.) pour pouvoir tourner librement dans le support. On exécute un trou carré de 19mm,04 (3/4 p.) dans le porte-outil, pour recevoir l'outil de forme (*fig.* 331), en prenant soin de le mettre d'équerre avec les côtés du galet O. On perce également un trou que l'on taraude, pour recevoir la vis de serrage O pour maintenir l'outil de forme. Celui-ci (*fig.* 331) est en acier à outils carré de 19mm,04 (3/4 p.), façonné en R à 7mm,93 (5/16 p.) à angle droit, et terminé par une surface carrée de chaque côté en S. La forme correcte du tranchant est étendue à toute l'épaisseur de l'outil, en lui donnant le dégagement indiqué. Ceci complète les outils nécessaires pour finir les moules proprement dits.

Comme l'indique la figure 323, les moules sont construits pour produire douze crayons, et il est nécessaire d'espacer avec précision les douze

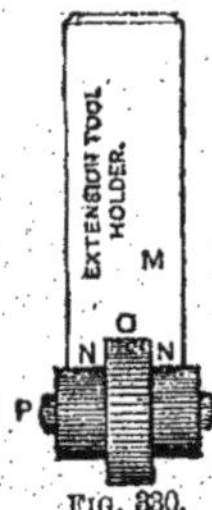

FIG. 330.

Extension tool holder :   Porte-outil extensible.

FIG. 331.

Forming tool :   Outil de forme.

moules C, de façon que ceux des deux sections se raccordent parfaitement ensemble quand on serre celles-ci ensemble.

Pour réaliser cette condition il est nécessaire d'avoir une espèce d'appareil diviseur. C'est à ce besoin que répond l'emploi du volant entaillé (*fig.* 328), et du linguet diviseur (*fig.* 329) qui permettent d'exécuter l'espacement des moules avec rapidité et sans difficultés. Ce volant est monté sur la clavette de la vis d'avance horizontale de la raboteuse, et porte dans sa jante une entaille dans la position indiquée. Le linguet diviseur consiste en trois parties : la plaque arrière 1, le linguet J ajusté en K à la demande de la rainure du volant, et la vis à épaulement L servant à serrer les pièces ensemble. Ceci complète tous les montages nécessaires à l'usinage des moules.

La figure 327 représente la manière d'usiner les sections d'une façon absolument identique, et en les espaçant correctement. La figure est assez aisée à comprendre pour qu'une courte description suffise. La came servant à élever le porte-outil est fixée à la raboteuse par boulons à chaque extrémité. La section du moule marquée : pièce, est placée d'équerre contre le front carré de la came. En longueur et latéralement, elle est contre l'arrêt. On la serre ensuite solidement sur la plaque du bâti. Le porte-outil est alors fixé dans le support, dont le tablier a été d'abord placé parfaitement d'équerre avec le bâti de la raboteuse. L'outil de forme est serré dans le porte-outil, en le mettant d'équerre avec la pièce, au moyen des arêtes parallèles S, S et en le laissant faire saillie hors du porte-outil, de sorte que l'extrémité du tranchant soit à 11^{mm},11 (7/16 p.) au-dessous de la face du galet, comme sur la figure 327. On règle la course de la raboteuse, on fixe le volant sur la vis d'avance, et on serre le linguet de manière que l'extrémité K pénètre dans la rainure du volant, la plaque postérieure étant serrée sur le côté supérieur de la raboteuse.

Tout est alors prêt : partant d'un côté de la plaque moule, on déplace l'outil de forme au-dessus, en faisant tourner le volant un certain nombre de fois, et on abaisse le linguet dans la rainure. On met alors la raboteuse en marche, et on élève graduellement l'outil de forme en taillant le moule à cette extrémité selon un profil qui est la reproduction exacte de la face de la came. Pour calibrer la profondeur des moules, on abaisse l'outil jusqu'à ce que son arête droite SS touche la face des plaques moules. Quand le premier moule est achevé, on élève l'outil de la hauteur nécessaire en tournant le volant, et en divisant à la rainure, et on répète ces opérations jusqu'à ce que les douze moules de la section soient achevés. On enlève alors la plaque, qu'on remplace par une autre et on usine celle-ci de la même manière. On usine ainsi les vingt sections ou plaques moules, qui sont toutes exactement semblables, et se raccordent parfaitement quand on les monte par paires.

La méthode que nous venons d'indiquer pour le façonnage de ces moules peut être adaptée à un grand nombre de travaux variés, comme on le comprend de suite ; la main-d'œuvre et les autres dépenses n'excèdent pas celles qu'ont entraînées l'emploi de la fraiseuse.

Moules pour poignées de guidons de bicyclettes. — Les figures 332 et 333 représentent les vues en plan du sommet et du fond, respectivement, d'un jeu de moules destinés à la fabrication de poignées en composition pour guidons de bicyclettes, et la figure 336 donne une coupe du moule complet. La pièce ainsi produite est représentée sur la figure 335 ; la cloche étirée et perforée en fer-blanc qui constitue le squelette de la pièce, et autour de laquelle on moule la composition, est représentée sur la figure 334. Les trous ménagés dans cette armature ont pour but de permettre à la composition d'y pénétrer au moment du moulage des poignées. Les moules représentés produisent quatorze poignées en même temps, et comme leur construction nécessite beaucoup de connaissances pratiques et d'habileté, elle est assez intéressante pour mériter une description.

Deux plaques en acier doux pour les deux sections A et B des moules forment le sommet et le fond respectivement, et sont d'abord rabotées

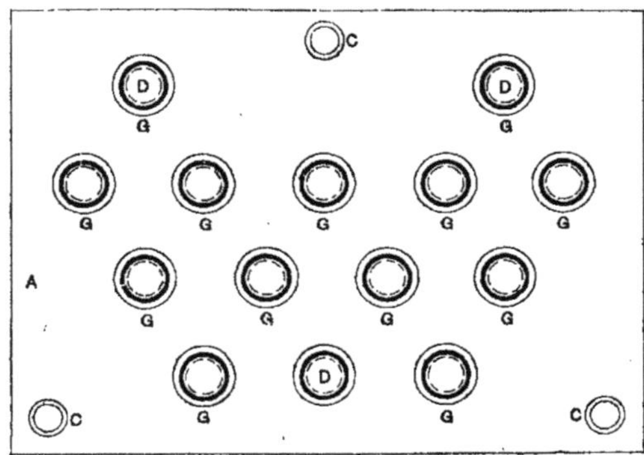

FIG. 332.

partout, puis on gratte une face de chacune d'elles, jusqu'à ce qu'elles s'appliquent parfaitement l'une contre l'autre sur toute leur surface. On serre alors les deux plaques ensemble, on perce et alèse des trous au travers

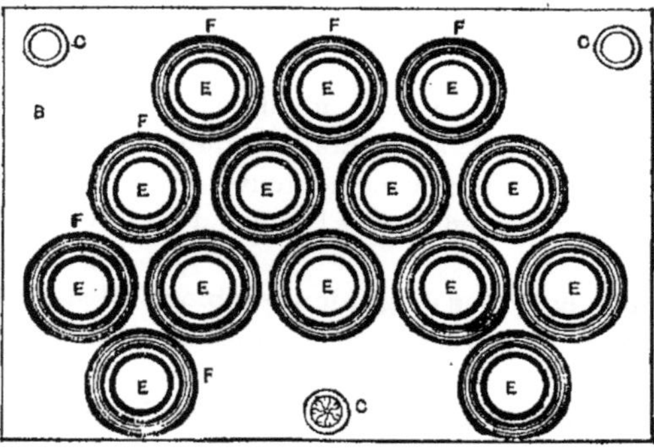

FIG. 333.

de l'ensemble, pour les trois tiges goujons C, C, C. On prépare ces tiges que l'on enfonce dans la plaque du fond, on met les deux sections ensemble, et on donne une passe tout autour sur les quatre côtés, pour que les deux plaques soient exactement semblables. On enlève la section supérieure de dessus l'autre, et on place les faces pour les quatorze noyaux C dans les positions relatives représentées sur les vues en plan. On perce des trous dans les plaques en ces points, et on les alèse à grandeur 11^{mm},11 (7/16 p.) puis on agrandit légèrement les trous en arrière. On serre à nouveau les deux sections ensemble, les repérant par les trois goujons de repérage C, C, C et par les trous de la section supérieure reproduits dans l'inférieure, en perçant à une profondeur un peu moindre que la profondeur totale à laquelle on doit usiner les moules, comme il est indiqué en E sur les coupes

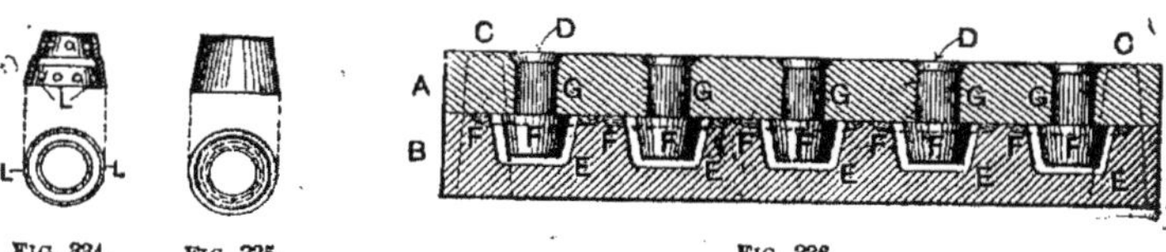

FIG. 334.   FIG. 335.   FIG. 336.

transversales (*fig.* 336). On enlève la section supérieure, et on agrandit les trous percés dans la section inférieure à 6^{mm},34 (1/4 p.) de profondeur et, en diamètre, à la grandeur de l'alésoir (*fig.* 337). Les canaux demi-circulaires sur la face de chaque moule en F sont alors taillés puis terminés au moyen de l'outil représenté sur la figure 338, dont l'extrémité en H s'ajuste dans les trous exécutés par l'alésoir (*fig.* 337), la lame J achevant

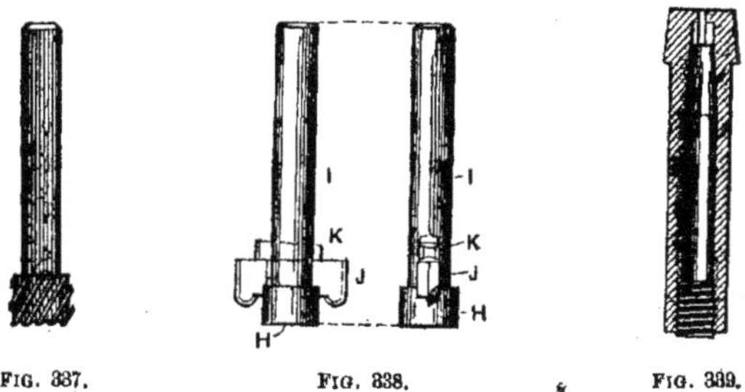

FIG. 337.   FIG. 338.   FIG. 339.

les rainures à la profondeur demandée. Un alésoir à finir, exactement au cône et à la grandeur demandés, est monté, et sert à donner aux moules la forme et la profondeur indiquées sur la figure 336, les arêtes supérieures au diamètre maximum de ces moules se raccordant exactement avec les arêtes intérieures de la rainure semi-circulaire F, en laissant une arête vive tout autour. On polit parfaitement les moules, en enlevant toutes les marques et bavures au moyen du rodoir extensible en cuivre représenté par la figure 339, et de potée d'émeri mouillée d'huile. La section inférieure des moules est alors complète. Pour terminer la section supérieure, il reste les quatorze noyaux, comme il est indiqué sur la vue en plan (*fig.* 332), et sur les coupes transversales (*fig.* 336), en G. Ces noyaux sont exécutés sur le tour, en acier de construction, en commençant par couper des bouts de longueur suffisante pour faire deux noyaux, que l'on centre et tourne à chaque extrémité de manière qu'ils s'ajustent exactement dans les trous alésés dans la plaque formant la section supérieure. On coupe alors ces pièces en deux, on les monte dans un mandrin à nez par les tiges usinées, on tourne et achève les faces des noyaux à la forme et à la grandeur demandées au moyen d'un outil de forme, de manière qu'elles entrent juste à l'intérieur des carcasses en fer-blanc (*fig.* 335). On insère les tiges de ces noyaux dans les trous des sections supérieures, en les épaulant solidement à l'intérieur de la plaque, comme il est indiqué en D. Le moule est alors complet et prêt pour le travail.

Une des carcasses en fer-blanc perforé (*fig.* 335) est enfilée sur chacun des noyaux, et on verse dans les moules E la composition à mouler. Les deux sections sont repérées ensemble au moyen des trois goujons C, C, C, et on place les moules sous la presse hydraulique, on serre ensemble les deux sections, ce qui comprime la composition jusqu'à la limite, l'excédent s'écoule hors de chaque moule, et dans les rainures demi-circulaires, dans la face des arêtes tranchantes intérieures, en repoussant la matière à l'intérieur des moules. On enlève le moule de la presse, on sépare les sections, et en frappant le dos de la section inférieure avec un maillet, on fait tomber les pièces moulées, et on obtient ainsi quatorze poignées bien finies, ayant la forme représentée sur la figure 344. Les armatures en fer-blanc perforé placées à l'intérieur des poignées rendent celles-ci solides et durables, et les trous L ménagés tout autour permettent à la composition de pénétrer à l'intérieur, empêchant ainsi les pièces de pouvoir se séparer, ou la composition de se décoller.

Moules pour marques de poker. — La figure 340 représente une vue en coupe d'un moule pour marques de poker, et la figure 341 une vue en plan de la section du fond. Comme les deux sections de ce moule sont l'exacte reproduction l'une de l'autre, une seule figure servira pour les deux. La manière de préparer les plaques en acier doux pour les sections M et N (*fig.* 340) et la manière de les repérer au moyen des trois goujons O, O, O sont les mêmes que pour l'autre. Comme on peut le voir sur la vue en plan de la plaque section (*fig.* 341), le moule peut recevoir seize marques. La manière de diviser ces moules, et de les usiner pour qu'ils se raccordent les uns avec les autres, est la suivante : après avoir été goujonnées ensemble, les deux plaques sont rabotées d'équerre sur toutes les faces. On marque un côté de chacune comme point de départ, en choisissant des côtés opposés. On fixe alors l'une des sections en face de l'arbre sur une équerre sur la fraiseuse universelle, l'extrémité marquée s'appuyant d'équerre sur la table de la fraiseuse. On monte sur le mandrin la fraise de forme (*fig.* 342) et on élève la table jusqu'à ce que la pièce se

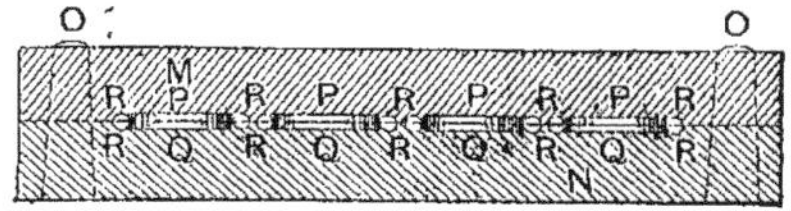

FIG. 340.

trouve alignée avec la première série de moules. On déplace alors la table jusqu'à ce que la fraise vienne juste au contact du côté de la plaque. On la déplace ensuite longitudinalement de la distance exacte demandée, — en se basant sur le cadran divisé de la vis d'avance, et on exécute le premier moule en déplaçant la pièce contre la fraise ; on enfonce de la profon-

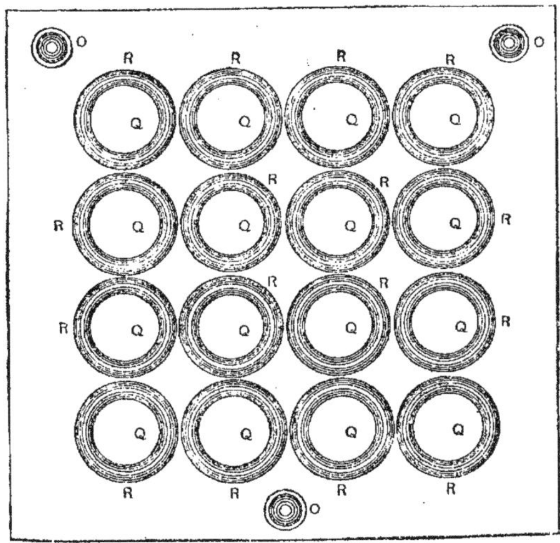

FIG. 341.

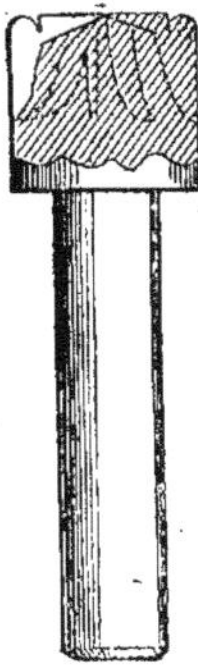

FIG. 342.

deur demandée, on recule ensuite la pièce, et on déplace la table pour le moule suivant, en travaillant chacun d'eux exactement de la même manière, et leur donnant la profondeur nécessaire. Quand la première rangée est faite, on élève la table d'une distance égale à l'espace qui sépare les moules de la première rangée, puis en partant du même côté que pour la première rangée, on exécute la seconde série de trous, et ainsi de suite jusqu'à ce que l'ensemble soit complet. La seule précaution à observer est d'espacer régulièrement les moules, et de leur donner la même profondeur, en immobilisant la vis d'avance avant de compter les divisions. Pendant le travail de la fraise de forme, on arrose largement celle-ci avec de l'huile, et ses tranchants doivent avoir été soigneusement affûtés et passés à la pierre à l'huile de façon à obtenir une coupe très nette.

Le façonnage des autres sections s'exécute de la même manière que celui de la première, en prenant comme point de départ le côté marqué, comme précédemment. Sur la vue en plan (*fig.* 341), on voit les moules en Q, Q et en R, R les rainures demi-circulaires destinées à recevoir l'excédent de matière. Il est nécessaire d'usiner ces moules de manière que les arêtes extérieures des marques produites soient environ de $0^{mm},127$ (0,005 p.) plus hautes que le centre, cette condition étant nécessaire pour que les marques s'entassent bien et régulièrement. Les moules sont rodés et bien polis au moyen d'un rodoir à plomb sur la perceuse, à grande vitesse.

Moules sphériques. — On a souvent à exécuter sur le tour des moules et matrices pour formes sphériques de différents rayons. Ces moules sont

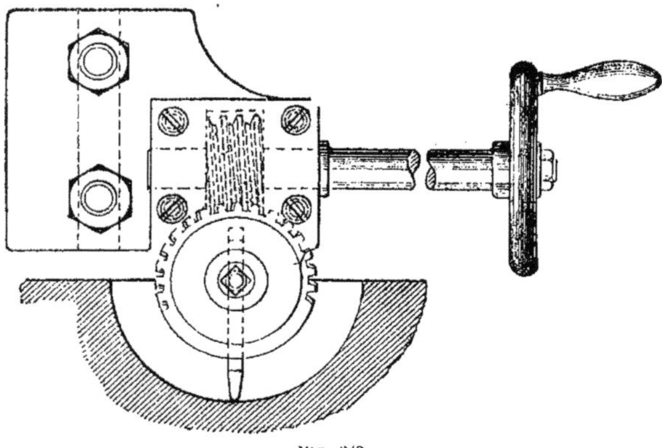

FIG. 343.

particulièrement employés dans les fabriques de caoutchouc pour les balles et les bandages de bicyclettes. Le petit outil représenté sur les figures 343 et 344 a été exécuté dans ces conditions, car on a trouvé qu'il est plutôt coûteux de faire des outils de forme pour chaque dimension de moule que l'on a à exécuter. Le montage a été étudié pour être boulonné sur le chariot du tour dans les rainures en T du support de l'outil, ce qui

permet de lui donner tous les mouvements ordinaires de l'outil de tour,
plus le mouvement circulaire.

Tel que le représente le dessin, l'outil se compose d'une base en fonte,
avec une languette qui s'ajuste dans la rainure en T du support de l'outil,
sur lequel elle est solidement serrée par les boulons indiqués. Un chapeau
est fixé sur la base au moyen de vis contre-percées dans une saillie
qu'il porte et une rainure dans la base servent à repérer le chapeau. La
roue de vis sans fin ayant des tourillons qui en sont solidaires tourne dans
les prolongements de la base et du chapeau. Avec cette roue, engrène la
vis sans fin, dont l'arbre est supporté par la base et le chapeau, et se prolonge vers la face antérieure du tour, où il se termine par un volant à main

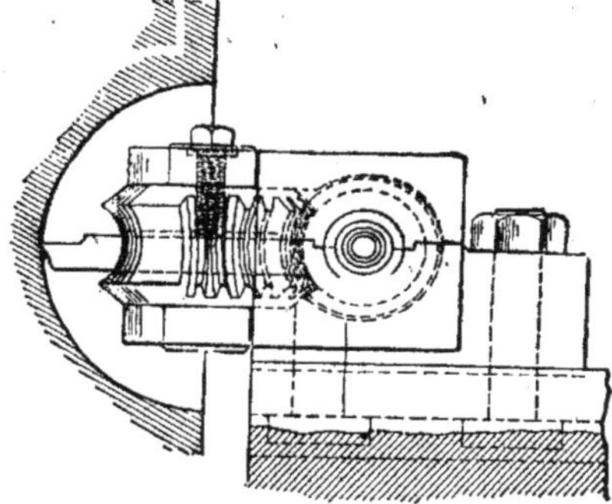

FIG. 344.

à la longueur convenable. Une rainure oblongue est taillée dans la roue de
vis sans fin pour recevoir l'outil de tour, qui est fixé par une vis de serrage
centrale.

Comme les moules et matrices sont ordinairement faits en deux moitiés,
il n'est pas souvent nécessaire de les tourner davantage ; mais en donnant
des proportions convenables au montage, celui-ci permet de tourner au
moins les deux tiers de la sphère. D'ailleurs cet appareil tourne les moules
pour anneaux circulaires aussi bien que les moules à balles, en le déplaçant
simplement par rapport à la ligne des centres du rayon nécessaire.

CHAPITRE XXI

OUTILS SPÉCIAUX. — MONTAGES. — SYSTÈMES. ARRANGEMENTS. — COMBINAISONS ET MÉTHODES NOUVELLES POUR LE TRAVAIL DES MÉTAUX

L'invention et la construction des outils spéciaux. — Tandis que la construction des types ordinaires et courants des différentes classes d'outils exige de l'adresse, de la précision, du jugement et de l'expérience de la part de l'outilleur, c'est dans l'invention des moyens spéciaux pour produire rapidement et économiquement des pièces particulières que son ingéniosité trouve son application. L'habileté à imaginer des outils spéciaux pour des travaux particuliers mérite d'être appréciée et doit toujours être encouragée et développée. Dans ce chapitre, nous donnons des dessins et des descriptions d'une grande variété d'outils spéciaux, de montages, appareils, dispositifs, d'artifices et de méthodes nouvelles pour le travail des métaux. En se familiarisant avec ceux-ci, le mécanicien n'éprouvera plus de difficultés à imaginer des moyens pour produire rapidement des pièces spéciales. Les descriptions des moyens convenables de les construire indiqueront comment on peut éviter les dépenses et la main-d'œuvre inutiles.

Jeu d'outils pour usiner une came. — Les gravures représentent un jeu d'outils pour usiner en série une pièce de forme peu courante, employée comme came sur une machine automatique à faire des paniers à fruits, et comme certains outils constituent des nouveautés et des types perfectionnés, une courte description donnera des idées pour les employer à d'autres travaux.

La figure 345 représente la pièce usinée. Le travail est plutôt difficile à exécuter en raison de l'irrégularité de la surface de la came. Il est nécessaire que cette surface soit usinée avec grande précision, de façon que les pièces soient parfaitement interchangeables. Les autres parties qui doivent être interchangeables sont l'alésage du trou A, le dressage du moyeu en G, des faces latérales C, et la surface conique D. Le moyeu B est laissé brut.

Le nombre des opérations nécessaires pour usiner la pièce est de trois,

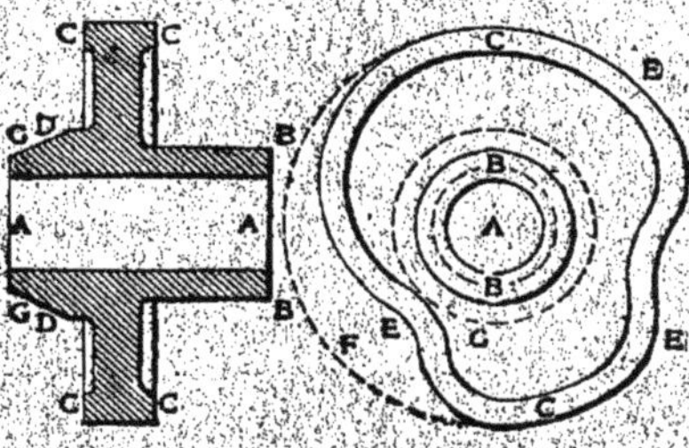

FIG. 345.

la première s'exécute sur le tour-revolver et les deux autres sur le tour ordinaire. La première opération est le perçage et l'alésage du trou A, le dressage du moyeu G, et l'usinage de la surface conique D. Les outils employés au cours de cette opération sont représentés sur les figures 346

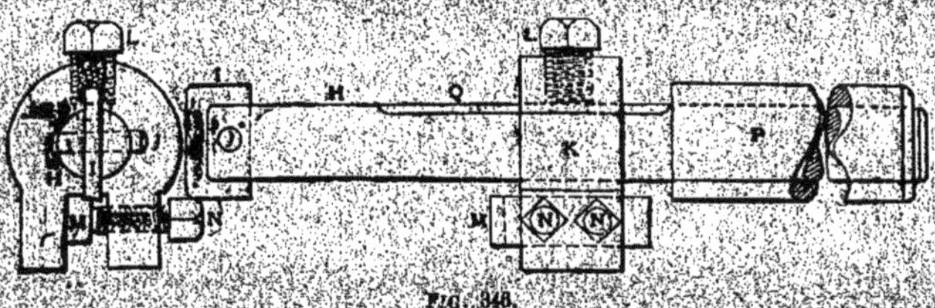

FIG. 346.

à 350. La première représente un outil combiné à aléser et dresser le moyeu, employé pour exécuter le trou A et dresser le moyeu G simultanément. Il comprend une longue tige H, avec une lame I dans une rainure à l'extrémité, maintenue par la tige conique J et le porte-outil K à

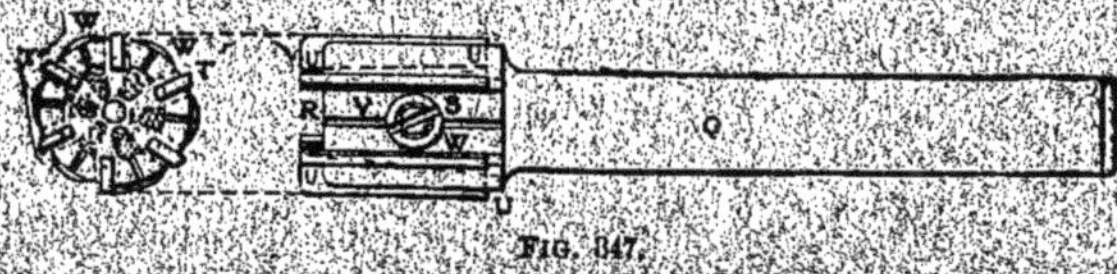

FIG. 347.

dresser le moyeu, qui est repéré sur la barre au moyen de la vis de serrage L, dont l'extrémité se visse dans une rainure fraisée dans la barre porte-outil comme il est figuré en O. La lame N à dresser le moyeu est tenue en position par les deux vis de serrage N, N. P est la bague fendue habituelle que l'on emploie sur le tour-revolver.

Pour aléser le trou A on emploie l'alésoir représenté par la figure 357.

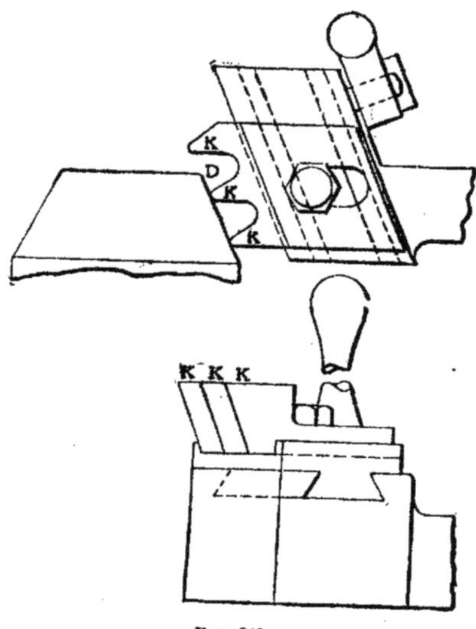

Fig. 348.

Il comprend un corps Q en acier à outils, et six couteaux ou lames T.

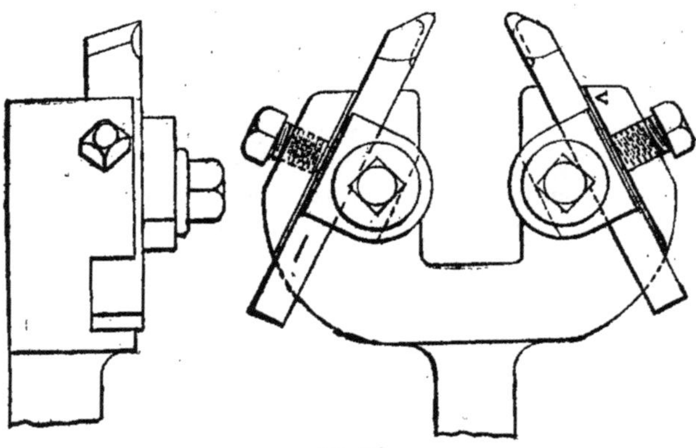

Fig. 349.

Celles-ci sont placées dans des rainures inclinées, comme l'indiquent les lignes pointillées en U, U pour permettre de les ajuster à nouveau après usure ou après affûtage. Les lames sont serrées par des vis W à tête conique, qui sont placées aux centres des rainures V exécutées d'un trait étroit de scie. En serrant ces vis, le métal est énergiquement forcé contre les lames de sorte que celles-ci sont solidement maintenues.

La figure 348 représente l'outil employé pour dégrossir la surface

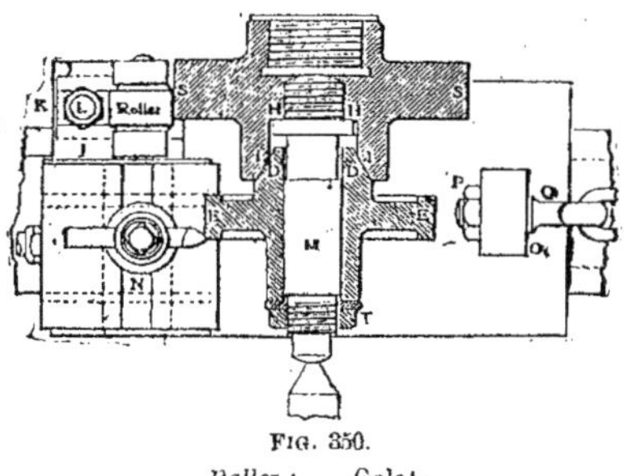

FIG. 350.

Roller : Galet.

conique S. L'outil possède trois pointes coupantes K, et est déplacé graduellement sous la surface au moyen du levier à main, la tige de l'outil étant tenue dans le porte-outil. Cette surface est terminée au moyen d'un outil à lame plate de largeur suffisante pour prendre toute la ligne en même temps.

La seconde opération, dressage des deux côtés C, C, puis mise à gran-

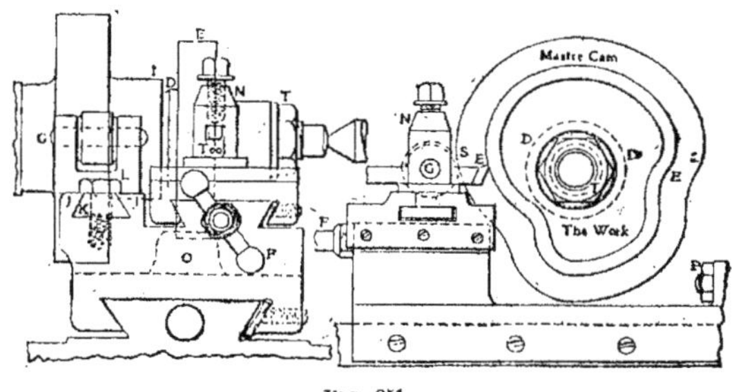

FIG. 351.

The Work : La pièce.
Master Cam : Maîtresse came.

deur de la largeur de la face de la came, s'exécute sur le tour au moyen de l'outil spécial double à dresser (*fig.* 349). On met trois pièces en même temps sur un arbre, et on les serre avec un écrou. L'outil est tenu dans le porte-outil à la manière habituelle.

La dernière opération, usinage de la surface de la came, est la plus difficile. Elle s'exécute également sur le tour au moyen de quatre montages spéciaux. Ce sont : A un support à coulisse spécial pour l'outil tranchant, une coulisse transversale spéciale pour le tour, une came type combinée et son mandrin, et une tige de repérage et de support pour la pièce. Les figures 350 et 351 représentent ces montages en position sur le tour avec la pièce. La maîtresse came et son mandrin forment une pièce forgée qui est d'abord ajustée sur l'arbre du tour, puis on usine la partie du mandrin avec une surface conique intérieure en I, I formant point de repère pour la surface conique DD de la pièce. On monte alors la partie formant came sur la fraiseuse universelle et on l'y usine.

La tige ou arbre pour la pièce est en acier à outils, usiné comme il est indiqué, trempé et vissé solidement dans la portion formant mandrin de la maîtresse came, en s'appuyant sur celle-ci en H, H comme il est figuré ; on rectifie alors la surface M pour l'ajuster sur la pièce.

Le chariot transversal spécial pour le tour est en réalité un support composé, la seule différence consistant en ce que le petit support ne pivote pas. Le rouleau-came est en acier à outils, trempé et rectifié de façon à être bien ajusté, puis repéré sur une tige G trempée et rectifiée dans le support K. Une chaîne R est attachée au crochet à l'arrière du chariot et est supportée par un galet à l'arrière du tour avec un gros poids fixé à son brin pendant. De cette manière, le mouvement du chariot transversal est produit par la maîtresse came SS qui agit sur le galet de came. Comme on le voit, la construction du chariot transversal est solide, et la rigidité de l'outil coupant est assurée. La surface de la came est d'abord tournée, à quelques multiples de $0^{mm}0254$ (1/1.000 p.) de la dimension finie, puis on l'ajuste au calibre par rectification, cette opération est exécutée aisément en employant une petite machine à rectifier à porte-outil commandée par une courroie ronde passant sur un tambour supérieur.

Taillage d'une vis à grand pas. — La figure 352 est un croquis

Fig. 352.

d'une vis à grand pas dont le taillage présente des difficultés en raison de son pas peu courant. Elle mesure $761^{mm},9$ (30 p.) de longueur, $50^{mm},8$ (2 p.) de diamètre, et le pas est de $76^{mm},2$ (3 p.). Après avoir monté les engrenages sur le tour le plus solide dont on disposait, on trouva que la vitesse la plus réduite était encore trop rapide, et après avoir brisé toutes les dents, on prit une nouvelle paire d'engrenages pour remplacer ceux qui avaient été cassés. On prit un bout d'acier de construction, on le tourna, et le diminua à un bout pour le visser dans le trou taraudé pour la vis d'engrenages à l'extrémité de la vis d'entraînement du tour et on claveta une poulie de 203mm,2 (8 p.) sur cette pièce de prolongement. Un renvoi supplémentaire fut repéré et fixé sur le sol. On enleva la courroie d'entraînement du tour, et on relia par courroie, d'une part l'arbre principal au renvoi sur le plancher, et en second lieu, le renvoi à la poulie de la vis d'entraînement. L'équipement se trouva ainsi renversé, et au lieu que l'arbre du tour entraîne la vis, ce fut celle-ci qui entraîna l'arbre. Pendant que cette vis entraînait l'outil à fileter à la vitesse convenable, la pièce

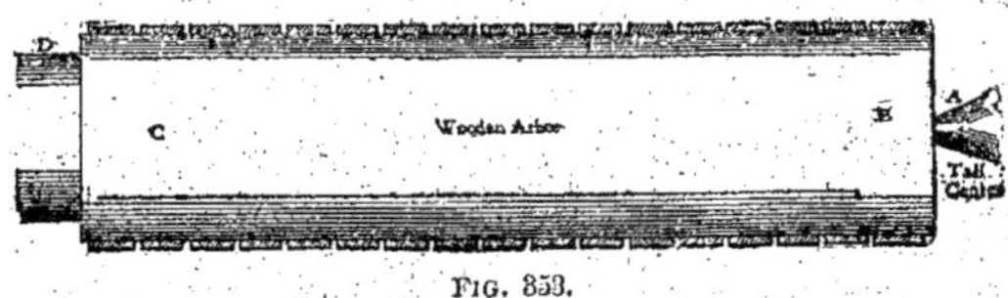

FIG. 353.

Wooden Arbor :   Arbre en bord.

tournait très lentement, et on put exécuter cette vis, ainsi que plusieurs autres sans aucune difficulté.

Fabrication de segments minces filetés en laiton. — Les figures 353 et 354 représentent respectivement les moyens employés pour exécuter un petit travail ennuyeux d'une manière très simple. On avait à faire une série de trente-deux lampes à acétylène, et au cours de cette fabrication, il fut nécessaire de préparer un anneau fileté en laiton dans une des cloches. Ces segments en laiton étaient pris dans un tube de 50mm,8 (2 p.) et devaient être usinés à une largeur de 12mm,7 (1/2 p.) et taraudés au pas 22. Le tube n'avait qu'une épaisseur de 1mm,58 (1/16 p.) aussi était-il impossible de couper et fileter ces segments à la manière ordinaire sur le tour. On employa la méthode

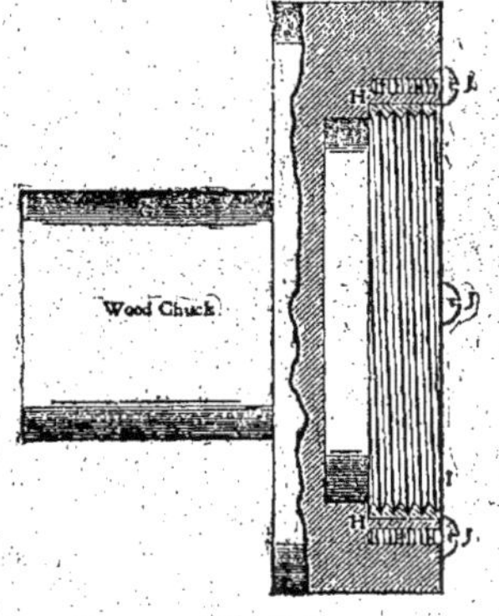

FIG. 354.

Wood Chuck : Mandrin en bord.

simple suivante : on tourna entre pointes un morceau de bois tendre à la longueur d'un tube, comme le représente la figure 353, en faisant un bout un peu plus petit que l'autre, de manière à pouvoir y monter le tube à force. En faisant tourner cet arbre en bois entre pointes, les segments furent découpés aisément, comme il est figuré, et sans affecter en aucune façon l'exactitude de leur forme. Après avoir été découpés séparément, on les enlevait aisément de dessus l'arbre. On faisait partir ensuite les bavures avec un outil à main, et on filetait en montant ces segments sur un mandrin en bois de la forme représentée par la figure 354. Ce mandrin, en bois tendre, est tourné en G, pour permettre de le monter dans le mandrin ordinaire d'un tour. On alèse ensuite le bout de façon à ce qu'un segment en laiton s'y ajuste bien exactement, en s'appuyant contre l'épaulement en H, H. Quatre vis à têtes rondes en J, J, J appuient contre l'arête du segment et aident ainsi à le maintenir. Les segments sont filetés ainsi au moyen d'un outil à fileter ordinaire, et ajustés sur un tampon, puis démontés du mandrin en vissant quelques filets du tampon et tirant en arrière. Quelques-uns des segments ne s'ajustent pas à frottement dur dans le mandrin, mais en le mouillant avec un chiffon humide, il se dilate suffisamment pour faire serrage. Tous ceux qui ont eu à essayer un travail de ce genre avec les moyens ordinaires dont on dispose sur le tour, apprécieront cette méthode simple et pratique.

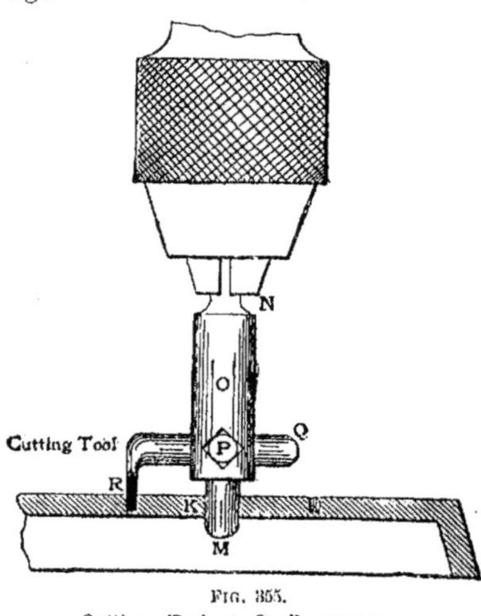

FIG. 355.
Cutting Tool : Outil coupant.

Travail de perceuse. — Le croquis de la figure 355 représente une manière simple d'exécuter un travail peu courant avec les moyens disponibles, qui, pour ne pas dire pire, ne convenaient pas. Il s'agissait de percer, dans la face moulée d'un modèle de pompe à deux cylindres, deux trous de 44^{mm},44 (1 3/4 p.) dans la position indiquée. Le tour dont on disposait était trop petit pour permettre de monter la pièce sur le plateau, et la seule machine à percer de l'atelier (qui était un atelier d'essai privé) était une sensitive de 203^{mm},2 (8 p.). C'est dans ces conditions, qu'au moyen de l'outil tranchant réglable représenté on a pu exécuter le travail sur la petite perceuse. Pour cela, on commença par percer et aléser deux petits trous à la distance voulue pour former les centres, comme il est indiqué en K, comme points de repère et de centrage pour la tige M de l'outil R.

L'outil fut serré dans le mandrin, on repéra et fixa la pièce sur la table et on usina les trous comme l'indique le croquis. L'outil utilisé pour ce travail peut être également employé pour divers autres genres analogues.

Montage à échelons. — Le croquis de la figure 356 représente une extrémité d'une plaque en caoutchouc durci qui était usinée avec préci-

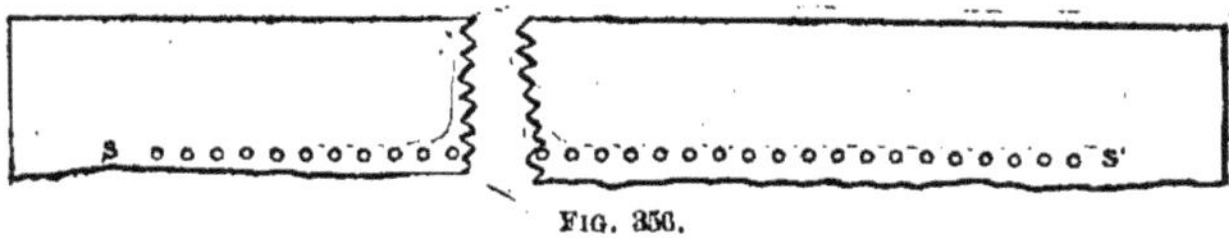

FIG. 356.

sion sur le côté à 187mm,32 (7 3/8 p.) de largeur, 1.675mm,97 (5 1/2 pieds) de longueur et 9mm,52 (3/8 p.) d'épaisseur. Dans cette plaque de caoutchouc on devait percer cinquante-deux rangées de trous, écartés de 3mm,17 (1/8 p.), comprenant 625 trous par rangée, et de la grandeur d'une mèche n° 60. Il y avait au total 32.500 trous, qui devaient être régulièrement

espacés, la plaque de caoutchouc faisant partie du mécanisme d'une boîte à musique, et devant recevoir ensuite une tige d'acier insérée dans chaque trou. On devait laisser subsister une marge de 6mm,34 (1/4 p.) sur les quatre côtés de la plaque.

Le montage employé pour percer et répartir les trous est représenté sur les deux vues de la figure 357. Comme le croquis s'explique de lui-même, une description très courte suffira. On voit qu'il y a une ligne de cinquante-deux trous alignés de J en J, et à 3mm,17 (1/8 p.) des trous situés à l'extrémité de cette ligne, sont d'autres trous, indiqués en I, I. Ces deux trous servent à espacer les lignes de trous dans la plaque pendant le perçage, en perçant le premier trou à 12mm,7 (1/2 p.) de l'ex-

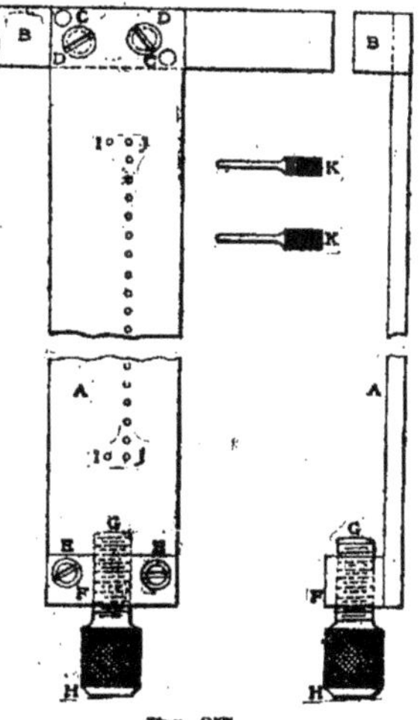

FIG. 357.

trémité de la plaque, et repérant ensuite le montage pour la ligne suivante, en y insérant les deux tiges de repérage K, K, ainsi que dans les trous I, I, et dans les trous correspondants de la plaque. Les trous dans le montage sont espacés et repérés sur la fraiseuse universelle, en employant une petite mèche à centrer rigide pour centrer tous les trous, pour percer et aléser ensuite ceux-ci sur la machine sensitive. Les croquis permettent de comprendre comment on se sert du montage, et comment on perce la pièce. Le perçage de ces 32.500 trous prend un certain temps, et après chaque journée de travail, il est nécessaire de mettre la plaque de caoutchouc sur le bâti de la raboteuse et de la charger avec des poids lourds pour éviter qu'elle puisse se gondoler pendant la nuit.

Montage à percer sur la raboteuse. — J'ai eu l'occasion de voir l'appareil suivant, employé avec succès, un jour où je visitais un petit atelier de mécanique à la campagne. Il comprenait une mèche de 25^{mm},4 (1 p.), une pointe de tour, un toc, et un bout de bois d'environ 914 millimètres (3 pieds) de long. La pointe du tour était serrée dans le porte-outils de la raboteuse et le toc serré sur la tige de la mèche de 25^{mm},4 (1 p.). La pointe de la mèche pénétrait dans un coup de pointeau marqué sur le bâti de la raboteuse, et la pointe du tour pénétrait dans le bout de la tige de la mèche. D'une main, on tournait la mèche en se servant du morceau de bois comme levier, et de l'autre, on faisait avancer la tête porte-outil. De cette manière les trous étaient percés. Cette méthode d'emploi du toc et du morceau de bois me parut plutôt surannée, jusqu'à ce que l'apprenti de l'atelier m'eût dit qu'ils n'avaient pas de cliquet.

Montage à enrouler les ressorts. — La figure 358 représente deux vues d'un petit montage à enrouler les ressorts simple et commode, qui se comprend aisément par les croquis et n'exige qu'une courte description. Le corps P est un bout d'acier doux carré de 12^{mm},7 (1/2 p.) usiné, un bout

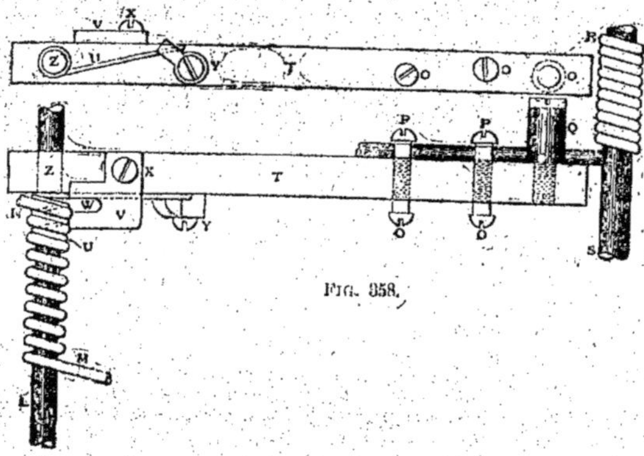

Fig. 358.

est arrangé pour l'enroulement de ressorts calibrés, tandis que l'autre bout reçoit les ressorts serrés. Le bout pour les ressorts calibrés est percé com-

plètement en Z pour recevoir la tige L sur laquelle est enroulé le ressort M.
Le ressort U est employé comme calibre pour l'enroulement des ressorts,
il est repéré et fixé sur les côtés de T par la petite pièce Y. V est une petite
plaque fixée sur le corps en X, avec un guide en W pour le fil. Pendant
l'emploi, la tige L sur laquelle on enroule le ressort et l'extrémité du fil
sont fixées dans le mandrin du tour, l'extrémité saillante de la tige pénétrant dans le trou Z dans le dévidoir. On donne alors deux tours au dévidoir autour de la tige, de manière que le calibreur U soit en spirale autour
du fil. Le montage est alors fixé sur le porte-outil du tour, et on met celui-
ci en marche, en tenant le fil tendu à la main, et le laissant passer sous le
guide comme il est figuré.

L'autre extrémité du dévidoir est employée comme il est représenté.
Les vis P, P et O, O servent à régler un guide pour le fil qui passe sous le
galet Q, et est enroulé autour de la tige S comme il est figuré en R.

Plaque dressée à souder. — L'un des outils les plus commodes dans
l'outillage est une plaque dressée à souder. Le nombre de petits travaux
spéciaux et compliqués qu'elle permet d'exécuter est surprenant. Celle que
nous avions était ajustée pour pouvoir être repérée et fixée sur le plateau
d'un tour Hendey-Norton. Elle se composait d'un disque fondu en composition d'environ 25^{mm},4 (1 p.) d'épaisseur, et d'un diamètre un peu inférieur à celui du plateau. Après l'avoir dressée sur une face, on la plaçait et
la fixait sur le plateau au moyen de quatre vis à tête placées par derrière,
ce qui permettait de les enlever aisément. On devrait avoir une de ces
plaques dans chaque atelier d'outillage ; avec une épaisseur de 25^{mm},4
(1 p.) elle dure longtemps, et se trouve plus qu'amortie avant usure complète.

Construction de mandrins élastiques à collet. — J'ai trouvé que le
système suivant est très commode quand on fait des mandrins élastiques à
collet de la forme représentée sur la figure 359.
Après les avoir usinés sur le tour, en laissant
toutefois assez de matière pour les rectifier
et polir, on les dresse sur un arbre, et on scie
les rainures de flexion comme il est indiqué,
c'est-à-dire que, à l'extrémité de chaque rainure, comme il est indiqué en T et V, au lieu

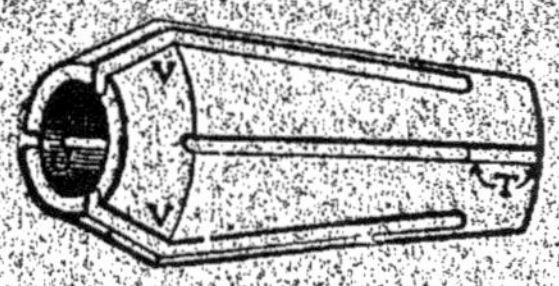

Fig. 359.

de couper sur toute l'épaisseur en ce point, on laisse une petite cloison
très mince, d'environ 3^{mm},17 (1/8 p.) de longueur à l'extrémité de
toutes les coupes. Puis on trempe et recuit le mandrin à volonté, et
après rectification de l'intérieur à grandeur, on place un autre arbre, et
on rectifie les cônes comme il est demandé. On prend ensuite une petite

broche étroite, on l'entre dans les rainures, et en la frappant d'un bon
coup de marteau, on casse la petite cloison. J'ai employé ce système
avec le plus grand succès dans les ateliers où on n'avait pas de facilités
pour rectifier. En procédant comme il est indiqué ci-dessus, il est possible
d'usiner l'extérieur et les cônes à grandeur, avant trempe, sans que les
mandrins s'écartent d'une longueur notable. Toutefois, pour un travail
extrêmement précis, cette méthode ne conviendrait pas. Mais, naturellement, on n'exécute pas de travaux très précis dans les ateliers qui ne dis-
posent pas d'un outillage extrêmement moderne.

Bâton à faire les frisures. — La figure 360 représente le croquis d'un
petit instrument qui, s'il est connu depuis longtemps de certains outilleurs,

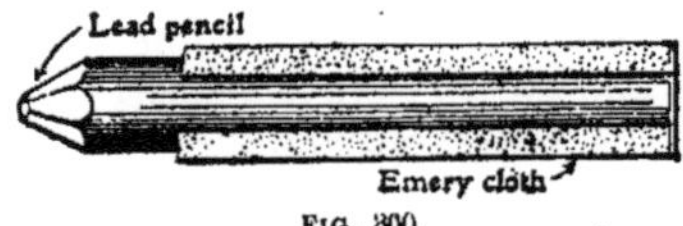

FIG. 360.

Emery cloth :	Toile d'émeri.
Lead pencil :	Crayon à mine de plomb.

n'en sera pas moins nouveau pour d'autres. C'est un bâton à faire les frisures, on peut l'employer pour exécuter ces frisures circulaires. que l'on

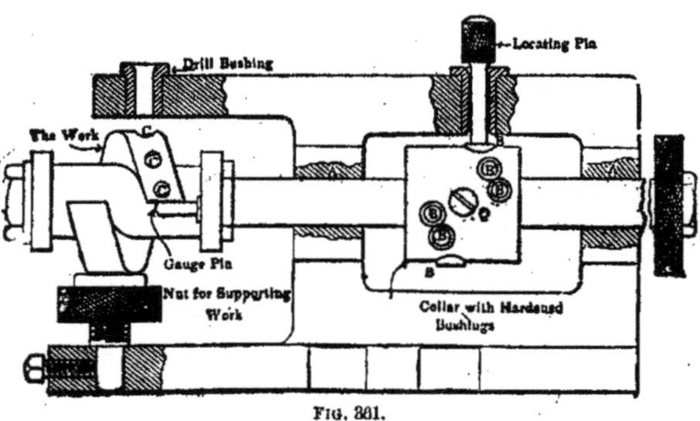

FIG. 361.

Nut for Supporting Work :	Écrou supportant la pièce.
Gauge Pin :	Tige de calibrage.
The Work :	La pièce.
Drill Bushing :	Bague de perçage.
Locating Pin :	Tige de repérage.
Collar with Hardened Bushings :	Collier avec bagues trempées.

voit souvent à l'intérieur des boîtiers de montres et que l'on fait souvent
sur diverses petites pièces polies. Il se compose d'un bout de crayon et

d'un morceau de toile émeri, on monte le tout dans le mandrin d'une petite perceuse, on fait tourner rapidement, et on descend sur la pièce. On obtient un très bel aspect en ayant soin de déplacer la pièce régulièrement.

Perçage de trous dans une surface hélicoïdale. — La figure 361 représente un montage de perçage, avec la pièce en position, ayant servi pour percer un lot de 500 pièces en fonte malléable de la forme représentée. Il fallait percer douze trous c, c, c régulièrement espacés autour de la partie hélicoïdale. La construction du montage et son mode d'emploi sont clairement figurés et n'exigent pas d'explications.

Fraisage sur la machine à percer. — La figure 362 représente l'emploi d'un petit montage pour fraiser sur la machine à percer une partie J d'un petit arbre P avec came excentrique. F est le montage sur lequel on place la pièce dans le trou G. La pièce est montée, et on l'empêche de tourner pendant l'usinage au moyen d'une partie de P qui appuie dans un creux tourné au sommet du montage en H. Une tige conique trempée R, avec une face plate s'appuyant contre la pièce, fixe celle-ci, comme il est

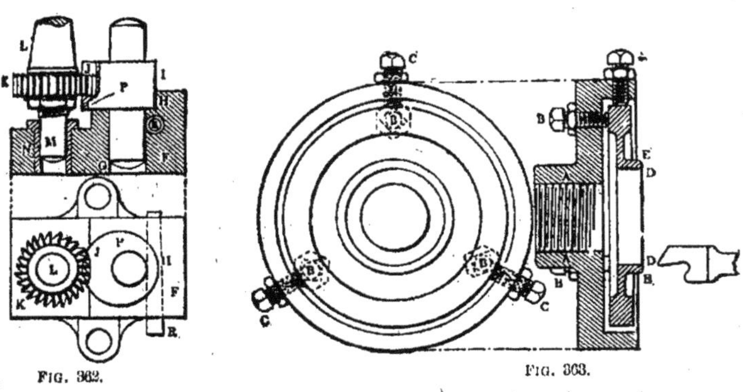

FIG. 362.   FIG. 363.

figuré. L est la tige du porte-fraise, qui est ajustée sur l'arbre de la perceuse. La fraise K est clavetée dessus, et serrée par écrou et rondelle. La tige M du porte-fraise tourne dans la bague trempée N, pendant l'usinage de la pièce.

Mandrin simple pour le tour. — La figure 363 représente deux vues d'un mandrin simple employé pour placer et fixer un anneau en laiton moulé pour l'alésage de l'intérieur en DD, et l'arrondissement de l'angle EE au moyen de l'outil placé à droite. On avait à usiner une centaine de ces anneaux, et seulement dans les parties indiquées. Le mandrin proprement dit est en fonte, ajusté en A sur l'arbre du tour, et la face est alésée pour recevoir la pièce, comme le représente la figure. Les trois vis de serrage B situées en arrière, servent à centrer exactement la pièce dans le sens longitudinal, tandis que celles placées extérieurement en C servent à centrer dans le sens latéral et à maintenir la pièce. Pour monter ou démonter une pièce, il suffit de serrer ou desserrer une des vis C.

Façonnage de disques en feuille de laiton. — L'appareil représenté sur la figure 364 a été employé pour arrondir les angles de disques en feuille de laiton de 4^{mm},76 (3/16 p.) épaisseur et 34^{mm},92 (1.3/8 p.) de diamètre. On avait 2.000 disques de ce genre, qui avaient été découpés dans

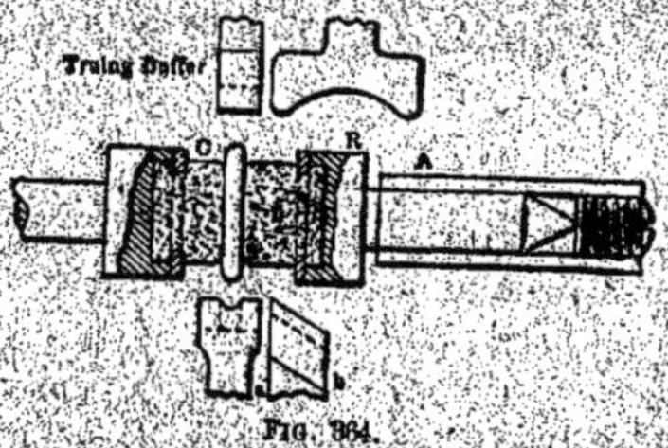

Fig. 364.

Truing Buffer. — Pièce de repérage en buffle.

une matrice plate. Usiner ces disques par les moyens dont on dispose dans un atelier était impossible, et nous étions passablement embarrassés, quand un ouvrier qui s'était beaucoup occupé de meulage nous parla d'une méthode qu'il avait vue employer avec grand succès pour travailler les angles des marques à poker. Cette méthode fut adoptée, et le travail put être exécuté aisément et à très bas prix. La pièce A est ajustée sur un trou d'une tourelle d'une petite machine à vis, avec un bout de caoutchouc élastique dur B attaché à l'extrémité saillante de la presse R. Un double de cette pièce R est monté dans le mandrin sur l'arbre de la machine à vis. L'outil à arrondir est fixé sur le porte-outil antérieur, tandis que le tampon tournant est placé sur le support postérieur. Pour usiner un disque, celui-ci est maintenu par les doigts contre C, tandis que la pièce R avec le caoutchouc antérieur B est amenée à son contact en faisant tourner la tourelle, et appuyant le caoutchouc contre le disque qui est centré et soumis à une pression suffisante pour le maintenir. L'arrondissement est exécuté au moyen de l'outil, puis on démonte le disque. On a pu façonner ainsi sans aucune difficulté tous les disques.

Appareil pour matrice. — La figure 365 représente un petit appareil, qui, autant que je puis savoir, est inédit. Il consiste à prendre simplement la moitié supérieure d'une poignée de porte en bronze et à la souder au centre d'un calibre. Quand le calibre est grand, comme celui représenté, la poignée soudée à la place d'un bout de fil de fer est très commode. Quand la matrice est finie, on peut enlever la poignée, et la remettre dans son tiroir jusqu'à nouvel emploi.

Montage simple pour mortaiser. — La figure 336 représente trois vues d'un montage simple pour mortaiser, qui a été employé avec profit pour fraiser les mortaises T, T dans la pièce représentée. On avait à usiner environ 200 de ces pièces et on exigeait qu'elles fussent interchangeables. Avant mortaisage, elles étaient percées et alésées en X, X et les moyeux étaient dressés. Le montage à mortaiser consiste en une plaque en acier de

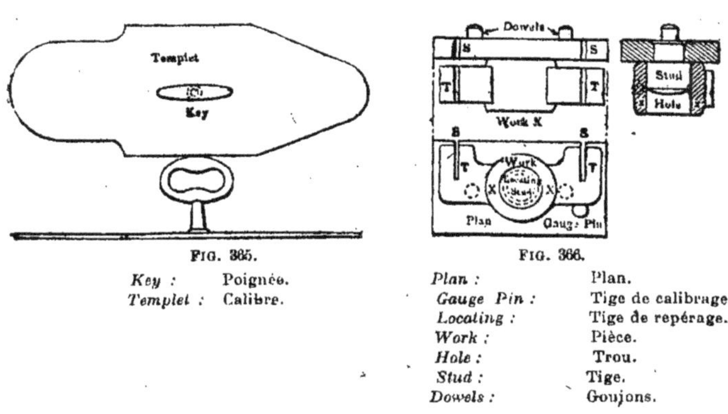

FIG. 365.

Key :   Poignée.
Templet :   Calibre.

FIG. 366.

Plan :   Plan.
Gauge Pin :   Tige de calibrage.
Locating :   Tige de repérage.
Work :   Pièce.
Hole :   Trou.
Stud :   Tige.
Dowels :   Goujons.

construction, dans laquelle est rivée la tige de repérage centrale. Deux tiges goujons sont fixées en arrière, comme il est indiqué. Ces goujons coïncident avec deux trous percés dans la mâchoire fixe de l'étau de la fraiseuse. Une tige calibre, placée en avant sur la plaque, sert à repérer la plaque comme il est nécessaire.

Clavetage sur la presse mécanique. — La figure 367 représente la méthode employée pour tailler un clavetage en D dans un petit collier en fonte. Ces colliers étaient employés en grandes quantités ; pour cette raison, on adopte les moyens que nous indiquons pour tailler la rainure de clavetage. La broche est fixée dans un support, tandis que le collier A est placé sous la traverse du support de la matrice. La traverse et le trou de

repérage sont entaillés en avant, pour pouvoir dresser et mouvoir la pièce.
Le guide est en acier à outils, trempé, et ajusté sur la partie circulaire de
la broche. L'usinage des logements de clavettes sur la presse mécanique avec les moyens que nous indiquons a été très satisfaisant, et infiniment supérieur à l'ancienne méthode qui consistait à faire passer au travers une broche sous l'action d'une presse.

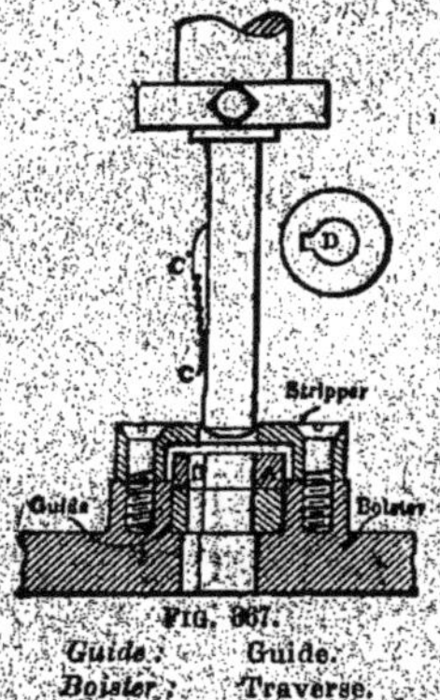

Fig. 367.

Guide.	Guide.
Bolster.	Traverse.
Stripper.	Arracheur.

Tronçonnage à la main combiné avec l'emploi d'un outil de forme. — L'outil représenté sur la figure 368 a été employé pour produire rapidement de petites pièces représentées par le croquis W (*fig.* 371), en les profilant et les tronçonnant en même temps. En principe, tout travail de ce genre s'exécute sur le tour-revolver ou la machine à vis. Les pièces de la première forme représentée sur la figure 373 ont été produites à raison de 8.000 par jour au moyen de l'appareil simple que nous présentons.

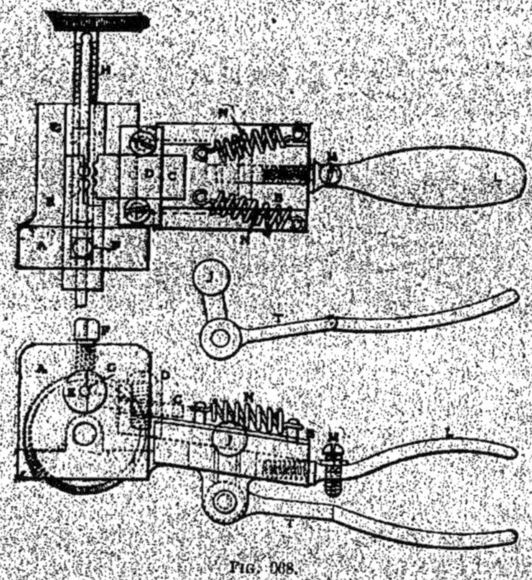

Fig. 368.

L'outil se composait de deux parties principales, le corps A (*fig.* 369), et le chariot ou porte-outil B (*fig.* 370). Après avoir été raboté sur les divers côtés, on le dressait et taillait une queue d'aronde pour B sous un angle de

8° par rapport au fond. Ensuite on perçait et alésait un trou en E pour la bague et on taraudait le trou D pour la vis de serrage. Une nervure était venue de fonderie vers la base, et on perçait et taraudait un trou en C

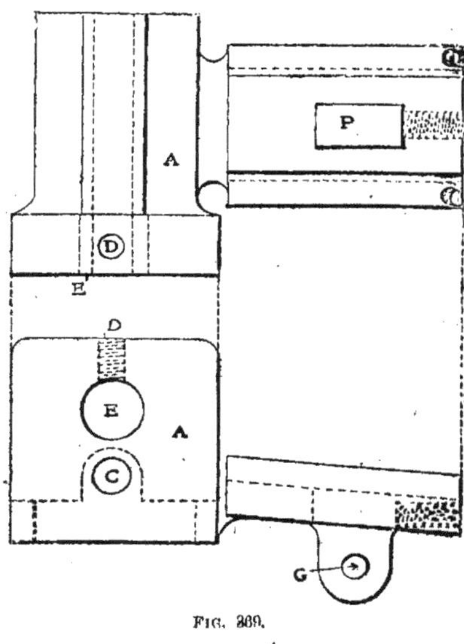

FIG. 369.

à travers toute sa longueur, pour la vis d'arrêt réglable H. On exécutait également un trou dans le fond en P, comme dégagement pour la poignée

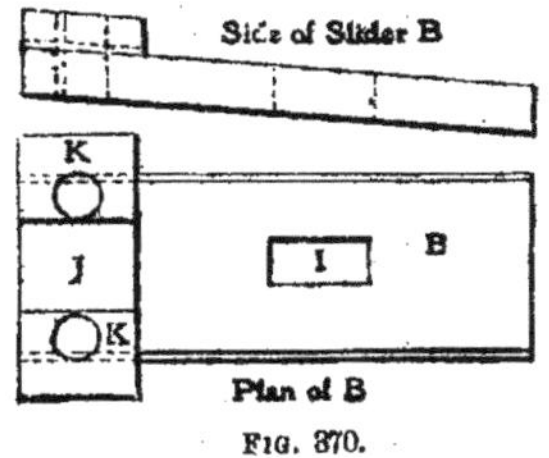

FIG. 370.

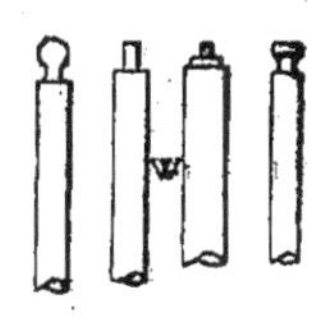

FIG. 371.

Plan of B :   Plan de B.
Side of Slider B :   Cote de la coulisse B.

inférieure T. Le chariot ou porte-outil B, en fonte, était alors usiné et ajusté dans la rainure à queue d'aronde A, de manière à coulisser librement. On exécutait également en J un ressaut pour placer l'outil ou la lame. Un morceau d'acier plat D, fixé par deux vis comme il est indiqué, servait de bride pour serrer l'outil. On préparait ensuite une bague en acier à outils E, usinée à la grandeur de la pièce brute employée, et que l'on ajustait très serrée dans A. On y pratiquait une entaille en avant afin de dégager l'outil et on la laissait pleine en arrière pour constituer un appui solide. Cette bague était ensuite trempée puis légèrement recuite. On préparait alors une vis d'arrêt H composée d'une longue tige filetée s'ajustant dans le trou ; et possédant une tête d'un diamètre suffisant pour former un arrêt réglable servant à régler la longueur de la pièce. On exécutait l'outil à profiler et couper C, trempé et recuit, ajusté et monté sur B, comme il est indiqué. En prolongeant le côté, sa face coupante coïncidait avec le centre du trou de la bague E. On préparait le levier de commande T, l'oreille J s'ajustant dans le trou de la coulisse B, le support du levier étant maintenu entre les deux nervures faisant saillie du fond de A vers la partie supérieure. On y perçait un trou pour la vis de réglage ou d'arrêt N, afin d'empêcher l'outil d'aller trop loin. Deux solides ressorts de traction N, N étaient fixés par des tiges, respectivement en A et B, et exerçaient une tension suffisante pour ramener le chariot en arrière quand on cessait d'appuyer sur le levier. On assemblait ensuite les différentes pièces comme il est représenté. Les barres employées venaient en longueurs de 6.095 millimètres (20 pieds), on en faisait passer un bout dans l'arbre creux du tour à grande vitesse, et on la laissait dépasser le mandrin d'à peu près 1.219 millimètres (4 pieds). Cette extrémité pénétrait dans la bague E ; on mettait le tour en marche à sa vitesse maxima, et tenait l'outil à deux mains. En appuyant sur la poignée, le chariot B se déplaçait suffisamment pour que l'outil C pût profiler et usiner la première extrémité. On plaçait alors l'arrêt H, et on déplaçait l'outil jusqu'à ce que l'extrémité usinée s'appuie dessus. À ce moment, on usinait l'autre bout, tronçonnait, faisait de même pour l'extrémité de la pièce suivante et ainsi de suite. Nous avons coupé des barres depuis les plus petites dimensions jusqu'à 6^{mm},34 (1/4 p.) de diamètre de cette manière en battant de loin tous les autres procédés. Les seuls changements nécessaires consistaient à remplacer la bague E et l'outil à tronçonner C par d'autres.

Montage de fraisage pour le tour à grande vitesse. — Le montage représenté par la figure 372 a été employé pour fraiser en T le côté de la pièce représentée par la figure 373, qui était exécutée sur la machine à vis. Une fois la pièce A servant de base rabotée sur les deux côtés, on perce les deux trous Q, Q pour la monter sur le tour. On prépare ensuite la tige d'articulation C en acier de construction ; la boîte B, en fonte, est tournée et alésée pour permettre à C de tourner librement à l'intérieur. Une rainure de 6^{mm},34 (1/4 p.) et de 19^{mm},04 (3/4 p.) de profondeur est fraisée à travers le centre du sommet de C, puis on fixe cette pièce sur la base B au moyen de quatre vis. On rabote une pièce E, puis on usine la rainure verticale pour le levier F, qui doit se mouvoir dedans et de manière à bien ajuster le levier dans le sens latéral. On taille une ouverture dans la face la plus éloignée, comme il est indiqué par les lignes pointillées en H, afin de former un dégagement latéral pour le levier. On perce et on taraude le trou pour la vis de réglage J sur le sommet, et on fixe la pièce sur la face antérieure de A au moyen de vis, en laissant la rainure pour le levier alignée avec le centre de la tige C. On place alors le levier F dans la rainure de C, et on perce à travers ces deux pièces un trou pour la tige G, qui est serrée dans C et libre dans F. Les grandes pièces du montage étant complètes, on exécute les organes servant à placer et fixer la pièce à travailler.

La pièce représentée par la figure 373 est exécutée sur le tour-revolver.

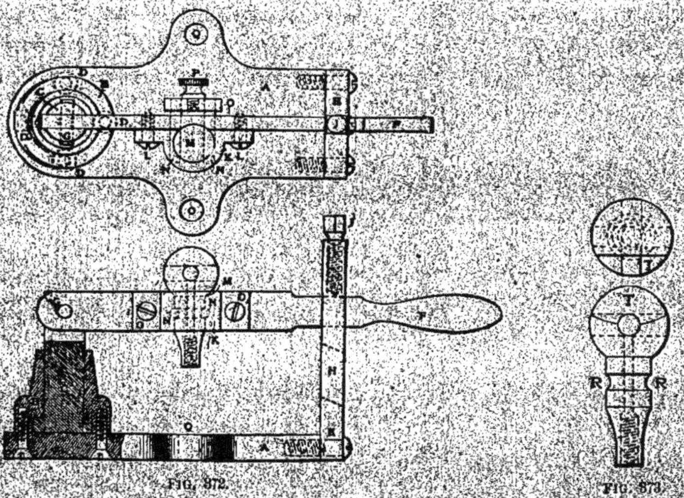

FIG. 372.   FIG. 373.

La rainure R autour de l'extérieur de la pièce est aussi exactement que possible une demi-circonférence parfaite, et a un rayon d'environ 1^{mm},98 (5/64 p.). On usine d'abord une pièce en acier de construction selon la forme indiquée par l'extérieur de K. Puis on la fixe sur l'extérieur du levier F au moyen de vis et de goujons. On perce ensuite un trou au centre en M juste de la dimension de la pièce autour du bâti, ce trou entamant partiellement F, comme il est indiqué, et la forme de la petite portion de la tête usinée, permettant à la pièce de s'appuyer doucement à l'intérieur. On prend alors la distance du centre de la pièce au centre de la rainure R, on trace les centres sur le côté du levier F, on perce deux trous à travers le levier et la pièce K, en prenant à moitié dans le trou M. Deux pièces en acier Stub N, N de $3^{mm},96$ (5/32 p.) de diamètre et de longueur convenable, arrondies aux extrémités, sont fixées dans une pièce plate en acier O, de manière qu'elles pénètrent juste dans les deux trous en N, N. Une vis à tête ronde W est placée en P, permettant de monter et démonter rapidement cette pièce.

Le montage étant complet, on le fixe transversalement sur le tour, et on monte une fraise sur le mandrin entre pointes. Le montage est alors placé de manière que la pièce soit centrée d'une part, et vers le côté à la distance convenable d'autre part. On abaisse le levier F, et on le déplace latéralement par l'ouverture H. Ceci laisse la partie servant pour la pièce se présenter librement à la fraise. On monte ensuite la pièce, on enfile les tiges de verrouillage N, N, ce qui fixe solidement la pièce. On ramène le levier dans la rainure H et on l'élève à une hauteur suffisante pour fraiser la pièce à la profondeur convenable, jusqu'à ce que le sommet du levier rencontre la vis du sommet J. Nous avons pu exécuter toute une série variée de travaux de fraisage et de tronçonnage de ce genre avec ce montage.

Montages et appareils pour arrêts réglables et tiges à crémaillères. — Les figures 374 et 375 représentent deux vues d'un arrêt réglable complet tel qu'on l'emploie sur les arbres des machines à percer. Comme

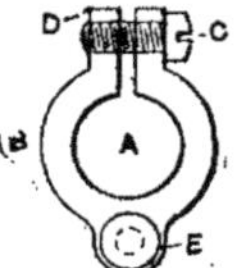

FIG. 374.   FIG. 375.

on le voit, il comprend une pièce moulée, avec un trou central A percé et alésé de manière à s'ajuster sur l'arbre de la perceuse à l'extrémité supérieure. Elle est également percée à chaque extrémité pour recevoir une vis et rainurée en D. La vis C sert à la fixer sur l'arbre, la vis d'arrêt réglable F comprend une vis moletée F et un contre-écrou, comme il est indiqué. Pour l'usinage et l'ajustage de la pièce, trois opérations sont nécessaires.

Pour la première, qui comprend l'alésage du trou central A, et le dressage d'une face en B, on emploie le mandrin spécial représenté par les deux vues de la figure 376. Il comprend une pièce fondue G, de la forme indiquée, qui est d'abord mandrinée et dans laquelle on alèse un trou en L. Ce trou est ensuite agrandi et fileté en H comme il est indiqué, pour s'ajuster sur l'arbre du tour-revolver. Ensuite on démonte cette pièce, on fraise la face, et on l'entaille comme il est figuré, — c'est-à-dire sur les côtés K, K et J, J, et on exécute une entaille droite à la profondeur indiquée, à travers la face en I, I. On perce et on taraude un trou pour la vis de serrage T, que l'on diminue à un bout et que l'on serre dans la mâchoire de serrage M, comme il est indiqué, la plaque O la maintenant en position. On visse le mandrin sur l'arbre du tour-revolver, on place un bout d'acier entre les mâchoires M et N de chaque côté, et on serre la vis P de manière à les maintenir solidement. Les deux mâchoires sont alésées au diamètre et à la profondeur indiqués, le rayon étant le même que celui du plus grand diamètre circulaire de la pièce représentée figure 375 et en profondeur de manière que celle-ci fasse saillie hors du mandrin suffisamment pour per-

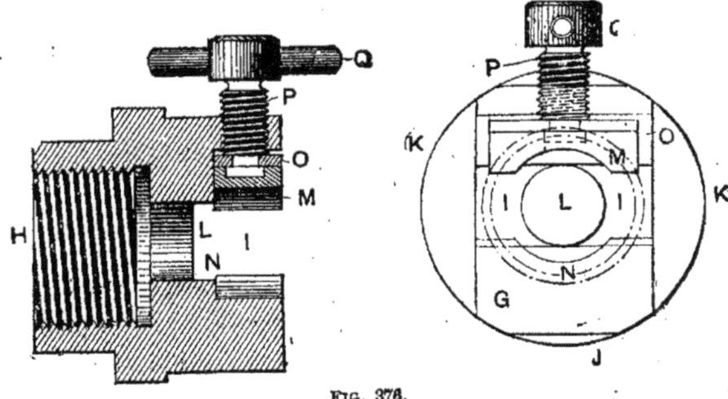

FIG. 376.

mettre de la dresser. Quand tout ceci est achevé, le mandrin est terminé et prêt pour le travail.

Pour l'emploi, la pièce de la figure 375 est serrée entre les mâchoires M et N, on perce et on alèse le trou A au moyen des outils de la tourelle, et on dresse au moyen d'un outil sur le porte-outil du support. Comme on le voit, ce mandrin suggère un certain nombre d'opérations sur des pièces de formes spéciales; il est facile à construire sans frais élevés, sa manœuvre est rapide et il produit beaucoup. C'est un genre de mandrin très employé dans les ateliers à laiton, où on fabrique en grandes quantités des pièces moulées de formes particulières pour divers emplois, tels que des raccords, etc. Quand on doit percer et aléser à une dimension déterminée un certain nombre de pièces de formes différentes, et quand ce nombre est suffisant pour couvrir les dépenses nécessaires, les moyens que nous avons indiqués sont les meilleurs pour ce travail. On peut en construisant ce mandrin le modifier à volonté pour pouvoir par exemple monter plusieurs paires de mâchoires de formes diverses à la place de celles qui sont utilisées. Pour cela, on usine la face du mandrin avec une saillie rigide de chaque côté, on y insère les mâchoires au moyen d'une queue d'aronde, l'une de celles-ci étant réglable.

Pour l'opération suivante sur la pièce, qui comprend le perçage des trous en C et F respectivement, on emploie le montage de perçage représenté sur la figure 377. On le comprend sans aucune description.

Pour la dernière opération, qui est le mortaisage de la pièce en D, nous

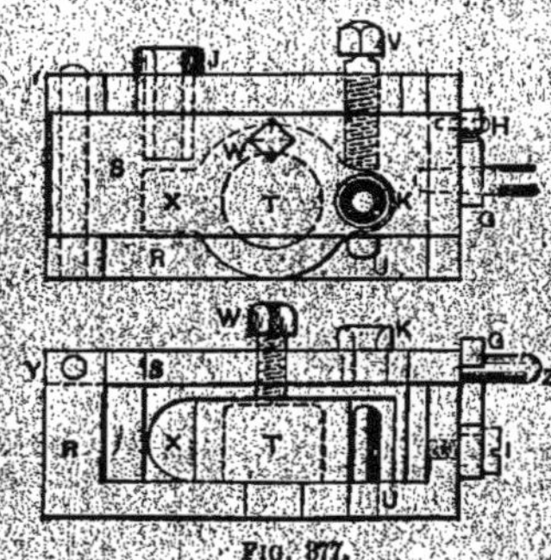

Fig. 377.

avons représenté un petit montage simple à employer sur la fraiseuse, et comme les deux vues qui le représentent avec la pièce en position, sur les figures 378 et 379, sont très claires, une description très courte suffira. Une pièce de forme angulaire A est d'abord rabotée et usinée comme indiqué, la partie B formant la base destinée à être placée d'équerre dans

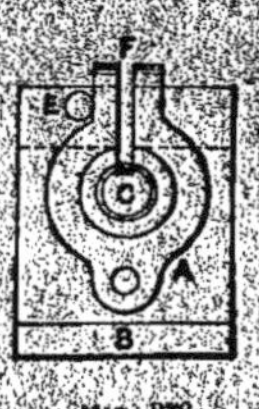

Fig. 378.

Fig. 379.

l'étau de la fraiseuse. Une tige en acier C est tournée et ajustée dans le trou central A de la pièce (fig. 375) et diminuée à une extrémité de manière à s'épauler contre le dos du montage B, et rivée solidement à l'intérieur en D, comme il est figuré. Cette tige sert à placer la pièce d'équerre sur le montage. On taille une rainure au sommet alignée avec le centre de la tige C et la traversant partiellement comme il est représenté. Ceci a pour but de placer la rainure au centre de la pièce, c'est-à-dire au centre du trou A (*fig.* 375). Pour l'opération, la pièce est placée sur le montage comme il est indiqué et appuyée contre la tige E. On serre le montage et la pièce dans l'étau de la fraiseuse, et la fraise G pénètre dans la rainure. Quand la pièce est fraisée on l'enlève et la remplace par une autre, et on répète l'opération. Ce petit montage est très pratique, car il permet d'exécuter la rainure d'une manière uniforme sur toutes les pièces en leur donnant un aspect net et mécanique quand elles sont terminées ; il est très supérieur à la méthode ordinairement employée pour exécuter les travaux simples de ce genre, notamment en centrant la pièce à l'œil et en marchant ainsi, ce qui donne pour résultat final qu'il n'y a pas deux pièces pareilles.

Fraisage d'arbres à crémaillères. — La figure 380 représente en trois vues un montage qui est employé pour fraiser les crémaillères sur les arbres des machines à percer. Comme c'est un montage pratique qui peut

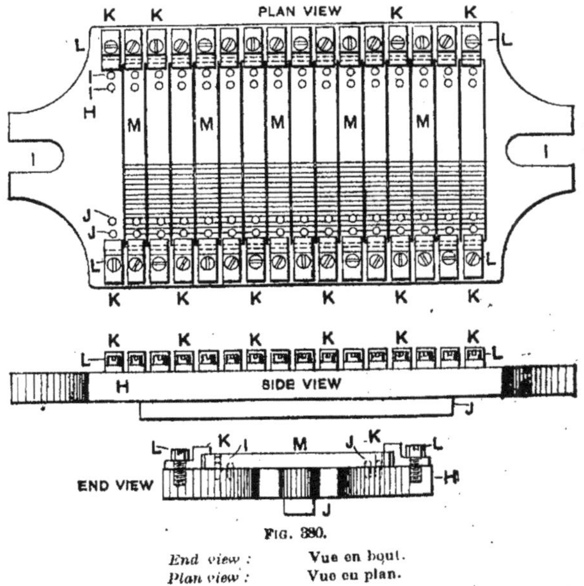

FIG. 380.

End view :   Vue en bout.
Plan view :   Vue en plan.

être étudié pour l'emploi sur la fraiseuse ordinaire, il présente de l'intérêt, car il permet de travailler seize crémaillères simultanément. Comme disposition, il est simple et compact, et construit de telle manière qu'un gamin peut l'employer avec succès tout en conduisant une autre machine ; quand la fraise est placée, le temps nécessaire pour que celle-ci traverse toute la série de seize pièces peut être utilisé à surveiller diverses opérations sur une autre machine.

Pour construire ce montage, on prend d'abord une pièce plate de la forme représentée en H, et qui ressemble à un coussinet de filière, on la rabote bien dessus et dessous, on ajuste la languette J dans la rainure de la table de la fraiseuse. Pendant le rabotage de la languette, on donne une passe sur chaque côté pour les mettre d'équerre. La pièce est ensuite transférée sur la fraiseuse où l'on perce les quatre séries de seize trous chacune, pour les goujons et tiges de repérage I et J, J. Ces trous servent à placer les crémaillères brutes, préalablement fraisées à grandeur, et percées de quatre trous au moyen d'un montage de façon que toutes ces pièces soient bien exactement semblables. Pour percer les trous dans la pièce H, celle-ci est fixée sur une équerre, face à l'arbre, qui à son tour est montée sur la plaque formant prolongement sur la table de la fraiseuse, en prenant soin que la pièce H soit assujettie de manière que la languette J soit parallèle à la table. On perce alors la première rangée de trous en commençant par employer une petite mèche à centrer, et en distançant les trous au moyen du cadran divisé de la vis d'avance de la table ; on les perce tous de la même manière, et on répète l'opération jusqu'à ce qu'on ait percé les quatre rangées de trous pour les goujons et broches de repérage I, I et J, J.

En ce qui concerne la répartition des trous, on doit d'une part les placer exactement à la même distance les uns des autres, comme il est figuré, en outre on doit bien prendre soin qu'ils coïncident parfaitement avec les trous percés dans les crémaillères, parce que ces tiges ont pour but de placer les pièces d'équerre sur le montage. On coupe ensuite soixante-quatre petites tiges de la longueur indiquée, et on les arrondit à un bout ; on les prend dans du fil d'acier Stub, et on les entre à force dans les trous percés dans le montage ; elles doivent s'ajuster aisément dans les trous des crémaillères brutes.

On prépare ensuite les petites brides figurées en K, K au nombre de trente-deux, auxquelles on donne la forme indiquée, en prenant quatre barres assez longues pour fournir chacune huit pièces ; on les fraise à la forme voulue, puis on les débite et on a ainsi les brides indiquées. On les perce ensuite pour recevoir les vis L, et on en fixe seize de chaque côté du montage dans la position voulue, de façon à serrer vigoureusement les bouts des pièces et à les tenir à plat et d'équerre sur le montage. Toutes les têtes des vis sont cémentées.

On assemble les différentes pièces qui constituent le montage et une fois celui-ci complet, on le fixe sur la table de la fraiseuse au moyen de boulons traversant les bouts en I, I et avec la languette S dans la rainure centrale.

On place les seize crémaillères brutes et on les serre sur le montage en utilisant les tiges I, I et J, J et les brides de serrage comme il est indiqué sur les pièces M sur la vue en plan du montage (*fig.* 380). Celle-ci représente les pièces partiellement usinées, la dernière est enlevée pour permettre d'apercevoir les tiges de repérage. On emploie deux fraises au pas convenable, et on élève la table de la fraiseuse de manière à exécuter la taille complètement. On met l'avance en marche, et on taille les seize crémaillères ; quand la table est revenue à son point de départ, on la déplace de la longueur nécessaire, on exécute une nouvelle coupe, et on continue de même jusqu'à achèvement des seize pièces. On les enlève alors, et on les remplace par d'autres sur lesquelles on exécute les mêmes opérations.

Ce montage résout les difficultés que l'on rencontre ordinairement quand on fraise une seule crémaillère à la fois, en la serrant dans l'étau de la fraiseuse. Quand on opère de cette manière, il est nécessaire de fraiser parfaitement d'équerre les unes avec les autres toutes les faces des pièces brutes, afin qu'elles se présentent bien à plat pendant le taillage ; au contraire, grâce à l'emploi du montage, il n'est pas nécessaire d'exécuter cette opération, parce que les pièces sont tenues au moyen des brides à chaque bout, placées bien d'équerre et alignées par les tiges. Le montage des pièces est aisé à exécuter et ne nécessite aucun réglage des différentes pièces.

Montage pour percer de petites filières. — Il y a quelques années, j'ai eu à exécuter une centaine de petites filières pour un travail sur la machine à vis. Les percer à la manière ordinaire aurait exigé beaucoup de

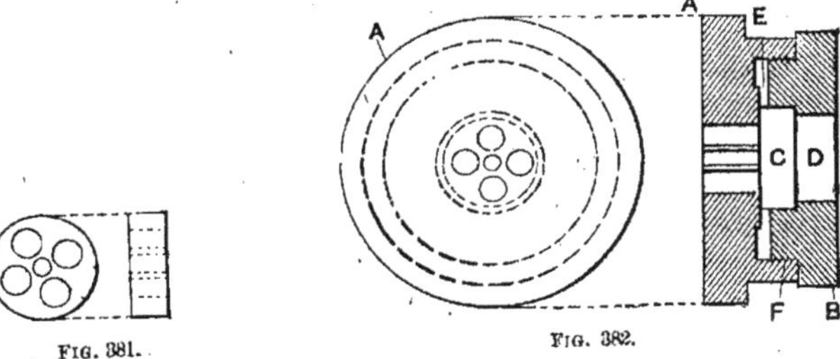

Fig. 381.   Fig. 382.

temps et en aurait beaucoup élevé le prix, aussi ai-je fait dans ce but le montage représenté sur la figure 382.

J'ai commencé par tourner et ajuster une barre d'acier exactement à la dimension des filières, puis je coupai des galets en prenant bien soin de leur donner à tous la même épaisseur et de chanfreiner les angles. La figure 381 représente ces galets dont le diamètre est de $12^{mm},7$ (1/2 p.). La figure 382 représente deux vues du montage, le dessus et une coupe transversale. Le montage a la forme d'une boîte ronde. B est une pièce d'acier rond tournée et usinée comme il est indiqué, avec un filetage au pas 10 taillé en F, et très libre, afin que le montage puisse fonctionner rapidement. En même temps, on tourne en C le siège d'appui pour les galets de manière que ceux-ci entrent sans aucun jeu. On perce un trou en D de manière à former dégagement quand la mèche passe au travers, afin de laisser sortir les copeaux. Le montage proprement dit A est un bout d'acier rond mandriné et usiné partout comme il est indiqué. On perce en même temps le trou central, et on trace un cercle pour le perçage des quatre autres trous. L'extérieur est profondément moleté de manière à offrir une bonne prise à l'opérateur. Tous les trous sont alésés et légèrement agrandis pour permettre aux mèches d'entrer librement, une fois la pièce trempée et recuite ; elle est alors prête pour le travail. On place les pièces brutes en C, on visse le couvercle A, on perce tous les trous, et on continue de même sur les autres pièces. La rapidité de travail obtenue avec cet appareil a été véritablement surprenante.

CHAPITRE XXII

OUTILS SPÉCIAUX. — MONTAGES. — SYSTÈMES. ARRANGEMENTS. — COMBINAISONS ET MÉTHODES NOUVELLES POUR LE TRAVAIL DES MÉTAUX (*suite*)

Machine à enrouler des tire-bouchons. — La machine que nous allons présenter a été construite pour enrouler des tire-bouchons en fil d'acier, du modèle représenté sur la figure 383. Le fil non enroulé est représenté au-dessous du tire-bouchon. Il est bouclé à un bout, et plié ; l'autre bout est taillé en pointe. Le cisaillement à longueur du fil et le taillage de

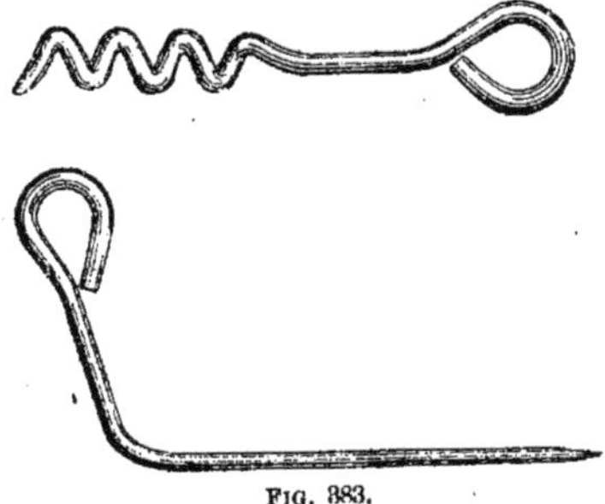

FIG. 383.

la pointe sont exécutés en une seule opération au moyen de deux outils simples sur le calibre ; l'outil employé pour faire la pointe est une boîte à aiguille, et celui servant à couper est un outil à mâchoires. La seconde opération sur les bouts de fil, celle du cintrage et d'exécution de la boucle, est exécutée à la main, avec un montage simple à cintrer qui n'offre pas assez d'intérêt pour que nous le présentions ici.

Les figures 384, 385 et 386 représentent la construction de la machine à enrouler en spirale dont nous allons donner une description. La machine comprend d'abord un corps ou pièce principale sur laquelle sont quatre supports pour les paliers des deux arbres. La poulie, l'embrayage et le petit train d'engrenages d'entraînement n'exigent pas d'explications. Le fil est serré entre deux mâchoires II, II (*fig.* 384) dont la supérieure est élevée ou abaissée au moyen d'une poignée et de deux engrenages A, A tournant des vis droite et gauche. Le mandrin ou arbre à former X est en acier à outils ajusté de manière à passer librement dans la coulisse K, qui à son tour est ajustée et clavetée de manière à tourner avec le chariot, en arrière et en avant, avec l'arbre principal V au moyen d'une clavette placée en D. Une poignée Z fixée au mandrin à former par la vis de serrage W maintient le mandrin fixe, au moyen d'une tige à tête ronde pénétrant en arrière en Y, tandis que la coulisse tourne avec l'arbre principal, et enroule

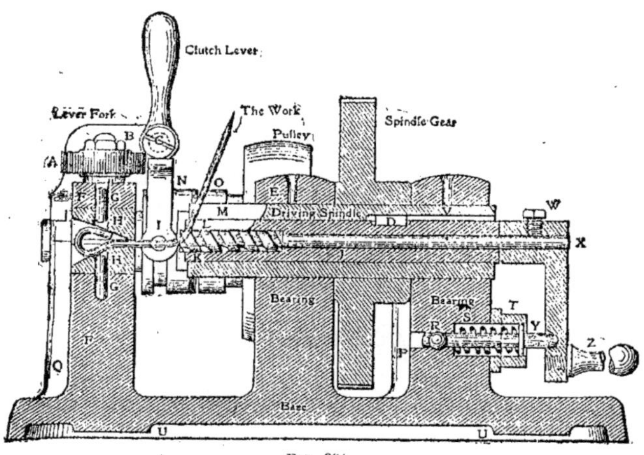

FIG. 384.

Base :	Bâti.
Bearing :	Palier.
Driving Spindle :	Arbre d'entraînement.
Pulley :	Poulie.
The Work :	La Pièce.
Spindle Gear :	Roue d'entraînement de l'arbre.
Lever Fork :	Fourchette à levier.
Clutch Lever :	Levier d'embrayage.

le fil en spirale. Cette tige est placée dans le support T avec un ressort en arrière en S et une poignée en R pour pouvoir la ramener en arrière quand on doit tourner le levier du mandrin.

Quand on se sert de la machine, la pièce est placée et serrée entre les deux mâchoires II, II avec le bout pointu dans les rainures L et M de la coulisse K et de l'arbre V respectivement, la poignée du mandrin à former étant placée et maintenue par la tige T (*fig.* 384). On ramène alors en arrière le levier d'embrayage, l'arbre V et la coulisse K tournent pendant que le mandrin à former reste fixe, de manière à enrouler le fil en spirale autour du mandrin selon la forme indiquée. On ramène ensuite le levier d'embrayage, on arrête la mâchoire en desserrant Z et en le ramenant à gauche, ce qui fait sortir la coulisse et le mandrin, en laissant le tire-bouchon fini de manière qu'il peut être enlevé en desserrant ou relevant la

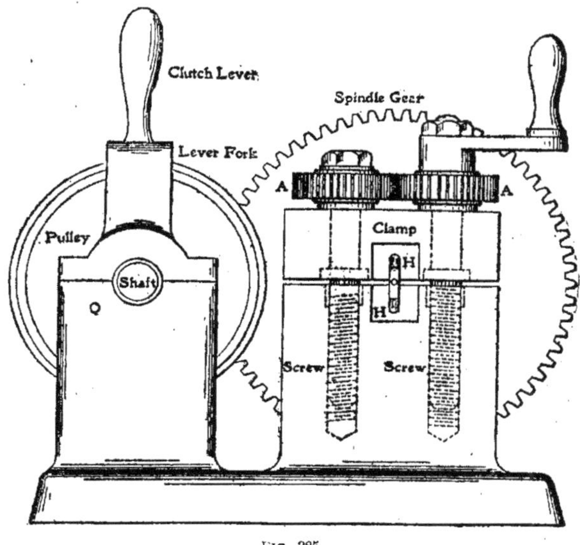

FIG. 385.

Screw :	Vis.
Clamp :	Bride.
Pulley :	Poulie.
Lever Fork :	Levier à fourchettes.
Clutch Lever :	Levier d'embrayage.
Spindle Gear :	Roue dentée de l'arbre.

mâchoire supérieure H. On ramène ensuite le mandrin et la coulisse en position, place un autre bout de fil, et répète les mêmes opérations.

Outil spécial pour tailler de grandes rondelles en fibre. —— Dans un atelier de Brooklyn où on construisait de grandes presses à graver en relief, dont les galets étaient formés de rondelles de fibre forcées contre des arbres en acier, j'ai eu l'occasion de voir un outil à découper les rondelles dans des feuilles. Il est représenté sur la figure 387, et la figure 388 représente la manière de l'employer. Dans l'atelier en question, on emploie deux grandeurs de rondelles, l'une a 381 millimètres (15 p.) de diamètre et un trou de 101^{mm},6 (4 p.), l'autre 457^{mm},2 (18 p.) de diamètre et un trou de 127 millimètres (5 p.), l'épaisseur de la planche de fibre est de 6^{mm},34 (1/4 p.).

Comme le représente la figure 387, l'outil comprend une mèche de 25mm,4 (1 pouce) avec une barre à porte-lames radial B fixée dans une

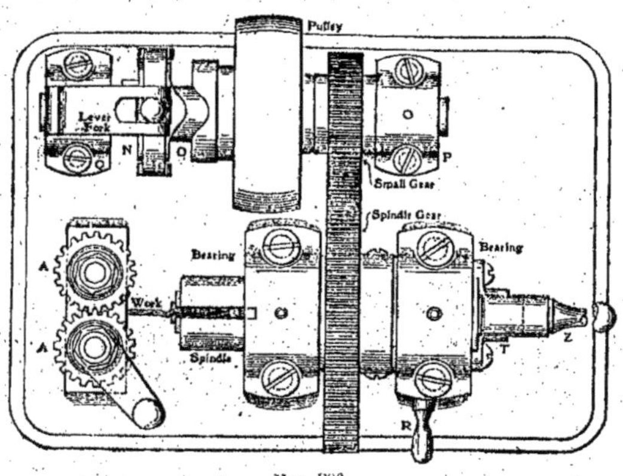

FIG. 386.

Spindle :	Arbre.
Work :	Pièce.
Bearing :	Palier.
Lever Fork :	Fourchette à levier.
Pulley :	Poulie.
Small Gear :	Petite roue dentée.
Spindle Gear :	Roue dentée.
gearing :	Palier.

mortaise, et serrée avec deux vis. C et D sont les porte-lames ajustés de

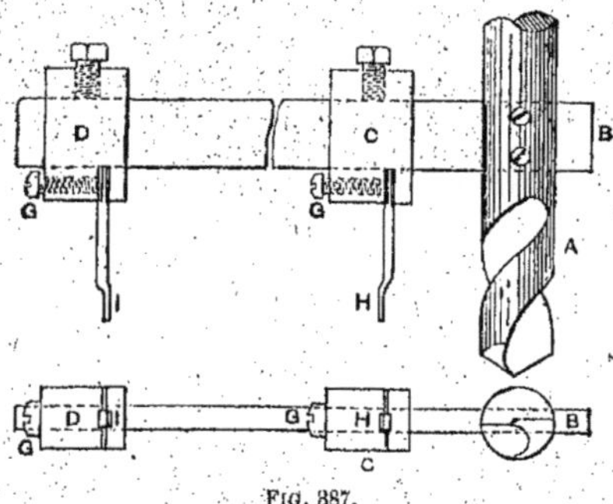

FIG. 387.

façon à bien coulisser sur la barre radiale, I et H sont les lames, trempées et recuites puis fixées dans les porte-lames par les vis G. Les lames ont un peu moins de 1mm,58 (1/16 p.) d'épaisseur, et possèdent un dégagement latéral et postérieur suffisant pour leur permettre de couper librement.

La figure 388 représente le mode d'emploi de l'outil. Un bout de planche de 38mm,1 est fixé sur la table de la perceuse, et la table est serrée dans une position centrale. Une petite tige entrée à force dans la planche à droite sert de calibre pour repérer la fibre sous la mèche et aussi pour espacer régulièrement les rondelles. La tige de la mèche est serrée dans le mandrin de l'arbre de la perceuse et on met l'outil en marche à environ

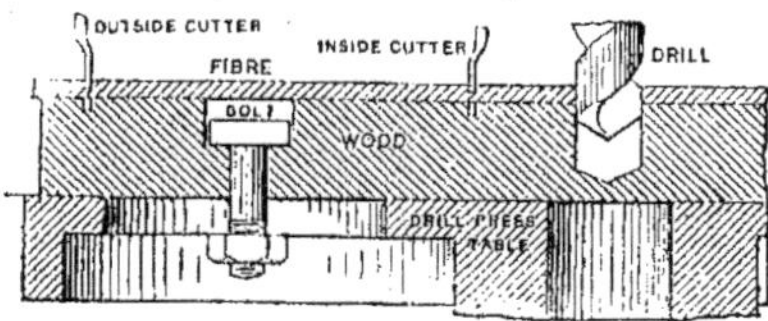

FIG. 388.

Drill press table :	Table de la fraiseuse.
Wood :	Bois.
Bolt :	Boulon.
Outside cutter :	Lame extérieure.
Fibre :	Fibre.
Inside cutter :	Lame intérieure.
Drill :	Mèche.

quarante tours par minute. La mèche coupe en premier lieu, puis aussitôt qu'elle a traversé la fibre et pénétré dans le bois, les lames intérieures et extérieures commencent à couper. Une légère pression est suffisante pour faire couper les outils, les copeaux se détachent aisément, et aussitôt que la fibre est traversée, on lève rapidement le levier d'avance, et les outils se dégagent aussitôt de la pièce. Comme on le voit, les lames coupent simul-

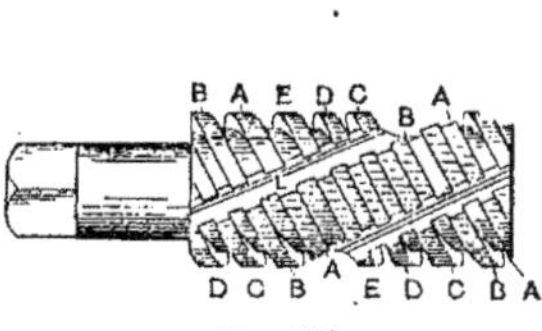

FIG. 389.

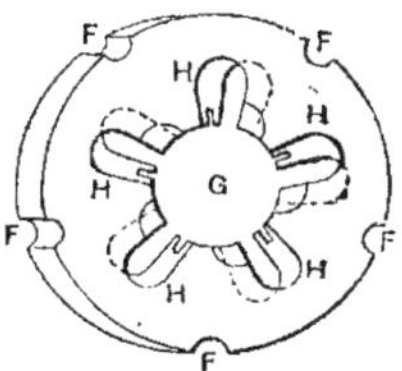

FIG. 390.

tanément l'intérieur et l'extérieur de la rondelle, et comme les intérieurs sont employés comme rondelles pour des galets de plus petites dimensions, on produit en réalité deux rondelles d'une seule opération.

Appareil d'outillage spécial et peu courant. — Les figures 389 et 390 représentent un appareil d'outillage plutôt peu courant, et les figures 391 et 392 indiquent la manière et les moyens employés pour le construire. Il s'agissait d'exécuter un taraud et une filière pour nettoyer et calibrer un raccord de pipe breveté, dont les pièces étaient moulées en laiton. Le filetage nécessaire pour le raccord était de 38ᵐᵐ,1 (1 1/2 p.) de diamètre, filet carré de 4ᵐᵐ,76 (3 /16 p.) et au lieu d'un filet continu, il en

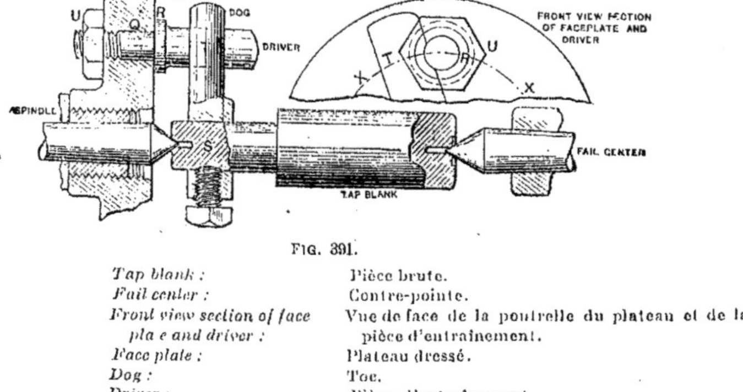

FIG. 391.

Tap blank :	Pièce brute.
Fail center :	Contre-pointe.
Front view section of face	Vue de face de la poutrelle du plateau et de la
pla e and driver :	pièce d'entraînement.
Face plate :	Plateau dressé.
Dog :	Toc.
Driver :	Pièce d'entraînement.

fallait cinq, le pas de chaque filet était 34ᵐᵐ,92 (1 3/8 p.). La figure 389 représente l'aspect du taraud fini. A est le premier filet, B le second, C le

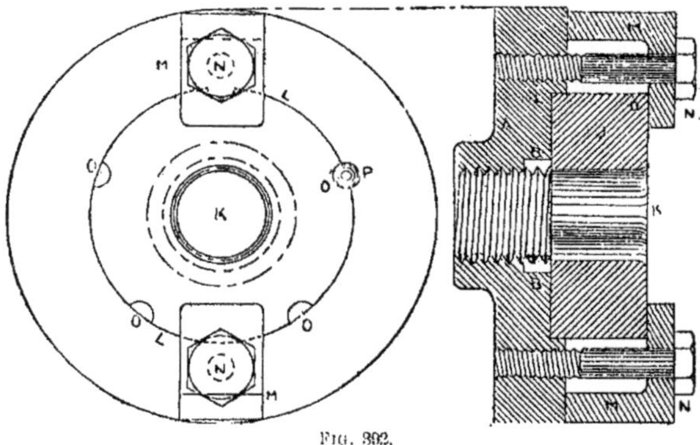

FIG. 392.

troisième, D le quatrième, E le cinquième, L, L sont les rainures en spirale, au nombre de cinq.

On commence par faire le taraud. Les moyens employés sont indiqués sur la figure 391 et comprennent une petite plaque dressée ajustée sur l'arbre du tour, un toc et une pièce d'entraînement. La plaque dressée est percée de cinq trous, alésés à des distances égales sur un rayon centré avec la pointe du tour. Ce travail est exécuté sur l'appareil diviseur de la fraiseuse universelle, en commençant par diviser en cinq, en centrant avec une mèche à centrer solide, puis en perçant et alésant à grandeur. On tourne ensuite une pièce d'entraînement en acier à outils comme il est indiqué, avec une tige Q taraudée pour l'écrou U et tournée pour s'ajuster dans le trou alésé de la plaque dressée et pour s'épauler en II.

On prépare le toc T en acier à outils, on l'usine comme indiqué, avec un trou calibré à la broche pour s'ajuster sur le carré de la tige du taraud de façon qu'il n'y ait aucun mouvement perdu. On place également une vis de serrage pour assurer l'entraînement.

La figure 391 indique clairement la manière dont le taraud brut est monté et entraîné entre les pointes du tour pendant le taillage des filets. Le premier filet est taillé en plaçant la pièce d'entraînement dans le premier trou de la plaque dressée. Puis on taille le second filet B en plaçant la pièce d'entraînement dans le trou suivant. En continuant de même on taille les cinq filets et le taraud se trouve fini avec précision. Le toc n'est pas déplacé de sa position sur l'extrémité de la tige jusqu'à achèvement du taillage du taraud. Comme on le voit, le côté du toc T qui s'appuie contre la pièce d'entraînement est creusé au rayon de celle-ci, ce qui donne une large surface d'appui et un bon entraînement. Un bout de lacet à courroies enroulé autour de la tige du toc et de la pièce d'entraînement évite un retour en arrière au moment où le taraud tourne librement. Pour exécuter le taillage, il était nécessaire d'avoir un outil soigneusement affûté à la grandeur et au dégagement convenables. Après taillage, le taraud était légèrement dégagé puis monté sur la fraiseuse où on exécutait les rainures au nombre de cinq, en spirale, de manière que les faces coupantes des sections des filets se trouvent à angle droit avec le pas, comme il est indiqué.

Après trempe on affûtait, en rectifiant le taraud selon une forme conique sur la moitié de sa longueur. Il n'était pas nécessaire de donner beaucoup de conduite parce que le taraud était employé seulement pour nettoyer et calibrer.

La figure 392 permet de comprendre la méthode d'usinage de la filière. La pièce brute avait $31^{mm},74$ (1 1/4 p.) d'épaisseur sur $82^{mm},54$ (3 1/4 p.) de diamètre. Après tournage de l'extérieur à la dimension voulue, on laissait la pièce sur le mandrin qui avait servi au tournage, et on la montait entre pointes sur la fraiseuse universelle. On prenait une fraise pour fraiser cinq rainures semi-circulaires équidistantes sur la circonférence comme il est indiqué en O. Puis on alésait une autre petite plaque dressée, ajustée sur l'arbre du tour où on avait taillé le taraud, et on y ménageait un siège en L, L pour placer exactement la pièce destinée à faire la filière, avec un dégagement en B, B pour l'outil à fileter. On perçait un trou dans la plaque

dressée bien centré avec les rainures demi-circulaires dans la filière, et on y
insérait une tige en acier Stub comme il est indiqué en P. Cette tige avait
un diamètre exactement égal à celui des rainures de la filière. Ensuite la
position centrale de la filière sur la plaque dressée est assurée par le
siège L, L, L, L et l'espacement des filets par les rainures demi-circulaires O et la tige de division P. Les appareils de serrage sont suffisamment
visibles sur les gravures pour qu'aucune description ne soit nécessaire.

Pour tailler les filets, la filière est placée sur la plaque dressée, comme il
est indiqué, avec la tige P dans la première rainure O. On taille alors le
premier filet. Puis on enlève les brides et on replace la filière à la seconde
rainure, on resserre les brides et on taille le second filet. Ces opérations
sont répétées jusqu'à achèvement complet des cinq filets au diamètre du
taraud. On démonte alors la filière que l'on calibre avec celui-ci.

En se reportant à la figure 390, le lecteur se rendra compte comment la
filière est usinée. H, H, H, H sont des trous percés sous un certain angle
avec la face de la filière, de façon que les faces tranchantes des filets se
trouvent approximativement à angle droit avec le pas. On laisse la filière
massive et on la trempe ; la contraction qu'elle subit permet aux pièces
ajustées et calibrées au moyen de cette filière de s'ajuster aisément sur les
pièces travaillées au moyen du taraud.

Machine spéciale à graver. — La machine représentée par les

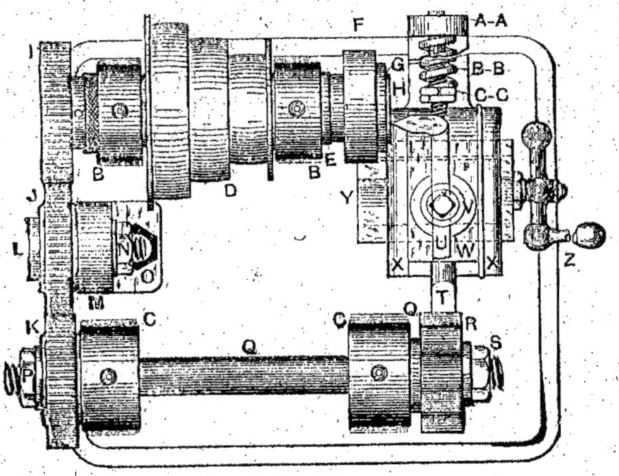

FIG. 393.

figures 393 à 396 a été étudiée par l'auteur dans le but spécial de graver
des pièces moulées en composition employées à la place de monnaie pour

un certain nombre d'applications et qui doivent être rigoureusement semblables. Ce résultat étant impossible à obtenir avec le travail à la main,
selon la méthode employée tout d'abord, on a été conduit à étudier cette
machine.

Comme ces pièces sont fabriquées en grandes quantités, et comme on

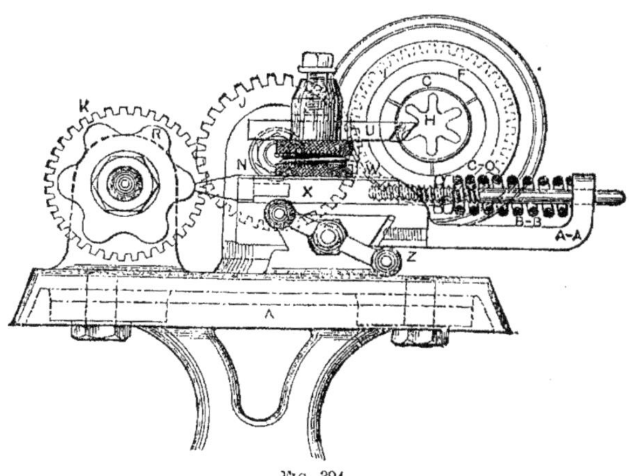

FIG. 394.

demande toujours la plus belle qualité, l'emploi de cette machine a permis
de réduire beaucoup les frais de la fabrication. Elle a également rendu pos-

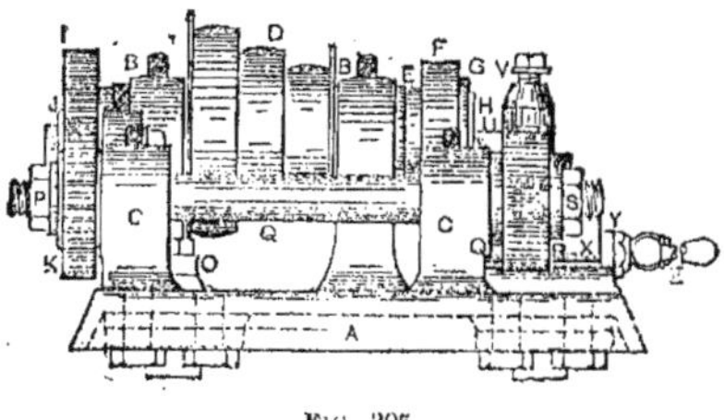

FIG. 395.

sible l'obtention d'une interchangeabilité impossible à obtenir antérieurement.

La disposition et la construction de cette machine sont telles qu'elles permettent de l'employer pour une multitude d'autres usages que sa desti-
nation première. Parmi les opérations à laquelle on peut l'adapter, nous
citerons : dégagement de fraises pour petits engrenages, cliquets, et fraises
diverses pour horlogerie, tournage de poinçons de formes spéciales, même

en grandes quantités, tournage de poinçons et matrices elliptiques, droites ou coniques, usinage de petites cames circulaires ou excentriques. Les praticiens trouveront d'eux-mêmes un certain nombre d'autres applications. L'auteur a déjà appliqué le principe de cette machine, avec de légères modifications, à une nouvelle machine destinée exclusivement à dégager des fraises à tailler les engrenages pour horlogerie.

Comme les trois vues de la machine représentent clairement sa disposition et sa construction ainsi que son emploi, nous nous bornerons à en indiquer les dispositions principales. La construction de la tête n'exige aucune description, l'examen de la figure 396 étant suffisant. Si on se reporte aux trois vues, on voit que : la machine comprend une base A ; les

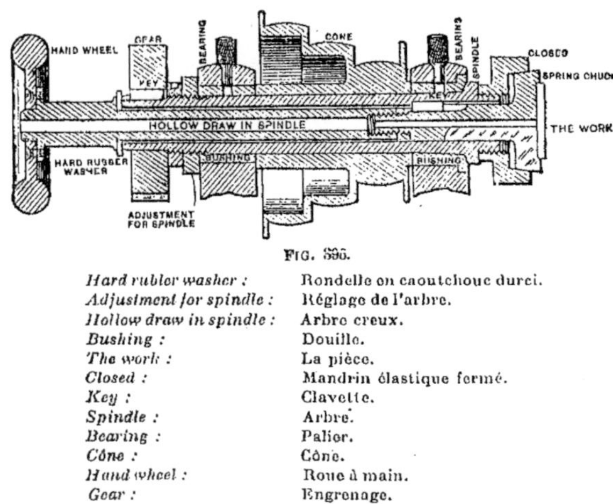

FIG. 396.

Hard rubber washer :	Rondelle en caoutchouc durci.
Adjustment for spindle :	Réglage de l'arbre.
Hollow draw in spindle :	Arbre creux.
Bushing :	Douille.
The work :	La pièce.
Closed :	Mandrin élastique fermé.
Key :	Clavette.
Spindle :	Arbre.
Bearing :	Palier.
Cône :	Cône.
Hand wheel :	Roue à main.
Gear :	Engrenage.

paliers B, B pour l'arbre et ceux en C, C pour l'arbre à cames sont venus de fonderie sur deux montants fixés sur la base ainsi que sur la tête et le support du chariot. Sur la vue en bout (*fig. 394*), la pièce est tenue dans le mandrin élastique G, et l'outil U est placé comme il est indiqué. La roue dentée K placée sur l'arbre à cames est de la même grandeur que celle placée en Q sur l'arbre de tête et est entraînée par la roue intermédiaire J. La came R est en acier à outils, trempée et rectifiée. La tige d'arrêt I est aussi en acier à outils, elle est placée dans le chariot porte-outil Q comme il est indiqué, et le bout pointu appuie contre la came R. Le ressort BB antérieur a une résistance suffisante pour maintenir la tige T solidement appuyée contre la face de la came.

Quand la machine est en service, une pièce est placée dans le mandrin élastique G et l'outil U est placé comme indiqué. On met alors la machine en route, et on fait avancer l'outil vers la pièce en faisant tourner la poignée Z du chariot transversal. La came R tourne à la même vitesse que la pièce, et le chariot W avance et recule d'une manière correspondante, l'outil donnant les résultats figurés. Comme les gravures permettent de voir et comprendre tout le reste, une description plus complète serait superflue.

Les figures 397 à 403 représentent sept exemples de pièces gravées avec

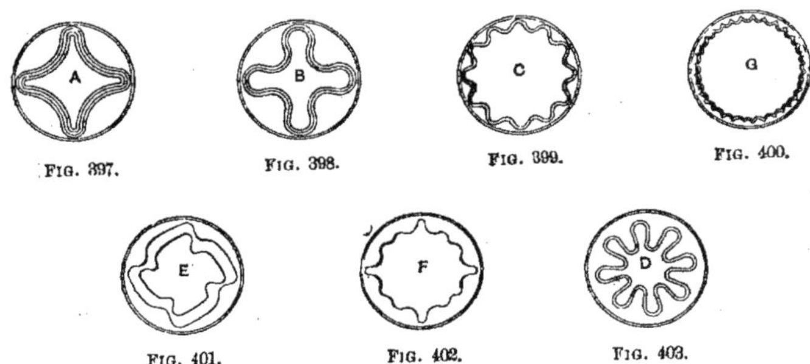

FIG. 397.   FIG. 398.   FIG. 399.   FIG. 400.

FIG. 401.   FIG. 402.   FIG. 403.

cette machine. Pour celle indiquée en A un outil à quatre pointes fut nécessaire. Celle en B a demandé un outil à trois pointes, pour C, D, E et G il a fallu un outil à deux pointes, et pour F un outil à une pointe. Pour chaque dessin différent on a fait une came spéciale. Avec cette machine, un gamin a pu exécuter quatre pièces par minute tandis qu'un graveur travaillant à la main n'en faisait qu'une par minute environ.

Machine spéciale à fraiser les cames. — La figure 404 représente le plan d'une machine spéciale à fraiser les cames construite pour fraiser certaines cames employées sur une presse à imprimer. E est la came fraisée. Elle a la forme d'un cône tronqué et elle est fixée sur l'arbre B par un écrou F. G, G sont les supports sur lesquels tourne l'arbre B en subissant un déplacement longitudinal alternatif au moyen de la roue dentée C et des maîtresses cames A, A. D, D sont deux oreilles faisant saillie sur la base de la machine sur laquelle sont des galets qui prennent contact avec les surfaces des cames.

K, K sont les supports pour l'arbre de fraisage, L une poulie à cône entraînée par courroie, M une vis sans fin qui entraîne une roue placée sur l'arbre N, H la fraise, I un mandrin de serrage élastique, et J l'arbre d'entraînement. T est la roue à main pour produire l'avance de la fraise H. Le pignon O sur l'arbre N de la roue de vis sans fin N entraîne la roue dentée Q et le pignon R entraîne la grande roue C sur l'arbre à cames. De cette manière, la fraise tourne à grande vitesse et la pièce E très lentement.

Mandrin à tourner des segments excentrés. — La figure 405 représente un mandrin employé pour tourner des segments excentrés dont la

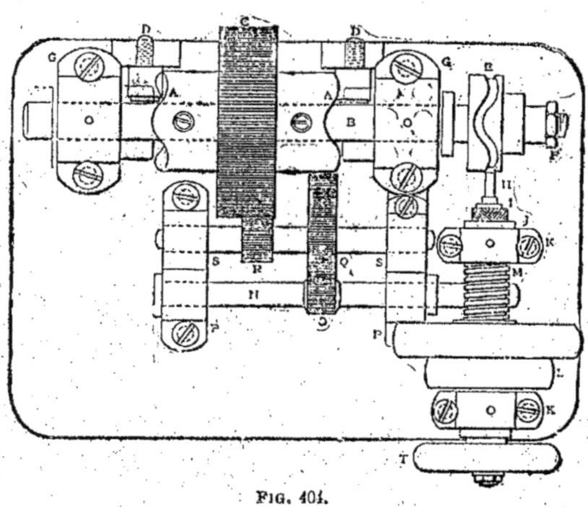

Fig. 404.

forme et la coupe sont représentés en A sur la gravure. Ils doivent être alésés, dressés sur les deux faces et tournés sur la périphérie, toutes les

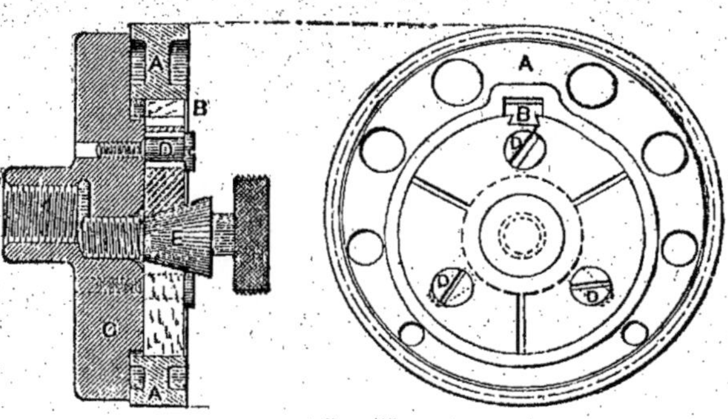

Fig. 405.

dimensions sont vérifiées au calibre de façon que les pièces soient interchangeables. Pour pouvoir exécuter le travail avec bénéfice, il est nécessaire de préparer quelques montages pour manœuvrer les pièces. Dans ce but on fait deux mandrins. Le premier, qui tient le segment pendant l'alésage du trou excentré et le dressage d'une face ne présente pas d'intérêt. Cette opération faite, on exécute le clavetage B au moyen d'un montage simple à mortaiser.

Le mandrin employé pour la dernière opération, tournage de la périphérie et dressage de l'autre face, présente différents dispositifs qui offrent un intérêt général, et peuvent être adoptés pour d'autres travaux analogues. Il est représenté sur la figure 405 avec un segment monté prêt à être travaillé. Le corps du mandrin C est taraudé pour se visser sur l'arbre du tour, et porte sur sa face trois segments pouvant se dilater ou se contracter, pour centrer et tenir le segment ; l'un est muni d'une clavette qui s'ajuste dans le clavetage B pour repérer et entraîner le segment. Ces segments sont tenus en place sur la plaque dressée au moyen de trois vis à épaulement D, D, D qui passent à travers des rainures radiales, permettant ainsi aux segments de se déplacer vers l'intérieur ou l'extérieur en travers de la face du mandrin. Ce mouvement d'extension est imprimé aux segments au moyen de la vis d'extension à tête moletée E, qui a une forme légèrement conique, de façon que quand on la serre, la pièce se trouve appuyée contre la plaque dressée. Les surfaces d'appui sont dégagées de manière que seulement un pouce de chacune appuie contre la pièce.

La manière d'employer le mandrin et d'usiner la pièce sont les suivantes : la tige E étant divisée en saisissant sa tête moletée, les segments se contractent. On place alors le segment contre la plaque dressée, avec la clavette dans le clavetage B. La tige d'extension est alors revissée et les segments en s'écartant appuient solidement la pièce contre la plaque dressée et la maintiennent solidement. Il est alors très facile de tourner la périphérie au diamètre demandé et de dresser la face. Ensuite on resserre les segments en dévissant la pièce d'extension, on enlève la pièce finie, et on en remonte une autre. Comme on le comprend aisément, le tournage des segments avec les moyens usuels dont on dispose couramment dans les ateliers aurait présenté des difficultés et pris beaucoup de temps, tandis qu'avec cette méthode il n'y avait aucune perte de temps, et l'interchangeabilité parfaite était assurée. La rapidité et la facilité de montage et de démontage des segments, ainsi que la solidité de leur fixation sont véritablement étonnantes. Comme les pièces de laiton dans lesquelles on prenait ces segments n'étaient pas de première qualité, on donnait des passes très profondes de sorte que les segments étaient soumis à des efforts importants.

Mandrin à monter des bandes excentriques. — Si aucun des outils que nous allons décrire maintenant ne sort absolument de l'ordinaire, ils présentent de l'intérêt en raison de leur simplicité et de leurs avantages pour produire rapidement des pièces interchangeables.

Le premier montage est représenté par les deux vues des figures 406 et 407. Il est employé pour aléser et tarauder le trou A dans la bande excentrique B. La pièce est en fonte, et les opérations exécutées préalablement sont le fraisage des faces des deux pièces constituant la bande, le perçage et le taraudage des deux trous dans les oreilles pour les vis des cames, l'alesage du trou de 114^{mm},3 (4 1/2 p.) et le dressage des deux faces. Le trou est alésé et les deux faces sont dressées d'un seul coup en fixant la pièce sur le plateau du tour de manière que les oreilles appuient sur des parallèles suffisamment épaisses pour permettre l'emploi d'un outil à crochet pour usiner la face la plus rapprochée de la plaque dressée.

Le montage employé pour aléser et tarauder le trou A tel qu'il est repré-

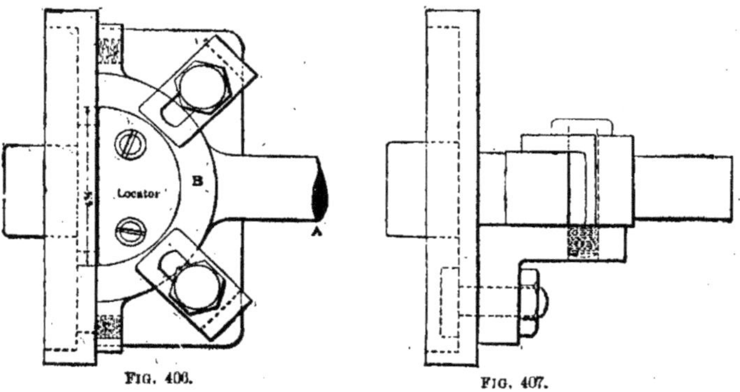

FIG. 406.   FIG. 407.

senté sur les figures 406 et 407 est très simple, et ne demande qu'une courte description. Il comprend une cornière boulonnée sur le plateau du tour ; une pièce de repérage et deux brides. La pièce de repérage et son emploi sont représentés sur la vue en plan. Il est fixé sur une face de la cornière au moyen de deux vis à tête plate, de manière que la bride B soit bien centrée. La surface rabotée par laquelle la pièce B est assemblée sur l'autre section repose d'équerre sur la plaque dressée. Comme on le voit, l'usage de ce montage assure un usinage du trou A parfaitement centré et aligné avec le grand trou dans la bande.

Deux mandrins à nez pour cames excentriques. — Les figures 408 et 409 donnent deux vues d'un mandrin employé pour la première opération sur une came excentrique. Il est en fonte, alésé et taraudé en arrière, et alésé excentriquement en avant pour la tige I de la came. Ce trou excentré est tracé avec le calibre de profondeur, garni d'un bouton puis monté sur le plateau du tour et alésé. Une tige J place la came convenablement et sert à l'entraîner pendant l'usinage des surfaces K et L. Deux vis de fixation avec bouts en laiton sont employées en M pour fixer la tige dans le mandrin.

L'opération suivante sur les cames est le fraisage à grandeur de la partie

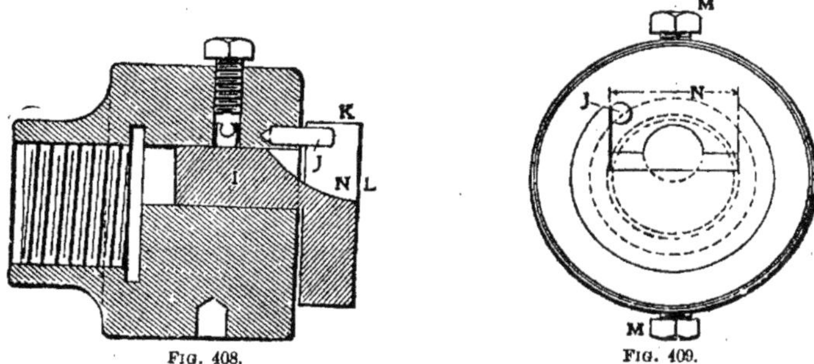

FIG. 408.   FIG. 409.

indiquée en N. Dans ce but on emploie un montage très simple (non représenté) formé d'une cornière avec un siège sur lequel on serre la partie usinée.

Pour la troisième et dernière opération, on emploie le mandrin représenté sur la figure 410. Comme on le voit, il est disposé tout à fait de la

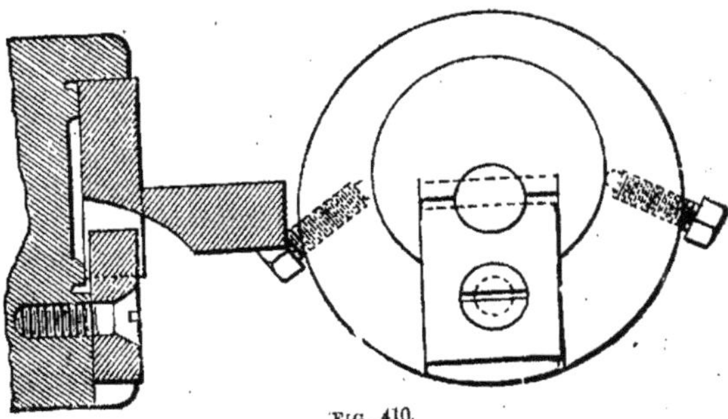

FIG. 410.

même manière que l'autre, sauf qu'il est garni d'une pièce de repérage qui s'ajuste dans la rainure fraisée N. Deux vis de serrage fixent la pièce dans le mandrin.

Il est évident qu'avec ces deux mandrins il n'est pas difficile de faire des cames interchangeables et en même temps on peut les exécuter rapidement.

Appareil pour monter des cylindres de moteur à essence. — Le

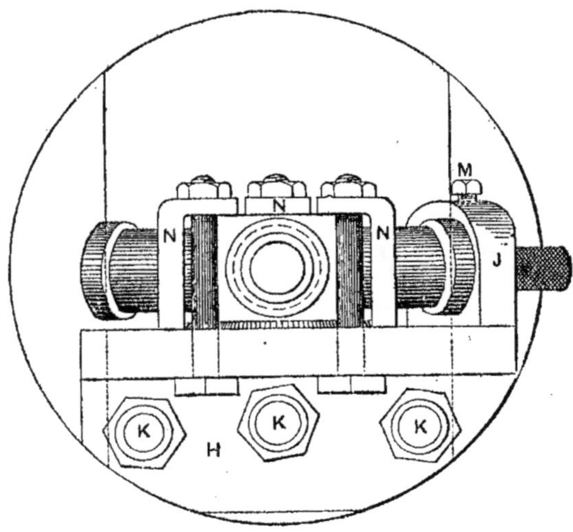

Fig. 411.

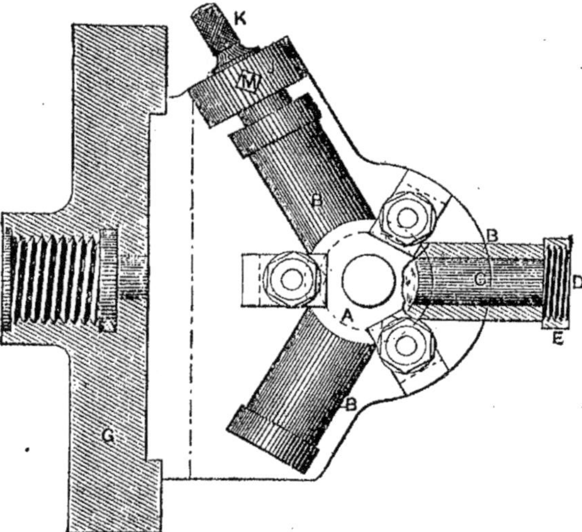

Fig. 412.

mandrin représenté sur les figures 411 à 413 présente certains points intéressants que l'on peut adopter pour produire rapidement tous les travaux

analogues aux pièces pour lesquelles il a été spécialement imaginé. La pièce à monter dans ce mandrin présente une forme très spéciale. C'est un cylindre triple pour un moteur d'automobile à grande vitesse, que l'on devait usiner en grandes quantités. Il y a trois cylindres B, B, B qui doivent être alésés et calibrés en C, tournés extérieurement en E puis agrandis et taraudés pour les bouchons en D. La partie marquée de la lettre A est le moyeu. Les axes des trois cylindres doivent être dans le même plan, et former entre eux des angles égaux. En se reportant aux figures, on pourra voir la construction et l'emploi du mandrin. G est un plateau tourné et usiné pour se visser sur l'arbre du tour avec une cannelure vers le bas pour permettre de placer la cornière H qui est fixée dessus par les vis à tête K, K, K. Le moyeu de la pièce est d'abord monté dans un autre mandrin, alésé intérieurement et usiné extérieurement au calibre.

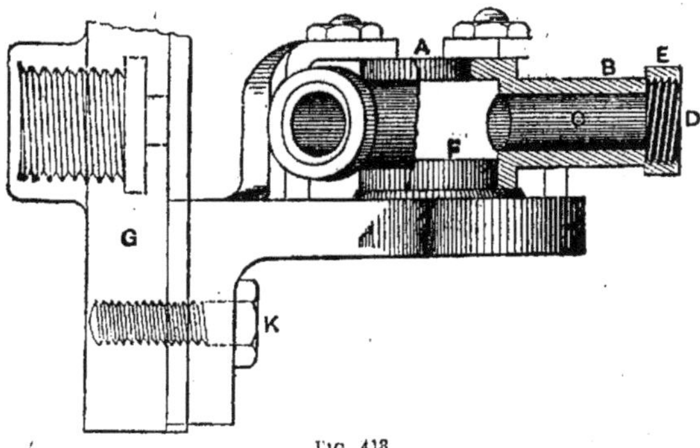

Fig. 418.

Ce travail préliminaire constitue la base pour l'exécution précise de toutes les opérations ultérieures. La pièce est centrée sur un bossage F formé sur le support H, de manière que les trois cylindres soient approximativement centrés. Pour la fixation, on emploie les trois brides N, N, N. Le mouvement de division est exécuté au moyen du bouchon K (*fig.* 412), dont la partie utile est trempée et rectifiée de manière à s'ajuster dans le trou usiné du cylindre, et le trou alésé vient dans l'oreille J.

Pour employer le mandrin, on place une pièce un peu lâche sur le plateau H, centrée par la tige F. Un bouchon qui pour une partie de sa longueur s'ajuste dans le trou alésé dans l'oreille J, et pour le reste flotte dans les trous venus de fonderie dans les cylindres, est inséré, à travers l'oreille, dans un des cylindres, on serre alors les brides et on commence l'usinage. On tourne d'abord l'extérieur du cylindre en E, E au calibre, puis on place la lunette que l'on dispose de façon que la partie usinée tourne exactement à l'intérieur. On continue par le perçage et l'alésage que l'on exécute en employant d'abord une barre avec une lame rapportée puis un alésoir à cloche et finalement pour achever un alésoir à une lame. Après alésage on agrandit et on taraude. On desserre alors les brides et on les recule, on enlève la pièce de dessus la cornière, — après avoir entre temps enlevé d'abord le bouchon temporaire, — puis on replace la pièce avec le cylindre à finir aligné avec l'oreille J. On insère alors le bouchon K à travers l'oreille, dans ce cylindre, où il s'ajuste parfaitement. On serre la vis de fixation M, ce qui maintient bien le bouchon, après quoi on serre les brides, puis le second cylindre est travaillé comme le premier. On continue de même pour le troisième et dernier.

Montages spéciaux de fraisage et perçage. — La figure 414 représente une pièce faisant partie d'un mandrin pour une machine à perforer.

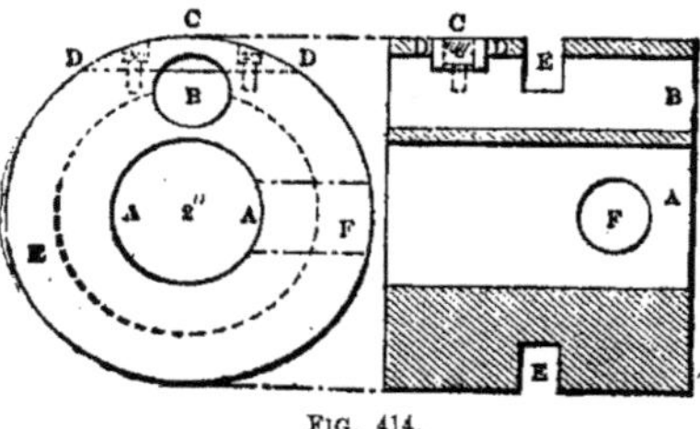

FIG. 414.

On emploie pour l'exécuter les montages représentés sur les figures 415-416, 417 et 418. Les pièces ont 114^{mm},3 (4 1/2 p.) de diamètre sur 88^{mm},9

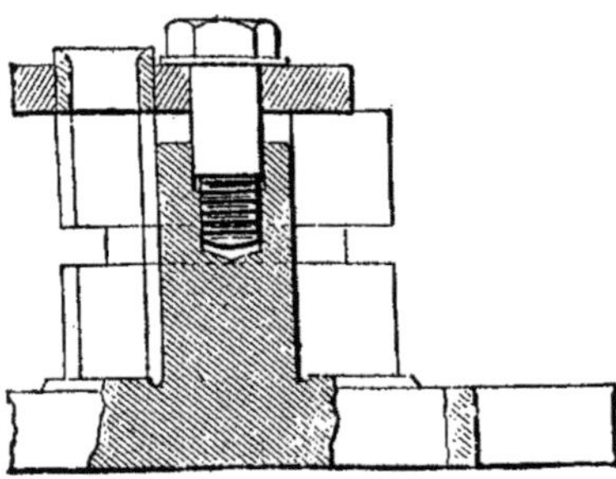

FIG. 415.

(3 1/2 p.) de long avec un trou venu de fonderie au centre. Le travail à exécuter comprend le perçage et alésage du trou AA à 50^{mm},8 (2 p.), le dressage des deux faces, le tournage de l'extérieur, et le taillage de la rai-

nure EE. Ceci est exécuté sur le tour sans montages. Les opérations suivantes sont : alésage du trou B pour la tige d'embrayage coulissante, le fraisage de la rainure DD pour la pièce C, et le perçage du trou F.

Pour percer le trou B, on emploie le montage de la figure 415. Le corps ou base en fonte est usiné sur le fond pour être boulonné sur la table de la perceuse. Ce bâti porte une tige faisant saillie au centre, tournée pour

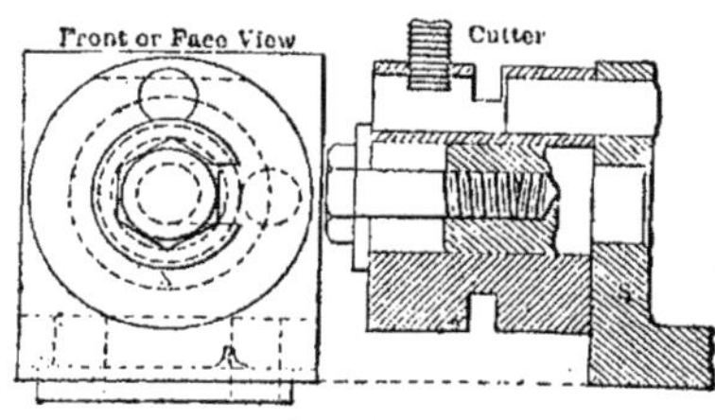

FIG. 416.

Front or Face View :   Vue de face.
Cutter :   Lame.

s'ajuster dans le trou A, A de la pièce, et taraudée au sommet pour recevoir les vis de serrage de la plaque de la bague. Il y a un siège usiné pour monter la pièce. Le corps de chaque vis de serrage penche dans la tige de montage sur une certaine longueur, pour assurer le centrage du trou B.

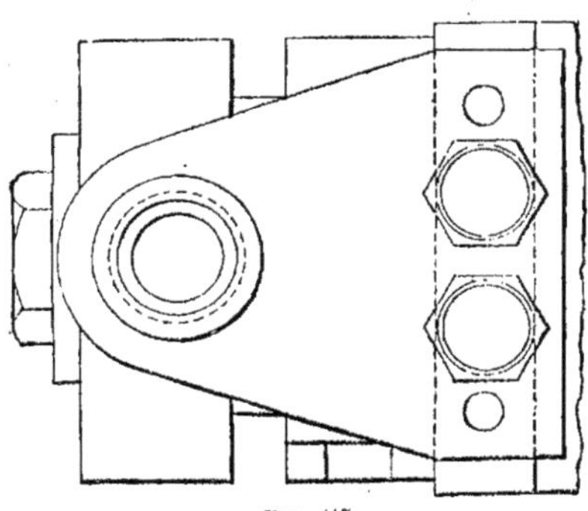

FIG. 417.

Le fraisage de la rainure D, D dans la pièce et le perçage du trou F sont exécutés au moyen du montage représenté sur les figures 416, 417 et 418. La figure 416 représente son emploi pour le fraisage de la rainure, et les figures 417 et 418 son emploi pour percer le trou F.

Le montage comprend une équerre avec une tige de repérage centrale s'ajustant dans le trou central de la pièce. Cette tige est taraudée pour

recevoir la tige de fixation. On emploie le trou B de la pièce pour placer
celle-ci sur le montage de manière que la rainure DD une fois fraisée soit
convenablement placée ; une tige en acier fixe la pièce dans le montage.
Cette tige s'ajuste dans le trou de la pièce et dans deux trous du montage
de façon à pouvoir être démontée et employée à nouveau pour placer la
pièce en position pour percer le trou F. Pour exécuter rapidement la mise
en place et le serrage de la pièce sur le montage, et son démontage après
fraisage, on emploie une rondelle de fixation avec une entaille, ce qui
permet de desserrer simplement la vis et de glisser la rondelle pour enlever
la pièce. Pour l'emploi, le montage est placé sur la table de la fraiseuse,

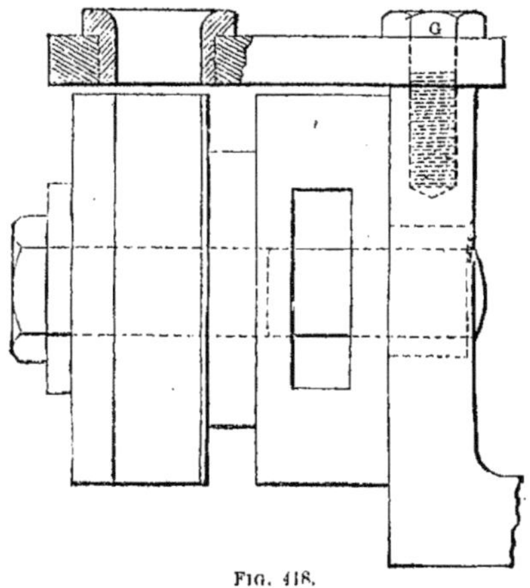

FIG. 418.

et tenu par deux boulons, la languette s'ajustant dans la rainure centrale
de la table.

La façon de percer le trou F est représentée clairement par les figures 417
et 418. Comme on le voit, pour permettre d'utiliser le montage pour cette
opération, il suffit de placer la tige dans B puis de placer et serrer le plateau à bague I sur le sommet du bâti. G, G sont des goujons, H une vis à
tête, et J une bague. Comme le trou doit seulement passer dans le trou
central A de la pièce, la présence de la vis W ne gêne pas le perçage.
Quoique ces montages soient très simples et peu coûteux, ils économisent
beaucoup de main-d'œuvre.

Jeu de montages pour fraiser et percer. — La figure 419 donne
trois vues d'une tête de machine à poinçonner en fonte employée sur les
machines à perforer des séries d'œillets. Ces têtes de poinçonneuses doivent

être travaillées avec précision pour être interchangeables, et tout leur usinage se fait au moyen de montages. Quoique le travail qu'ils permettent d'exécuter soit très précis et exécuté rapidement, aucun d'eux n'est compliqué ni coûteux. La pièce représentée mesure environ 254 millimètres (10 p.) au total en longueur.

La tête de la poinçonneuse comprend (vis à part) quatre pièces : la tête

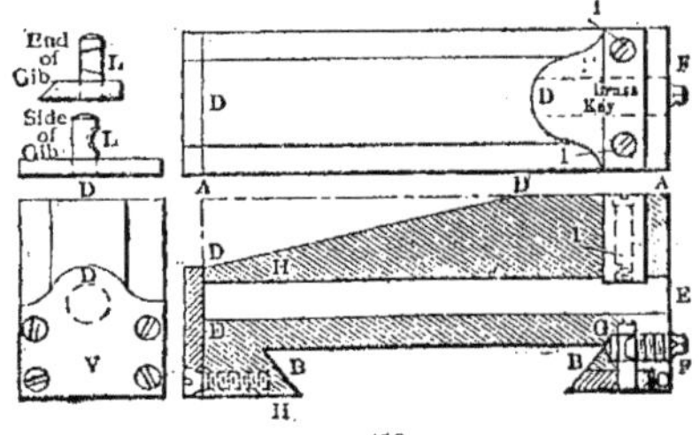

Fig. 419.

Tud of Gib :   Extrémité du lardon de guidage.
Side of Gib :   Côté du lardon du guidage.
Brass Key :   Clavette en bronze.

proprement dite, en fonte, la plaque postérieure V en acier de construction, la clavette de poinçonnage E en laiton et la pièce C en acier. Laissant de côté les petites pièces, nous allons examiner l'usinage de la tête proprement dite.

Le travail à exécuter comprend le fraisage d'équerre des quatre faces, le

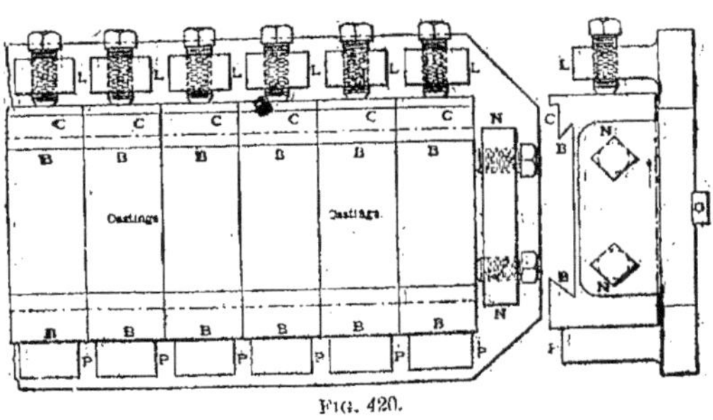

Fig. 420.

Castings :   Pièces moulées.

fraisage de la queue d'aronde BB et du logement G, le fraisage de la face angulaire DD, le perçage et alésage du long trou central EE, le perçage des quatre trous II pour fixer la plaque postérieure, deux trous pour fixer la clavette en bronze, un trou pour la vis F et un autre dégagement pour la pièce G.

Les pièces destinées à faire les têtes sont, avant usinage, d'équerre partout, sauf pour les surfaces à queue d'aronde qui sont fondues brutes.

La première opération s'exécute sur une grande fraiseuse au moyen d'un montage et d'une grande fraise à dents rapportées qui travaille dix pièces en même temps. Nous ne donnons pas de figure représentant ce montage.

Pour fraiser la queue d'aronde et le contre-clavetage, on emploie le montage représenté par la figure 240. Il reçoit huit pièces à la fois, placées sur un siège usiné. P, P sont les repères latéraux, L, L les oreilles pour les vis de fixation latérales, et N la saillie dans laquelle sont placées les vis d'assujettissement des extrémités. Avec ce montage, on emploie l'appareil à fraiser verticalement. On commence par usiner la coulisse en queue d'aronde au moyen d'une fraise angulaire, en donnant deux passes, une

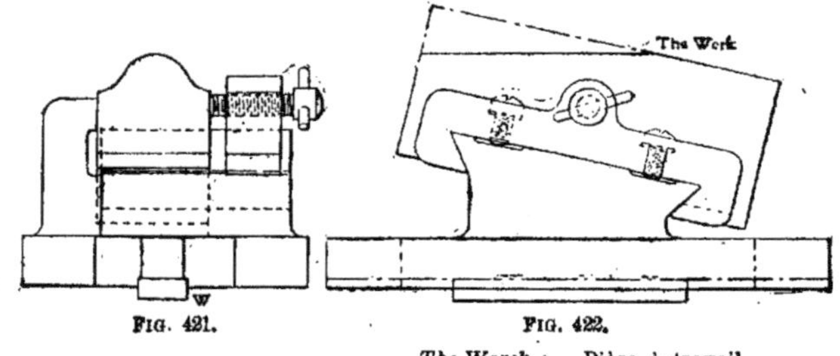

FIG. 421.   FIG. 422.

The Worck :   Pièce à travail.

de chaque côté. Puis on usine le contre-clavetage C en remplaçant la fraise angulaire par une fraise convenable. Toutes les surfaces des pièces sont mises d'équerre et à grandeur, et le fraisage est exécuté très rapidement.

Le fraisage de la face inclinée et profilée DD des pièces est exécuté en prenant les pièces les unes après les autres sur le montage représenté par les figures 421 et 422. La quantité de matière enlevée au cours de cette opération est indiquée par les lignes pointillées. Pour exécuter ce travail, on emploie une grande fraise de forme.

La quatrième opération est le perçage de tous les trous dans la tête. On exécute ce perçage avant de fraiser la rainure pour la clavette en laiton, parce que le long trou central HH doit être parfaitement droit et alésé à grandeur.

La figure 423 représente un plan et une coupe partielle du montage. Il appartient au type à boîte avec des montants L venus de fonderie sur les quatre faces. La pièce est placée au moyen du repère à queue d'aronde NN sur un siège usiné au fond du montage et fixé au moyen d'une bride articulée, non figurée, pivotant en X et fixée en Z au moyen d'une vis à oreilles. Le repère NN est en acier et fixé sur la face intérieure latérale du montage au moyen des deux goujons C. Les bagues servant à percer le long trou sont mobiles. Elles portent une entaille sur le côté pour les tiges de repérage R à têtes moletées qui les empêchent de tourner ou de tomber. Le trou HH est percé des deux bouts, à moitié de chaque côté. Pour l'alésage, les bagues à deux mèches sont remplacées par d'autres. L'une au

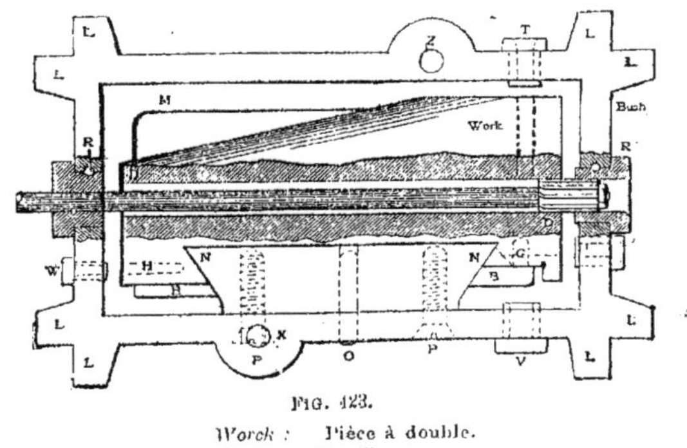

FIG. 423.

Work :   Pièce à double.
Bush :   Douille.

fond tient l'alésoir tandis que celle du dessus tient la tige. Pour aléser ce trou, on emploie un alésoir creux renversé, de manière que l'extrémité coupante soit dirigée en haut, et que le trou soit alésé en partant du fond.

Pour fraiser la rainure transversale de clavetage, on emploie le montage représenté par la figure 424. Il est établi pour recevoir en même temps un certain nombre de pièces. La pièce est placée et fixée solidement et avec

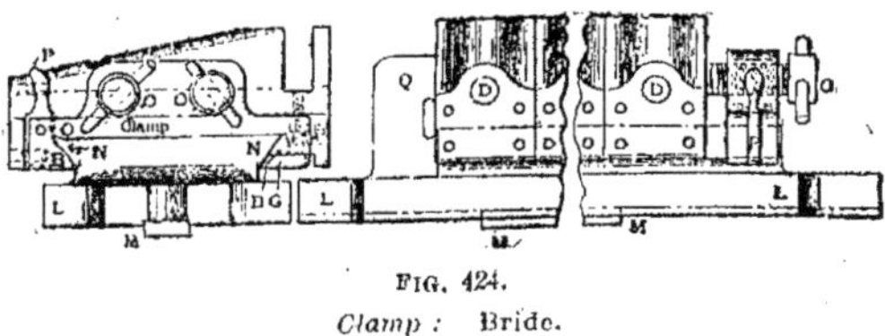

FIG. 424.

Clamp :   Bride.

facilité ; son démontage après achèvement est très rapide. La bride visible en avant est établie de manière à permettre de placer rapidement la pièce au moyen du petit verrou P qui est articulé sur la bride en K. En repoussant simplement la poignée de ce verrou, la bride est brisée et peut être déplacée.

En se reportant à la figure 419, on comprend l'usinage à faire subir aux petites pièces. Nous avons d'abord la plaque postérieure V. Elle est en acier, on commence par la fraiser et la mettre d'équerre partout ; le fraisage des arêtes profilées devant coïncider avec la face profilée DD de la tête de poinçonneuse, est exécuté après perçage des quatre trous de vis. Ensuite on passe à la clavette en laiton. On la prend dans la barre et on la met à ses dimensions. Le perçage des deux trous K dans la clavette en laiton et des quatre trous J dans la plaque postérieure sont tous exécutés sur l'unique montage de perçage de la figure 425. Il est établi pour recevoir une plaque à un bout et une clavette en laiton à l'autre. Le corps fondu est usiné de manière à laisser des portées de repérage pour les pièces et il est pourvu d'une rainure en travers pour la pièce O contre laquelle se place la pièce à travailler. La plaque à bagues est fixée sur le corps au moyen de quatre vis à têtes plates. S,S,S,S sont les bagues de la plaque de perçage, et F, F les bagues de la mèche pour la clavette. M, M sont les montants venus de fonderie avec le corps. Q et R sont deux vis servant à fixer la pièce contre les surfaces de repérage. On glisse la pièce en bout, puis on serre les vis et on perce les trous.

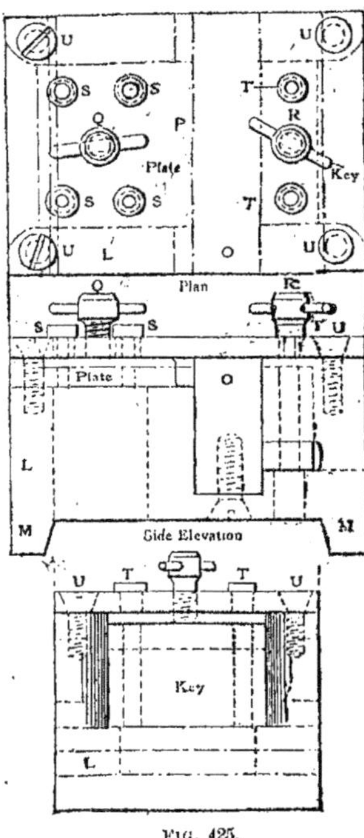

FIG. 425.

Key :   Clavette.
Side Elevation :   Élévation latérale.
Plate :   Plaque.

La pièce qui reste est la contre-clavette, représentée par la figure 419. Elle porte une tige rainurée d'un côté de manière à s'ajuster sur la pointe conique de la vis de contre-clavette F. Quand on serre la vis, elle entraîne la contre-clavette, et fixe la tête en position sur la machine à perforer. Cette contre-clavette est en acier, fraisée à grandeur dans l'étau de la fraiseuse, en employant une fraise angulaire pour exécuter la partie conique. Pour percer le trou pour la tige L, on emploie un simple petit montage à glissement.

Les appareils que nous venons de décrire ne présentent pas de dispositions absolument nouvelles, ni une construction très compliquée. Ils sont cependant intéressants et susceptibles de donner des idées pour d'autres travaux, et montrent comment on peut exécuter rapidement et à bas prix des travaux précis en série, en se donnant la peine d'étudier des montages simples et peu coûteux.

Dressage et contre-alésage de grandes pièces en araignées sur la machine à percer. — L'auteur a eu l'occasion de voir dans un atelier de construction de machines à mélanger la peinture une méthode de dressage et de contre-alésage de grosses pièces sur la machine à percer qui est susceptible de donner des idées pour usiner d'autres pièces d'une manière analogue. La figure 426 donne une idée de la forme et des dimensions des pièces, ainsi que de la nature du travail à exécuter. Comme on le voit, la pièce comprend deux moyeux qui doivent être alésés à un diamètre fini de 127 millimètres (5 p.) puis dressés en AA, BB, CC, et DD respectivement et finalement contre-alésés en F, F à une profondeur de 25mm,4 (1 p.) et à un diamètre de 177mm,8 (7 p.). Il est de suite évident qu'une grande machine à percer avec une base reposant sur le sol est la machine

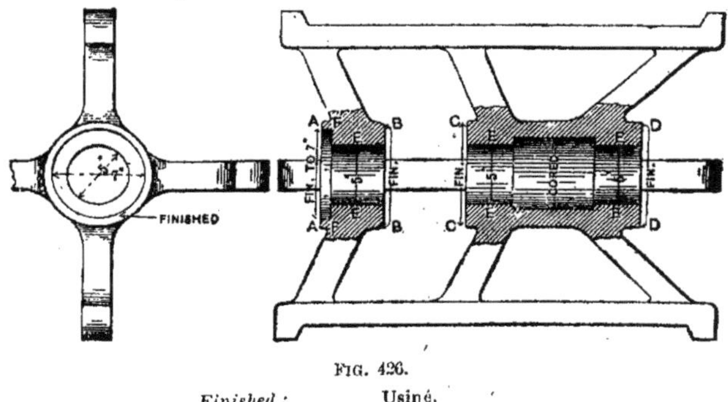

FIG. 426.

Finished :   Usiné.

convenant pour ce travail, et qu'il serait très difficile de l'exécuter sur un autre genre de machine.

L'alésage pour obtention d'une surface finie des trous venus de fonderie dans les moyeux offre des difficultés toutes spéciales. On emploie une grande barre d'alésoir de construction convenable, et l'extrémité saillante tourne dans une bague boulonnée sur la base inférieure de la perceuse, sur laquelle se trouve fixée la pièce. Pour dresser les quatre faces des moyeux, et contre-aléser le siège d'une manière rapide et précise, il est toutefois nécessaire d'employer d'autres moyens que ceux utilisés pour l'alésage. C'est pour ce travail que l'on emploie l'outil spécial à dresser et contre-aléser représenté par la figure 427.

Comme on le voit, cet outil spécial se compose d'une barre de régulation tournée en forme conique à un bout, pour s'ajuster dans l'arbre de la machine à percer et arrondie à l'autre pour entrer aisément dans la bague-support sur la base de la presse. Cette barre porte cinq trous pour fixer la tête d'alésoir. Ces trous sont indiqués sur les gravures par les lettres C, D, E et F respectivement. Trois trous servent à la barre porte-lames, et les deux autres sont des trous coniques pour la vis d'avance G. Dans la tête porte-lames, H est la barre, O l'outil coupant en bec-de-cane, pour lequel un siège a été prévu dans le serre-lames M de chaque côté du centre, comme il est nécessaire pour couper en dessous et en dessus. I est la bride de connection entre la barre porte-lames et la vis d'avance, J l'écrou fixant la barre, G la vis d'avance, et K le bouton à main. N est une vis à tête employée pour fixer la lame et les brides à la barre porte-lames.

Pour employer cet outil, on fait descendre la barre à travers les moyeux de la pièce jusqu'à ce que l'extrémité pénètre dans la bague-support de la base. La tête porte-lames est alors dans la position représentée par la

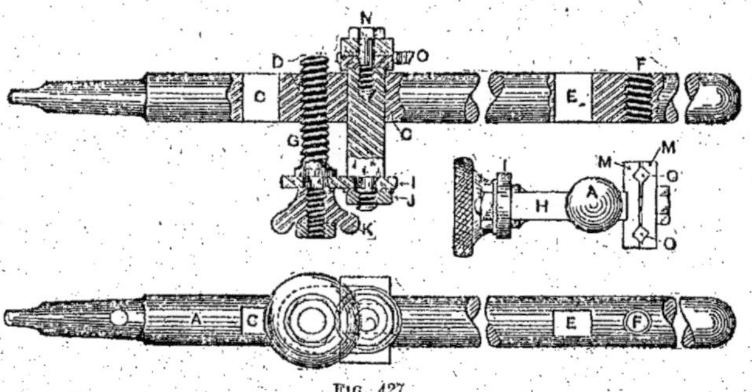

Fig. 427.

figure 427. On dresse d'abord la surface A, en tournant légèrement à la main la vis d'avance à chaque tour, manœuvre aisée à exécuter grâce à la grande ouverture. Ensuite on alèse et on termine de la même manière le siège FF en faisant avancer l'arbre de la perceuse pour aller en profondeur, et la vis d'avance de la tête porte-lames pour tailler en diamètre. Ensuite on dresse la face inférieure du moyeu supérieur en enlevant entièrement la tête porte-lames. On fait descendre l'arbre jusqu'à ce que les trois trous supérieurs de la barre se dégagent de la face inférieure du moyeu supérieur. Puis on replace la tête porte-lames avec la vis d'avance dans le même trou qu'elle occupait antérieurement, mais avec la barre porte-lames dans le trou supérieur C. Pour cela, on renverse simplement la barre porte-lames, et on dresse la face inférieure du moyeu en remontant l'arbre au lieu de le descendre. Les deux faces du moyeu inférieur sont dressées de la même manière, en enlevant et retournant la tête porte-lames quand il est nécessaire.

CHAPITRE XXIII

MACHINES SPÉCIALES POUR TRAVAUX PRÉCIS AU MOYEN DES MATRICES ET LEUR EMPLOI

Progrès réalisés dans l'emploi des presses mécaniques. — Il est intéressant pour les mécaniciens qui s'occupent de produire à bas prix des pièces mécaniques précises de noter quels étonnants progrès ont été réalisés dans l'emploi des presses mécaniques dans ces dernières années. On peut dire que la machine moderne est parvenue à démontrer son utilité quand on l'emploie conjointement avec des matrices et des montages convenables, pour produire des pièces en acier, en fer et en divers métaux à un prix inférieur à ce que donne le travail à la main et avec un degré d'interchangeabilité supérieur à tout ce qu'il avait été possible d'obtenir jusqu'à présent par d'autres moyens.

Dans les ateliers où on a adopté les presses mécaniques pour produire des pièces métalliques et où on a su comprendre et apprécier toute la valeur des matrices, les machines sur lesquelles on les utilise sont devenues des facteurs importants de production, au même titre que les autres machines-outils d'emploi général. La seule raison pour laquelle on ne les adopte pas dans les autres ateliers est qu'on ne comprend pas leur emploi. Il y a un grand nombre d'ateliers grands et petits dans lesquels on fabrique constamment en série de petites pièces sur des formes et grandeurs types par fraisage, perçage, travail à la lime et autres moyens, tandis qu'on pourrait les produire avec une grande réduction de prix et une précision supérieure au moyen de matrices convenables, sur la presse au pied ou sur la presse mécanique. Dans ces ateliers, l'emploi de pièces découpées dans des feuilles métalliques à la place des pièces fondues là où cela serait possible obligerait les dirigeants à ouvrir les yeux et les conduirait à doubler leur production et leurs bénéfices.

Comparaison de l'usinage à la main et de l'usinage mécanique des matrices. — Tandis qu'on a inventé un grand nombre de machines spéciales et d'appareils pour fabriquer tous les autres genres d'outils, c'est au travail à la main que l'on a recours, à un degré plus ou moins grand, pour la fabrication des matrices, depuis les matrices à découper les plus simples jusqu'aux combinaisons les plus complexes. L'apparition de l'appareil à fraiser verticalement pour les fraiseuses universelles a facilité le travail, mais ce dont on a besoin, c'est d'une machine pouvant exécuter le travail qui ne peut être accompli qu'à la main, par un ajusteur habile, à l'aide d'une lime. Aussi, dans une certaine mesure, l'emploi des matrices s'est-il trouvé gêné par les dépenses entraînées par leur fabrication. Toutefois cette excuse n'a plus de valeur maintenant car il existe maintenant des machines qui peuvent exécuter sur les matrices les travaux qui ne pouvaient être faits antérieurement qu'à la main. Je veux parler des dif-

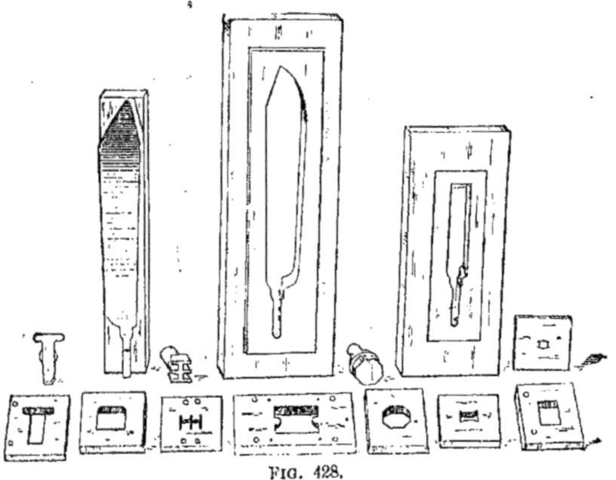

Fig. 428.

férents étaux limeurs pour matrices et des fraiseuses que l'on trouve maintenant dans le commerce.

On peut juger de la valeur de ces machines pour tous les ateliers où on fait beaucoup de matrices par l'examen de la figure 428, qui représente un certain nombre de matrices de différents types, usinées et finies, prêtes pour la trempe, au moyen d'une machine à fraiser les matrices. Tous les fabricants de matrices savent quelle habileté est nécessaire pour exécuter ces pièces à la main, spécialement pour donner partout le dégagement voulu. En employant les machines que nous venons de nommer, ce travail peut être exécuté aisément. Les matrices qui doivent être droites, ou légèrement coniques intérieurement comme il est nécessaire pour les matrices à brunir, sont exécutées sans plus de difficulté qu'il n'y en aurait à faire une matrice avec un dégagement exagéré.

Emploi des machines à fraiser les matrices. — La machine à fraiser les matrices peut être employée pour dégrossir et pour finir à 0^{mm},0254 (1/1.000 pouce) près du calibre, toutes les matrices à découper, façonner, ou percer telles qu'on en emploie pour produire des pièces d'argenterie, de joaillerie, des pièces de bicyclettes, d'estampage, de machines à écrire, à coudre, etc.

Un type de machine à fraiser les matrices employé maintenant dans un grand nombre d'ateliers est construit de telle façon que le bâti repose sur des tourillons, pouvant le soutenir dans une position quelconque, de manière que l'opérateur ait l'éclairage le plus avantageux sur la surface de la pièce. L'arbre est perpendiculaire à la face de la machine et réglable. Quand on la dispose pour fraiser des matrices à découper, la fraise fait saillie à travers une ouverture dans le mandrin où la pièce est fixée, et est droite ou conique selon l'importance du dégagement nécessaire pour la matrice. Quand on emploie ces machines, il suffit de percer un trou dans la pièce brute, et la fraise, partant de ce trou et suivant le profil du calibre enlève toute la partie centrale. Sur ces machines, le mandrin ou porte-pièces est déplacé dans une direction quelconque au moyen de deux coulisses placées à angle droit, et au moyen de roues à main ou de vis d'avance, et on suit ainsi avec précision le profil du calibre sur la surface de la pièce. Pour aider à ce résultat, un index à la droite de la pièce se trouve placé dans une position fixe par rapport à la fraise quand celle-ci se trouve en dessous de la surface de la pièce, et indique sa position exacte. Ceci est avantageux quand on doit faire un angle vif, car alors on abaisse la fraise puis on continue la coupe en se basant sur l'index, en laissant très peu de matière à enlever à la lime.

Quoique les machines à fraiser les matrices ne soient pas couramment construites pour recevoir de très grandes pièces, on peut y monter des pièces brutes ou forgées ayant jusqu'à 254 millimètres (10 p.) de largeur, 50^{mm},8 (2 p.) d'épaisseur et une longueur quelconque.

Appareil à défoncer les matrices. — Complémentairement avec ces machines, on peut employer un appareil à défoncer les matrices, et si on en a un grand nombre à défoncer il est très utile d'en avoir un à sa disposition. En employant un de ces appareils, l'habileté et les connaissances nécessaires pour se servir convenablement des petits outils utilisés pour travailler à la main les matrices ne sont plus indispensables, et un bon ouvrier en matrices n'éprouvera pas de difficultés à produire un excellent travail. Comme ces appareils peuvent être montés en quelques minutes sur une machine à fraiser les matrices, celle-ci se trouve ainsi convertie en machine à défoncer.

Machine à limer les matrices. — Dans un certain nombre d'ateliers connus de l'auteur, il y a également une machine spéciale pour limer les matrices travaillées sur la fraiseuse spéciale. Cette machine est employée pour finir à la lime tous les genres de matrices pour découper, façonner, percer ainsi que les matrices à étirer de formes irrégulières ou carrées, ainsi que pour tous les travaux de ce genre qui doivent être limés avec précision.

En réglant la table de cette machine à l'aide d'une plaque divisée, on peut obtenir tous les dégagements de un à dix degrés. En plaçant la machine au zéro, on peut limer ou gratter parfaitement d'équerre les parois d'une matrice à étirer, à brunir, ou une matrice à façonner précise, travail qui est impossible à exécuter à la main, même pour les ouvriers les plus habiles. Dans ces machines à limer, on doit toujours prendre soin que l'extrémité supérieure de la lime soit soutenue, en réglant un support prévu à cet effet. La valeur de la course de ces machines peut être rapidement réglée au moyen d'une vis à tête mortaisée dans le disque d'entraînement, que l'on place plus ou moins près du centre, selon les exigences du travail. Pour un travail délicat, une faible course est préférable.

Les exemples de matrices représentés par la figure 248 ne constituent que quelques-unes des nombreuses variétés que l'on peut exécuter en moitié moins de temps et avec des dépenses moitié moindres que quand on emploie d'autres moyens. Quoiqu'il arrive souvent que des ouvriers très adroits puissent exécuter les travaux les plus extraordinaires avec des outils tout à fait insuffisants, un jeu d'outils parfaitement étudiés est toujours avantageux pour tous les genres de travaux mécaniques.

Étau-limeur pour matrices. — La figure 429 représente un appareil qui transforme pratiquement une machine à fraiser en un étau-limeur vertical, ou comme on dit couramment en une machine à mortaiser. Il rend particulièrement des services pour le travail des matrices pour poinçonneuses, car il permet de suivre tous les profils, réguliers ou irréguliers, et de donner tout autour le dégagement nécessaire. Comme la figure permet de s'en rendre compte, cet appareil peut être employé sur toutes les fraiseuses des modèles courants, et peut être monté et démonté à volonté.

La grande pièce moulée verticale visible en avant serre le bras en porte-à-faux de la machine, et en dessous se trouve un arbre entraîné par une tige conique qui s'ajuste sur l'arbre de la machine. Entre les deux paliers prévus pour supporter cet arbre, se trouve fixée sur lui une came ou excentrique, qui commande une pièce mobile horizontalement. Celle-ci se meut dans la mortaise transversale d'un chariot vertical portant l'outil. On obtient ainsi une course verticale de $31^{mm},74$ (1 1/4 p.) à $44^{mm},44$ (1 3/4 p.)

à volonté. L'outil est fait d'un bout d'acier rond de 12^{mm},7 (1/2 p.) fixé dans une douille par une vis de serrage. Cette douille forme une pièce distincte du chariot vertical, et quand l'outil est en place, on peut la faire tourner à volonté, de manière à suivre un profil quelconque, et travailler tous les angles. On a prévu un dispositif spécial pour donner un bon dégagement à l'outil pendant sa course de retour.

La gravure représente l'outil en cours de travail sur une demi-matrice à

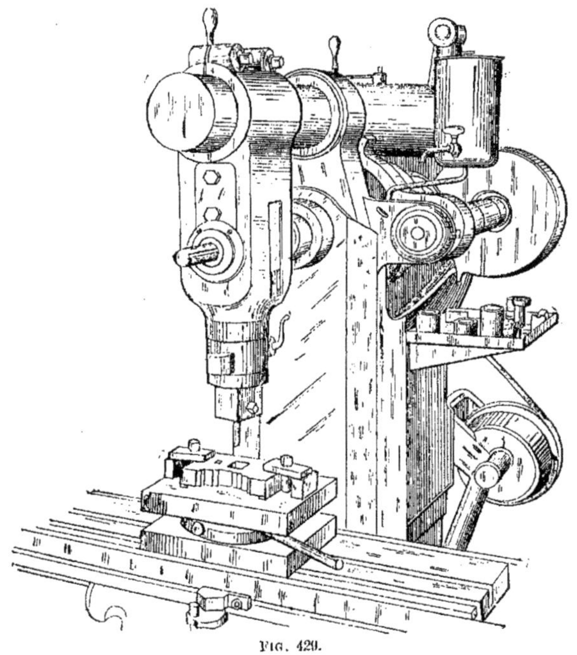

FIG. 429.

profil irrégulier. Elle est montée sur un appareil à incliner qui fait partie du montage et donne le dégagement nécessaire.

On remarquera que la face moyenne entre les anneaux est oblique et qu'en tournant ceux-ci, on produit la course dans les différentes directions voulues ; on a prévu une tige de verrouillage, une vis de serrage, et une barre pour tourner les anneaux. Le support central porte une tête sphérique, de manière qu'on peut l'incliner à tout angle voulu.

Petite machine à mortaiser les matrices. — La matrice représentée sur la figure 430 convient pour tous les genres de travaux, tels que clavetages, mortaisage de matrices, droites ou coniques, travail des modèles pour engrenages intérieurs ou extérieurs, quand un dégagement est nécessaire, ainsi que pour les mortaisages courants tels que ceux représentés par la figure 431.

Les deux mouvements en croix et la table rotative permettent de suivre tous les profils.

La manivelle de la table rotative est disposée pour employer des cadrans diviseurs, mais pour des petites divisions et des travaux rapides,

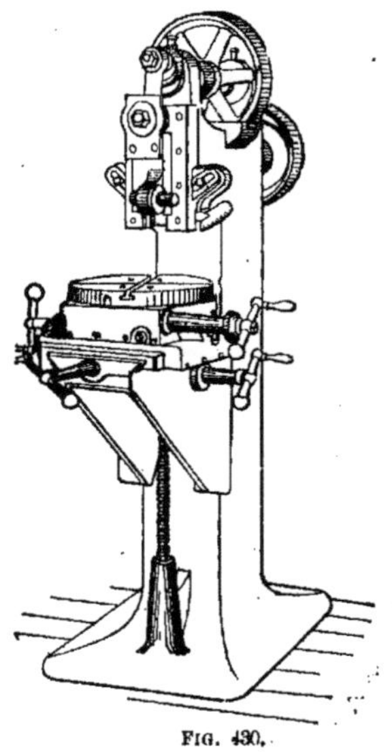

FIG. 430.

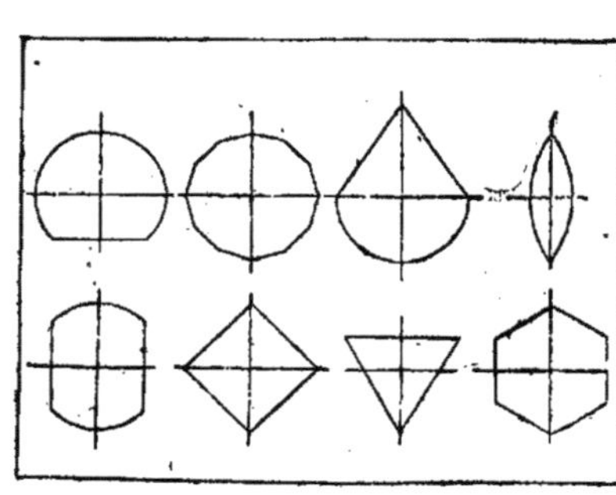

FIG. 431.

on l'enlève entièrement et on tourne à la main en se servant de l'appareil de repérage, qui donne douze divisions permettant de faire des carrés, hexagones, octogones, etc.

La course de la machine a été fixée à $63^{mm},5$ (2 1/2 p.), ce qui est suffisant pour les genres de travaux auxquels est destinée cette machine, et donne plus de résistance qu'une tige réglable.

On peut faire varier la vitesse au moyen de la poulie à cône. Le chariot peut être incliné de cinq degrés d'un côté ou de l'autre, et fixé au moyen d'une graduation, ce qui assure un dégagement constant pour toutes les parties de la matrice. Le porte-outil a été bien combiné pour recevoir des outils spéciaux. Il pivote autour d'un axe situé près de son extrémité inférieure et, à son sommet, sont deux bouchons trempés placés dans un support et s'appuyant sur une came montée dans une bague à l'extrémité inférieure de la bielle, qui lui donne un mouvement de rotation partielle.

Ceci a pour effet de verrouiller le porte-outil pendant la course de descente, et de dégager l'outil pendant sa remontée.

Machine à limer les matrices. — La machine à limer les matrices représentée sur les figures 433, 434 et 435, quoique étudiée spécialement pour la fabrication des matrices, est employée maintenant dans un grand nombre d'ateliers bien outillés des États-Unis pour exécuter d'autres travaux divers.

Une grande quantité de travaux sur les modèles métalliques peuvent être exécutés sur cette machine avec économie notable. Les matrices trempées, les calibres, etc., peuvent être grattés plus rapidement et plus exactement qu'à la main. Elle permet de limer avec précision et économie diverses petites pièces trop délicates pour supporter le fraisage. Elle convient bien pour travailler une grande quantité de calibres et d'outils de forme.

FIG. 432.

Dans les pages suivantes j'ai représenté un certain nombre de manières d'adapter la machine à limer au travail des matrices, pour lequel sa valeur est démontrée par l'emploi qu'on en fait maintenant avec succès dans divers ateliers d'outillage.

Quand on lime à la main des matrices, comme l'indique la figure 432, l'ajusteur doit travailler en se baissant, l'éclairage est mauvais, et les lignes qu'il doit suivre dans son travail se trouvent généralement sur le côté éloigné de la source de lumière. Il doit observer le traçage, faire une surface unie et régulière, et ne pas développer des efforts trop considérables.

Le travail des matrices dans ces conditions exige l'emploi d'ajusteurs

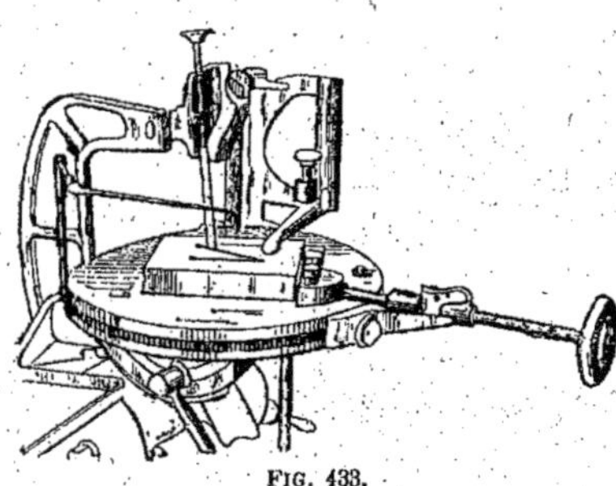

FIG. 433.

très bien payés et ceux-ci doivent passer beaucoup de temps à vérifier la précision du travail et à se reposer.

Avec la machine à limer, la pièce se trouve à plat sur la table, le traçage est éclairé en plein, et l'éclairage est le meilleur possible.

On obtient avec précision le dégagement ou l'angle voulu, et comme la lime se meut absolument en ligne droite, on obtient une surface bien régulière sans angles arrondis. Comme l'indique la figure 435, l'opérateur n'a

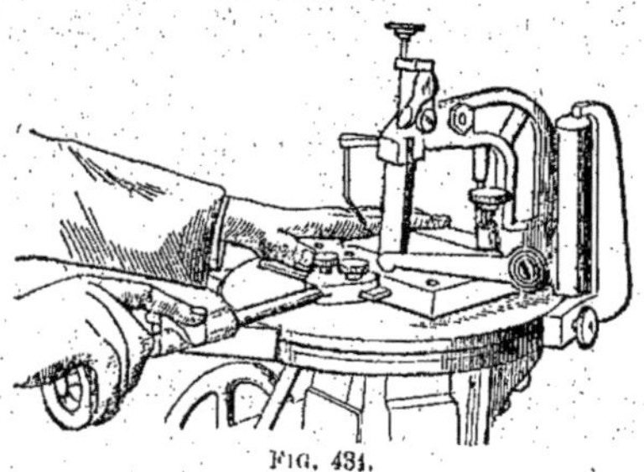

FIG. 434.

pas à s'occuper de ces détails et peut consacrer toute son attention à guider la pièce.

La machine exécute la partie pénible du travail, tandis que l'opérateur se trouvant dans une position confortable peut faire une plus grande quantité de travail plus soigné.

La figure 433 représente le sciage d'une matrice. Pour certaines matrices, les lignes sont droites ou à peu près, et on peut employer une lame de scie ordinaire de 152mm,3, 177mm,8, 203mm,2 (6, 7, 8 p.) en sciant tout près du traçage, donner le dégagement convenable en inclinant la table, et laisser très peu à enlever à la lime.

Pour les petits travaux, on peut employer une lame étroite, qui peut tourner dans de petites courbes ; par exemple une lame de 101mm,6 (4 p.) avec 4mm,76 (3/16 p.) largeur et une voie très prononcée.

La figure 434 représente la manière d'employer de grosses limes pour dégrossir. La lime est solidement serrée à chaque bout, la pièce est appuyée contre elle au moyen de la vis d'avance et guidée à la main.

Comme la lime se déplace rigoureusement en ligne droite, il n'y a pas à craindre d'obtenir des angles arrondis, et la matière peut être enlevée très rapidement.

La figure 435 représente la manière de travailler de petites pièces au moyen de petites limes. La lime est fixée dans le support inférieur seulement, le support supérieur est enlevé, ce qui permet d'enlever librement la pièce pour l'examiner sans déplacer la lime. Les supports de limes sont établis de manière à pouvoir recevoir toutes les limes depuis les plus petits modèles jusqu'à 12mm,7 (1/2 p.) d'épaisseur. Les scies se montent instantanément au moyen de

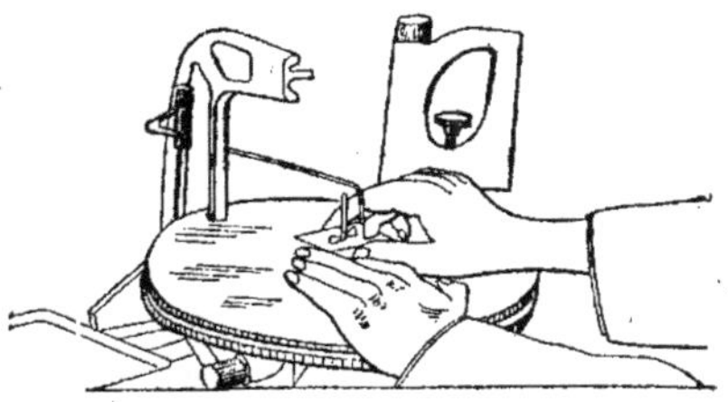

FIG. 435.

broches. La lime se trouve dégagée pendant sa course de retour, dans toute direction. Un dégagement est prévu pour la lime, et a pour effet de l'éloigner de la pièce pendant la course de retour. On peut faire couper la lime soit pendant qu'elle monte, soit pendant qu'elle descend en mettant le maneton sur l'une ou l'autre extrémité de la manivelle. L'importance du dégagement peut être réglée entre 0mm,793 et 0 (1/32 p. et 0) au moyen d'une vis à tête moletée, placée en avant du bâti.

En ce qui concerne la table d'inclinaison, des divisions graduées permettent de placer la machine sous une inclinaison quelconque avec la plus grande exactitude. Les limes doivent être parfaitement droites et unies. Avance : on a prévu une vis d'avance mue à la main, permettant d'avancer la pièce vers la lime dans une direction quelconque, sur la table.

On a prévu une bride réglable pour maintenir la pièce sur la table. Son emploi est spécialement avantageux pour scier et pour dégrossir.

Une pompe à air refoule la limaille, de sorte que la pièce et la lime sont toujours propres et que la lime coupe librement.

On a prévu quatre vitesses variant de 60 à 450 tours.

CHAPITRE XXIV

L'ART DE TRAVAILLER LES MÉTAUX AU MOYEN DES MATRICES ET DES PRESSES

Emploi des métaux en feuilles à la place d'autres matériaux. —
Les progrès marqués qui ont été réalisés dans l'art de travailler les
métaux en feuilles et dans l'emploi des presses mécaniques pour produire
à bon marché et avec précision des pièces en feuilles métalliques petites
ou grandes, unies ou ornementées, pendant ces dix dernières années, ont
permis d'employer les métaux en feuilles comme matières premières pour
construire beaucoup d'articles et d'appareils qui auparavant étaient pris
dans d'autres matériaux.

Les matrices utilisées dans les presses, — mécaniques, au pied, hydrauliques, ou à main — peuvent être employées pour fabriquer une variété
innombrable de pièces métalliques, depuis les petits boutons de pantalons
jusqu'aux grands fonds de chaudières. Non seulement on emploie ces
outils pour les opérations les plus simples de découpage de formes irrégulières à bon marché et avec précision, mais on les utilise aussi bien pour
cintrer, enrouler, tirer, emboutir et forger.

Comme un exemple de ce que l'on peut exécuter en ce qui concerne le
travail des métaux en feuilles au moyen des matrices, je puis indiquer que
dans le magasin d'exposition de la grande fabrique de presses et de matrices de la E.-W. Bliss Company N.-Y. on trouve des spécimens variés
depuis un corps de mandoline en aluminium, jusqu'à des fûts de grandeur
naturelle en feuilles embouties, et depuis des fonds de chaudières jusqu'à
des carrosseries d'automobiles en aluminium.

Pour comprendre et apprécier complètement la valeur de la presse
mécanique comme machine-outil, il est nécessaire de connaître pratiquement les méthodes et les procédés les plus employés pour produire économiquement des pièces et des articles en feuilles métalliques. Quoique le
nombre des ateliers où on travaille les feuilles métalliques soit grand, il y
en a beaucoup où on ne connaît pas les meilleurs procédés, ni la meilleure

construction des outils. Dans ces ateliers, l'impossibilité où on se trouve de produire rapidement et avec précision des articles nouveaux et de formes spéciales est due à ce que les dirigeants ne sont pas familiarisés avec la construction et l'emploi des outils appropriés.

Classe la plus simple des outils pour presses. — La classe la plus simple d'outils employés sur la presse mécanique comprend ceux utilisés pour les travaux ordinaires de pliage. Dans cette catégorie de poinçons et de matrices, il est nécessaire d'allier la simplicité à la durée et au bon marché. On doit apprécier l'habileté à imaginer des moyens simples et pratiques pour produire les pièces demandées avec le nombre minimum d'opérations et pour construire les outils de manière qu'ils puissent être montés et conduits par des manœuvres. Il est très souvent possible d'imaginer une matrice pouvant exécuter en une opération ce qui en exige couramment deux ou plusieurs ; naturellement la construction est alors plus compliquée et plus difficile et il faut plus d'habileté et d'intelligence pour employer cet outillage. Au contraire, il est souvent préférable d'augmenter le nombre des opérations, — en adoptant des méthodes simples, — pour les matrices destinées à de gros travaux. On doit dans chaque cas particulier étudier la nature du travail et tenir compte de la quantité de pièces à exécuter.

Matrices en série. — Pour produire de petites pièces en feuilles métalliques qui doivent être percées, pliées, formées ou estampées en un ou plusieurs points, les matrices doivent autant que possible appartenir au type en série. C'est-à-dire que ce sont des outils dans lesquels on place et fixe des séries de poinçons et de matrices de façon que le travail voulu sur la pièce brute soit exécuté par une opération. Ce n'est que par l'emploi de matrices de ce genre que l'on peut produire en grandes quantités et avec bénéfices de petites pièces en feuilles métalliques. On n'emploie que trop fréquemment des matrices plates du type dit simple, dont on doit employer trois ou plusieurs jeux, alors qu'on pourrait obtenir les mêmes résultats en une seule opération si on avait convenablement étudié des outils appropriés. Quand on doit produire en grandes quantités des articles en feuilles métalliques, la suppression d'une opération entraîne un grand bénéfice et si on peut en éviter deux, même en dépensant de l'argent et du temps, les résultats obtenus compensent largement ces frais.

Matrices à percer ou perforer. — La construction des poinçons et matrices pour percer ou perforer des feuilles métalliques est relativement simple, et ne conduit pas à des méthodes très compliquées. Leur construction est ordinairement analogue à celle des matrices dites série, et on les utilise pour des opérations concernant depuis les articles ornementaux en feuilles minces, jusqu'au poinçonnage des trous dans les poutres en acier et dans les tôles de chaudières. Les trous percés peuvent présenter des formes quelconques, et être répartis à volonté. Souvent on produit un certain nombre de petites pièces brutes à chaque course de presse au moyen des matrices de ce genre, une feuille métallique de la largeur convenable étant avancée automatiquement vers la matrice. Les feuilles perforées en différents métaux sont maintenant très demandées, et employées pour des usages si variés qu'il n'est pas possible de les énumérer.

Méthodes employées pour les pièces embouties. — Pour produire des pièces étirées ou embouties prises dans des feuilles métalliques, les matrices généralement employées appartiennent à quatre types distincts. La première méthode et la plus primitive consiste à poinçonner la pièce brute à la forme et grandeur demandées dans une matrice plate à découper, et à la refouler dans la matrice à emboutir, ou dans les matrices successives, selon le degré d'emboutissage. Cette manière de travailler est la plus économique pour un petit nombre de pièces. La seconde méthode consiste à employer des matrices composées et une presse à double action, dans laquelle le poinçon à découper descend et découpe la pièce, puis reste fixe pendant que la pièce est étirée et emboutie par le poinçon intérieur à emboutir. La troisième méthode consiste à employer un poinçon et une matrice du type combiné dans lequel le poinçon et les matrices d'emboutissage sont combinés et employés dans une presse à simple action. Cette méthode est de beaucoup la plus connue et la plus généralement employée et en même temps la plus pratique pour produire des pièces planes ou embouties de fantaisie, dont la hauteur n'excède pas 25^{mm},4 (1 pouce). L'étude et la méthode de construction des matrices du type combiné varient naturellement selon les conditions particulières à chaque cas; mais les principes fondamentaux utilisés sont toujours les mêmes, et peuvent être employés pour produire des pièces embouties de toutes les formes quelconques qu'il est possible d'exécuter en une seule opération au moyen d'une presse à simple action. La quatrième et dernière méthode consiste à employer les matrices à emboutir à triple action. Elles sont utilisées pour produire des pièces embouties qui doivent être découpées, étirées, repoussées, gravées et estampées en une seule opération. On les emploie sur les presses à triple action. Nous décrivons dans cet ouvrage tous les différents types de matrices employés pour produire des pièces en feuilles métalliques embouties, et nous indiquons d'une manière complète les meilleures méthodes de construction.

Profondeur à laquelle on peut emboutir dans des feuilles métalliques. — La profondeur à laquelle on peut emboutir dans des feuilles métalliques en une seule opération est ordinairement égale à environ la moitié du diamètre pour les petites pièces et un tiers pour les grandes pièces.

Quand on doit emboutir à une profondeur plus grande qu'il n'est possible en une seule opération, il est nécessaire d'exécuter le travail en deux ou plusieurs opérations ; on commence par produire une forme plus grande et moins profonde puis on amène ensuite à la grandeur et à la forme voulues.

Recuit et graissage en cours d'emboutissage. — Quand on emboutit à une grande profondeur, les bords deviennent irréguliers, et on doit rogner pour terminer chaque pièce. Il est également nécessaire pour ce genre de travail et pour les autres cas où le métal est durement travaillé de recuire le métal en cours d'opération. Mais le fer-blanc ne supporte pas le recuit. Aussi ces pièces sont-elles embouties et recuites avant étamage, ou bien si les pièces finies doivent présenter une certaine rigidité, on doit exécuter une opération d'emboutissage après recuit et étamage.

Quand on emboutit de l'acier clair, il est nécessaire de graisser à l'huile, et de l'appliquer en couches sur les feuilles avant de les travailler. Quand on travaille du fer-blanc, la couche d'étain et la mince couche d'huile laissée par l'étamage constituent ordinairement un lubrifiant suffisant. Mais pour emboutir de grandes pièces sur une presse à double action, on peut passer partout sur les bords des pièces une couche de paraffine.

Étirage et emboutissage des pièces décorées, en feuilles métalliques. — L'application de beaucoup la plus importante de l'emboutissage des feuilles métalliques a été pendant longtemps la fabrication des boîtes décorées en fer-blanc. Les considérations pratiques fondamentales que l'on doit avoir présentes à l'esprit quand on exécute ce genre de travaux sont les suivantes : faire trois calibres, un pour la matrice d'emboutissage, un autre pour le poinçon d'emboutissage, et un troisième pour les angles, afin de donner à ceux-ci le rayon convenable. On doit terminer la matrice d'emboutissage, la plaque à poinçonner, les deux côtés de l'anneau supportant la pièce, et l'intérieur de celui-ci, avant de commencer à tailler la matrice à découper au poinçon. Ensuite on procède aux essais d'emboutissage afin de déterminer la forme convenable pour le découpage. Quand on a trouvé exactement celui-ci, on termine le poinçon ou matrice découpeuse, puis l'extérieur de l'anneau supportant la pièce, et on ajuste le poinçon à découper. On découpe la base de la matrice une fois que celle-ci a été trempée, cette base devant naturellement être en acier doux. Pour les métaux décorés, on doit laisser un dégagement d'environ

0^{mm},1523 (0,006 p.) dans la matrice d'emboutissage ; c'est-à-dire que l'on usine celle-ci à 0^{mm},1523 (0,006 p.) et deux fois l'épaisseur du métal plus grande que le poinçon d'emboutissage. Au contraire, pour du fer-blanc uni, on donnera un dégagement d'environ 0^{mm},0889 (0,0035 p.) à la matrice d'emboutissage. En donnant ce dégagement, il ne sera pas nécessaire de donner du jeu à la lime, au grattoir, ou à la meule, et les dessins sur le métal ne seront pas endommagés. On arrondira soigneusement les angles de la matrice à emboutir. Si l'emboutissage n'est pas profond, 0^{mm},793 (1/32 p.) sera suffisant ; si au contraire il est profond, on augmentera proportionnellement. On aura soin d'arrondir tous les angles du poinçon d'emboutissage selon le même rayon de même que ceux de la matrice (plus deux épaisseurs de métal et le dégagement) et on grattera avec soin. En observant soigneusement les remarques que nous venons d'indiquer, on ne rencontrera aucune difficulté dans la construction des matrices de ce genre ou d'un autre quelconque.

La détermination de la forme convenable pour le découpage de pièces à emboutir est ordinairement une question difficile. Cependant la manière de déterminer la grandeur approchée du découpage pour une pièce cylindrique droite est la suivante : on prend le diamètre extérieur du cylindre à emboutir, et on y ajoute la longueur ou profondeur d'emboutissage. Puis on augmente de 0^{mm},793 (1/32 p.) pour chaque fraction de 19^{mm},04 (3/4 p.) sur la profondeur, et le résultat final donne à très peu près la dimension exacte de la pièce découpée nécessaire. Pour des emboutissages profonds, cette règle permet d'obtenir une pièce découpée qui, une fois emboutie, laisse assez pour rogner les bords. Pour les faibles profondeurs, qui s'étirent parfaitement droites à partir du sommet, une petite réduction de dimension sera nécessaire. La quantité à déduire sera trouvée en exécutant la première pièce d'essai.

Il existe un certain nombre de règles pour la détermination des largeurs de découpage, dans lesquelles le principe de la détermination du diamètre est que la surface d'une pièce emboutie est égale à celle de la pièce plate d'où on l'a tirée. Mais il n'en est pas toujours ainsi, parce que les métaux se contractent et s'étirent irrégulièrement sous l'action de l'emboutissage, et les règles n'ont de valeur que sur le papier. Pour construire une matrice d'emboutissage dans le temps le plus court possible, on figurera la dimension approchée de la pièce plate comme nous venons de l'indiquer. On coupera et limera un calibre selon le profil obtenu. On exécutera les parties saillantes de la matrice, puis on fera les essais d'emboutissage ; ceux-ci révèlent les défauts et les excès de métal. On fera alors un nouveau calibre, qui sera à peu près parfait, on l'emboutira et s'il va bien on achèvera les parties tranchantes de la matrice.

CHAPITRE XXV

LA FABRICATION ET L'EMPLOI DES POINÇONS ET MATRICES POUR LE TRAVAIL DES MÉTAUX EN FEUILLES

Après avoir présenté dans le chapitre précédent les principes fondamentaux et les indications pratiques qui sont nécessaires à l'outilleur pour construire et employer avec succès les matrices, je vais consacrer ce chapitre à la description et à la présentation des différents types de matrices employés généralement. Nous avons choisi les types qui représentent les manières de travailler les plus perfectionnées dans les meilleurs ateliers, et qui peuvent être adoptées avec de légères modifications pour les matrices servant à fabriquer des pièces en feuilles métalliques et des articles variés en nombre infini.

Le nombre des matrices représentées dans ce chapitre et dans le suivant est suffisamment élevé, et leur variété assez grande pour permettre au lecteur de comprendre tous les types. Dans les descriptions où il a paru bon de décrire les moyens et les procédés employés pour la construction, nous les avons indiqués. C'est d'ailleurs la méthode qui a été suivie dans tout ce livre ; j'estime en effet qu'il n'est pas suffisant de représenter l'outil ; le mécanicien a intérêt à connaître la manière de le construire et comment on peut s'en servir pour atteindre les résultats voulus.

Construction et emploi des matrices simples. — Je vais d'abord présenter et décrire un certain nombre de matrices inestimables pour l'emploi dans les ateliers moyens et spécialement pour les ateliers d'outillage. Les matrices représentées sont les plus simples et les moins coûteuses parmi celles qui conviennent pour ce genre de travaux. La figure 436 représente une matrice bien connue des spécialistes et considérée comme remarquable. Elle est destinée au découpage d'un petit nombre de pièces dont la figure X donne un exemple.

La matrice A comprend un bout d'acier à outils plat de $7^{mm},93$ (5/16 p.), raboté et ajusté sur le support, et découpé selon la forme de la pièce à exécuter en B, B. Pour la matrice de ce genre, quand on n'a qu'un petit nombre de pièces à découper, le dégagement ou forme conique de la matrice à partir de l'angle tranchant est considérable, et plus on donne de dégagement, moins il faut de travail et d'habileté pour usiner celle-ci, en laissant la pièce découpée s'ajuster sur le tranchant. Cette matrice est trempée et recuite. Pour le poinçon, on prend un support en fonte C, que l'on tourne, usine, et dresse bien plan et régulier sur la face antérieure. Le poinçon D se compose simplement d'un bout d'acier à outils plat de 6^mm,34 (1/4 p.) découpé selon la matrice et qu'on laisse doux. On le brase à la brasure forte sur la face du support C. Cette matrice convient parfaitement pour découper des feuilles métalliques minces jusqu'au nombre de

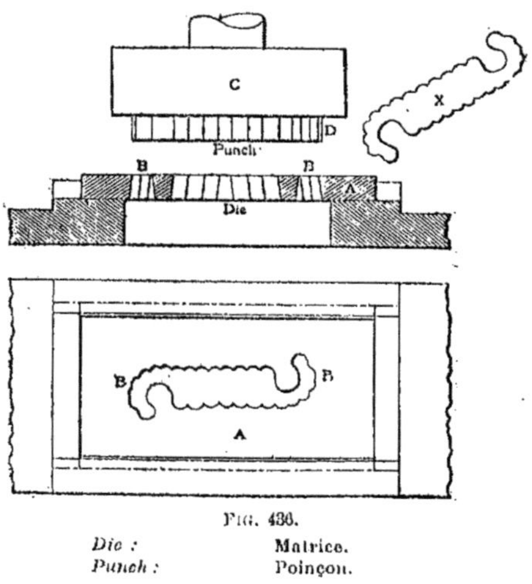

FIG. 436.

Die :   Matrice.
Punch :   Poinçon.

10.000 pièces. Quoique certains mécaniciens puissent dire que ce n'est là qu'un travail incomplet, les résultats seront suffisants pour ce que l'on demande. Ce genre de matrice est employé universellement dans la plupart des fabriques d'articles de fantaisie en feuilles métalliques, parce que le nombre de formes différentes et les faibles quantités de pièces nécessaires obligent à supprimer toutes les dépenses inutiles.

La matrice représentée par la figure 437 est une matrice à découper ou finir pour grosses pièces, et est employée pour usiner des pièces comme on le fait souvent sur la fraiseuse ou sur la machine à rectifier. Comme on le voit, la pièce Z est une petite poignée découpée dans de l'acier doux de 5^mm,55 (7/32 p.). Quand on découpe de grosses pièces, le poinçon est toujours ajusté très libre sur la matrice, et la pièce découpée est généralement concave sur les bords, elle paraît déchirée comme si on l'avait arrachée dans la feuille. Pour remédier à ces défauts et enlever ces marques, la pièce est ensuite découpée par la matrice à finir (*fig.* 437) ; en découpant un copeau de matière tout autour, la pièce reste unie, et paraît avoir été fraisée. Quand on construit des matrices de ce genre, on prend une des pièces qui ont été découpées, on la lime et on la finit partout sur les bords, en enlevant environ $0^{mm},0762$ (0,003 p.) de matière tout autour. On emploie alors cette pièce comme calibre pour la matrice de finition, en la plaçant au dos de celle-ci et en limant la matrice en ligne droite, avec le minimum de dégagement, et on est ainsi sûr que la pièce découpée s'ajuste bien sur le tranchant. On usine ensuite l'intérieur de la matrice, on la polit

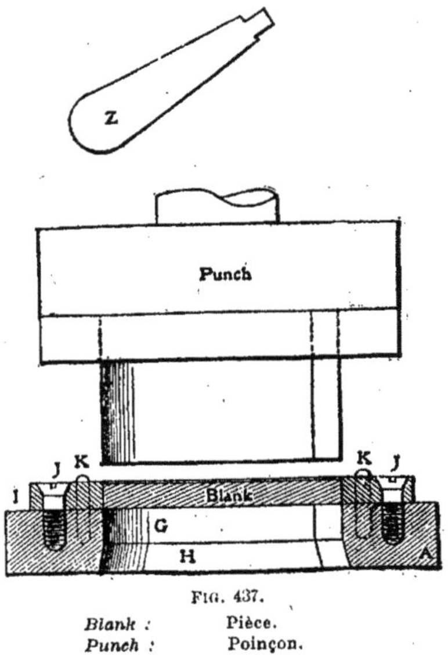

FIG. 437.

Blank :   Pièce.
Punch :   Poinçon.

aussi bien que possible en G, puis on la lime en cône en descendant à partir de H. I est la plaque calibre que l'on taille et usine de manière que la pièce brute s'y ajuste bien. Cette plaque est fixée sur la face de la matrice au moyen de la vis J et des goujons K de manière que la pièce découpée repose sur la face de la matrice I en laissant tout autour une marge régu-lière pour permettre de rogner. On doit prendre soin de bien ajuster cette plaque calibre à sa position convenable et la petite quantité de matière à rogner ne laissera pas beaucoup de perte. La matrice est trempée puis recuite à une légère teinte paille, on rectifie et passe la face à la pierre à l'huile, de façon à ce qu'elle soit aussi tranchante que possible. Le poin-

çon est construit à la manière ordinaire, et fixé dans le coussinet comme il
est indiqué. Le poinçon est découpé à la demande de la matrice, on lui
donne un peu de jeu dedans, après quoi on le polit bien et on le termine en
le laissant doux. Pour l'emploi, on place la pièce découpée Z dans la plaque
calibre I, puis on descend le poinçon qui découpe dans la matrice en G en
rognant et finissant la pièce tout autour, et si la matrice a été bien polie,
on obtient un travail aussi bien fait que s'il avait été exécuté sur la fraise
avec des frais beaucoup plus élevés. On peut faire ainsi à bas prix un
grand nombre de petites pièces diverses telles que celles fabriquées dans
les ateliers moyens, quand leur nombre le permet.

Quand on veut que la pièce soit particulièrement bien polie, on force la
pièce découpée dans une seconde matrice, qui est à peu près la même que
celle représentée sur la figure 437, sauf qu'elle est légèrement conique à
partir du tranchant, et se trouve ainsi plus petite d'environ 0^{mm},0508

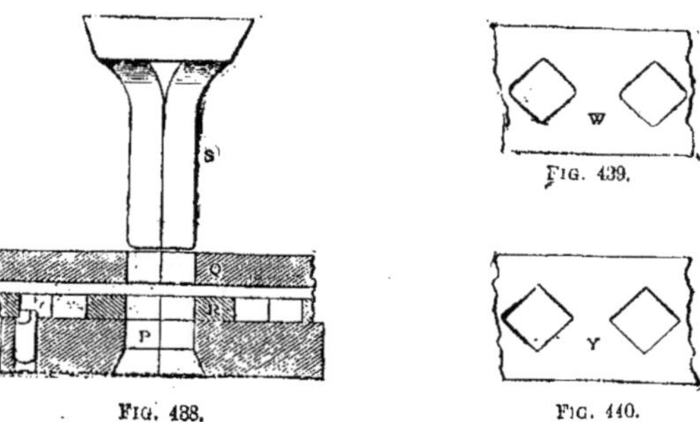

Fig. 438.   Fig. 440.

Fig. 439.

(0,002 p.) du côté opposé à celui-ci. Cette matrice est ajustée et polie avec
soin et doit être laissée très dure. Par suite de l'entrée à force dans la
matrice, le métal qui entoure les bords est légèrement comprimé et poli
par le frottement. J'ai vu des pièces découpées traitées de cette manière
qui paraissaient absolument avoir été polies et passées au buffle. Ce genre
de matrice est appelé matrice à brunir et est excellent pour travailler rapidement et économiquement.

Le poinçon et la matrice représentés par la figure 438, quoique d'une
disposition très simple, constituent un outil puissant pour exécuter par
des moyens économiques des travaux entraînant généralement de
grandes dépenses de temps et d'argent. La matrice sert à finir des trous
carrés, après la première opération, et y donne l'aspect du travail achevé.
Ce travail pourrait d'ailleurs être exécuté à la broche, mais le poinçonnage
constitue la meilleure méthode. Une fois que les trous ont été découpés,
ils présentent des déchirures et des inégalités sur les bords. On les laisse
également plus faibles d'environ 0^{mm},0762 (0,003 p.).

On exécute d'abord sur la fraiseuse le poinçon S selon un carré parfait de la dimension nécessaire, c'est-à-dire 0^{mm},0762 (0,003 p.) plus grand que le trou découpé. Après polissage, on met la face bien d'équerre, et on laisse les arêtes tranchantes. Le poinçon est alors trempé et légèrement recuit. On prépare alors la matrice P que l'on usine jusqu'à ce que la pointe du poinçon puisse entrer, puis en s'en servant comme d'une broche, on l'entre à force dans la matrice et on le fait passer au travers de celle-ci qui se trouve avoir ainsi la forme exacte du poinçon. On donne alors à la matrice une forme conique en arrière, en la laissant droite jusqu'à environ 3^{mm},96 (5/32 p.) de la face, comme il est indiqué en P. Après avoir fait les trous pour les goujons et les vis de démontage, la matrice est polie, trempée, et légèrement recuite. Les arêtes de l'extrémité du poinçon S sont meulées et arrondies, de manière à pénétrer aisément dans le trou de la pièce. L'outil d'arrachage Q se compose d'un bout d'acier plat de 6^{mm},34 (1/4 p.) avec une rainure fraisée en travers du centre, avec une profondeur et une largeur suffisantes pour permettre à la pièce d'acier que l'on poinçonne de passer en dessous librement sans jeu latéral. Une petite tige faisant saillie sur la face de la matrice P, du côté gauche, forme calibre pour placer exactement les trous par rapport à la matrice. Le poinçon et la matrice étant montés, l'outil à arracher est placé dans le calibre ou plaque d'arrachage Q avec le premier trou sous le poinçon. Celui-ci en descendant et en pénétrant dans le trou comprime graduellement le métal, et laisse un trou carré bien travaillé sur toutes les faces. Le poinçon figuré doit pénétrer dans la pièce sur 25^{mm},4 (1 p.) de sa longueur. Ce genre de matrice peut être employé pour travailler une grande variété de trous de formes différentes dans de gros fers ou dans de l'acier doux quand il faut que ces trous aient tous la même forme et la même grandeur. On obtient un fini impossible à produire par d'autres moyens.

Découpage d'engrenages d'horlogerie en laiton ; appareils à arracher mobiles. — La roue dentée représentée par la figure 441 est exécutée finie dans une feuille de laiton de 3^{mm},17 (1/8 p.) d'épaisseur. Des trous doivent être poinçonnés en A, B et C, on doit découper les cinq secteurs D, poinçonner le trou central, et tailler les dents. La denture doit être parfaitement centrée par rapport au trou du milieu et bien équilibrée.

La figure 442 représente une coupe transversale du poinçon et de la matrice avec un plan de la matrice (*fig.* 443). L'exécution de la roue dentée comprend trois opérations successives. Pendant la première course, les trous A, B, C et le grand trou central sont percés dans les matrices ; à la seconde course, on découpe les secteurs D et à la troisième on découpe la denture. On emploie des bagues trempées et rectifiées pour les matrices H, D et M afin de permettre de réparer facilement.

C'est dans la matrice XX que l'on rencontre des dispositions très spéciales. Cette matrice employée pour découper les secteurs D est faite en

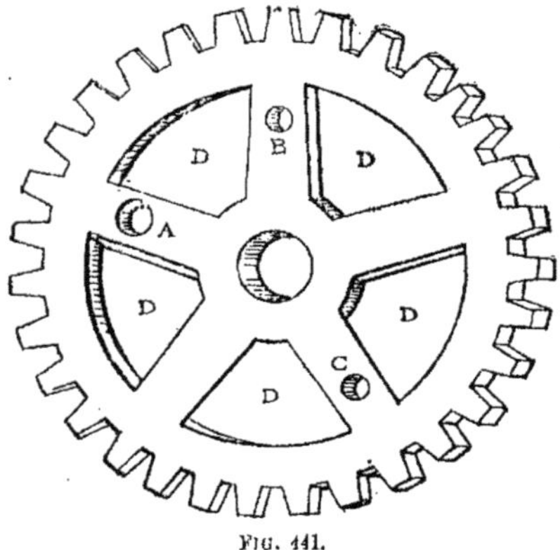

FIG. 441.

deux parties, quoique cela ne paraisse pas nécessaire à tout le monde. Cependant le genre de travail à exécuter au moyen de cette matrice est

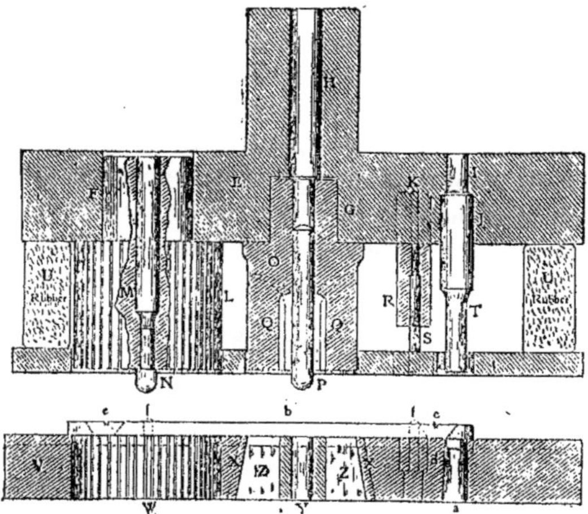

FIG. 442.

Rubber : Caoutchouc.

tel qu'il serait impossible d'obtenir des résultats satisfaisants avec une matrice massive.

L'araignée employée dans cette matrice est représentée, placée et fixée en position sur la figure 443 et en détail sur la figure 444. Comme on le

voit, il y'a cinq bras Z et un trou en Y. L'extérieur des ailes est tourné
conique, la grande dimension étant en arrière, et la petite sur la face coupante. On laisse l'araignée un peu plus grande partout, on la trempe et on
la recuit jusqu'à une couleur paille légère. Ensuite elle est mandrinée et on
ajuste le trou Q à la grandeur du trou dans la roue dentée, après quoi on

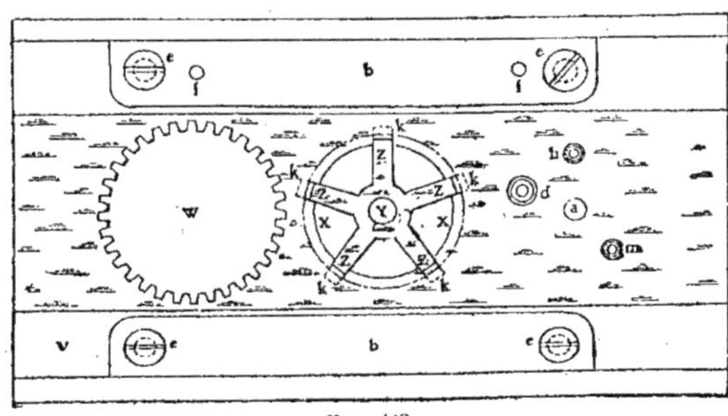

Fig. 443.

entre l'araignée à force sur un mandrin, et on la rectifie partout à grandeur, de façon à obtenir une pièce bien propre. La partie XX de la
plaque de la matrice est alésée conique, et on taille dans ses parois cinq
rainures étroites K comme repères d'appui pour les branches Z de
l'araignée.

La matrice à découper W qui sert à tailler les dents et à finir la pièce
est usinée selon une méthode inverse de celle ordinairement suivie. C'est-

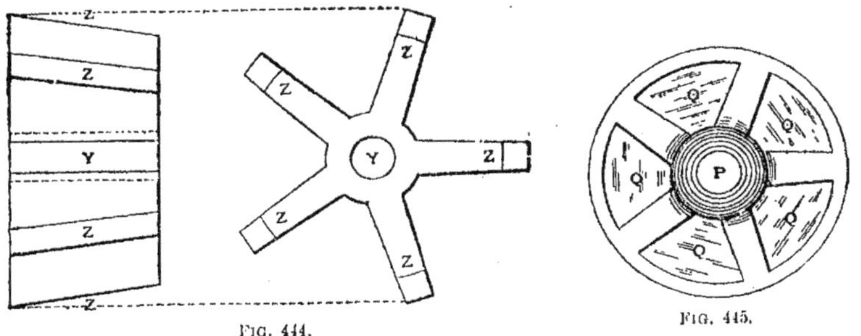

Fig. 444.

Fig. 445.

à-dire qu'au lieu de découper le poinçon à la demande de la matrice, c'est
celle-ci qui est taillée par le poinçon employé comme broche. Comme on le
voit sur la figure 442, ce poinçon est muni d'une tige F s'ajustant dans un
trou du support E et est percé en travers d'un trou pour la tige pilote N.
Les dents du poinçon sont fraisées et usinées de la même manière qu'une
roue dentée, avec la plus grande précision possible. Le poinçon est trempé

et légèrement recuit, après quoi on rectifie la face et on la passe à la pierre à l'huile. Pour usiner la matrice W, on se sert du poinçon comme d'une broche. La plaque matrice V est trempée et rectifiée. Puis on recuit le poinçon L et on le fait passer au travers de la matrice. On obtient ainsi un ajustage parfait. Le poinçon est laissé doux.

Le poinçon I servant à percer le centre est d'une seule pièce, et placé sur un siège contrepercé J dans le support. Les trois autres poinçons servant à percer les trous A, B, C (*fig.* 441) sont formés de tiges de mèches, et sont placés dans de solides supports supplémentaires, comme il est indiqué en R, S et K.

Le ou les poinçons servant à tailler les secteurs D sur la figure 441 est indiqué en Q, Q (*fig.* 442), et la figure 443 en donne une vue de face ou en plan. P est la tige pilote. Les poinçons Q font partie de la pièce massive O et ne sont pas trempés. S'ils l'étaient, la distorsion qui se produit empêcherait de pouvoir les ajuster dans la matrice X et l'araignée Z. Au contraire, en découpant les secteurs Q dans la matrice, et en les laissant doux, on n'éprouve pas de difficulté à obtenir partout un bon ajustage.

La seule pièce qui demande encore une description est l'outil à arracher, dont la construction est très spéciale. Comme l'indique la figure 442, il est placé sur le poinçon ou pièce mâle. Il comprend une plaque plane en acier doux T bien ajustée tout autour sur les poinçons, deux blocs de caoutchouc dur U, U, un placé entre la plaque d'arrachage et la face du porte-poinçon à chaque bout, et quatre tiges de construction spéciale non figurées. Une de ces tiges est placée à chacun des angles, avec la tête placée dans les trous contre-alésés sur la face postérieure du support, et les bouts vissés dans la plaque d'arrachage. Aucun autre ressort n'est nécessaire, car les blocs de caoutchouc remplissent absolument le but.

Appareils d'arrachage élastiques. — Quoiqu'un grand nombre de constructeurs de matrices pensent que les appareils d'arrachage élastiques placés sur le poinçon ne doivent pas être employés là où il est possible de placer un appareil d'arrachage fixe sur la matrice, il existe cependant un nombre très varié de travaux pour lesquels on doit employer un appareil d'arrachage mobile si on veut obtenir des résultats précis.

C'est un fait bien connu que les matrices à poinçonner ou perforer qui possèdent des appareils d'arrachage fixes produisent une déformation des plaques et autres articles poinçonnés, et que cette déformation est souvent assez grande pour nécessiter un redressage ultérieur. Aussi, quand on fabrique des pièces précises telles que celles pour horlogerie, instruments électriques, etc., au moyen de matrices successives, la déformation du métal au cours de son usinage par les différents poinçons empêche d'ob-

tenir un travail satisfaisant quand on emploie des appareils d'arrachage
fixes. D'autre part, quand on emploie des appareils d'arrachage mobiles
(d'un type quelconque, et non pas seulement du modèle que nous indiquons), il reste un espace libre entre les poinçons et les matrices, ce qui
permet à l'observateur de manœuvrer et observer sa pièce avec rapidité et

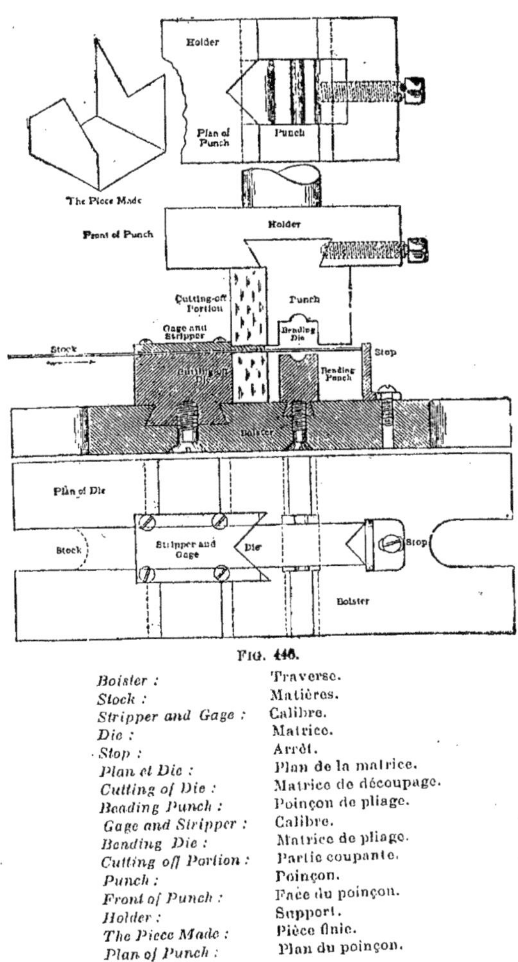

FIG. 446.

Bolster :	Traverse.
Stock :	Matières.
Stripper and Gage :	Calibre.
Die :	Matrice.
Stop :	Arrêt.
Plan of Die :	Plan de la matrice.
Cutting of Die :	Matrice de découpage.
Bending Punch :	Poinçon de pliage.
Gage and Stripper :	Calibre.
Bending Die :	Matrice de pliage.
Cutting off Portion :	Partie coupante.
Punch :	Poinçon.
Front of Punch :	Face du poinçon.
Holder :	Support.
The Piece Made :	Pièce finie.
Plan of Punch :	Plan du poinçon.

précision. L'appareil d'arrachage commence par descendre, redressant et
serrant la pièce avant la pénétration du poinçon, tandis que les tiges

pilotes repèrent exactement les différentes opérations. Le métal est tenu sous pression pendant le poinçonnage et l'arrachage, aussi avec ce système la pièce est parfaitement droite et exacte. Quand on a besoin d'un certain nombre de petits poinçons à perforer, on peut, si on emploie un appareil d'arrachage mobile, faire ceux-ci beaucoup plus courts qu'avec un appareil d'arrachage fixe. En même temps, on peut poinçonner un trou plus petit, proportionné à l'épaisseur de la matière, parce qu'avec l'appareil d'arrachage mobile, les poinçons sont tenus tout près du point où ils pénètrent dans la pièce, s'ils sont bien ajustés.

Poinçon et matrice pour finir les bouts, découper et plier des feuilles métalliques au moyen d'un appareil d'arrachage sans perte. — Sur la figure 446, en haut et à gauche, on a représenté, agrandie dans une certaine mesure, la pièce exécutée par le poinçon et la matrice des figures 446 et 447. Ces articles sont fabriqués par millions et sont employés comme liens de protection pour les boîtes et les caisses afin d'éviter les vols auxquels celles-ci sont exposées pendant les transits. Ces pièces sont faites en une seule opération, sans perte, dans une lame de largeur convenable, laminée à froid, de 0mm,79 (1/32 p.) d'épaisseur. On aura une idée du rendement de cette matrice si nous indiquons qu'elle permet de produire 215.000 pièces sans affûtage.

La figure 446 est un plan du poinçon, une vue latérale du poinçon et de la matrice, et un plan de la matrice sans appareil d'arrachage.

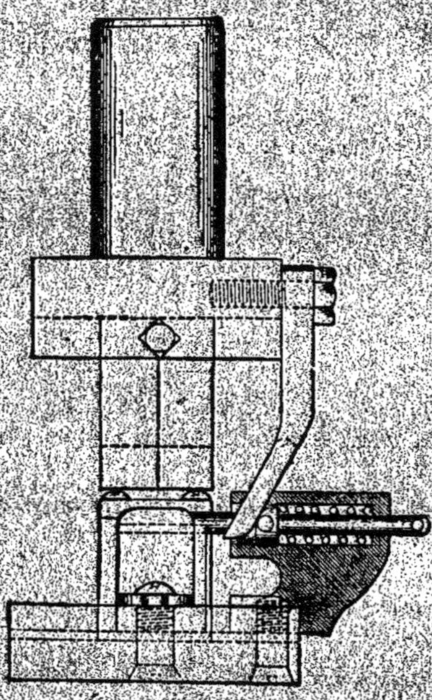

Fig. 447.

La figure 447 est une vue en bout des outils, avec l'appareil d'arrachage et la fourchette inclinée pour le maintenir en position. Le poinçon comprend le support habituel en fonte et le poinçon proprement dit en acier à outils. Celui-ci est usiné à un bout de manière à agir comme poinçon de découpage et comme poinçon de finissage en bout, et au centre comme matrice de pliage, la rainure demi-circulaire du sommet étant ménagée pour le dégagement de la tige de l'arracheur (voir *fig.* 447). Le poinçon est trempé et recuit au jaune sombre.

La matrice comprend un support plat en fonte dans lequel la matrice de découpage, celle de finissage des bouts, et le poinçon de pliage sont placés dans des rainures à queue d'aronde, et fixés par des vis à tête plate, placées dans le fond du support. La plaque d'arrêt réglable est également fixée au support. L'arracheur et le calibre combinés comprennent une pièce de $6^{mm},34$ (1/4 p.) avec une rainure taillée sur un côté à une largeur suffisante pour permettre à la pièce d'y passer aisément mais sans jeu latéral. Elle est fixée sur la face de la matrice de découpage par quatre vis à tête ronde, comme il est indiqué sur le plan et comme on le voit sur la coupe de la matrice, de manière à se raccorder avec l'autre moitié dans la partie du poinçon de découpage qui forme matrice de pliage. La matrice de découpage et le poinçon de pliage sont trempés et recuits au jaune paille léger après quoi on donne un peu de jeu aux côtés du poinçon de pliage vers le fond, de sorte que le métal au moment du pliage s'applique dessus plutôt que sur la partie du poinçon de découpage qui sert au pliage.

Les appareils d'arrachage, représentés par la figure 447, comprennent les pièces suivantes : l'arracheur proprement dit est une tige ronde fixée dans une petite pièce moulée placée dans la rainure à queue d'aronde servant pour le poinçon de pliage dans le support. Cette tige porte une broche en travers de son extrémité postérieure, pour l'empêcher de se déplacer trop loin, quand le poinçon remonte, sous l'action du ressort placé en arrière. Une broche plus forte est placée dans la partie élargie au collet de la tige de manière que la fourchette inclinée, fixée à l'arrière du support du poinçon, puisse en descendant ramener en arrière la tige d'arrachage et l'éloigner de la face du poinçon de pliage.

Quand la matrice est en service, une bande de métal est placée sous la plaque calibre, et peut faire saillie à une faible distance au delà de la matrice de découpage. La presse est mise en marche, l'extrémité de la pièce est rognée et travaillée selon la forme représentée sur le plan de la matrice. La pièce est ensuite avancée contre l'arrêt et à mesure que le poinçon descend, la pièce est découpée et pliée sur le poinçon de pliage, le poinçon de découpage descendant d'environ $9^{mm},52$ (3/8 p.) au-dessous du tranchant de la matrice. Quand le poinçon remonte, la fourchette inclinée abandonne la tige d'arrachage qui se déplace vers l'extérieur et repousse la pièce finie hors du poinçon de pliage, dans une boîte placée à l'avant de la presse. Les pièces sont ainsi exécutées sans perte et aussi rapidement que la matière est fournie. Au commencement on employait dans la matrice une série de bouts de métal coupés, mais après quelque temps, on a employé des rouleaux de 60mm,9 (200 pieds) chacun et de la largeur convenable. Ils sont placés sur un dévidoir à la gauche de la presse, et la matière avance automatiquement entre des galets redresseurs.

Deux matrices pour faire des coins de boîtes, en métal. — La pièce représentée par la figure 448 est un coin de malle en feuille métallique. Ces coins sont préparés plats et doivent être pliés à angle droit une fois qu'un bout a été cloué sur la malle. Les rainures sur les côtés servent de guides pour clouer le coin dans la position convenable, et facilitent également le pliage. Le coin est fait de telle façon que les arêtes se plient bien le long du bois quand on le cloue de manière à obtenir un coin bien rigide.

Deux opérations sont nécessaires. La première consiste à faire les rainures et découper les pièces ; elle est exécutée au moyen du poinçon et de la matrice représentés sur la figure 449, qui est une coupe du poinçon et de la matrice et un plan de cette dernière. Il y a trois poinçons fixés dans un

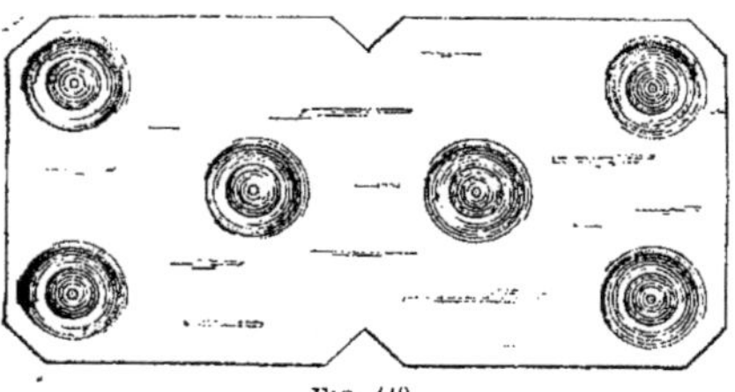

Fig. 448.

support en acier, lequel est à son tour serré sur la face du grand support par six vis à têtes plates. Le poinçon qui fait la rainure en bout et qui découpe est à droite ; il est environ 2mm,38 (3/32 p.) plus court que le poinçon à faire la rainure centrale, qui est à gauche. Ceci a pour but de faire la rainure du centre avant découpage de la pièce.

La matrice est construite à la manière ordinaire, avec deux courtes plaques calibres au bout de droite, et avec l'arracheur traversant toute la face de la matrice. Quand la pièce est découpée, elle s'enfonce en arrière, à mesure que la presse s'incline, et il n'y a pas de plaque calibre pour l'en empêcher.

Pour l'opération de finissage, comprenant l'emboutissage, la formation des six saillies et leur perforation au centre, on emploie le poinçon et la matrice de la figure 450. Le poinçon est dans une rainure à queue d'aronde dans le support et fixé au support principal par deux vis plates passées dans le fond. Les matrices proprement dites sont six bagues en acier à outils, usinées sur la face avec un outil de forme au profil convenable, et en laissant un petit trou au centre. Elles sont trempées et entrées à force dans des trous de la plaque. La plaque à matrices a ses bords obliques de manière à se raccorder au poinçon en F, F. La plaque matrice est laissée douce et le poinçon est trempé. Les sections composant le poinçon d'emboutissage sont en E, E, E, E ; elles sont usinées comme il est indiqué sur

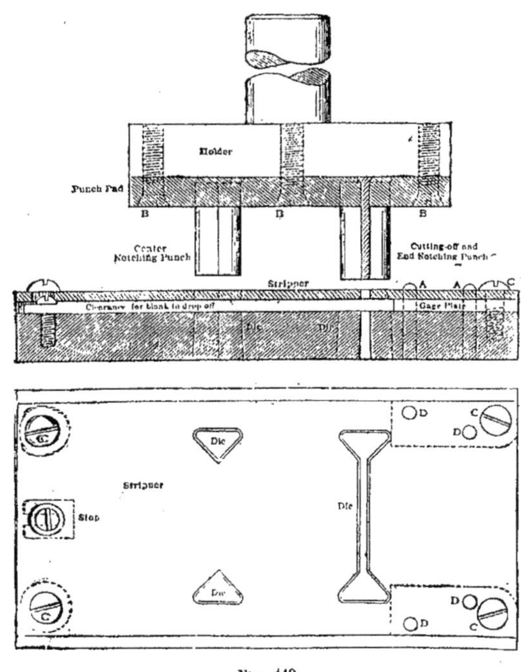

Fig. 449.

Stop :	Arrêt.
Stripper :	Arracheur.
Die :	Matrice.
Clearance for blank to drop off :	Dégagement pour passer la feuille.
Gage Plate :	Plaque calibre.
Center Notching Punch :	Poinçon à entailler le centre.
Cutting off and End Notching Punch :	Poinçon à découper et entailler le bout.
Punch Pad :	Coussinet du poinçon.
Holder :	Support.

la face du poinçon. Les calibres servant à placer la pièce sur la matrice sont au nombre de trois, disposés comme il est indiqué en G, G, G. La presse sur laquelle on emploie ces outils est inclinée et on place la pièce sur la matrice avec deux côtés contre les calibres G, G, G. Quand le poinçon est descendu puis remonté, la pièce finie reste fixée contre la matrice ; elle en est arrachée par l'opérateur qui fait passer une fourchette mince dessous et en avant.

Les deux matrices que nous venons de décrire sont employées dans un

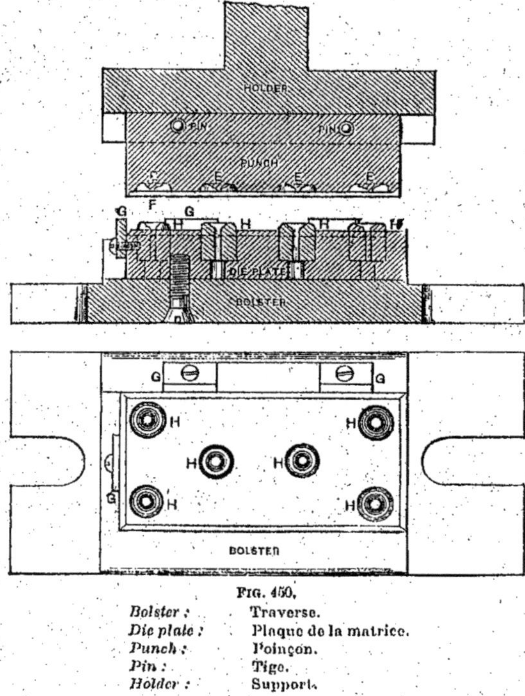

FIG. 450.

Bolster :	Traverse.
Die plate :	Plaque de la matrice.
Punch :	Poinçon.
Pin :	Tige.
Holder :	Support.

atelier de travail des métaux en feuilles où il est nécessaire de produire rapidement et économiquement pour pouvoir réaliser des bénéfices.

Matrice à percer et déployer des bandes pour caisses. — La figure 451 représente la forme d'une portion de bande en feuille métallique

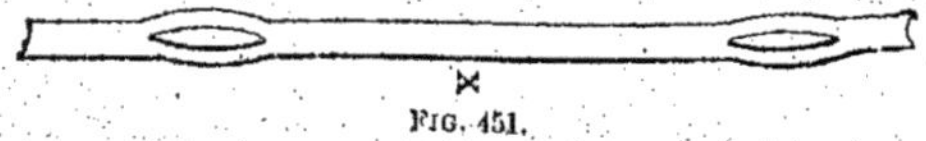

FIG. 451.

employée pour garnir les angles des caisses en bois. Ces bandes sont fabriquées en bobines de 1.523 à 1.828 mètres (5.000 à 6.000 pieds) avec des rainures poinçonnées de 63mm,5 (2 1/2 p.) de distance en distance sur

toute leur longueur. Ces rainures sont d'abord poinçonnées puis déployées
de manière à produire des ouvertures assez larges pour recevoir les clous
et éviter que ces bandes aient tendance à casser aux œils quand on enfonce
les clous dans le bois. La bande métallique employée a 4^{mm},76 (3/16 p.) de
largeur et 0^{mm},81 (0,032 p.) d'épaisseur.

Le poinçon et la matrice utilisés pour fabriquer ces bandes sont représentés par les figures 452-453, avec une vue en plan du poinçon au-dessus
(*fig.* 452). Ces outils montrent combien les poinçons employés sont fra-

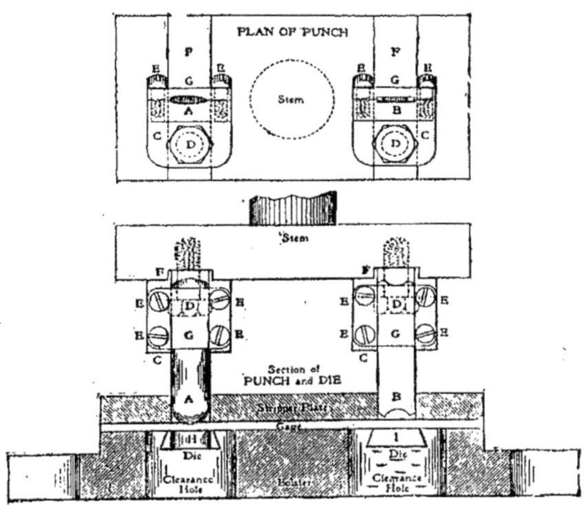

FIG. 452.

Clearance Holes :	Trou de dégagement.
Die :	Matrice.
Boister :	Traverse.
Cage :	Calibre.
Stripper Plate :	Plaque d'arrachage.
Section of punch and Die :	Coupe du poinçon et de la matrice.
Stem :	Tige.
Plan of Punch :	Plan du poinçon.

giles. Cette matrice peut travailler 9.143 mètres (30.000 pieds) de bande
par jour, avancée automatiquement.

Le poinçon comprend une tige en fonte ; les deux porte-poinçons C, C en
acier ; les plaques G, G servant à serrer ceux-ci, le poinçon de perçage B et
le poinçon à déployer A ; huit vis pour fixer les plaques de serrage et deux
vis à tête pour fixer les supports sur la tige. Les porte-poinçons sont placés
dans des rainures carrées F, F fraisées dans la face de la tige, et sont fixés
en position par les vis D. Les poinçons ont une section uniforme et deux
bouts ; ils reposent sur des sièges dans les supports et plaques de serrage.
Les faces sont entaillées de manière que deux pointes pénètrent d'abord

dans la matière et que les trous soient ensuite percés progressivement. Le poinçon à déployer A a une forme conique et une face arrondie, de manière à écarter progressivement la matière. Ces poinçons sont trempés à l'huile entre des plaques plates, et recuits au bleu. Ils durent très longtemps, car on peut les utiliser à chaque bout, et les meuler jusqu'à ce qu'il ne reste qu'une partie courte dans le support. En découpant les faces coupantes du poinçon de perçage, la pièce de serrage G les maintient solidement. On est surpris de la facilité avec laquelle on perce la matière.

La disposition de la matrice est nouvelle et après plusieurs expériences, elle a été trouvée la meilleure. Elle comprend la traverse en fonte, habituelle, avec deux rainures à queue d'aronde dans la face pour recevoir les matrices H, H et I, I, les vis servant à les placer, régler et fixer, l'arra-

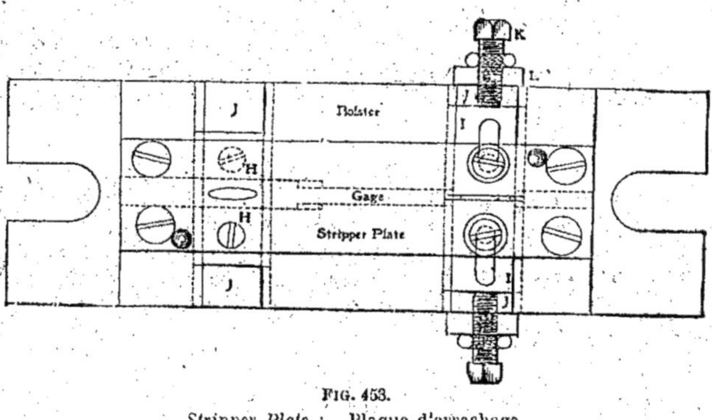

FIG. 453.

Stripper Plate : Plaque d'arrachage.
Gage : Calibre.
Bolster : Traverse.

cheur et les calibres qui sont combinés sur une même plaque, ainsi que les vis et goujons qui servent à les placer et fixer sur la face de la traverse.

Les matrices de perçage entrent à force dans la rainure à queue d'aronde à droite. Elles ont des rainures formant dégagement pour les vis de fixation et permettant un réglage. Des pièces en acier plat de 7^{mm},93 (5/16 p.) à chaque bout des rainures servent de supports pour les vis de fixation et de réglage K, K. Cette manière de construire les matrices de perçage permet d'affûter très facilement leurs faces quand elles sont émoussées, et leur assure une longue durée. La matrice à déployer est d'une seule pièce, fixée et placée dans la rainure J par les deux vis à têtes plates. Au sens propre du mot, ce n'est pas une matrice, mais plutôt un support pour le poinçon à déployer A. L'arracheur et les calibres, formant une seule pièce, sont pris dans un bout d'acier de 15^{mm},87 (5/8 p.) d'épaisseur, avec une rainure étroite fraisée le long d'un côté formant calibre pour la pièce, et élargi à l'extrémité de gauche, de façon à former dégagement pour la matière, une fois que le trou percé a été déployé. Le trou de l'arracheur destiné à recevoir les poinçons est ajusté serré, ceci étant rendu nécessaire par la fragilité des poinçons. Pour la même raison, l'arracheur est lourd, pour pouvoir donner de bons résultats, et, pour assurer une longue durée aux poinçons, il faut que ceux-ci n'abandonnent jamais complètement l'arracheur.

Quand la machine est en service, le métal vient d'un dévidoir placé à droite, et s'enroule ensuite à gauche, la presse fonctionnant d'une manière continue pendant deux heures sans aucune attention. Cette disposition permet d'exécuter à bas prix au moyen de matrices une grande variété de travaux de perçage.

Matrice de perçage perfectionnée. — La figure 454 représente une matrice de perçage perfectionnée, employée dans le même atelier pour

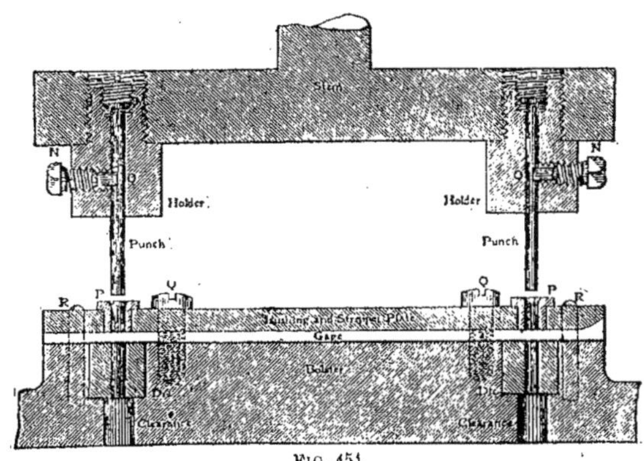

FIG. 454.

Clearance :	Dégagement.
Die :	Matrice.
Bushing and Stripper Plate :	Plaque à bague et à arracher.
Punch :	Poinçon.
Holder :	Support.
Stem :	Tige.
Gage :	Calibre.

percer des trous dans des bouts de 30 mètres (100 pieds) d'acier laminé à froid de 22^{mm},22 (7/8 p.) de largeur et 1^{mm},58 (1/16 p.) d'épaisseur, la matière avançant automatiquement comme il est indiqué pour la première matrice. Les trous sont percés selon le n° 24 de la jauge à une distance de 139^{mm},7 (5 1/2 p.) les uns des autres.

Le support des poinçons porte des trous percés et taraudés pour recevoir les deux porte-poinçons. Ceux-ci sont tournés dans une barre ronde de 31mm,74 (1 1/4 p.) avec des trous pour les poinçons en acier Stub. Ils sont fraisés plats sur deux côtés pour recevoir une clef. Les parties postérieures des poinçons sont agrandies et taraudées pour recevoir les vis de réglage M, M. Quand les poinçons sont raccourcis par suite de l'affûtage, on place entre eux et les faces des vis un morceau de la même barre. Les poinçons sont fixés par les vis de serrage N, N et par les bouchons à face semi-circulaire O, O, ce qui permet d'éviter de pratiquer une rainure ou un plat sur un des côtés des poinçons, et permet de les utiliser sur une plus grande partie de leur longueur.

La matrice comprend la traverse, les deux matrices de perçage, grattées et rectifiées à grandeur, et entrées à force dans des trous alésés dans la face de la traverse ; la plaque d'arrachage et les calibres qui ne forment qu'une seule pièce ; les deux bagues de poinçonnage P, P grattées de manière à s'ajuster à frottement dur sur les poinçons, les vis Q, Q et les goujons R, R servant à placer et fixer la plaque d'arrachage sur la face de la traverse, comme l'indiquent les figures.

Matrice en série pour plaques fixant des couvercles de boîtes. — La figure 455 représente une plaque de fixation employée pour faire des

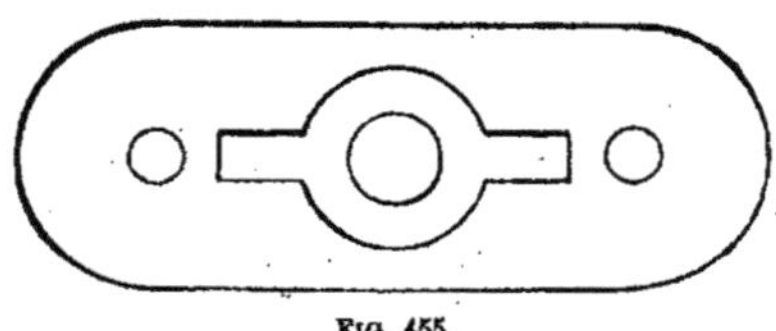

Fig. 455.

crochets destinés à des caisses à fruits et à des couvercles de boîtes ; les figures 456, 457 représentent le poinçon et la matrice employés pour les fabriquer. Les pièces comprennent le perçage de trois trous, l'étirage et l'emboutissage d'une partie du centre, et le découpage des extrémités selon une courbe. La matière employée est de la tôle laminée à froid, le poinçon et la matrice sont du genre en série.

Le poinçon comprend en A la tige ou support, le coussinet I, les deux petits poinçons de perçage B, B, le grand poinçon de perçage C, le poinçon à étirer et emboutir D, le poinçon à découper E, qui découpe et rogne en F et G, et les vis à têtes six pans H servant à fixer le coussinet du poinçon au support.

La matrice comprend les petites matrices à percer J, J, la grande K, la matrice à étirer et emboutir L, la matrice à rogner et découper MN, et enfin la plaque à arracher et calibrer. La plaque de matrice est trempée et recuite au jaune paille léger. Les poinçons sauf celui à emboutir et étirer sont trempés et recuits au bleu, le poinçon à emboutir est trempé et recuit

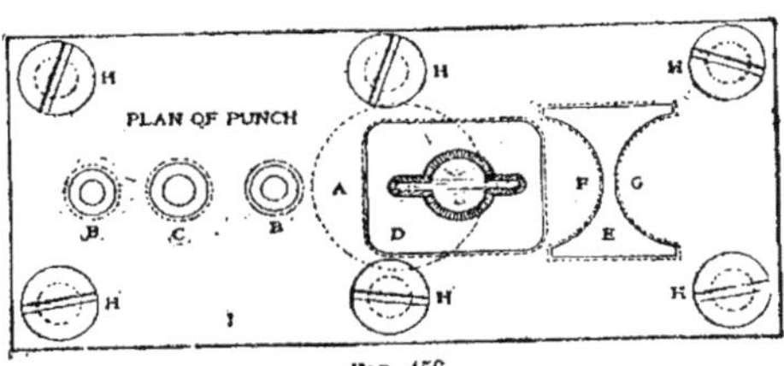

FIG. 456.

Plan of punch :   Plan du poinçon.

par l'arrière, de manière à laisser la partie postérieure douce et la face d'emboutissage très dure.

La matière avance automatiquement vers la matrice, de gauche à droite, les trous sont percés d'abord, puis on travaille la partie étirée et emboutie, et finalement on coupe la pièce finie et on découpe l'extrémité

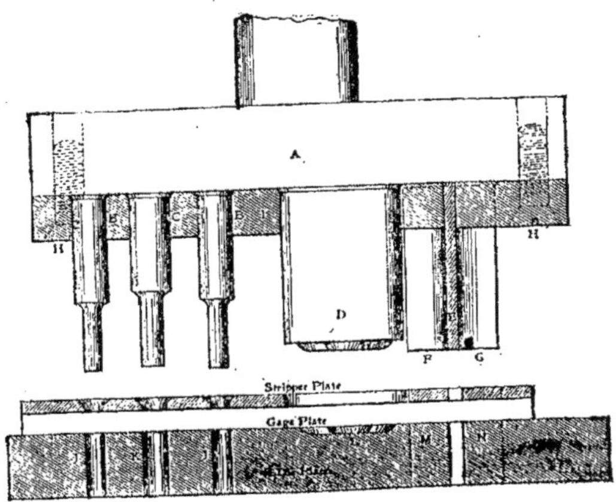

FIG. 457.

Die Plate :   Plaque de matrice.
Gage Plate :   Plaque calibre.

de la suivante. Le poinçon d'emboutissage est laissé aussi court que possible ; ceci a pour but que les poinçons de perçage aient percé la pièce et que la pièce finie ait été découpée avant que la partie emboutie de la pièce suivante soit exécutée ; il n'y a ainsi pas de déplacement du métal pendant l'exécution des différentes opérations. Le métal employé pour fabriquer ces pièces vient en rouleaux de la largeur convenable. Il est redressé par les galets produisant l'avance automatique, et aplati par la partie plane du poinçon d'emboutissage.

Grande matrice à emboutir pour pièces circulaires. — Les figures 458 et 459 représentent une collection de grandes matrices à

FIG. 458.

emboutir et réemboutir servant à fabriquer de grandes pièces embouties avec des disques plats. Ces matrices ont été faites dans les ateliers de la E.-W. Bliss Company et faisaient partie d'une commande de presses et de matrices pour une usine travaillant les métaux en feuilles située en Eu-

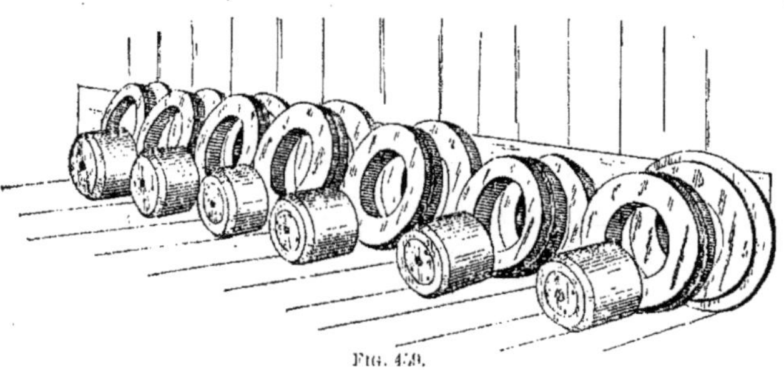

FIG. 459.

rope. Elles sont exécutées selon des dimensions métriques, les diamètres variant de 290 millimètres (11,4 p.) à 600 millimètres (23,6 p.), le jeu le plus grand étant à gauche, et le plus petit à droite. Chaque jeu comprend un poinçon à emboutir, une matrice, et un support pour la pièce. Les matrices à emboutir de ce type diffèrent de celles employées pour les petites pièces en ce qu'elles emboutissent des pièces préalablement découpées, au lieu d'avoir des arêtes tranchantes qui découpent la pièce en même temps. Les bords extérieurs des matrices d'emboutissage sont tournés au même diamètre que les pièces plates à emboutir, et pour placer celles-ci, l'opérateur les pose simplement sur la face de la matrice, et repère la position des bords avec ses doigts. Cependant très souvent on fait des pièces d'emboutissages différentes avec une même matrice. Ceci exige des pièces plates découpées de différentes grandeurs, et des plaques de repérage pour les mettre en place exactement sur la matrice. Les matrices de ce type sont construites pour fabriquer de grandes pièces embouties de tous genres et de toutes formes ; l'emboutissage se fait en une ou plusieurs opérations selon la forme et la profondeur à obtenir. Pour la pièce ayant une forme conique prononcée, comme de grands réflecteurs en métal mince, on peut emboutir deux ou plusieurs pièces d'un même coup de presse.

La figure 458 représente sept jeux de matrices d'emboutissage avec des supports de pièce intérieurs. Comme il est indiqué, elles sont employées pour réemboutir des pièces qui ont été d'abord embouties dans des matrices avec supports extérieurs, comme celles représentées sur la figure 459. Le support intérieur reçoit les pièces partiellement travaillées par leur bord conique inférieur, entre le bord conique du poinçon et le siège conique de la matrice, le poinçon emboutissant la pièce selon un profil plus profond et de diamètre réduit.

Ces matrices à emboutir et réemboutir sont généralement faites d'une fonte spéciale, traitée de manière à obtenir pour les surfaces travaillantes un métal très dense et de texture uniforme. Toutefois, pour exécuter un travail précis, on place des anneaux en acier dans les matrices, et les supports des pièces sont en acier, ce qui augmente considérablement la durée des outils. Pour les pièces qui une fois finies doivent être très exactes comme diamètres d'emboutissage, on emploie après la dernière opération de réemboutissage des poinçons et des matrices de calibrage en acier dur.

Emboutissage de pièces profondes en partant de feuilles métalliques. — La fabrication de pièces en feuilles métalliques embouties profondément, sous un petit diamètre, a réalisé des progrès constants, et maintenant on atteint des résultats qui, il y a quelques années, étaient regardés comme absolument impossibles. Les méthodes d'emboutissage des feuilles métalliques ont en réalité peu changé ; on emploie maintenant, pour faire des pièces profondes et de faible diamètre, les mêmes moyens légèrement modifiés que ceux qu'on considérait comme pratiques seulement pour des pièces peu profondes et de grand diamètre. Les presses sur lesquelles on emploie les matrices d'emboutissage ont été construites dans de plus grandes dimensions et plus solidement, avec une plus longue course ; les matrices ont été seulement modifiées pour pouvoir exécuter une plus grande variété de pièces.

Comme exemple de ce que l'on peut exécuter comme emboutissage de feuilles métalliques, nous représentons sur la figure 461 les résultats successifs des huit opérations nécessaires pour étirer une pièce en cuivre de 1mm,58 (1/16 p.) d'épaisseur, 406mm,4 (16 p.) de profondeur et 50mm,8

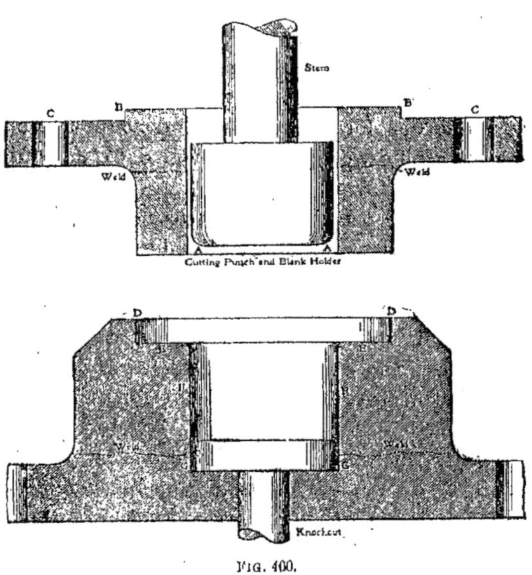

FIG. 460.

Stripper Plate :	Plaque d'arrachage.
Knockout :	Pièce de refoulement.
Weld :	Soudure.
Cutting Punch and Blank Holder :	Poinçon de découpage et support de pièce.
Stem :	Tige.

(2 p.) de diamètre. Au bas de la figure, on voit deux de ces pièces assemblées. Elles sont employées dans la construction d'un appareil breveté à refroidir les eaux minérales.

Le disque nécessaire pour emboutir cette pièce a 203mm,2 (8 p.) de diamètre, l'épaisseur de la matière diminue depuis 1mm,58 (1/16 p.) au début jusqu'à 0mm,79 (1/32 p.) à la fin. La figure 460 représente la matrice employée pour la première opération de découpage et d'emboutissage, qui appartient au genre à double action. Dans le poinçon, la partie coupante et la partie supportant la pièce est en fer forgé portant un anneau en acier à outils soudé, comme il est figuré, pour former la partie coupante.

La saillie B sert à le placer exactement sur le chariot extérieur de la presse. A est le poinçon d'emboutissage dont la tige est diminuée comme il est indiqué, pour s'ajuster dans le bâti de la presse.

Quant à la matrice, D est le tranchant qui découpe le disque, E la face sur laquelle il est maintenu par le poinçon pendant l'emboutissage, F est la matrice d'emboutissage et G la partie servant à enlever la pièce. On monte cette matrice sur la presse, on lui présente le métal, celui-ci est découpé et embouti selon la forme représentée pour la première opération, sur la figure 465. La presse a un mouvement de burinage qui assure un

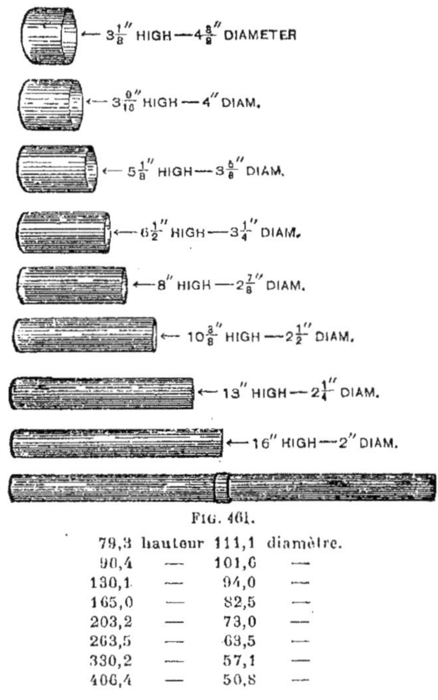

FIG. 461.

	hauteur		diamètre
79,3	hauteur	111,1	diamètre.
90,4	—	101,6	—
130,1	—	94,0	—
165,0	—	82,5	—
203,2	—	73,0	—
263,5	—	63,5	—
330,2	—	57,1	—
406,4	—	50,8	—

appui plus parfait du chariot supportant la pièce que si celle-ci était maintenue dans une presse à emboutir à came ; le frottement et la force motrice sont diminués. Le réglage du plongeur du poinçon à emboutir est exécuté au moyen d'un système à double cliquet, dont la manœuvre est aisée et rapide.

Pour les sept opérations de réemboutissage nécessaires pour la fabrication de ces pièces, on emploie des matrices du type représenté par la figure 462. Ces matrices sont du type poussant au travers, et sont utilisées sans le support de pièce intérieur ordinaire, car la petite différence de diamètre que présentent les pièces réembouties ne le nécessite pas. Au lieu que les pièces soient poussées complètement au travers de ces matrices, elles sont avancées au sommet de celles-ci par un organe spécial automatique de la presse sur laquelle on les emploie.

Si on remarque les différences successives de diamètre au cours des opé-

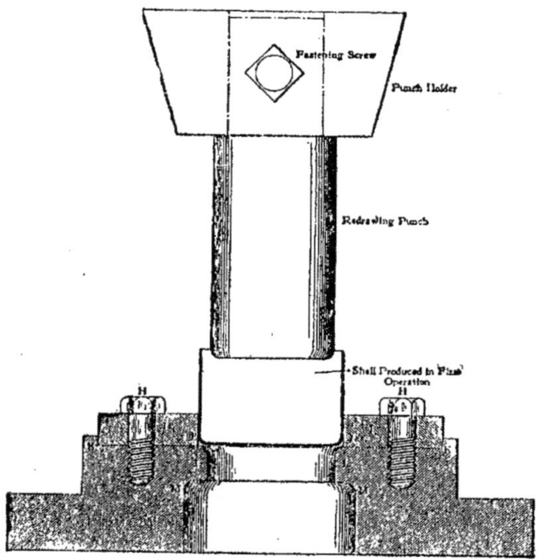

Fig. 462.

Shell Produced in First Operation :	Pièce faite en première opération.
Redrawing Punch :	Poinçon à étirer.
Punch Holder :	Support de poinçon.
Fastening Screw :	Vis de serrage.

rations de réemboutissage (*fig.* 463), on comprendra la manière d'emboutir une pièce de faible diamètre et de grande profondeur, ainsi que le nombre des opérations nécessaires. Le lubrifiant employé pour les opérations de réemboutissage est l'huile de lard et les pièces obtenues ainsi sont bien polies. Les matrices employées pour les opérations de réemboutissage sont faites avec une fonte trempée de qualité spéciale, tandis que les poinçons sont en acier à outils. Le poinçon et la matrice employés pour chaque opération sont parfaitement polis. Le poinçon et la matrice employés pour l'opération finale de calibrage sont en acier à outils, trempés, rectifiés et grattés à la dimension voulue. Comme on le voit, l'emboutissage de tubes profonds et de petits diamètres n'est pas une opération aussi difficile à exécuter qu'on pourrait se l'imaginer. Tout ce qu'il faut, c'est adopter des matrices convenables, construites avec précision, et les employer sur des presses qui ont été construites spécialement pour ce genre de travail. Quand la différence des diamètres au cours des opérations de réemboutissage dépasse $12^{mm},7$ (1/2 p.), on doit employer des supports de pièce intérieurs. Pour certains métaux, les supports de pièce intérieurs pour les matrices à réemboutir permettent d'obtenir les résultats demandés en trois ou quatre opérations (grâce au maintien parfait du métal pendant l'emboutissage ou le réemboutissage), tandis qu'il faudrait six, sept opérations ou même davantage avec des matrices dépourvues de supports.

La figure 464 représente les outils employés. Les poinçons sont diminués au bout, et filetés pour se visser dans le support du bâti de la pièce. Les matrices sont représentées en dessous, ainsi que les poinçons et les sièges de mise en place. Les appareils représentés en bas sont les outils d'arrachage.

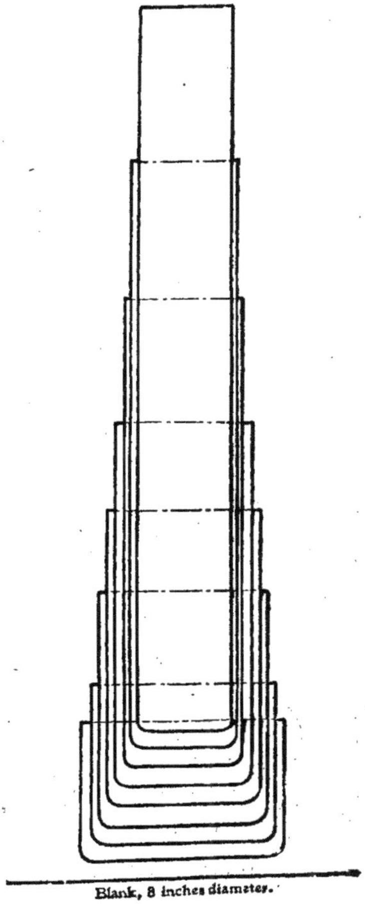

Poinçons creux pour découper le cuir, les étoffes et le papier. — Quand on doit poinçonner dans du cuir, des étoffes ou du papier, on obtient de meilleurs résultats en employant des poinçons creux ou emporte-pièce qu'avec les poinçons et matrices des modèles usuels, car ils coûtent moins cher à construire, on peut découper d'un seul coup un nombre à peu près illimité de pièces, soit au moyen d'une presse, soit à la main avec un maillet.

La matrice est faite avec de l'acier laminé spécial ; elle est ordinairement en fer de Suède, recouvert d'acier à outils de bonne qualité, comme l'indique la coupe de la figure 465 ; l'acier est placé sur la partie droite de

FIG. 464.
Blank, 8 inches diameter. Disque 203,2 diamètre.

la barre, et on donne un profil conique à 20° vers l'intérieur de la matrice. On prépare un calibre en tôle ayant exactement la forme de la pièce à exécuter et le forgeron l'emploie pour souder les pièces constituant la matrice. On obtient ainsi un forgeage extrêmement précis, au point qu'une différence de $0^{mm},254$ (1/100 p.) avec le modèle est à peu près

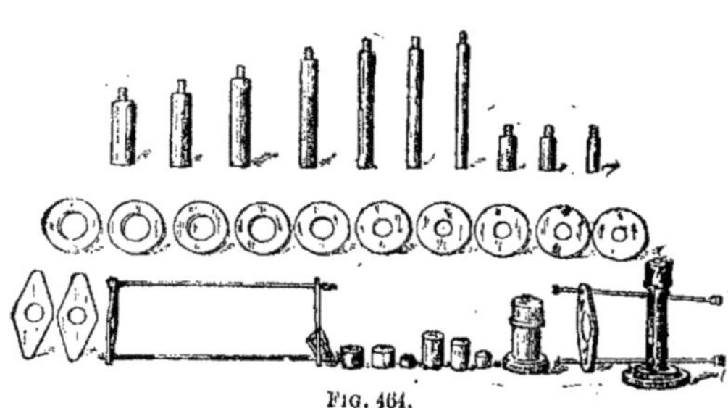

FIG. 464.

exceptionnelle. Une fois l'outil soudé, on le place dans l'étau, et on en travaille l'intérieur à la lime exactement selon la forme du calibre. On aura soin toutefois de tenir compte des légères déformations qui résulteront de la trempe. Finalement on termine l'extérieur de l'outil à l'aide de la meule.

Quand on doit l'employer sur une presse, il n'est pas nécessaire d'y

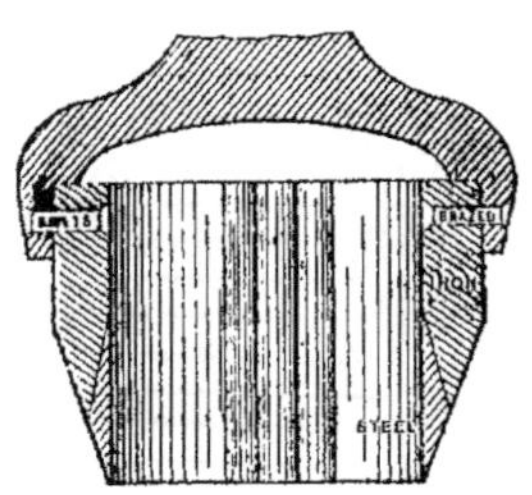

FIG. 465.

Steel :	Acier.
Iron :	Fonte.
Rivets :	Rivets.
Brazed :	Brasé.

FIG. 466 a.

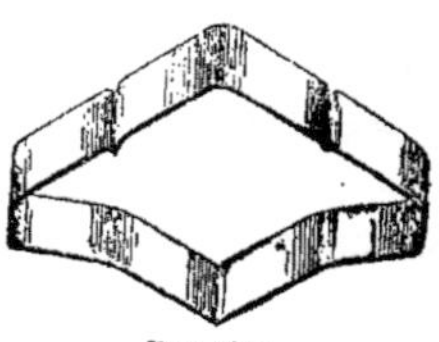

FIG. 466 b.

mettre une poignée ; si au contraire on doit l'employer à la main, on fixe une poignée à la partie supérieure de la matrice. En forgeant cette poignée, on y fait venir une partie saillante que recouvre l'extérieur de la lame, de manière que le choc du marteau soit reçu par cet épaulement, qui repose directement sur la partie supérieure de la lame. On fixe cette poignée avec des rivets, puis on met au feu et on brase à la manière ordinaire, avec du borax et de la brasure faible. Généralement on exécute cette opération après meulage et avant trempe.

Quelquefois, on emploie la matrice dans une position renversée, on la pose sur la presse le tranchant en l'air, on place la pièce par-dessus, et quand la presse descend, la matière est appuyée contre la matrice. Quand

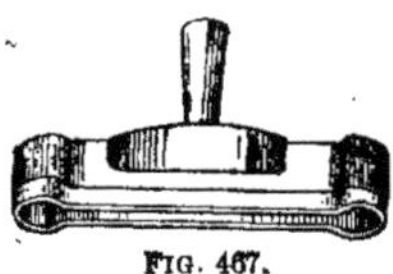

FIG. 467.

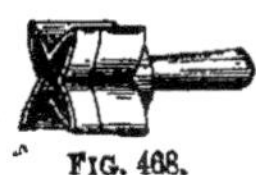

FIG. 468.

on emploie cette méthode, la matrice doit être brasée sur une plaque support, afin qu'on puisse la fixer convenablement sur la presse. Cette plaque support peut être enlevée pour réparer la matrice ou lui donner d'autres formes.

Comme surface d'appui pour le tranchant de la matrice, il n'y a rien de supérieur à un bloc d'érable coupé perpendiculairement au sens des fibres.

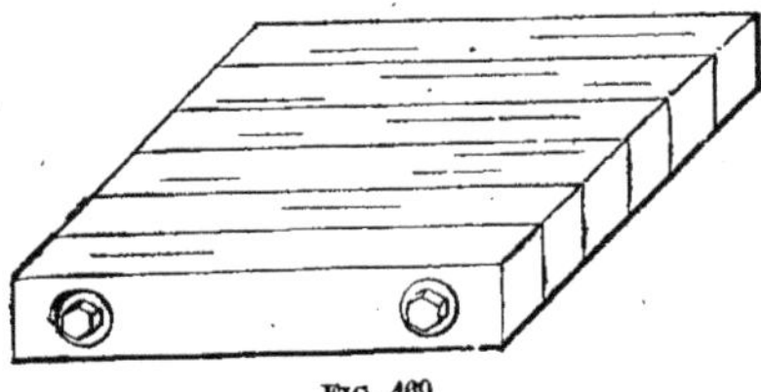

FIG. 469.

FIG. 470.

On scie à cet effet une série de bouts de $101^{mm},6$ (4 p.) à $152^{mm},3$ (6 p.) de longueur, on les colle sur un bloc, et on serre au moyen de boulons traversant le tout, comme l'indique la figure 469. On obtient ainsi les meilleurs résultats, peu d'usure à condition que le bloc reste humide ; à cet effet on le laisse recouvert d'un chiffon humide pendant la nuit.

Les figures 465, 470 représentent différents modèles des nombreux genres d'emporte-pièce couramment employés.

CHAPITRE XXVI

LA FABRICATION ET L'EMPLOI DES POINÇONS ET MATRICES POUR LE TRAVAIL DES MÉTAUX EN FEUILLES (*suite*)

Travail de poinçonnage et frisage. — La figure 471 représente les résultats des opérations successives de la fabrication d'une pièce de forme peu courante en feuille métallique formant partie d'un appareil breveté.

Le diagramme supérieur de la figure 471 représente les résultats de la première et de la seconde opération. Ils comprennent le perçage des extré-

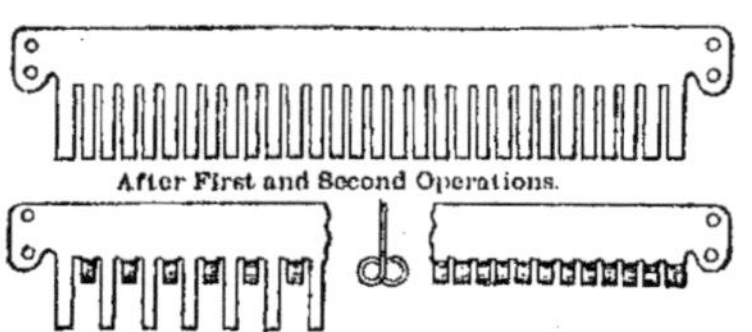

FIG. 471.

After First and Second Operations :   Après la première et la seconde opération.

mités, le découpage de celles-ci, le découpage de la pièce, inclus trente-neuf rainures sur un côté.

Le perçage des trous, la mise en forme des bouts, et le découpage des pièces sont exécutés pendant la première opération au moyen du poinçon et de la matrice représentés sur la figure 472. Comme tout le travail exécuté au cours de cette opération concerne les bouts de la pièce, il nécessite un poinçon et une matrice dont la construction diffère des modèles couramment employés. Sur la coupe on voit que la matrice de perçage et celle de découpage et de formation des bouts sont montées à queue d'aronde sur la face du support en fonte, une à chaque bout, et fixées par des goujons coniques. La plaque calibre s'étend sur toute la longueur de la traverse support, et est fixée sur les faces des matrices avec les plaques d'arrachage par des vis à tête plate. Les plaques d'arrachage sont faites en métal très épais, et usinées de manière que les poinçons sont soutenus pendant leur travail. En ce qui concerne la coupe des poinçons, la construc-

tion est analogue à celle adoptée pour la coupe de la matrice, le poinçon de
découpage et de finissage des bouts est monté à queue d'aronde sur le
support et repéré au moyen d'un goujon conique. Les poinçons de perçage

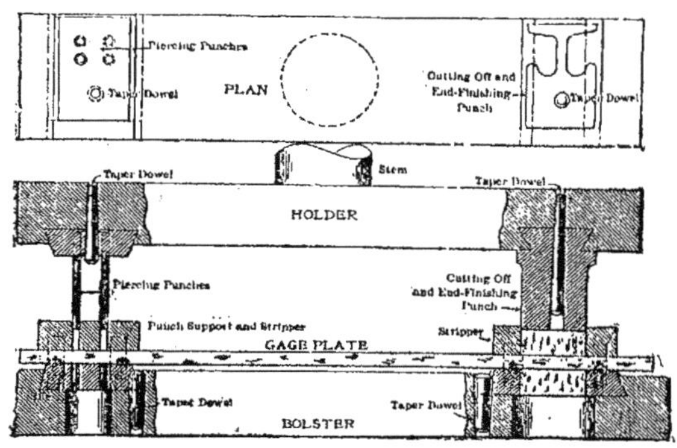

Fig. 472.

Bolster :	Traverse.
Taper Dowel :	Poinçon conique.
Gage plate :	Plaque calibre.
Punch Support and Stripper :	Support de poinçon et arracheur.
Stripper :	Arracheur.
Piercing : Punches :	Poinçons de perçage.
Cutting off and End-Finishing Punch :	Poinçons à découper et finir les bouts.
Holder :	Support.
Stem :	Tige.
Taper Dowel :	Goujon conique.

sont placés dans une rainure à queue d'aronde du support, et repérés de la
même manière que le poinçon de découpage. Les poinçons de perçage sont

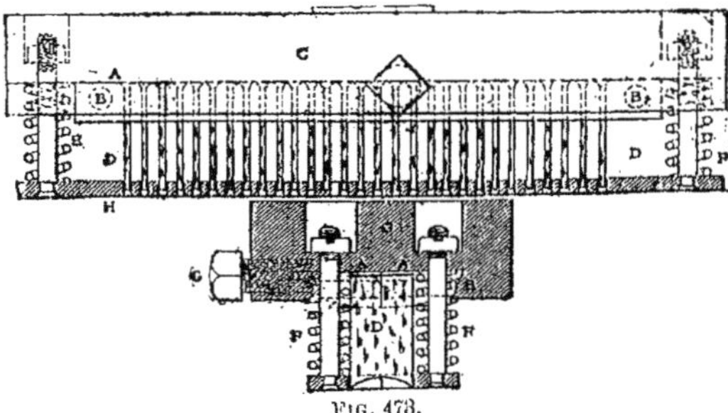

Fig. 473.

faits avec des tiges de mèches, trempées, recuites, et de longueur suffisante pour qu'ils soient toujours soutenus dans l'arracheur afin de remédier à toute tendance à la flexion. La pièce qui n'a pas besoin d'être rognée

latéralement est avancée automatiquement entre les faces de la matrice. On perce les quatre trous à gauche, puis on découpe le dernier bout de la pièce et le premier bout de la pièce suivante, et la pièce est découpée par le grand poinçon placé à droite.

Pour la seconde opération qui comprend le poinçonnage des trente-neuf rainures, il est nécessaire d'avoir recours à un poinçon et à une matrice de construction compliquée et précise. La figure 473 représente une vue en élévation avec coupe partielle, et une coupe verticale transversale. J'ai représenté seulement le poinçon, la construction de la matrice est tout à fait identique. La coupe du poinçon comprend, en premier lieu, un support en fonte C, puis un porte-poinçon supplémentaire A, ce dernier en deux pièces, les trente-neuf poinçons D, et un arracheur commandé par ressort H. L'arracheur à ressort n'est pas indiqué sur le plan afin que l'on puisse comprendre clairement la construction des autres pièces. La manière de placer et de fixer les poinçons est tout à fait spéciale. On commence par raboter deux pièces en acier à outils recuit de 12^{mm},7 (1/2 p.) d'épaisseur, afin qu'elles s'ajustent l'une sur l'autre latéralement, puis on y fait une queue d'aronde en C. On serre ensuite ces deux pièces ensemble, et on y fraise trente-neuf rainures à une profondeur égale à la moitié de la largeur des poinçons de perçage. La façon de placer les poinçons dans ces rainures, et de les dresser en arrière, le renforcement des deux sections pour les goujons B, B, leur insertion dans la rainure à queue d'aronde du support, de même que le fraisage des rainures dans les sections A, A du support, constituent, comme on le comprend, un travail de précision. Il demande à être exécuté avec soin sur la fraiseuse universelle. Les rainures sont fraisées à environ 0^{mm},0508 (0,002 p.) plus petites que l'épaisseur des poinçons. L'exécution des trente-neuf poinçons demande également de l'habileté et du soin. On laisse les poinçons plus forts partout, on les trempe entre des plaques huilées, et on les recuit à la couleur paille foncée à 12^{mm},7 (1/2 p.) des extrémités postérieures, et à partir de là au bleu foncé, pour permettre de les dresser dans les logements sur les parties postérieures. Ensuite on les rectifie à dimension sur toutes les faces.

La plaque HH de l'arracheur à ressort est usinée de manière qu'elle s'ajuste plutôt librement sur les poinçons, de manière à les soutenir le plus possible jusqu'à l'extrémité qui pénètre dans la pièce. Les faces des poinçons sont entaillées de manière que les deux tranchants commencent à couper avant découpage de la pièce au centre. Ceci est indiqué sur la vue en bout en I.

La matrice est construite de la même manière que le support AA, en deux pièces, réunies par des goujons, et montées à queue d'aronde sur une traverse, à la manière habituelle. Il faut prendre un soin particulier pour tremper la matrice, et ensuite pour meuler ses faces, afin d'assurer un bon alignement des trente-neuf matrices et des poinçons. Même si le trempeur connaît bien son métier, et réussit bien ce travail, il est nécessaire de corriger les arêtes de quelques-unes des rainures, de manière à resserrer quelques poinçons de $0^{mm},254$ (1/100 p.) ou environ. Il n'est pas nécessaire de rectifier toutes les matrices, mais on doit en reprendre environ le tiers sur les côtés avec une meule fine, en ayant soin de ne toucher que les parties trop justes.

Pour se servir du poinçon et de la matrice, on place une pièce contre les arrêts sur la face de la matrice, et on met la presse en marche. A mesure que le poinçon descend, la plaque d'arrachage à ressort HH aplatit la pièce, et la maintient solidement en position pendant le poinçonnage des rainures. Quand le poinçon remonte, l'arracheur sépare la pièce des poinçons, et la laisse s'enfoncer sur la face de la matrice. Quand le poinçon et la matrice ont servi pendant quelque temps, il est nécessaire de réaffûter les faces de la matrice, et même d'en retailler quelques-unes. On met ensuite les poinçons dans les matrices, et on place de la soudure tout autour, sur les faces du support. Ceci donne un alignement parfait et supprime toutes difficultés postérieures.

On voit sur la figure 471 que les entailles laissées entre les rainures poinçonnées au cours de la seconde opération doivent être frisées alternativement, la moitié d'un côté et l'autre moitié de l'autre. On aurait pu croire tout d'abord qu'une matrice très compliquée était nécessaire, mais on décida à la fin d'exécuter la frisure en deux opérations, mais avec une seule matrice qui était très simple.

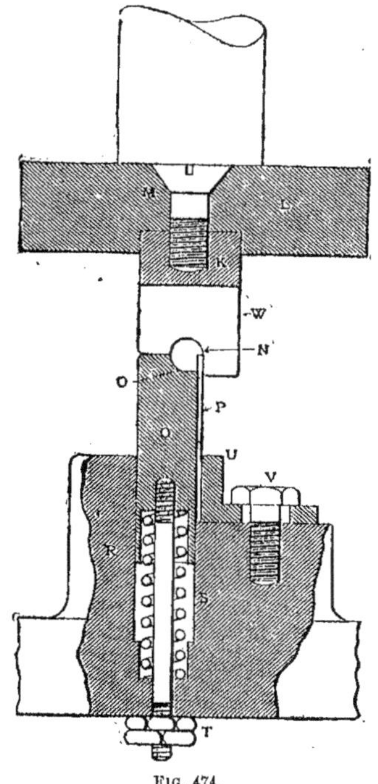

FIG. 474.

La figure 474 donne une coupe transversale verticale de la matrice à friser ; L est le porte-poinçon ; K le poinçon à friser, placé dans une rainure carrée, sur la face du support, et fixé par trois vis à tête plate. N, N sont les parties qui exécutent la frisure, tandis que les entailles E sont des rainures de dégagement pour les parties de la pièce qui doivent être frisées dans la direction opposée. P est la pièce, Q un ressort du support avec la face O usinée selon le rayon de la frisure. U est une plaque calibre servant à placer la pièce contre le support Q. R est la traverse, S la rainure dans laquelle se meuvent les pièces supportant les ressorts et T une des trois tiges de ressorts.

La pièce est placée entre le calibre U et la pièce Q contre un calibre en bout. Quand le poinçon descend, la moitié des entailles à friser, ou bien l'autre série, pénètre dans les rainures de frisage N, tandis que l'autre passe dans les rainures de dégagement W. Le poinçon continue à descendre, et le métal suit la forme des rainures de frisage jusqu'à ce que les frisures soient faites, la pièce Q descendant avec le poinçon. Quand le poinçon remonte, la pièce Q fait de même, et dégage la pièce des rainures de repérage entre le support et le calibre ; quand le poinçon monte encore plus haut, il laisse la pièce libre sur le sommet de la pièce Q d'où on l'enlève à la main. La quatrième opération, qui comprend la frisure dans la direction opposée des autres entailles, s'exécute exactement de la même manière.

Matrices pour crochets de malles en feuilles métalliques. — La figure 475 représente trois vues d'un crochet breveté pour malles, en tôle, que l'on fabrique entièrement au moyen de matrices, sans aucun travail

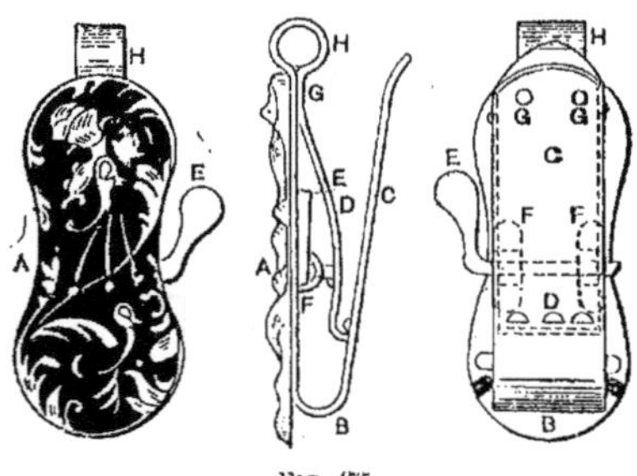

Fig. 475.

à la main, si ce n'est pour avancer les pièces. Les matrices que nous représentons sont les plus intéressantes parmi celles utilisées pour cette fabrication.

Le crochet comprend huit parties : la partie antérieure emboutie A, une petite pièce mince en fer-blanc B placée dans la partie emboutie en arrière, le crochet proprement dit C, le ressort D, le levier E, les deux brides F sur lesquelles il est placé, et les deux rivets G pour fixer le ressort D sur le crochet C.

On commence par exécuter la pièce antérieure emboutie A. Elle est
découpée et emboutie dans une feuille de laiton doux très mince, préalablement coupée, ce qui donne l'aspect de la figure 476. La seconde opération sur la pièce emboutie est le poinçonnage de la partie étirée et emboutie dans le reste du découpage en laissant la bride telle que la représente la

FIG. 476.

FIG. 477.

figure 477. La pièce ainsi produite porte quatre petites ailes que l'on plie
ensuite vers le dessus au moyen d'une matrice simple sur une presse à
pédale, et que l'on plie ensuite en dedans, en retenant le support dans la
portion emboutie. La matrice servant à l'opération de découpage et
rognage est représentée sur la figure 478. Le poinçon porte un arracheur à
ressort tandis que la face de la matrice est ouverte et claire ; aussi la mise
en place de la pièce est-elle rapide, la pièce est poussée à travers la matrice,

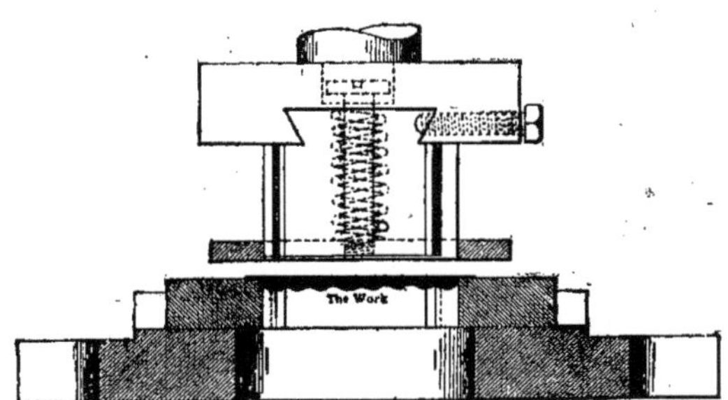

FIG. 478.

et l'arracheur à ressort arrache la bride de dessus le poinçon quand celui-ci
se dégage, la presse étant inclinée.

Sur la figure 479, nous voyons le poinçon et la matrice employés pour
faire le support représenté au sommet de la gravure. Le travail consiste à
découper et plier les quatre oreilles G, et à poinçonner la pièce selon la
forme indiquée. Les outils employés pour fabriquer cette pièce appartiennent au genre combiné pour découper, percer et plier, et la pièce est

achevée en un coup de presse. Sur la matrice N, O est la matrice à découper, Q le support du poinçon à percer et plier, R, R deux des poinçons à percer et plier, P l'arracheur à ressort de la matrice, S le ressort, T, T les deux plaques calibres entre lesquelles on avance la matière, et U l'arracheur de la matière. Le poinçon comprend le support H, le poinçon découpeur J, K, K deux des matrices à percer et plier, I le support de poinçon et

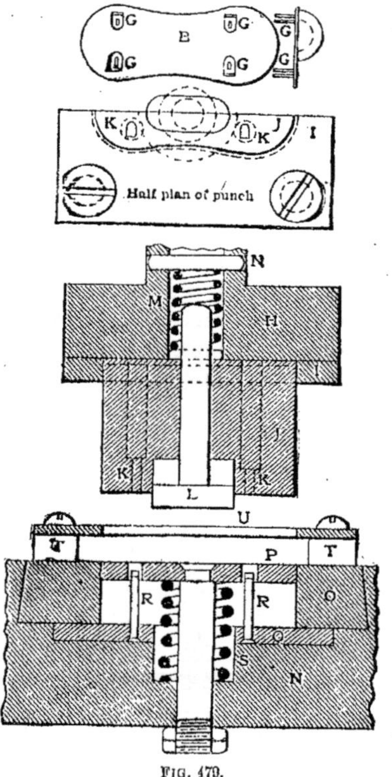

FIG. 479.

Half plan of punch :   Demi-plan du poinçon.

L l'arracheur du poinçon. La presse est inclinée en arrière, la matière est avancée d'avant en arrière, et la pièce finie après avoir été arrachée du poinçon est jetée dans une boîte.

Sur la figure 480, nous voyons la bride avant l'opération de pliage. Pour l'exécution de cette pièce, quatre opérations sont nécessaires. La première est le découpage de la pièce par poinçonnage. Elle se fait au moyen d'une matrice à découper simple. La seconde et la troisième opération sont exécutées toutes deux sur une matrice combinée. Les outils sont représentés sur les figures 481, 482 et 483. Le travail à exécuter au moyen de ces outils comprend le perçage des huit rainures X, X (*fig.* 480),

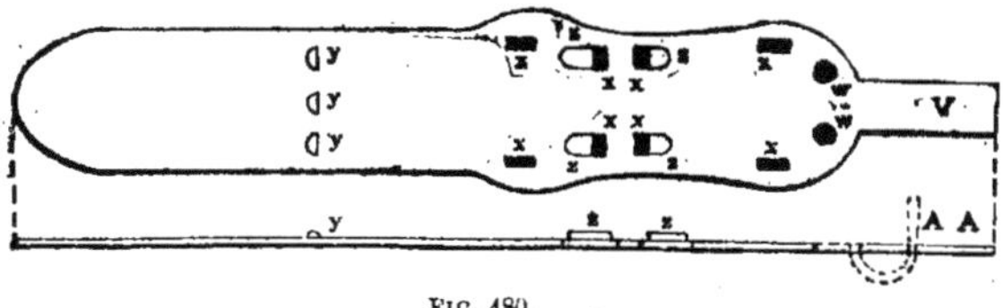

FIG. 480.

le perçage des deux trous W, l'emboutissage des quatre sièges pour placer les brides représentées en F sur la figure 475, le relèvement des trois petites saillies Y et finalement le pliage de la partie V selon la forme indiquée par les lignes pointillées sur la vue de champ (*fig.* 480).

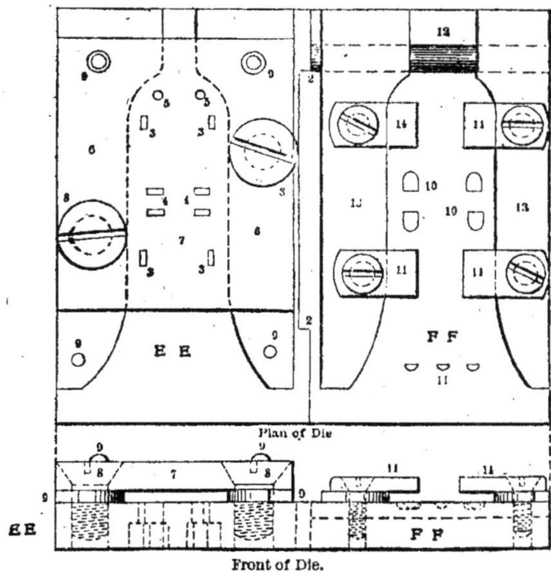

FIG. 481.

Front of Die :   Élévation de la matrice.
Plan of Die :   Plan de la matrice.

En ce qui concerne les matrices (*fig.* 481), E, E est la partie où se fait tout le perçage, et F, F la partie où se font la mise en forme, l'emboutissage et le pliage. Comme il est indiqué, les deux parties sont réunies ensemble en 22. La traverse employée avec les matrices n'est pas représentée. Toutefois les matrices sont placées dans une rainure, tenues et fixées en position par des vis de serrage à chaque extrémité de la rainure. Sur la matrice E, E où se fait le perçage, 5, 3 et 4 sont les matrices de perçage, 6, 6 les deux calibres servant à repérer la pièce pour le perçage, et

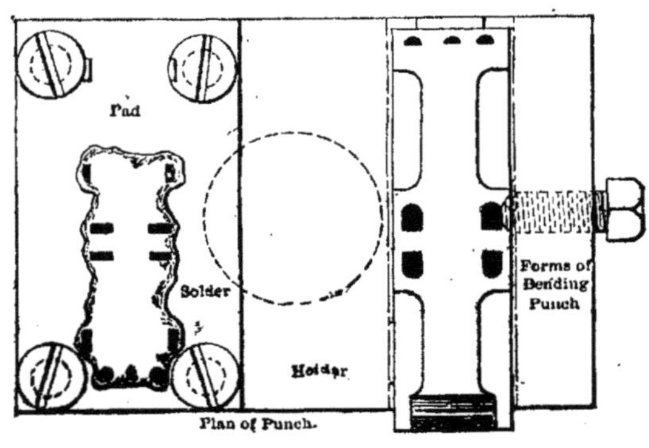

FIG. 482.

Plan of Punch :	Plan du poinçon.
Holdes :	Support.
Solder :	Soudure.
Pad :	Coussinet.
Forms of Bending Punch :	Formes du poinçon de pliage.

7 l'arracheur. Les plaques calibres et l'arracheur sont placés et fixés par les tiges goujons 9 et les deux vis à tête plate 8. Sur la partie F, F où sont exécutés l'emboutissage, la mise en forme et le pliage, 10, 10 sont les

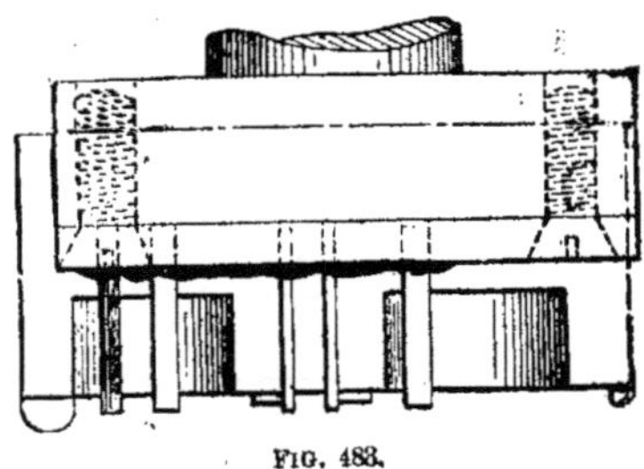

FIG. 483.

matrices à emboutir le siège, 11 est l'endroit où sont formées les petites saillies, et 12 le nez V où la pièce est pliée ; 13, 13 sont les deux plaques calibres entre lesquelles on place la pièce et 14 sont les angles d'arrachage.

Le porte-poinçon (*fig.* 482 et 483) est construit comme d'habitude, tandis que la méthode de mise en place et fixation des poinçons diffère sensiblement de celle ordinairement suivie.

Les poinçons d'emboutissage, mise en forme et pliage, sont tous montés sur un bloc en acier, dont la face est travaillée de manière à s'accorder avec les matrices en F, F. Le bloc est monté à queue d'aronde sur le support, puis serré et aligné avec les matrices, au moyen des vis de serrage représentés sur le côté.

La partie du porte-poinçon qui est consacrée à l'opération de perçage

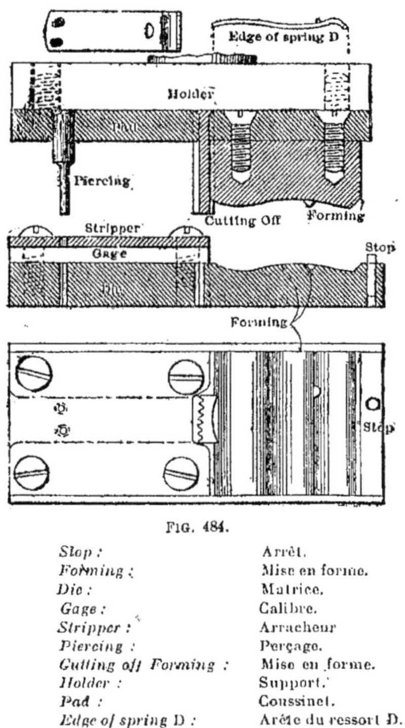

FIG. 484.

Stop :	Arrêt.
Forming :	Mise en forme.
Die :	Matrice.
Gage :	Calibre.
Stripper :	Arracheur
Piercing :	Perçage.
Cutting off Forming :	Mise en forme.
Holder :	Support.
Pad :	Coussinet.
Edge of spring D :	Arête du ressort D.

est construite à la manière habituelle. C'est une pièce en acier sur laquelle sont placés tous les poinçons de perçage, et qui est fixée sur la face du support et sur le côté au moyen de quatre vis à têtes plates.

Les poinçons de perçage sont plutôt minces et fragiles et beaucoup de soin est nécessaire pour leur montage. Ce travail est exécuté avec soin en usinant en même temps le support et les matrices de perçage. Puis on ajuste les poinçons sur les matrices, on les trempe et on les recuit, on les entre à force, on les redresse en arrière, et on met de la brasure forte tout autour. Tous les trous de l'arracheur sont bien ajustés, celui-ci a une grande épaisseur, et on évite tout danger de pliage, déformation ou rupture, les poinçons n'abandonnant jamais l'arracheur.

Les matrices E, E et F, F sont trempées et légèrement recuites. Le bloc de poinçonnage qui porte les matrices d'emboutissage, mise en forme et pliage, est trempé sur la face et laissé dur. Tous les poinçons servant à percer les rainures sont trempés entre des plaques huilées, et les deux poinçons servant à percer les trous sont trempés à l'huile.

En se reportant à la figure 475, nous trouvons la pièce plate formant ressort D du crochet et qui le complète. Il est nécessaire d'arrondir une extrémité de cette pièce, et de tailler des dents à l'autre, de poinçonner deux petits trous, de rabattre une petite oreille, de plier et cintrer le métal selon une forme donnée.

Ce ressort est entièrement travaillé sur la matrice en série représentée sur la figure 484. La matière, qui arrive à la largeur convenable, est avancée entre les plaques calibres sur la matrice, et contre la tige d'arrêt, par un galet d'avance automatique, puis le poinçon descend, les trous sont percés et le bord antérieur est rogné. A la course suivante, les dents sont poinçonnées, la pièce est coupée, pliée, mise en forme, la partie en saillie est redressée, la face antérieure de la pièce suivante est rognée, et les deux trous sont percés.

Pour faire les brides dans lesquelles se déplace le levier, on emploie une matrice qui en découpe trois en même temps, tandis que le pliage est exécuté sur une simple petite matrice à pousser, sur la presse à pédale. Le levier est fondu. Pour assembler les différentes parties, et établir l'appareil complet tel qu'il est représenté sur la figure 475, on emploie quelques matrices très simples sur la presse à pédale.

Matrice à triple action, pour découper, étirer et emboutir une pièce d'aluminium en une seule opération. — Comme exemple de ce qu'il est possible d'exécuter en une seule opération, comme pièces embouties, je donne sur la figure 485 deux vues d'une pièce formant le couvercle d'une boîte destinée à recevoir un produit pour la toilette, et dont on avait donné une commande d'au moins un million. La matière employée était de la tôle d'un alliage spécial à base d'aluminium, qui permettait d'obtenir de très belles pièces finies.

On emploie une presse Bliss à triple action, pour découper, étirer et emboutir, et une matrice à triple action. Le principal avantage que l'on obtient par l'emploi des matrices à triple action consiste en ce fait que la pièce finie sort en dessous la matrice, au lieu de sortir au sommet. Ceci permet à l'opérateur de faire avancer le métal d'une manière continue au lieu d'attendre que chaque pièce vienne au sommet de la matrice et soit enlevée ou glissée de côté avant que l'on puisse découper la pièce suivante.

La figure 486 donne une coupe verticale de la partie inférieure de la matrice montrant ses différentes parties en position sur la traverse de la presse, et sur le plongeur inférieur. La figure 487 représente la partie supérieure ou poinçon. Sur la figure 486, A est la traverse de la presse, B la traverse supérieure ou pont sur laquelle se trouve fixée la matrice à découper et étirer J, et D est le plongeur inférieur avec la matrice à repousser M.

La matrice à découper et étirer J est d'une seule pièce. Elle comprend une base

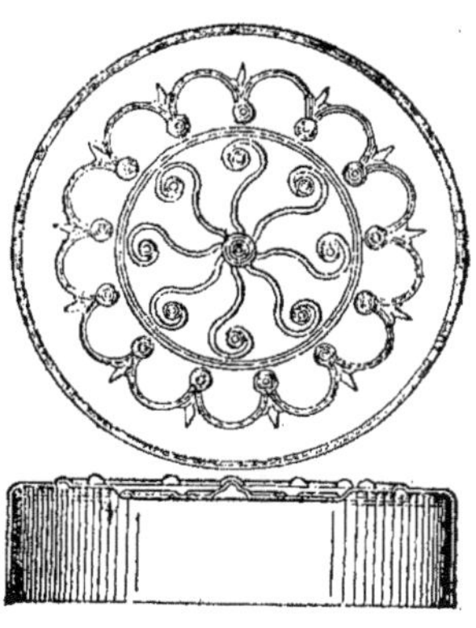

Fig. 485.

forgée en acier doux et une face en acier à outils pour les parties servant à découper et étirer. F est le tranchant, découpé comme il est indiqué en G. H est la surface sur laquelle est placée la pièce pendant l'étirage, I est la partie de la matrice qui produit l'étirage, et X l'angle d'arrachage. La matrice est fixée sur la face de la traverse de pont par la

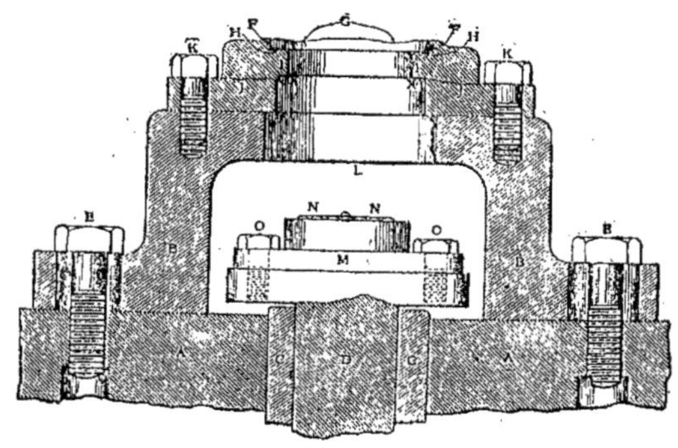

Fig. 486.

vis à tête K. L est un trou de dégagement dans la traverse pont. La matrice à repousser est fixée sur la face du plongeur inférieur par les deux vis O. N représente la face produisant l'emboutissage dans la matrice.

Dans la partie supérieure du poinçon (*fig.* 487), Q est le poinçon combiné à étirer et emboutir, et P le poinçon à découper supportant la pièce, qui se place sur la face du bâti extérieur de la presse à triple action en S, et est fixé dessus au moyen des vis à têtes qui traversent en I. Le poinçon à découper combiné pour former support de pièce est une pièce forgée en acier doux pour la partie postérieure, avec une face en acier à outils, tandis que le poinçon à étirer et emboutir est étiré et travaillé dans un morceau de barre ronde en acier à outils recuit. Il est fixé sur le bâti intérieur au moyen d'une clavette dans la rainure conique.

On comprend qu'il est nécessaire de travailler ces outils avec beaucoup de précision, que toutes les parties travaillantes doivent être trempées, recuites, rectifiées et grattées pour pouvoir produire le travail demandé.

La manière d'employer les outils pour exécuter les pièces est la suivante : la matrice inférieure étant fixée sur la face du plongeur D, et la matrice supérieure avec la traverse pont sur la face de la traverse de la presse, le poinçon à découper et support de pièce combiné P est placé sur la face du bâti extérieur, et le poinçon combiné à étirer et emboutir est placé dans le bâti intérieur. On règle les courses des deux bâtis supérieurs de la presse, et on règle le bâti inférieur sur lequel est placée la matrice à emboutir de façon que celle-ci rencontre la face du poinçon à emboutir Q quand il est en haut. Tout est alors prêt. Le poinçon à découper et support de pièce combiné P est descendu par le bâti extérieur de la presse, et se déplace légèrement en avance par rapport au poinçon à étirer et emboutir Q qui est

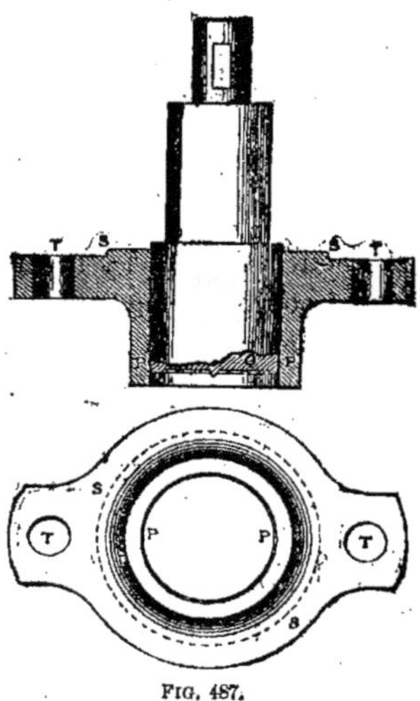

FIG. 487.

actionné par le chariot intérieur, le chariot extérieur de la presse étant réglé de manière qu'à fond de course il s'arrête pendant environ un quart du mouvement de rotation de l'arbre-manivelle. La pièce est découpée dans la tôle et maintenue entre les surfaces de pression annulaire découpée dans la tôle et maintenue entre les surfaces de pression annulaires H de la matrice et P du poinçon, pendant l'abaissement du chariot extérieur. Puis, pendant que la pièce se trouve ainsi soumise à une pression qui a été réglée selon les exigences spéciales du métal à emboutir, le poinçon à étirer et emboutir Q continue à descendre, il étire le métal d'entre les surfaces de serrage, et le refoule dans la matrice en I, le poinçon à étirer et emboutir continuant à descendre jusqu'à ce que la pièce ait pénétré complètement dans la matrice d'emboutissage, en le descendant jusqu'à ce que sa surface inférieure rencontre la face N de la matrice d'emboutissage. Le rôle de celle-ci correspond au fond fixe des matrices à double action, la matrice à emboutir étant placée sur le plongeur D qui se déplace dans la coulisse C quand il est à sa position la plus élevée. Il est mû par des organes placés sur le côté de la presse, le mouvement étant produit par des cames placées à l'extrémité de l'arbre à vilebrequin. La pièce reçoit sur sa face l'impression du dessin représenté par la figure 485. A sa position supérieure, la pièce est arrachée du poinçon Q par l'angle X et la presse étant inclinée, la pièce glisse en arrière.

On est étonné de la quantité de travail soigné que l'on peut exécuter au moyen d'une presse à triple action en dix heures, et tous les constructeurs qui ont à exécuter de grandes quantités de travaux de ce genre auraient avantage à adopter des matrices ainsi construites ; une presse à double action quelconque peut être arrangée pour recevoir ces matrices à un prix raisonnable par comparaison avec l'accroissement de production qui en résulte.

En ce qui concerne la construction des matrices, je peux dire qu'elles sont plus faciles à construire que celles du type à simple action combinées qui sont employées le plus souvent pour ce genre de travail. Les matrices à triple action comprennent moins de pièces que les autres, elles ont moins de tendances à s'avarier, on peut tremper les parties travaillantes avec la certitude du succès, et on peut ensuite aisément rectifier et gratter les parties trempées aux dimensions finies. Pour ne laisser aucune marque à l'extérieur des pièces quand on emboutit de l'aluminium, on obtient de bons résultats en rodant la matrice à étirer, après rectification, avec un chiffon que l'on déplace dans le sens même du travail.

Je n'ai pas indiqué qu'il est nécessaire de graisser les feuilles d'aluminium avant de les travailler, mais comme le nettoyage ultérieur des couvercles coûterait plus que leur fabrication, et comme la préparation que doivent recevoir les boîtes exige une élimination complète de l'huile recouvrant le métal, il faut graisser les feuilles avec soin, en mettant une couche assez mince de façon qu'en cours de travail elle se trouve enlevée. On obtient ce résultat en recouvrant une feuille d'une épaisse couche de suif de Russie fondu, en la passant entre une paire de cylindres ; on fait ensuite passer entre ceux-ci un certain nombre de feuilles qui se trouvent ainsi recouvertes d'une couche régulière et mince. L'huile disparaît entièrement au cours du découpage et de l'emboutissage de la pièce.

Ce couvercle mesure 88^{mm},9 (3 1/2 p.) de diamètre, 25^{mm},4 (1 p.) de hauteur, il est pris dans une feuille ayant un peu plus de 0^{mm},79 (1/32 p.) d'épaisseur ; la pièce découpée a un diamètre de 121^{mm},44 (4 25/32 p.) de façon à laisser la marge la plus étroite possible pour rogner.

Découpage et étirage de pièces en aluminium. — Il y a quelques années, j'avais à faire un jeu de matrices pour fabriquer une boîte en aluminium, et il fallait construire les outils de manière à produire ces pièces avec le minimum de dépense ; j'adoptai des matrices permettant de produire un couvercle et une boîte complète à chaque coup de presse, c'est-à-dire qu'il y avait une matrice pour le couvercle et une autre pour le corps de la boîte. Ces matrices étaient du genre combiné à découper et étirer, dans lesquelles la pièce est d'abord découpée puis maintenue entre les surfaces de pression annulaires du poinçon et de l'anneau support de pièce pendant étirage sous l'action du poinçon. La figure 488 représente la pièce emboutie formant le corps de la boîte et la matrice employée pour l'exécuter.

Comme j'ai vu dans beaucoup d'ateliers employer deux matrices pour exécuter ce travail qui avec ce système est produit avec une seule matrice, et comme la construction et le fonctionnement de celles-ci sont nouveaux, je vais en donner une courte description.

La figure 488 représente une coupe en long de la matrice complète montée sur la presse et prête à travailler. AA est la matrice à découper, forgée en acier doux avec une face en acier à outils formant le tranchant ; G est le poinçon à étirer placé dans la matrice à découper où il est vissé sur un siège en E, E. D est la plaque de montage avec ressort de pression sur laquelle la matrice à découper est fixée au moyen des boulons O, O. P, P sont les six tiges de tension qui soutiennent l'anneau support de pièce BB, et transmettent l'effort de tension du barillet en caoutchouc élastique L. Le montage à barillet élastique comprend une tige N vissée dans un trou taraudé J dans la plaque DD, les deux rondelles en fonte K, K, et le barillet en caoutchouc élastique L. Le barillet en caoutchouc élastique a ordinairement 88^{mm},9 (3 1/2 p.) de diamètre et 152^{mm},3 (6 p.) de longueur pour étirer les pièces ayant jusqu'à 25^{mm},4 (1 p.) de profondeur. M est l'écrou servant à régler la pression sur la pièce pendant son étirage sur le poinçon.

En ce qui concerne le poinçon ou la partie supérieure de la matrice, FF est le poinçon combiné formant matrice d'étirage. C'est une pièce forgée en acier doux portant un anneau en acier à outils forgé, de façon à former la face tranchante et produisant l'étirage. H est la partie de ce poinçon qui forme matrice d'étirage, G le support à ressort qui expulse la pièce après étirage, et I l'écrou de réglage pour le support à ressort. Dans une matrice de ce genre, le poinçon à découper, le support à étirer, l'anneau supportant la pièce et la matrice à découper sont tous trempés et recuits, les tranchants sont recuits à la couleur paille foncée, et les parties servant à l'étirage sont recuites au paille clair.

Pour se servir d'un poinçon et d'une matrice de ce genre, on commence par placer la matrice sur la traverse de la presse, et on y boulonne également la plaque DD. On place ensuite le poinçon dans le bâti de la presse, et on l'aligne avec la matrice. Ensuite on règle la course de la presse de manière que le poinçon descende à la distance convenable, on règle la pression du ressort et tout est alors prêt. On met une feuille de tôle qui

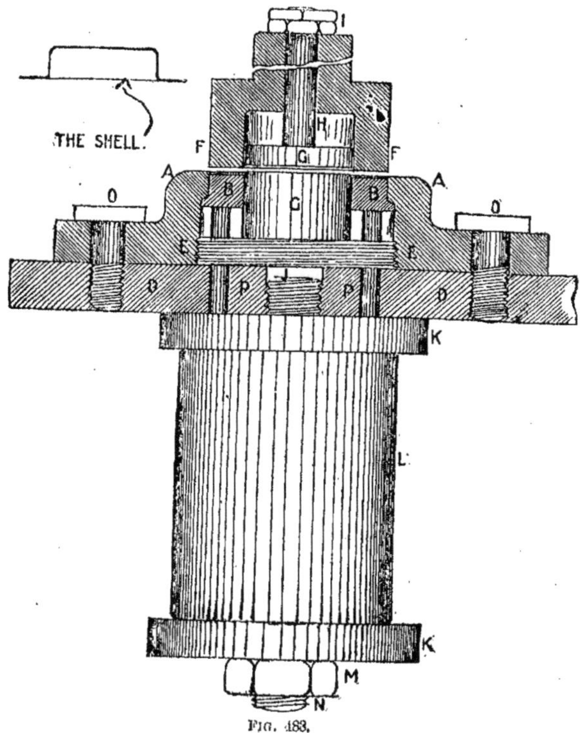

FIG. 483.

The shell :   Pièce embouchée.

repose sur le sommet de la matrice découpeuse, la presse étant arrêtée. Quand la presse descend, les tranchants enfoncent la pièce dans la matrice découpeuse AA, où elle se trouve maintenue entre les faces du poinçon et l'anneau de support BB ; à mesure que le poinçon continue à descendre, le poinçon étireur G étire le métal contre le poinçon découpeur, en l'arrachant d'entre les surfaces de pression ; le métal est tenu suffisamment serré pour éviter la formation de commencements de plis et de déchirures quand le poinçon remonte, la tôle en est arrachée par des tiges pliées placées autour de la matrice découpeuse, et la pièce finie est évacuée au dehors par le ressort O commandé par un coup dans le corps de presse. Quand on emploie une matrice de ce genre sur une presse inclinée, la pièce finie tombe en arrière par son propre poids.

On peut employer ici avec beaucoup d'avantage des matrices combinées à découper et étirer que nous décrivons ci-dessous, pour produire des pièces embouties avec des feuilles métalliques dont l'épaisseur varie depuis celle d'une feuille de papier jusqu'à 3^{mm},17 (1/8 p.). On peut les utiliser soit sur les presses au pied à simple action, soit sur les presses mécaniques. Dans la plupart des cas, les pièces produites avec les matrices de ce genre ont une forme basse, leurs tranchants n'ont fréquemment pas plus de 0^{mm},79 (1/32 p.) de profondeur, comme pour des couvercles ou des fonds de bidons, etc. Toutefois on peut aussi employer des matrices de ce genre pour fabriquer des pièces beaucoup plus profondes, telles que des boîtes avec couvercles pour cirage, saindoux, pommades et autres marchandises, jusqu'à 19^{mm},04 (3/4 p.) de profondeur, ou pour découper et étirer des brûleurs et des pièces diverses d'appareils à gaz jusqu'à 25^{mm},4 (1 p.) de profondeur. Toutefois on obtient les meilleurs résultats quand on emboutit des pièces qui ne dépassent pas 19^{mm},04 (3/4 p.) de longueur, car pour emboutir à cette profondeur, le barillet en caoutchouc élastique doit être comprimé au maximum, et si on comprimait davantage, le métal serait étendu d'une façon exagérée ou se fendrait. Quand on veut emboutir des pièces de plus de 19^{mm},04 (3/4 p.) de profondeur, il vaut mieux employer deux matrices, une matrice combinée et une matrice à réemboutir ou finir.

Comme la matrice que nous venons de décrire sert à découper et emboutir de l'aluminium, je puis assurer les lecteurs qu'on ne s'est heurté à aucune difficulté, quoique l'outillage ait été construit comme pour travailler du laiton. Toutefois, pour obtenir de bons résultats, il est nécessaire d'employer un lubrifiant convenable, qui est de la vaseline bon marché. Pour les pièces profondes en aluminium, on emploiera l'huile de lard.

Un élégant travail de pliage et mise en forme. — La figure 489 représente la pièce découpée utilisée pour exécuter la pièce représentée par la figure 491. Cette pièce mesure 177^{mm},8 (7 p.) de long, 57^{mm},14 (2 1/4 p.) de large et est en laiton dur de 1^{mm},58 (1/16 p.) d'épaisseur. Les angles doivent être découpés selon le rayon indiqué, on perce trois trous à chaque bout, et on poinçonne une rainure au centre.

On trouve plus économique de découper les bandes de laiton à la largeur voulue. Les outils, représentés par la figure 492, appartiennent au

type en série, et exécutent successivement les opérations sur la pièce pour
la couper finalement à la longueur nécessaire. Sur la coupe de la matrice,

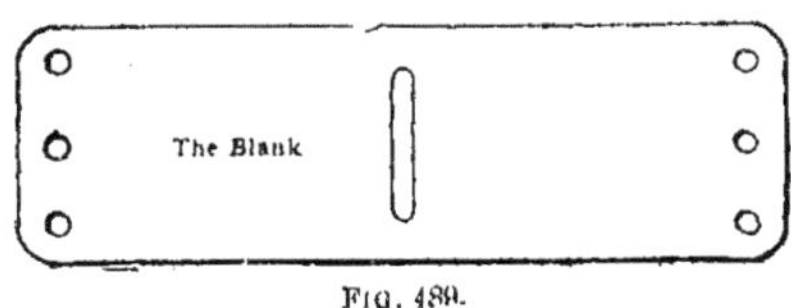

FIG. 489.

The Blank :   Pièce brute.

V, V représentent deux des matrices à percer. Il y a des bagues en acier
trempées et rectifiées placées dans des trous percés dans le bloc en fonte

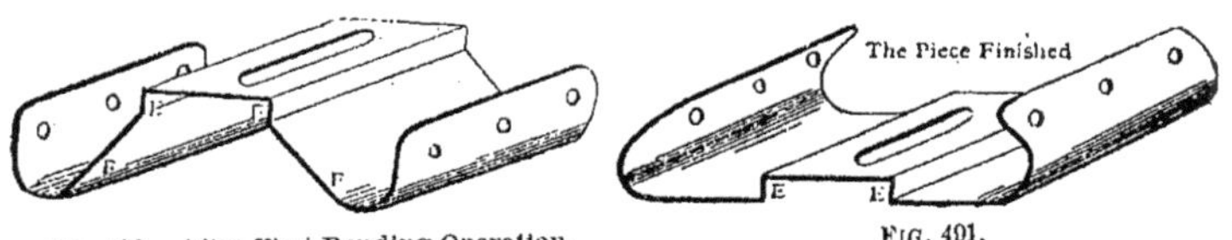

FIG. 490.—After First Bending Operation.   FIG. 491.

FIG. 490. — Après première opération de pliage.   The Piece Finished : Pièce finie.

portant les matrices. X est la matrice à rainurer, placée dans une entaille
sur la face du bloc au moyen d'un solide goujon en Y. La plaque calibre

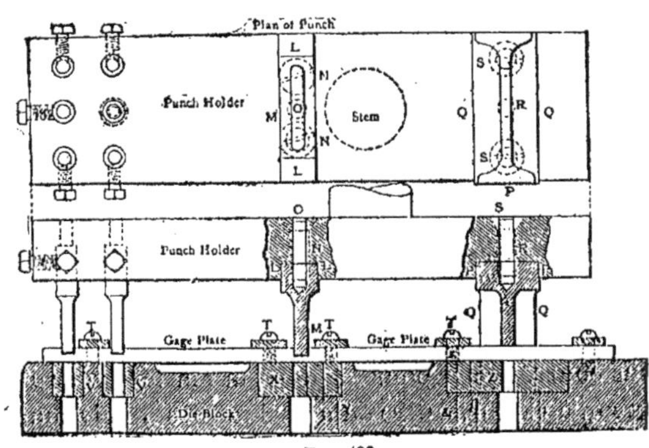

FIG. 492.

Die Block :   Place de matrice.
Gage Plate :   Plaque calibre.
Punch Holder :   Support de poinçon.
Stem :   Tige.
Plan of Punch :   Plan du poinçon.

s'étend sur toute la longueur de la matrice ; l'appareil à arracher comprend quatre brides fixées par des vis à têtes rondes T. En construisant la

matrice de cette façon, on peut démonter et remplacer séparément toutes
les pièces avariées.

Le poinçon comprend un support en fonte sur lequel on place tous les
petits poinçons, dont cinq sont fixés sur des sièges percés au moyen de
vis de serrage J, tandis que celui du centre est serré au moyen d'une vis
à tête plate placée en arrière du support. Le poinçon à rainurer M est
placé dans une rainure carrée du support au moyen du goujon O et de
deux vis à têtes plates N, N. Le poinçon à rogner et découper est placé de
la même manière dans la rainure Q, Q au moyen du goujon B et des
vis S, S.

Le poinçon à rainurer M est le plus long, tandis que le poinçon décou-

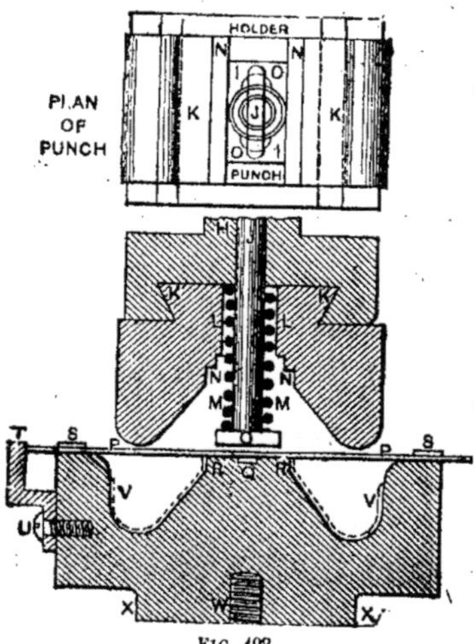

FIG. 493.

Plan of Punch :	Plan du poinçon.
Punch :	Poinçon.
Holder :	Support.

peur est le plus court. Ceci a pour but que, la matière venant de gauche à
droite, le poinçon à rainurer perce d'abord la pièce, et la maintienne pendant le perçage des six trous, et que le poinçon découpeur ne commence à
tailler que quand tous les autres poinçons ont pénétré dans leurs matrices.
On est ainsi assuré du calibrage exact des pièces, et du repérage des différentes opérations. Avec cette matrice, on emploie une butée réglable qui
n'est pas représentée.

La figure 490 représente le résultat de la première opération de pliage,
que l'on exécute au moyen des outils représentés sur la figure 493. Les

croquis sont suffisamment clairs pour n'exiger qu'une courte description. Le support des poinçons est en fonte, muni d'une queue d'aronde sur la face en K, K pour recevoir le poinçon en acier à outils, qui est usiné selon la forme indiquée et trempé sur la face servant au pliage. Le repère O et le système à ressort se comprennent d'eux-mêmes. La matrice est également en acier à outils, et usinée pour s'ajuster dans la traverse ; elle porte un trou taraudé en W pour recevoir une vis de fixation. P, P indiquent la position de la pièce prête à subir la mise en forme, tandis que les lignes pointillées V, V représentent la pièce ayant pris la forme dans la matrice. S, S sont les calibres latéraux, et T le repère terminal. Pour l'emploi, les matrices sont placées sur une presse inclinée, et après pliage, la pièce tombe en arrière.

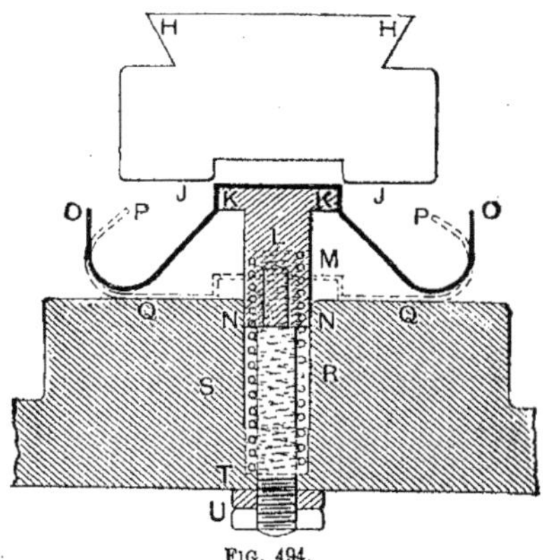

FIG. 494.

Pour la dernière opération, qui consiste à exécuter le travail représenté par la figure 491, on emploie les outils très simples représentés par la figure 494. La pièce avant achèvement est représentée par le trait noir OO, en position sur le support L, tandis que les lignes pointillées P, P représentent la pièce finie. Le poinçon, en acier à outils, est usiné de manière à s'ajuster dans la rainure à queue d'aronde sur la face du support (non représentée) et en H de manière à s'ajuster sur la partie centrale de la pièce ; la matrice est en fonte.

La rapidité de travail de ces deux matrices de pliage, et la qualité du travail qu'elles permettent d'obtenir sont surprenantes, si on considère la simplicité et le bas prix de l'outillage. On pourrait penser qu'il serait meilleur d'établir une matrice pouvant exécuter tout le pliage en une seule opération. Cela est possible, à condition que l'on ait à fabriquer un nombre de pièces suffisant, c'est-à-dire plusieurs millions.

Poinçon et matrice en série pour exécuter des œillets en une seule opération. — Comme exemple de ce que l'on peut accomplir dans l'étude des moyens permettant de produire en une seule opération des articles en feuilles métalliques, je vais décrire et représenter une matrice en série d'un type très intéressant. L'auteur a combiné et mis en service avec succès un certain nombre de ces matrices, il n'y a pas longtemps, pour fabriquer une des deux pièces composant un bouton métallique. On verra que c'est là le meilleur modèle à adopter pour fabriquer de petits boutons, des œillets, des rivets creux et toutes les pièces analogues qu'il

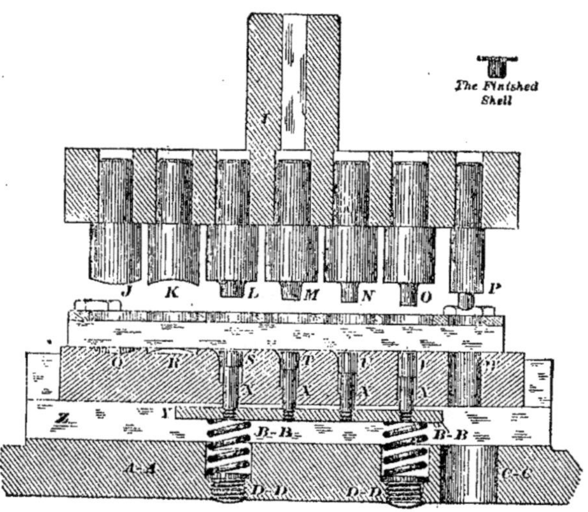

FIG. 495.

The Finished Shell : Pièce finie.

est nécessaire de produire à bas prix et en grandes quantités. Pour abaisser le prix de l'opération au minimum, la matière est ordinairement avancée automatiquement au moyen d'un petit galet portant un cliquet à dents fines, ce qui permet de régler la course avec précision.

Quand on travaille le laiton, qu'il est possible de se procurer en grandes longueurs, ou en bobines ayant une largeur à peu près uniforme, une matrice du type représenté par la figure 495 parcourra toute la longueur de la bobine sans possibilité d'erreur, de sorte qu'un seul ouvrier pourra conduire simultanément plusieurs presses, en les tenant continuellement en marche.

En premier lieu, il est nécessaire de comprendre que pour emboutir une feuille métallique selon une forme ou un profil quelconques, il est d'abord nécessaire de découper un galet. Puis, quand la pièce emboutie est exécutée progressivement, comme sur la matrice en question, il faut premièrement découper particllement le galet dans la bande afin qu'il puisse diminuer de diamètre au cours de l'emboutissage, et de manière à ne pas faire varier les distances relatives entre les centres, au cours des différentes opérations nécessaires pour l'obtention de la pièce. C'est là le point que beaucoup de constructeurs de matrices oublient ; les matrices ne fonctionnent pas bien quand on n'a pas prévu de moyens pour découper d'abord particllement le galet, et il n'est pas possible de repérer les opérations successives dans leurs positions correctes, parce que le métal embouti a été déplacé latéralement ou longitudinalement pendant la première opération. Comme cet inconvénient continue à se produire à chaque opération d'emboutissage, il n'y a aucune possibilité de repérer avec précision les différentes opérations. La manière dont on doit construire une

FIG. 496.

matrice en série de ce genre, pour obtenir les résultats demandés, se comprendra en lisant la description des outils représentés ici.

Le poinçon et la matrice sont employés pour produire de petites pièces embouties telles que celle représentée en haut à droite sur la figure 495. Sept opérations sont nécessaires, pour exécuter ces pièces que l'on produit à raison de 40.000 à 50.000 par journée de dix heures en partant de la feuille plane. On emploie du laiton tendre de $0^{mm},762$ (0,030 p.).

Comme les figures représentant la matrice et le poinçon indiquent clairement les différentes pièces employées pour la construction de ces outils, et comme la figure 496 représente les résultats obtenus à chaque opération à mesure que la bande se déplace sur la face de la matrice, une courte description suffira.

La matière est d'abord découpée comme il est indiqué en A (*fig.* 496), par le poinçon J (*fig.* 495), puis en B par le poinçon K. Le galet reste ainsi attaché à la bande, ce qui permet de l'emboutir et de réduire son diamètre au cours des opérations ultérieures, sans faire varier la position de son centre par rapport à la bande. Ceci permet donc d'emboutir la pièce, tout en laissant une marge pour la maintenir sur la bande, et pouvoir la faire avancer pour subir l'opération suivante.

Les tiges des sept poinçons J, K, L, M, N, O et P sont placées dans des trous alésés dans le support I et sont maintenues au moyen de vis de serrage non figurées. Tous les poinçons sont trempés, recuits, et soigneusement grattés à la dimension et à la forme voulues. La matrice est usinée à la manière ordinaire, en employant des outils de forme pour travailler les matrices à emboutir et à calibrer. Q est la première matrice découpeuse, R la seconde, S la première matrice à emboutir, P la seconde, U la troisième, V la matrice à calibrer et finir, tandis que W est la matrice à découper et rogner. Chacune des matrices à emboutir est munie d'un plongeur, trempé, recuit puis inséré dans le support Y. Ces plongeurs remplissent le double but de soutenir le métal pendant l'emboutissage et de l'arracher ensuite des matrices, afin de permettre de faire avancer la bande, pour l'exécution de l'opération suivante. Une rainure rabotée longitudinalement dans la traverse AA en Z permet au support Y de monter et descendre selon l'action du bâti de la presse. Les deux ressorts BB, BB maintiennent les plongeurs en l'air avec une tension suffisante pour bien serrer le métal entre leurs faces, et celles des poinçons d'emboutissage pendant le travail. Leur pression est réglée au moyen des vis sans tête DD, DD. Le poinçon à découper ou rogner P porte une tige pilote qui s'ajuste dans la dernière pièce emboutie, de façon à bien la centrer au moment où elle est rognée et séparée de la bande.

Comme les travaux exécutés en employant ces outils que nous venons de décrire exigeraient trois ou plusieurs opérations si on employait des outils plus simples, on se rend aisément compte de l'économie réalisée.

Pour conclure, je puis affirmer que pour tous les genres de petites pièces embouties, on peut les produire avec plus de précision et en moitié moins de temps en employant des matrices telles que celles que je viens de décrire. Toutefois, pour travailler avec succès avec ces outils, on doit toujours se rappeler qu'avant de commencer l'emboutissage progressif, il faut prévoir des moyens de découper partiellement les galets dans la bande de métal.

Matrices composées pour pièces de récepteurs téléphoniques. — La figure 497 représente l'ensemble des pièces assemblées formant un récepteur téléphonique, et les figures 498 à 503 représentent les matrices employées pour exécuter ces différentes pièces en feuilles métalliques. Il est inutile d'indiquer que ces récepteurs sont employés en grandes quantités, et que les matrices qui servent à les fabriquer doivent être construites de manière à donner la précision et la durée les plus grandes, afin de permettre d'exécuter les pièces rapidement et parfaitement interchangeables. Comme le travail de fabrication de ces récepteurs comprend des opérations de découpage, emboutissage, mise en forme, perçage et montage de fils métalliques, les matrices sont intéressantes ; les dessins qui les représentent, la description de leur construction et de leur emploi donne-

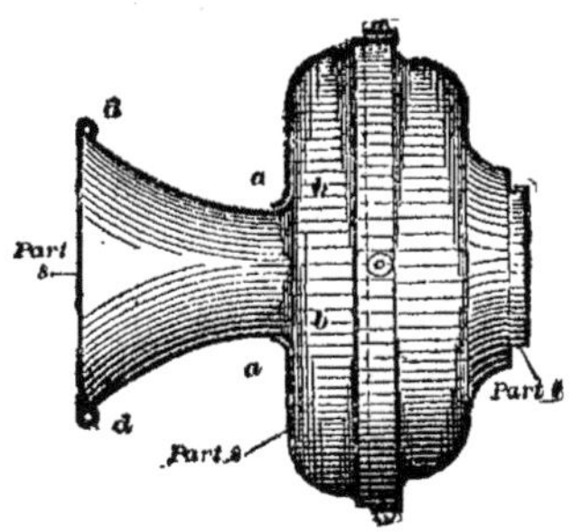

FIG. 497.

Part. 1 :   Partie 1. — *Part.* 2 :   Partie 2. — *Part.* 3 :   Partie 3.

ront des idées pour imaginer des outils analogues en vue de fabriquer avec précision et économie les pièces les plus variées en feuilles métalliques.

Comme l'indique la figure 497, le récepteur comprend trois pièces mar-

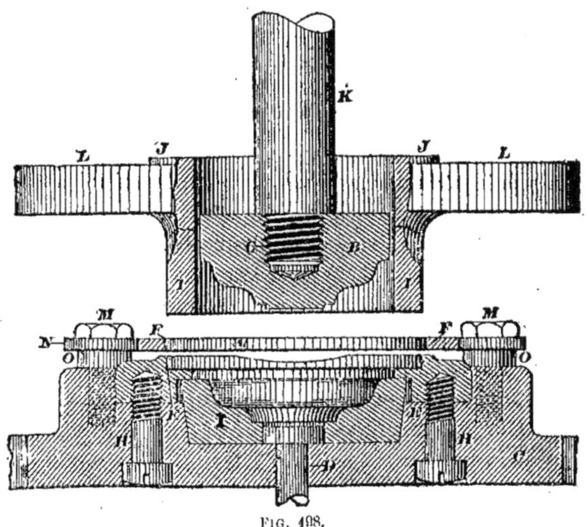

FIG. 498.

quées 1, 2 et 3. La pièce 1 offre une forme artistique et constitue un joli travail d'emboutissage. La matrice qui sert à la faire est représentée sur la figure 498, et appartient, comme toutes les matrices servant à fabriquer les pièces de ces récepteurs, au type composé à double action. Comme un grand nombre d'outilleurs ne sont pas familiarisés avec les matrices à emboutir de ce genre, une courte description de leur emploi permettra de comprendre leur fabrication.

Les matrices à double action ont un nom qui dérive de ce fait qu'on les emploie sur les presses à double action pour découper un galet et en même temps pour l'emboutir selon une certaine forme sans employer de ressorts ou tampons comme dans le cas des matrices combinées à simple action. Le genre et l'épaisseur du métal employé indiquent si une ou plusieurs opérations sont nécessaires pour obtenir une pièce ayant la forme et la profondeur voulues. Il y a deux types très différents de matrices à double action, la figure 498 représente une matrice à fond fixe, tandis que la

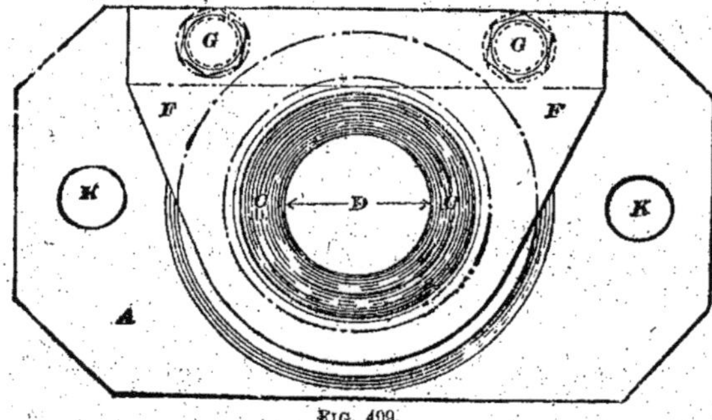

FIG. 499.

figure 501 en représente une où on refoule complètement au travers. Toutefois les deux types sont employés de la même façon.

Si nous examinons la matrice de la figure 498, qui est employée pour faire la pièce 1 de la figure 497, G est la traverse sur laquelle sont placées les matrices à emboutir et à découper. On comprendra que toutes les pièces composant cette matrice doivent être construites avec une grande précision, avec les parties travaillantes trempées, recuites, rectifiées et polies. En ce qui concerne la matrice, A est la matrice à emboutir principale, placée sur la traverse dans un siège conique, FF est la matrice de découpage, placée sur un siège à la surface de la traverse, et fixée au moyen de deux vis à têtes fendues H, H. N est un arracheur du type ordinaire.

En ce qui concerne le poinçon, LL est le poinçon combiné à découper formant support de pièce ; c'est une pièce forgée en acier doux avec un anneau en acier à outils soudé sur un côté, de manière à agir comme poinçon de découpage en I, I. Il est entièrement usiné, tourné en J, J pour le placer sur la face du bâti extérieur de la presse à double action, trempé et recuit en I, I, et rectifié pour s'ajuster sur la matrice découpeuse FF ; la face est ensuite grattée de manière que la pièce soit soutenue bien également pendant l'emboutissage. B est le poinçon à emboutir et mettre en forme, et E est sa tige. La manière d'employer cette matrice, ainsi que les autres matrices à double action que nous représentons, se comprendra par la description suivante :

La partie inférieure ou matrice G est fixée à la face de la traverse de la presse, tandis que le poinçon combiné II formant support de pièce est fixé sur la face du bâti extérieur, et se meut légèrement en avant du poinçon à emboutir B, dont la tige K est fixée au bâti intérieur qui la com-

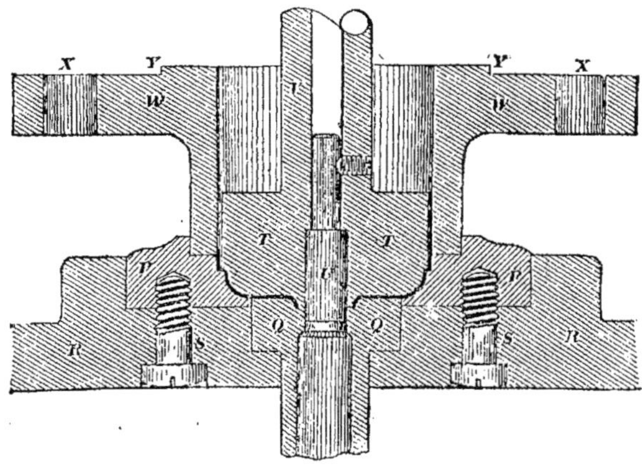

FIG. 500.

mande. Le bâti extérieur de la presse à double action est disposé de manière que, après avoir décrit sa course, il s'arrête pendant environ un quart de tour du vilebrequin, et le poinçon combiné à découper et supporter la pièce découpe le galet en F, F, et le descend sur la surface intérieure de la matrice découpeuse. Ce poinçon la maintient solidement et reste immobile, en la serrant entre ses surfaces annulaires et E, E pendant le mouvement de descente du chariot extérieur.

Pendant que la pièce se trouve soumise à une pression qui a été réglée selon les exigences spéciales de chaque cas particulier, le poinçon à emboutir B continue son mouvement de descente, et étire le métal qui se trouve entre les surfaces de pression, pour lui donner la forme voulue. Quand le poinçon remonte, le poinçon combiné reste fixe jusqu'à ce que le poinçon à emboutir ait disparu à l'intérieur de celui-ci ; il remonte ensuite également. A la fin de la course de remontée, un arrêt fixé à la presse agit sur l'arrêt de matrice D, et évacue la pièce finie au sommet de la matrice. Il est nécessaire d'usiner avec le plus grand soin, de rectifier, gratter et polir cette matrice, pour qu'elle puisse produire la pièce 1 telle qu'elle doit être, le métal employé est une feuille de laiton de 1^{mm},58 (1/16 p.) d'épaisseur ; le plus grand soin est nécessaire pour maintenir entre le diamètre, les courbes et la forme du poinçon et de la matrice une différence exactement égale à deux fois l'épaisseur du métal.

Le poinçon et la matrice employés pour exécuter la pièce 2 de la figure 497 sont représentés sur la figure 500. Quoique ce soit une matrice composée à double action, on voit que sa construction diffère de celle

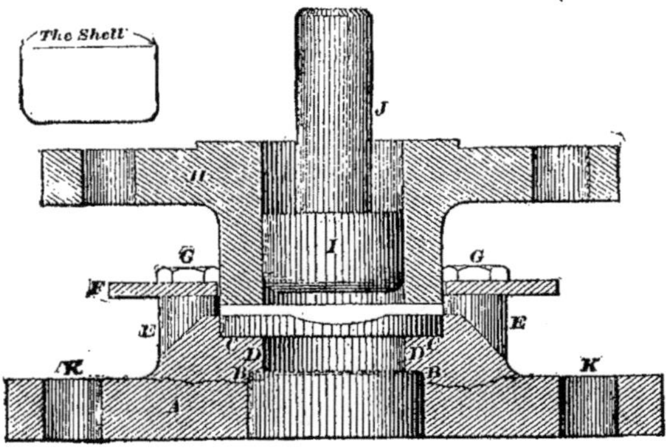

FIG. 501.

The Shell : Pièce emboutie.

représentée par la figure 498, et qu'elle produit un travail différent. Dans cette matrice, la pièce emboutie qui correspond au n° 2 de la figure 497 est découpée, emboutie, mise en forme et percée au centre pour recevoir le bout de la pièce 3, comme il est indiqué en *a* (*fig.* 497), en un seul coup de presse. Cependant l'emploi et la conduite de la matrice sont les mêmes que pour la première. Comme pour l'autre, il est nécessaire que toutes les pièces soient soigneusement travaillées pour que la matrice travaille bien dans la presse. Sur la coupe, RR est la traverse en fonte, P P la matrice combinée à découper et emboutir, et QQ la matrice combinée à former le fond et percer le trou.

Dans la coupe supérieure de la matrice (*fig.* 500), WW est le poinçon découpeur et support combiné, une pièce forgée 11 forme le poinçon à emboutir et mettre en forme, et U est le poinçon à percer le trou. Le trait

noir indique comment le métal est découpé, embouti, mis en forme et
percé d'un trou. Dans cette matrice, celle qui sert à former le fond et percer le trou QQ agit également comme arrêt. Celui-ci est commandé
pendant la remontée du bâti de la presse par le système fixé sur celle-ci.
Le galet produit par le poinçon U trouve une issue par un trou agrandi qui
règne sur toute la longueur de la tige de la matrice de perçage. On peut
obtenir des résultats parfaits avec une matrice ainsi construite, parce que
la pièce est bien maintenue pendant l'emboutissage. On a tout le temps

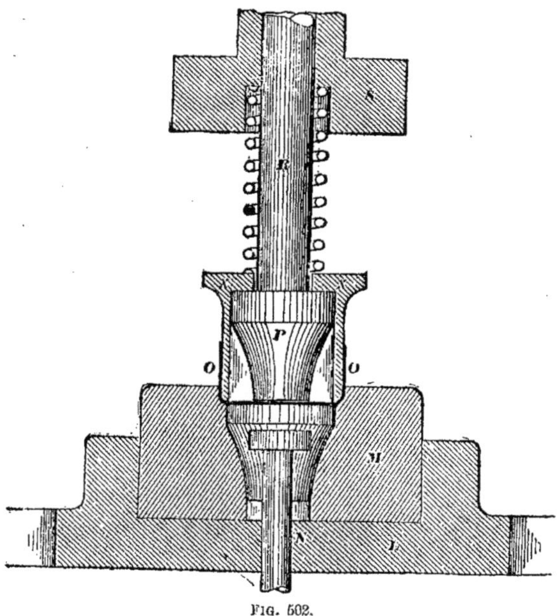

Fig. 502.

une pression régulière, ce qui n'est pas le cas quand on emploie des matrices combinées à simple action; en effet, l'effort sur le galet est produit
par un barillet en caoutchouc élastique qui est comprimé quand le support
du galet descend et produit une tension irrégulière. Ensuite, on ne peut
obtenir des pièces embouties profondément avec une matrice à simple
action, parce que le métal se déchire ou se plie sous l'effet de la pression
exagérée à laquelle est soumis le galet pendant l'emboutissage. Au contraire, avec les matrices composées à double ou triple action, on peut
emboutir très profondément pour un diamètre donné, parce que la pres-

sion sur le métal est produite par des cames placées sur l'arbre à manivelle et est régulière.

Pour exécuter la pièce 3 du récepteur, selon la forme indiquée sur la figure 497, trois opérations sont nécessaires. La première consiste à emboutir une pièce selon la forme représentée en haut et à gauche sur la figure 501. Comme le montre la coupe, la matrice est d'une seule pièce. Elle est en acier doux forgé à la base, et porte une face en acier à outils pour former la matrice de découpage. La soudure des deux aciers est indiquée sur la figure par une ligne brisée. L'usinage et le finissage de la matrice sont exécutés comme d'ordinaire. Toutes les parties travaillantes sont laissées un peu plus fortes, puis rectifiées et grattées après trempe et

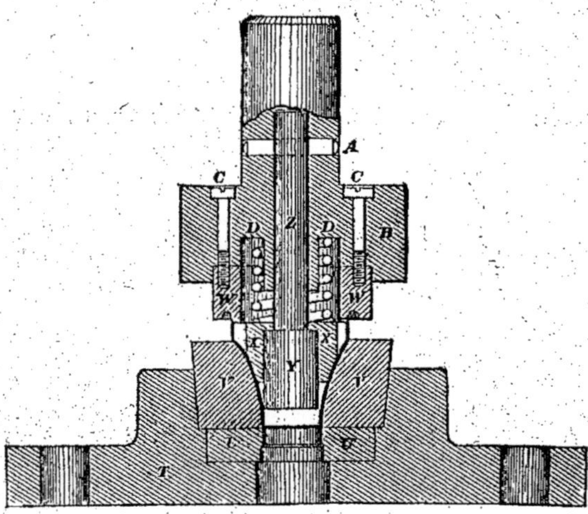

Fig. 503.

recuit. A est la base, CC la partie formant matrice de découpage et support de pièce, DD la matrice d'emboutissage et BB l'arête d'arrachage.

Sur la coupe du poinçon de la figure 501, H est le poinçon combiné à découper formant support, et I le poinçon à emboutir. Comme on le voit, la matrice est munie d'un arracheur du type courant. Cette matrice travaille beaucoup plus vite que les deux autres, car le métal est découpé, puis embouti et poussé à travers la matrice et arraché en B, B ; ceci supprime la nécessité d'un arrêt et la sortie de la pièce au sommet de la matrice.

La seconde opération concernant la pièce 3 est exécutée au moyen de l'outil représenté sur la figure 502. Une courte description suffira, attendu que sa construction et son emploi se comprennent d'un coup d'œil. S est le porte-poinçon, P le poinçon à emboutir, et R sa tige. X est le support de pièce intérieur, qui soutient l'intérieur de celle-ci pendant son emboutissage. Q est l'arracheur. En ce qui concerne la matrice, L est la traverse, M la matrice, et N l'arrêt pour arracher la pièce finie de la matrice. Le poinçon et la matrice sont employés sur une presse à diminuer à très grande course.

La dernière opération concernant la pièce 3 consiste à poinçonner le fond en *b*, *b* et à enrouler le bord en *d*, *d* comme il est figuré. Ce travail est entièrement exécuté au moyen de la matrice combinée à enrouler et percer, représentée figure 503. Quoique celle-ci soit très claire, une description aidera à comprendre parfaitement la construction et le fonctionnement de ces outils.

Sur la coupe inférieure, T est une traverse en fonte, alésée et munie d'un ressaut pour la matrice à percer les trous U, U et pour le support à repérer VV. La matrice à percer est en acier à outils, trempée, rectifiée et grattée à dimension, et entrée à force dans son logement de la traverse, tandis que VV est en acier doux, usiné intérieurement pour s'ajuster sur les pièces mises en forme, et tourné cône à l'extérieur, pour entrer dans le siège conique de la traverse.

La coupe supérieure comprend d'abord le support B, pièce en acier doux forgé, usiné comme il est indiqué, pour recevoir la matrice à enrouler WW, l'arracheur à ressort, le support de pièce XX et le poinçon de perçage Y. Comme on le voit, la matrice à enrouler est placée dans un siège sur la face du support, et fixée au moyen de la tête spéciale et de vis, tandis que le poinçon de perçage est placé dans un trou alésé traversant complètement le support, et maintenu en position d'une façon permanente par une broche conique en A. Le ressort DD exerce une pression suffisante sur le support de pièce et arracheur combiné XX pour lui permettre de supporter la pièce à l'intérieur pendant qu'elle est enroulée par la matrice WW puis pour l'arracher du poinçon de perçage au moment où le bâti de la presse remonte.

Quand on se sert du poinçon et de la matrice, on place la pièce sur le siège de repère en VV et on met la presse en marche. Quand le poinçon descend, le support et l'arracheur viennent en contact avec l'intérieur de la pièce, et la maintiennent solidement pendant que le ressort se trouve comprimé, et que le reste du poinçon continue à descendre. Le bord de la pièce pénètre alors dans la rainure à enrouler dont il suit les courbes. Le poinçon descend jusqu'à ce que la boucle soit complète, le poinçon de perçage Y a dans l'intervalle percé le fond de la pièce et pénétré dans la matrice U. Quand le bâti remonte ensuite, l'arracheur XX reste fixe, jusqu'à ce que le poinçon de perçage ait quitté la pièce et que la matrice à enrouler soit remontée en dessus. Ensuite il remonte, laissant la pièce dans une position telle qu'elle puisse être facilement enlevée.

Les autres opérations nécessaires pour permettre l'assemblage des différentes pièces de la boîte, comme l'indique la figure 497, comprennent le montage des pièces 2 et 3 ensemble, et le perçage de quatre trous dans les fentes des pièces 1 et 2 pour le passage des vis. Comme les outils employés pour ces opérations sont très simples, il est inutile de les représenter et de les décrire.

Pour conclure, je puis dire qu'il conviendrait que les fabricants de pièces embouties artistiques s'occupent davantage de l'emploi des matrices à double action et des presses à double action, car les résultats qu'elles permettent d'obtenir sont hors de comparaison avec ceux des matrices combinées sur les presses à simple action.

CHAPITRE XXVII

PROCÉDÉS. — PRESSES. — SYSTÈMES ET DISPOSITIFS
POUR TRAVAILLER RAPIDEMENT ET ÉCONOMIQUEMENT
LES MÉTAUX EN FEUILLES

Travail à la presse. — Ce n'est que dans ces dernières années que l'emploi et la valeur des presses mécaniques et hydrauliques pour le travail des métaux en feuilles ont été universellement appréciés et connus, et aujourd'hui elles se répandent avec une rapidité extraordinaire.

Parmi l'ensemble des machines-outils, la presse mécanique et son travail occupent une situation unique à un certain point de vue. C'est en effet la seule machine-outil, et son travail constitue le seul procédé grâce auquel, après découpage de la feuille, il ne reste ni copeaux ni limaille. La presse ne coupe ni n'arrache.

Pour donner de bons résultats, la presse mécanique est ordinairement une machine assez coûteuse ; l'étude et la construction des matrices convenables pour son emploi exigent le travail des mécaniciens les plus habiles, et constituent souvent la partie la plus coûteuse de l'affaire. Mais quand la machine et les matrices fonctionnent dans de bonnes conditions, l'économie de main-d'œuvre est énorme, et très supérieure à celle procurée par toute autre machine-outil. En réalité, les pièces les plus compliquées et les plus coûteuses sont souvent produites en grandes quantités par la presse mécanique, tandis que si on voulait les fabriquer par d'autres procédés, il faudrait un temps et une dépense cent fois supérieurs.

Ce n'est que tout dernièrement que, grâce à la rapidité de son travail et à la régularité de ses produits, la presse mécanique est devenue une machine spéciale d'usinage. Mais aujourd'hui, cette machine est employée à peu près universellement dans les ateliers de construction les mieux montés, pour fabriquer une variété infinie de pièces utilisées dans les machines, et on peut compter sur elle comme sur les autres machines-outils ; son travail est très économique.

Perforation des feuilles métalliques planes et cylindriques. —
Pour produire des plaques et des pièces à perforations nombreuses, les
matrices combinées avec de nouveaux dispositifs mécaniques jouent un
rôle plus important que pour tous les autres genres de travaux sur les
métaux en feuilles. Si les matrices employées pour ce genre de pièces sont
comparativement simples, les systèmes et appareils qu'elles entraînent
sont souvent compliqués et inédits. Il en est spécialement ainsi pour la
perforation des articles cylindriques où la matrice reste fixe, tandis que la
pièce tourne successivement à chaque coup de presse, jusqu'à ce que la
surface ait été entièrement travaillée. Au moyen de ces appareils tour-

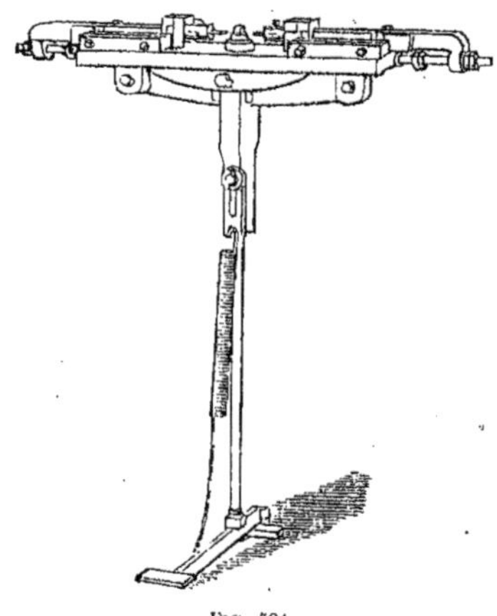

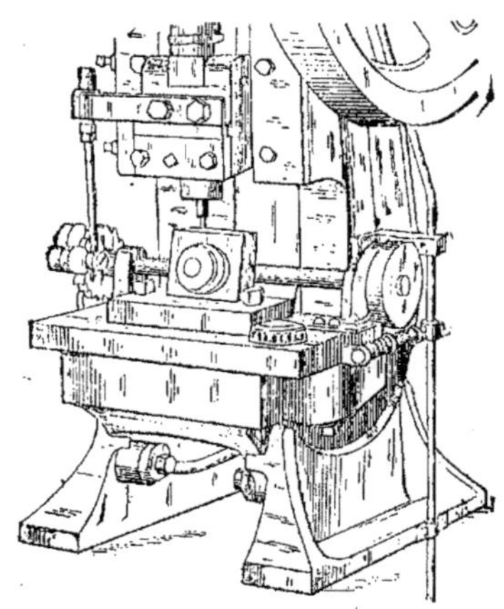

FIG. 504.   FIG. 505.

nants, on peut exécuter des perforations de toutes dispositions et de tous
modèles, au moyen d'un simple jeu de matrices, la manière dont la pièce
est déplacée après chaque coup de presse déterminant la disposition des
perforations. Tous les ingénieurs qui ont eu l'occasion d'examiner les
formes nouvelles et artistiques des pièces perforées employées pour les
becs de gaz, les lampes et appareils divers, ont été émerveillés par les bas
prix auxquels on parvient à les produire. Le secret réside principalement
dans les dispositifs employés pour la rotation, aussi je décrirai plus loin
un certain nombre de ces systèmes avec les matrices et les outils qu'ils
entraînent.

Pour la perforation des feuilles métalliques plates, la construction des
matrices que l'on utilise est tout à fait analogue à celle des types en série,
et on les emploie pour des travaux qui varient depuis les articles décora-
tifs jusqu'au poinçonnage des trous dans les baux de navires, en acier, et

dans les plaques tubulaires des chaudières. Les trous percés par cette méthode peuvent avoir toute forme voulue, et être espacés d'une façon quelconque. Souvent les conditions du travail sont inverses, et au lieu de chercher à faire des plaques perforées, on demande de petits galets qui sont produits automatiquement par les matrices. Les feuilles perforées en différents métaux sont maintenant très demandées, et employées pour des applications variées trop nombreuses pour pouvoir être mentionnées.

Montages pour perforer les pièces cylindriques. — La figure 504 représente une presse au pied horizontale à deux chariots pour poinçonner simultanément deux trous ou rainures, sur les côtés opposés de pièces embouties. La matrice est placée au centre, munie de tranchants sur les côtés opposés et d'un trou de dégagement au fond pour le départ des débouchures. Les poinçons sont formés de tiges en acier fixées dans des porte-poinçons ou mandrins réglables et montées sur des chariots munis de supports réglables. Chaque chariot est pourvu d'un arrêt réglable pour permettre le perçage de pièces de différents diamètres. Des matrices de ce type employées sur une machine du genre représenté conviennent parfaitement pour exécuter rapidement et avec précision des pièces embouties percées pour becs de brûleur, des boucles de sacs et diverses autres pièces demandant à être percées sur des côtés opposés.

Les figures 505 et 506 représentent deux jeux différents de montages à perforer, placés sur des presses pour perforer des garnitures de lampes et d'autres pièces en feuilles cylindriques. Les montages de ce genre sont très employés pour les pièces qui doivent être perforées tout autour, ou seulement dans certains secteurs.

Le montage représenté sur la presse de la figure 505 est employé pour des pièces coniques et en couronnes, qui exigent que l'on place le porte-matrice et le système rotatif sous un certain angle par rapport à la face inférieure du chariot. La pièce perforée est représentée sur la traverse de la presse à droite.

La figure 506 représente une presse garnie de matrices et de montages pour perforer de petits trous serrés dans des pièces sans fond. Comme le montre la gravure, au bas de laquelle on voit une matrice, un poinçon et deux pièces perforées, la matrice est une pièce en acier portant deux rangées de trous, et une queue d'aronde dans le porte-pièce, tandis que le poinçon est garni d'un arracheur à ressort et de deux rangs de poinçons de perçage. Les matrices figurées en place sur la presse servent à perforer les petites pièces, tandis que celles représentées à terre servent à perforer la grande pièce figurée au bas à droite.

Pour les montages des types représentés sur les figures 505 et 506, le

cadran perforateur muni d'un mandrin de forme convenable est monté
sur un porte-matrice, puis on place un cliquet à dents espacées de la distance nécessaire pour la pièce à exécuter et on l'arrange de manière qu'il
fasse tourner la pièce à chaque coup de presse. Grâce à l'emploi de ces
montages, on peut perforer à une vitesse de 150 à 200 coups par minute.

Le réglage des pièces qui constituent ces montages à perforer s'exécute
aisément et rapidement, de sorte qu'il ne faut que peu de temps pour les

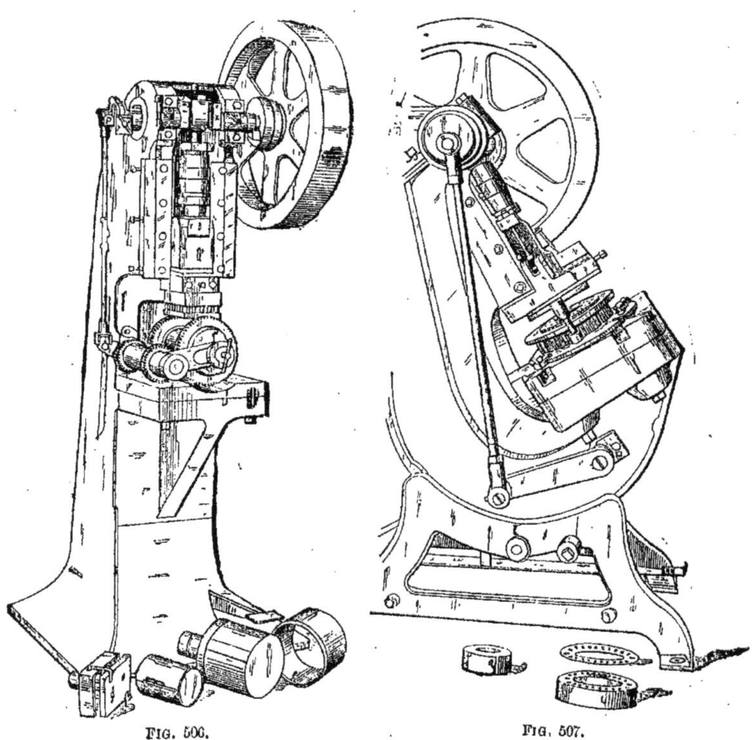

FIG. 506.　　　　　　　　　　　　　　　FIG. 507.

modifier afin de pouvoir perforer un autre genre de pièces. Les presses sur
lesquelles on emploie ces montages sont souvent pourvues d'un système de
verrouillage agissant sur l'embrayage, qui est alors débrayé automatiquement quand la pièce à perforer a fait un tour complet, de sorte que la
presse s'arrête automatiquement quand le nombre nécessaire de coups de
presse a été donné.

Perçage et découpage de petits disques d'armatures. — La figure 507 représente un jeu de matrices montées sur une presse réglable pour percer et découper avec précision des disques d'armatures pour de petits moteurs ou génératrices. La presse est munie d'un arrêt automatique ; sa position inclinée permet d'enlever la pièce de dessus la matrice après poinçonnage, pour la glisser en arrière. Les pièces percées reçoivent ordinairement des entailles de la largeur nécessaire. La construction des matrices est telle qu'elle permet de poinçonner simultanément l'extérieur et l'intérieur ; la pièce est ensuite maintenue entre les faces du poinçon de découpage et du support, et descend suffisamment pour que les poinçons

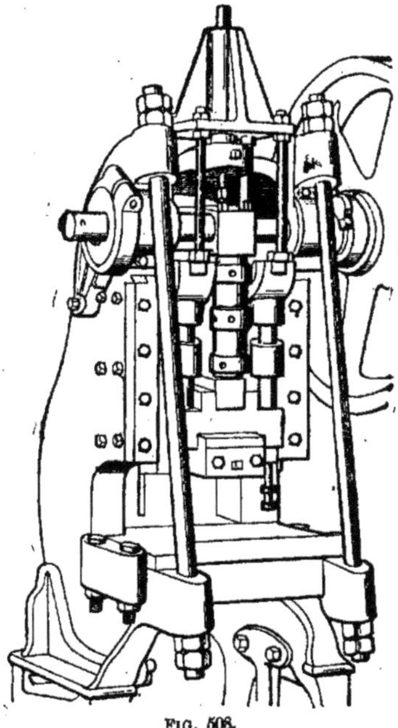

FIG. 508.

de perçage placés tout autour de la matrice puissent fonctionner. Les disques finis sont figurés en dessous de la presse.

Conservation de la forme plane des pièces pendant la perforation. — Pour perforer des pièces de dimensions considérables, ou des pièces plates qui doivent rester bien dressées, les matrices du modèle habituel ne donnent pas un travail satisfaisant, car avec ces presses on emploie des arracheurs fixes qui peuvent déformer le métal au point de nécessiter un dressage ultérieur. Pour remédier à ce défaut, on doit employer une presse munie d'un arracheur à commande par came, spécialement pour les travaux précis, comme les pièces d'horlogerie, les instruments électriques, etc. La figure 508 représente une presse équipée de cette manière. Le système arracheur est disposé de manière à laisser un espace libre entre le poinçon et la matrice, ce qui permet à l'opérateur de manœuvrer et observer la pièce à volonté. Le fonctionnement de l'arracheur quand la presse est en marche est le suivant : la plaque de l'arracheur commence par appuyer sur la pièce, en la dressant et l'emboîtant avant que le poinçon pénètre et la maintenant sous pression pendant le poinçonnage et l'arrachage. De cette manière, la pièce plate ou mise en forme sort parfaitement droite. Quand la presse est équipée avec un arracheur de ce type, on peut employer des poinçons beaucoup plus courts qu'avec un arracheur fixe, de sorte que leur durée est plus grande. Cette disposition permet également de percer des trous plus petits proportionnellement au diamètre des poinçons, grâce à ce que l'arracheur mobile soutient les poinçons jusqu'à l'endroit où ils pénètrent dans la matrice.

Perforations de grandes feuilles métalliques selon des dispositions spéciales. — Pour perforer de grandes feuilles métalliques selon des dispositions analogues à celles représentées par les figures 509, 510, 511, on emploie des appareils d'avancement particuliers. Les modèles sont alternés ou réguliers et obtenus soit par un simple jeu de poinçons et matrices en série, soit au moyen d'un double jeu. Quand on emploie un double jeu de poinçons et matrices, le métal est ordinairement avancé automatiquement au moyen de galets dans une presse grande et puissante. La disposition des poinçons et matrices est telle qu'on peut en enlever un ou plusieurs sans toucher aux autres. Les poinçons sont ordinairement placés dans un support en fonte ajusté lui-même dans une rainure à queue d'aronde sur la face du bâti de la presse. Ces poinçons courts et massifs sont fixés au moyen de vis de serrage. Les matrices sont ordinairement des bagues en acier à outils, trempées et rectifiées, placées dans des trous percés et alésés dans une traverse construite d'une façon analogue à celle employée pour les poinçons. Les bagues sont également fixées au moyen de vis de serrage. Avec une presse puissante possédant une avance convenable, ainsi que des poinçons et matrices appropriés, l'auteur a vu poinçonner 154 trous de $9^{mm},52$ (3/8 p.) dans une tôle de $6^{mm},34$ (1/4 p.) à chaque coup de presse. La presse en question était employée dans les ateliers d'une grande usine de machines agricoles ; elle était munie d'un appareil d'avance à galets comprenant quatre galets réglables, de $152^{mm},3$ (6 p.) de diamètre et $1^{m},371$ (54 p.) de long qui

avançait automatiquement la matière de multiples de 1^{mm},523 (0,06 p.)
jusqu'à 101^{mm},6 (4 p.). Pour les gros travaux, la presse était munie d'engrenages intermédiaires que l'on enlevait pour exécuter les petits travaux,
afin de donner à la presse une plus grande vitesse. Le chariot de cette

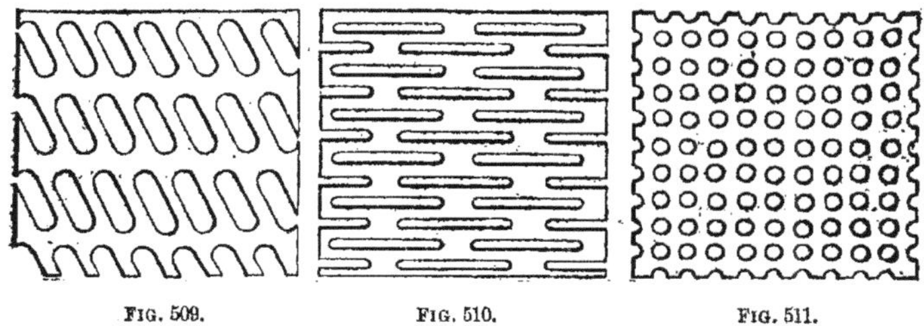

FIG. 509.   FIG. 510.   FIG. 511.

presse était disposé de manière à permettre de l'élever ou de l'abaisser
pour compenser le raccourcissement des poinçons par suite d'usure.

Fabrication des métaux perforés par la Allis Chalmers Company. — L'un des plus gros producteurs de métaux perforés du monde
est la Allis Chalmers Company, de Chicago. Dans ses ateliers, on construit
constamment des machines perfectionnées pour produire des métaux perforés des variétés infinies que l'industrie demande. Le but principalement
visé dans cette usine est la production au plus bas prix et dans le moindre
temps possible. Ce résultat ne peut d'ailleurs être atteint qu'en occupant
constamment les machines à fabriquer des feuilles perforées selon la
même disposition et dans le même modèle. La plus grande partie des
produits fabriqués ainsi dans ces ateliers est utilisée pour des cribles rotatifs à taminer la pierre, les grains, le charbon, les minerais, etc., les plaques
perforées étant enroulées selon des diamètres précis au moyen de machines
spéciales. Pour ces applications, les métaux perforés ont supplanté les
toiles métalliques auxquelles ils sont infiniment supérieurs ; leur résistance est plus grande, les dimensions et la répartition des trous sont plus
régulières, ils se détériorent moins vite sous l'influence de l'usure et de la
rouille, et en cas de ruptures, on peut les réparer aisément ou les remplacer
sans être obligé d'enlever la feuille tout entière. En ce qui concerne les
tamis pour certaines applications, il est souvent bon d'y laisser des parties
pleines. Ce résultat peut être aisément obtenu quand on emploie les
métaux perforés, en perforant les feuilles sur une machine munie d'un
système d'avance réglable permettant d'obtenir des espacements inégaux.

Procédés de rabattement et d'agrafage. — Dans la fabrication des

pièces en feuilles métalliques, les procédés de rabattement et d'agrafage
occupent une place très importante, et ont conduit à imaginer une grande
variété de systèmes et d'appareils ingénieux qui produisent un travail
rapide et précis. Ces procédés s'appliquent essentiellement au montage et
à la préparation, ayant pour but de réunir des pièces plates, rondes ou
irrégulières, et souvent de les préparer pour des opérations ultérieures
d'arrondissement des bords, de frisure, etc. Les états successifs d'un agrafage sont représentés sur la figure 512 et la figure 513 reproduit une presse
garnie des outils convenables. On voit la manière d'exécuter un agrafage
intérieur ou extérieur ; deux coups de presse sont nécessaires pour chacune de ces opérations. La première phase est la formation des crochets ; la

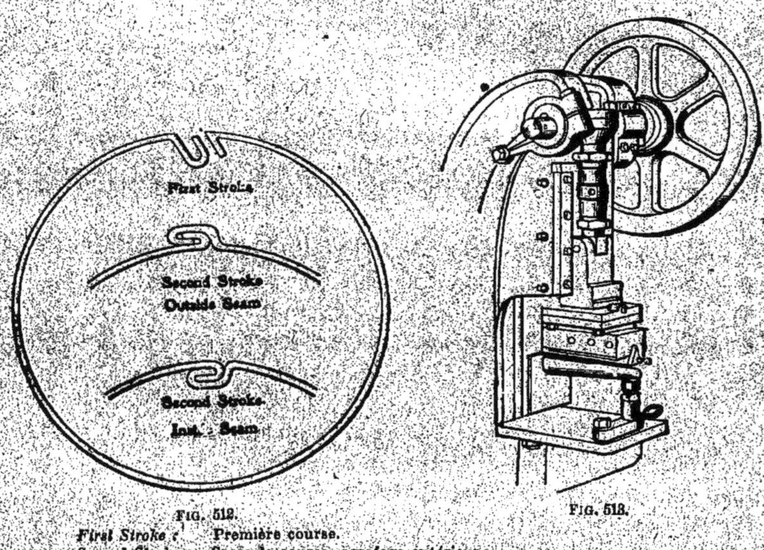

FIG. 512.   FIG. 513.

First Stroke :   Première course.
Second Stroke :   Seconde course, agrafage extérieur.
Second Stroke :   Seconde course, agrafage intérieur.

seconde, leur rabattement et leur serrage. Il y a un grand nombre de pièces
qui doivent être assemblées au moyen d'agrafages de ce genre.

Pour l'agrafage double des fonds, couvercles et autres pièces de récipients arrondis, ensemble, le travail est exécuté au moyen de machines
spéciales et de matrices. La figure 514 représente une machine destinée à
ce genre de travail, et les figures 515, 516 donnent les diagrammes des
opérations qu'elle permet d'exécuter. Ces machines sont très employées
pour faire le double agrafage des fonds plats pour théières, cafetières,
seaux et articles analogues en fer-blanc ou en tôle émaillée.

L'arbre inférieur qui porte le mandrin intérieur ou enrouleur est monté
sur une plaque coulissante, que l'on tire en avant pour placer et enlever
les pièces. Pour les seaux coniques, les plateaux et autres articles qui sont

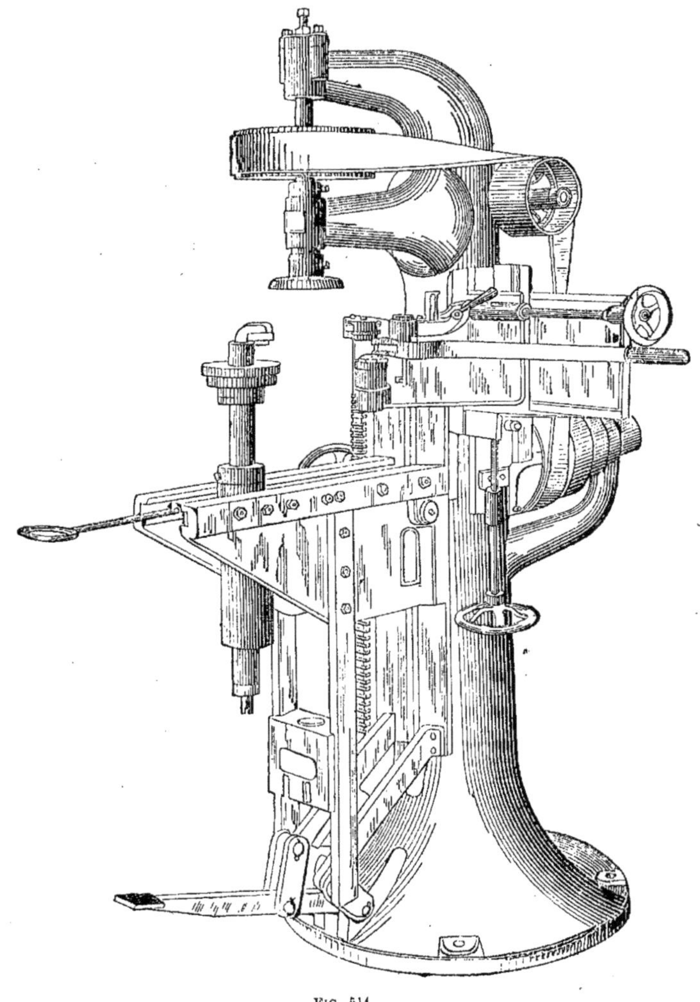

FIG. 514.

plus petits au fond qu'au sommet, le double agrafage est exécuté contre
une solide plaque ayant les dimensions du fond, et montée sur l'arbre

mobile. Pour les galets et autres articles droits, on emploie des mandrins
pliants. Ces mandrins sont construits de manière à se déployer pour s'ajuster contre l'angle du fond quand la pièce est élevée contre le mandrin
supérieur, et se replient quand le travail est achevé, afin de permettre
d'enlever rapidement et aisément les pièces agrafées.

Pour les fonds ou couvercles à double agrafage estampés ou emboutis
avec un bord rabattu comme l'indiquent les figures 517 et 518, il est néces-

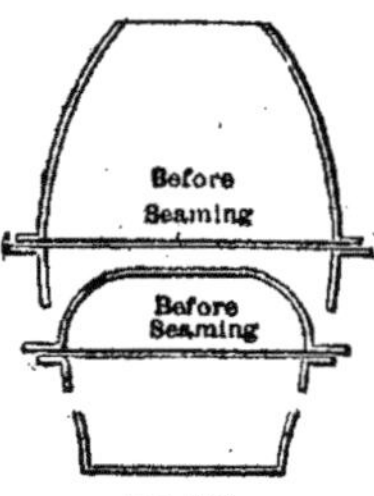

FIG. 515.

Before Seaming :   Avant agrafage.

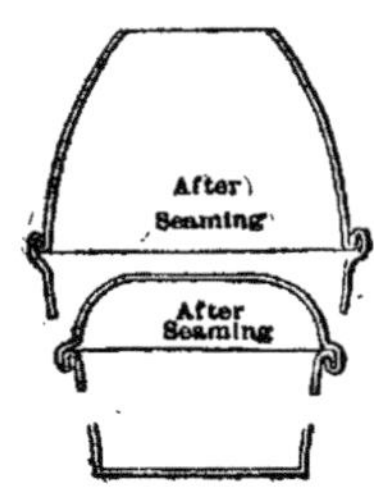

FIG. 516.

After Seaming :   Après agrafage.

laire d'employer un appareil déviateur qui peut être rapidement monté sur
sa machine. Les diagrammes représentent deux phases de l'agrafage, l'appareil déviateur exécute la seconde des trois opérations. L'emploi de
disques à bords rabattus pour les fonds des pièces rondes offre l'avantage
de la facilité du centrage des fonds sur les corps. Cependant, pour un grand

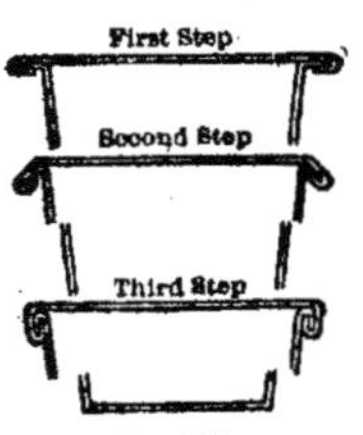

FIG. 517.

First Step :   Première opération.
Second Step :   Seconde opération.
Third Step :   Troisième opération.

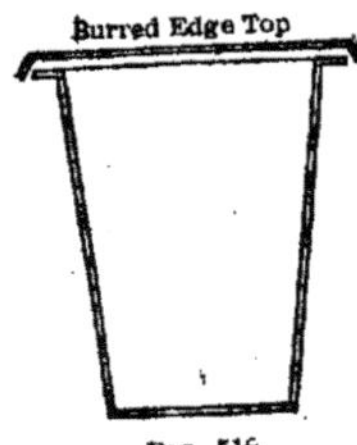

FIG. 518.

Burred Edge, Top :   Couvercle à bout rabattu.

nombre d'articles, on préfère les fonds plats. Dans ce cas, on supprime
l'appareil déviateur, que l'on remplace par deux supports fixés sur la
machine, et portant trois galets réglables pour centrer les fonds sur les
corps, avant agrafage. Pour les grosses pièces, il est quelquefois nécessaire
que le fond porte au centre une légère dépression, correspondant à une
légère saillie de la plaque d'agrafage, afin d'éviter que la pression des
galets agrafeurs ne déplace le fond de sa position centrale.

Pour un certain genre de travaux, on emploie une presse munie spécialement d'un appareil automatique à faire les doubles rabattements ou agrafages. Grâce à cet appareil automatique, on peut fermer d'un seul coup les deux agrafages angulaires sur de grands récipients carrés ayant des angles arrondis avec des agrafages au centre. Les récipients en fer-blanc avec angles vifs exigent une opération d'adoucissage, sur un rabattement simple, pour commencer l'agrafage, avant montage sur une presse

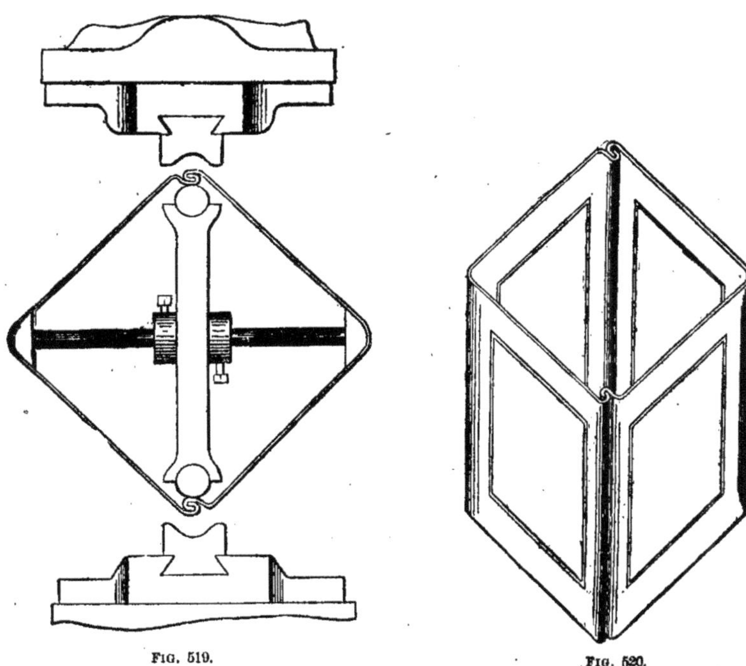

Fig. 519.   Fig. 520.

à double corne. La corne qui est mobile dans des glissières présente deux surfaces travaillantes, celle du dessus est commandée par une pièce de pression boulonnée sur le chariot de la presse, tandis que celle du dessous, descendant avec le chariot, agit contre une pièce d'appui immobile fixée au bâti. On comprend que les deux demi-corps du bidon agrafés librement ensemble sont poussés contre la corne mobile, comme l'indique la figure 519, où au moyen de calibres réglables ils occupent une position exacte. L'emploi d'une machine à corne double a pour effet de doubler à peu près le travail que peut exécuter l'opérateur, par comparaison avec ce que l'on peut exécuter sur une presse à corne ordinaire. Les presses garnies de l'appareil pour le double agrafage sont très employées pour souder les bidons à pétrole de 22¹,5 (5 gallons) comme l'indique la figure 520.

Les machines à double agrafage (*fig.* 521) pour souder les pièces de

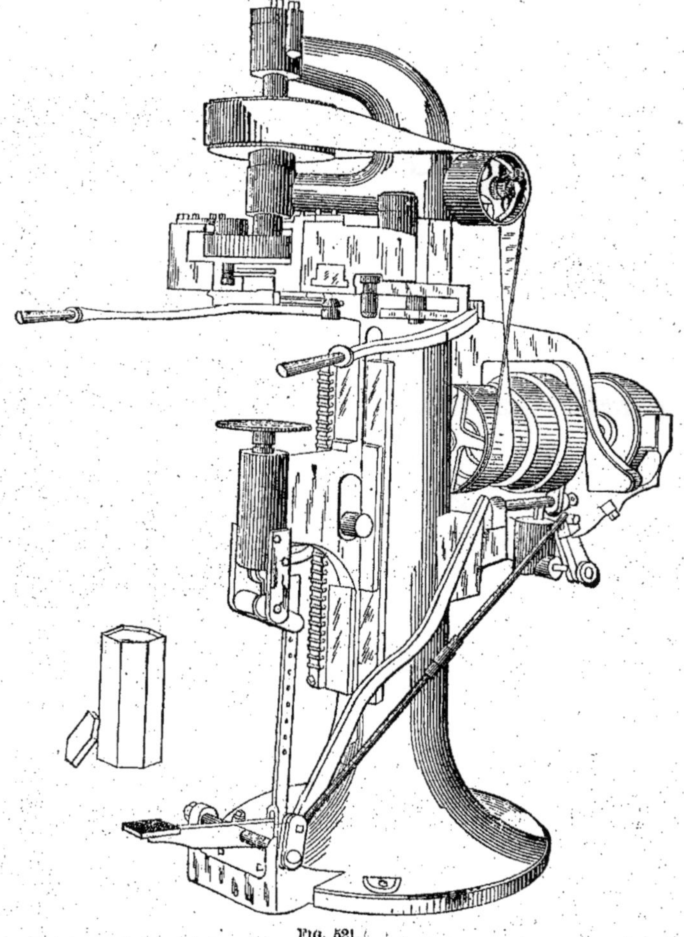

FIG. 521.

formes irrégulières diffèrent de celles du type représenté sur la figure 514, en ce qu'elles permettent aux galets de suivre automatiquement la forme du bidon. Comme elles font l'agrafage au sommet du bidon, elles sont préférables pour les bidons pleins. Quand la presse marche, on appuie sur la pédale, ce qui appuie la plaque de pression sur le bidon, et contre le mandrin, et en même temps met en prise l'embrayage et le travail commence. Les galets à double agrafage, commandés par une came faisant partie du mandrin et usinée selon la forme du bidon, suivent automatiquement la forme de celui-ci, tandis que la pression nécessaire pour former l'agrafage est produite au moyen des poignées. Les poignées de pression de ces machines sont arrangées de manière à éviter de faire subir à l'opérateur des vibrations qui résulteraient de la forme irrégulière des bidons. On peut exécuter rapidement les réglages nécessaires pour des pièces de différentes hauteurs au moyen d'un volant à main, et pour des formes différentes en changeant le mandrin, ce qui peut se faire en quelques minutes.

Le rabattement des agrafages sur les bidons carrés s'exécute ordinairement de la manière suivante : le bidon est tenu solidement entre deux disques ajustés exactement sur les bouts du bidon. Le disque supérieur est monté sur un arbre vertical fixé d'une manière rigide à la partie supérieure du bâti principal de la machine, et le disque inférieur sur un arbre qui traverse la partie inférieure du bâti et est empêché de tourner par un bras tournant dans les guides mais pouvant subir un déplacement vertical qui lui est communiqué par une came placée sur l'arbre de la pédale.

Les galets en acier qui agissent sur l'agrafage du sommet et du fond sont supportés par un bâti qui tourne sur les arbres fixes supérieurs et inférieurs et se déplacent autour du bidon. Ces galets sont montés sur des leviers pivotant dans le bâti tournant ; les extrémités opposées des leviers sont munies de galets qui roulent sur des cames fixes en forme d'étoiles, dans deux arbres verticaux, ce qui produit le mouvement d'aller et retour nécessaire pour franchir les angles des bidons. Le bâti rotatif porte deux jeux de ces galets qui pressent sur les côtés opposés du bidon sur le dessus et sur le fond en produisant une pression latérale régulière, et rabattent l'agrafage d'une façon plus parfaite qu'il ne serait possible de le faire en employant le jeu simple de galets, chaque agrafage subit deux fois l'action des galets à chaque tour. On a prévu des cames suffisamment supplémentaires qui au moment de l'arrêt de la machine écartent les galets de la came pour permettre le démontage de celle-ci. Sur le fond du bâti rotatif est fixée une roue d'engrenages conique engrenant avec un pignon sur l'arbre de la poulie. Celle-ci porte un embrayage à friction actionné par la pédale.

Quand on place une came sur le disque inférieur, on presse sur la pédale, le bidon est soulevé et serré fortement entre les disques supérieur et inférieur. On met l'embrayage en prise et le bâti portant les galets fait un tour autour du bidon, ce dernier restant fixe. Quand le tour est achevé, l'embrayage est automatiquement desserré, les galets sont écartés, et le disque inférieur descend, de sorte qu'on peut enlever le bidon. Ces machines peuvent travailler 9 à 12.000 bidons en dix heures, et l'économie de soudure seule que permet de réaliser chaque machine est de 15 à 18 dollars par jour.

Pour le double agrafage des fonds des grandes et grosses pièces, telles que bains de pieds, tubes, lessiveuses, chaudrons et autres récipients ovales, oblongs ou carrés, quand les fonds doivent être fixés sans qu'il y

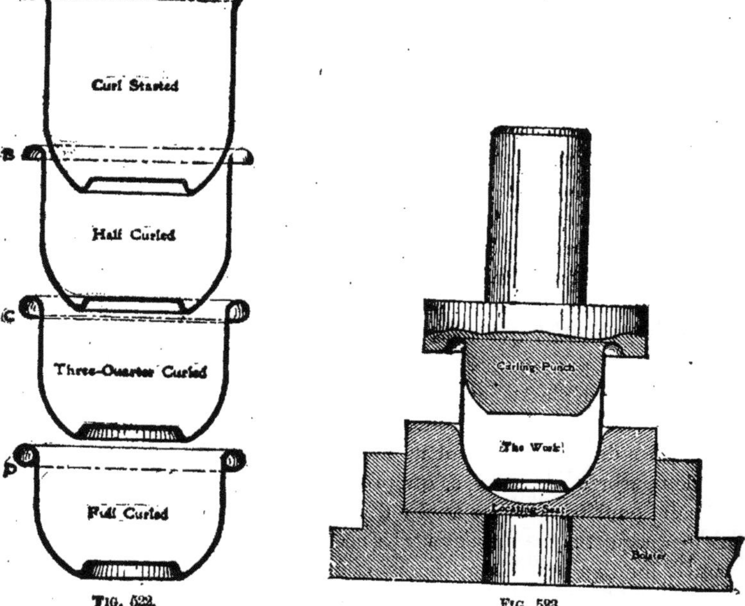

<table>
<tr><td colspan="2" align="center">FIG. 522.</td><td colspan="2" align="center">FIG. 523.</td></tr>
<tr><td>Curl Started :</td><td>Bordure commencée.</td><td>Bolster :</td><td>Traverse.</td></tr>
<tr><td>Half Curled :</td><td>Bordure rabattue à moitié.</td><td>Locating Seat :</td><td>Support.</td></tr>
<tr><td>Three-quarter Curled :</td><td>Bordure rabattue aux trois quarts.</td><td>Carling Punch :</td><td>Poinçon à border.</td></tr>
<tr><td>Full Curled :</td><td>Bordure terminée.</td><td></td><td></td></tr>
</table>

ait le ressaut habituel près du double agrafage, on emploie une grande machine spéciale.

Celle-ci comprend un haut mandrin s'ajustant à l'intérieur de la pièce, et le double agrafage est exécuté contre l'intérieur de ce mandrin. Afin de donner au fond une position correcte par rapport au corps, le fond reçoit ordinairement par estampage une légère dépression à une certaine distance du bord s'ajustant dans une dépression correspondante au sommet du mandrin. Pour faciliter le démontage de ces récipients, il y a ordinairement sur la machine un bras supérieur portant la plaque de serrage, disposé pour la rabattre.

Pour le double agrafage des couvercles, fonds et pièces des articles de formes spéciales, des mandrins et appareils spéciaux sont nécessaires. Cependant les principes appliqués sont tout à fait les mêmes pour tous les travaux de ce genre, et la connaissance des méthodes générales permettra à chacun d'obtenir sans difficultés les résultats désirés.

Procédés de frisure et d'enroulement. — Je vais décrire maintenant une classe d'outils et d'appareils pour presse permettant d'exécuter

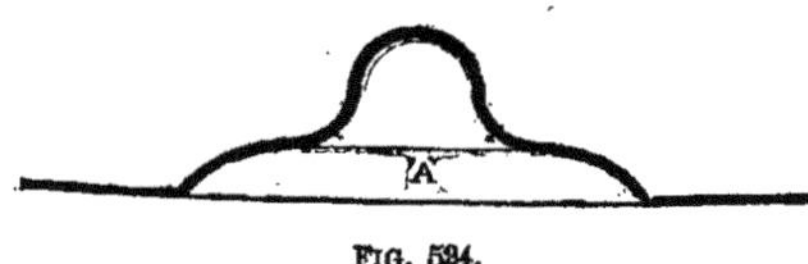

FIG. 524.

sur les métaux en feuilles des travaux qui, il y a quelques années, ne pouvaient être faits que par filage. Les opérations pour lesquelles on emploie ces outils sont la frisure et l'enroulement. La frisure consiste à exécuter un bord frisé autour du sommet d'un article quelconque en tôle, mis en forme ou embouti. L'enroulement consiste à enrouler le sommet d'un récipient autour d'un cercle en fil de fer quand il faut le renforcer. Les outils employés pour la frisure et l'enroulement sont de construction tout à fait semblable.

Pour les pièces droites ou légèrement cintrées on peut employer des

FIG. 525.   FIG. 526.

matrices simples pour rabattre le métal autour du fil de fer d'une façon parfaite en un seul coup de presse. On peut ainsi enrouler de 2.000 à 8.000 pièces par journée de dix heures.

Les figures 523, 527, 530 et 531 représentent les coupes transversales des matrices qui peuvent être employées pour friser les bords des pièces embouties circulaires. Il est d'ailleurs impossible de voir comment agit le métal dans des travaux de ce genre pendant que la matrice fonctionne, mais on peut comprendre ce qui se passe en notant l'état des pièces à divers intervalles pendant le frisage, en descendant et remontant la matrice à la main. La rainure dans la matrice supérieure (ou inférieure

selon chaque cas particulier) doit être usinée en arrière parfaitement selon
une demi-circonférence du rayon voulu, puis grattée et polie pour faire
disparaître toutes les irrégularités et obtenir une frisure unie et régulière.
Les croquis de la figure 522 montrent comment la matrice supérieure

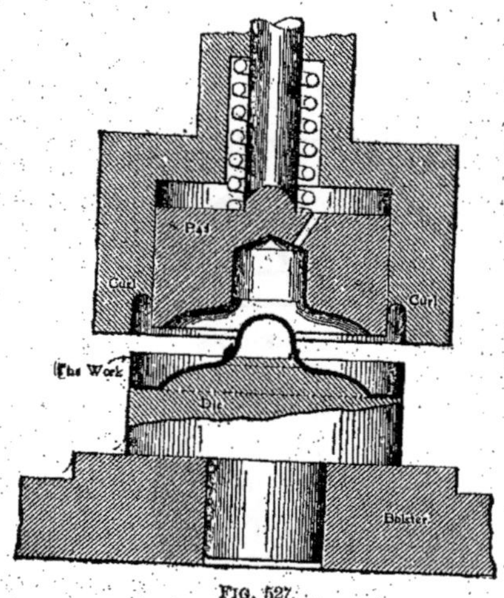

FIG. 527.

Bolster :	Traverse.
Die :	Matrice.
The Work :	La pièce.
Curl :	Bordure.

frise l'angle d'une pièce emboutie demi-ronde. Pendant la première
période A, le métal a commencé à se rabattre. Pendant la période suivante B, le métal s'est rabattu selon un demi-cercle de la largeur de la

FIG. 528.

First Operation :   Première opération.

rainure dans la matrice supérieure. En C on voit la troisième étape ; le
poinçon continue à descendre. Quand le bord de la pièce franchit le centre
de la rainure, la pression est exercée sur le sommet du bord rabattu demi-
rond, et rabat le métal plus loin jusqu'à former un cercle complet, comme
indiqué en D. De cette façon, une seule opération est nécessaire pour
rabattre le bord d'une pièce du type figuré, car une fois que le métal a

commencé à suivre la rainure de la matrice supérieure, il continue à s'enrouler selon le même rayon tant que la pression continue, ou jusqu'à ce que le bord rencontre la face latérale de la pièce, et s'enroule à l'intérieur du premier pli. On peut donc enrouler un quart, un demi ou un tour complet au moyen de la même matrice, selon la longueur de la course de la matrice.

Quand on veut border une pièce emboutie telle que celle représentée par

Fig. 529 a.

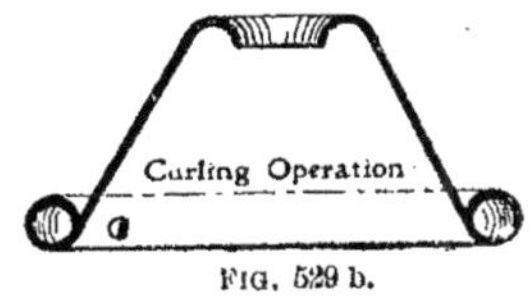

Fig. 529 b.

Bending Operation : Opération de plinge.   *Curling Operation :* Exécution de la bordure.

la figure 524 selon le profil de la figure 526, deux matrices sont nécessaires. La première sert à rabattre les bords vers le dessus, et la seconde à produire l'enroulement. Cette seconde matrice est représentée par la figure 527.

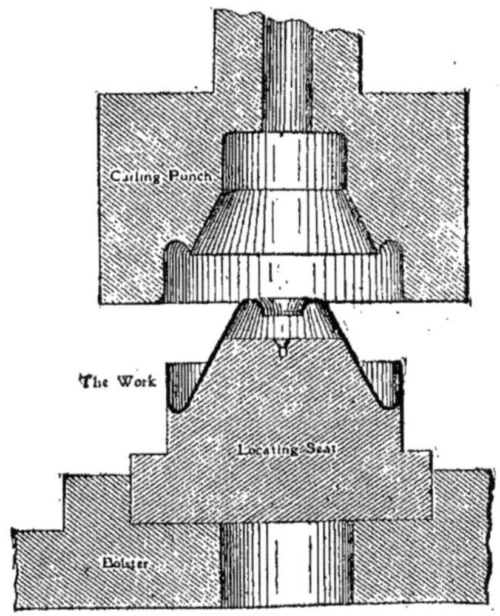

Fig. 530.

Bolster : Traverse.
Locating Seat : Tige support.
The Work : La pièce.
Curling Punch : Poinçon à border.

La matrice supérieure est établie de manière à obliger le bord de la pièce emboutie à pénétrer dans la rainure d'enroulement, et de façon que la

paroi droite intérieure soutienne celle de la pièce pendant l'enroulement
du bord de manière à éviter toute déchirure pendant le travail comme il
s'en produirait si l'intérieur de l'outil était usiné comme l'extérieur. Le

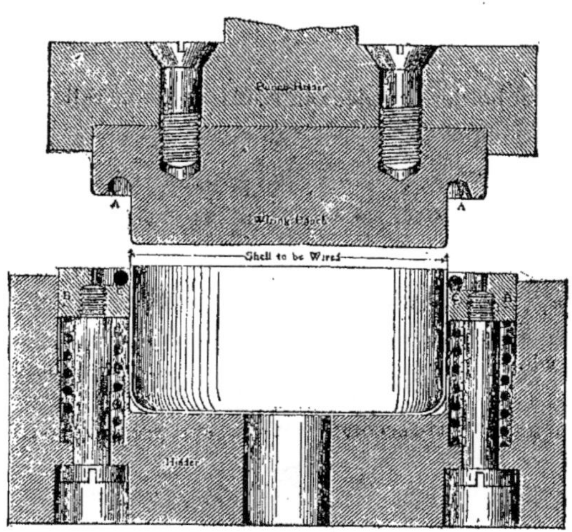

FIG. 531.

Holder :	Traverse.
Shell to be Wires :	Pièce à garnir.
Wiring Punch :	Poinçon à garnir de fil de fer.
Punch Hoster :	Support du poinçon.

métal est ainsi solidement maintenu et quand le bâti descend, le métal
suit nécessairement le profil de la rainure enrouleuse.

Le bordage des pièces embouties au moyen des matrices du type que

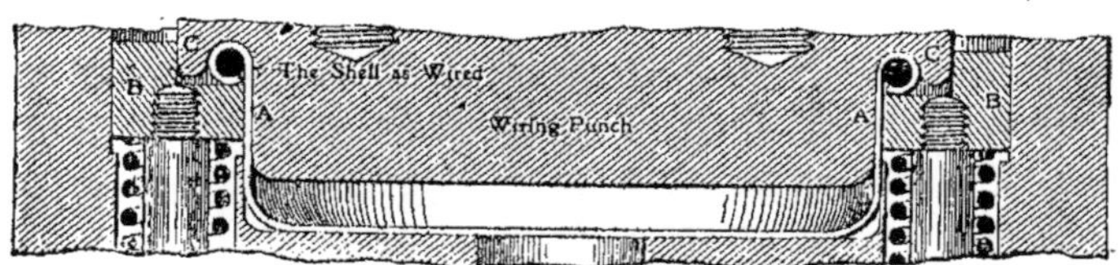

FIG. 532.

Wiring Punch :	Poinçon à garnir de fil de fer.
The Shell as Wired :	Pièce garnie.

nous venons d'indiquer s'applique à une variété infinie de travaux ; il
convient depuis les œillets pour chaussures jusqu'aux tubs pour hydro-
thérapie, et aux pièces circulaires ou de formes irrégulières. La disposi-

tion et la construction de l'outillage dépendent de la forme, de l'épaisseur du métal, et des dimensions de l'enroulement désiré. Toutefois les principes de construction appliqués sont toujours les mêmes.

Les outils représentés par la figure 530 montrent comment on peut border des pièces de formes différentes. Pour l'opération représentée en A et B, une matrice combinée et une matrice de pliage sont nécessaires. Le bordage représenté en C est exécuté sur la matrice figurée.

Les figures 531 et 532 montrent le mode d'emploi des matrices de bordage pour garnir de grandes ou de petites pièces avec un fil de fer.

Les matrices de ce type peuvent être employées pour garnir de fil de fer ou border simplement des pièces embouties rondes ou ovales, droites ou peu cintrées sur leurs faces latérales, à condition qu'elles soient convenablement soutenues pendant le travail. Un anneau en acier à outils A est

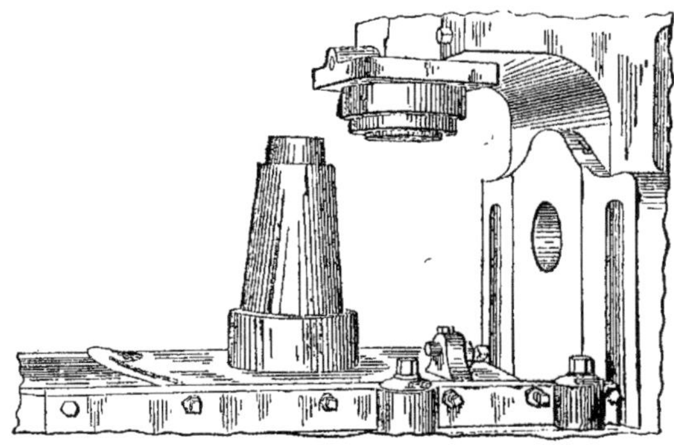

FIG. 533.

fixé sur le porte-poinçon. Le diamètre intérieur de cet anneau doit s'ajuster exactement à l'intérieur de la pièce à border d'un fil de fer, afin d'éviter le déchirement des parois. Quand on garnit de fil de fer, on emploie l'anneau B dans la matrice inférieure.

Pour se servir des matrices, on prend un cercle en fil de fer s'ajustant sur le diamètre extérieur du récipient, on le place en position sur l'anneau B, et autour du récipient qui est placé dans les matrices comme l'indiquent les figures. Le bâti descend alors, et le bord de la pièce est enroulé autour du cercle, qu'il enveloppe, comme il est indiqué au bas de la gravure.

La figure 533 représente un poinçon et une matrice pour border des pièces profondes ou des articles en métal mince, ainsi qu'une coupe de la presse sur laquelle on les emploie. Le poinçon est placé et fixé à l'intérieur du bâti, tandis que la matrice est sur une table coulissante, qui peut être déplacée en arrière ou en avant par l'opérateur. La corne ou matrice de repérage est légèrement conique, ce qui permet d'employer un poinçon à border massif d'une seule pièce, car la diminution du diamètre pendant le bordage est assez faible pour qu'une contraction de l'anneau de bordure soit inutile. Pendant le travail, on déplace la table sur laquelle est placée la matrice pour pouvoir placer la pièce dessus. Ensuite on repousse la table en arrière contre l'arrêt spécial. Le poinçon descend alors, et le bord est enroulé. Le poinçon remonte ou avance la table, enlève la pièce, que l'on remplace par une autre, et on continue de même. Si on emploie une presse avec un chariot à mouvement automatique, le travail est naturellement exécuté plus rapidement.

Fabrication des disques et segments pour armatures. — L'emploi des matrices, presses mécaniques et machines spéciales pour le travail des métaux en feuilles pour produire économiquement des pièces de machines électriques a reçu un grand développement dans ces dernières années. Actuellement, les usines qui construisent des machines pour le travail des métaux en feuilles étudient une grande partie de leur matériel pour les usines de construction de matériel électrique. Il suffit d'examiner une machine ou un appareil électrique pour se rendre compte de l'importance que la presse mécanique a prise dans leur construction. Les pièces pour lesquelles ces machines sont le plus employées sont les disques d'armatures et les segments pour moteurs. Il est de suite évident que les exigences particulières de ce travail ont conduit à imaginer des matrices, des presses et des machines spéciales qui diffèrent par de nombreux détails des machines utilisées pour les travaux les plus courants concernant les métaux en feuilles.

Une armature est composée d'un enroulement entourant un noyau formé de minces tôles de fer ou de disques ayant de $0^{mm},254$ (0,010 p.) à $1^{mm},016$ (0,040 p.) d'épaisseur et de 254 à 2.540 millimètres (10 à 100 p.) de diamètre. Dans beaucoup d'armatures soignées, les disques sont fabriqués en poinçonnant le trou central, les rainures de clavetage et les rainures d'enroulement simultanément, d'un seul coup de presse. Les petites dimensions sont exécutées au moyen de matrices, tandis que les grandes sont faites en sections ou segments aussi grands que les dimensions des tôles commerciales le permettent. Pour les armatures bon marché et moins soignées, on commence par poinçonner les disques dans des tôles planes. En une seconde opération, on poinçonne les trous de centre et les rainures de clavetage, puis on assemble les disques sur les arbres, on tourne l'extérieur au diamètre voulu, et on fraise les rainures sur une fraiseuse universelle.

Les machines et matrices employées pour perforer et découper les disques d'armatures et les segments varient selon la dimension, la forme et le nombre des pièces demandées. Leur valeur pratique dépend des dimensions et de la quantité des disques demandés. Pour les disques de très grand diamètre ou pour ceux fabriqués en petites séries, on commence par découper des disques plats extérieurement, puis intérieurement sur des cisailles circulaires du type représenté par la figure 534. La lame inférieure se trouve sous un certain angle par rapport à la lame supérieure, de manière à permettre de couper aussi proprement intérieurement qu'extérieurement. Les disques ainsi découpés sont ensuite entaillés sur une machine à entailler automatique du type représenté par la

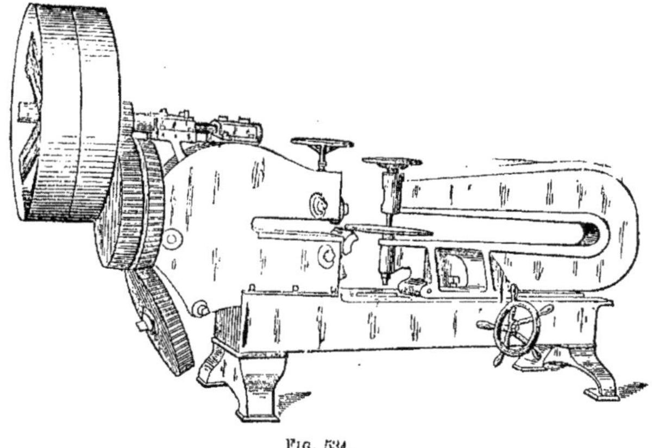

Fig. 534.

figure 455. Un poinçon découpeur plat et une matrice sont placés à la gauche de la presse, puis on serre un disque entre les deux plateaux du mécanisme rotatif et diviseur situé à droite. La division se fait d'une manière entièrement automatique, l'espacement et le nombre des entailles dépendent des trains d'engrenages utilisés.

Avec cette machine, le réglage pour les divers diamètres s'exécute en tournant simplement le volant à main indiqué. Le réglage correspondant aux différents nombres de rainures s'exécute au moyen des engrenages de rechange, ou au moyen d'un plateau diviseur avec index. Chaque jeu d'engrenages peut être disposé de manière à donner trois nombres d'entailles différents. L'avancement se fait au moyen d'un mouvement à arrêt « Genève ». On obtient une division absolument correcte en utilisant pour l'arbre diviseur un système de verrouillage à commande par came.

Avec cette machine on emploie un arracheur à ressort, combiné avec le poinçon et la matrice de façon à laisser un espace libre au-dessus de celle-ci ; il est ainsi plus aisé d'introduire un nouveau disque, ainsi que de tenir celui-ci sous pression pendant le poinçonnage des entailles. On supprime

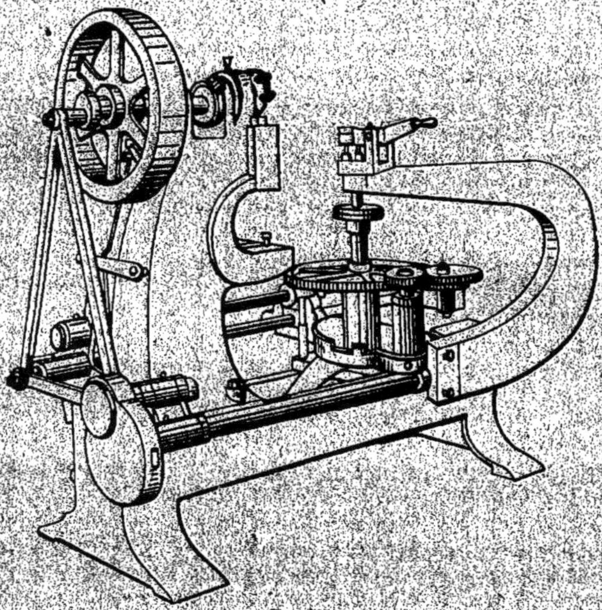

Fig. 535.

ainsi la nécessité d'employer une plaque de serrage au-dessus du centre du disque.

Pour les disques de moteur polyphasés qui portent des trous ou des

Fig. 536.   Fig. 537.

entailles poinçonnés à la périphérie intérieure, si on veut les entailler sur une machine de ce type, il est nécessaire de faire l'entaillage avant d'enlever le grand cercle intérieur car sa surface est nécessaire pour supporter les disques pendant le travail. Pour ces disques, on poinçonne préalablement un ou deux petits trous dans la portion qui sera enlevée ultérieurement, pour servir de guides pendant les opérations d'entaillage et de découpage du trou central.

Parmi les disques de diamètre moyen que l'on demande le plus souvent en grandes quantités, on peut citer ceux qui servent dans la construction

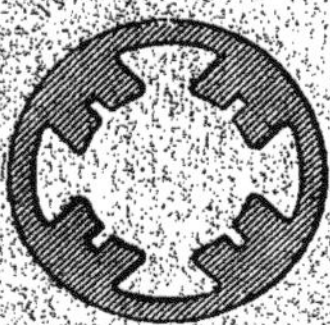

Fig. 538.

Fig. 539.

Fig. 540.

des moteurs de tramways. On les fabrique au moyen de puissantes presses mécaniques. Elles sont garnies de matrices construites et disposées de manière que l'intérieur du disque avec sa rainure de clavetage, et l'extérieur avec ses entailles soient découpés simultanément d'un coup de presse, comme l'indique la figure 540. Cette méthode est la plus rapide, la plus précise et la plus économique pour fabriquer en grandes quantités les disques d'armatures. Les presses sur lesquelles on emploie les matrices

Fig. 541.

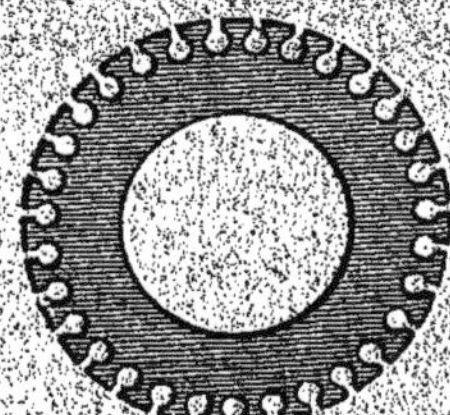

Fig. 542.

qui sont nécessaires pour ce travail sont munies d'appareils pour chasser les découpures, les disques sont posés librement sur le sommet des matrices, ce qui permet de les enlever aisément.

En ce qui concerne les presses mécaniques pour le poinçonnage des disques, on peut dire que la demande d'armatures pour les constructions électriques a conduit à construire des presses qui diffèrent sensiblement de celles employées pour les autres genres de travaux sur feuilles métalliques. Comme il est toujours essentiel que l'extérieur et l'intérieur soient exactement concentriques, afin que les entailles de tous les disques coïncident parfaitement les unes avec les autres quand ceux-ci sont assemblés en paquets, on a trouvé que le mieux est d'employer des matrices qui en découpant simultanément éliminent les irrégularités à peu près inévitables quand on découpe en deux ou plusieurs opérations. Dans un grand nombre de cas, les entailles et les clavetages sont également poinçonnés.

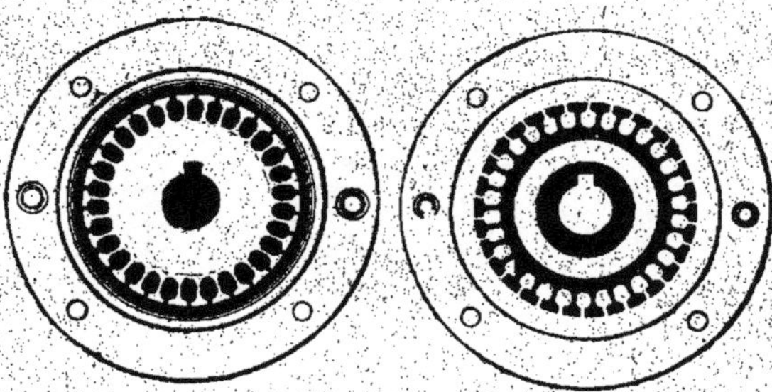

Fig. 543.

en même temps. Pour exécuter tout ceci en une seule opération, il faut des matrices très précises qui, outre les lames, comprennent des organes de dégagement qui enlèvent automatiquement les disques poinçonnés et les déchets de dessus les matrices. Les matrices employées pour ces méthodes de travail sont dites matrices composées et sont ordinairement construites en sections trempées, rectifiées et rodées aux dimensions. Toutefois, on les construit souvent aussi à la manière habituelle, mais les résul-

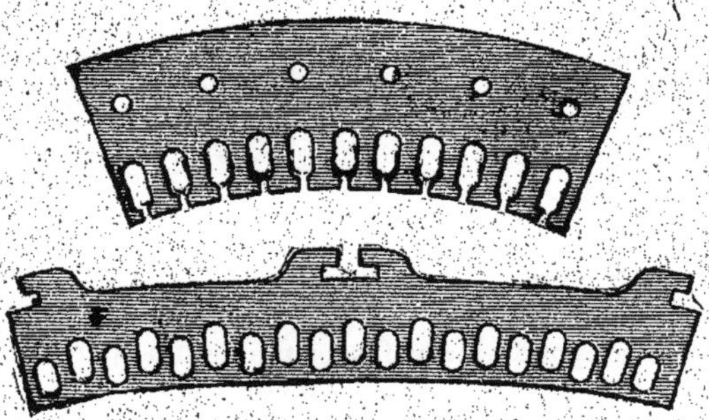

Fig. 544.

tats ne sont pas aussi précis. Ces matrices composées sont très coûteuses et atteignent couramment de 150 à 1.000 dollars pièce. La figure 543 représente les plans d'une matrice et d'un poinçon composés. En principe ces matrices composées sont employées sur des presses munies d'appareils de dégagement supérieur et inférieur afin de permettre de supprimer la nécessité des arracheurs sur les matrices. Les anneaux sont en acier à outils, usinés avec soin et précision, trempés et rectifiés, tandis que les autres parties sont laissées douces. Les parties marquées en noir sur la figure sont celles qui produisent le découpage.

Comme l'organisation des méthodes de travail que nous venons de décrire entraîne de grandes dépenses et ne peut être adoptée avec écono-

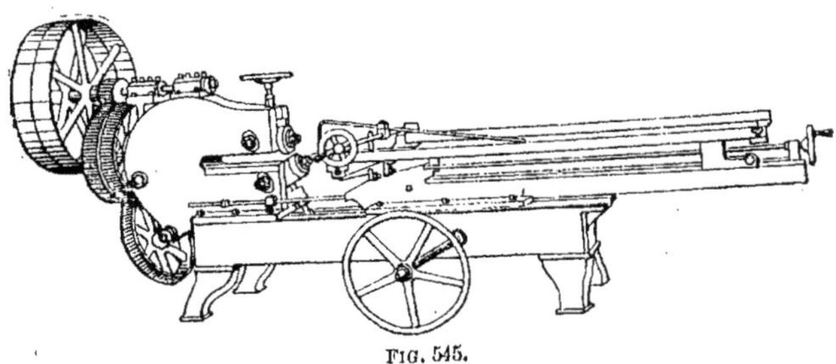

FIG. 545.

mie que quand on doit produire d'une manière suivie de grandes quantités de disques, on comprend de suite que ces matrices sont trop coûteuses pour fabriquer les disques par petites séries. Pour cette raison, une autre méthode de travail est très employée. Elle consiste à découper simultanément l'extérieur droit et le trou, comme l'indique la figure 536, puis à poinçonner les entailles sur une machine à entailler. Par cette méthode on obtient un disque parfaitement concentrique prêt à être entaillé. Comme

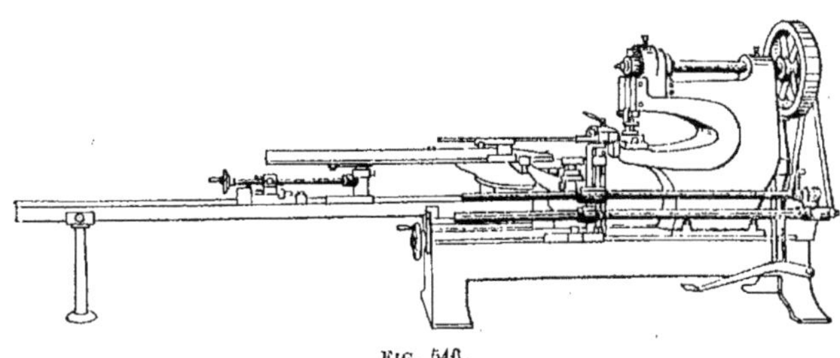

FIG. 546.

les entailles extérieures sont découpées séparément, la presse peut travailler des diamètres beaucoup plus grands que quand on travaille selon l'autre méthode.

Quand on fabrique de très grands disques, il se produit beaucoup de déchets, mais ceux-ci ne constituent pas une perte totale, car on les utilise ensuite pour fabriquer des disques de dimensions plus petites. Les saillies qui sur le disque intérieur correspondent aux clavetages sont enlevées en faisant passer le disque dans une matrice à rogner circulaire, qui poinçonne en même temps le trou central, de sorte que finalement la perte de matière est réduite.

Quand on fabrique en grandes quantités les segments d'armatures, on découpe simultanément l'extérieur et les trous au moyen de matrices qui évacuent automatiquement les déchets et les segments tant pour la section supérieure que pour la section inférieure. La figure 547 représente une presse spécialement construite et employée pour ce genre de travail, garnie des outils convenables. Le découpage des sections et segments com-

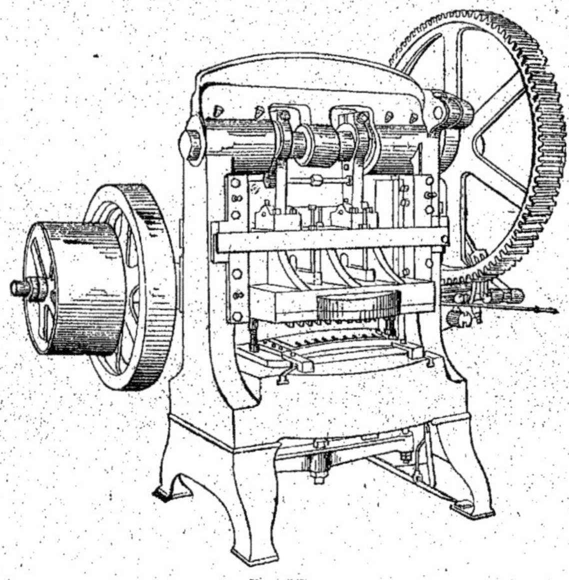

FIG. 547.

plets avec queue d'aronde et toutes les entailles et trous, jusqu'à une longueur de 908^{mm},04 (35 3/4 p.), peut être exécuté sur une presse de ce genre. Cependant, la plus grande partie des segments de grandes dimensions sont d'abord découpés pleins, puis on exécute l'entaillage et la perforation par opérations successives.

Quand on n'emploie pas les matrices pour découper les segments pleins, on utilise une cisaille circulaire comme celle employée pour les disques. Elle est alors munie d'un appareil spécial à découper les segments tel que celui représenté par la figure 545.

La figure 546 représente une vue latérale d'une machine à entailler les segments d'armatures. L'appareil à entailler les segments monté sur cette machine permet de travailler des segments ayant un rayon de 914^{mm},4 à 2.285 millimètres (36 à 90 p.) et jusqu'à 914^{mm},4 (36 p.) de longueur. Les segments sont entaillés de la manière suivante : le segment à entailler est serré dans un support à l'extrémité antérieure d'une longue barre radiale, et est déplacé transversalement à la face de la matrice au moyen d'un mécanisme diviseur et d'engrenages démontables analogues à ceux de la machine ordinaire à entailler les disques. Quand le segment est entaillé sur tout le bord extérieur ou intérieur, la presse s'arrête automatiquement. Quand l'opérateur a dégagé un levier, le segment peut être ramené à sa position initiale et enlevé de la presse.

CHAPITRE XXVIII

LA FABRICATION DES PIÈCES PRÉCISES
EN FEUILLES MÉTALLIQUES SOUS LA PRESSE EN DESSOUS

La presse en dessous. — La grande extension de la fabrication des innombrables petites machines de précision qui sont composées à peu près exclusivement de pièces découpées dans des feuilles métalliques, et en second lieu la demande croissante de montres, horloges, enregistreurs, compteurs, cyclomètres, etc., bon marché mais précis dont l'utilité dépend précisément de leur précision, ont été la cause de la demande de presses précises de mécanismes d'avance et d'appareils automatiques pour la production indéfinie de pièces en feuilles métalliques tout en assurant une interchangeabilité complète. Pour fabriquer ces pièces, il faut des matrices de grande précision, des appareils d'avancement pratiques et une presse en dessous.

Les presses en dessous sont notablement différentes des autres machines employées pour les travaux courants sur les métaux en feuilles, en ce qu'elles sont construites de manière à faire partie des matrices, et sont employées à peu près exclusivement pour les matrices délicates qui sont nécessaires pour fabriquer économiquement les pièces du genre de celles qu'on emploie pour les machines énumérées plus haut.

L'utilité de la presse en dessous est généralement incomprise. — Malgré l'extension qu'ont reçue les applications de la presse en dessous et de ses matrices, leur emploi et la construction des matrices qu'elles nécessitent ne sont pas compris par les directeurs, contremaîtres et outilleurs des usines travaillant les métaux en feuilles, comme ils devraient l'être. L'emploi plus étendu de ces machines a même été interdit. S'il en était autrement et si on comprenait plus généralement l'utilité de la presse en dessous et la construction de ses matrices, on aurait moins de difficultés et plus de satisfaction dans l'obtention de résultats qui dans beaucoup d'usines sont maintenant réalisés par des procédés vieillis. En raison de cet état de choses, je pense que ces descriptions complètes de la presse en dessous, de son emploi et de celui de ses matrices, rendront de grands services aux ingénieurs qui s'occupent de la fabrication de pièces précises en feuilles métalliques, d'articles et d'appareils semblables.

Emploi principal de la presse en dessous. — Le principal emploi de la presse en dessous est la fabrication des pièces en feuilles métalliques qui, en raison de leur précision très grande, doivent être exécutées avec des matrices qui découpent simultanément l'extérieur et l'intérieur ainsi que les perforations, ou au moins avec une matrice composée. Grâce à l'emploi de la presse en dessous et de ses matrices de précision, on peut exécuter aisément les travaux les plus fins parce que les matrices peuvent toujours être maintenues parfaitement réglées pour le travail. L'alignement est ainsi parfait et toute possibilité d'arrachement est absolument supprimée.

Coût et durée de la presse en dessous. — En ce qui concerne l'achat d'une presse en dessous et d'une paire de matrices pour produire une pièce en feuille métallique, la dépense de premier établissement est considérable ; mais c'est là une dépense unique car la construction de la presse est telle qu'elle ne peut être endommagée pendant son montage ou son service sur la presse mécanique. Les matrices n'exigent que de très faibles réparations en outre de l'affûtage occasionnel de leurs faces. On aura une idée de la précision et de la durée de ces outils si nous indiquons que l'on peut poinçonner et percer sur une presse en dessous 50.000 à 100.000 pièces parfaitement interchangeables sans affûter le poinçon ni les matrices.

Manière de construire une presse en dessous. — Pour pouvoir construire une presse en dessous ou un jeu de matrices pour cette presse, l'outilleur doit être adroit, travailler avec précision et employer tout son jugement. S'il possède ces qualités et s'assimile avec soin les méthodes que nous allons décrire, il peut être assuré du succès.

La figure 548 représente une coupe verticale et la figure 549 un plan d'une presse en dessous qui est employée dans toutes les usines d'horlogerie, de compteurs et enregistreurs. Elle comprend le support 1, le plongeur 2, la base 3, l'écrou 4 pour serrer la garniture en métal antifriction et l'écrou à crochet 5 qui relie le plongeur de la presse mécanique au plongeur 2 de la presse en dessous. On commence par usiner le support 1. Il est dressé et alésé sur le fond, puis on dresse le barillet, puis on y exécute une portée qui permet de centrer le plongeur 2 à un bout pour garnir d'antifriction. Le support est alors prêt à être percé et taraudé pour recevoir les vis à tête qui servent à le fixer sur la base. Ces vis sont également employées pour fixer le support sur un mandrin de tour spécial au moyen

duquel on l'alèse à 3°, on fait une face conique à l'autre bout, puis
on le tourne pour l'écrou de réglage mais on ne taraude pas avant que le
support n'ait été garni d'antifriction. Une fois le support alésé, on le dresse
sur l'étau limeur et on rabote quatre rainures à l'intérieur, parallèlement
au cône, pour empêcher la garniture d'antifriction de tourner.

On dégrossit de tour le plongeur 2, ménage une portée en arrière, puis
on l'alèse pour recevoir le piston du poinçon. Il peut être alors fileté pour
recevoir l'écrou 5. Cet écrou doit être fait en acier avec deux plats fraisés

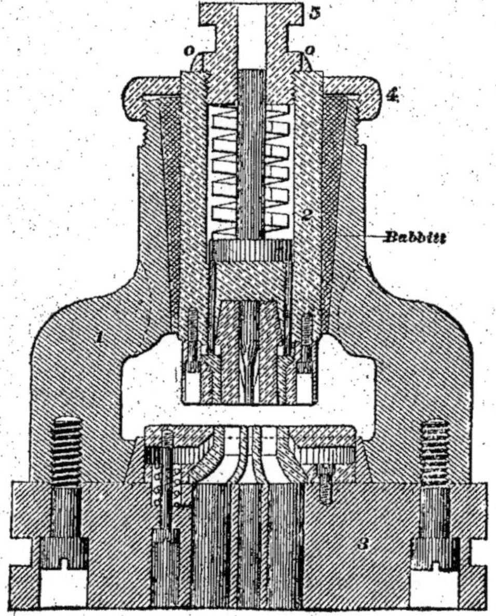

Fig. 518.
Babbitt :   Métal antifriction.

en O, O pour permettre de l'enlever du plongeur. Cet écrou étant bien
vissé, on doit tourner le plongeur à environ 0mm,127 (0,005 p.) de la
dimension finie, puis on l'achève par rectification de façon à s'assurer
qu'il est parfaitement parallèle. On le place ensuite dans les mâchoires de
la fraiseuse, et on y fraise quatre rainures après s'être assuré que l'étau de
la fraiseuse est parfaitement aligné. S'il est légèrement gauche, le plongeur subira un mouvement hélicoïdal quand il sera en service sur la presse,
ce qui peut endommager les matrices. Ensuite on gratte le plongeur avec
un bâton d'émeri n° 2, ce qui donne de meilleurs résultats qu'une lime, et

tout est alors prêt pour recevoir le métal antifriction. On chauffe celui-ci à la température convenable, on le coule, et on le laisse monter $3^{mm},17$ (1/18 p.) au-dessus du sommet du support.

Aussitôt que le support est assez refroidi pour qu'on puisse le prendre, on force le plongeur vers le bas, d'une longueur suffisante pour que l'antifriction puisse être dressé et mis d'équerre à l'extrémité, puis taraudé à l'extrémité du support avec l'écrou 4. On enlève alors le plongeur du support, et on remonte ce dernier sur le tour. On taille une patte d'araignée en spirale d'environ $25^{mm},4$ (1 p.) de pas, dans la garniture en antifriction. On remonte le support et le plongeur sur la presse mécanique, on pompe en mettant le plein d'huile et en serrant l'écrou à l'occasion de façon à obtenir un bon appui. On doit à ce moment veiller à ce que un frottement exagéré ne puisse échauffer suffisamment l'antifriction pour le faire gonfler et détériorer ainsi le support. On dresse à nouveau le support sur le tour, on dresse le fond et on lèse le siège selon un cône d'environ 2° pour qu'ils s'ajustent sur la portée conique de la base. On enlève alors le plongeur du support, on y ménage une portée en arrière et un ressaut pour les matrices. La base peut alors être placée sur le plateau d'un tour, — après qu'on a préalablement raboté le fond, — et on tourne la saillie selon un cône de 3° pour raccorder avec le support. On y ménage également une portée pour recevoir les matrices et l'arracheur inférieur, on peut alors le percer et l'aléser puis le garnir de goujons pour assurer un alignement parfait des deux parties.

Montage et emploi de la presse en dessous. — On peut travailler au moyen de la presse en dessous à peu près sur toutes les presses mécaniques qui offrent un emplacement convenable. Toutefois, généralement, on emploie à cet effet une presse spéciale parce qu'une course réduite et un bâti supérieur très robuste sont les conditions qui conviennent le mieux. La figure 549 représente une presse de ce genre.

Pour monter une presse en dessous, on la glisse simplement en place, comme le représente la figure 549, en amenant le bec en acier du plongeur dans le crochet de la coulisse de la presse, puis on met les brides en place, et on serre les vis ou les écrous, de sorte que la presse en dessous se trouve solidement assujettie sur le plateau ou traverse de la presse mécanique. On peut alors monter les matrices et tout est alors prêt pour le travail. Le changement d'une presse en dessous s'exécute très rapidement et n'exige pas une habileté spéciale. Il existe différents genres de bâtis pour les presses en dessous ; le plus répandu est un arc formé d'une barre ronde. On emploie également souvent un modèle en porte-à-faux. Pour les pièces de très grandes dimensions telles que les bâtis postérieurs d'horloges ou d'appareils enregistreurs de temps, on emploie une presse en dessous à quatre montants qui peut découper de très grandes pièces dans des feuilles dont l'épaisseur peut atteindre 4^{mm},76 (3/16 p.). La manière dont le poinçonnage est exécuté sur une presse en dessous ne doit pas être confondue avec le poinçonnage ordinaire, car il est pratiqué d'une façon différente. En règle générale, trois ou plusieurs opérations sont exécutées en un seul coup de la presse, ce sont le découpage extérieur, le découpage du centre, la perforation, et l'impression des lettres, le tout en même temps. La tôle à poinçonner est solidement maintenue entre les plaques de l'arracheur et les supports ; la matrice est donc composée ; le métal est ainsi dressé et tenu parfaitement plat pendant qu'il est travaillé et chaque pièce produite est l'exacte reproduction de celle qui a été découpée précédemment.

Fonctionnement des matrices, avancement du métal. — Pour exécuter sur la presse en dessous les genres de travaux les plus précis, le poinçon ne doit pas à proprement parler pénétrer dans la matrice ; mais parvenir tout près de sa surface pour découper la pièce dans la feuille, sans aller plus loin. Les arracheurs abattent ses bords bien d'équerre. On comprend donc que les faces de la matrice et du poinçon doivent être parfaitement plates et sans inclinaison pour que la pièce soit découpée avec précision. Pour cette raison, il est nécessaire d'avoir une presse rigide et bien construite. Grâce

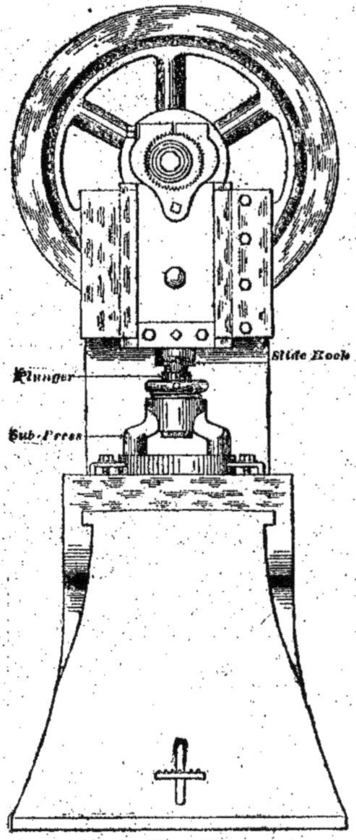

Fig. 549.

Sub-Press :   Presse en dessous.
Plunger :   Plongeur.
Slide Hook :   Crochet latéral.

à ce mode spécial de construction des matrices, leur durée de services se trouve considérablement augmentée ; les poinçons traversent simplement la matière qui est comparativement tendre, au lieu de venir au contact des matrices trempées, qui les useraient avec une grande rapidité. On ne doit jamais dans aucun cas laisser les poinçons pénétrer dans les matrices, car ceci abîmerait les outils dans un temps très court.

Comme la presse en dessous est une machine petite, commode en elle-même, avec ses matrices et poinçons toujours parfaitement alignés, sans que des avaries puissent se produire, elle se trouve toujours prête à travailler, et toutes les causes de production d'un travail défectueux ou manquant de précision sont éliminées. Si la dépense de premier achat de cette petite machine est assez élevée, sa longue durée fait que la matrice est la plus économique de toutes celles qu'on peut imaginer pour produire avec précision et rapidité des pièces interchangeables prises dans des

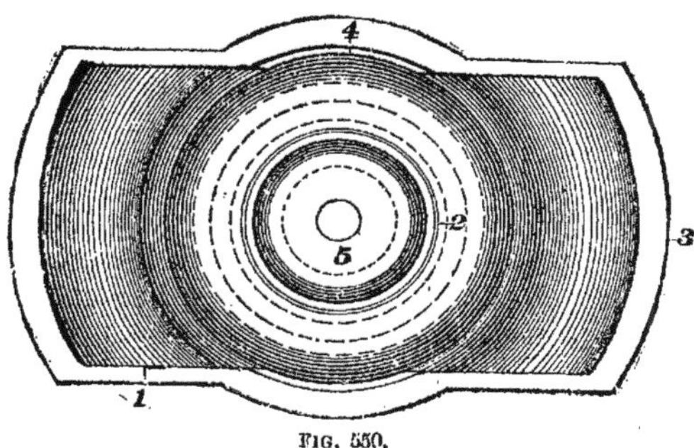

Fig. 550.

feuilles métalliques. C'est ce petit outil qui a rendu possible la fabrication de la montre à cinq francs.

Les galets d'avancement, ou autres systèmes d'alimentation automatiques, sont souvent ajoutés aux presses sur lesquelles on emploie l'outillage des presses en dessous. Comme les pièces découpées sont ramenées à leur place dans la feuille où elles ont été découpées par les arracheurs montés sur les matrices, le métal est maintenu bien dressé ; le découpage et l'avancement sous les matrices se font à une très grande vitesse, on peut ainsi produire de 75 à 130 pièces par minute.

CHAPITRE XXIX

GRAVURE. — CREUSAGE. — CONSTRUCTION ET EMPLOI, DES MATRICES POUR MÉDAILLES, JOAILLERIE, MONNAIES ET ARTICLES ARTISTIQUES

L'ouvrier et l'artiste. — Le taillage et la gravure des matrices en acier pour la frappe des médailles, des pièces de joaillerie et des pièces soignées prises dans des feuilles métalliques, constituent véritablement un art, qui exige, outre l'habileté mécanique et la connaissance de l'emploi des outils à travailler les métaux, un talent naturel spécial pour ce genre de travail, et l'habileté artistique qui résulte de l'amour du beau. Quand il ne possède pas cette habileté, celui qui exécute les matrices est simplement un ouvrier et est incapable d'originalité. C'est le talent qui fait l'artiste. Toutefois, pour ceux qui sont déjà habiles dans l'art de faire les matrices et qui possèdent dans une certaine mesure la faculté de reproduire des dessins, ce chapitre sera très instructif ; pour ceux qui sont moins doués, les indications que nous donnons les aideront à faire des progrès.

Gravure d'un coin pour frapper une matrice de médaille. — Pour faire les matrices pour médailles, etc., la méthode la meilleure est la suivante : on prend un galet prêt à être gravé (*fig.* 551), on le polit parfaitement puis, on le recouvre de cuivre avec une solution de sulfate de cuivre, ou bien on y met une couche mince de blanc de zinc que l'on laisse sécher. On exécute sur cette surface un croquis de la médaille comme l'indique la figure 552, puis on creuse toute la partie extérieure à la profondeur nécessaire, jusqu'à ce qu'on obtienne une silhouette parfaite de la figure, comme l'indique la figure 553. On creuse ensuite les détails les plus gros, en employant de petits burins, spéciaux pour gravures, en arrondissant hardiment toutes les portions saillantes, comme l'indique la figure 554. La dernière partie et la plus spéciale du travail consiste à graver et ciseler les fins détails artistiques jusqu'à ce que l'œuvre soit achevée, comme la représente la figure 555. Le coin employé pour frapper la matrice de la face de la médaille est alors exécuté.

Fabrication des matrices pour la joaillerie repoussée. — En ce qui concerne la fabrication des matrices pour la joaillerie repoussée, la méthode courante consiste à travailler d'abord le modèle à la forme demandée, après quoi on doit le souder à l'extrémité de la pièce en acier qui doit former le poinçon. Ces pièces en acier sont ordinairement tenues à la main, tournées jusqu'à des diamètres de 28^{mm},57 (1 1/8 p.) et environ 127 millimètres (5 p.) de longueur, avec le petit bout en forme conique d'une grandeur juste suffisante pour couvrir le modèle. Une fois que le modèle a été soudé à l'extrémité du poinçon, on travaille avec soin et précision le contour du calibre à l'extrémité du poinçon en utilisant les moyens les mieux appropriés. La fraise est le meilleur outil à adopter

Fig. 551.   Fig. 552.   Fig. 553.

Fig. 554.   ,   Fig. 555.

pour exécuter cette partie du travail. On découpe le profil à une distance d'environ 2^{mm},38 (3/32 p.) de la face du poinçon. On monte ensuite le poinçon sur l'étau limeur et on étend cette forme sur toute la longueur du poinçon ; on donne une forme conique sur environ 38^{mm},1 (1 1/2 p.) à partir de la face. Ensuite on lime avec soin, et on arrondit tous les angles, de manière que l'extrémité du poinçon ait parfaitement le profil du modèle. On peut alors enlever celui-ci, et donner à la face du poinçon la forme que la pièce finie doit présenter.

Cette mise en forme exige un certain exercice de la part du talent de l'artiste, mais n'est pas très difficile, si on travaille avec un peu de réflexion et de méthode. La bonne manière de procéder consiste à recouvrir l'extrémité du poinçon avec une solution de couperose et à décrire une ligne tout autour du poinçon à une distance de la face terminale égale à l'épaisseur de la pièce finie.

Les matrices sont ordinairement faites dans une barre ronde, recuite, tournée à un diamètre de 38^{mm},1 (1 1/2 p.), les bouts dressés sur une épaisseur d'environ 22^{mm},22 (7/8 p.) et la face qui doit recevoir l'impression est parfaitement polie. On ne peut admettre la moindre raie sur la face du poinçon ou de la matrice. Ceci fait, on prend le poinçon, que nous nommerons le maître poinçon, et le galet formant la matrice, une presse à vis ou à chute, on met les deux pièces à leurs places respectives, et quand tout est prêt, on les nettoie toutes deux avec soin, et on les huile très légèrement avec les doigts gras. Quand tout est bien fixé en position, on procède à l'impression. Si on emploie une presse à vis, quelques bons coups seront nécessaires; si c'est une presse à chute, on mesure à peu près la hauteur convenable de chute du poids sur une surface recuite et on en déduit rapidement la hauteur de chute qui est nécessaire pour produire une empreinte d'une profondeur donnée. On élève le poids et on le laisse tomber, mais on le saisit avant qu'il puisse produire un second choc. On obtient ainsi une empreinte bien nette avec le poli original de la pièce conservé à peu près complètement mais renforcé dans le galet. Il peut arriver que le métal soit refoulé tout autour de l'empreinte; dans ce cas, on dresse les bords sur le tour ou sur l'étau limeur, il est en effet nécessaire de frapper un peu plus profondément qu'on ne demande, à cause de l'arrondissement des bords. La matrice est alors marquée, etc., et trempée de façon spéciale pour que sa surface reste propre, puis on polit l'empreinte. Il est très nécessaire pour des travaux de ce genre que les matrices, etc., soient parfaitement polies, spécialement quand on travaille des métaux dorés, car plus le travail exécuté par les matrices est uni, moins il est nécessaire de brunir pour obtenir un beau poli.

Pour obtenir un poli soigné, la terre de Vienne ou le fulminate de fer donnent d'excellents résultats. On monte une petite tige ronde en bois d'oranger sur un tour à grande vitesse ou une machine à percer. On forme l'extrémité avec une lime pendant qu'il tourne, et on emploie un de ces produits avec de l'eau. La terre de Vienne est plus propre, le fulminate de fer donne les résultats les plus satisfaisants. Nous avons ainsi une matrice prête pour le travail, et quand, à mesure du travail, elle s'est usée et agrandie, ce qui se produit nécessairement avec le temps, on peut en préparer une autre à l'aide du maître poinçon.

Quand on a reconnu qu'un poinçon donne les résultats demandés, il est de bonne tactique de frapper plusieurs matrices en même temps, spécialement si on fabrique quelque chose d'analogue en grandes quantités, car les pièces recuites ont une surface grenue qui use rapidement la matrice, et si la forme des pièces change plus ou moins, il peut en résulter des difficultés pour les opérations subséquentes. Il est aussi avantageux de frapper une matrice plus profondément que les autres, de la finir, et de la conserver comme matrice type. On pourra ainsi reproduire le poinçon si par accident ou autrement il se trouvait endommagé ou perdu.

Pour faire un poinçon avec la matrice type, on doit employer un galet recuit et tourné comme précédemment et mis en forme pour l'impression dans la matrice. Ceci peut se faire dans de bonnes conditions en traçant les contours sur l'extrémité du galet destiné à faire le poinçon, en lui donnant une forme correspondante à l'aide de la fraise, et en le limant à peu près selon la forme voulue. On place la matrice type et on y appuie le poinçon sans y mettre trop de force ; on l'enlève ensuite et on gratte toutes les parties qui ont pris contact. On replace le poinçon et on répète ces opérations jusqu'à obtention d'une forme à peu près exacte, on diminue ensuite un peu les côtés, on polit parfaitement, et on remet sur la presse et on donne un coup pour finir. Le but de cette méthode de travail est d'amener le poinçon à une forme très approchée s'ajustant suffisamment sur la matrice pour que, quand on donne le coup d'achèvement, le premier contact se fasse au fond de l'empreinte. Le métal paraît s'étaler mieux dans la matrice là où il vient d'abord en contact, et s'il y a une rayure ou autre forme aiguë, le métal ne conserve pas une forme arrondie. Il est également intéressant de remarquer que si une goutte d'huile reste dans le fond, cette huile empêchera le remplissage de la matrice, quelle que soit la valeur de la pression exercée ; on peut donc poser comme une règle générale pour le poinçon et la matrice : « on ne doit laisser subsister ni raies, ni irrégularités sur aucune surface ; il faut les polir parfaitement ; enlever avec le plus grand soin les poussières, etc., et les graisser très légèrement avec les doigts huilés et essuyés ». La partie conique du poinçon se termine sur l'étau limeur comme nous l'avons déjà indiqué, ensuite on le polit, on le trempe et on l'achève comme d'ordinaire.

Contrairement à ce que l'on pourrait croire généralement, la frappe des petites matrices par cette méthode ne produit pas des tensions suffisantes pour entraîner des conséquences sérieuses. Je puis dire qu'avec de l'acier recuit, il n'y a pas plus de chances de perte qu'avec la méthode qui consiste à chauffer avant de frapper l'empreinte. En fait, un ouvrier expérimenté ne perd presque jamais de matrices.

Quand ils ne sont pas en service, le maître poinçon et la matrice type doivent être recouverts de vaseline et emmagasinés dans une cave ou autre endroit bien sûr. Je préfère, quand cela est possible, les envelopper dans du calcaire en poudre, comme on fait pour le fil d'acier poli pour ressorts, afin de conserver le poli.

Ciselage des dés à coudre, garnitures de cannes, cravaches et parapluies. — Les petites indentations à l'extrémité des dés, sur les montures de cannes, cravaches et parapluies, sont repoussées au moyen de roues à molettes quand le dessin le permet. Les travaux très soignés sont ciselés à la main, en remplissant les pièces avec du plomb et enfonçant ensuite le métal mince dans le plomb à l'aide des outils à ciseler. On emploie dans ce but un petit ciseau émoussé de forme convenablement appropriée aux dessins ou ornements demandés.

Moulage des modèles de matrices compliquées. — Le moulage des modèles de matrices compliquées s'exécute de différentes manières, selon la nature du travail. On les sculpte dans le bois, on les moule en plâtre, ou avec de la cire de modeleurs, ou avec de la gélatine. La méthode la plus répandue, mais qui est maintenant bien vieillie, consiste à sculpter dans le bois. Pour les grands dessins difficiles, le plâtre coulé est le meilleur. On commence par exécuter avec du plâtre fraîchement gâché un contour approché de la pièce. Ceci fait, on le découpe ou on le sculpte à la forme voulue, en le laissant humide et en se servant d'outils et tranchants en bois ou en laiton. Les outils en acier ne conviennent pas, car ils se rouillent rapidement. Dans certains cas, les modeleurs font leur premier moule en argile, puis exécutent par coulée sur celui-ci un moule en plâtre ou gélatine ; finalement ils reproduisent le modèle original à l'aide de ce dernier.

Moules en gélatine. — Quand on a fait un modèle en argile, et qu'on veut le reproduire en gélatine, on met à tremper dans l'eau froide, pendant vingt-quatre heures, de la colle blanche de bonne qualité, on enlève toute l'eau et on la fait fondre au bain-marie, de manière à l'amener à la consistance du caoutchouc tendre quand elle sera refroidie. Pour empêcher la gélatine de coller, on mouille le modèle avec un mélange de savon ordinaire et d'huile de lard. On coule la colle sur le modèle, ce dernier étant bien enveloppé dans une boîte en plomb ou en bois ; on laisse refroidir le moule pendant environ douze heures, puis on le sépare du modèle en frappant doucement sur ses bords tout autour. Si le modèle a deux surfaces dont on doit prendre des moules, on doit y fixer une vis en arrière, et la laisser faire saillie hors du moule à chaque extrémité pour qu'on puisse s'en servir pour découper et ouvrir le moule et enlever le modèle une fois le moule refroidi.

Une autre bonne recette pour les moules en gélatine est la suivante : dissoudre 20 parties de gélatine fine dans 100 parties d'eau chaude, ajouter une demi-partie de tannin et la même quantité de candi cristallisé. Un moule en colle ou en gélatine acquiert une plus grande durée si on coule dessus une dissolution de bichromate de potasse dans l'eau, et si on l'expose ensuite au soleil. On prendra 1 partie de bichromate et 10 parties d'eau. On pensera toujours à huiler tous les modèles avant de les recouvrir de colle ou de gélatine, autrement on n'aurait pas sûrement un bon moule et on pourrait abîmer le modèle.

Emploi de la cire de modeleurs. — Pour prendre les empreintes de matrices à dessins très délicats, ou composés de lignes et de courbes très fines, on emploiera la cire de modeleurs. Pour la préparer, on prendra deux parties de cire d'abeille pour une partie de cire végétale ; on fait fondre, on mélange bien, et on coule sur la surface de la matrice quand la cire est bien chaude, en commençant par mouiller la face de la matrice avec de l'eau très savonneuse pour l'empêcher de coller. Pour reproduire une empreinte grande et difficile, on emploiera le plâtre des dentistes que l'on mélange d'eau jusqu'à ce qu'il prenne la consistance de la mélasse. Il est nécessaire de travailler rapidement car le plâtre prend vite. On enduit la face de la matrice avec de l'huile de lard et une solution de savon ordinaire, puis on répand le plâtre sur la matrice en allant d'un bout à l'autre. Quand il a fait prise, on chauffe légèrement la matrice, et on la met de côté pendant environ vingt minutes, après quoi on frappe les bords de la matrice jusqu'à ce que l'empreinte se sépare. Quand on coule le plâtre, en le laissant s'écouler d'un bord à l'autre, on évite la formation de bulles d'air dans les creux. On peut aussi chasser l'air ultérieurement en malaxant et remuant le plâtre. Comme celui-ci se contracte beaucoup en séchant, il est nécessaire d'enlever le moule du modèle aussitôt qu'il commence à sécher.

En règle générale, quelque soit le soin apporté à l'exécution des moules en plâtre, ils présentent toujours quelques défauts, qu'il est nécessaire de réparer. On doit attendre qu'ils soient parfaitement secs et froids et on gratte les surfaces endommagées avant de les réparer.

Matrices pour la fabrication de grandes pièces d'ornement. — Les matrices employées pour plier et mouler de grandes pièces ornementales en feuilles métalliques sont ordinairement en fonte. On a très peu de travail à exécuter sur ces matrices car elles sont coulées dans un moule préparé avec beaucoup de soin, constituant un fac-similé de la pièce à exécuter, que l'on emploie comme modèle, et on exécute les surfaces de la matrice d'une manière analogue au moulage d'un modèle en sable. On fait souvent de ces manières les matrices employées pour frapper, en s'en servant pour exécuter des matrices en acier, ce qui supprime beaucoup de difficultés pour les limer, les tailler et les graver.

Matrices à eau ou à fluides. — Tous les genres de pièces creuses, corps de lampes, coffrets artistiques pour toilette, boîtes d'allumettes telles que celle représentée par la figure 556, pièces en argent, en métal anglais, pièces d'ornement en laiton doux sont fabriqués de façon à imiter absolument les articles ciselés au moyen de la matrice à eau du type représenté par la figure 557. Cette matrice est formée d'un moule à charnières portant la décoration voulue gravée sur la face intérieure. Ces moules sont ordinairement exécutés avec des modèles sculptés avec soin et retouchés jusqu'à ce que les détails les plus fins soient bien accusés et distincts.

Fig. 556.

Pour ces moules, il est nécessaire d'employer une fonte spéciale à grain serré. Pour l'emploi, on place le moule ou matrice sous la presse, on remplit la pièce à décorer avec de l'eau et on l'enferme dans le moule. Un piston plongeur est ajusté sur le bâti de la presse, ainsi que sur le sommet du moule ; à mesure qu'il descend, le liquide comprimé refoule le métal à

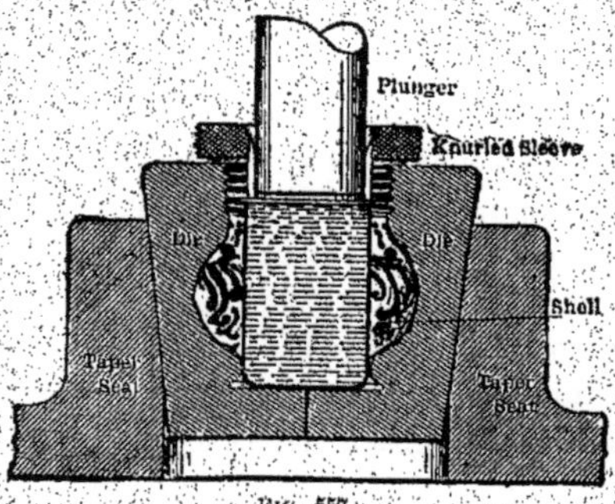

Fig. 557.

Taper Seat :	Siège conique.
Shell :	Pièce emboutie.
Die :	Matrice.
Knurled Sleeve :	Manchon moleté.
Plunger :	Plongeur.

l'extérieur et l'oblige à reproduire les dessins du moule. Cette méthode est très économique pour produire des pièces décorées creuses, et est employée à peu près à l'exclusion de toute autre dans les grands ateliers où on travaille l'argent. Pour produire des pièces très unies, avec des métaux tendres, on emploie un matelas de caoutchouc qui est comprimé par le piston plongeur à mesure que celui-ci descend.

Matrices combinées pour pièces repoussées. — Les pièces en feuilles métalliques planes, estampées, repoussées, etc., sont ordinairement étirées et estampées en une première opération puis rognées ultérieurement avec une matrice plane spéciale. Quelquefois, quand les dessins sont simples ou peu profonds, les pièces sont faites en une seule opération avec une matrice combinée à étirer et repousser. Ce n'est pas là une méthode générale, parce que le métal est susceptible de s'étirer et repousser irrégulièrement, et parce qu'il est très difficile de trouver un galet pouvant s'étirer parfaitement sans former de plis ou d'irrégularités. Aussi les deux opérations sont-elles combinées dans une matrice progressive, où le métal est d'abord estampé et étiré ou inversement, puis découpé et rogné tout autour.

Exécution des matrices à repousser les pièces plates ou profondes. — Pour l'exécution des matrices à repousser, plusieurs méthodes sont en vogue. Quelquefois on fait les deux en acier, ou bien une en acier, l'autre en cuivre ou laiton, ou une en bronze dur et l'autre en laiton tendre, tandis que pour les très grandes pièces à dessin audacieux, on en fait une en fonte et l'autre en laiton.

Quand on construit les matrices servant à frapper l'or, l'argent et les autres métaux précieux, la première opération consiste à recuire soigneusement le galet qui servira pour faire la maîtresse matrice puis à bien polir sa surface, que l'on creuse, grave, et recreuse jusqu'à former une reproduction exacte du dessin demandé. Il est nécessaire de graver avec soin, de gratter, de donner la quantité de dépouille convenable, et le rayon suffisant en certains points, pour remédier à la tendance que présente le métal à se diviser au cours du travail. Ceci se présente spécialement quand il y a des lignes ou des surfaces perpendiculaires. Après creusage et polissage de toutes les parties du dessin, le coin peut être trempé et recuit au jaune paille foncé. Nous possédons alors une maîtresse matrice du coin qui permet d'exécuter l'autre matrice. A cet effet, on la fixe sur le bâti de la presse ou du mouton sur lequel on doit l'utiliser.

On prend ensuite un autre galet bien recuit, et on usine avec soin le dessus et le dessous. On fixe la matrice maîtresse sur le bâti de la presse, et on place le galet directement en dessous. On huile les deux faces des matrices, et on force la matrice maîtresse sur la surface douce du galet jusqu'à ce qu'on obtienne une impression parfaite de tous les détails et de tous les traits de la matrice maîtresse. Ceci exige beaucoup de temps et de patience, car il est nécessaire d'enlever le galet de temps en temps et de couper l'excédent de métal qui est refoulé. Quand le dégagement nécessaire a été donné à la matrice frappée, on la polit, on la rogne, on la dresse, on la trempe et on la recuit. A l'aide de cette matrice, on frappe une empreinte en laiton, en bronze ou en cuivre, que l'on emploie à la place de la matrice maîtresse pour produire les articles demandés. Si on doit faire beaucoup de matrices du même genre, comme pour des coins, on frappe un certain nombre de jeux avec la matrice maîtresse, que l'on conserve exclusivement pour cet emploi. On est ainsi assuré que toutes les matrices reproduisent exactement le même dessin. Toutefois, pour les coins, les deux matrices sont en acier. Sur les matrices coins, on marque à la main la date qui change chaque année, après que l'empreinte de la matrice maîtresse a été frappée.

Quand on emploie une matrice maîtresse pour imprimer les surfaces, l'empreinte et le galet doivent être tenus bien huilés, et la presse doit être tournée très lentement à la main. En conservant la matrice maîtresse pour exécuter exclusivement les impressions, on peut produire des reproductions exactes des matrices usées, ce qui n'est possible par aucune autre méthode, car aucun graveur ne peut reproduire exactement à la main son travail.

Quand on exécute de très grandes matrices par la méthode que nous avons décrite ci-dessus, on trouve qu'il est nécessaire que le galet soit chaud quand on le frappe. On chauffe le galet au rouge cerise, on frappe avec la matrice maîtresse, on enlève le galet, les écailles, on rogne et enlève le métal en excès, puis on frappe à nouveau à froid. On obtient ainsi une empreinte parfaite.

Matrices en bronze, en laiton et en cuivre. — La fabrication des matrices en bronze, laiton ou cuivre, pour repousser des métaux tendres selon des dessins peu profonds s'exécute d'ordinaire en fondant d'abord au moyen de modèles en bois ou moules, en en prenant une empreinte en plâtre, à l'aide de laquelle on exécute un moule ou matrice que l'on gratte et polit avec soin. Cette matrice peut être en laiton dur ou en bronze, et le moule en métal beaucoup plus tendre, de façon qu'il puisse être forcé et enfoncé à l'intérieur de manière à produire une empreinte parfaite. Avec les matrices de ce genre, on constatera que les surfaces résistent pendant une durée surprenante, parce qu'elles deviennent dures et résistantes par ce procédé de frappe.

On aura bien soin de se remémorer que pour tous les genres de matrices gravées, un point très important dans leur fabrication est la nécessité de creuser toutes les dépressions et tous les traits un peu plus profondément, afin que les parties en saillie qu'elles produisent puissent être adoucies et polies. Ceci a pour but d'éviter que les pièces embouties se crevassent ou se déchirent.

Pour la fabrication des pièces d'ornement en fer-blanc et des autres articles où l'ornementation est grossière et fortement saillante, on emploie des matrices en fonte et des moules en laiton ou en métal blanc dur. La fabrication de ces matrices ne demande que peu de main-d'œuvre et peu d'habileté, car les empreintes en plâtre et les moules pour les matrices peuvent être soulagés dans tous les endroits profonds, et ainsi il n'est pas nécessaire ensuite de déterrer le moule en laiton.

Quand la pièce à emboutir est très profonde, ou quand le dessin ou l'ornementation sont très saillants, il est nécessaire d'emboutir au moyen de deux jeux de matrices. Le premier jeu comprend des supports de pièce et une matrice qui reproduisent un profil approché du dessin demandé. Le métal est refoulé entre les supports et cette matrice, et reçoit une empreinte grossière du dessin qu'il doit reproduire. La pièce est ensuite recuite puis terminée avec une matrice à finir. Il n'est pas rare qu'il soit nécessaire d'employer trois ou même quatre jeux de matrices pour obtenir la forme voulue quand les pièces sont excessivement profondes. Les plateaux, soucoupes, cadres et plaques portant des bordures ornementées pas trop près des bords, ou les pièces circulaires avec dessin saillant au milieu, peuvent être découpés, estampés ou emboutis sur une matrice combinée avec une presse à simple action, la presse étant garnie d'un coussin élastique et d'un anneau support de pièce ou avec une matrice à double action sur une presse à double effet. Les pièces embouties peu profondes, les boîtes et couvercles, de forme circulaire ou rectangulaire, peuvent être découpés, emboutis, mis en forme et repoussés sur une matrice à triple action et avec une presse à double effet, munie d'un chariot automatique pour le poinçon inférieur.

Pour ajuster les tiges des matrices à emboutir, supérieures ou inférieures, ou tourner les parties extérieures, on serre ensemble le poinçon et la matrice et on les travaille comme une pièce unique. On assure ainsi l'alignement parfait des faces d'emboutissage quand la matrice est en service.

Quoique pendant des années les cuillers, fourchettes et poignées métalliques repoussées aient été exécutées à l'aide d'un mouton, cette méthode est maintenant absolument surannée, car les perfectionnements des grosses presses automatiques et de leurs appareils d'avance ont eu pour résultat de généraliser leur emploi pour la fabrication des pièces de ce genre. Ces machines produisent davantage, donnent un meilleur travail et usent moins les matrices, que le mouton.

CHAPITRE XXX

L'ART MODERNE DE L'ESTAMPAGE. — LES MACHINES A ESTAMPER. — PROCÉDÉS D'ESTAMPAGE A FROID

Le marteau. — Le premier outil de l'homme pour la mise en forme des métaux a été le marteau, et avec les perfectionnements des procédés, pendant des siècles, le marteau a conservé sa place. Dans l'usinage moderne des métaux, le marteau joue un rôle suprême. La forme, il est vrai, varie de temps à autre, mais, qu'il s'agisse d'un marteau à main ou d'un marteau mû mécaniquement, les principes qui président à son emploi sont toujours les mêmes.

La simplicité et le rendement du marteau n'ont jamais été surpassés par aucun autre outil ni même égalé. Qu'il s'agisse de travailler les métaux à chaud ou à froid, le marteau est le roi des outils. Non seulement il exécute beaucoup de travail avec peu de force, mais encore il donne aux métaux des qualités qu'on ne peut obtenir autrement. La résistance, la rigidité, la solidité et l'augmentation d'élasticité sont obtenues par l'emploi du marteau, tandis que pour le fer et l'acier, on obtient une dureté superficielle qui ne peut être produite par aucun autre procédé.

L'étampage et le martelage. — L'étampage, quoique perfectionné, n'est qu'une variété du martelage. On peut supposer que les premiers forgerons, à l'origine de l'humanité, longtemps avant les époques historiques, remarquèrent en travaillant les métaux qu'ils avaient pu préparer, que la face du marteau laisse toujours une trace quand on donne un coup. Toute irrégularité sur la face du marteau laisse une marque correspondante sur le métal frappé. C'est à ce fait, indubitablement, que la métallurgie moderne est redevable de l'art d'étamper, de matricer, d'estamper et d'emboutir, car dans chacun de ces procédés de travail, le principe fondamental consiste à employer des faces spéciales pour le marteau et pour l'enclume.

Ces faces spéciales du marteau et de l'enclume reçoivent la forme que l'on désire imprimer sur le métal, qui sera serré entre elles. Si la pièce de métal à travailler doit être par exemple d'une forme cylindrique, les faces du marteau et de l'enclume sont creuses, et la dépression donne la forme voulue. Le métal travaillé entre elles est refoulé par les coups entre les creux des deux faces, et prend ainsi la forme voulue.

Si on peut supposer que le premier travail à l'étampage, quelque grossier qu'il ait été, fut exécuté entre un marteau dont la face portait une dépression et une enclume possédant une entaille correspondante, il est probable que peu après les anciens forgerons se rendirent compte qu'on facilite beaucoup ce travail en séparant les faces spéciales du marteau et de l'enclume, respectivement. Dans ce but, on se servit d'un marteau doux pour frapper sur une pièce spéciale en métal formant fausse face et portant une empreinte correspondant à la moitié de la forme voulue. L'enclume, au lieu d'être creusée selon la forme à étamper, était un bloc de grandes dimensions, assez lourd pour résister aux coups les plus violents, et disposée de manière à recevoir une seconde face spéciale formant contre-partie de celle qui était frappée par le marteau. On obtient ainsi les outils dénommés maintenant étampes ou matrices. Tout ce qui a été exécuté ensuite concerne les moyens de tenir les outils pendant le travail, les moyens de frapper les coups nécessaires, ainsi que les méthodes pour observer et conduire le travail. Nous allons donner maintenant des indications qui ont été aimablement fournies à l'auteur par The Excelsior Needle Company de Torrington, Conn. qui construit la machine à étamper Dayton, et par le journal technique *Machinery*.

Il est étrange de remarquer que les dictionnaires ordinaires, en définissant ce qu'est une étampe, dans le sens d'un outil à étamper, considèrent seulement l'un des deux outils employés communément comme nous l'avons indiqué ci-dessus. Par exemple, une définition est la suivante : un outil ayant une face d'une forme donnée, et qui sert à donner une forme inverse à la pièce sur laquelle on l'appuie avec force. Pour l'emploi, ou bien on le place sur l'enclume pour faire une empreinte dans le métal sur lequel elle est appliquée et frappée au marteau, ou bien la pièce est posée sur l'enclume, l'étampe est placée par-dessus, et reçoit le coup de marteau sur sa face postérieure. Au contraire, dans les procédés d'étampage modernes, on travaille le métal sur ses deux faces ou tout autour, comme dans le cas d'une barre ou d'un tube, et, dans ce but, on emploie un outil supérieur et un outil inférieur.

L'emploi de fausses faces pour le marteau et l'enclume, ou d'outils à étamper, tels qu'ils sont définis correctement, et que l'on désigne le plus communément sous le nom de matrices, permet de frapper un certain nombre de coups pour obtenir le résultat demandé, ce qui procure une grande économie de force, tout en rendant l'opération moins pénible pour le métal. On obtient également un gain important au point de vue de la qualité du produit. En outre, l'emploi des matrices rend possible l'emploi d'une machine pour frapper les coups, de manière à aller rapidement et produire un travail uniforme. La force vive du marteau est transmise par les faces mobiles ou matrices sans perte sensible ; en fait, il y a un certain gain au point de vue du rendement.

Le procédé d'étampage à froid. — Le procédé d'étampage, quoique très employé dans certaines catégories de travaux, est bien peu connu comme opération d'usinage dans les ateliers de construction de machines. Cependant, le succès avec lequel on emploie ce procédé pour certaines applications, semble indiquer qu'il pourrait être appliqué avec profit à une classe importante de travaux qui sont exécutés à présent soit par forgeage à froid, soit par usinage.

L'étampage à froid est l'opération qui consiste à étirer ou donner une forme à l'acier ou à un autre métal à froid, par exemple pour former une pointe ou diminuer le diamètre de la pièce.

Il s'exécute avec une machine qui frappe sur la pièce un grand nombre de coups successifs par l'intermédiaire d'une paire de matrices de forme convenable pour donner la forme demandée. Ce procédé est appliqué principalement à l'étirage des fils, barres et tubes, et c'est le seul procédé par lequel on peut étirer des pièces laminées ou recouvertes d'une couche d'un autre métal sans détruire cette couche. Pour cette raison, il est très employé pour les travaux de joaillerie, pour faire des calibres spéciaux, des pièces de fantaisie et d'autres analogues. Il est très employé également pour faire une pointe aux barres ou tubes qui doivent être étirés. On obtient ainsi la meilleure pointe connue des étireurs, pour une barre ou un bout de fil, en une fraction du temps qui serait nécessaire avec toute autre méthode, et il en est de même pour les tubes. Les millions d'aiguilles, de rayons de bicyclettes, de crochets à boutons, etc., qui sont fabriqués chaque année montrent tout le parti qu'on peut tirer du procédé d'étampage.

Les applications possibles du procédé d'étampage sont à peu près illimitées. Au cours des époques successives, le forgeron a inventé des applications innombrables découvertes dans le travail journalier, tandis que le constructeur moderne de machines a découvert différents moyens d'adapter les méthodes d'étampage à la production rapide et économique des nombreuses formes demandées dans les différents commerces et industries.

La fabrication des barres en acier et en fer, ainsi que celle des essieux est essentiellement un procédé d'étampage. Il existe diverses modifications dans le détail des machines employées pour ces travaux, mais le principe reste le même. Dans le même ordre d'idées, l'étampage permet mieux que tout autre procédé de donner une forme conique aux tubes de grandes ou petites dimensions. L'étampage moderne est une méthode de réduction des dimensions qui surpasse le laminage, le fraisage, le tournage et l'étirage, pour cette raison qu'il améliore la qualité du métal, donne une plus grande régularité et une meilleure surface sans perte de matière.

Une paire d'outils ou de matrices, dont l'un est fixé dans une enclume

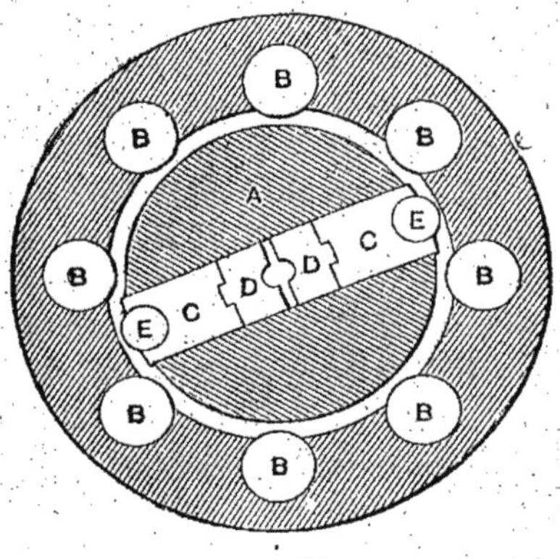
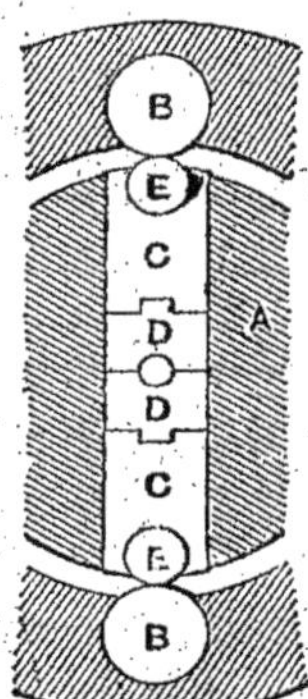

Fig. 558.   Fig. 559.

pour recevoir le métal à travailler, et l'autre soutenue au-dessus, et disposée pour recevoir les coups de marteau, constitue une des formes les plus pratiques des machines à étamper. Si on remplace le marteau à main et ses coups répétés par une série de marteaux mus mécaniquement, tournant autour de la paire de matrices, convenablement fixées, et frappant par

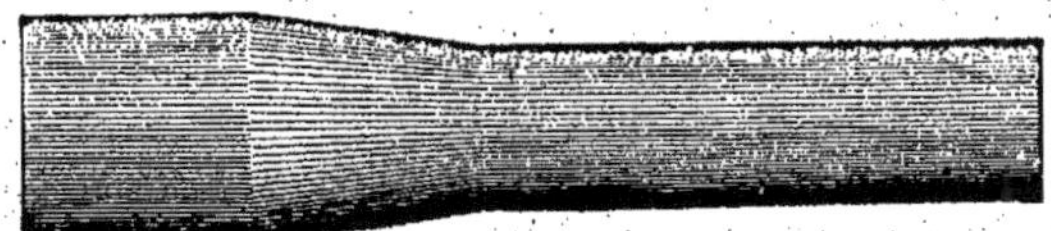

Fig. 560.—Pointing for Drawing.

paires sur les extrémités des matrices, de façon à les rapprocher l'une de l'autre, en serrant le métal entre elles, on obtient une machine moderne dont le travail est de qualité supérieure et surpasse tout ce qui a été fait antérieurement.

Pour se représenter l'économie de matière que l'on peut réaliser en employant ce procédé, nous considérerons seulement un bout de barre que l'on rend conique depuis son diamètre originel jusqu'à une petite pointe, comme la représentent les figures 562 et 563. En A, les lignes pointillées représentent la pièce primitive que l'on prendrait si on voulait travailler

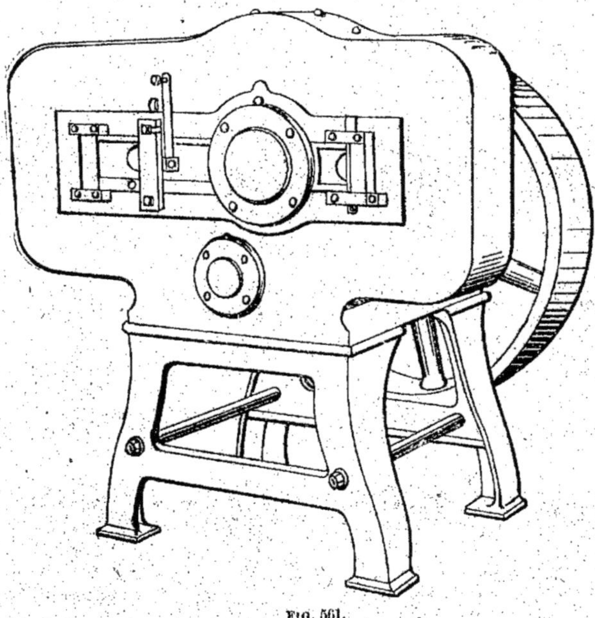

Fig. 561.

par usinage sur le tour ou la machine à vis, et la partie hachurée représente la matière perdue. En B, les lignes pointillées représentent la matière

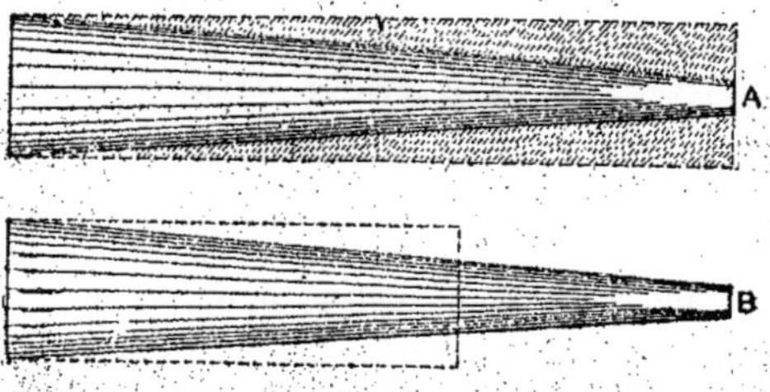

Figs. 562 and 563.

nécessaire pour exécuter la pièce par étampage, et sans aucune perte de matière.

Machines à étamper rotatives. — La machine à étamper rotative est fabriquée maintenant par un certain nombre de constructeurs, et si les détails des différentes machines varient quelque peu, le principe est toujours le même. Les figures 564 et 565 représentent des machines de ce genre.

Les figures 558 et 559 représentent le principe des machines à étamper rotatives modernes. A l'intérieur de la tête dans laquelle tourne l'arbre, se trouve un jeu de galets en acier trempé B, B, B fixés dans des entailles de la pièce fixe, et pouvant tourner librement chacun sur son axe.

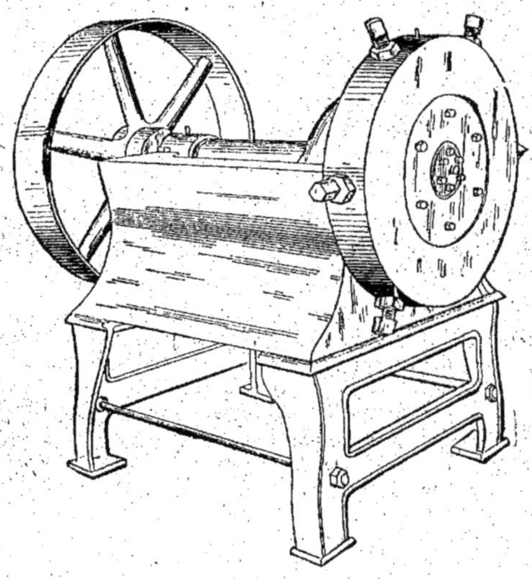

Fig. 564.

L'extrémité antérieure de l'arbre A est large, et porte une rainure en travers de sa face, dans laquelle se déplacent les blocs du marteau. Ceux-ci ont des portées à leurs extrémités intérieures pour retenir les matrices d, d, et leurs extrémités extérieures portent les galets E, E qui peuvent tourner librement quand ils viennent en contact avec ceux de la tête. Quand l'arbre tourne, les galets des blocs portant les matrices viennent en contact avec ceux de la tête, et les matrices sont serrées sur le métal. Après avoir franchi un jeu de galets, les matrices sont écartées par l'action de la force centrifuge qui les maintient séparées jusqu'à la rencontre du jeu suivant ; il se produit alors un nouveau serrage. L'arbre de ces machines tourne à des vitesses de 400 à 500 tours par minute, et comme il y a huit galets sur la tête, on obtient 3.200 à 4.000 coups de

matrice par minute. Dans ces machines, les pièces ne sont pas supportées,
car la rotation de l'arbre distribue régulièrement les coups sur toute la

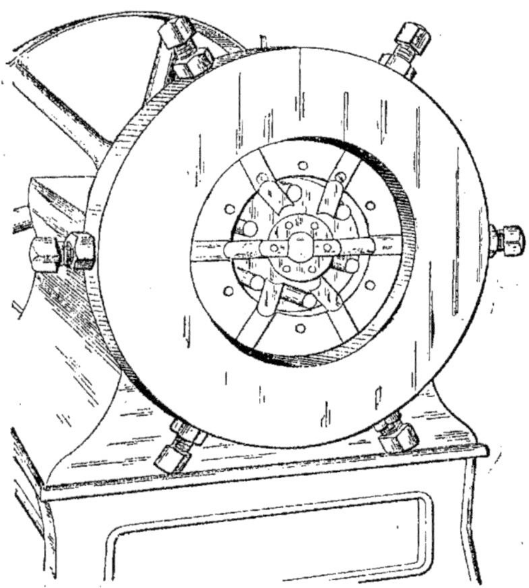

FIG. 565.

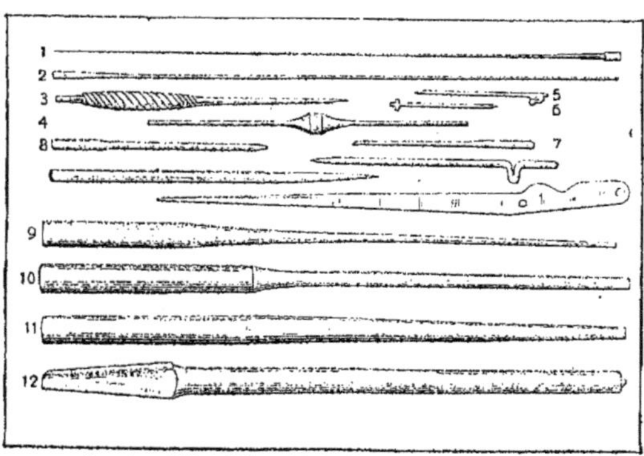

FIG. 566.

FIG. 566. — Exemples de travaux exécutés au moyen de la machine à étirer rotative.

1-2. Barres de lunettes (acier). — 3. Tige de fantaisie (laminée). — 4. Pièce annulaire (nickelée). — 5-6. Pinces (acier). — 7-8. Aiguilles pour machines (acier). — 9-10-11. Arbres pour machines à coton (acier dur). — 12. Tige pour vilebrequin (acier).

circonférence de celles-ci. Dans un autre type de machines, les galets sont remplacés par des cames oscillantes, qui, quand elles passent devant les extrémités du bloc porte-matrices, forment un appareil de serrage puissant, et pressent les matrices l'une contre l'autre au moyen de grandes vis qui appuient sur les bouts des cames. La figure 566 représente des exemples de travaux exécutés avec ces machines rotatives.

La machine à étamper Dayton. — La machine à étamper Dayton représentée par les figures 567, 568, 569 et 570, emploie des matrices dont les dispositions sont aussi simples que celles des outils à étamper primitifs.

FIG. 567.

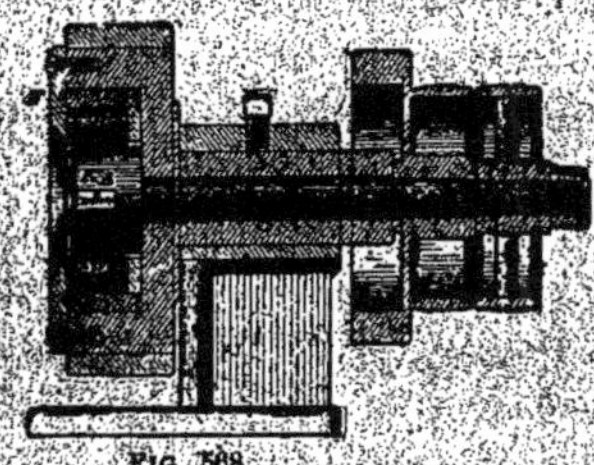

FIG. 568.

Ces matrices, qui sont réglables l'une par rapport à l'autre, sont placées dans une rainure sur la face d'un mandrin tournant, et tenues entre une paire de blocs à extrémités arrondies. Sur un côté et autour du mandrin, se trouve une crémaillère annulaire supportant librement un certain nombre

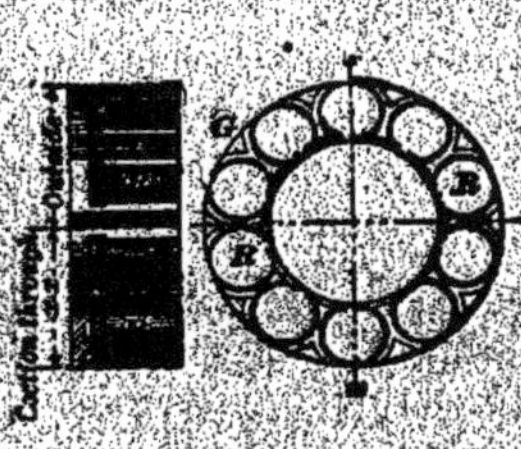

FIG. 569.

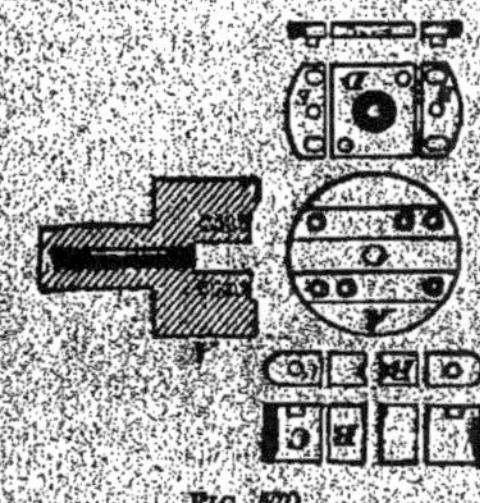

FIG. 570.

Section through x-x. : Coupe *x-x.* — *Outside* : extérieur.

de galets en acier trempé. La révolution du mandrin oblige les matrices et les blocs à bouts arrondis à passer entre les paires successives des mandrins opposés, ce qui serre les matrices l'une contre l'autre. Le mandrin est creux pour permettre de passer la pièce. Les matrices tournent rapidement autour de la pièce, qui est fixe, tandis que la crémaillère contenant les galets tourne très lentement car elle est entraînée seulement par le léger mouvement des galets pendant la durée du contact avec les blocs. Par suite, l'effet des matrices est réparti très régulièrement autour de la pièce.

Les matrices sont des blocs en acier trempé, portant sur leurs faces intérieures une empreinte de la forme ou du diamètre de la pièce à faire avec une ouverture suffisante pour permettre d'entrer la pièce à travailler. Les matrices ou, ce qui revient au même, les blocs ont des bouts arrondis, ou bien les parties postérieures peuvent faire saillie si on place de minces plaques d'acier entre les bouts des matrices et les pièces d'appui. Les matrices et les pièces d'appui sont maintenues en place dans la rainure de la face du mandrin par des plaques convenables.

En se reportant aux gravures, la figure 567 représente une vue de face avec les plaques enlevées, et la figure 568 une coupe longitudinale des petits modèles de la machine à étamper Dayton. Les pièces travaillantes des différents types sont tout à fait les mêmes, de sorte que la description d'un seul suffira.

La figure 569 représente la crémaillère à galets, vue de face, en coupe transversale (demi-grandeur) et en élévation latérale.

La figure 570 représente la face du mandrin avec la rainure recevant les matrices et les pièces d'appui, ainsi qu'une coupe figurant l'ouverture centrale pour passer la pièce. On voit également les matrices B et les pièces d'appui C sur les vues latérale et longitudinale. La plaque servant à tenir les matrices est représentée en D.

Si on se reporte à la figure 568, on voit que la roue d'équilibrage, les poulies fixe et folle, sont fixées à l'arrière du mandrin, et que le mandrin portant les matrices tourne à l'intérieur des galets R ; en outre, que la crémaillère à galets tenue en place dans la cavité de la tête de la machine par la plaque F tourne librement, entraînée par les pièces d'appui qui pressent les galets. La tête de la machine qui est en métal moulé est renforcée par une frette forgée, placée extérieurement, et par un anneau en acier trempé placé intérieurement.

Le mandrin peut tourner à toutes les vitesses requises par le travail à exécuter. Avec cinq paires de galets dans la crémaillère, comme l'indique la figure 569, il y a dix serrages des matrices à chaque tour, ne variant que par le léger déplacement donné à la crémaillère par les pièces d'appui qui pressent les galets. En tournant à 400 tours par minute, le nombre de coups de matrices est d'environ 4.000. On voit par là quelle est la puissance de cette machine.

Machines à étamper horizontales. — La machine à étamper horizontale a été imaginée à l'origine par M. John Henderson, de Waterbury,

Conn. qui construisit les premières machines. Dans la suite, la fabrication est passée entre les mains de la Waterbury Machine Company qui construit actuellement ce genre de machines. Le type horizontal est spécialement étudié pour l'exécution des gros travaux, notamment dans les usines qui fabriquent des barres et des tubes. Il est construit selon un principe entièrement différent de celui de la machine rotative. La figure 571 représente une machine de ce type. Le trou rond situé à gauche, et aligné avec le palier supérieur, est l'ouverture par laquelle on introduit la pièce. Le centre de ce trou marque la place où les matrices sont divisées selon une ligne verticale. L'une des moitiés de la matrice est appuyée directement contre la lourde pièce du bâti, et l'autre moitié, du côté du palier, est animée d'un mouvement alternatif selon une direction horizontale. En se reportant à la figure 571, on se rendra compte des moyens qui permettent d'obtenir ce mouvement.

L'arbre principal inférieur A porte la roue d'équilibrage, et comprend une manivelle à faible excentrage, entre les paliers, tandis que l'arbre

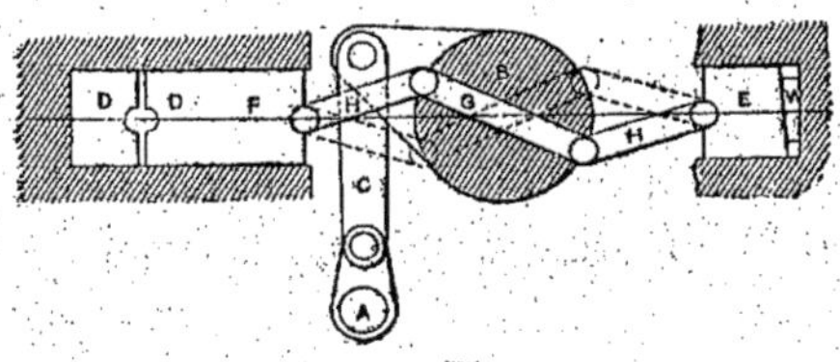

FIG. 571.

supérieur B, de grand diamètre, porte une manivelle environ six fois plus grande. Une barre de connection C relie ces deux manivelles. Elle déplace l'arbre supérieur d'une fraction de circonférence seulement. Si on trace une droite passant par le centre de cet arbre supérieur, placée horizontalement quand l'arbre est à moitié de sa course, on voit que cet arbre reçoit un mouvement alternatif autour de son centre, et que les points diamétralement opposés où cette ligne rencontre la périphérie de l'arbre de chaque côté passeront chacun deux fois par le centre pour chaque tour de la poulie. Si un système de toggles horizontaux est placé entre le bloc alternatif et la pièce du bâti à gauche, et si dans ce système le bloc moyen passe devant l'arbre, il en résultera que, par suite du mouvement alternatif de ce bloc, la distance entre les parties extrêmes augmentera et diminuera deux fois par tour de la poulie, ou, en d'autres termes, que le nombre de coups sera double de la vitesse de poulie. Un ressort, non figuré sur la coupe, sert à écarter les matrices entre les coups.

Ces machines réduisent en diamètre jusqu'à $66^{mm},67$ (2 5/8 p.) et les tubes jusqu'à $101^{mm},6$ (4 p.) et l'importance de la diminution s'élève de $3^{mm},17$ à $6^{mm},34$ (1/8 à 1/4 p.) pour les barres et $3^{mm},17$ à $12^{mm},7$ (1/8 à 1/2 p.) pour les tubes, selon le diamètre et la nature du métal. Quand on exige une réduction beaucoup plus considérable que celle qui peut être obtenue en passant une fois la pièce entre les matrices, on a trouvé qu'il y a grand avantage à employer une matrice avec trois jeux de matrices dont les grandeurs diminuent progressivement. On obtient ce résultat en allongeant la machine vers la gauche pour recevoir deux paires supplémentaires de matrices, et comme une seule paire est en service en même temps, le mouvement est transmis d'un jeu à l'autre, chacun d'eux glissant dans l'ouverture. La matrice a une forme cubique, de sorte qu'on peut utiliser à volonté les quatre faces, les matrices étant tournées tout autour, de façon à présenter simultanément des demi-ouvertures semblables. Quand on demande de petits diamètres, on peut tailler sur chaque face plusieurs dimensions, et le passage d'un diamètre à un autre ne demande qu'un instant.

Quoique la machine soit principalement construite pour faire des pointes sur les barres et les tubes pour les étirer ultérieurement à travers des matrices, elle a beaucoup d'autres applications et sert notamment à aplatir des barres rondes selon une forme déterminée sans perte de matière. On l'a à ce propos employée avec succès pour former des bouts de barres destinés à faire des lames de tournevis, en poussant simplement la barre ronde dans l'ouverture ; on en retire une pièce finie sans aucune perte de matière. On peut exécuter beaucoup d'autres opérations analogues, et dans ce genre de travaux elle permet d'obtenir des résultats impossibles à atteindre avec tout autre type de machine.

Quelques effets du travail à l'étampe. — Le travail exécuté par le procédé d'étampage est réalisé par pression beaucoup plus que par chocs. Aussi y a-t-il écoulement et compression des molécules du métal étampé, ces effets se répartissant régulièrement dans toute la pièce, de manière à augmenter sa résistance et lui donner d'autres qualités avantageuses. Pour comprendre l'adaptabilité de ces machines à une très grande variété de travaux, depuis les pièces des plus petites dimensions jusqu'à celles de grandeurs considérables, il suffit de comprendre le principe de leur fonctionnement.

CHAPITRE XXXI

PROCÉDÉS ET MÉTHODES POUR LE TRAVAIL
DE L'ALUMINIUM

L'aluminium et les autres métaux. — Les usages innombrables auxquels l'aluminium a été appliqué pendant ces dernières années et la grande variété des pièces — depuis les ustensiles de cuisine jusqu'aux pièces estampées — fabriquées maintenant avec ses divers alliages, semblent indiquer que cet admirable métal blanc est destiné à être employé sur une très grande échelle. Les feuilles d'aluminium ont enfin remplacé les autres métaux, car des essais ont démontré qu'il peut être travaillé aussi rapidement et économiquement que les anciens métaux en feuilles du commerce. S'il est formé d'un alliage convenable, on peut le travailler aussi aisément que les feuilles de laiton, que l'argent allemand, ou que l'étain, et dans de nombreux cas, — quand les outils ont été construits correctement, et quand le métal est convenablement lubrifié pendant le travail, on peut le travailler à meilleur marché que tous les autres métaux en feuilles.

Difficultés qui se présentent en cours de travail. — Les difficultés les plus sérieuses que l'on rencontre dans le travail de l'aluminium sont l'accrochage, l'attachage, et le bruit pendant le perçage ; le déchirement et le gougeage pendant le fraisage et le rabotage ; le serrage ou le blocage des poinçons dans les matrices entraînant la rupture des poinçons ; la cohésion des fines parcelles d'aluminium, fortement comprimées, sur les tranchants des poinçons et à l'intérieur des matrices, et sur les matrices à plier ou mettre en forme, la rayure de l'aluminium. Au cours de l'étirage on a à craindre la division ou la rupture.

Aluminium pur et alliages. — Une chose que les mécaniciens ignorent généralement, c'est que l'aluminium ne peut toujours que difficilement être employé à l'état pur. Beaucoup parmi ceux qui ont éprouvé des difficultés dans le travail de ce métal l'ont employé pur au lieu de prendre un alliage approprié. La majorité des alliages d'aluminium diffèrent du métal pur comme le laiton diffère du cuivre ; si le laiton peut être travaillé plus aisément que le cuivre pur, de même les alliages d'aluminium se travaillent plus facilement que l'aluminium pur. Il n'y a qu'à contempler la variété d'articles et de nouveautés que l'on peut trouver à un étalage ou sur les comptoirs d'un magasin, et de remarquer leur bas prix, pour comprendre qu'il ne doit pas y avoir de grandes difficultés pour donner aux feuilles de ce métal toutes les formes demandées.

Secrets du travail de l'aluminium. — Les deux grands secrets (si toutefois on peut employer ce terme) du travail de l'aluminium soit pur, soit à l'état d'alliages consistent à employer un lubréfiant convenable et à donner aux tranchants des outils une forme appropriée.

Titres et alliages des feuilles d'aluminium. — Il y a une grande variété de titres et d'alliages d'aluminium pour les feuilles que l'on rencontre dans le commerce, si considérable qu'on ne peut rencontrer de difficultés à fabriquer les feuilles qui conviennent dans chaque cas particulier. On peut se procurer l'aluminium en un nombre de variétés aussi grand que les feuilles de laiton, à tous les degrés de dureté, depuis le métal recuit jusqu'à l'aluminium pur, dur et élastique. Outre le métal pur, on trouve des alliages très variés, depuis les composés tendres qui peuvent être filés et étirés, jusqu'aux types durs, raides et laminés. Il y a en outre une série d'alliages qui remplacent les feuilles de laiton pour un grand nombre d'ustensiles de cuisine, de nouveautés, d'instruments, d'appareils mécaniques, ainsi que pour les pierres lithographiques. On trouve enfin une autre catégorie d'alliages qui ont été découverts récemment, sur lesquels on fonde de grandes espérances, et que l'on commence à employer pour les pièces estampées. Des essais ont montré qu'on peut estamper ce métal plus aisément et avec plus de succès que beaucoup d'autres parce que certains alliages d'aluminium peuvent être travaillés à froid.

Travail du métal. — Nous allons examiner maintenant le travail de ce métal. Pour tourner, fraiser ou percer l'aluminium à l'état pur, on a rencontré plus de difficultés que pour le travailler à la presse sous forme de feuilles. Toutes ces difficultés disparaissent si les outils sont convenablement construits, et si on emploie le lubrifiant approprié. L'outil doit être fait avec un certain dégagement supérieur, et une inclinaison de base, et au lieu de présenter une pointe comme pour le laiton, il doit être allongé. Le dégagement supérieur doit être suffisant pour permettre aux copeaux de se dégager aisément eux-mêmes au lieu d'embarrasser la pointe. Enfin l'outil doit être recuit au paille clair et passé à la meule pour présenter un tranchant fin.

Lubrifiants à employer. — En ce qui concerne les meilleurs lubrifiants à employer pour les opérations d'usinage au tour, à la fraiseuse, ou à la perceuse, l'huile brute est la meilleure pour le fraisage, et pour le perçage, c'est le kérosène. Pour le tour, l'eau de savon employée en très grande abondance donne d'excellents résultats. Il y a quelques années on construisait sous ma direction un grand nombre de petites machines électriques à couper les étoffes dans lesquelles l'enveloppe du moteur, les supports, arbres et bases étaient en aluminium moulé, et devaient être parfaitement usinés pour être absolument interchangeables. Pour les exécuter, on construisit un certain nombre de montages qui ont été décrits et représentés par l'auteur dans une série d'articles parus dans les colonnes de l'*American Machinist* en septembre et octobre 1900, sous le titre : « Tools for interchangeable Work ». J'ai dû faire un grand nombre d'essais pour exécuter les pièces au degré de fini et d'interchangeabilité demandés. On expérimenta tous les types et formes d'outils ainsi que différents lubrifiants. On trouva que les mèches, alésoirs, outils à centrer, et outils de tour travaillaient supérieurement quand on leur donnait un certain dégagement, les tranchants étant bien trempés puis passés à la pierre pour les affiler. L'eau de savon fut le meilleur lubrifiant pour le perçage, tandis que pour les gros alésages la vaseline bon marché convint mieux. Avec l'huile brute employée comme lubrifiant pour le fraisage, des fraises en bout de 6^{mm},34 (1/4 p.) de diamètre purent exécuter des coupes larges et profondes sans exercer d'efforts exagérés sur les dents, et sans coincements. Au lieu d'obtenir une surface grossière, on réalisa ainsi un beau fini. Dans un grand atelier de Brooklyn qui construit spécialement des presses lithographiques, des machines à bronzer, et des machines à saupoudrer le bronze, on employait beaucoup autrefois de supports en laiton pour les organes d'agriffage des presses. On les a remplacés maintenant par des pièces fondues en aluminium.

Taillage des matrices pour l'aluminium. — Dans le taillage des matrices pour l'aluminium, on doit au moins ménager un degré de dégagement. Si la pièce a plus de 1^{mm},58 (1/16 p.) d'épaisseur et est tendre, si on veut des bords réguliers et des pièces de dimensions exactes, il est nécessaire de les reprendre ou de les araser dans une seconde matrice dont le tranchant intérieur doit être droit mais seulement sur l'épaisseur d'une pièce, ou de deux au maximum, afin que la matrice conserve exactement ses dimensions après réaffûtage. On laissera environ 0^{mm},254 (0,01 p.) à l'extérieur de la pièce pour araser à une épaisseur de $3^{mm},17$ (1/8 p.), mais si les pièces sont faites avec un alliage d'aluminium dur, la moitié suffira.

Les tranchants du poinçon et de la matrice doivent être affilés soigneusement à la pierre à l'huile, après affûtage.

On mettra sur les deux faces du métal de l'huile de lard ou du suif de Russie, de la meilleure qualité, comme lubrifiant.

On devra nettoyer avec le plus grand soin les poinçons et matrices sur les tranchants desquels de petites particules d'aluminium pourraient rester adhérentes.

Matrices à emboutir l'aluminium. — Quand on emboutit l'aluminium sous une épaisseur n'excédant pas $2^{mm},38$ (3/32 p.) et sous une profondeur dépassant $6^{mm},34$ (1/4 p.), pour éviter que la pièce se déchire ou se plisse, il faut qu'elle soit maintenue entre un anneau supporté sur des tiges et ressorts et la face du poinçon, plutôt qu'entre le bord de la cavité du poinçon et les côtés du bloc à mettre en forme, comme pour une matrice à étirer à plat ; mais, quelle que soit la façon dont elle est soutenue, après qu'elle a été d'abord emboutie en forme d'U en réemboutissant plusieurs fois s'il est nécessaire avec des plaques à emboutir et des plongeurs ordinaires, on aura soin de ne pas exécuter cette opération avec une vitesse trop considérable, sans quoi la pièce se romprait au fond sous l'action d'un choc trop soudain.

Si l'aluminium à emboutir est plus épais que $0^{mm},79$ (1/32 p.), il peut être embouti directement, sous le ressort mentionné ci-dessus, jusqu'à une profondeur de $9^{mm},52$ (3/8 p.) ou même davantage, la profondeur exacte dépendant beaucoup de la composition de l'alliage d'aluminium, de la forme de la pièce à exécuter, du fini des matrices, et de la vitesse de la presse.

L'aluminium est un métal qui ne convient pas pour le travail sur les matrices composées ou sur les presses en dessous, car le nombre de pièces de ce métal qu'il est possible de poinçonner sans mettre les matrices hors de service par coincement et sans rompre les poinçons n'est pas suffisant pour amortir le prix de ces outils.

Emboutissage des pièces creuses en aluminium. — Pour l'emboutissage des pièces creuses en aluminium, on doit employer des outils construits comme ceux qui servent à la fabrication des pièces en laiton ou en fer-blanc. Une particularité de l'aluminium qui se manifeste quand on emboutit ce métal, est qu'on ne peut obtenir en une seule opération une aussi grande profondeur qu'avec le laiton. Ceci tient à ce que la résistance à la traction est moindre pour l'aluminium que pour les autres métaux.

Toutefois, on peut l'emboutir plus profondément que tout autre métal commercial sans le recuire. Une pièce en laiton qui exige pour son achèvement trois ou quatre opérations doit ordinairement être recuite après chaque emboutissage ; les conditions varient d'ailleurs avec l'épaisseur du métal, la profondeur d'emboutissage, etc. Au contraire, avec l'aluminium, si on emploie le métal à un titre approprié, il est souvent possible d'exécuter toutes les opérations sans aucun recuit, ou bien en recuisant une fois au plus. Et on peut en même temps exécuter en aluminium des pièces embouties absolument identiques à celles en laiton.

Matrices à plier et à mettre en forme pour l'aluminium. — Les matrices à plier et à mettre en forme pour l'aluminium doivent avoir toutes les surfaces frottantes bien unies et polies dans la direction du pliage ou de la mise en forme, c'est-à-dire que le grain de la matrice et du poinçon doit être dans la direction où le métal se meut dans la matrice. On enduira les deux faces de la pièce avec de l'huile de lard.

Filage de l'aluminium. — Pour le filage de l'aluminium, on obtient les meilleurs résultats en employant une grande vitesse, et une légère pression de l'outil à filer, appliquée régulièrement et graduellement. L'aluminium peut être estampé sous un mouton, avec environ le même poids et la même vitesse que pour l'aluminium.

Recuit de l'aluminium. — Les pièces en aluminium peuvent être aisément recuites en les chauffant dans un moufle ordinaire, en prenant soin de ne pas trop élever la température. La température convenable pour le recuit varie entre 650 et 700° Fahrenheit, 343° et 371° centigrades. Le meilleur contrôle de la température consiste à prendre une petite tige de sapin et à la frotter contre le métal. Quand le bois se carbonise et laisse une marque noire sur le métal, celui-ci est suffisamment recuit et en bonnes conditions pour supporter les opérations ultérieures.

Polissage et finissage de l'aluminium. — En ce qui concerne le travail et l'usinage de l'aluminium, les détails les plus importants sont ceux qui concernent le polissage et le finissage. Une fois les pièces exécutées, on peut les polir parfaitement en employant d'abord un morceau de buffle traité avec du tripoli pour le rendre mordant. On obtient un beau poli en employant du rouge sec qu'on prend ordinairement en blocs et que l'on réduit en une poudre aussi fine que possible. Le tripoli doit également être moulu très finement.

Pour un grand nombre d'articles en aluminium, il est avantageux d'avoir une surface glacée. Ceci s'exécute ordinairement au moyen de brosses à gratter en fil de laiton des n°⁵ 31 à 34 de la jauge B et S. Il faut trois ou quatre rangées de soies. Pour réduire le travail de grattage à la brosse, on peut commencer par user le métal avec une meule en peau de marsouin et du sable fin du Connecticut, le sable étant versé entre la surface de la meule et de la pièce. En commençant par travailler selon cette méthode, on enlève toutes les irrégularités superficielles, et le grattage à la brosse devient aisé. Quand le métal travaillé est uni et possède un bon aspect, le frottage au tripoli suffit, après quoi on peut employer le rouge comme nous l'avons indiqué, et la surface obtenue est finalement travaillée avec la brosse à gratter. En prenant ces précautions préalables, le grattage à la brosse glacera le métal rapidement et uniformément.

Une autre méthode pour obtenir un effet analogue à celui du grattage à la brosse est le sablage. On y soumet ordinairement les tôles avant de les travailler, et ensuite on les gratte à la brosse. L'effet subsiste après que les pièces ont été embouties car le métal se comporte tout à fait de la même manière que les feuilles lithographiques, et on sait que sur celles-ci les dessins ne sont pas endommagés.

Il existe encore une autre méthode pour produire un très bel effet de glaçure sur l'aluminium. Elle consiste à sabler d'abord et à glacer ensuite par trempage. On peut obtenir sur l'aluminium une grande variété d'effets en combinant convenablement ces traitements.

Pour obtenir un bel effet de teinte sur l'aluminium, on doit commencer par polir la pièce, puis on applique la brosse à gratter, puis on brunit la surface avec une meule en sapin tendre, tournant à grande vitesse. En travaillant avec soin, on peut obtenir des effets de teintage irréguliers ou réguliers.

La méthode la plus économique pour produire des pièces à surface unie avec des feuilles consiste à leur appliquer le traitement suivant. Après avoir débarrassé le métal de toute la graisse et la poussière, en le plongeant dans la benzine, on le débarrasse de ce liquide en le lavant à l'eau, puis on immerge les feuilles dans une solution concentrée de soude caustique, ou de potasse caustique, et on les y laisse jusqu'à ce qu'elles commencent à noircir. On les enlève alors, on les replonge dans l'eau, puis dans une solution d'acide nitrique concentré et d'acide sulfurique. Après les avoir enlevées de ce dernier bain, on les lave complètement à l'eau, et on les sèche dans de la sciure chaude. On varie l'aspect obtenu en changeant le titre de la solution caustique, ou en ajoutant une petite quantité de sel à la solution saturée.

Brunissage. — Pour les pièces qui doivent être brunies, un brunissoir en acier ou un morceau de sanguine donnent les meilleurs résultats. Pendant le brunissage, on emploiera comme lubrifiant un mélange de vaseline fondue et d'huile brute, ou une solution de trois cuillerées de borax dans un quart d'eau chaude (1l,135) avec quelques gouttes d'ammoniaque, ce qui améliorera l'aspect de la pièce.

Gravure et ciselure de l'aluminium. — On fait maintenant beaucoup de gravure sur aluminium, pour des cadres, coupes, plateaux, couvertures de livres, boîtes d'allumettes et articles analogues, et pour ce travail, le meilleur lubrifiant pour les outils est le naphte ou pétrole brut. Un mélange de pétrole brut et de vaseline est également bon. Cependant le naphte est meilleur, car il n'agit pas sur le fini des arêtes. Outre l'emploi d'un bon lubrifiant, la gravure de l'aluminium exige une habileté considérable, dans la fabrication et l'emploi de l'outil. Un outil construit d'une manière analogue à un outil à tourner l'aluminium, avec une pointe aiguë tranchante et dégagée, travaille très bien.

Une propriété qui rend l'aluminium très précieux pour de nombreuses applications réside dans sa résistance naturelle à l'action des acides. Tandis que ce métal est aisément attaqué par les alcalins, les acides les plus concentrés ne l'attaquent pas d'une manière notable ; en fait, les acides agissent sur lui tout à fait de la même manière que sur le platine. Pour les pièces d'appareils qui doivent rester immergées longtemps dans des acides forts, l'aluminium donne d'excellents résultats. Une application de l'aluminium en ce sens a été faite pour les crochets servant à retirer les négatifs photographiques des bains acides. Les entonnoirs en aluminium pour les acides ont également donné de bons résultats.

Soudure de l'aluminium. — Le dernier procédé de travail de l'aluminium, et non le moins important, est la soudure. Les difficultés que beaucoup de constructeurs ont rencontrées à cet égard ont nui considérablement à l'emploi de ce métal pour différentes applications. Ils sont souvent dans l'ignorance de la meilleure soudure à employer. En réalité, il y a un certain nombre de soudures qui ont donné de très bons résultats quand on les a employées avec adresse. La pratique a démontré que le procédé suivant est le meilleur pour souder le métal pur ou l'un de ses alliages : fondre ensemble une livre (453 grammes) d'étain, 4 onces (1 once = 28gr,3) de zinc, 2 onces de plomb pur, 3 livres d'étain phosphoreux. Avec de l'essence on enlève bien la graisse et la poussière des surfaces des pièces à souder, et on applique la soudure avec un fer à souder en cuivre. Quand la soudure fondue recouvre complètement les surfaces, on la gratte avec une brosse métallique, qui brise l'oxyde et l'enlève. On répand de nouveau la soudure avec le fer puis on laisse refroidir. Quand il est nécessaire de réunir ensemble des pièces d'aluminium, on commence par attaquer les surfaces comme indiqué ci-dessus, on chauffe les pièces jusqu'à ce que la soudure coule librement dessus, on gratte à la brosse métallique, on essuie avec un chiffon propre et on serre les pièces ensemble. On obtient ainsi un joint parfait.

Emploi de l'aluminium comme abrasif. — Malgré son caractère métallique, l'aluminium peut être employé comme abrasif pour l'affûtage des couteaux. Il a la structure d'une pierre à grain fin, et par le frottement produit une masse entièrement fine qui adhère solidement à l'acier. En conséquence, les lames affûtées sur l'aluminium prennent rapidement un tranchant très fin, que les meilleures pierres ne peuvent produire. Si on passe des lames de canif avec le plus grand soin sur une pierre à rasoir, vues sous un grossissement de 1.000 fois, elles présentent des irrégularités tandis que les tranchants obtenus avec l'aluminium et soumis au même examen apparaissent parfaitement droits et réguliers.

CHAPITRE XXXII

AVIS. — INDICATIONS. — MANIÈRES ET MÉTHODES D'EMPLOI
POUR LES OUTILLEURS ET FABRICANTS DE MATRICES

Notes concernant les outils de forme circulaires. — Quand on prépare des outils de forme circulaires, on doit toujours avoir présent à la mémoire ce fait que le diamètre influe beaucoup sur les qualités de résistance à l'usure, et que s'il n'est pas proportionné au diamètre de la pièce, il est difficile d'obtenir des résultats satisfaisants.

La figure 572 représente deux outils circulaires de 38^{mm},1 (1 1/2 p.) et de 50^{mm},8 (2 p.) de diamètre respectivement coupant chacun à 6^{mm},34

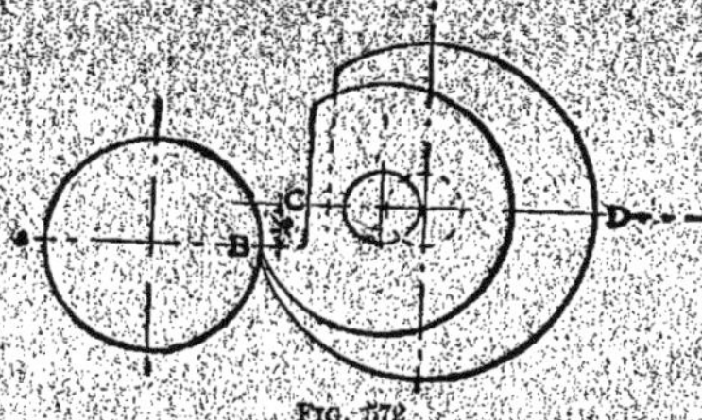

FIG. 572.

(1/4 p.) au-dessous du centre, tels qu'ils devraient être si on veut travailler sur la face antérieure de la machine, ou sur la face postérieure, la pièce tournant en arrière. Quoique figurés en cette position, le principe appliqué est le même que si les outils étaient placés l'autre côté en l'air, le porte-outil étant alésé au-dessus du trou de centre de l'arbre, au lieu de l'être en dessous, comme dans le cas présent.

Si on se reporte à la figure 572, il est aisé de voir que le tranchant du grand outil aura une endurance beaucoup plus grande que le plus petit, l'inclinaison ou dégagement de ce dernier étant excessif. Cette différence d'inclinaison dans les outils circulaires doit d'ailleurs croître avec la différence de diamètre des outils, pourvu que les tranchants soient placés à la même distance du centre. Ce cas est analogue à celui de la figure 573 où l'on voit côte à côte deux outils à tronçonner droits dont les dégagements respectifs sont marqués en E et F. L'angle de dégagement de R est pratiquement le même que celui du grand outil circulaire de la figure 574, tandis que celui de F concorde avec celui du petit outil, et présente une durée beaucoup moindre que celle de l'outil affûté selon E.

Ordinairement la meilleure pratique quand on fait des outils pour des

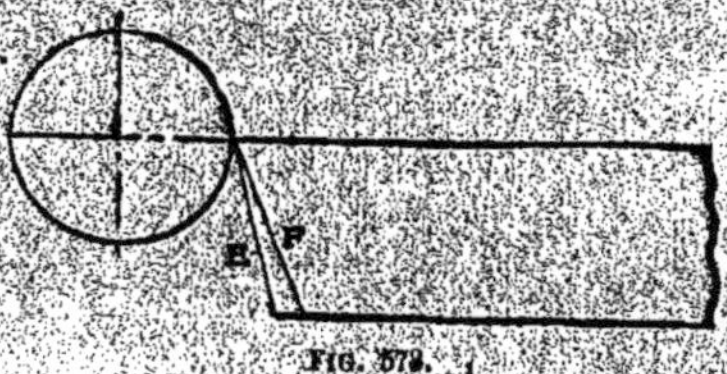

Fig. 573.

machines d'une certaine dimension, est de les tenir aussi près que possible d'un même diamètre. Pour les grandes machines, on coupe l'outil à 4^{mm},76 (3/16 p.) du centre, et on alèse le porte-outil à une distance correspondante, au-dessus ou au-dessous du centre, selon le sens dans lequel l'outil doit travailler. Pour les petites machines on donne aux outils un diamètre moindre, en les coupant à 3^{mm},17 (1/8 p.) du centre, et on alèse le porte-outil d'une manière correspondante. Sur la figure 574, la ligne AB représente le centre de la pièce, CD le centre du grand outil, celui-ci

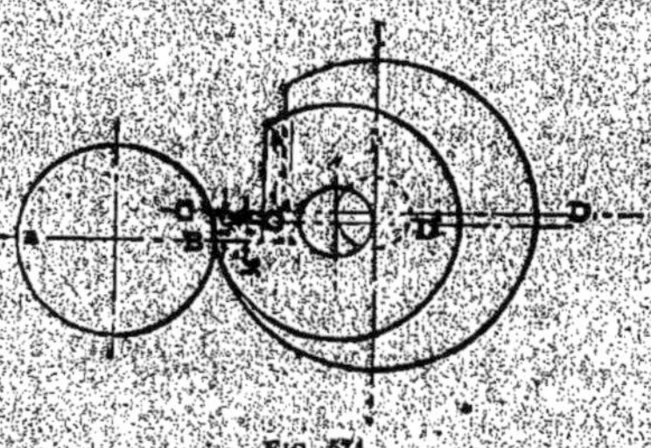

Fig. 574.

coupant à 4^{mm},76 (3/16 p.) au-dessous du centre, tandis que C' D' représente le centre du petit outil coupant à 3^{mm},17 (1/8 p.) au-dessous du centre. Le dégagement des deux outils est pratiquement le même.

Tour de main pour travail d'emboutissage. — Un angle vif en dessous d'un épaulement ou d'une bride est souvent très avantageux, et on croit généralement qu'il est impossible à obtenir en matière d'emboutissage, car il est nécessaire que la matrice ait un angle arrondi pour empêcher le métal de se déchirer au cours de l'emboutissage. Il y a cependant une méthode d'exécution qui donne un plein succès, représentée par le croquis ci-dessous, et qui paraît être la seule pouvant donner ce résultat. Le procédé consiste à donner au poinçon une série de gradins comme l'indique la figure 575, avec des angles arrondis, au lieu d'une seule portion cylindrique, comme on fait ordinairement. Ces gradins doivent être répartis à peu près régulièrement sur la longueur et les différences de diamètre doivent être déterminées d'après l'épaisseur de la matière. Au lieu que la pièce découpée soit un disque rond, c'est une rondelle, dont les bords extérieurs ne doivent pas être trop serrés par l'anneau ou plaque de serrage habituel, et l'extrémité du poinçon doit être un peu plus grande que le trou dans la rondelle. Le poinçon agrandira le trou selon le diamètre total de l'extrémité, et abattra l'angle aigu du disque d'une manière véri-

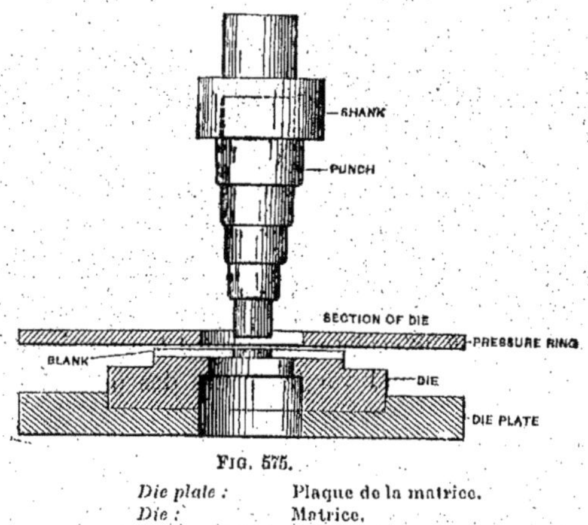

FIG. 575.

Die plate :	Plaque de la matrice.
Die :	Matrice.
Blank :	Pièce brute.
Pressure ring :	Anneau de friction.
Section of Die :	Coupe de la matrice.
Punch :	Poinçon.
Shank :	Tige.

tablement surprenante. Les gradins se suivent l'un l'autre rapidement, chacun agrandissant le trou à sa dimension, et entraînant la matière à travers la matrice, le dernier gradin étant à la dimension finie de l'intérieur de la pièce, et le trou dans les matrices étant le diamètre extérieur correspondant. Une matrice de ce genre nécessite une presse ayant une assez longue course, appropriée, naturellement, au genre de travail.

Outils à travailler le laiton et leur emploi. — Les figures 576 à 583 représentent les outils à main pour le travail du laiton. Le n° 576 est un

outil plat à dresser qui est employé pour finir et dresser des surfaces plates
ainsi que des surfaces convexes. Le n° 577 est un outil à dresser plat,
affûté sous un angle permettant d'atteindre les parties angulaires. Les
n°ˢ 578 et 579 servent à travailler des angles arrondis ou à dégrossir des

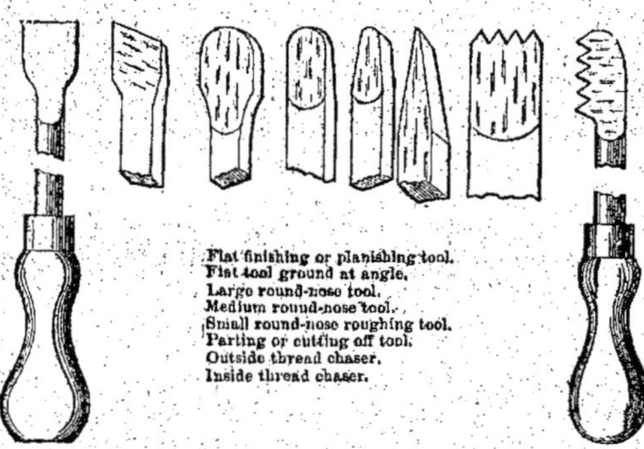

FIGS. 576 to 583.

Outil plat à finir au-dessus.
Outil plat affûté selon un angle.
Gros outil à bout arrondi.
Outil moyen à bout arrondi.
Petit outil à défraiser à bout arrondi.
Outil à poinçonner.
Outil à fileter extérieurement.
Outil à fileter intérieurement.

surfaces concaves. Le n° 580 est un petit outil à nez arrondi d'un emploi
général pour dégrossir, ou enlever la croûte des pièces de fonderie. Le

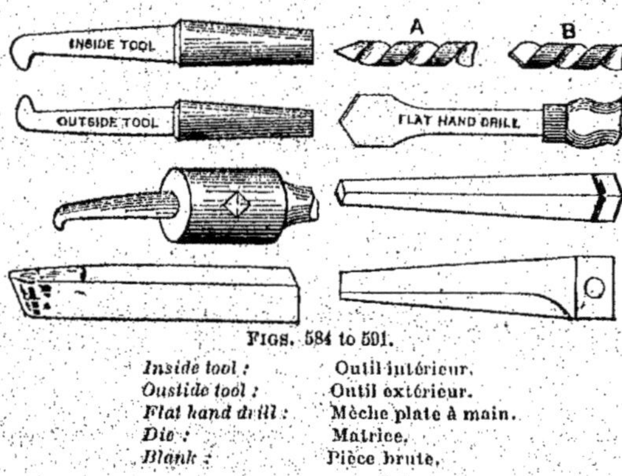

FIGS. 584 to 591.

Inside tool :   Outil intérieur.
Ouside tool :   Outil extérieur.
Flat hand drill :   Mèche plate à main.
Die :   Matrice.
Blank :   Pièce brute.

n° 581 est la forme convenable pour l'outil à tronçonner à la main. Aucun
de ces outils ne doit avoir une inclinaison au sommet. On doit au contraire

les affûter légèrement dans le sens contraire et les passer avec soin à la pierre à l'huile. Les n°ˢ 582 et 583 sont des outils à fileter à la main, extérieurement et intérieurement.

Les outils représentés par les figures 584 et 591 sont destinés au tour Fox. Les outils à crochet qui sont employés sur la tête postérieure de la machine ressemblent tout à fait aux outils intérieurs ordinaires, sauf que la pointe est dirigée en sens contraire. Quelquefois, on emploie avec les petites fraises à dents rapportées un porte-outil analogue à celui qui est figuré, et avec une vis de serrage. Si on ne donne pas à ces outils une inclinaison au sommet, on ne rencontrera pas de difficultés pour leur emploi.

Si on affûte les mèches hélicoïdales comme il est indiqué en B, tous les dangers de coincement seront évités, on doit pour cela affûter les lèvres à plat sur une courte distance. Avec les petites mèches, toute la pointe doit être affûtée à plat pour obtenir les meilleurs résultats.

La mèche plate à main représentée est la meilleure pour percer un trou de dégrossissage dans une pièce massive. On en emploie des séries pour les trous coniques, en commençant par se servir des plus grosses, puis en continuant avec les autres à la profondeur convenable pour obtenir le cône demandé. On finit ensuite le cône exactement avec des outils variés. On emploie quelquefois avec succès un alésoir plat, spécialement pour dégrossir. Pour le travail de finition il a une grande tendance à vibrer si on ne l'entoure pas de chaque côté avec un morceau de bois dur ayant à peu près la forme convenable pour se raccorder au trou. Quelquefois on utilise avec succès un alésoir avec une rainure unique large, tel que celui représenté. Il est arrondi à peu près tout autour. Pour la finition il est difficile de lutter contre le vieil alésoir carré, si pratique, que représente la figure 590. Il produit un trou uni et régulier en se remplissant suffisamment de copeaux pour éviter les vibrations, et il mord bien s'il est affûté avec soin et bien passé à la pierre à l'huile.

Affûtage des mèches hélicoïdales pour travailler une partie d'un trou. — Pour percer des trous dans lesquels une partie de la mèche doit travailler une section d'un trou comme l'indiquent les croquis des figures 592 et 593, la mèche doit être affûtée comme l'indique la figure 593. Il est alors aussi facile de percer les trous en ligne droite que s'il s'agissait de trous complets.

Pour commencer le perçage, on emploie une mèche ordinaire, et on perce à une profondeur juste suffisante pour faire pénétrer les lames de la mèche, affûtée comme l'indique la figure 593. Ou bien on emploie un montage pour guider la mèche au départ.

Tournage et dressage du caoutchouc. — Les mélanges de caoutchouc de dureté moyenne se travaillent très bien avec un outil à pointe de diamant, affûté un peu en arrondi à la pointe, et avec une inclinaison aiguë. L'outil doit être trempé très dur, car le caoutchouc contient des poudres assez fines qui peuvent endommager le tranchant. La vitesse dépend de la résistance de l'outil à la réaction de la pièce, et diminue à mesure que la dureté du caoutchouc augmente.

En ce qui concerne les articles en caoutchouc tendre, il n'existe aucun genre d'outil qui les coupe convenablement. Le procédé le meilleur et le plus rapide consiste à les meuler. En réalité la meule donne le travail le plus satisfaisant, que le caoutchouc soit dur ou tendre.

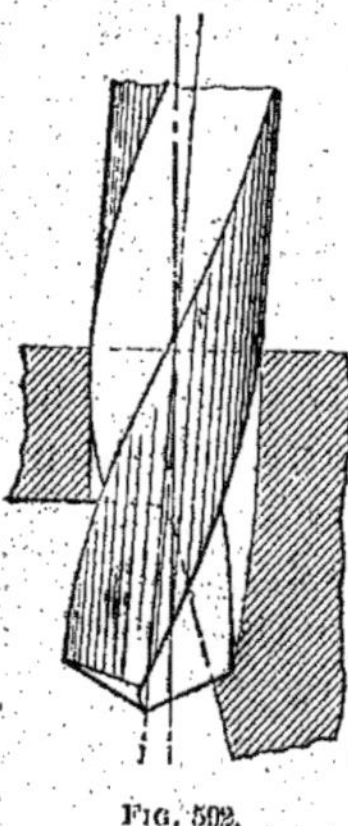
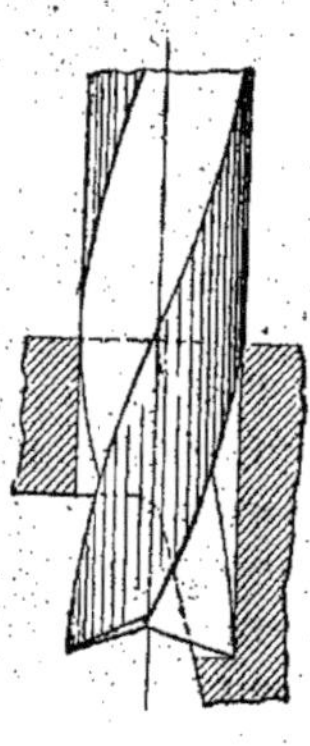

FIG. 502.   FIG. 503.

Le meulage peut s'exécuter sur un tour, la meule étant entraînée par un renvoi supérieur, l'arbre porte-meule étant boulonné sur le porte-outil.

Dans les ateliers où on dispose du courant électrique, un petit moteur accouplé directement, avec un câble souple et une prise de courant, donne la commande la plus pratique, car on le démonte rapidement pour le mettre de côté quand on ne s'en sert pas, de sorte que la machine n'est pas encombrée; détail qui a son importance dans les ateliers où on exécute beaucoup de travail de ce genre, et où un ou deux tours, petit et grand, doivent faire tous les travaux.

Les meilleurs résultats s'obtiennent en prenant pour meuler des disques en fonte ayant un diamètre de 203 à 253 millimètres (8 à 10 p.) et une épaisseur de 31^{mm},74 (1 1/4 p.), la face étant pourvue d'une rainure de 25^{mm},4 (1 p.) de largeur et 3^{mm},17 (1/8 p.) de profondeur exécutée sur le tour. Cette rainure est remplie avec une forte feuille, fixée avec de la colle chaude puis recouverte de plusieurs couches de colle et d'émeri n° 40. Ces meules sont employées à sec.

Porte-outil brevetés. — Les figures 594 à 600 représentent un jeu complet d'outils qui permettent d'exécuter tous les travaux courants sur le tour, avec un porte-outil droit.

Pour les affûter, on doit toujours les démonter du porte-outil, autrement ils seraient trop lourds, et susceptibles de s'échauffer au contact de la meule d'émeri. Si au contraire on tient l'outil seul à la main, on se trouve prévenu de son échauffement parce qu'on ne peut plus le tenir, et on est ainsi obligé de le laisser refroidir bien avant qu'il ne s'échauffe suffisamment pour être détrempé.

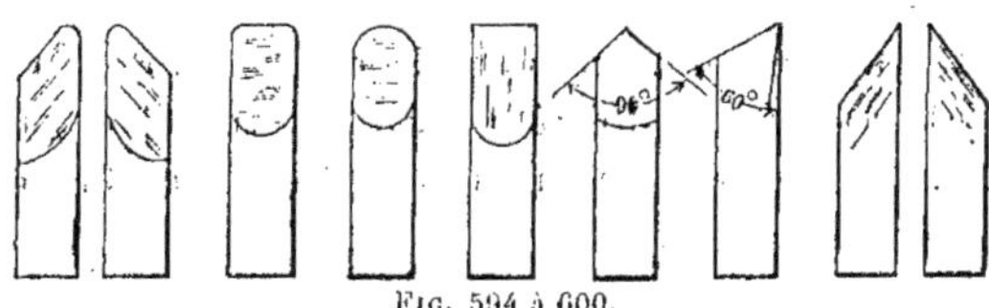

Fig. 594 à 600.

Soudure forte. — Dans la mise en œuvre de la soudure forte, si on comprend bien le rôle de la chaleur et la nature des métaux traités, on n'éprouvera aucune difficulté à obtenir une soudure bien saine, si on dispose des moyens convenables. Les joailliers sont d'une façon générale extrêmement soigneux dans leur travail de préparation, ils frottent la pâte de borax sur une ardoise, prennent bien garde de toucher le joint avec les mains, de façon à avoir des surfaces chimiquement propres, etc. Ceci est correct, théoriquement, mais quelques ouvriers, quoique accordant toute leur attention à ces détails, négligent ensuite des principes d'une importance fondamentale, spécialement en ce qui concerne la température. Pour beaucoup de travaux de soudure forte à exécuter dans les ateliers ordinaires, l'observation de ces petits détails indiqués ci-dessus entraînerait de grandes difficultés. On peut les laisser de côté en grande partie, si on respecte convenablement les conditions qui concernent le fondant, la soudure et la température.

On serrera le joint autant qu'il sera possible, afin d'éviter que la soudure puisse couler au travers sans le remplir. On appliquera la pâte constituant le fondant avant tout chauffage, et on ne mettra pas la soudure avant que la pièce soit au rouge sombre, selon le genre de pièce, le métal, la forme, etc. On chauffera le joint plutôt que la soudure, et si la soudure coule dès qu'on l'emploie, on n'aura pas à craindre un insuccès. Dans les cas où on ne pourra tenir le joint serré, on le remplira avec du fil de fer, des copeaux, etc., du même métal que la pièce. On peut aussi faire cette application à l'extérieur du joint, si on désire, afin de retenir la soudure et produire ainsi un renforcement.

Si on se conforme à ces règles, il devient inutile de mélanger la pâte fondante sur une ardoise, et si on touche légèrement avec les doigts, il n'en résultera pas nécessairement un joint défectueux. Toutefois la propreté est avantageuse, et à recommander pour toutes les opérations de soudure. Si le joint n'est pas convenablement nettoyé, la soudure ne coule pas bien, et sert en grande partie à entraîner ou vaporiser la graisse ou autres matières étrangères.

Vitesse des poulies et engrenages. — Dans tout système de poulies ou engrenages, la règle générale indique que le produit des diamètres ou nombre des dents des roues de commande par le nombre de tours de la première roue de commande doit être égal au produit des diamètres ou nombre des dents de la roue commandée par le nombre de tours par minute de la dernière roue commandée.

Les calculs que l'on a à exécuter le plus souvent dans les ateliers, en ce qui concerne les poulies, se rapportent à la vitesse des machines et des renvois, et sont déterminés par les quatre règles suivantes, basées sur le principe précédent.

Premièrement. La vitesse de la poulie de la machine étant donnée, trouver la vitesse du renvoi. On multiplie le nombre de tours par minute de la poulie de la machine par son diamètre et on divise ce produit par le diamètre de la poulie de commande du renvoi.

Secondement. Connaissant la vitesse du renvoi, trouver le diamètre de la poulie servant à commander la machine. On multiplie le nombre de tours par minute de la poulie de la machine par son diamètre, et on divise ce produit par le nombre de tours par minute du renvoi.

Troisièmement. Connaissant les vitesses de la transmission et du renvoi, trouver le diamètre de la poulie du renvoi. On multiplie la vitesse de la transmission par le diamètre de la poulie principale et on divise par le nombre de tours par minute du renvoi.

Quatrièmement. Connaissant la vitesse du renvoi, trouver le diamètre de la poulie à mettre sur la transmission principale. On multiplie le nombre de tours par minute du renvoi par le diamètre de la poulie entraînée par la courroie passant sur la transmission, et on divise le produit par le nombre de tours par minute de la transmission principale.

Gravure de l'acier. — Pour graver des noms, dates, dessins, etc., sur l'acier, on emploiera l'une des recettes suivantes :

Nº 1. Iode 2 parties, iodure de potassium 5 parties, eau 40 parties.

Nº 2. Acide nitrique 60 parties, eau 120 parties, alcool 200 parties, nitrate de cuivre 8 parties.

Nº 3. Acide acétique cristallisable 4 parties, acide nitrique 1 partie, alcool 1 partie.

Alésage des longs tubes en fonte. — Pour aléser de longs tubes en fonte de fort diamètre, soit de 381 millimètres (15 pouces), on obtiendra d'excellents résultats en lubrifiant avec du kérosène, et une garniture du type utilisé pour aléser les canons. On obtiendra ainsi des trous polis comme le verre.

Étamage de la fonte. — La composition à étamer suivante donne un étamage plus blanc et plus dur que le résultat obtenu avec l'étain seul : fer 6 parties, étain 85 grammes, nickel 9 grammes. Dissoudre les trois métaux dans l'acide chlorhydrique. Cet alliage adhère bien à la fonte et présente une surface très brillante.

Tous les réservoirs employés pour décaper la fonte dans le vitriol doivent être garnis de plomb, et les joints doivent être faits à la soudure autogène et non avec une soudure contenant d'autres métaux que le plomb. Un réservoir à décaper garni de zinc ne résisterait que très peu de temps à l'attaque de l'acide. La soudure est également attaquée.

Un bon type de bride pour matrices et outilleurs. — La figure 601

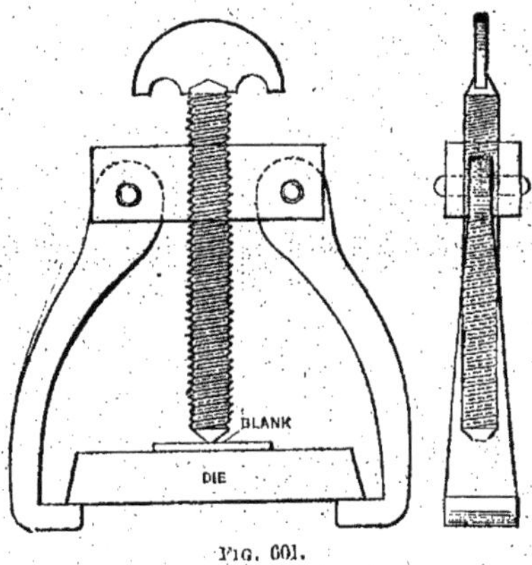

Fig. 601.

représente deux croquis d'un type de bride très commode. Il peut être employé pour un grand nombre d'applications autres que celle indiquée.

Il permet de supprimer la fabrication des calibres, quand on établit des matrices, une fois que l'on a fait le coin principal. On commence par déterminer exactement le centre du galet, puis on le place dans la position convenable sur la face destinée à le recevoir, et on le serre comme l'indique le croquis. On trace alors le profil du galet.

Cette bride peut également être employée pour tenir le bloc d'acier destiné à faire le poinçon solidement contre la face de la matrice ; ceci facilite le déplacement de la pièce vers la lumière pour examiner l'intérieur.

Lubrifiant pour emboutissage. — Prendre une pinte, ($0^l,567$) d'huile de lard ordinaire, 2 livres (906 grammes) de savon opodeldoc, 8 gallons ($36^l,32$) d'eau. Chauffer suffisamment, fixer sur la façade de la presse une cuve carrée et bien recouvrir les pièces. Pour les pièces très petites, il est nécessaire que la solution soit maintenue chaude, mais pour les grandes pièces cela est inutile. Cette composition constitue le meilleur lubrifiant que j'aie jamais rencontré pour emboutir des pièces en métal mince.

Colle pour fixer le cuir sur le fer. — Pour coller le cuir sur le fer, on peint celui-ci avec une couleur quelconque à base de plomb, par exemple avec de la céruse et du noir de lampe. Quand elle est sèche, on la recouvre avec un ciment préparé de la manière suivante : on prend la meilleure colle qu'on puisse se procurer, on la fait tremper dans l'eau froide jusqu'à ce qu'elle se ramollisse, puis on la dissout dans le vinaigre à une chaleur modérée, on ajoute un tiers de son volume de térébenthine blanche de sapin, on mélange complètement et avec du vinaigre, on amène à la consistance convenable pour pouvoir étendre avec une brosse. On applique ce produit à chaud, on applique ensuite rapidement le cuir tout autour, et on le tient bien serré en place. Pour une poulie, on place le cuir tout autour, aussi serré que possible, on serre et met une bride.

Tenue des carnets de notes. — Avant de terminer ce chapitre, j'estime qu'il est utile de présenter quelques remarques concernant les avantages que l'on peut retirer de la tenue de carnets de notes au moyen desquels on peut mettre de côté et conserver toutes les informations utiles et pratiques que l'on trouve en abondance dans la presse technique, ou par les conversations avec les confrères de l'industrie mécanique, ou même par l'expérience personnelle et l'observation pratique. C'est un fait réel que la diffusion des connaissances se trouve grandement retardée par cette circonstance qu'un grand nombre de mécaniciens s'en remettent à leur mémoire pour conserver des éléments d'informations utiles, au lieu d'avoir recours à des moyens plus efficaces.

La manière la plus simple de profiter des lectures et des observations journalières est de les réunir selon un certain plan, selon la capacité personnelle, les moyens dont on dispose, et les occasions, à mesure qu'elles se présentent dans la pratique de chaque jour, et de continuer à exécuter ce travail avec persévérance, régularité et d'une façon ponctuelle comme une partie importante des devoirs journaliers. Beaucoup d'ingénieurs doivent leurs succès dans leur carrière à la tenue de carnets de notes dans lesquels ils ont consigné des remarques qui, quoique ne présentant qu'une importance minime au moment où elles ont été faites, ont eu plus tard une valeur inestimable.

Une bonne méthode consiste à avoir trois carnets de notes. L'un sert à consigner les notes et croquis à mesure de l'observation dans les ateliers, en prenant son profit de ce que l'on entend dire ainsi que de son expérience personnelle. Ce carnet sera assez petit pour tenir dans la poche. Le second sera un solide cahier relié et réglé. On y écrira chaque soir les choses intéressantes qu'on aura trouvées dans les journaux techniques. Le troisième servira à coller les croquis, petits dessins, diagrammes et figures représentant de nouvelles machines que l'on aura pu se procurer. En suivant cette méthode, l'ingénieur devient un observateur scrupuleux et précis, un homme éclairé et bien informé et augmente sa valeur personnelle. Quelle que soit sa spécialité, non seulement il accroît ses connaissances, mais encore il réalise des gains sonnants en publiant dans les journaux techniques toutes les informations qu'il a pu collectionner par son expérience et son observation personnelles, et qui sont nouvelles ou inédites.

CHAPITRE XXXIII

L'IMPORTANCE DES MONTAGES
ET DES MACHINES-OUTILS MODERNES

Dans les chapitres précédents, je me suis efforcé de représenter et de décrire les types de construction et les méthodes d'emploi qui fournissent les meilleurs résultats pour l'outillage moderne et l'usinage de pièces interchangeables. Avant de conclure cet ouvrage, je pense qu'il est utile de discuter la valeur des montages et des machines perfectionnées permettant d'économiser la main-d'œuvre, et d'indiquer ce qui me paraît être le seul système qui puisse permettre aux ateliers et aux usines américaines de conserver leur place à la tête du monde industriel.

Défaut de connaissance des machines-outils. — Malgré la grande quantité de littérature qui circule aujourd'hui, et est consacrée à décrire et représenter l'emploi des machines et appareils nouveaux pour fabriquer économiquement, on remarque une déplorable ignorance parmi les chefs d'ateliers, les directeurs et propriétaires en ce qui concerne les résultats qu'on peut attendre des machines-outils ; en outre, les ouvriers eux-mêmes ne savent ordinairement pas les conduire dans les meilleures conditions. Si quelqu'un a une excuse de cette ignorance, ce ne peut être que l'ouvrier, car tandis que les techniciens qui appartiennent aux classes dirigeantes reçoivent constamment des documents imprimés qui décrivent les travaux que peuvent exécuter les machines, et sont sollicités par des représentants qui font ressortir les dispositifs économiques des machines qu'ils vendent, l'ouvrier mécanicien ne peut, pour s'assimiler les détails de fonctionnement des nouvelles machines, compter que sur les connaissances qu'il a acquises antérieurement en conduisant d'autres machines analogues.

Les machines-outils extrêmement nouvelles. — Aujourd'hui, la quantité d'argent et de temps qui est gaspillée chaque jour dans les ateliers n'est remarquée que par très peu de gens. Même les directeurs, les chefs d'ateliers et les contremaîtres ne réalisent pas toutes les économies que

l'on pourrait faire dans la fabrication en série de pièces métalliques interchangeables, en remplaçant les machines usées et démodées par d'autres
extrêmement nouvelles, en les garnissant de montages et d'outils convenables, et en les conduisant comme il a été prévu par l'ingénieur qui les a
étudiées et construites.

Avantages réalisés par l'emploi des outils perfectionnés. — Il
n'est pas besoin de dire que les sommes les plus importantes dans les
dépenses courantes d'un atelier de mécanique ou de construction moderne
sont celles qui représentent les salaires. Les outils et les machines qui sont
mis entre les mains des ouvriers et conduits par eux déterminent la quantité de travail qu'il est possible de produire pour une dépense de salaire
déterminée. Aussi les avantages que l'on peut réaliser dans la fabrication
en employant des machines extrêmement modernes ainsi que des outils et
des montages spéciaux sont évidents. Le coût des machines et les dépenses
entraînées par l'étude et la construction des outils spéciaux sont rapidement compensés par des bénéfices qui résultent de l'accroissement de la
production et de la qualité supérieure des pièces obtenues par comparaison avec ce que permettent de réaliser les vieilles méthodes. Un autre
avantage de l'emploi des outils perfectionnés résulte de ce que la qualité du
travail obtenu ne dépend plus à peu près exclusivement du degré d'adresse
et d'intelligence que possède l'ouvrier ; on peut ainsi utiliser une main-
d'œuvre moins coûteuse pour produire les mêmes pièces.

Les avantages que nous venons d'énumérer et qui résultent de l'emploi
des machines et des outils modernes devraient être suffisamment reconnus
par les dirigeants des ateliers pour qu'on adopte d'une façon générale
l'habitude d'éliminer tous les outils de qualité inférieure, pour ne
garder que les machines donnant le plus grand rendement, et l'outillage
le meilleur. L'ouvrier pourrait ainsi produire en plus grande abondance
un travail de meilleure qualité, indépendamment de son habileté, et sans
éprouver plus de fatigue mentale ou physique.

L'usinage idéal du xx⁰ siècle. — Le travail idéal du xx⁰ siècle est
atteint par une recherche constante des dirigeants de l'augmentation du
dividende accordé à chaque dollar engagé dans l'affaire. Si on peut remplacer une vieille machine par une autre perfectionnée pouvant produire
plus de travail, ou la même quantité de travail avec moins de main-
d'œuvre, on doit l'installer. Il n'est pas rare que l'installation d'une
machine nouvelle à la place d'une autre démodée permette de réaliser une
économie de 50 à 100 0/0, et même davantage sur une année seulement.
Les lecteurs qui douteraient de ce que j'avance n'auront qu'à se renseigner

auprès des constructeurs de machines nouvelles pour en recevoir la confirmation.

La dépréciation des ateliers de mécanique. — La dépréciation d'un atelier de mécanique où on se contente d'entretenir les machines résulte immédiatement de l'installation dans les ateliers concurrents de machines et d'outils meilleurs et plus perfectionnés. La valeur de cette dépréciation n'est pas mise en évidence par la comptabilité, mais elle n'en subsiste pas moins et conduit à présenter des dividendes fictifs aux dépens de l'inventaire plutôt qu'en se basant sur les gains réels. Il est vrai que dans certains cas, cette dépréciation peut continuer pendant plusieurs années sans que la culbute finale vienne en perspective. Mais, même dans les meilleures conditions, la ruine est seulement reculée, et le résultat n'est que pire. Si cette diminution de la valeur de l'usine ne peut être observée sur le moment, l'augmentation du coût des produits, et le rendement inférieur des ateliers par comparaison avec les sociétés concurrentes pourront arriver à ruiner l'usine. S'il n'est pas toujours possible de remplacer la totalité ou la majeure partie d'un outillage démodé par de nouvelles machines, on peut au moins le faire progressivement. En acquérant chaque année des machines et des outils meilleurs à plus grand rendement, l'usine reprendra sa place à la tête des établissements prospères.

Causes de dépréciation dans les ateliers. — Le défaut de centralisation, de spécialisation, d'information et une attention exagérée des autres branches de la direction générale d'une usine contribuent ordinairement à produire sa dépréciation. Au contraire le coût d'établissement d'un outillage moderne pour la fabrication en série des petites pièces, et les dépenses de remplacement des vieilles machines par d'autres perfectionnées ne dépassent généralement pas les dépenses supplémentaires qu'entraînent la fabrication par des méthodes surannées et l'entretien des vieilles machines. En réalité on n'a aucune excuse de ne pas installer dans un atelier une machine qui produit en plus grande quantité un travail de meilleure qualité qu'une vieille machine, car les constructeurs de machines nouvelles endossent toujours toutes les dépenses qu'entraîne la démonstration de leurs qualités de rendement et d'économie.

Le choix des machines pour la fabrication. — Toutefois, dans le choix des machines employées pour la fabrication, on se gardera des extrêmes. On peut choisir entre le type universel, le type spécial, et le type intermédiaire. Ordinairement, la machine universelle manque de rendement et permet difficilement de produire des pièces interchangeables. La machine spéciale a des emplois trop restreints, et, sauf le cas où on a constamment de grandes quantités de travail du même genre à exécuter, la machine est souvent arrêtée. Aussi le type intermédiaire est-il celui qui convient à la majorité des ateliers.

L'outillage universel et l'outillage spécial. — Dans les ateliers et les usines moyens d'aujourd'hui, il se produit fréquemment d'importants changements. Dans ces établissements, l'habileté du directeur consiste à tenir l'atelier toujours prêt à subir ces changements qui, fréquemment, touchent toute la production de l'atelier. Aussi un directeur bien informé et adroit est-il capable de changer les produits fabriqués tout en évitant simultanément une dépréciation excessive de la valeur de l'usine.

Un atelier d'aujourd'hui convenablement équipé, possède un outillage qui est soit universel, soit spécialisé dans toute l'étendue de sa branche, et en même temps donne le plus grand rendement. L'atelier d'outillage doit être équipé d'une façon universelle, l'atelier d'usinage doit être équipé d'une façon correspondante aux travaux qu'il peut être appelé à exécuter. Ce sont ces ateliers qui nous donnent notre suprématie industrielle, et qui peuvent lutter contre les constructeurs étrangers dans leur pays même.

Causes du grand développement des machines-outils. — Il arrive constamment que l'on introduit des nouveautés et que l'on adopte des transformations radicales dans la construction des machines-outils et dans la fabrication des appareils mécaniques. La cause de cet accroissement extraordinaire du nombre des types de machines-outils, de leur capacité de production de travaux précis, peut être attribuée directement aux grands perfectionnements des appareils électriques, qui exigent pour la fabrication de leurs pièces compliquées un grand nombre de machines-outils de construction perfectionnée. Ces circonstances ont été la cause d'une grande activité dans le perfectionnement et la construction des machines-outils, car on demande de nouvelles méthodes et de plus grandes facilités pour les opérations d'usinage.

Un autre événement qui a produit un effet notable sur l'étude et la construction des machines entièrement négligées antérieurement fut, en son temps, la création de la bicyclette. Cette circonstance a permis au mécanicien américain de montrer tout ce dont il est capable comme il n'avait jamais été possible antérieurement. Il a montré au monde entier que sa corporation peut étudier et construire des machines, outils, montages et appareils spéciaux pour fabriquer économiquement d'une manière véritablement merveilleuse. Il a permis d'organiser le système de la fabrication interchangeable dans des milliers d'ateliers où antérieurement on considérait ce résultat comme impossible à atteindre.

L'automobile et le motocycle sont les dernières créations qui ont attiré l'attention du constructeur, de l'outilleur et du mécanicien. C'est en perfectionnant et construisant ces merveilles de mécanique du XXe siècle que les outilleurs américains ont montré au monde que rien n'est impossible pour eux, et que l'habileté et l'ingéniosité qui ont créé la montre à un dollar s'appliquent également à la construction des automobiles par millions. « En avant. »

LIBRAIRIE H. DUNOD et E. PINAT
47 et 49, Quai des Grands-Augustins, PARIS (6e)

Découpage, matriçage, poinçonnage et emboutissage, par J. Woodworth, ingénieur américain, traduit de l'anglais et augmenté d'une annexe par G. Richard, ingénieur civil des Mines. In-8° 16 × 25 de 350 pages, avec 685 figures. Broché, 15 fr. ; cartonné ...... 16 fr. 50

> Matrices simples ou découpeuses. Matrices doubles ou poinçonneuses-découpeuses. Matriçage simple pour ateliers. Matrices et poinçons sériés. Production économique des pièces en métal simple. Matrices simples et complexes. Poinçonnages multiples. Presses à border, cercler et assembler. Emboutissage des bacs en métal mince. Presses à médailles et pour gros travaux. Avancement des bandes à la presse. Graissages des presses. Recuit et doucissage des outils de presses. Presses diverses et travaux spéciaux.

Le travail à la meule dans la construction mécanique. Machines à rectifier, à meuler et à polir, par Fred.-H. Colvin et Frank-A. Stanley, éditeurs de l'*American Machinist*, traduit par Maurice Varinois, ingénieur des Arts et Manufactures. In-8° 16 × 25 de viii-414 pages, avec 286 fig. Broché, 20 fr. ; cartonné .... 22 fr.

> Différents types de machines à rectifier, leur perfectionnement récent. Champ d'application de la rectification. Rectification des pièces cylindriques. Machines à dresser. Les meules, leur montage et dressage. Appareil de protection. Copeaux. Ajutages. Machines à rectifier. Vilebrequin et autres pièces d'automobile. Rectification des alésoirs, fraises et autres outils. Meulage des pièces de fonderie. Travail au buffle et polissage. Mandrins, arbres et supports. Appareils divers. Pierres à l'huile. Renseignements généraux.

Cours de dessin industriel, par A. Dupuis, ancien professeur à l'École d'Arts et Métiers d'Angers, et Joanny Lombard, Ingénieur à l'École d'Arts et Métiers d'Aix.

Tome I. *Introduction à l'étude du dessin industriel.* In-4° 21 × 27 de viii-166 pages, avec 395 figures et 3 planches. Cartonné .... 5 fr.

> De la vision. De l'image en général, ses rapports avec la nature. De la reproduction des dessins. Procédés divers. Outillage du dessinateur industriel. Mathématiques. Géométrie.

Tome II. *Technique du dessin industriel.* In-4° 21 × 27 de 148 pages, avec 280 figures et 17 planches. Cartonné .... 5 fr.

> De la représentation. Du croquis industriel. Du dessin proprement dit. Application du dessin dans les ateliers de construction mécanique. Synthèse d'un projet ou figuration d'un appareil inventé. Notes pédagogiques.

Tome III. *Planches d'exécution.* In-4° 21 × 27 de 32 planches doubles. En carton .... 5 fr.

> 1 planche d'écritures et de chiffres. 3 planches de dessin à la plume. 2 planches de trait au tire-lignes, de hachures et de teintes plates. 2 planches de raccords géométriques, de hachures et de teintes plates. 16 planches de dessin industriel. 5 planches correspondant aux cinq dernières épreuves demandées aux concours d'admission aux Écoles nationales d'Arts et Métiers. 3 planches correspondant aux trois dernières épreuves demandées aux concours d'admission à l'École centrale des Arts et Manufactures.

La direction des ateliers, étude suivie d'un mémoire sur l'emploi des courroies et d'une note sur l'utilisation des ingénieurs diplômés, par F.-W. Taylor. In-8° 16 × 25 de vi-190 p., avec fig. .... 6 fr.

> Direction des ateliers. La flânerie et ses inconvénients. Étude scientifique et précise du temps. L'idée du travail à la tâche dans la direction des ateliers. Exemples de résultats pratiques obtenus par l'application à la direction de l'idée de la tâche. Réglementation. Service de répartition du travail. Phases du passage du système ordinaire au meilleur système de direction. Notes sur les courroies. Pourquoi les industriels n'apprécient pas les diplômés.

www.ingramcontent.com/pod-product-compliance
Ingram Content Group UK Ltd.
Pitfield, Milton Keynes, MK11 3LW, UK
UKHW021103220726
13924UKWH00005B/2224